Atmosphäre, Klima, Umwelt

Verständliche Forschung

Atmosphäre, Klima, Umwelt

2. Auflage

Herausgegeben und mit einer Einführung versehen
von Paul J. Crutzen

Spektrum
AKADEMISCHER VERLAG

Inhaltsverzeichnis

Einführung

Von Paul J. Crutzen

Die Möglichkeiten der Menschheit, die Umwelt zu beeinflussen, haben sich in den vergangenen Jahrhunderten und Jahrzehnten verstärkt und sogar beschleunigt. Die Weltbevölkerung vermehrt sich rasch, und noch schneller haben sich die Ambitionen des Menschen entwickelt, die Ressourcen, welche die Erde zu bieten hat, auszunutzen. Noch vor wenigen Jahrzehnten gab es außer vereinzelten lokalen Problemen wenig Sorgen über diese Entwicklungen. Und erst vor drei Jahrzehnten stellte der schwedische Wissenschaftler Svante Okén die Bedeutung des langfristigen, grenzübergreifenden Transports von säurebildenden Luftverunreinigungen als Ursache für die beobachtete Versauerung der skandinavischen Seen und das Sterben vieler Fischarten heraus; anfänglich handelte es sich hauptsächlich um Schwefelsäure aus Schwefeldioxid, später auch vermehrt um Salpetersäure aus Stickoxiden, die zu einer Senkung des pH-Wertes der Niederschläge führten. Die schwedische Regierung veröffentlichte hierüber eine Studie auf der ersten Umweltkonferenz der Vereinten Nationen, die 1972 in Stockholm stattfand. Anfänglich wurde ihre Angelegenheit von den meisten Ländern Europas eher skeptisch aufgenommen, wenn nicht sogar abgelehnt. Sicherlich – und glücklicherweise – ist dies heute nicht mehr der Fall. In den letzten Jahren, in denen sich die Zusammenarbeit der europäischen Länder zunehmend verstärkt hat, haben nicht nur die Grenzen zwischen den einzelnen Staaten immer mehr an politischer Bedeutung verloren, sondern auch der Gedanke, daß ein grenzüberschreitender Transport von Luftverunreinigungen nicht stattfinden könnte, würde als widersinnig erscheinen.

Diese und ähnliche Entwicklungen auf anderen Gebieten markierten eine wichtige Errungenschaft der Atmosphärenforscher mit bedeutenden umweltpolitischen Folgerungen. Glücklicherweise haben die Politiker der einzelnen Länder auf die Ergebnisse reagiert: So wurden erhebliche Reduktionen im Schwefelausstoß der Kraftwerke für die meisten Länder Westeuropas festgesetzt. Verminderungen in den Abgaswerten von Autos und Kraftwerken an Stickoxiden (NO_x) folgen. Nicht nur die Folgen des sauren Regens waren dabei die treibende Kraft, sondern auch die starken Erhöhungen in den Ozonkonzentrationen an der Erdoberfläche, die in vielen Teilen Europas vor allem während der Sommermonate auftreten. Besonders ab Ende der siebziger Jahre stellte man erhebliche Waldschäden in vielen ländlichen Gebieten Europas fest. Man hat eine Beziehung zu den Luftschadstoffen, insbesondere zu den hohen Ozonkonzentrationen, vermutet, die durchgehend während Schönwetterperioden im Sommer beobachtet werden. Es ist aus experimentellen Untersuchungen bekannt, daß Ozon toxisch auf Pflanzen einwirkt und deren Photosynthese schon bei Konzentrationen, die nur relativ wenig über den natürlichen Werten liegen, negativ beeinflußt.

Heute sind sich viele darüber bewußt, daß die Menschheit nicht nur die Umwelt im lokalen und regionalen Bereich beeinflußt, sondern wir alle zusammen dazu beitragen, die chemische Zusammensetzung der Atmosphäre zu modifizieren, was möglicherweise globale Auswirkungen hat. Wir beobachten weltweit Anstiege in der Konzentration von Kohlendioxid (CO_2), Methan (CH_4), Distickstoffmonoxid (N_2O), und bis Anfang 1996 von Fluorchlorkohlenwasserstoffen ($CFCl_3$, CF_2Cl_2, $C_2F_3Cl_3$, CCl_4 und so weiter). In der Troposphäre (der Lufthülle bis in etwa elf Kilometer Höhe) des nördlichen Halbrunds werden auch Anstiege von Ozon (O_3) und Koh-

lenmonoxid (CO) verzeichnet. In der Atmosphäre nehmen alle diese Gase, samt Wasserdampf (H_2O) und Wolken, Wärmestrahlung auf, die von der Erde abgestrahlt wird, und retournieren einen wesentlichen Teil, so daß sie eine Erwärmung der Oberflächentemperaturen verursachen. Jener Prozeß wird als „Treibhauseffekt" bezeichnet. (Die Rolle der Wolken ist allerdings komplex, da sie auch die auf die Erde eintreffende Sonnenstrahlung reflektieren.)

Mit zunehmenden Konzentrationen der erwähnten Spurengase rechnen wir im kommenden Jahrhundert mit einer Erhöhung der Temperaturen weltweit um 1 bis 3,5 °C. Dies mag auf den ersten Blick nicht so alarmierend erscheinen. Die Temperaturbedingungen sind jedoch für das Leben auf der Erde von größter Bedeutung; und die zu erwartende Temperaturerhöhungen könnten so rasch ablaufen, daß die Ökosysteme der Erde in vielen Fällen außerstande sein könnten, sich anzupassen. Dazu kämen noch die Einwirkungen der sich verändernden Niederschlagsmengen und deren globale Verteilung, welche einen vielleicht noch wichtigeren Einfluß auf die Landwirtschaft und die Ökosysteme der Erde ausüben. Seit Ende des letzten Jahrhunderts sind die global gemittelten Temperaturen um 0,3 – 0,6 Grad Celsius angestiegen – eine Erhöhung, die mit den Ergebnissen von Klimamodellrechnungen übereinstimmt. Ungefähr die Hälfte dieser Erwärmung ereignete sich jedoch in der Zeit zwischen 1910 und 1940, als der Zunahme der Treibhausgase noch eine geringe Rolle zukam. Zwischen 1950 und 1975 fand sogar eine geringe Abkühlung statt.

Das drastischste Beispiel einer globalen Veränderung, die schon stattgefunden hat, ist die Entwicklung, die sich in den achtziger Jahren in den Frühjahrsmonaten über der Antarktis (September bis

Oktober) abzeichnete: die Entstehung des „Ozonlochs" in der Stratosphäre (dem Bereich der Atmosphäre zwischen der oberen Grenze der Troposphäre, der Tropopause, und etwa 50 Kilometern Höhe). Es handelt sich hierbei um eine Abnahme des Gesamtozons in diesen Breiten um mehr als 50 Prozent. Dieser Aspekt ist in dem Artikel von Richard S. Stolarski im vorliegenden Buch behandelt. Die Entdeckung des Ozonlochs von Wissenschaftlern des Britisch Antarctic Survey zählt zu den größten Überraschungen der Atmosphärenforschung in deren neuerer Geschichte. Es wurde nicht vorausgesagt, da das Wissen hierfür einfach nicht ausreichte und außerdem mehrere Umweltfaktoren in unerwarteter Weise verstärkt zusammenkamen. Einer davon, das Auftreten sehr niedriger Temperaturen in den Winter- und frühen Frühlingsmonaten, ist sogar auf einen natürlichen Prozeß zurückzuführen. Diese Entdeckung verdeutlicht die enorme Bedeutung, die den Aufzeichnungen von Umweltveränderungen zukommt, und die Notwendigkeit, diese auf die gesamte Welt auszudehnen. Einige neuere wissenschaftliche Arbeiten klärten inzwischen das Geheimnis des schnellen Ozonverlusts gerade in diesem Bereich der Atmosphäre. Ohne Zweifel ist die Abnahme auf photochemische, ozonzerstörende Reaktionen zurückzuführen, die durch reaktive Chlorverbindungen ausgelöst werden; diese bilden sich in der Stratosphäre durch Einwirkung der UV-Strahlung auf Fluorchlorkohlenwasserstoffe, wobei Chloratome (Cl) und Chlormonoxid (ClO) freigesetzt werden. Unter normalen Bedingungen ist das freigesetzte Chlor hauptsächlich in gasförmiger Salzsäure (HCl) und Chlornitrat ($ClNO_3$) gebunden, welche nicht mit Ozon reagieren. Bei Temperaturen unter etwa -80 Grad Celsius bilden sich in der Stratosphäre feste oder flüssige, aus Schwefelsäure, Salpetersäure und Wasser bestehende Teilchen, auf denen Salzsäure und Chlornitrat miteinander reagieren. Unter dem Einfluß der UV-Strahlung entstehen dann Chloratome und ClO, die durch katalytische Reaktionen zwei Ozonmoleküle in drei Sauerstoffmoleküle umwandeln ($2O_3 \rightarrow 3O_2$). Diese chemischen Ereignisse werden in diesem Buch besonders durch Toon und Turco erklärt. Vielleicht am auffälligsten an der Situation ist, daß das Ozonloch auf der anderen Seite der Erde auftritt, weitab von den Orten, an denen die Fluorchlorkohlenwasserstoffe in die Atmosphäre freigesetzt werden. Das Ozonloch ist somit das eindrucksvollste Beispiel für die mögliche Verbundenheit aller Gebiete und der Aktivitäten auf der gesamten Welt. Obwohl weit weniger markant als in der Antarktis, laufen nach neuesten Messungen auch in der arktischen winterlichen Stratosphäre ähnliche Vorgänge ab, wobei das Ozon auch hier zeitlich um 10 bis 20 Prozent zurückgegangen ist – dies veranschaulicht auch das Titelbild. Wegen der im Durchschnitt um 10 Grad Celsius wärmeren Temperaturen sind die ozonabbauenden Prozesse in der Arktis jedoch glücklicherweise viel weniger ausgeprägt als in der Antarktis.

In diesem Band aus der Reihe „Verständliche Forschung" haben wir eine Sammlung von Artikeln zusammengestellt, die während der vergangenen 15 Jahre in *Scientific American* beziehungsweise in dessen deutschsprachiger Ausgabe *Spektrum der Wissenschaft* erschienen sind und die sich mit großräumigen Umweltbelangen befassen. Alle Beiträge haben weltweit führende Wissenschaftler geschrieben.

Thomas E. Graedel und Paul J. Crutzen machen deutlich, wie sich unser Verständnis hinsichtlich des Ausstoßes, insbesondere des natürlichen Ausstoßes, einiger wichtiger Gase entwickelt hat. Früher nahm man oft an, die natürlichen Emissionen der meisten Spurenstoffe in der Atmosphäre seien sehr hoch, viel höher als die anthropogenen, das heißt durch menschliche Aktivitäten verursachten. Beispielsweise veranschlagte man vor 20 Jahren die natürlich freigesetzte Menge an gasförmigen reaktiven Stickstoffverbindungen (NO und NO_2) auf mehr als $1,4 \times 10^9$ Tonnen pro Jahr. Wie wir heute wissen, liegt sie um mehr als einen Faktor von 10 niedriger. (In der älteren Literatur ist schwer zu verstehen, wie diese Abschätzungen überhaupt zustande kamen.) Die ursprüngliche Schätzung der natürlichen Schwefelemission erwies sich gleichermaßen als zu hoch, allerdings lediglich um einen Faktor von 2. Der kalkulierte anthropogene Ausstoß reaktiver Stickstoff- und Schwefelverbindungen in die Atmosphäre für die frühen siebziger Jahre war in etwa richtig. Dies beweist: es ist immer leichter, die anthropogenen Emissionen einzuschätzen als die natürlichen. Seit damals sind diese Emissionen noch um etwa 40 Prozent gestiegen. Nach unserem heutigen Wissen sind die anthropogenen Emissionen reaktiver Stickstoff- und Schwefelverbindungen größer als die global zusammengefaßten natürlichen Quellen. Regional, über stark belasteten Gebieten, sind sie um ein Mehrfaches höher als die natürlichen.

Wie in den Artikeln von Graedel und Crutzen sowie Newell, Reichle und Seiler dargestellt, herrscht bezüglich CO auch heute noch Unsicherheit, allerdings scheinen für die Entstehung von Kohlenmonoxid zwei große anthropogene Quellen (das Verfeuern fossiler Brennstoffe und das Verbrennen von tropischer Biomasse) und zwei wichtige natürliche Quellen (die partielle Oxidation von Methan und sonstigen Kohlenwasserstoffgasen, die von der Vegetation abgegeben werden) zu existieren. Wie wir heute vermuten, sind die Industrieemissionen von Kohlenmonoxid durch die Verteuerung fossiler Brennstoffe nicht der wichtigste anthropogene Ausstoß von Kohlenmonoxid in die Atmosphäre. Unsere eigene Forschung während der letzten zehn Jahre zeigt, daß große Mengen an Kohlenmonoxid durch die Verbrennung trockener Vegetation (Savannengräser), landwirtschaftlichen Abfalls, Brennholzes und Abholzung in den Tropen und Subtropen) erzeugt werden.

Wie können wir von diesen Behauptungen so überzeugt sein? Der Hauptgrund dafür ist – entgegen der Meinung vor 25 Jahren –, daß wir heute in etwa verstehen, wie die Spurengase aus der Atmosphäre wieder entfernt werden: Sie reagieren hauptsächlich mit Hydroxylradikalen (OH) nach der Formel CO + OH $\rightarrow$ H + CO_2. Hydroxylradikale bilden sich, wenn durch Absorption ultravioleter Strahlung ein Ozonmolekül (O_3) in ein normales Sauerstoffmolekül (O_2) und ein energiereiches und damit hochreaktives Sauerstoffatom (O^*) gespalten wird; letzteres kann mit Wasserdampf (H_2O) unter Bildung von Hydroxylradikalen reagieren: $O^* + H_2O \rightarrow 2OH$.

Obwohl sich Messungen der Hydroxylradikale aufgrund ihrer geringeren Konzentrationen in der Atmosphäre (im Durchschnitt nur 3 auf 100 Billionen Luftmoleküle) als äußerst schwierig erweisen (zufriedenstellende Messungen wurden bisher nur in Einzelfällen, darunter auch durch deutsche Gruppen, durchgeführt), können ihre Konzentrationen in Modellen berechnet werden. Die sich hieraus ergebenden Durchschnittswerte lassen sich indirekt dadurch überprüfen, wie sie die globalen, an mehreren Stationen regelmäßig gemessenen Konzentrationen des nur industriell produzierten und durch Reaktionen mit Hydroxylradikalen konsumierten Methylchloroforms (CH_3CCl_3) zu erklären vermögen. Das Ozon in der Troposphäre und die ultraviolette Strahlung sind somit von Bedeutung, die Atmosphäre sauber zu halten, da sie beide das „atmosphärische Waschmittel" Hydroxyl bilden. Noch vor 20 Jahren wurde allgemein angenommen, daß die Ozonbildung im unteren Stockwerk der Atmosphäre als vernachlässigbar einzustufen sei. Heute wissen wir es besser. Ozon kann in der Troposphäre

9

auch durch photochemische Reaktionen bei der Oxidation von CO, CH_4 und den Kohlenwasserstoffen entstehen, wobei Stickstoffmonoxid (NO) und Stickstoffdioxid (NO_2), zusammen als NO_x bezeichnet, als Katalysatoren beteiligt sind. Dies kann nicht nur in stark belasteten Gebieten zur Ozonbildung führen, zum sogenannten „photochemischen Smog", sondern auch global das troposphärische Ozon erhöhen. Da das meiste Stickstoffmonoxid in die Atmosphäre der nördlichen Hemisphäre als Folge des Verkehrs und industrieller Aktivitäten freigesetzt wird, werden bedeutende Ozonmengen auf der Nordhalbkugel gebildet.

Im Labor lassen sich die Klimaänderungen, die sich in der Atmosphäre abspielen, natürlich bei weitem nicht nachvollziehen. So versuchen Wissenschaftler mit Hilfe von Gedankenexperimenten mittels Computermodellen das Klima auf der Erde zu simulieren. Die Kunst der Klimamodellierung und die Prognosen über die Entwicklung des zukünftigen Klimas sind die Themen von Stephen H. Schneider. Heute basieren die Voraussagen für zukünftige Klimaänderungen hauptsächlich auf Computermodellen, die das komplexe Wechselspiel von Atmosphärendynamik, Strahlung, Bewölkung, Niederschlägen, Energie-, Wasser- und Spurenstoffaustausch zwischen Biosphäre, Oberfläche und Atmosphäre sowie den Wärmetransport mit den Meeresströmungen so gut wie möglich, nach bestem Stand des Wissens und entsprechend der Verfügbarkeit der Computerressourcen berücksichtigen. Die Wissenschaftler versuchen ihre Modelle zu überprüfen, indem sie heutige und frühere Klimaperioden simulieren. Dies ist auch mit einigem Erfolg gelungen. Die Ergebnisse solcher Atmosphärenmodelle, mit denen man die Empfindlichkeit des Weltklimas gegenüber Änderungen in der Sonneneinstrahlung, dem stratosphärischen Staubgehalt, Spurengaskonzentrationen, Erdbahnparametern, Kontinentalverschiebungen, Höhe und Lage der Gebirgsketten und so weiter ableitet, sind jedoch mit Unsicherheiten behaftet. Ein Grundproblem dabei ist die Frage, ob die Modelle die zugrundeliegende Physik und insbesondere die Rückkoppelungen zwischen den Prozessen genau genug simulieren können. Einige Rückkoppelungen hat man gut im Griff, aber andere wichtige, insbesondere etwa den räumlich und zeitlich sehr variablen, fast chaotischen, Einfluß von Wolken, der sehr schwierig in einem Modell zu fassen ist, lassen sich nur schwer simulieren. Schneider diskutiert auch die möglichen klimatischen Folgen eines atomaren Weltkriegs, den sogenannten „nuklearen Winter". Es handelt sich hierbei um einen „Anti-Treibhauseffekt": Durch das Einbringen von großen Mengen schwarzen Rauches durch Brände in Städten, Industrien und Brennstofflagern in die Atmosphäre wird die Sonnenstrahlung schon hoch in der Tropo- und Stratosphäre aufgefangen, sie erreicht somit nicht mehr den Erdboden, und außerdem kann die in Richtung Weltall entweichende Wärmestrahlung nur in geringem Maße von den niedrigen Konzentrationen an Treibhausgasen in der oberen Troposphäre und Stratosphäre aufgenommen werden.

Der Treibhauseffekt ist keinesfalls ein Prozeß, der allein für die Erde typisch ist. Interessant ist in diesem Zusammenhang der Vergleich der Erde mit unseren Nachbarplaneten. Dieser Vergleich wird von Kasting, Toon und Pollack vorgenommen. Die Venus hat eine sehr dichte Atmosphäre mit sehr hohen Konzentrationen des Treibhausgases Kohlendioxid und somit einen sehr starken Treibhauseffekt; dadurch werden sehr hohe Temperaturen erreicht (ihre Oberflächentemperaturen betragen ungefähr 380 Grad Celsius), die Leben auf diesem Planeten unmöglich machen. Demgegenüber weist die Oberfläche des Mars – obwohl seine Atmosphäre mehr CO_2 enthält als die der Erde – sehr tiefe Temperaturen auf (im Durchschnitt liegen sie bei −7 Grad Celsius). Der Unterschied liegt hauptsächlich darin, daß die Marsatmosphäre nur sehr wenig Wasserdampf enthält und dieser Planet 1,5mal weiter von der Sonne entfernt ist als die Erde. Eine Untersuchung der unterschiedlichen Klimate auf Venus und Mars werfen somit Licht auf die Bedingungen auf der Erde. Eine mögliche Theorie, warum sich die chemische Zusammensetzung der Atmosphäre unserer Nachbarplaneten so abweichend entwickelt hat, wird gleichfalls im Artikel von James F. Kasting, Owen B. Toon und James G. Pollack dargestellt.

In geologischen Maßstäben betrachtet war die chemische Zusammensetzung der Atmosphäre niemals, selbst nicht vor dem Einfluß des Menschen, stabil (siehe die Artikel von Preston Cloud sowie von Thomas Staudacher und Philippe Sarda). Während der gesamten Erdgeschichte haben die natürlichen Prozesse, die mit dem Leben verknüpft sind (mikrobielle Tätigkeit, Tier und Pflanzen), die Zusammensetzung der Atmosphäre verändert; umgekehrt wurden auch die Lebensformen durch die Zusammensetzung der Atmosphäre beeinflußt. Es gab und gibt immer noch einen großen Stoffkreislauf zwischen der Lithosphäre (der Gesteinshülle der Erde), der Hydrosphäre (Wasserhülle) und der Atmosphäre.

Die Uratmosphäre enthielt wenig Sauerstoff. Gelangte ab und zu etwas Sauerstoff in die Atmosphäre, dann wurde er rasch wieder bei chemischen Reaktionen und von reduzierten Gasen aus Vulkanausbrüchen verbraucht sowie in zahlreichen weiteren Sauerstoffsenken in der Erdkruste abgelagert. Diese kleinen Mengen an freiem Sauerstoff waren Gift für das Leben, solange die Lebensformen keine Enzyme entwickelt hatten, die schädliche Produkte des oxidativen Stoffwechsels in unschädliche umsetzen konnten. Schließlich waren die Sauerstoffsenken in der Kruste gefüllt, organische Kohlenstoffverbindungen wurden in der Erdkruste abgelagert, und es erhöhte sich der Sauerstoffgehalt im System Atmosphäre-Ozean. Dieser Anstieg des atmosphärischen Sauerstoffs begann vor etwa zwei Milliarden Jahren und war erst vor etwa 400 Millionen Jahren abgeschlossen. Das heißt, daß in der Atmosphäre während der meisten Zeit des Erdbestehens keine oder viel geringere Sauerstoffmengen vorkamen, als es heute der Fall ist. Als Folge des Anstiegs des O_2-Gehalts konnte sich allmählich eine Ozonschicht entwickeln, die sich zunehmend verstärkte. Diese schirmte die Troposphäre und die Erdoberfläche immer besser gegen ultraviolette Strahlung ab, so daß sich neue Lebensformen, insbesondere an Land, zu entwickeln vermochten.

Der jetzige Kohlenstoffkreislauf der Erde, welcher bestimmend für den atmosphärischen CO_2-Gehalt ist, wird von George Woodwell in seinem Beitrag beschrieben. Obwohl der Aufsatz nicht die aktuellen Zahlen enthält (so wird zum Beispiel die industrielle CO_2-Emission heute auf 5,7 Milliarden und die aus tropischen Waldrodungen auf eine bis 3,5 Milliarden Tonnen Kohlenstoff geschätzt), zeigt er doch die wichtigsten Äste des CO_2-Flußdiagramms. Interessanterweise stehen die natürlichen Flüsse so sehr im Gleichgewicht miteinander, daß die quantitativ viel geringeren anthropogenen Störungen trotzdem zu einem deutlichen CO_2-Anstieg in der Atmosphäre führen können. Nur etwa 30 bis 50 Prozent des anthropogenen CO_2-Ausstoßes bleiben langfristig in der Atmosphäre. Obwohl bisher im allgemeinen angenommen wurde, der Rest werde hauptsächlich von den Weltmeeren aufgenommen, so deuten neueste Untersuchungen darauf hin, daß die kontinentale Biosphäre in mittleren Breiten zur Zeit eine erhebliche Nettosenke für CO_2 sein könnte. Die Wechselwirkung zwischen Pflanzen und atmosphärischem CO_2 wird in diesem Band von Fakhri A. Bazzaz und Eric D. Fajer behandelt.

In der gegenwärtigen erdgeschichtlichen Epoche, dem Quartär, spiegelt sich der für diese geologische Zeit charakteristische Wechsel von Warm- und Kaltzeiten in der chemischen Zusammensetzung der Atmosphäre wider. Das läßt sich an Luftblasen belegen, die in den Gletschern Grönlands und der Antarktis eingeschlossen sind; ihre Entstehung läßt sich bis vor ungefähr 200 000 Jahre zurückdatieren. Dieser Aspekt ist in den Artikeln von Stephen H. Schneider sowie Wallace S. Broecker und George H. Denton dargestellt. Die atmosphärischen Kohlendioxid- und Methankonzentrationen waren während der Kaltzeiten niedrig; das läßt vermuten, daß sie zu den Klimaänderungen beigetragen, nicht aber diesen entgegengewirkt haben. Bedeutet dies, daß die Eiszeiten durch Veränderungen in der Zusammensetzung der Atmosphäre ausgelöst wurden? Sicher nicht allein dadurch. Die Haupttriebkräfte sind Schwankungen in den jahreszeitlichen und räumlichen Verteilungen der Sonnenenergie, die auf die Erde eintrifft; diese werden durch Zyklen in der Eigenbewegung der Erde und in der Bewegung der Erde um die Sonne hervorgerufen. Die unterschiedlichen Eigenschaften der Sonneneinstrahlung bedingen Veränderungen in der Größe der Gletscher, der Zirkulation der Weltmeere und der Atmosphäre sowie der Temperatur und des Niederschlags, aus denen wiederum wichtige Effekte auf die Biosphäre, sogar auf die Tropenwälder resultieren (siehe den Artikel von Paul A. Colinvaux). Die Änderungen in der Biosphäre während der Kaltzeiten beeinflußten unter anderem den Kohlenstoffkreislauf und haben dabei offenbar zu verminderten Emissionen von Kohlendioxid (CO_2) und Methan (CH_4) geführt, wie aus der chemischen Zusammensetzung der in Gletscher eingeschlossenen Luftblasen hervorgeht. Broecker und Denton erklären, wie die Klimarückkoppelungen funktionieren könnten. Die beiden Artikel von Broecker zeigen darüber hinaus, wie bedeutende Klimaänderungen manchmal in relativ kurzen Zeiträumen auftreten; das deutet darauf hin, daß unser Klima viel weniger stabil sein dürfte, als wir in der Lage sind, uns aufgrund unserer normalen menschlichen Erfahrungen vorzustellen.

Auch die von der Sonne ausgestrahlte Energie ist veränderlich und beeinflußt das Klima der Erde. Dies wird im Artikel von Peter V. Foukal näher erläutert. So wird die „Kleine Eiszeit" zwischen 1350 und 1700 mit einer geringeren Sonnenaktivität in Zusammenhang gebracht. Der Elf-Jahres-Zyklus der Sonnenaktivität hat wahrscheinlich einen Einfluß auf die Gesamtmenge des stratosphärischen Ozons, da besonders die kurzwellige, ozonbildende Sonneneinstrahlung Änderungen ausgesetzt ist. Es ist auch wahrscheinlich, daß mit der Zeit die Energieausstrahlung der Sonne langsam zunimmt. So war sie am Anfang des Erdbestehens vor etwa 4,5 Milliarden Jahren vielleicht 20 Prozent schwächer, als es jetzt der Fall ist. Daß die Erde damals nicht völlig vereist war, wird mit den Vorkommen von erheblich höheren Konzentrationen von Treibhausgasen, insbesondere CO_2, in der Atmosphäre erklärt.

Vulkane können ebenfalls eine große Rolle bei der Ausprägung des Weltklimas spielen (siehe die Artikel von Henry und Elizabeth Stommel sowie von Michael R. Rampino und Stephen Self). Sie schleudern Staub und Gase in die Tropound Stratosphäre. Die Höhen, die dabei erreicht werden, hängen von der Explosionskraft der Eruption ab. Aschepartikel sind meistens so groß, daß sie ziemlich rasch ausfallen. Gasförmige Schwefeldioxidemissionen vermögen nach chemischen Umwandlungsprozesssen kleine beständige Schwefelsäurepartikel zu bilden. Mit dem Niederschlag werden diese Teilchen innerhalb eines Monats im Zeitraum von Tagen aus der Troposphäre ausgewaschen; allerdings können jene Partikel, die in die Stratosphäre gelangen, dort Monate oder Jahre verbleiben. Da sie die Sonnenstrahlung reflektieren und Wärmestrahlung von der Erdoberfläche absorbieren, heizen sie zwar die Schicht auf, in der sie sich befinden, führen aber zu einer Abkühlung der Erdoberfläche. Wie man weiß, stiegen während der Eiszeiten die Mengen an Staub in der Atmosphäre an, es ist jedoch nicht bekannt, ob der erhöhte Staubgehalt eine Ursache für die Kälteperioden oder nur ein zufälliges Ergebnis aufgrund der geringeren Vegetationsbedeckung und entsprechend mehr nackten Bodens während dieser Phase ist. Jedenfalls kann auch dieser Faktor verstärkend auf die Klimaänderungen der Eiszeit gewirkt haben.

Dieses Jahrhundert zeichnet sich vorwiegend (besonders in der Zeit von 1915 bis 1979) durch eine ungewöhnlich niedrige vulkanische Aktivität aus. Entsprechend wurde der mittelstarke Ausbruch des El Chichón in Mexiko im Jahr 1982 ausgiebig untersucht. Der Ausbruch des Pinatubo-Vulkans auf den Philippinen im Jahr 1991 brachte etwa dreimal so viel Schwefelsäure in die Atmosphäre wie El Chichón. Eine wesentlich stärkere Vulkanaktivität und Eruptionen mit größeren Mengen an ausgeworfenem Material traten im vorigen Jahrhundert auf: das Volumen an Asche und Bimsstein, das der Krakatau in Indonesien bei seinem Ausbruch im Jahr 1883 emporschleuderte, war 30mal größer als das des El Chichón, die Menge des Tambora auf der Insel Bali im Jahr 1815 sogar 300mal größer.

Obwohl meteorologische Messungen damals nicht vorgenommen wurden, nimmt man heute an, daß sich der Staub und die Gase, die beim Ausbruch des Tambora in die Stratosphäre gelangten, an vielen Orten mittlerer, nördlicher Breiten erheblich auf das Wetter des folgenden Sommers auswirkten. Henry und Elizabeth Stommel bezeichnen das Jahr 1816 als ein „Jahr ohne Sommer". Wenngleich die mittleren Monatstemperaturen maximal nur ein paar Grad unter normal abfielen, setzte sich die Witterung aus Phasen üblicher sommerlicher Wärme zusammen, die durch häufigere und strenge kalte Abschnitte unterbrochen wurden. Große Gebiete, wie etwa die Neuenglandstaaten in den USA, wiesen während jenes Sommers fast jeden Monat Frost auf, der sich natürlich in ernsthaften Ernteeinbußen und Hungersnöten bemerkbar machte. Dies verdeutlicht, daß ein einzelner Vulkan das Klima beeinflussen kann. Es ist auch ein ernsthafter Hinweis dafür, die klimatischen Folgen eines Atomkrieges, welche Vulkanexplosionen als vernachlässigbare Größen erscheinen lassen, als Abschrekkung gegen einen Atomkrieg ernsthaft in Betrachtung zu ziehen (siehe den Artikel „Klimamodelle" von Stephen H. Schneider in diesem Band sowie „Die klimatischen Auswirkungen eines Nuklearkrieges" von Richard P. Turco, *Spektrum der Wissenschaft*, Oktober 1984). Obwohl in geologischen Zeiträumen gesehen die Vulkanaktivität auf der Erde sehr langsam abnehmen sollte, können sich die Verhältnisse von vor ein paar Jahrhunderten durchaus wiederholen.

Der Ausbruch des El Chichón zeigte deutliche Wirkungen und ist gut dokumentiert, aber es mag ungewöhnlich sein, da die Eruption explosionsartig erfolgte und zudem große Mengen an Schwefel freigesetzt wurden. Die emporgeschleuderte Masse könnte somit einen relativ starken Einfluß auf die Atmosphäre gehabt haben (siehe den Artikel von Michael R. Rampino und Stephen Self). Die vulkanische Wolke in der Stratosphäre umrundete mehrmals die ganze Erdkugel. Erhöhte Schwefelkonzentrationen in der Stratosphäre waren noch einige Jahre nach der Eruption feststellbar. Nach dem Vulkanausbruch erwärmte sich das obere Stockwerk der Atmosphäre im Bereich des Äquators um vier Grad Celsius. Die oberflächennahe Luft kühlt sich im allgemeinen im Zeitraum von ein bis drei Jahren nach Eruptionen um 0,1 bis 0,3 Grad Celsius ab. Diese Temperaturveränderungen können den vertikalen Transport durch Luftmassen und den horizontalen Transport durch Winde modifizieren. Man vermutet einen Zusammenhang zwischen dem Schwefelgehalt bei Vulkanausbrüchen und kühlerem Klima; beispielsweise wurde in Grönland während der „Kleinen Eiszeit" zwischen 1350 und 1700 relativ saures Eis abgelagert. Wie im Artikel von Robert J. Charlson und Tom M. Wigley erläutert wird, bewirkt die Verbrennung schwefelhaltiger Kohle und Öl auch in der Troposphäre durch die Bildung von Sulfatpartikeln gleichfalls eine abkühlende Wirkung auf das Klima, welche die vorher besprochene anthropogene Treibhausgaserwärmung bedeutend geschwächt hat. Nachdem dieser Effekt in die Klimamodelle eingeführt wurde, ist die Übereinstimmung zwischen den von den Modellen berechneten und beobachteten räumlichen Verteilungen und den Werten der globalen Temperaturveränderungen deutlich besser geworden. Die Übereinstimmung wurde weiter verbessert, nachdem auch der Einfluß der Ozonänderungen berücksichtigt wurde.

Die Variabilität von Wetter läßt sich vielleicht am besten an Dürreperioden erkennen. Der Artikel von Michael H. Glantz betont, daß die Menschen aufgrund des Bevölkerungswachstums immer stärker dazu gedrängt werden, Randgebiete für Landwirtschaft und Viehzucht und damit dürreanfällige Regionen zu nutzen. Der mittlere Jahresniederschlag in solchen Gebieten mag für den Anbau von Getreide zwar durchaus ge-

nügen, doch können die Niederschlagsverteilung im Laufe eines Jahres ebenso wie die absolute Regenmenge zwischen den Jahren erheblichen Schwankungen unterworfen sein. In manchen Jahren fällt mehr Regen als im Mittel, aber in den meisten Jahren weniger, in einigen sogar erheblich weniger. Dürre ist in diesen Gebieten somit ein unregelmäßig auftretendes, aber immer wiederkehrendes Phänomen, die Regierungen der betroffenen Länder sollten deshalb häufige Trockenheiten einplanen. Es gibt in diesem Zusammenhang viele Spekulationen über Rückkoppelungen zwischen der Aktivität des Menschen und dem Klima derart dürreempfänglicher Gebiete, insbesondere darüber, ob der Mensch die Wüstenbildung in erheblichem Maße fördert, indem er eine geänderte Bodennutzung einführt, welche Wasser schneller abfließen läßt (zum Beispiel Waldrodung). Allerdings ist die Vergrößerung und Verkleinerung von Wüsten ebenfalls eine natürliche Konsequenz der Klimaänderungen. Sie kann aber durch globale, von Menschen verursachte Klimaänderungen beeinflußt werden.

Wenngleich sich die Atmosphäre ständig verändert und nie einen stabilen Zustand erreicht hat, so betonen Thomas E. Graedel und Paul J. Crutzen in ihrem Artikel doch die in diesem Jahrhundert eingetretene auffallende Beschleunigung des Tempos. Der anthropogene Ausstoß an Spurenstoffen hat dazu geführt, starke Veränderungen in der Atmosphäre offensichtlich werden zu lassen; und wir haben sicherlich Grund zu der Annahme, eine Fortsetzung dieses Tempos könnte sich als gefährlich erweisen. Die wohl dramatischste Entwicklung war die Bil-

dung des antarktischen Ozonlochs, welches im Artikel von Richard S. Stolarski beschrieben ist. Besonders dieses Ereignis deutet auf die dringende Notwendigkeit hin, den Staaten der Welt Quoten für die Emissionen aller Spurenstoffe vorzuschreiben, die sie in die Atmosphäre abgeben dürfen. Da die Emissionen von Spurenstoffen globale Auswirkungen zeigen, können allein die gemeinsamen Anstrengungen vieler Länder hoffen lassen, daß ein Fortschritt in Richtung auf die Regelung ihrer Verwendung erzielt wird und so weitere Veränderungen oder Schäden der Umwelt begrenzt werden. Ein Beispiel einer konzentrierten internationalen Aktion in dieser Richtung ist das vor kurzem getroffene Übereinkommen, die Produktion mehrerer chlorhaltiger organischer, industrieller Produkte, insbesondere $CFCl_3$, CF_2Cl_2, CCl_4, $C_2F_3Cl_3$ und CH_3CCl_3, bis Anfang 1996 einzustellen. Obwohl dadurch die Ozonschicht nicht unmittelbar geheilt wird (das wird wegen der langen atmosphärischen Lebensdauer der oben genannten Stoffe etwa hundert Jahre dauern), ist doch ein wichtiger Anfang zum Schutz der Erdatmosphäre gemacht worden.

William C. Clark erörtert in seinem Artikel, was es heißt, uns gegenüber unseren Nächsten und unseren Nachkommen verantwortlich zu verhalten hinsichtlich der Auswirkungen, die unsere Lebensweise für die Umwelt bedeutet. In der Vergangenheit war das Klima auf der Erde zu unterschiedlichen Zeiten sowohl wesentlich kühler als auch erheblich wärmer als heute. Variabilität ist sowohl in bezug auf Wetter als auch hinsichtlich Klima die Regel, aber der Mensch hat durch seine Aktivitäten sicherlich das Risiko einer plötzlichen Klimaveränderung, höchstwahrscheinlich einer plötzlichen Erwärmung, erhöht. Nach Meinung einiger Forscher weist die Erde zwei oder drei stabile Zustände auf und zeigt zwischen diesen abrupte Übergänge. Möglicherweise kann der Mensch durch sein Handeln eine solche Änderung zwischen den Klimastadien auslösen. Die Menschheit ist bei einer weiteren Zunahme der Erdbevölkerung mit Sicherheit schlechter dazu in der Lage, sich erfolgreich an Klimaänderungen anzupassen. Es bestehen Gefahren für ihre Fähigkeit, mit Klimaänderungen ohne schwere Katastrophen oder Hunger zurechtzukommen. Beispielsweise vermindern sich die Chancen, daß die Menschen ihre ackerbaulichen Tätigkeiten verlagern und weiträumigen Hunger vermeiden können, wenn die Menge an Ackerland schwindet, die pro Person verfügbar ist, sobald sich die Klimazonen auf der Erde verschieben. Große Völkerwanderungen wie in der Vergangenheit sind durch die globale Überbevölkerung nicht mehr möglich. Die Artikel in diesem Band aus der Reihe „Verständliche Forschung" erörtern das Potential für relativ schnelle Änderungen innerhalb weniger Jahrzehnte bis maximal einem Jahrhundert; demnach sollte den Bürgern dieser Welt und den Regierungen der Staaten daran gelegen sein zu handeln, um zu versuchen, solche Veränderungen zu vermeiden oder zumindest mit den Folgen solcher Klimaänderungen zurechtzukommen.

Das Thema der globalen Erwärmung der Erde durch die Zunahme der Treibhausgase in der Atmosphäre zieht nicht nur wissenschaftliche, sondern auch öffentliche und weltweite politische Beachtung auf sich. Als wichtige internationale Zusammenfassung des gegenwärtigen Wissens über mögliche zukünftige Klimaänderungen seien hier die wissenschaftlichen Berichte des Intergovernmental Panel on Climatic Change (IPCC, des Ausschusses der Staaten über Klimaveränderungen) unter der Schirmherrschaft des United Nations Environmental Program (UNEP, des Umweltprogramms der Vereinten Nationen) genannt. Diese Berichte dienen als Vorlagen zu den globalen Umweltkonferenzen (1992 Rio de Janeiro; 1995 Berlin; 1998 Tokyo). Die Zusammenfassung des letzten Berichtes aus dem Jahre 1995 ist diesem Buch beigefügt. Außer Vorschlägen für notwendige zukünftige Forschungsansätze geht es bei diesen Konferenzen hauptsächlich um die Diskussion der Möglichkeiten, wie sich eine Übereinkunft über eine Begrenzung der zukünftigen Freisetzung der Treibhausgase in die Atmosphäre zwischen den Regierungen der einzelnen Länder erreichen läßt. Nach Informationen des World Energy Council wird es nur wenigen Industrieländern (Frankreich, Großbritannien und Deutschland) gelingen, das Ziel, zum Jahre 2000 die CO_2-Emissionen auf die des Jahres 1990 zurückzubringen, zu erreichen. Nach Empfehlung der Enquete-Kommission „Vorsorge zum Schutz der Erdatmosphäre" des Bundestages tritt die Regierung der Bundesrepublik Deutschland für eine Reduzierung des Kohlendioxidausstoßes um 25 Prozent bis zum Jahr 2005 ein. (Dies Ziel wird wohl nicht erreicht, siehe Nachwort von der Umweltministerin Angela Merkel.)

Trotz Enttäuschung über die bisher erreichten Resultate sind solche internationalen Abkommen dringend nötig, diesen steht allerdings noch erheblicher Widerstand gegenüber. Eines ihrer Argumente gegen eine internationale Verabschiedung über die Einschränkung der Freisetzung von Treibhausgasen ist, daß das wissenschaftlich abgesicherte Wissen noch zu unvollständig sei; dadurch wären die Voraussagen über zukünftige Klimaänderungen zu unsicher, um irgendwelche Handlungen zu rechtfertigen. In der Tat ist dies der Fall. Aber man sollte gleich hinzufügen, daß dies bedeuten kann, daß die zukünftige Klimaentwicklung sowohl günstiger als auch ungünstiger ablaufen könnte, als man heute schätzt. Die völlig unerwartete Entwicklung des Ozonlochs sollte hier als Warnzeichen gelten.

Schneider führt für die heutige Situation folgenden Vergleich an: Modelle im speziellen und Wissenschaft im allgemeinen geben der Menschheit einen trüben Kristall in die Hand, in dem sie den Einfluß unseres Handelns auf die Zukunft sehen kann. Der letzte IPCC-Bericht deutet auf eine Klärung des Kristalls und behauptet mit gewisser Vorsicht, daß der Einfluß menschlicher Aktivitäten in den Klimadaten zu erkennen sei (siehe beigefügte Zusammenfassung). Die Hauptfrage ist, wie lange wir noch die Probleme weiter studieren und das Wissen vermehren sollten – tatsächlich, den Kristall feiner polieren können – , ohne verstärkt zu handeln? Der Artikel von Malte Faber, Frank Jöst, John Proops und Gerhard Wagenhals geht auf die komplexen wirtschaftlichen Aspekte der CO_2-Emissionsmaßnahmen ein.

Die Entwicklung der Atmosphäre aus dem Erdmantel

Aus den Isotopenverhältnissen der Edelgase in vulkanischen Gesteinen
läßt sich schließen, daß die irdische Lufthülle bereits in den ersten 100 Millionen Jahren
der Erdgeschichte durch Entgasung des oberen Erdmantels entstanden ist und daß dessen
Material sich seither nur wenig mit dem des unteren Mantels vermischt hat.

Von Thomas Staudacher und Philippe Sarda

Die zweite Hälfte des 20. Jahrhunderts hat auf vielen wissenschaftlichen Gebieten und insbesondere in den Erdwissenschaften bedeutende neue Erkenntnisse gebracht. So löste die Theorie der Plattentektonik in den fünfziger Jahren eine Revolution in der Vorstellung von Aufbau und Dynamik der Erde aus, die sämtliche Bereiche der Geowissenschaften erfaßte. Außerdem ermöglichten immer raffiniertere physikalische und chemische Meßmethoden, unseren Planeten gründlicher denn je zu durchleuchten. Mit am aussagekräftigsten sind Verfahren, die sich zunutze machen, daß von den meisten chemischen Elementen mehrere Isotope (Atome unterschiedlicher Masse) existieren, die als Markierungsstoffe oder – wie man nach dem englischen Wort sagt – Tracer vielfache Rückschlüsse auf Stoffkreisläufe und die Entwicklungsgeschichte unseres Planeten erlauben.

Beispielsweise können gewisse radiogene Isotope, die beim radioaktiven Zerfall entstehen, als erdgeschichtliche Chronometer dienen. Ihnen ist es zu verdanken, daß sich die relative Zeitskala, die früher anhand von Schichtfolgen und Fossilien aufgestellt worden war, in eine absolute umwandeln ließ. Durch sie kennen wir auch das Alter der Erde von 4,55 Milliarden Jahren. Isotope liefern aber noch weitaus mehr Informationen.

Genauso wie in der Medizin mit radioaktiv markierten Molekülen als Tracern beispielsweise Stoffwechselprozesse im menschlichen Körper erforscht und verfolgt werden, dienen Isotope den Geochemikern als Indikatoren, um Vorgänge im Inneren des ansonsten unzugänglichen Erdballs aufzuklären. Pionier dieser Methoden war Gerald Wasserburg am California Institute of Technology in Pasadena. In Europa wurden sie unter anderem von Claude J. Allègre am Laboratoire de Géochimie et Cosmochimie des Institut de Physique du Globe in Paris weiterentwickelt.

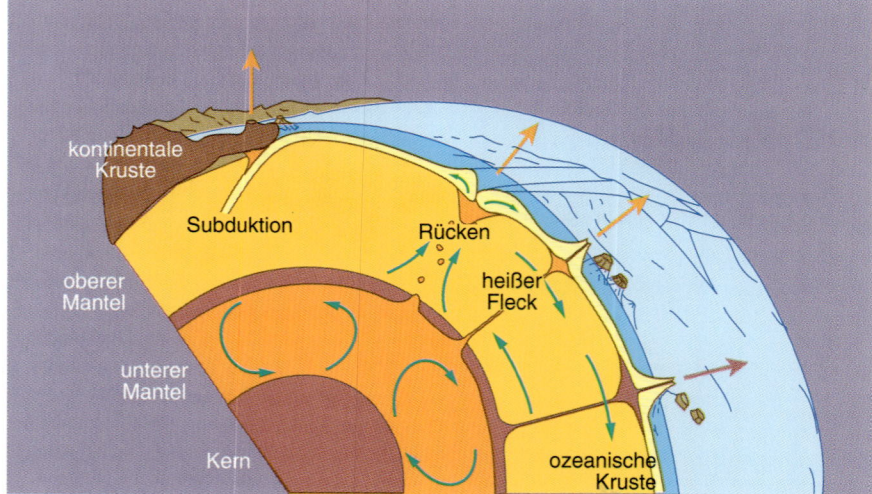

Bild 1: Dieser Schnitt durch die Erde zeigt deren Schichtstruktur und die plattentektonischen Vorgänge. Die Erdkruste zerfällt in einzelne Platten, die gewissermaßen auf dem zähplastischen Erdmantel schwimmen und sich relativ zueinander bewegen. An den mittelozeanischen Rücken, einer riesigen submarinen Vulkankette von etwa 60 000 Kilometern Länge, driften jeweils zwei Platten seitlich voneinander weg, so daß Gestein aus dem äußeren Mantel empordringt und zu neuer Kruste erstarrt. Diesem Gestein können kleine, variable Mengen von Material aus dem unteren Mantel beigemengt sein, der sich in 670 bis 2900 Kilometern Tiefe befindet. Wo eine ozeanische Platte mit kontinentaler Kruste kollidiert, taucht sie in den Erdmantel ab – ein Vorgang, der als Subduktion bezeichnet wird. An sogenannten Hot Spots oder heißen Flecken steigt dagegen Material des unteren Mantels in einem gewaltigen pilzförmigen Aufstrom – einem sogenannten Plume – direkt zur Oberfläche auf und erzeugt Ketten von Vulkaninseln inmitten der darüber hinweggleitenden ozeanischen Platte. Das Plume-Material kann auf dem Weg durch den oberen Mantel geringe Gesteinsmengen von dort aufnehmen. An den Plattengrenzen und Hot Spots entweichen noch heute Gase aus dem Erdmantel in die Atmosphäre. Der obere wie der untere Mantel wird durch wärmebedingte gigantische Konvektionsströmungen umgewälzt.

Dieser Artikel ist im Februar 1993 in *Spektrum der Wissenschaft* erschienen.

Anders als in der Medizin können Isotope allerdings nicht als Markierungsstoffe ins Erdinnere gebracht werden. Vielmehr sind Geochemiker für ihre Untersuchungen auf Paare von radioaktiven Mutter- und radiogenen Tochter-Isotopen angewiesen, die von Natur aus in irdischen Materialien vorkommen.

Solche Tracer-Paare erlauben es, die verschiedenen Erdschichten – im wesentlichen die starre Schale oder Lithosphäre, den Mantel und den Kern – gleichsam mit einer isotopischen Farbe zu kennzeichnen, die sich als charakteristisches Isotopenverhältnis darstellt. Sie geben aber auch Aufschluß darüber, wie und wann die Schichten sich trennten und wie lange dieser Vorgang dauerte.

Nach allgemeiner Überzeugung entstanden die inneren Planeten des Sonnensystems – Merkur, Venus, Erde und Mars – durch die Kollision einer Unzahl kleiner Körper, wie sie auch heute noch in Form von Meteoriten mit der Erde zusammenstoßen (siehe „Planetesimals – Urstoff der Erde" von George Wetherill, Spektrum der Wissenschaft, August 1981, Seite 106). Unter dem Einfluß der kinetischen Energie, die bei der Kollision der Kleinkörper frei wurde, und der Wärme, die beim Zerfall radioaktiver Elemente entsteht, schieden sich die Bestandteile der Urplaneten und sammelten sich in getrennten Reservoiren (Bild 2).

Bei dieser Differenzierung wurden insbesondere auch die chemischen Elemente umverteilt. So ballten sich im Inneren unseres Planeten die besonders schweren Elemente Eisen und Nickel zu einer metallischen Phase zusammen und bildeten den Erdkern. Elemente, die sich zu zunächst schmelzflüssig vorliegenden Gesteinen geringer Dichte wie Granit verbanden, häuften sich in den auf der Oberfläche erstarrenden Kontinenten an. Diese schwammen gleichsam auf dem etwas schwereren, zähplastischen Gesteinsmaterial des Erdmantels.

Bei diesem Umschichten und Seigern der Urerde entwich ein großer Teil der in den Planetesimals enthaltenen leichtflüchtigen Stoffe und umgab den Planeten mit einer Gashülle. Diese Uratmosphäre war also ein Sekundärprodukt und hatte als solches eine ganz andere Zusammensetzung als der solare Nebel, aus dem das Sonnensystem kondensierte, oder die äußeren Gasplaneten Saturn, Jupiter und Uranus, die hauptsächlich aus Wasserstoff und etwas Helium bestehen. Hauptkomponenten der Gashüllen um die inneren Planeten waren Kohlendioxid, Stickstoff und Wasserdampf.

Auf der Erde kondensierte, als sie abzukühlen begann, der Wasserdampf und sammelte sich in den Meeren. Durch den entstehenden meteorologischen Wasserkreislauf wurde dann allmählich das Kohlendioxid aus der Atmosphäre ausgewaschen und als Carbonat im Boden gebunden. Schließlich assimilierten die pflanzlichen Lebewesen bei der Photosynthese atmosphärisches Kohlendioxid und gaben statt dessen Sauerstoff ab. So nahm die Erdatmosphäre erst im Laufe der Zeit ihre heutige Zusammensetzung an (siehe „Die Geschichte der Erdatmosphäre" von Manfred Schidlowski, Spektrum der Wissenschaft, April 1981, Seite 16).

Außer Kohlendioxid, Stickstoff und Wasserdampf, deren Mengen sich seither teils beträchtlich verändert haben, enthielt die Uratmosphäre allerdings auch Spuren der Edelgase Helium, Neon, Argon, Krypton und Xenon. Im Unterschied zu den Hauptbestandteilen der einstigen Lufthülle gehen diese Gase in der Natur keine chemischen Verbindungen ein. Da sie sich somit unverändert in der Atmosphäre erhalten haben und zudem relativ leicht aus allen Materialien entweichen, bilden sie ideale Tracer für die Erforschung des Gasaustausches zwischen fester Erde und Atmosphäre.

Orte dieses Gasaustausches sind insbesondere die mittelozeanischen Rükken, wo sich jeweils zwei Lithosphärenplatten trennen und Gesteinsschmelze, die aus dem Mantel in die entstehende Lücke aufsteigt, zu neuer Lithosphäre erstarrt (Bild 1). Im Pariser Edelgaslaboratorium haben wir an etwa 150 Basaltproben von mittelozeanischen Rücken und 50 Gesteinsproben verschiedener Vulkaninseln die Konzentration und das Verhältnis der Edelgas-Isotope ermittelt. Die Analysen lieferten aufschlußreiche Informationen über die Entstehung der Atmosphäre und die innere Struktur und Zusammensetzung der Erde.

Edelgase als Indikatoren für das Alter der Atmosphäre

Wichtig ist, daß sich das Mengenverhältnis der Isotope von schweren chemischen Elementen beim teilweisen Aufschmelzen oder Auskristallisieren des Gesteinsmaterials praktisch nicht verändert. Wenn man zum Beispiel natürliches Argon betrachtet, das aus drei Isotopen mit den Massenzahlen 36, 38 und 40 besteht, so sollte das Mengenverhältnis von Argon-40 zu Argon-36, das wir im Basalt eines Vulkans finden, das gleiche sein wie an der Stelle im Erdmantel, an der die Lava durch partielles Aufschmelzen entstanden ist.

Mark D. Kurz und Bill Jenkins vom Ozeanographischen Institut in Woods

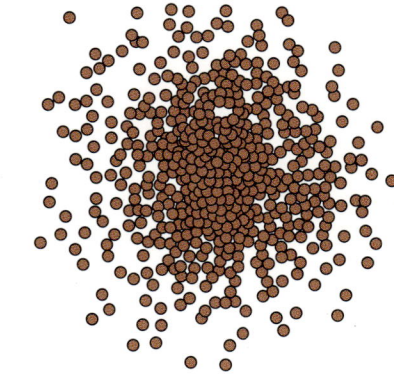

vor 4,55 Milliarden Jahren

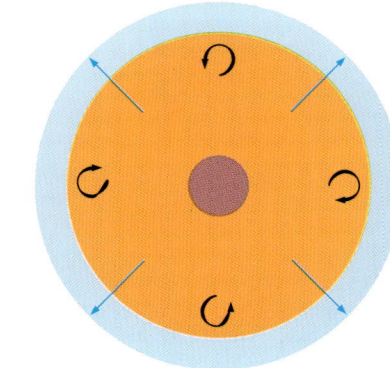

vor 4,5 Milliarden Jahren

vor 4,4 Milliarden Jahren

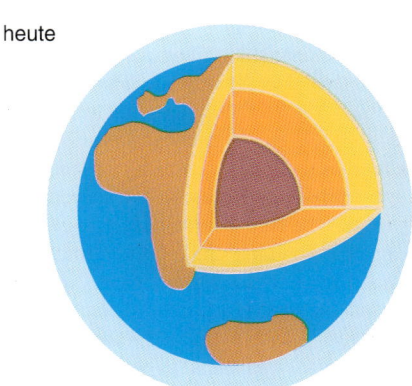

heute

Bild 2: Die Erde entstand durch Zusammenballung vieler kleiner Objekte (sogenannter Planetesimals). Als der rohe Erdkörper sich differenzierte und seine heutige Schichtstruktur annahm, entwichen aus den äußeren Bereichen die gasförmigen Bestandteile und schufen die Atmosphäre.

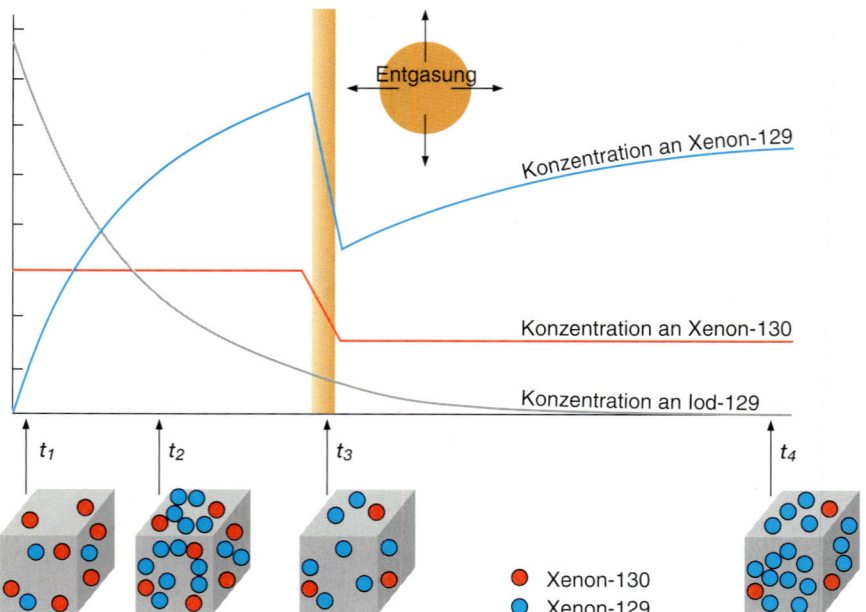

Bild 3: Zeitlicher Verlauf der Konzentration an Xenon und Iod-129 im oberen Erdmantel. Iod-129 wandelt sich durch radioaktiven Zerfall in Xenon-129 um, so daß sich das Mengenverhältnis von Xenon-129 zu Xenon-130 mit der Zeit (t) kontinuierlich erhöht hat. Als der obere Mantel ausgaste – hier vereinfacht als momentanes Ereignis zum Zeitpunkt t_3 dargestellt –, entwichen beide Xenon-Isotope. Ihr damaliges Mengenverhältnis hat sich seither in der Atmosphäre erhalten. Im oberen Erdmantel hat das Xenon-Isotopenverhältnis durch den Zerfall des verbliebenen Iod-129 seither jedoch weiter zugenommen. Sein heutiger Wert erlaubt, den Zeitpunkt der Ausgasung zu bestimmen: Sie muß noch vor dem völligen Zerfall von Iod-129 stattgefunden haben, also spätestens 170 Millionen Jahre nach der Entstehung der Erde.

Hole (Massachusetts) haben nachgewiesen, daß dies in den Basalten der mittelozeanischen Rücken oder kurz MORBs (nach englisch *mid-ocean ridge basalts*) sogar für das leichte Helium gilt. Da diese aus Mantelmaterial gebildeten Basalte geologisch sehr jung sind, haben sich ihre Isotopenverhältnisse seit ihrer Verfestigung am Meeresboden nicht durch radioaktiven Zerfall geändert. Durch Analyse der in den MORBs eingeschlossenen Edelgase kann man also die heutigen Isotopenverhältnisse im Erdmantel ermitteln.

Mit Unterstützung von André Lecomte haben wir am Institut de Physique du Globe zwei Edelgasspektrometer, Aresibo I und II, in Betrieb genommen, mit denen sich die Konzentrationen und Isotopenverhältnisse aller in Gesteinen enthaltenen Edelgase ermitteln lassen. Im Jahre 1982 gelang uns damit erstmals der Nachweis, daß das Mengenverhältnis der Xenon-Isotope (mit den Massenzahlen 124, 126, 128 bis 132, 134 und 136) in den basaltischen Gläsern von mittelozeanischen Rücken von dem in der Atmosphäre verschieden ist.

Eines der Isotope, nämlich Xenon-129, ist besonders interessant. Die höchsten Isotopenverhältnisse $^{129}Xe/^{130}Xe$, die wir in diesen Gläsern messen konnten, liegen bei 7,7 – gegenüber 6,5 in der At-

mosphäre. Derart hohe Werte sind noch in keinem anderen irdischen Gestein gefunden worden und bisher nur von Meteoriten bekannt.

Xenon-129 entsteht durch den radioaktiven Zerfall von Iod-129 (siehe Kasten auf Seite 18). Dessen Halbwertszeit ist mit 17 Millionen Jahren im Vergleich zum Alter der Erde extrem kurz. Deshalb existiert natürliches Iod-129 heute nicht mehr – man sagt, es sei ausgestorben. Unter diesen Umständen aber bedeutet ein erhöhtes $^{129}Xe/^{130}Xe$-Verhältnis in den ozeanischen Basalten, daß der allergrößte Teil der Atmosphäre bereits aus dem Erdmantel ausgast war, als dieser noch Iod-129 enthielt; das Iod wandelte sich erst nach der Hauptausgasung in Xenon-129 um und erzeugte so die heute gemessenen hohen Anteile dieses Isotops (Bild 3). Wäre vor der Entstehung der Atmosphäre bereits alles Iod-129 zerfallen gewesen, würden wir in Erdmantel und Atmosphäre die gleichen Isotopenverhältnisse messen.

Ein radioaktives Isotop gilt als ausgestorben, wenn ungefähr zehn Halbwertszeiten verstrichen sind. Im Falle des Iod-129 sind das 170 Millionen Jahre. Demnach muß sich der Hauptteil der Atmosphäre spätestens 170 Millionen Jahre nach der Entstehung der Erde gebildet haben.

Wegen der kurzen Lebensdauer von Iod-129 bleibt die Aussagekraft des Isotopenpaars $^{129}I/^{129}Xe$ allerdings auf diese frühe Zeitspanne beschränkt. Doch kann ein anderes Edelgas, das Argon, Auskunft über den anschließenden Zeitraum geben. Kalium-40 bildet nämlich einerseits durch radioaktiven Beta-Zerfall Calcium-40, andererseits durch Elektronen-Einfang Argon-40 (siehe Kasten auf Seite 18). Seine Halbwertszeit von 1,25 Milliarden Jahren ist mit dem Alter der Erde vergleichbar. Mit Hilfe von Argon läßt sich daher die gesamte Entgasungsgeschichte des Erdmantels übersehen – allerdings mit wesentlich geringerer zeitlicher Auflösung als beim Xenon.

Tatsächlich ist in MORBs auch Argon-40 gegenüber der Atmosphäre angereichert – und zwar teilweise beträchtlich. Während die irdische Lufthülle ein $^{40}Ar/^{36}Ar$-Verhältnis von 296 hat, konnten wir in mittelozeanischen Basaltgläsern vielfach Werte von mehr als 20 000, ja in einigen Fällen sogar um 30 000 nachweisen (Bild 4).

Keineswegs trivial: die Meßtechnik

Damit solche Analysen wirklich zuverlässig sind, bedarf es einer ausgeklügelten Meßtechnik. In unserem Laboratorium werden die Glasproben entweder stufenweise bei immer höheren Temperaturen entgast oder unter Ultrahochvakuum zerstoßen und die dabei entweichenden Edelgase direkt in einem Massenspektrometer gemessen. Beide Methoden sollen verhindern, daß Kontaminationen mit im Meerwasser gelösten atmosphärischen Edelgasen bei der Messung mit erfaßt werden.

Die mittelozeanischen Basalte entstehen am Meeresboden in bis zu mehreren Kilometern Tiefe. Nun enthält Meerwasser relativ große Mengen gelöster atmosphärischer Edelgase, die sich mit denen in den Basalten mischen können. Einer der Gründe, warum wir ausschließlich die äußeren, glasartigen Bereiche der MORBs (siehe Bild 6) verwenden, liegt darin, daß diese sich beim Kontakt der ausströmenden Lava mit dem Meerwasser schlagartig bilden, wobei die enthaltenen Edelgase praktisch in ihnen eingesiegelt werden. Das Innere der am Meeresboden austretenden Basaltströme erstarrt dagegen langsam und kristallisiert dabei aus, so daß vor der Verfestigung ein Teil der Edelgase durch Risse in der äußeren glasigen Schicht entweichen kann. Außerdem wird das Gestein während der Kristallisation von Meerwasser durchtränkt und von den darin gelösten

Edelgasen regelrecht überschwemmt: Immerhin enthält Meerwasser ungefähr 5000mal mehr Argon als das gleiche Volumen Basalt.

Im Gegensatz dazu nehmen die basaltischen Gläser kein Meerwasser auf und werden auch nicht davon angegriffen oder zersetzt; die in ihnen eingeschlossenen magmatischen Gase sind daher auf lange Zeit vor jeder Kontamination geschützt.

Werden die Edelgase nun durch stufenweises Erhitzen der Gläser unter Hochvakuum allmählich ausgetrieben, zeigt sich im allgemeinen, daß das Argon in den Niedertemperaturfraktionen isotopisch dem in der Atmosphäre nahekommt. Offenbar handelt es sich um Argon aus der Luft, das durch Adsorption relativ schwach an die Oberfläche des Gesteins gebunden ist. Erst wenn man die Entgasungstemperatur auf 900 bis 1000 Grad Celsius erhöht und die Gläser aufschmelzen, wird Argon mit einem sehr hohen $^{40}Ar/^{36}Ar$-Verhältnis freigesetzt. Ähnliches gilt auch für die anderen Edelgase.

Den Grund dafür erkennt man auf polierten Anschliffen der Basaltgläser. Sie sind durchsetzt mit zahlreichen winzigen Bläschen, die sich gebildet haben, als beim Aufstieg des Magmas durch Druckentlastung die darin gelösten Gase – hauptsächlich Kohlendioxid – ausperlten. Beim Abschrecken wurden die Bläschen im Gestein gleichsam eingefroren. Wie theoretische Untersuchungen ergaben, sammeln sich auch die magmatischen Edelgase zum allergrößten Teil in diesen Bläschen und bleiben – vielleicht mit Ausnahme des Heliums – nach dem Erstarren darin eingeschlossen. Erst beim Erhitzen auf fast 1000 Grad oder beim mechanischen Zerstoßen werden die Bläschen aufgebrochen.

Die Zirkulation des Erdmantels

Wenn aus dem Erdmantel entweichende Gase die Atmosphäre geschaffen haben, muß das freilich nicht heißen, daß der gesamte Mantel ausgegast ist. Tatsächlich weiß man aus den Laufzeiten und der Reflexion von Erdbebenwellen im Erdinneren, daß der Erdmantel in zwei Schichten gegliedert ist: Die obere reicht von etwa 10 bis 670 Kilometern, die untere von 670 bis 2900 Kilometern Tiefe. Könnte es also sein, daß die Entgasung auf den oberen Mantel beschränkt blieb?

Diese Frage berührt unmittelbar eines der großen aktuellen Probleme der Erdwissenschaften (siehe „Innenansichten der Erde", Spektrum der Wissenschaft, August 1991, Seite 72). Weitgehend einig sind sich die Geowissenschaftler, daß der große Wärmeunterschied zwischen dem relativ kühlen oberen und dem heißen unteren Rand des Erdmantels Konvektionsströmungen verursacht, bei denen an gewissen Stellen unter der Wirkung von Auftriebskräften heißes und dadurch spezifisch leichteres Material aus der Tiefe nach oben dringt und dafür an anderen Stellen kühleres Material von oben absinkt (Bild 1). Geteilte Meinungen herrschen dagegen über die Größe der Konvektionswalzen. Nach einem Modell erstrecken sie sich über die ganze Tiefe des Erdmantels. Bei einem anderen dagegen liegen zwei weitgehend unabhängig voneinander konvektierende Schichten übereinander. Für beide Modelle gibt es gute Argumente. Können die Edelgase vielleicht eine Entscheidungshilfe geben?

Unter allen vulkanischen Materialien sind die MORBs, die sich aus teilweise geschmolzenem Gestein des oberen Erdmantels am Meeresboden gebildet haben, weitaus die häufigsten. Es gibt in den Ozeanen aber auch zahlreiche vulkanische Inseln und submarine Vulkane. Viele davon bestehen zwar gleichfalls aus Lava, deren Ursprung nachweislich im oberen Mantel liegt; bei einigen dagegen – wie Hawaii, Island oder Réunion – lassen verschiedene, insbesondere petrologische Befunde darauf schließen, daß ihr Gestein aus einer besonders tiefen Zone des Erdmantels stammt. Man bezeichnet solche Stellen isolierter, sehr tiefreichender vulkanischer Aktivität auch als Hot Spots – auf deutsch: heiße Flecken (siehe „Hot Spots: heiße Flecken auf der Erde" von Gregory E. Vink, W. Jason Morgan und Peter R. Vogt, Spektrum der Wissenschaft, Juni 1985, Seite 62).

An 50 Basaltgläsern von Hot-Spot-Vulkaninseln haben wir die Mengenverhältnisse der verschiedenen Edelgas-Isotope bestimmt. Interessanterweise unter-

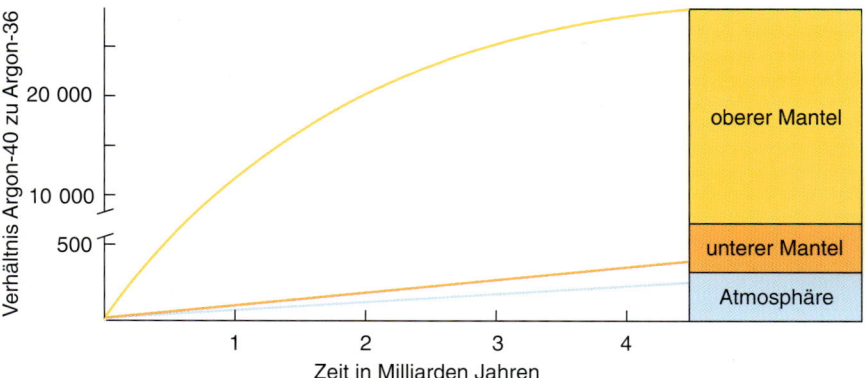

Bild 4: Zeitlicher Verlauf der Isotopenverhältnisse von Argon-40 zu Argon-36 in Erdmantel und Atmosphäre. Die Konzentration von Argon-40 hat in beiden Zonen des Mantels durch radioaktiven Zerfall von Kalium-40 um den gleichen Betrag zugenommen. Da der obere Mantel bei der Ausgasung jedoch fast alles Argon-36 verloren hat, hat diese Zunahme das $^{40}Ar/^{36}Ar$-Verhältnis hier wesentlich stärker steigen lassen als im unteren Mantel. Die derzeitigen Argon-Isotopenverhältnisse betragen etwa 400 im unteren und 30 000 im oberen Erdmantel sowie 296 in der Atmosphäre.

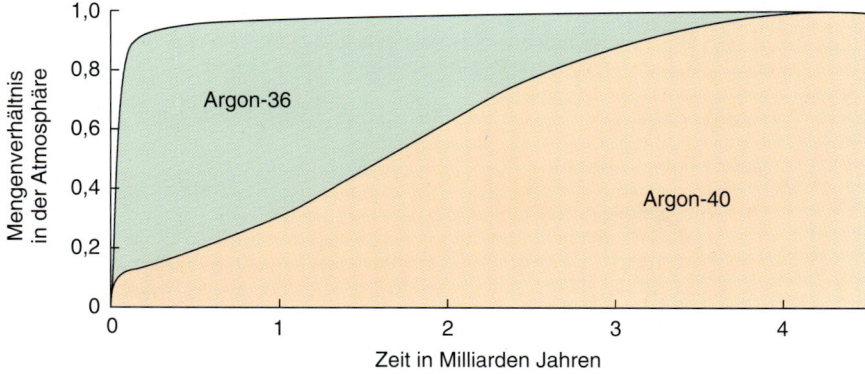

Bild 5: Fast alles Argon-36 in der Atmosphäre wurde in den ersten 100 Millionen Jahre der Erdgeschichte aus dem Erdmantel freigesetzt. Dagegen ist Argon-40 all- mählich aus dem Mantel entwichen, wo es durch radioaktiven Zerfall von Kalium-40 erst entstehen mußte. Trotzdem bildet es heute den Hauptteil des Argons in der Luft.

scheiden sie sich sehr stark von denen der MORBs und ähneln statt dessen weitgehend denen von Luft. So ergaben sich für Neon und Xenon dieselben Werte wie in der Atmosphäre, und auch das Verhältnis $^{40}Ar/^{36}Ar$ ist mit etwa 400 nur leicht höher als das von 296 für Luft.

Dies deutet klar darauf hin, daß der untere Erdmantel nicht entgast worden ist. Nur unter dieser Bedingung nämlich spielen die geringen Mengen an radiogenen Isotopen wie Xenon-129 und Argon-40, die im unteren Mantel seit der Bildung der Atmosphäre durch radioaktiven Zerfall neu entstanden sind, gegenüber der großen Überzahl der von Anfang an vorhandenen Edelgase keine oder nur eine geringe Rolle.

Helium bildet einen Sonderfall, da es wegen seiner geringen Masse nicht von der Erdgravitation zurückgehalten werden kann und daher mit der Zeit aus der Atmosphäre ins Weltall entweicht. Außerdem wird durch den radioaktiven Zerfall von Uran, das in den Kontinenten angereichert ist, unablässig Helium-4 erzeugt und an die Atmosphäre abgegeben. Dadurch ist Helium-3 im Vergleich zur Frühzeit der Erde heute in der Luft unterrepräsentiert.

Wir haben in den Basalten von Hawaii, Island und Réunion die höchsten je gemessenen Werte für das Isotopenverhältnis $^{3}He/^{4}He$ gefunden. Auch dies ist ein deutlicher Hinweis, daß es sich um wenig entgastes magmatisches Material handelt, in dem sich große Mengen sogenannter primordialer Edelgase erhalten haben.

Bild 6: Aufnahme eines Basalts von einem mittelozeanischen Rücken. Wie man sieht, ist er von einer dicken glasigen Schicht überzogen. Die Analyse derartiger Gläser gibt Aufschluß über die Isotopenverhältnisse der Edelgase im oberen Erdmantel.

Signaturen von Mischungen

Genauer betrachtet, sind die Ergebnisse unserer Analysen allerdings etwas komplizierter. Selbst wenn die Gesteinsproben unter Ultrahochvakuum zerstoßen oder stufenweise entgast werden und im letzteren Fall nur die Proben mit den höchsten Anteilen an radiogenen Isotopen Berücksichtigung finden (weil die anderen kontaminiert sein könnten), zeigen die Isotopenverhältnisse der Edelgase in Basaltgläsern vom gleichen Typ nämlich gewisse Schwankungen.

Wir erklären sie damit, daß sich – bedingt durch die Mantelkonvektion – Materialien verschiedener Herkunft teilweise mischen (Bild 1). So kann Magma aus dem unteren Mantel bei seinem Aufstieg in sogenannten Plumes (pilzartigen Aufströmungen im Erdmantel, die in gewisser Weise Rauchsäulen in der Atmosphäre ähneln) etwas Material aus dem oberen Mantel aufnehmen. Umgekehrt wird an mittelozeanischen Rücken unter Umständen in geringem Ausmaß auch Gestein aus größerer Tiefe mit nach oben geführt. Solche Mantelmischungen ergeben logischerweise Isotopenverhältnisse, die zwischen den Werten der beiden Komponenten liegen.

Für diese Interpretation spricht, daß die Isotopenverhältnisse der verschiedenen Edelgase in Proben von unterschiedlichen mittelozeanischen Rücken miteinander korrelieren: Findet man bei einem Verhältnis eine Abweichung, so zeigen die anderen ausnahmslos ebenfalls

---

Der radioaktive Zerfall

Gewisse Atomkern-Sorten oder Nuklide wandeln sich spontan in andere Nuklide um; dabei senden sie ihrerseits Elektronen, Photonen oder sonstige Teilchen aus. Äußere Parameter wie Druck, Temperatur oder chemische Bindung haben keinen Einfluß auf die Zerfallsrate, die nur von der Zeit abhängt und durch die Halbwertszeit ($T_{1/2}$) charakterisiert wird, in der jeweils die Hälfte einer vorhandenen Menge eines Nuklids zerfallen ist. Nach Ablauf von zehn Halbwertszeiten ist nur noch ein Promille der ursprünglichen Menge übrig; nach dieser Zeit bezeichnet man das Nuklid als ausgestorben.

Für Untersuchungen an Edelgasen sind drei Zerfallsarten besonders wichtig.

Beta⁻-Zerfall: Ein Neutron im Atomkern wandelt sich in ein Proton um; dabei werden ein Elektron (Beta⁻-Teilchen) und ein Antineutrino ausgesandt.

Elektroneneinfang: Der Atomkern fängt ein Elektron aus der innersten Elektronenschale ein; dadurch wandelt sich unter Aussendung eines Neutrinos und eines Photons ein Proton in ein Neutron um.

Alpha-Zerfall: Ein Atomkern sendet ein Alpha-Teilchen (einen Helium-Kern aus zwei Protonen und zwei Neutronen) oder nacheinander mehrere Alpha-Teilchen aus; diese Zerfallsart kommt besonders bei schweren Elementen vor.

^{129}I	Beta⁻-Zerfall	$\rightarrow ^{129}Xe$	$T_{1/2}$ = 17,2 Millionen Jahre
^{40}K	Beta⁻-Zerfall (~90%)	$\rightarrow ^{40}Ca$	$T_{1/2}$ = 1,25 Milliarden Jahre
	Elektroneneinfang (~10%)	$\rightarrow ^{40}Ar$	
^{238}U	Alpha-Zerfall	$\rightarrow ^{206}Pb + 8\alpha$	$T_{1/2}$ = 4,6 Milliarden Jahre

Wie die Halbwertszeiten erkennen lassen, zerfällt Iod-129 sehr viel schneller als die anderen aufgeführten Nuklide. Es ist bereits nach 170 Millionen Jahren ausgestorben. Dagegen existieren heute noch etwa 8 Prozent des Kalium-40 und 50 Prozent des Uran-238, die bei der Bildung der Erde vorhanden waren. Der Alpha-Zerfall des Urans beeinflußt das Isotopenverhältnis des Neons, weil die ausgesandten Alpha-Teilchen bei der Reaktion mit Sauerstoff-18 Neon-21 erzeugen.

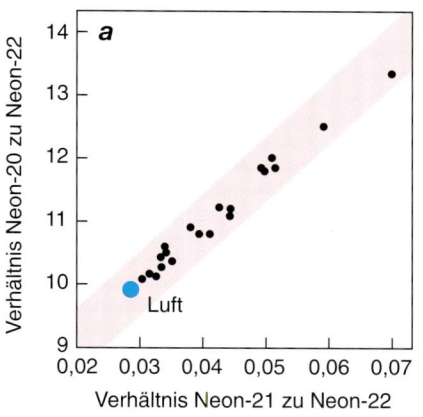
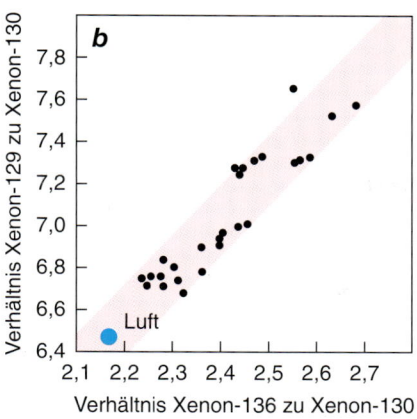
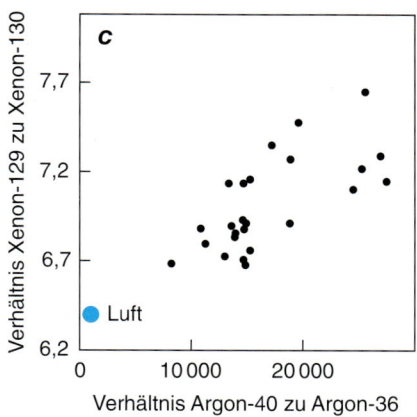

Bild 7: Zwischen den Isotopenverhältnissen der Edelgase in verschiedenen Basalten von mittelozeanischen Rücken bestehen lineare Korrelationen. Sie erklären sich dadurch, daß dem an solchen Rücken austretenden Gestein des oberen Mantels, das für alle Edelgase hohe Isotopenverhältnisse aufweist, kleine Mengen von Material des unteren Mantels mit niedrigen Isotopenverhältnissen beigemischt sind. Mit zunehmendem Anteil des unteren Mantels sinken also die Edelgas-Isotopenverhältnisse in der Probe.

Abweichungen – und zwar in dieselbe Richtung. Genau dies ist aber für Mischungen zu erwarten. Solche linearen Korrelationen treten dabei nicht nur zwischen den Mengenverhältnissen der Isotope von ein und demselben Element auf, sondern auch zwischen denen verschiedener Edelgase (Bild 7).

Überdies sind die Isotopenverhältnisse der Edelgase sogar mit denen nicht-gasförmiger Elemente korreliert, die üblicherweise ebenfalls als Tracer verwendet werden. Diese schwerflüchtigen Elemente wie Strontium, Neodym und Blei haben sich im Verlauf der Erdgeschichte in den wachsenden Kontinenten angereichert, so daß der obere Erdmantel daran verarmt ist. Aus diesem Grund findet man auch bei ihnen in verschiedenen Mantelregionen unterschiedliche Isotopenhäufigkeiten (siehe „Die chemische Entwicklung des Erdmantels" von R. K. O'Nions, P. J. Hamilton und Norman M. Evenson, Spektrum der Wissenschaft, Juli 1980, Seite 75). Beispielsweise ist das Verhältnis von Strontium-87 zu Strontium-86 in MORBs (Herkunft: oberer Mantel) deutlich geringer als in Hot-Spot-Vulkangestein (Herkunft: unterer Mantel).

Eine der ersten Korrelationen, die wir nachweisen konnten, besteht zwischen den Isotopenverhältnissen von Argon und Strontium. Da die Situation beim Strontium allerdings der beim Argon entgegengesetzt ist (das Isotopenverhältnis von Argon ist im oberen Mantel höher als im unteren, das von Strontium dagegen niedriger) ist diese Beziehung nicht linear wie zwischen den Edelgasen, sondern hyperbolisch: Wenn $^{40}Ar/^{36}Ar$ steigt, fällt $^{87}Sr/^{86}Sr$ und umgekehrt (Bild 8 oben).

Immerhin streuen die Meßwerte relativ stark. Das könnte daran liegen, daß der Erdmantel nicht zwei-, sondern dreige-teilt ist, also außer den beiden erwähnten Zonen – einer stark entgasten oberen und einer fast jungfräulichen unteren – noch eine dritte enthält. Möglicherweise besteht sie aus in den Mantel abgetauchter ozeanischer Kruste mitsamt den darauf abgelagerten Sedimenten. (Wo zwei Platten kollidieren, wird die eine unter die andere hinabgedrückt – ein Vorgang, den man als Subduktion bezeichnet.)

Dieses Reservoir hätte wie der untere Erdmantel ein niedriges $^{40}Ar/^{36}Ar$- und ein hohes $^{87}Sr/^{86}Sr$-Verhältnis; aber die Konzentration an Strontium wäre deutlich höher als im unteren Erdmantel. Bei Mischungen von Material aus dieser Zone und dem oberen Mantel ergäbe sich daher zwar auch eine hyperbolische Korrelation zwischen den Isotopenverhältnissen von Argon und Strontium, doch hätte die Kurve eine etwas andere Form. In den experimentell gemessenen Argon-Strontium-Diagrammen überlagern sich möglicherweise die verschiedenen Kurven.

Für das Verhältnis von Blei-206 zu Blei-204 ist die Korrelation mit dem Argon besser (Bild 8 unten). Hier sind deutlich zwei Mischungspole zu erkennen: einer mit einem $^{206}Pb/^{204}Pb$-Verhältnis von 19,4 und mit einem $^{40}Ar/^{36}Ar$-Verhältnis unter 1000 sowie ein zweiter mit einem $^{206}Pb/^{204}Pb$-Verhältnis von etwa 18 und einem $^{40}Ar/^{36}Ar$-Verhältnis über 30 000. Bei dem Reservoir mit dem hohen Anteil an Blei-206, dem der erste Pol entspricht, handelt es sich sehr wahrscheinlich um subduzierte Kruste; denn sowohl Blei-206 als auch sein Mutter-Isotop Uran-238 sind in Krustenmaterial und Sedimenten angereichert. Das andere Reservoir ist zweifellos der obere Erdmantel. Einige Punkte unterhalb der Hauptmischkurve dürften zu einem dritten Pol gehören, der höchstwahrscheinlich dem unteren Mantel zuzuordnen ist.

Verlauf und Ausmaß der Entgasung des Erdmantels

Mit den von uns bestimmten Isotopenverhältnissen der Edelgase lassen sich somit das Ausmaß und der Verlauf der Entgasung des Erdmantels rekonstruieren. So machen unsere Messungen deutlich, daß der obere Mantel mehr als 99 Prozent seiner flüchtigen Bestandteile verloren hat.

Nehmen wir als Beispiel Argon. Die höchsten gemessenen $^{40}Ar/^{36}Ar$-Werte im oberen Mantel sind 30 000, während man im nicht entgasten Reservoir lediglich Werte um 400 findet. Diese beiden Zahlen liefern eine Untergrenze für den Entgasungsgrad; denn danach muß die Konzentration von Argon-36 im oberen Mantel mindestens im Verhältnis 400/ 30 000 oder 1/75 geringer sein als im nicht entgasten unteren. Das genaue Verhältnis ist allerdings noch kleiner, da im Laufe der Erdgeschichte nicht nur Argon-36, sondern später auch Argon-40 in die Atmosphäre entwichen ist.

Durch die Entgasung wurde die Konzentration an Argon-36 im Vergleich zu der an Kalium-40 im oberen Mantel extrem gering, so daß durch den radioaktiven Zerfall des Kaliums das Isotopenverhältnis $^{40}Ar/^{36}Ar$ im Laufe der Erdgeschichte sehr viel schneller anwuchs als im unteren, nicht entgasten Mantelteil.

Die andere Botschaft der Edelgase ist, daß die Entgasung sehr früh erfolgte. Da die Atmosphäre aus dem Erdmantel stammt und niedrige Isotopenverhältnisse von Argon und Xenon aufweist, muß die Hauptentgasung zu einer Zeit stattgefunden haben, als diese Verhältnisse im Erdmantel noch klein waren und insbesondere Iod-129 noch existierte. Wie oben dargelegt, verweist dies die Bildung der Atmosphäre in die ersten 170 Millionen Jahre der Erdgeschichte. Allerdings war die Entgasung sicherlich kein plötzliches, dramatisches Ereignis, sondern ein kontinuierlicher Vorgang, der sich in der weiteren Erdgeschichte – wenn auch in weitaus geringerem Maße – fortsetzte und bis heute andauert; immer noch werden beispielsweise bei Vulkanausbrüchen große Mengen Gas ausgestoßen. Wir haben daher ein Modell entwickelt, das den zeitlichen Verlauf der Entgasung beschreibt.

Dazu stellten wir eine Gleichung mit mehreren freien Parametern für die zeitabhängige Entwicklung der Entgasungsgeschwindigkeit auf. Für die Parameter setzten wir plausible Werte ein und berechneten, welche Isotopenverhältnisse sich für die Atmosphäre und die verschiedenen Bereiche des Erdmantels ergaben. Anschließend paßten wir die Parameter so an, daß die berechneten Isotopenverhältnisse mit den an den Basaltproben ermittelten übereinstimmten.

Dabei zeigte sich, daß es mindestens zwei Entgasungsphasen gegeben haben muß: Auf ein sehr schnelles und intensives Austreiben von flüchtigen Stoffen folgte eine Periode allmählicher Gas-Exhalation, die bis heute andauert. Die erste Phase erstreckte sich über einen Zeitraum von nur etwa 100 Millionen Jahren, und an ihrem Ende nahm die Entgasungsgeschwindigkeit sehr rasch ab. Während dieses kurzen Zeitraums entwich fast die gesamte Mitgift der Erde an Argon-36 aus dem oberen Mantel. Argon-40 war bei der Entstehung der Erde dagegen lediglich in unbedeutender Menge vorhanden und bildete sich erst im Laufe der Zeit durch radioaktiven Zerfall von Kalium-40. Es begann also erst während der zweiten Entgasungsphase zu entweichen, sobald es in ausreichender Menge vorhanden war – und auch das nur zu einem geringen Teil (Bild 5).

Eine kosmische Komponente

Vor kurzem ist es uns gelungen, auch die Neon-Isotopenverhältnisse $^{20}Ne/^{22}Ne$ und $^{21}Ne/^{22}Ne$ in mittelozeanischen Basalten präzise zu bestimmen. Sie sind wie die der anderen Edelgase deutlich höher als in der Atmosphäre. So erreichen $^{20}Ne/^{22}Ne$ und $^{21}Ne/^{22}Ne$ Maximalwerte von 13 beziehungsweise 0,07 gegenüber 9,8 beziehungsweise 0,029 in Luft. Außerdem findet man wiederum bei Proben aus verschiedenen Ozeanen eine außergewöhnlich gute lineare Korrelation zwischen den Isotopenverhältnissen, was sich, wie erwähnt, durch Mischung unterschiedlicher Mantelkomponenten erklären läßt. Auch in diesem

Falle kann man die höheren Isotopenverhältnisse und die gute Korrelation darauf zurückführen, daß der obere Mantel bereits zu einem frühen Zeitpunkt der Erdgeschichte hochgradig entgast ist.

Allerdings entsteht keines der Neon-Isotope direkt beim radioaktiven Zerfall; statt dessen werden einige indirekt durch Kernreaktionen erzeugt. Wie George Wetherill bereits 1954 an der Universität Chicago entdeckt hat, kann beispielsweise ein Sauerstoff-18-Atom ein Alpha-Teilchen (einen Heliumkern aus je zwei Protonen und Neutronen) einfangen und gleichzeitig ein Neutron ausstoßen, wodurch es sich in Neon-21 umwandelt. Andere Umwandlungen des gleichen Typs ergeben Neon-22, wogegen durch diese Art von Reaktion nur vernachlässigbar kleine Mengen an Neon-20 erzeugt werden. Die benötigten

Alpha-Teilchen stammen aus den Zerfallsketten des Urans und von Thorium-232 – beides Elemente, die in allen natürlichen Gesteinen vorkommen (siehe Kasten auf Seite 18).

Daraus ergibt sich beim Neon ein Problem. Zwar reichen die Uran- und Thorium-Konzentrationen im oberen Erdmantel aus, das Verhältnis $^{21}Ne/^{22}Ne$ von etwa 0,03 auf 0,07 anwachsen zu lassen. Doch sollten diese Reaktionen, da sie zwar Neon-22, aber fast kein Neon-20 erzeugen, nicht zugleich auch das Verhältnis $^{20}Ne/^{22}Ne$ anheben, sondern es im Gegenteil sogar senken – nach theoretischen Berechnungen von 9,80 auf 9,78.

Nun sind nicht nur die Ergebnisse für Neon ungewöhnlich. Außer Neon-20 scheint auch Helium-3 in zu großer Menge im oberen Erdmantel vorzuliegen. Das wird besonders deutlich, wenn

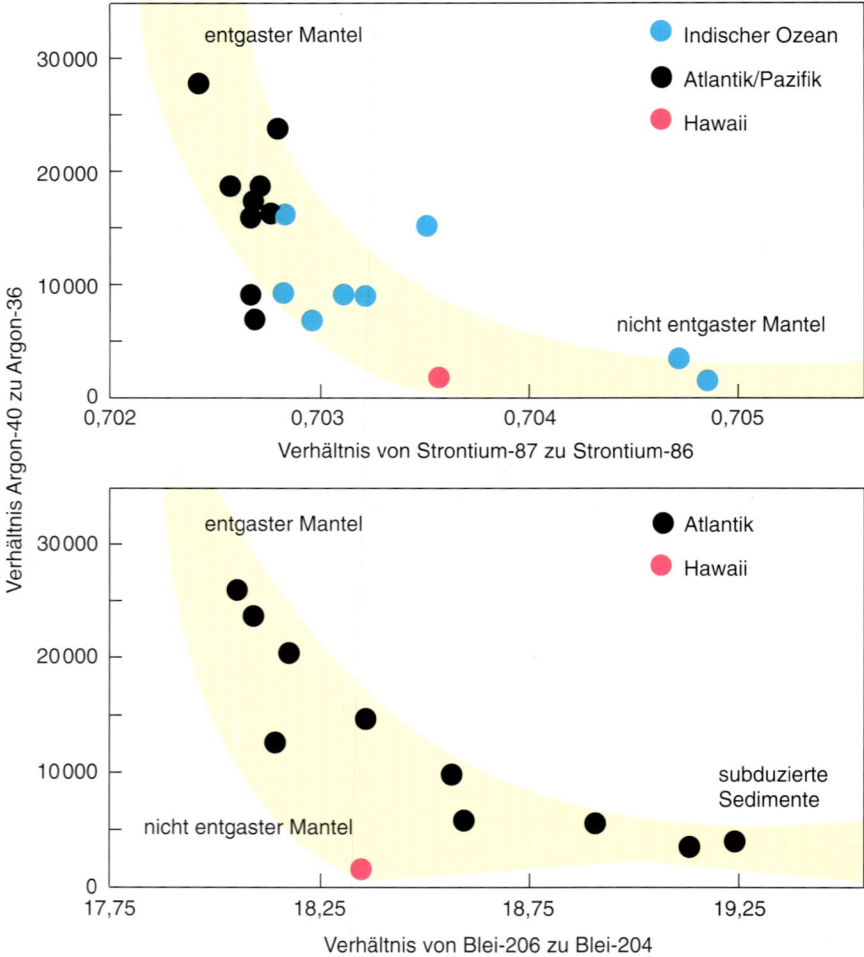

Bild 8: Korrelationen existieren auch zwischen den Isotopenverhältnissen der Edelgase und denen nichtflüchtiger Elemente wie Strontium und Blei. Da umgekehrt wie bei den Edelgasen die Isotopenverhältnisse für Strontium und Blei im unteren Erdmantel höher sind als im oberen, sind diese Beziehungen allerdings nicht linear, sondern hyperbolisch: Je höher der Wert für die Edelgase, desto niedriger der für das nichtflüchtige Element. Auch diese Korrelationen erklären sich durch Mischungen von Material aus verschiedenen Bereichen des Erdmantels. Weil die Werte relativ stark schwanken, steht allerdings zu vermuten, daß in diesem Falle noch eine dritte Komponente an der Mischung beteiligt ist. Dabei könnte es sich um ozeanische Kruste handeln, die mitsamt den darauf abgelagerten Sedimenten subduziert wurde.

man die relativen Häufigkeiten der verschiedenen Edelgase in den MORBs betrachtet. Sie nehmen von Xenon-130 über Krypton-84 bis Argon-36 stetig ab. Dies steht in Einklang mit der Tatsache, daß die leichteren Elemente jeweils beweglicher und flüchtiger sind und dadurch schneller entweichen können, so daß sie vollständiger aus dem Erdmantel ausgegast sind.

Helium-3 und Neon fallen mit ihrer viel zu hohen Konzentration in MORBs jedoch aus der Reihe. Es gibt freilich ein anderes natürliches Material, das sich durch große Mengen Helium und Neon auszeichnet und zudem ungewöhnlich reich an den Isotopen Helium-3 und Neon-20 ist: extraterrestrische Materie, die in Form von Meteoriten auch heute noch in beachtlichen Massen auf der Erde niedergeht. Den Hauptteil bilden nicht die großen Brocken, deren Einschlag oder Fund Aufsehen erregt, sondern der kosmische Staub aus winzigen Objekten mit Durchmessern von tausendstel bis zehntel Millimetern (Bild 9). Nach Feststellungen der Arbeitsgruppe von Michel Maurette an der Universität Orsay fallen jährlich zwischen 5000 und 10 000 Tonnen dieser Mikrometeorite auf die Erdoberfläche. Die kleinen Partikel finden sich nahezu intakt im Eis von Grönland und der Antarktis.

Dies brachte uns auf eine Hypothese, welche die anomalen Isotopenverhältnisse von Neon und Helium gut erklären würde. Nachdem der obere Erdmantel durch intensives Entgasen fast alle flüchtigen Bestandteile verloren hatte, wurde demnach extraterrestrische Materie – wahrscheinlich in Form von Meteoriten – in ihn eingebracht. Das geschah vermutlich über die Subduktion ozeanischer Platten. Nach unseren Abschätzungen war dieser Materialfluß in der Vergangenheit größer – in Übereinstimmung mit dem Befund, daß die Erde damals noch stärker von Meteoriten bombardiert wurde.

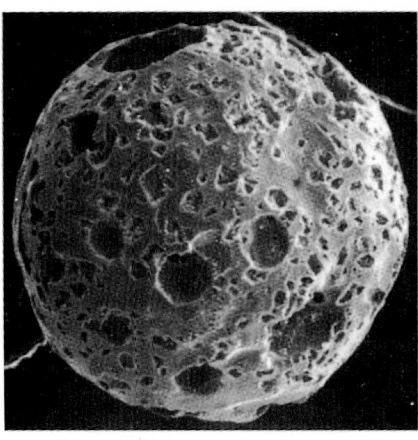 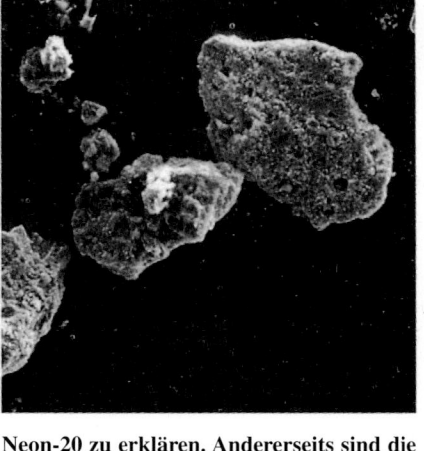

Bild 9: Kosmischer Staub von Mikrometeoriten, der sich auf ozeanischen Lithosphären-Platten abgelagert hat und mit ihnen subduziert wurde, könnte eine Quelle für Edelgase im oberen Mantel sein. Mikrometeorite enthalten derart viel Helium und Neon, daß die Subduktion von 10 Prozent der jährlich auf der Erde niedergehenden Menge ausreichen würde, um die ungewöhnlich hohen Gehalte des oberen Erdmantels an den Isotopen Helium-3 und Neon-20 zu erklären. Andererseits sind die Konzentrationen an Argon, Krypton und Xenon im kosmischen Staub niedrig genug, daß sie die Isotopenverhältnisse dieser Elemente im Erdmantel nicht beeinflussen. Der auf der linken Photographie abgebildete Meteorit ist eine in der Atmosphäre aufgeschmolzene Kugel mit einem Durchmesser von etwa 0,25 Millimetern; bei den anderen handelt es sich um nicht aufgeschmolzene Fragmente derselben Größe.

Vielleicht mag diese Hypothese zu weit hergeholt scheinen. Tatsache ist jedoch, daß Wissenschaftler um Jun-ichi Matsuda von der Universität Kobe und Minoru Ozima von der Universität Tokio bei Untersuchungen an Tiefseesedimenten mit eingeschlossenen Mikrometeoriten festgestellt haben, daß kosmisches Helium und Neon darin außergewöhnlich fest gebunden ist. Auch in unserem Laboratorium zeigte sich, daß Mikrometeorite auf über 1000 Grad Celsius erhitzt werden müssen, um die enthaltenen kosmischen Edelgase abzugeben. Abtauchende Lithosphärenplatten sind um einiges kühler: Der Subduktionsvulkanismus, der durch Entwässerung dieser Platten bei hohem Druck ausgelöst wird, findet schon bei Temperaturen um 700 Grad Celsius statt. Durch Subduktion könnten also sehr wohl kosmische Edelgase in den Erdmantel gelangen.

Die Isotopen-Geochemie der Edelgase erweist sich somit als vereinbar mit der Vorstellung, daß die Erdatmosphäre durch Ausgasen des oberen Erdmantels entstanden ist, und zeigt, daß dies zum allergrößten Teil in den ersten 100 Millionen Jahren der Erdgeschichte stattfand. Außerdem liefert sie überzeugende Argumente für jene Modellvorstellung, wonach der Erdmantel aus zwei übereinanderliegenden Schichten besteht, die kaum Material untereinander austauschen: einer oberen, deren Konvektionszellen an mittelozeanischen Rücken an die Oberfläche kommen, und einer unteren, von der Hot Spots Stichproben zutage fördern. Schließlich deutet sie darauf hin, daß die stark entgaste obere Mantelzone im Laufe der Erdgeschichte kontinuierlich mit kosmischem Staub aufgefüttert wurde.

Die Entwicklung des Klimas auf den erdähnlichen Planeten

Früher galten Planeten mit gemäßigtem, terrestrischem Klima
in unserer Galaxis als seltene Ausnahmen. Nun aber folgt aus mathematischen Modellen,
daß Planeten außerhalb des Sonnensystems − falls es sie überhaupt gibt − häufig
lebensfreundlich sein könnten.

Von James F. Kasting, Owen B. Toon und James B. Pollack

Warum ist Mars für Lebewesen zu kalt, Venus zu heiß und die Erde gerade richtig (Bild 1)? Auf den ersten Blick scheint dieses klimatologische Problem leicht lösbar. Es leuchtet ein, daß die Erde mit ihrer lebensfreundlichen mittleren Temperatur von 15 Grad Celsius an der Oberfläche zufällig gerade im richtigen Abstand von der Sonne entstanden ist, nicht aber die Planeten Mars (− 60 Grad Celsius) und Venus (+ 460 Grad Celsius); darum gibt es nur auf der Erdoberfläche Wasser in flüssiger Form und somit eine Grundvoraussetzung für Leben.

Aber durch bloßen Zufall lassen sich die Temperaturen dieser erdähnlichen Planeten mit Gesteinskruste nicht vollständig erklären. Wir behaupten, daß die drei Nachbarn − sie alle sind auf gleiche Weise entstanden, nämlich durch Zusammenstöße großer Mengen von Planetenvorläufern, sogenannten Planetesimalen − einander einst in vieler Hinsicht glichen: Auf ihren Oberflächen gab es ähnliche Minerale und in ihren Atmosphären ähnliche Gase, darunter auch Kohlendioxid und Wasserdampf; und in allen drei Fällen war das Klima so gemäßigt, daß Wasser in flüssiger Form große Teile der Oberfläche bedecken konnte.

Die enorm verschiedenen Klimaverhältnisse entstanden vor allem, weil die drei Planeten ihr Kohlendioxid unterschiedlich gut zwischen Kruste und Atmosphäre auszutauschen vermochten.

Dieser Artikel ist im April 1988 in *Spektrum der Wissenschaft* erschienen.

Kohlendioxid ist neben Wasserdampf und bestimmten anderen Substanzen ein sogenanntes Treibhausgas. Es läßt die Sonnenstrahlung durch, absorbiert jedoch die vom Planeten aufsteigende infrarote Wärmestrahlung und strahlt sie teilweise zur Planetenoberfläche zurück, welche dadurch um rund 35 Grad

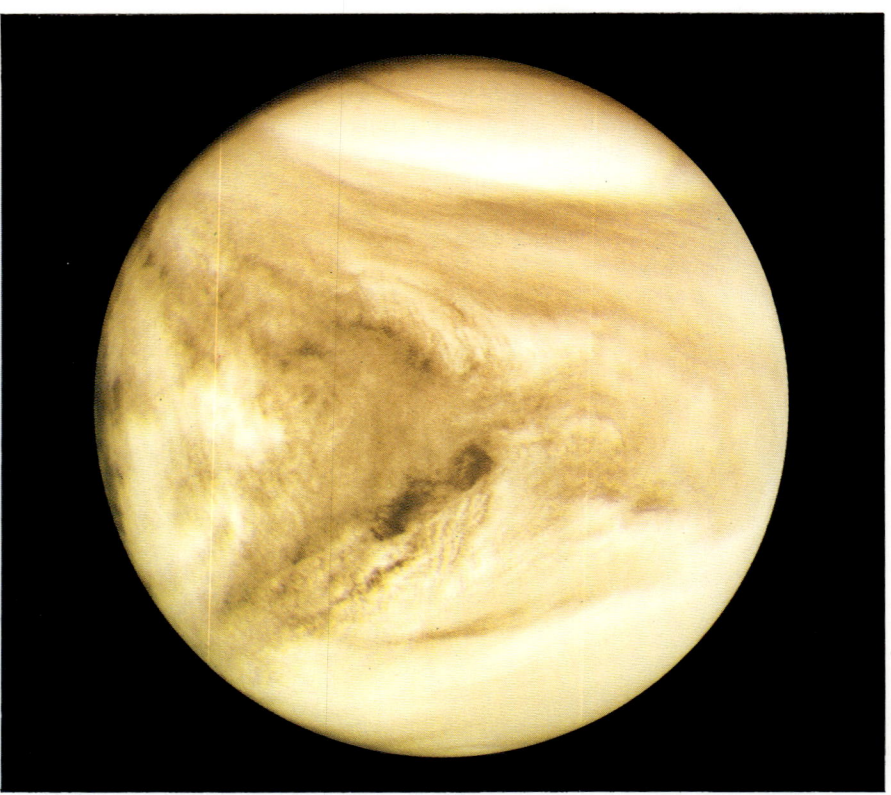

Bild 1: Auf Venus, Erde und Mars (von links nach rechts ungefähr maßstabsgerecht dargestellt) war das Klima vielleicht zu Beginn so ge-

erwärmt wird (siehe den Artikel „Klimamodelle" von Stephen H. Schneider in diesem Band). Im besonderen zeigen Berechnungen unserer Gruppe bei der amerikanischen Luft- und Raumfahrtbehörde NASA sowie anderer Wissenschaftler, daß die Erde vor allem deswegen immer ein gemä-

mäßigt, daß die Oberflächen aller drei Planeten lebensnotwendiges Wasser in flüssiger Form trugen. Rechenmodellen zufolge sind nicht nur

ßigtes Klima gehabt hat, weil ihr Austauschmechanismus die Kohlendioxidmenge in der Atmosphäre erhöht, wenn sich die Planetenoberfläche abkühlt; hingegen erniedrigt sich die Kohlendioxidmenge, wenn die Bodentemperatur ansteigt. Mars ist heute tiefgefroren, weil er die Fähigkeit eingebüßt hat, das Kohlendioxid wieder in seine Atmosphäre freizusetzen. Auf der Venus wiederum ist es so unerträglich heiß, weil dort das umgekehrte Problem entstanden ist: Sie vermag das Kohlendioxid nicht aus ihrer Atmosphäre zu entfernen. (Merkur, der vierte terrestrische Planet, hat überhaupt keine Atmosphäre; seine Temperatur wird ausschließlich von der Sonnenstrahlung bestimmt.)

Doch unser Interesse an der Rolle des Kohlendioxids bei der Evolution von Erde, Mars und Venus rührt von einem anderen kosmologischen Rätsel der Erdentstehung her: dem Paradoxon der „anfänglich schwachen Sonne" (englisch: *faint-young-sun paradox*). Praktisch jedem Modell der Sternentwicklung zufolge strahlte die Sonne vor ungefähr 4,6 Milliarden Jahren, als das Sonnensystem entstand, um 25 bis 30 Prozent schwächer als heute. Anscheinend hat seither die Leuchtkraft der Sonne, das heißt ihre Strahlungsintensität, ungefähr linear mit der Zeit zugenommen.

Dieses Paradoxon entsteht, wie Carl Sagan und George H. Mullen von der Cornell-Universität in Ithaca (New York) vor ungefähr 15 Jahren festgestellt haben, wenn man folgendes einsieht: Falls die ursprüngliche Erdatmosphäre der heutigen ähnlich gewesen wäre, müßte die Erde bei anfangs schwacher Sonnenstrahlungsintensität in der Zeit bis vor ungefähr zwei Milliarden Jahren völlig von Eis bedeckt worden sein.

Das war aber nicht der Fall. Im Gegenteil, Sedimentgesteine zeigen an, daß es auf der Erde seit mindestens 3,8 Milliarden Jahren, also vom Beginn der geologischen Zeitrechnung an, flüssige Ozeane gegeben hat. Außerdem existiert seit mindestens 3,5 Milliarden Jahren Leben auf der Erde, und daraus folgt, daß die Erdoberfläche seither niemals ganz zugefroren war. (Wasser kann zwischen 0 und 374 Grad Celsius eine Flüssigkeit sein; heute siedet und verdunstet es zwar in Meereshöhe bei 100 Grad Celsius, doch unter größerem Luftdruck bleibt Wasser auch bei höheren Temperaturen flüssig.)

Sagan und Mullen erkannten, daß dieses Paradoxon verschwindet, wenn man annimmt, daß sich die Erdatmosphäre im Laufe der Zeit verändert. Hätte der Planet beispielsweise anfangs eine geringere Bewölkung als heute gehabt, dann wäre weniger einfallende

Sonnenstrahlung in den Weltraum reflektiert worden, und der Planet wäre entsprechend wärmer gewesen. Ungefähr 30 Prozent der Sonneneinstrahlung, die gegenwärtig die Obergrenze der Erdatmosphäre erreicht, werden in den Weltraum reflektiert, größtenteils durch Wolken (vergleiche den Artikel „Bewölkung und Strahlungshaushalt der Erde" von Johannes Schmetz und Ehrhard Raschke in diesem Band). Eine kältere Erde wäre wahrscheinlich weniger bewölkt gewesen, aber nach den geologischen Befunden war die Erde anfangs sogar wärmer als heute: Zwar ist sie heute teilweise von Gletschern bedeckt, aber nichts deutet darauf hin, daß es früher als vor etwa 2,7 Milliarden Jahren jemals eine ähnliche Vereisung gegeben hat.

Wahrscheinlicher ist die Erklärung, daß in ferner Vergangenheit der Treibhauseffekt ausgeprägter war. Sagan und Mullen vermuteten, Ammoniak (NH_3), ein starker Infrarotabsorber, hätte für warmes Klima gesorgt, selbst wenn in einer Million Luftmolekülen nur 100 Moleküle dieses Gases vorhanden gewesen wären. Späteren Untersuchungen zufolge hätte jedoch die Sonne das Ammoniak rasch in Stickstoff und Wasserstoff umgewandelt — und beides sind keine Treibhausgase. Das Modell bleibt nur stimmig für den Fall, daß von der Planetenoberfläche laufend Ammo-

die unterschiedlichen Sonnenabstände der Planeten die Ursache dafür, daß Venus ihr Wasser einbüßte und es auf Mars gefror, während die

Erde bewohnbar blieb: Vor allem wirkte sich die unterschiedliche Fähigkeit aus, Kohlendioxid zwischen Atmosphäre und Krustengestein

auszutauschen. Dieses Gas führt durch den sogenannten Treibhauseffekt zu einer Erwärmung der Erdoberfläche um rund 35 Grad.

niak an die Atmosphäre nachgeliefert worden wäre.

Andere Forscher haben sich auf Kohlendioxid konzentriert, da es von der Sonnenstrahlung nicht sofort aufgespalten wird. Kohlendioxid ist auf der Erde sicherlich im Überfluß vorhanden; die derzeit in Carbonatgesteinen gespeicherte Menge würde einen Druck von ungefähr 6 Megapascal (Millionen Pascal) ausüben, wenn sie in die Atmosphäre freigesetzt würde. (100 000 Pascal entsprechen dem Luftdruck in Meereshöhe, der früher als 1 Bar bezeichnet wurde. Heute enthält die Erdatmosphäre ungefähr 30 Pascal an Kohlendioxid.) Wären nur einige zehntausend Pascal des gespeicherten Kohlendioxids ursprünglich als Gas vorhanden gewesen, hätte der dadurch bewirkte zusätzliche Treibhauseffekt die geringere Sonneneinstrahlung ausgeglichen (Bild 3).

Durch die Annahme, erhöhte Kohlendioxidwerte hätten die Erde in ihrer Frühzeit vor der Vereisung bewahrt, kam man bald auf folgende Idee: Falls die Kohlendioxid-Konzentration mit einer Rate abnahm, die den Anstieg der Sonnenintensität genau ausglich, könnte diese Abnahme erklären, warum auf der Erde stets gemäßigte Temperaturen geherrscht haben.

Michael H. Hart von der NASA versuchte diese Abnahmegeschwindigkeit zu berechnen. Er fand eine Lösung, wonach die Kohlendioxid-Konzentration annähernd logarithmisch mit der Zeit abnahm; aber seine interessanteste Entdeckung war, daß er nur mit sehr wenigen seiner Ansätze zu vernünftigen Ergebnissen gelangte. Das heißt: Wäre die Änderungsgeschwindigkeit der atmosphärischen Zusammensetzung zu irgendeiner Zeit nur geringfügig von seiner präzisen Lösung abgewichen, so hätte Leben auf der Erde nicht weiter existieren können. Hätte die Kohlendioxid-Konzentration zu langsam abgenommen, wäre die Erde ein Dampfbad geworden; bei allzuschneller Abnahme wären die Meere zugefroren.

In anderen Rechnungen variierte Hart den Abstand zwischen Erde und Sonne geringfügig. Hätte sich demnach die Erde um 5 Prozent näher an der Sonne gebildet, wären durch Erwärmung der Atmosphäre die Ozeane verdunstet − ein Zustand, der als Treibhausinstabilität (englisch: *runaway greenhouse*) bekannt ist. Umgekehrt hätte den Planeten das Schicksal der sogenannten Totalvereisung (*runaway glaciation*) ereilt, falls er um nur 1 Prozent weiter entfernt von der Sonne entstanden wäre.

Nur in dem ziemlich engen Bereich von Erdbahnradien zwischen 0,95 und 1,01 astronomischen Einheiten war die eine wie die andere Klimakatastrophe zu vermeiden. (Eine astronomische Einheit ist die mittlere Entfernung zwischen Sonne und Erde und entspricht 149,6 Millionen Kilometern.) Hart nannte diesen äußerst schmalen Streifen von Umlaufbahnen die dauernd bewohnbare Zone.

Harts Schlußfolgerungen waren insofern unbefriedigend, als demnach die Erde nur durch einen außergewöhnlichen Zufall dem Schicksal des Mars oder dem der Venus entgangen wäre. Erst in den letzten Jahren haben Wissenschaftler den Schwachpunkt seiner Hypothese entdeckt. Einem mathematischen Modell zufolge, das James C. G. Walker und Paul B. Hays von der Universität von Michigan sowie einer von uns (Kasting) entwickelt haben, sind die Änderungen der Kohlendioxid-Konzentration nicht ein Produkt bloßen Zufalls. Vielmehr schwanken die Anteile dieses Gases an der Atmosphäre wohl infolge von Variationen der Oberflächentemperatur. Und zwar sinken, wenn die Temperatur ansteigt, die atmosphärischen Kohlendioxidwerte, so daß auch die Oberflächentemperatur sinkt; kühlt sich die Oberfläche ab, steigt der Kohlendioxid-Gehalt der Atmosphäre und erwärmt die Erdoberfläche. Durch den Dämpfungseffekt dieser negativen Rückkopplung lief die Erde wahrscheinlich nie Gefahr, entweder Treibhausinstabilität oder Totalvereisung zu erleiden.

Der Carbonat-Silicat-Zyklus

Dieses Rückkopplungssystem beruht auf dem geochemischen Carbonat-Silicat-Zyklus; auf sein Konto gehen ungefähr 80 Prozent des Kohlendioxids, das zwischen Gestein und Atmosphäre im Laufe von mehr als 500 000 Jahren ausgetauscht wird. Dieser Zyklus beginnt, indem atmosphärisches Kohlendioxid mit Regenwasser Kohlensäure (H_2CO_3) bildet. Der Regen erodiert Gestein, das Calcium-Silicat-Minerale (Verbindungen aus Calcium, Silicium und Sauerstoff) enthält. Dabei reagiert die Kohlensäure chemisch mit dem Gestein und setzt Calcium- und Bicarbonat-Ionen (Ca^{++} und HCO_3^-) in das Grundwasser frei. Das Wasser transportiert die Ionen in Bäche, Flüsse und schließlich in den Ozean.

Im Meer bauen Plankton und andere Organismen diese Ionen in das Calciumcarbonat ($CaCO_3$) ihrer Kalkschalen ein. Wenn die Organismen sterben, sinken sie auf den Meeresboden und bilden Carbonatsedimente. Im Laufe vieler Jahrtausende bewegt sich der Meeresboden von den mittelozeanischen Rücken her auseinander und transportiert diese Sedimente zu den Kontinentalrändern. Dort schiebt sich der Meeresboden unter die Landmassen und wandert tiefer ins Erdinnere.

Während dieser Subduktion werden die Sedimente steigenden Temperaturen und Drucken ausgesetzt. Das Calciumcarbonat reagiert dabei mit Quarz; durch den sogenannten Carbonatmetamorphismus bildet sich erneut Silicatgestein, wobei gasförmiges Kohlendioxid freigesetzt wird. Das Gas gelangt schließlich wieder in die Atmosphäre, entweder über die mittelozeanischen Rücken oder, auf heftigere Weise, durch Vulkanausbrüche an den Rändern der tektonischen Platten (Bild 2).

Walker und seine Mitarbeiter erkannten, daß Änderungen der Oberflächentemperatur mit der Zeit die Menge des Kohlendioxids in der Umwelt beeinflussen und somit auch das Ausmaß des Treibhauseffekts.

Angenommen, die Oberflächentemperatur fällt aus irgendeinem Grund, etwa weil die Sonne schwächer strahlt. Wenn die Meerestemperaturen fallen, verdunstet weniger Wasser in die Atmosphäre, es gibt weniger Regen und folglich auch weniger Erosion. Unter diesen Umständen wird das Kohlendioxid langsamer aus der Atmosphäre entfernt − aber die Geschwindigkeit, mit der Kohlendioxid durch den Carbonatmetamorphismus neu entsteht und in die Umwelt gelangt, bleibt unverändert. Als Endergebnis reichert das Gas sich in der Atmosphäre an, der Treibhauseffekt nimmt zu und stellt wieder höhere Oberflächentemperaturen her.

Nähme umgekehrt die Oberflächentemperatur aus irgendeinem Grunde zu, so würde die Verdunstungsrate der Ozeane ansteigen und somit die Niederschlagsmenge. Die Silicatgesteine würden stärker erodiert, und dadurch würde der Umwelt mehr Kohlendioxid entzogen. In diesem Fall nähme der Treibhauseffekt ab.

Die Rückkopplung kann man sich vielleicht am einfachsten anhand eines Extremfalls veranschaulichen. Frören die Ozeane jemals vollständig zu, so käme der Niederschlag praktisch zum Erliegen, und die Atmosphäre würde immer kohlendioxidreicher. Die gegenwärtigen Ausgasungsmengen würden die Atmosphäre innerhalb einer − geologisch unbedeutenden − Zeitspanne von 20 Millionen Jahren mit Kohlendioxid entsprechend 100 000 Pascal Druck anreichern. Dies würde die Oberflächentemperatur um rund 50 Grad Celsius erhöhen − mehr als genug, um das Eis zu schmelzen und das gemäßigte Klima wiederherzustellen.

Die Rolle der Lebewesen

Da lebende Organismen eine wichtige Rolle beim Austausch von Kohlendioxid mit der Atmosphäre spielen, vermuten manche Forscher, für die Regulierung des Erdklimas seien hauptsächlich Lebewesen verantwortlich. James E. Lovelock von der Versuchsstation Coombe Mill in Cornwall und Lynn Margulis von der Universität Boston sind die Hauptvertreter dieser Gaia-Hypothese, benannt nach der griechischen Göttin der Erde. Sie behaupten, die Abnahme des atmosphärischen Kohlendioxids im Laufe der Erdgeschichte sei eine direkte Folge biologischer Einflüsse, und ohne Lebewesen hätte das Klima der Erde sich durchaus wie auf Mars oder Venus entwickeln können.

Gewiß sind die Lebewesen wichtig. Die rund 20 Prozent Kohlendioxid, die nicht am Carbonat-Silicat-Zyklus teilnehmen, werden der Atmosphäre durch die Photosynthese der Pflanzen entzogen. Wenn solche Organismen absterben, lagern sie in den Sedimenten organische Verbindungen ab. Das Kohlendioxid wird regeneriert, wenn tektonische Prozesse die Sedimentgesteine auffalten und Gebirge bilden: Dann kann der Kohlenstoff im Gestein mit dem atmosphärischen Sauerstoff des Regenwassers reagieren.

Lebewesen beeinflussen aber auch den Carbonat-Silicat-Zyklus. Die Rolle, die das Meeresplankton durch die Bildung von Carbonatsedimenten spielt, haben wir schon erwähnt, aber die Landpflanzen könnten tatsächlich noch wichtiger sein. Wenn Pflanzen verwesen, steigt durch Oxidation der pflanzlichen Rückstände die Kohlendioxidmenge im Boden. Darum sind die Kohlendioxid-Konzentrationen in typischen Böden heute wahrscheinlich höher als vor dem Auftauchen der Gefäßpflanzen vor ungefähr 400 Millionen Jahren, und diese Erhöhung beschleunigt die Umwandlung von Silicatmineralen in Carbonatsedimente.

Trotzdem bleiben wir bei unserer Behauptung, daß die atmosphärische Kohlendioxid-Konzentration im wesentlichen durch physikalisch-chemische und nicht durch biologische Vorgänge reguliert wird. Dies läßt sich zum Beispiel so begründen: Wenn es die schalentragenden Organismen nicht gäbe, die heute Calciumcarbonat am Meeresboden ablagern, stiege die Konzentration von Calcium- und Bicarbonat-Ionen im Meerwasser an. Sobald aber die Ionenkonzentrationen einen kritischen Wert erreicht hätten, würde sich Calciumcarbonat auch ohne Zutun von Organismen bilden. Das muß früher als vor ungefähr 600 Millionen Jahren der Fall gewesen sein, also bevor die Schalenbildner erstmals auftraten.

Ebenso ergibt sich aus Berechnungen, daß die durch völliges Verschwinden aller Landpflanzen verursachte Abnahme der Silicat-Erosion schon mit einem Temperaturanstieg von rund 10 Grad wieder wettzumachen wäre; einen solchen Anstieg könnte der Carbonat-Silicat-Zyklus durch seinen negativen Rückkopplungseffekt durchaus hervorrufen. Der verstärkte Treibhauseffekt würde ein Klima erzeugen, das dem der mittleren Kreidezeit vor 100 Millionen Jahren entspräche: warm, aber trotzdem für viele Lebensformen geeignet, einschließlich der Dinosaurier. Daher kann man mit gutem Grund annehmen, daß die Erde selbst dann bewohnbar geblieben wäre, wenn sie niemals bewohnt worden wäre. Der Carbonat-Silicat-Zyklus hätte für den notwendigen Dämpfungsmechanismus gesorgt.

Gegenwärtig trägt allerdings in erster Linie Wasserdampf zu der Treibhaus-Erwärmung der Erde um insgesamt 35 Grad bei; also könnte man sich fragen, ob der Wasserdampf dafür verantwortlich war, daß unser Planet im Laufe seiner Entwicklung ein gemäßigtes Klima

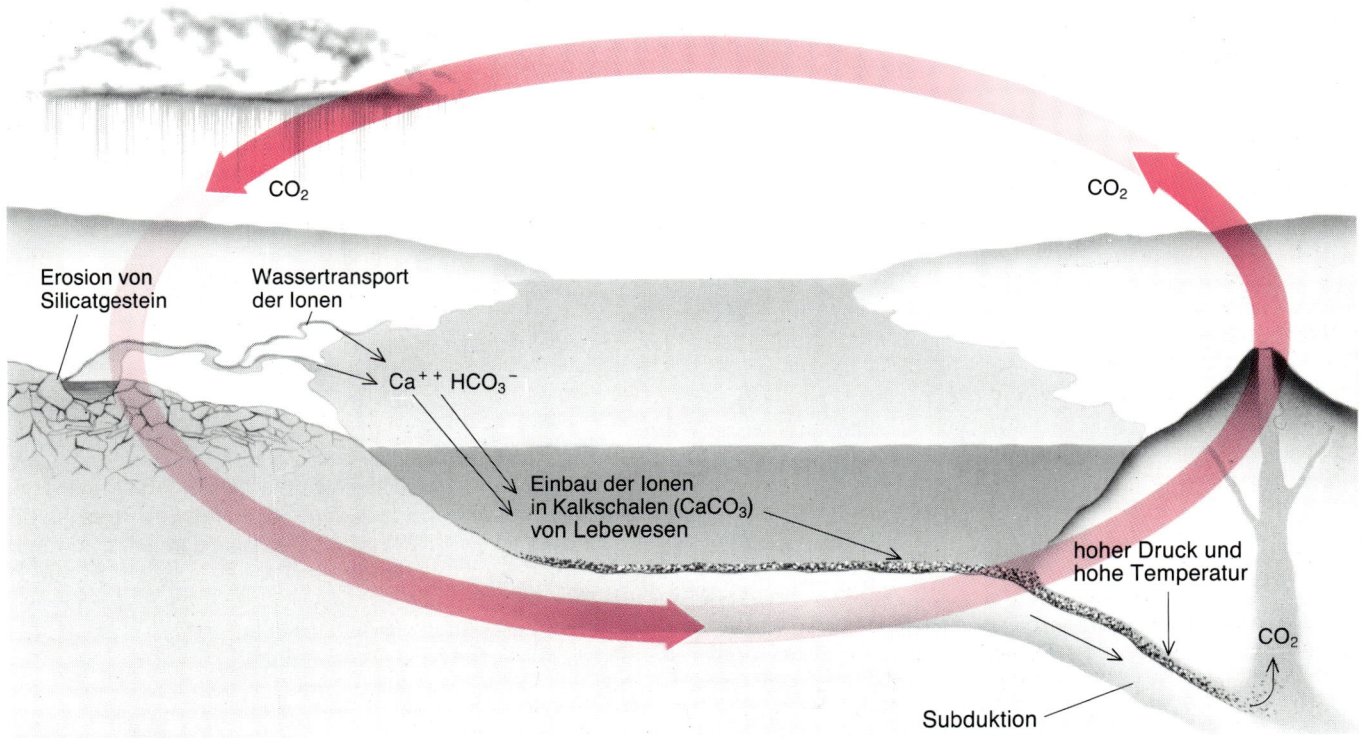

Bild 2: Der geochemische Carbonat-Silicat-Zyklus, der sich über Zeitspannen von jeweils mehr als 500 000 Jahren erstreckt, entfernt Kohlendioxid aus der Atmosphäre, speichert es in Carbonatgestein und führt es schließlich wieder der Atmosphäre zu. Carbonate entstehen, wenn Kohlendioxid sich in Regenwasser löst und chemisch mit Gesteinen reagiert, die Calcium-Silicium-Minerale (Verbindungen aus Calcium, Silicium und Sauerstoff) enthalten. Durch solche Reaktionen gelangen Calcium- und Bicarbonat-Ionen (Ca^{++} und HCO_3^-) in das Grundwasser, das sie dann über Bäche und Flüsse ins Meer transportiert. Dort bauen Plankton- und andere Organismen diese Ionen in ihre Schalen aus Calciumcarbonat ($CaCO_3$) ein; wenn sie sterben, lagern sich die Schalen in den Sedimenten des Meeresbodens ab. Dieser bewegt sich von den mittelozeanischen Rücken her langsam auseinander; schließlich schiebt er sich unter die Kontinente und in größere Tiefen. Dort geben die Sedimente unter hoher Temperatur und großem Druck gasförmiges Kohlendioxid frei, das wieder in die Atmosphäre gelangt.

Labels in figure: Erosion von Silicatgestein · Wassertransport der Ionen · Ca^{++} HCO_3^- · CO_2 · CO_2 · Einbau der Ionen in Kalkschalen ($CaCO_3$) von Lebewesen · hoher Druck und hohe Temperatur · CO_2 · Subduktion

aufrechterhalten konnte. Die Antwort ist Nein. Die Menge an atmosphärischem Wasserdampf wirkt Änderungen der Oberflächentemperatur nicht entgegen, sondern verstärkt sie sogar: Der Wasservorrat der Atmosphäre steigt an, wenn sich die Oberflächentemperatur erhöht, und verringert sich, wenn die Oberflächentemperatur fällt. Darum kann nur ein globaler Rückgang der Kohlendioxid-Konzentrationen erklären, warum die Oberflächentemperatur der Erde nicht mit der allmählich sich verstärkenden Sonnenstrahlung zugenommen hat, sondern in einem Bereich geblieben ist, der Leben ermöglicht.

Auf dem Mars versagt die Dämpfung

Zwar hat also auf der Erde vermutlich der Kohlendioxid-Kreislauf das Klima im Laufe ihrer Entwicklung in vernünftigen Grenzen gehalten; aber auf dem Mars konnte ein solcher Prozeß — falls es ihn je gegeben hat — nicht dasselbe bewirken. Heute besteht fast die gesamte Marsatmosphäre aus nur 600 Pascal Kohlendioxid, und dadurch kommt bloß eine Treibhaus-Erwärmung um rund 6 Grad zustande.

War das Marsklima möglicherweise schon von Anbeginn kalt und hat sich in

den vergangenen 4,6 Milliarden Jahren kaum verändert? Das ist unwahrscheinlich: Aufnahmen der amerikanischen Mariner- und Viking-Raumsonden zeigen, daß viele Kanäle die Marsoberfläche durchziehen, die höchstwahrscheinlich von fließendem Wasser gebildet worden sind (Bild 4). Zwar hätten einige Kanäle auch bei kaltem Klima durch plötzlich aus großen Tiefen freigesetztes Wasser entstehen können, aber zur Bildung der Abflußsysteme, die das älteste Marsgelände kreuz und quer durchziehen, waren vermutlich höhere Temperaturen notwendig. Auch war auf dem Mars die Erosion während der ersten Jahrmilliarde seiner Geschichte stärker als heute, wenn man Abschätzungen von Peter H. Schultz von der Brown-Universität in Providence (Rhode Island) folgt. Dies ist ein weiteres Indiz, daß der Planet warm genug war, Wasser flüssig zu halten.

Wie warm es auf dem Mars war, wissen die Geologen zwar nicht genau, aber der Treibhauseffekt einer einstmals dichten Kohlendioxid-Atmosphäre könnte seine Oberfläche durchaus erwärmt haben. Unseren Berechnungen zufolge hätte eine Kohlendioxid-Atmosphäre von 100 000 bis 500 000 Pascal Teile der Marsoberfläche in ihrer Frühzeit vor Frost bewahrt. Dabei gilt der niedrigere Wert für den Marsäquator

und größtmögliche Sonnennähe des Planeten; die größere Zahl ist ein Mittelwert für den gesamten Planeten.

Daß Mars früher einmal so viel atmosphärisches Kohlendioxid besaß, liegt durchaus im Bereich des Möglichen — obwohl es 150- bis 800mal mehr gewesen wäre als heute. Wäre der Planet Mars, dessen Masse ungefähr ein Zehntel der Erdmasse ausmacht, einst gemäß diesem Massenverhältnis mit Kohlendioxid ausgestattet gewesen, so hätte sein Gesamtvorrat an Kohlendioxid ungefähr 1 Million Pascal entsprochen. (Für diese Zahl muß man die im Vergleich zur Erde kleinere Oberfläche und Gravitation des Mars berücksichtigen.)

Nach unserer Hypothese hatte Mars einen ausreichenden Vorrat an Kohlendioxid, kühlte aber dennoch aus, weil sein Austauschmechanismus zusammenbrach. Wir meinen, daß der Planet einst ein funktionierendes Austauschsystem besaß, denn andernfalls hätte die Gesteinserosion das gesamte Kohlendioxid innerhalb von rund 10 Millionen Jahren aus der Atmosphäre entfernt. Doch offensichtlich enthielt die Atmosphäre noch viel länger größere Mengen dieses Gases.

Das geht aus den Abflußsystemen hervor: Auf den alten südlichen Hochebenen können sie durch Auszählen der Meteoritenkrater, die sie überlagern, datiert werden. Demnach führten die Abflußsysteme noch Wasser, als die Epoche der schwersten Meteoritenbombardements schon dem Ende zuging — vor etwa 3,8 Milliarden Jahren.

Das Austauschsystem entzog wahrscheinlich der Atmosphäre ihr Kohlendioxid durch den gleichen Erosionsprozeß wie auf der Erde. Doch die Regeneration des Gases fand möglicherweise ganz anders als auf der Erde statt, weil es auf einem so kleinen Planeten wie Mars vielleicht nie plattentektonische Prozesse gegeben hat. Eine Möglichkeit wäre, daß von Mars-Vulkanen ausgestoßene Lava Carbonatsedimente bedeckte und sie allmählich so tief unter sich begrub, daß durch Druck und Hitze aus den Sedimenten Kohlendioxid freiwurde. Computermodellen zufolge hätte dieser Prozeß ausgereicht, noch eine Milliarde Jahre nach der Entstehung des Planeten den Carbonat-Zyklus in Gang zu halten.

Anscheinend kühlte Mars nicht darum ab, weil er weniger Sonnenenergie empfängt als die Erde, sondern weil er kleiner ist. Er besaß bei seiner Entstehung weniger innere Wärme, und durch sein großes Oberflächen-Volumen-Verhältnis verlor er diese Wärme schneller. Schließlich wurde das Innere des Mars so kalt, daß aus den Carbonatgesteinen kein Kohlendioxid mehr ausgasen

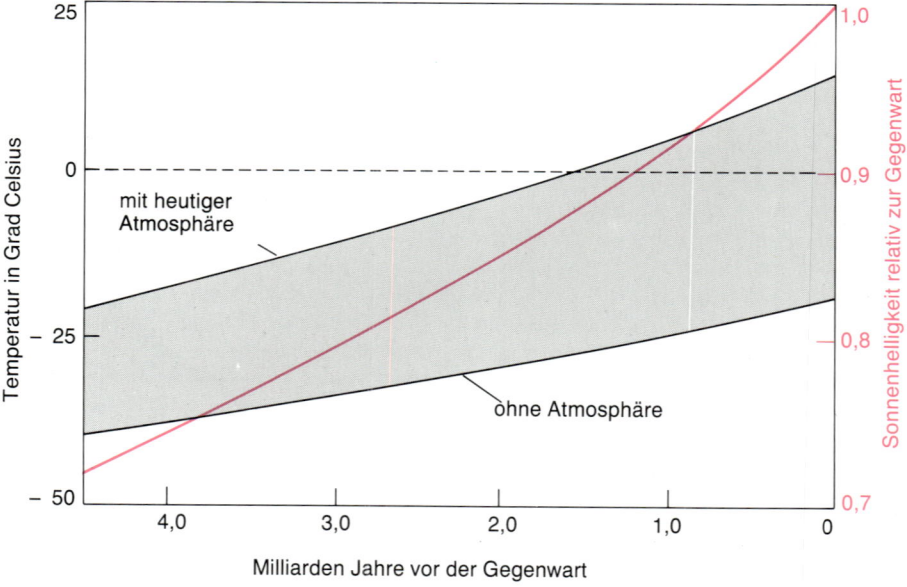

Bild 3: Klimamodellrechnungen zufolge wäre die Erde in ihrer Frühzeit gefroren, wenn ihre Atmosphäre so wie heute zusammengesetzt gewesen wäre. Der Grund dafür ist, daß die Sonne früher um fast 30 Prozent schwächer strahlte (farbige Kurve). Die obere schwarze Kurve zeigt die Oberflächentemperatur, wenn ein eindimensionales, das heißt global gemitteltes Klimamodell zugrunde gelegt wird; die Konzentration des atmosphärischen Kohlendioxids wird als konstant angenommen. (Auch viele der im Text erörterten Berechnungen beruhen auf einem eindimensionalen Modell.) Die untere Kurve zeigt die Oberflächentemperatur einer Erde ohne Atmosphäre. Der dunkel getönte Bereich zwischen diesen Kurven gibt die Größe des Treibhauseffekts an. Wahrscheinlich waren die wirklichen Kohlendioxid-Konzentrationen in der Vergangenheit höher als hier dargestellt, und entsprechend lag auch die Oberflächentemperatur der Erde höher. Die Kurve der solaren Leuchtdichte beruht auf einer Berechnung, die Douglas O. Gough von der Universität Cambridge ausgeführt hat.

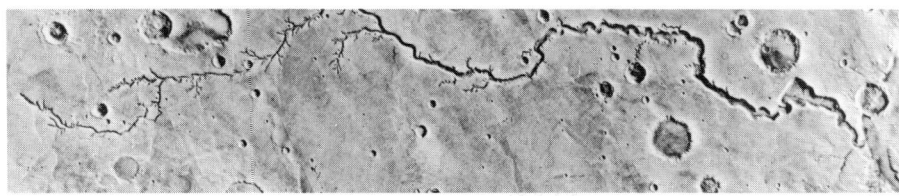

Bild 4: Die Oberfläche des Mars ist von vielen Kanälen durchzogen; daraus schließt man, daß dieser Planet früher einmal warm genug war, um Wasser in flüssiger Form zu tragen. Typische Abflußkanäle wie das Nirgal-Tal (oben) sehen mit ihren wenigen und kurzen Nebenflüssen anders aus als Flüsse auf der Erde; wahrscheinlich sind sie durch hochgepreßtes oder ausgesickertes Grundwasser entstanden. Andere, stark verästelte Strukturen (unten), die in altem Gelände zu finden sind, scheinen komplizierte Abflußsysteme zu sein; sie könnten durch Auspressen von Grundwasser oder durch abfließende Niederschläge entstanden sein. Da diese Systeme durch Krater überlagert sind, schließt man, daß sie sich vor dem Ende der Periode der starken Meteoriten-Bombardements — also nicht später als vor etwa 3,8 Milliarden Jahren — gebildet haben. Gewisse Ausflußkanäle (sie sind hier nicht abgebildet) könnten sich auch in kaltem Klima durch andere Vorgänge gebildet haben.

konnte. Das gesamte der Atmosphäre durch Erosion entzogene Kohlendioxid blieb im Boden gebunden. Die Atmosphäre wurde dünn und das Marsklima allmählich so kalt wie in der Gegenwart. Wäre Mars so groß wie die Erde gewesen, hätte er wahrscheinlich genug innere Wärme besessen, den Kohlendioxid-Austausch aufrechtzuerhalten und dadurch die geringere Sonneneinstrahlung auszugleichen.

Aus diesem Szenario folgt, daß Mars gegenwärtig beträchtliche Mengen von Carbonatgestein in seiner Kruste birgt. Bisher haben spektroskopische Untersuchungen von der Erde aus solche Minerale nicht nachgewiesen. Andererseits hat James L. Gooding von der NASA kürzlich kleine Mengen Calciumcarbonat in den sogenannten SNC-Meteoriten gefunden (SNC abgekürzt für die Fundorte Shergotty in Indien, Nakhla in Ägypten und Chassigny in Frankreich); man vermutet, daß diese Gesteinsfragmente auf der Marsoberfläche entstanden sind. Die gegenwärtig für 1992 geplante „Mars Observer"-Mission wird ausgiebiger nach Carbonaten suchen; sie könnte wichtige neue Indizien für unsere Theorie des Marsklimas liefern.

Wie Venus austrocknete

Während Mars einen riesigen — wenn auch gefrorenen — Vorrat von Wasser besitzt, ist Venus heute fast vollständig wasserlos. Das wenige Wasser der Venus befindet sich in der Atmosphäre, und zwar als Wasserdampf oder als Bestandteil der dichten Schwefelsäurewolken, die den Planeten einhüllen. Die Klimatologen haben im wesentlichen zwei Theorien für die Trockenheit der Venus entwickelt.

John S. Lewis von der Universität von Arizona und seine Mitarbeiter vertreten die These, die Venus habe niemals viel Wasser besessen: Der Bereich des solaren Nebels, in dem die Venus entstand, sei für die Bildung hydrierter Minerale zu heiß gewesen.

Eine große Schwäche dieser ersten Theorie ist, daß sie die Wirkung der Gravitation nicht berücksichtigt. Gemäß den dynamischen Modellen, die George W. Wetherill von der Carnegie-Stiftung in Washington entwickelt hat, sammelt ein entstehender Planet nicht nur Planetesimale auf, die seine Umlaufbahn kreuzen, sondern stört auch die Bahnen solcher Körper und verstreut sie quer über das innere Sonnensystem. In spä-

teren Wachstumsphasen waren die Vorformen von Erde und Venus sogar massereich genug, Planetesimale untereinander auszutauschen. Die von der Erde kommenden Körper wären — so ist weiter zu folgern — reich an Wasser gewesen und hätten die Venus großzügig mit Flüssigkeit versorgt.

Diesem Einwand trägt die zweite Theorie Rechnung; sie besagt, die Venus habe ursprünglich Wasser in Hülle und Fülle besessen — vielleicht so viel wie die Erde —, aber die lebensspendende Substanz sei auf dem Weg in die obere Atmosphäre verlorengegangen. Dort spaltete die Sonnenstrahlung die Wassermoleküle und setzte Wasserstoffatome frei, die in den Weltraum entwichen. (Nur in der oberen Atmosphäre kann das Wasser durch entweichenden Wasserstoff dezimiert werden; in geringen Höhen werden die leichten Wasserstoffatome durch Streuung an schwereren Molekülen wie Kohlendioxid in der Atmosphäre festgehalten.)

Verschiedene Versionen dieser zweiten Theorie beantworten die Frage unterschiedlich, ob es auf der Venusoberfläche über nennenswerte Zeitspannen flüssiges Wasser gegeben haben kann. Die klassische Erklärung unterstellt einen instabilen Treibhauseffekt und behauptet, auf der Venusoberfläche habe niemals Wasser vorkommen können. Die Idee der Treibhaus-Instabilität trug Fred Hoyle von der Universität Cambridge (Großbritannien) bereits im Jahre 1955 vor, aber viele Details entwickelten Andrew P. Ingersoll vom California Institute of Technology und einer von uns (Pollack) erst in den späten sechziger Jahren.

Demzufolge kann das Oberflächenwasser auf einem Planeten nicht flüssig bleiben, wenn die Sonneneinstrahlung eine kritische Schwelle übersteigt. Falls der solare Strahlungsfluß auf der Umlaufbahn der Venus diesen kritischen Wert von Anfang an überschritten hätte, wäre das gesamte aus dem Planeteninneren austretende Wasser sofort verdampft. Zumindest im unteren, heißeren Teil der Atmosphäre wäre dieses Wasser nicht als Regen kondensiert, und folglich hätten sich keine Ozeane bilden können.

Die Atmosphäre verlöre das Wasser, weil die aufsteigende Luft sich unter solch feuchtheißen Umweltbedingungen ungewöhnlich langsam abkühlte. Dadurch wäre erst in großen Höhen (bei ungefähr 100 Kilometern) die sogenannte Kältefalle wirksam geworden; darunter versteht man den Bereich, in dem tiefe Temperatur und hoher Luftdruck gemeinsam den Sättigungspunkt auf einen Minimalwert erniedrigen. Normalerweise ist die relative Wasserdampfkonzentration (der vom Wasserdampf eingenommene Volumenanteil der Atmosphäre) in der Kältefalle viel geringer als in der darunterliegenden Atmosphäre, und statt aufzusteigen kondensiert das Wasser.

Läge die Kältefalle hingegen in großer Höhe, so wäre die relative Wasserdampfkonzentration dort ähnlich groß wie in der Nähe der Oberfläche. In diesem Fall ließe die Kältefalle eine beträchtliche Wassermenge in die obersten Atmosphärenschichten durch; dort würde Photodissoziation (das heißt Wasserstoff-Abspaltung durch Sonnenstrahlung) und Entweichen des Wasserstoffs das Wasser dezimieren. Durch diesen Mechanismus könnte Venus in weniger als 30 Millionen Jahren die Wassermenge eines ganzen Ozeans verloren haben (Bild 5 c).

Im Gegensatz dazu befindet sich die Kältefalle der gegenwärtigen Erdatmosphäre in relativ niedriger Höhe (zwischen 9 und 17 Kilometern) an der Grenze von Troposphäre und Stratosphäre. Wenn Wasserdampf aus tieferen Schichten zur Kältefalle aufsteigt,

kondensiert er fast vollständig aus; darum ist unsere Stratosphäre extrem trocken und gibt nur wenig Wasserstoff in den Weltraum ab (Bild 5 a).

Nach unseren Berechnungen ist der zur Auslösung einer Treibhaus-Instabilität nötige solare Energiefluß ungefähr 1,4mal so groß wie die gegenwärtige Sonneneinstrahlung auf der Erde – sofern der betreffende Planet eine völlig wasserdampfgesättigte und wolkenfreie Atmosphäre hat. Das entspricht annähernd dem für die Frühzeit des Sonnensystems geschätzten Sonnenenergiefluß im Bereich der Venus-Umlaufbahn; demnach hätte Venus sich damals an der Schwelle zu einer Treibhaus-Instabilität befunden. Gab es jedoch Wolken, die einen wesentlichen Teil der Sonneneinstrahlung reflektieren konnten, so vermochte die Venus wahrscheinlich einer Treibhaus-Instabilität am Beginn ihrer Geschichte zu entgehen, und dann hätte es eine Zeitlang Ozeane geben können.

Solche Ozeane wären aber nicht sehr lange verschont geblieben. Als Alternative zur Theorie des instabilen Treib-

hauseffekts schlagen wir die These vor, die Venus habe einst Ozeane besessen, sie aber verloren, weil ihre Atmosphäre in einem Zustand war, den wir als feuchtes Treibhaus bezeichnen: Unter solchen Bedingungen beträgt die relative Wasserdampfkonzentration nahe der Oberfläche mehr als 20 Prozent des Volumens der Atmosphäre (Bild 5 b). Wenn die Atmosphäre wie auf der Erde unter einem Druck von 100000 Pascal steht, kann eine solche Konzentration erreicht werden, falls die Oberflächentemperatur auf mehr als 70 Grad Celsius ansteigt. (Hätte es auf der Venus einen Ozean und Regenfälle gegeben, so wäre der größte Teil des Kohlendioxids in Carbonatgestein gebunden worden, und ein Atmosphärendruck von 100000 Pascal wäre möglich gewesen.)

Unsere Klimasimulationen zeigen, daß ein feuchtes Treibhaus entsteht, falls die Sonneneinstrahlung bei wolkenloser Atmosphäre mindestens 1,1mal so stark ist wie auf der Erde. Wenn die Wasserdampfkonzentration nahe der Oberfläche 20 Prozent übersteigt, kondensiert das Wasser, und die

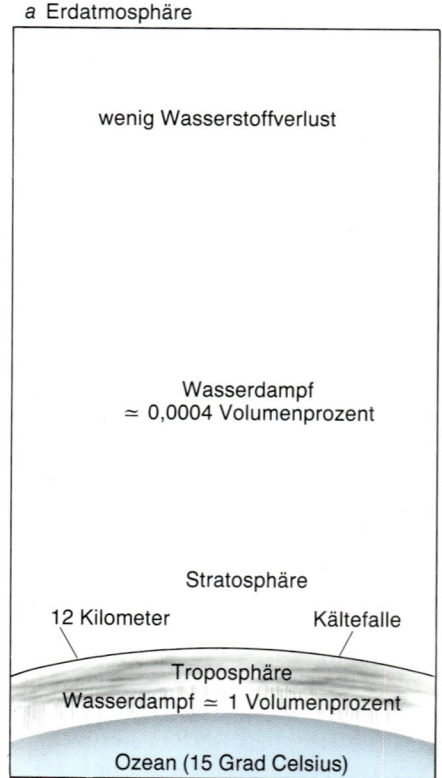

a Erdatmosphäre

wenig Wasserstoffverlust

Wasserdampf
≈ 0,0004 Volumenprozent

Stratosphäre

12 Kilometer   Kältefalle

Troposphäre
Wasserdampf ≈ 1 Volumenprozent

Ozean (15 Grad Celsius)

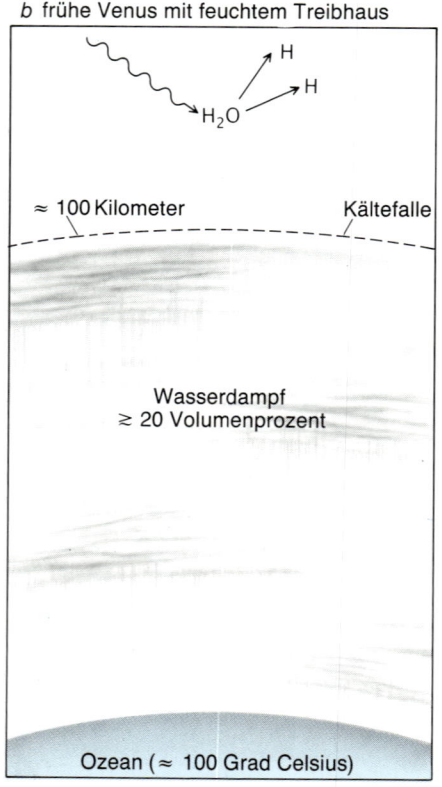

b frühe Venus mit feuchtem Treibhaus

H
H₂O   H

≈ 100 Kilometer   Kältefalle

Wasserdampf
≥ 20 Volumenprozent

Ozean (≈ 100 Grad Celsius)

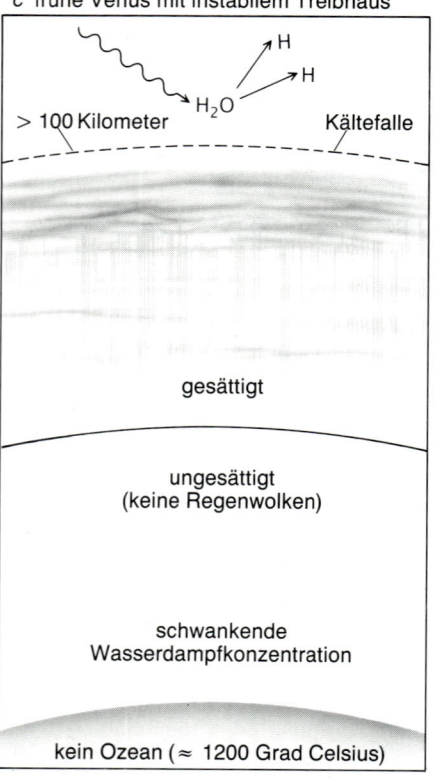

c frühe Venus mit instabilem Treibhaus

H
H₂O   H

> 100 Kilometer   Kältefalle

gesättigt

ungesättigt
(keine Regenwolken)

schwankende
Wasserdampfkonzentration

kein Ozean (≈ 1200 Grad Celsius)

Bild 5: Wasserdampf neigt kaum dazu, die Erdatmosphäre zu verlassen; dies gilt aber nicht für das Frühstadium der Venus. Auf der Erde (*a*) wird das in der Troposphäre vorhandene Wasser daran gehindert, die Stratosphäre zu erreichen. Dafür ist die sogenannte Kältefalle verantwortlich: ein Bereich, wo zugleich tiefe Temperatur und relativ hoher Luftdruck herrschen und die Konzentration des Wasserdampfs sehr niedrig halten. In der Kältefalle kondensiert der Wasserdampf fast vollständig aus. Auf der Venus war die untere Atmosphäre, verglichen mit der Erde, zwar anfangs warm, aber dennoch wahrscheinlich kühl genug, um Wasser zu kondensieren und einen Ozean zu bilden. Dieses Meer hätte sich im Laufe der Zeit jedoch verflüchtigt und ein sogenann-

tes feuchtes Treibhaus erzeugt (*b*); es entsteht, wenn hohe Oberflächentemperaturen bewirken, daß die untere Atmosphäre zu mehr als 20 Prozent aus Wasserdampf besteht. Die Kältefalle verlagert sich dann in große Höhe und ist nicht mehr fähig, den Wasserdampf am Aufsteigen in die obere Atmosphäre zu hindern. Obwohl der Wasserdampf teilweise als Regen auskondensiert, dissoziiert der Dampf in den obersten Schichten, und der abgespaltene Wasserstoff entkommt in den Weltraum. Venus könnte aber auch so heiß gewesen sein, daß sich statt dessen ein instabiles Treibhaus entwickelt hat (*c*): Das gesamte aus dem Planeten austretende Wasser verwandelte sich sofort zu Dampf und konnte nie einen Ozean bilden. Das Wasser wanderte also im wesentlichen nur aufwärts.

freiwerdende Kondensationswärme erhöht die Temperatur der Atmosphäre beträchtlich; dadurch steigt die Kältefalle – wie bei der Treibhaus-Instabilität – in größere Höhen auf, und Wasser kann in die obere Atmosphäre gelangen. Auf einem Planeten mit der 1,1fachen bis 1,4fachen Sonneneinstrahlung der Erde könnte es einen Ozean geben; Photodissoziation und Wasserstoffverlust würden diesen aber innerhalb einiger hundert Millionen Jahre verschwinden lassen.

Aus unserer Sicht vermag die Theorie des feuchten Treibhauses besser als die der Treibhaus-Instabilität zu erklären, warum die Venus gegenwärtig kaum Wasser in flüssiger Form besitzt. Da die Kohlendioxid-Konzentration in einem feuchten Treibhaus durch Erosion reduziert würde, wäre der gesamte Luftdruck niedriger als in einem instabilen Treibhaus. Daher würde schon wenig Wasserdampf genügen, um 20 Prozent des gesamten Gasvolumens auszumachen, und somit würde ein größerer Anteil des gesamten Wasservorrats die obere Atmosphäre erreichen. Bestünde die Atmosphäre zum Beispiel aus 100 000 Pascal Wasserdampf und ebensoviel Kohlendioxid, so würde der Wasseranteil 50 Prozent des Volumens betragen und zum großen Teil entweichen. Gäbe es hingegen 9,9 Megapascal Kohlendioxid, so würden die 100 000 Pascal Wasser gerade 1 Prozent des Volumens ausmachen und in der Atmosphäre erhalten bleiben.

Unabhängig davon, ob die anfängliche Venusatmosphäre als instabiles oder als feuchtes Treibhaus wirkte, hätte der Planet sich schließlich zu seinem heutigen heißen und trockenen Zustand fortentwickelt. Sobald die Ozeane verschwanden, kam die Carbonatbildung zum Erliegen, und das Kohlendioxid reicherte sich dadurch in der Atmosphäre an. Darum besteht die Atmosphäre der Venus mit ihrem Druck von 9,3 Megapascal heute hauptsächlich aus Kohlendioxid. Schwefelgase, die wegen ihrer guten Wasserlöslichkeit ursprünglich selten waren, reicherten sich ebenfalls an und bildeten die Schwefelsäurewolken, die heute ein wesentliches Merkmal der Venusatmosphäre sind.

Das Kohlendioxid und nicht der Sonnenabstand ist die Ursache für die heutige hohe Oberflächentemperatur der Venus. Sie empfängt zwar 1,9mal mehr Sonnenstrahlung als die Erde; aber ihre Schwefelsäurewolken reflektieren davon ungefähr 80 Prozent, so daß Venus tatsächlich wesentlich weniger Sonnenenergie als die Erde absorbiert. Ohne den Treibhauseffekt wäre Venus kälter als die Erde und kaum wärmer als der soviel sonnenfernere Mars.

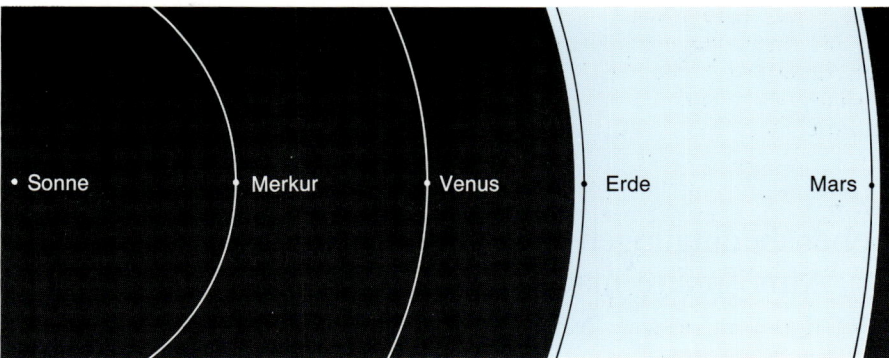

Bild 6: Die dauernd bewohnbare Zone (hellblau) ist der Weltraumbereich, in dem ein Planet theoretisch ein erdähnliches Klima so lange aufrechterhalten kann, daß Leben zu gedeihen vermag. Eine frühere Abschätzung kam zu dem Ergebnis, diese Zone sei ziemlich schmal und erstrecke sich von 0,95 bis zu 1,01 astronomischen Einheiten, also nur knapp beiderseits der Erdumlaufbahn. Aus neueren Arbeiten geht hervor, daß die äußere Grenze vielleicht sogar bei 1,5 astronomischen Einheiten liegt – jenseits der Umlaufbahn des Mars um die Sonne.

Die dauernd bewohnbare Zone

Das Resultat, daß ein Planet mit der 1,1fachen Sonneneinstrahlung der Erde sein Wasser durch Photodissoziation verlieren würde, deckt sich mit der Berechnung von Hart, wonach die innere Grenze der dauernd bewohnbaren Zone bei einem Sonnenabstand von etwa 0,95 astronomischen Einheiten liegt. Diese Übereinstimmung ist jedoch eher zufällig, denn unsere Abschätzung beruht auf Wasserstoff-Fluchtraten, während Hart zu seiner Abschätzung auf anderem Weg gekommen ist.

Natürlich würde ein Planet an der inneren Grenze nicht lange bewohnbar sein. Die Leuchtdichte der Sonne nimmt zur Zeit alle 100 Millionen Jahre um ungefähr 1 Prozent zu. Daher wird vielleicht selbst die Erde in ferner Zukunft, etwa nach einer Milliarde Jahren, ihr Wasser zu verlieren beginnen. Diese Katastrophe für das Leben könnte einige Zeit aufgeschoben werden, falls das atmosphärische Kohlendioxid durch den Carbonat-Silicat-Zyklus abnähme. Aber diese Abnahme selbst könnte sich für das Leben schon als verhängnisvoll erweisen, da viele Pflanzen nicht mehr in der Lage wären, die Photosynthese zu unterhalten, wenn sie viel weniger Kohlendioxid aufzunehmen vermöchten als heute. (Scharfsinnige Leser werden an dieser Stelle einwenden, daß die atmosphärische Kohlendioxid-Konzentration zur Zeit durch das Verbrennen fossiler Brennstoffe ansteigt. Aber diese Aktivität kann sicherlich nicht länger als einige Jahrhunderte anhalten, weil dann die Reserven des Planeten an Kohle und Erdöl erschöpft sind. Nach einer – geologisch gesehen – kurzen Erwärmungsphase wird die Kohlendioxid-Konzentration wieder zurückgehen.)

Die äußere Grenze der dauernd bewohnbaren Zone muß beträchtlich weiter entfernt von der Sonne liegen, als Hart sich vorgestellt hat – vielleicht sogar bei 1,5 astronomischen Einheiten, also etwas außerhalb der Mars-Umlaufbahn (Bild 6). Wir legen die äußere Grenze nicht noch weiter außen fest, da es unwahrscheinlich ist, daß sich in größerem Abstand von einem sonnengleichen Stern ein terrestrischer Planet bilden könnte.

Auf einem Planeten, der ähnlich groß wie die Erde, aber weiter von der Sonne entfernt wäre, würde vermutlich fast derselbe negative Rückkopplungseffekt wirksam sein, der das Erdklima in den vergangenen 4,5 Milliarden Jahren stabilisiert hat. Der Mars ist nur aus dem einzigen Grund gefroren, weil er zu klein ist, das Regenerieren des Kohlendioxids aufrechtzuerhalten. Auf der Mars-Umlaufbahn sollte ein Planet von der Größe der Erde gemäß unserer Theorie in seiner Atmosphäre mehrere hunderttausend Pascal Kohlendioxid und eine mittlere Oberflächentemperatur über null Grad Celsius haben. In dieser Luft könnten Menschen zwar nicht atmen, doch irgendeine Form von Leben könnte durchaus darin existieren.

Hart bestimmte für die dauernd bewohnbare Zone zuerst eine außerordentlich schmale Kugelschale; daraus folgte eine ziemlich geringe Wahrscheinlichkeit, Sterne mit erdähnlichen Planeten zu finden, selbst wenn Planetensysteme an sich häufig wären. Unsere Berechnungen legen den entgegengesetzten Schluß nahe: Falls andere Planetensysteme existieren, und das ist höchstwahrscheinlich der Fall, dann besteht eine gute Chance, bewohnbare Planeten zu finden. Ob nun einige davon tatsächlich bewohnt sind, ist natürlich eine offene Frage; sie kann aber nicht mehr mit der Behauptung verneint werden, die Erde sei klimatologisch einmalig im Universum.

Die Biosphäre

Das Leben auf der Erde hat seit jeher die
Lebensbedingungen selbst und damit die Geschichte der Litho-, der Hydro- und der
Atmosphäre machtvoll beeinflußt. Einer der Schlüsselprozesse war dabei die
Schaffung einer sauerstoffhaltigen Atmosphäre.

Von Preston Cloud

Von allen dynamischen Systemen unseres Planeten hat zwar die Biosphäre als letztes Gestalt angenommen, aber die stärksten Wechselbeziehungen entfaltet. Sie ist einzigartig in unserem Sonnensystem. Andere Planeten und Monde besitzen einen Kern, einen Mantel und sogar eine Kruste und eine Atmosphäre. Auf dem Titan, dem größten Mond des Saturn, könnte es Seen aus flüssigem Methan geben; und vom Mars an auswärts findet man sogar vielfach Wasser, allerdings nur als Eis.

Aber nur auf der Erde existieren Strukturen mit der Fähigkeit, sich selbst zu vermehren, sich durch Mutation oder genetische Neukombination zu wandeln und solche Veränderungen an die Nachkommen weiterzugeben. Strukturen, die derlei vermögen, gelten per Definition als belebt, und sie sind es, die überall auf der Erdoberfläche, dicht darunter und darüber, mit der Litho-, Hydro- und Atmosphäre verwoben die Biosphäre bilden.

Vielfalt und Wechselwirksamkeit der Biosphäre übersteigen unsere gegenwärtigen Einsichten bei weitem. Der Gen-Pool in seiner Gesamtheit besitzt geradezu schwindelerregende Variationsmöglichkeiten. Bislang haben die Biologen rund 2 Millionen Arten katalogisiert: etwa 1,5 Millionen Tierarten und 0,5 Millionen „Pflanzenarten", die Bakterien mit eingeschlossen. Alljährlich werden ungefähr 10000 neue Arten entdeckt und beschrieben. Die meisten davon sind Insekten, doch gehören riesige Tiefsee-Muscheln ebenso dazu wie eine ganze Anzahl fossile Lebensformen aus dem Legionenheer noch unerforschter Pflanzen und Tiere vergangener Epochen.

Tatsächlich, um es gelinde auszudrücken, strotzt die Erde geradezu vor Lebensformen. Entsprechend der Vielfalt

möglicher ökologischer Nischen haben sich die Organismen — in geologischen Maßstäben gedacht — oftmals rasch verändert. Hier sehen wir die Evolution am Werk. Klimatische und geographische Isolation sowie großräumige Variable wie die Bewegungen der lithosphärischen Platten und die Intensität der Sonneneinstrahlung üben dabei die Selektionsdrücke aus, die einem ansonsten zufällig anmutenden Prozeß Richtung geben.

Betrachten wir beispielsweise die Kette der Hawaii-Inseln. Sie entstand, als eine lithosphärische Platte über einen „heißen Fleck", einen aufsteigenden Konvektionsstrom im Erdmantel, hinwegdriftete. Die älteste Insel liegt dabei am Nordwest-Ende, die jüngste am Südost-Ende der Kette. So ist Kauai 5,6 Millionen Jahre alt, Oahu 3,3 Millionen und Maui 1,8 Millionen Jahre. Die große Insel Hawaii am Südost-Ende tauchte erst vor 700000 Jahren auf und wächst noch immer. In diesem erdgeschichtlich kurzen Zeitraum von 5,6 Millionen Jahren haben sich die Abkömmlinge einiger zufällig eingewanderter Taufliegen (Gattung *Drosophila*) derart aufgefächert, daß jetzt ein Viertel der insgesamt rund 2000 *Drosophila*-Arten hier — und nur hier — zu finden ist.

Im selben Zeitraum entwickelten sich auf der Inselkette mehr als 1000 verschiedene Arten von Landschnecken, und zwar in den voneinander isolierten Tälern, die sich an den vulkanischen Hängen herabziehen. Aus unbekannten finkenartigen Urahnen, die ein günstiger Wind einst auf diese Inseln verschlagen hatte, ging schließlich auch eine ganz neue Familie von Vögeln hervor: die Zuckervögel. Sie zählt heute rund zwei Dutzend Arten.

In der langen Geschichte der Biosphäre war allerdings die Entstehung und erste Entfaltung des Lebens das weitaus wichtigste Ereignis; denn damit begann die Biosphäre mit der Erdoberfläche in Wechselwirkung zu treten. So werde ich

mich hier nicht sonderlich mit der faszinierenden Vielgestaltigkeit und Komplexität der irdischen Lebewesen oder mit Einzelheiten der Evolution befassen. Stattdessen möchte ich mich allein darauf konzentrieren, in welch folgenschwerer Weise das Leben Geschichte und Oberfläche unserer Erde gewandelt hat und wie es selbst wieder verändert wurde, seit die Erdoberfläche vor 4 Milliarden Jahren erstmals Leben ermöglichte.

Heute gibt es im Bereich der Oberfläche, genauer einige Dutzend Meter unter oder bis rund 10 Kilometer über ihr, kaum ein Fleckchen, das so heiß, so kalt, so trocken, so verschmutzt oder so stark ionisierenden Strahlen ausgesetzt ist, daß es sich wirklich bar jeden Lebens zeigt. Dies war jedoch nicht immer der Fall.

Die Hauptarbeit der Biosphäre haben auch nicht jene Mitglieder zu Lande und zu Wasser geleistet, die heute am augenfälligsten sind: die wohlbekannten vielzelligen Pflanzen und Tiere. Vielmehr hatte das Reich der Mikroben, jener anspruchslosen, morphologisch einfachen, aber biochemisch vielfältigen und anpassungsfähigen Massen der Kleinsten, schon immer die geochemisch aktivsten Mitglieder.

Die Bio-, die Hydro- und die Atmosphäre treten untereinander und mit der

Bild 1: Die *Landsat*-**Aufnahme zeigt das Große Barriereriff in der Gegend um Kap Melville (Mitte links) im Nordosten Australiens. Das Riff, in erster Linie ein Werk der Korallen und Algen, ist ein lebendes Beispiel dafür, wie die Biosphäre in großem Maße mit der Litho-, Hydro- und Atmosphäre in Wechselwirkung tritt. Als fast 2000 Kilometer langer natürlicher Wellenbrecher erstreckt es sich vom Wendekreis des Steinbocks nordwärts bis in die Torres-Straße, die Meerenge zwischen Australien und Neu-Guinea. Das Riff verläuft in einem Abstand von 15 bis 150 Kilometer parallel zur Küste von Queensland, wobei sich zwischen dem Außenriff und der Strandzone des Festlandes noch zahlreiche andere Riffstrukturen erheben. Die abgebildete Fläche ist 60 Kilometer breit.**

Dieser Artikel ist im November 1983 in *Spektrum der Wissenschaft* erschienen.

äußeren Erdkruste in allumfassende, fortwährende Wechselwirkungen – eine Sache von Kreisläufen in Kreisläufen in Kreisläufen.

Ein gutes Drittel aller chemischen Elemente unterliegt einem biologischen Recycling. Auch können einige Organismen vergleichsweise seltene Elemente weit über den Normalgehalt hinaus anreichern.

Sämtliche Lebewesen nutzen neben Wasserstoff, Sauerstoff, Kohlenstoff und Stickstoff auch Phosphor, Schwefel, Calcium, Kalium, Magnesium, Natrium, Eisen, Mangan, Kobalt, Kupfer sowie Zink. Und sie führen all diese Elemente wieder dem Kreislauf zu. Die meisten Organismen verwenden auch Chlor in irgendeiner Weise. Daneben wird rund ein Dutzend weiterer Elemente für besondere biologische Funktionen benötigt. Mikroorganismen können sogar in einem Milieu mit solch aggressiven Substanzen wie Schwefelsäure, Phenol oder Schwefelwasserstoff leben und diese auch nutzen. Nicht zuletzt bewirken biologische Prozesse auch enorme Anreicherungen von Silicium, Eisen, Mangan, Schwefel und Kohlenstoff in der Erdkruste.

Gesteinsverwitterung, Bodenbildung und das Zustandekommen vieler Sedimentgesteine sind ebenfalls wichtige Teileffekte mikrobieller und anderer biologischer Aktivitäten. Der Sauerstoff der Atmosphäre stammt zu einem überwältigenden Teil aus der Photosynthese der grünen Pflanzen, die zudem mit ihren Überresten Kohlenstoff in Böden und Sedimente einbringen und damit der Atmosphäre entziehen.

Die pflanzenfressenden Haustiere, die uns mit ihrem Protein lebensnotwendige Aminosäuren liefern, kommen nicht ohne die Funktionen ihrer Verdauungsbakterien aus – wir übrigens auch nicht. Und viele der Pflanzen, von denen sich letztlich ja alle Tiere ernähren, sind auf Stickstoff fixierende Bakterien und Blaualgen angewiesen. Diese Blaualgen (Cyanobakterien) sind die nächsten Verwandten der Bakterien und Relikte aus der Frühzeit der Erde. Die Biosphäre wirkt sich also tiefgreifend und allüberall auf den Rest der Erdoberfläche aus, spricht aber selbst wieder hochempfindlich auf die Rückkoppelung mit anderen Sphären an.

Erste Lebensspuren

Für unseren öden und leeren Planeten war das erste Leben eine dramatische Neuerung, die einen beispiellosen, folgenschweren geologischen Prozeß einleitete. Man kann zwar nicht mit Sicherheit sagen, wie und wann genau auf der Erde das Leben entstand, ist aber auch nicht mehr auf bloße Mutmaßungen angewiesen. So gibt es heute Hinweise auf die nichtbiologischen Quellen, denen wahrscheinlich die ersten organischen, aber noch nicht lebenden Makromoleküle entstammten, sowie auf die autokatalytischen Prozesse, die diese Moleküle zu Bestandteilen der ältesten Zellen zusammengebaut haben dürften.

Mit einiger Sicherheit waren jedenfalls die ersten Lebensformen unseres Planeten biochemisch einfach, einzellig (oder gar nicht zellulär), dabei wahrscheinlich kugelförmig und auf extrazelluläre Nährstoffe angewiesen. Würde man solche Objekte als Fossilien finden, so ließen sie sich vermutlich aufgrund ihres Aussehens nicht von anderen ähnlichen, aber nichtbiologisch entstandenen Strukturen unterscheiden.

Innerhalb bestimmter Grenzen kann man auch abschätzen, wann und unter welchen Bedingungen die Protobiosphäre zu existieren begann. Selbst einige der nachfolgenden Schritte und Wechselwirkungen mit der nichtbiologischen Welt lassen sich rekonstruieren. Die biosphärischen Prozesse im Laufe der Erdgeschichte gehören in das weite Feld der Biogeologie. Indizien liefern die Überreste aufgefundener Mikroorganismen sowie sedimentäre, durch deren Aktivitäten gebildete Strukturen, die Geochemie und die Isotopenzusammensetzung biologisch bedeutsamer Elemente sowie die Biogeochemie organischer Substanzen und Produkte.

Die beiden ältesten gewichtigen Funde machte man in West-Australien. An einer Stelle – sie liegt nahe einem Ort, der so einsam ist, daß er North Pole getauft wurde – kommen etwa 3,5 Milliarden Jahre alte Gesteine, die Warrawoona-Gruppe, vor. In ihnen wurden sedimentäre Strukturen entdeckt, die Stromatolithen gleichen. Die kuppelförmig aufgewölbten Lamellen darin deutet man – ausgehend vom Aufbau heutiger Blaualgenkolonien – als Reste übereinandergewachsener fossiler Algenrasen. (Außerdem lassen sich in den Gesteinen Mikrofilamente, ähnlich fädigen Bakterien, erkennen, die aber möglicherweise nicht gleichzeitig mit den sie einschließenden Sedimenten abgelagert wurden.)

Den anderen wegweisenden Fund machte man in 2,8 Milliarden Jahre alten Schichten der Fortescue-Gruppe. Sie bergen die älteste fossile Mikroflora, bei der meines Erachtens zweierlei überzeugend zu erkennen ist – daß sie sowohl biologischer Herkunft ist als auch altersgleich mit den sie einschließenden Gesteinen.

Bild 2: Das bislang älteste bekannte Sedimentgestein der Erde wurde im Gebiet von Isua im Südwesten Grönlands gefunden; es wurde vor 3,8 Milliarden Jahren abgelagert. Die Probe aus einer Formation gebänderter Eisensteine zeigt nicht die rötliche Färbung in den alternierenden dunklen Streifen, wie sie sonst solchen Steinen eigen ist. Die Streifen entsprechen dünnen aufeinanderfolgenden Schichten, die heute gefaltet und gestreckt sind. Formationen dieser Art gehörten einst zu den „Sauerstoff-Senken", die freien Sauerstoff in der frühen Atmosphäre der Erde nicht oder nur in Spuren zuließen. Die rhythmische Bänderung der Probe und das charakteristische Kohlenstoff-Isotopen-Verhältnis deuten bereits auf Lebensvorgänge hin.

Ein drittes wichtiges Relikt bergen 2 Milliarden Jahre alte kieselsäurehaltige Gesteine am Nordufer des Oberen Sees in Kanada. Die Gesteine gehören zur Gunflint-Iron-Formation und enthalten eine Vielzahl und Fülle echter „zeitgenössischer" Mikrofossilien, die einen Vergleich mit der reichsten heutigen Mikroflora nicht zu scheuen brauchen. Zur Mikroflora dieser Formation gehören sogar die ältesten bekannten Fossilien mit einer deutlichen Differenzierung in mindestens zwei Zellformen. Ein häufiges fädiges Mikrofossil gleicht sehr stark den heutigen Süßwasser-Blaualgen aus der Gattung *Nostoc*; andere ähneln hingegen „knospenden" Bakterien (Bild 4, Mitte). Daß sie so alt sind und dennoch lebenden Organismen gleichen, spricht für eine Kontinuität biologischer Funktionsformen von vor 2 Milliarden Jahren bis zum heutigen Tag.

Noch ältere Lebensspuren von Mikroorganismen sind in dieser Hinsicht weniger schlüssig. Die fossilen Überreste in der 2,8 Milliarden Jahre alten Fortescue-Gruppe bestehen aus fädigen Ketten von zellähnlichen Gebilden. Zwar lassen sie keine zelluläre Differenzierung erkennen, aber ansonsten ähneln die dünnen Fäden bestimmten lebenden Blaualgen (Bild 4, rechts).

Die 3,4 bis 3,5 Milliarden Jahre alten Warrawoona-Gesteine weisen an der Stelle, die das beste Material liefert, nicht nur drei verschiedene Arten postsedimentärer Bruchbildungen auf, sondern haben sich auch in ihrer ursprünglichen chemischen Zusammensetzung gewandelt und wurden nachträglich intensiv mit Eisen durchsetzt. Die am besten erhaltenen und häufigsten mikrobiellen Formen dieser Gesteine ähneln den flachen, spiralig verdrehten Stielen des heutigen „gestielten" Eisenbakteriums *Gallionella ferruginea*. Allerdings sind die Anzeichen dafür, daß ihr Alter mit den sie umschließenden Sedimentgesteinen übereinstimmt, nicht überzeugend. In als gleichalt angesehenen Gesteinen gibt es dort jedoch feingeschichtete, wellen- und kuppelförmig aufgewölbte Stromatolith-Strukturen, wie sie heute noch im Flachwasser von Kolonien bestimmter Blaualgen gebaut werden. Diese uralten Stromatolithen sind ein Indiz, jedoch kein Beweis dafür, daß zur Warrawoona-Zeit Mikroben existierten – vielleicht die Vorläufer der Blaualgen oder deren bakteriellen Verwandten.

Einen noch undeutlicheren Hinweis liefert ein noch älterer Fund aus kohligen Sedimentgesteinen des Isua-Gebietes im Südwesten Grönlands (Bild 2). Das Verhältnis der beiden Kohlenstoff-Isotope in diesen 3,8 Milliarden Jahre alten Gesteinen zeigt eine Anreicherung des leichteren Kohlenstoff-12 gegenüber Kohlenstoff-13, wie es bei biologischen Prozessen allgemein üblich ist. Demnach könnte bereits so früh Leben auf der Erde existiert haben. Doch ist die beobachtete Fraktionierung, was ihre Ursache anbelangt, nicht schlüssig. Sie könnte zwar das Werk von aeroben oder anaeroben Photosynthese treibenden Organismen oder von Methan assimilierenden Bakterien sein; denkbar wäre aber auch, daß sie auf irgendeinen nichtbiologischen Prozeß zurückgeht.

Unwirtliche Anfangsbedingungen

Wie sah in jenen Tagen das Gesicht unserer Erde aus? Bis jetzt hat man nirgendwo auf der Erde ältere Gesteine als die von Isua gefunden, obwohl wesentlich ältere Gesteine vom Mond und in Form von Stein-Meteoriten bekannt sind. Wenn man jedoch das offenbar starke Meteoriten- und Kometen-Bombardement in der Anfangszeit des Sonnensystems berücksichtigt, so läßt sich mit Sicherheit schließen, daß die Erde bis vor 4 Milliarden Jahren für Leben, wie wir es kennen, ausgesprochen unwirtlich war. Dazu haben die anfänglichen Oberflächentemperaturen nahe oder über dem Schmelzpunkt des Eisens ebenso beigetragen wie das Fehlen einer Atmosphäre und einer Hydrosphäre sowie die intensive, ungehemmte Sonneneinstrahlung. Wie das Leben hat sich aber auch die Erde entwickelt, und die Bedingungen änderten sich.

Interpretiert man die geologischen Belege frei unter dem Aspekt grundlegender biologischer Prinzipien, so läßt sich daraus über die Umwelt vor 3,8 Milliarden Jahren folgendes schließen: Die sich damals entwickelnde Atmosphäre war anoxisch, das heißt, ihr fehlte jeglicher dauerhaft freier Sauerstoff. Ihre gasförmigen Hauptbestandteile waren höchstwahrscheinlich Kohlendioxid, Stickstoff, Wasserdampf, Kohlenmonoxid und möglicherweise auch Schwefelwasserstoff. Vielleicht gab es auch Spuren von Wasserstoff, Chlorwasserstoff, Ammoniak und Methan. Es gab weder normalen molekularen Sauerstoff (O_2) oder atomaren Sauerstoff (O), noch trat Ozon (O_3) auf.

Was auch immer sich vorübergehend an freiem Sauerstoff durch Photolyse, durch lichtinduzierte Spaltung von Wasserdampf oder Kohlendioxid bilden konnte, wurde rasch wieder verbraucht – von chemischen Reaktionen, von den aus dem Erdinneren ausgestoßenen re-

Bild 3: Roter Tonschiefer, schätzungsweise um 2 Milliarden Jahre alt, überzieht hier etwa 2,5 Milliarden altes Granitgestein am Lake Cambrien in Quebec. Als eines der ältesten bekannten Rotsedimente liegt es unter den jüngsten Formationen gebänderter Eisensteine. Rotsedimente markieren den Übergang von praktisch anoxischen (sauerstofflosen) zu schwach oxischen Bedingungen, bei denen die Atmosphäre bereits ständig etwas Sauerstoff enthielt.

duzierten Gasen und von einer Vielzahl weiterer Sauerstoff-Senken.

Die sich entwickelnde Hydrosphäre war wahrscheinlich salzig, wenn auch weniger als die heutigen Meere, da das Wasser von eishaltigen Kometenkernen verdünnt wurde. Die uralten Sedimentgesteine von Isua geben uns zudem Gewißheit, daß die mittlere Oberflächentemperatur unseres Planeten bis zurück in die Zeiten, in die die geologische Überlieferung zurückreicht, über dem Gefrierpunkt und unter dem Siedepunkt des Wassers lag. Dauerfrost, wie er aus der „schwachen jungen Sonne" der Astronomen zu schließen ist, wurde vermutlich durch den „Treibhaus-Effekt" der Atmosphäre mit ihrem Kohlendioxid, Wasserdampf und Ammoniak vereitelt.

Wie könnte in einem solchen Szenarium nun Leben entstanden sein? Wir brauchen hierfür eine oder mehrere Energiequellen, eine als Matrize dienende Struktur oder einen ebensolchen Mechanismus, um die Asymmetrie, die Händigkeit der Aminosäuren und Zucker zu erklären, weiterhin eine lokale Anhäufung organischer Makromoleküle sowie katalytische Effekte, um den Prozeß gerichtet zu beschleunigen. Experiment, Beobachtung und Überlegung stützen die Ansicht, daß die Energie für die präbiotischen und frühen biochemischen Reaktionen von der Ultraviolett-Strahlung der Sonne bereitgestellt wurde. Möglicherweise gab es noch andere Energiequellen, elektrische Entladungen etwa oder chemische Reaktionen.

Asymmetrische Minerale wie Tone, vielleicht auch das polarisierte Licht, haben möglicherweise die Bildung und Konzentrierung asymmetrischer, organischer Moleküle von noch unbiologischer Herkunft begünstigt. Autokatalytische Effekte waren sicherlich in verschiedener Form möglich: durch das periodische Gefrieren und Auftauen im kurzen Tag-Nacht-Zyklus der sich rasch drehenden jungen Erde, durch Eisen- und Magnesiumverbindungen, durch Kondensationsreaktionen (bei denen Moleküle unter Verlust von Wasser miteinander verknüpft werden) und schließlich durch chemische Selektion.

Wie auch immer die Einzelheiten ausgesehen haben mögen – die Entstehung des Lebens war ein einzigartiges dramatisches Ereignis. Wenn man all die biosphärischen Wechselwirkungen berücksichtigt, dann konnte danach nichts an der Erdoberfläche jemals wieder so sein wie zuvor.

Wie könnte die Biosphäre – mit ihrem so wenig verheißungsvollen, sauerstofflosen Urbeginn – zu dem geworden sein, was sie heute ist? Die zentrale und allgegenwärtige Triebfeder war die Anpassung durch natürliche Selektion, eine Reaktion auf sich ändernde ökologische Herausforderungen und Gegebenheiten. Unter diesen Faktoren möchte ich besonders die Rolle des Sauerstoffs hervorheben.

Stoffwechsel und Sauerstoff

Sauerstoff, vor allem in seiner molekularen Form, war für die junge Biosphäre etwa das, was ganz analog die Kernkraft heute für sie ist: ein Reichtum an Entwicklungsmöglichkeiten, belastet mit dem Fluch, daß er sowohl Nutzen wie Verderben stiften kann.

Die Biosphäre ist ein riesiger Stoffwechselapparat zum Einfangen, Speichern und Übertragen von Energie. Sie führt diese Stoffwechselfunktionen in zweierlei Weise aus: durch Gärung und durch Atmung, wobei beidesmal der Zucker Glucose enzymatisch über Zwischenschritte abgebaut und Energie gewonnen wird.

Eine Gruppe von Organismen, allesamt Bakterien, nutzt lediglich die Gärung. Die meisten anderen Organismen – hauptsächlich höhere Lebewesen, aber auch einige Mikroorganismen – „veratmen" die Glucose. Dieser Stoffwechselweg beginnt mit der von den Gärern ähnlich genutzten Glykolyse und setzt sich dann in einem als Citronensäure-Cyclus bekannten Reaktionskreislauf fort, der schließlich über die sogenannte oxidative Phosphorylierung die Energieausbeute um ein Vielfaches gegenüber der Gärung – exakt um den Faktor 14 – steigert. Die biologische Energie wird dabei in Form von Adenosintriphosphat (ATP) gewonnen.

Aus dem gemeinsamen Anfang ist zu schließen, daß die Gärung die primitive Form des Stoffwechsels, die Atmung hingegen die davon abgeleitete Form ist. Nur so läßt sich erklären, daß beider Vorkommen weitgehend mit der Zweiteilung des Lebens in die Prokaryonten und die nach ihnen entstandenen Eukaryonten übereinstimmt. Prokaryonten sind meist Gärer. Ihren Zellen fehlt – anders als den meist obligat atmenden Zellen der Eukaryonten – ein membranumhüllter Zellkern. Auch in anderer Hinsicht unterscheiden sie sich grundlegend voneinander.

Mit der Atmung als abgeleiteter Form kann man auch am besten erklären, warum der Citronensäure-Cyclus „gärenden" Anfangsschritten gewissermaßen aufgepropft ist. Die Blaualgen sind zwar Prokaryonten, aber dem Stoffwechsel nach Zwischenformen: Einige können die bei ihnen vorhandene oxidative Phosphorylierung abschalten und nur durch Gärung existieren. Als erste Photosynthese treibende „Grünpflanzen" haben sie ihre Bande zu den anaeroben bakteriellen Vorläufern nicht vollständig zerschnitten.

Was als Triebkraft hinter den Wechselwirkungen der Biosphäre mit der Litho-, Hydro- und Atmosphäre steckt, sind daher zwei wesentliche Reaktionen: die Bildung von Glucose mit Hilfe äußerer Energiequellen und ihr Abbau mit der damit einhergehenden Erzeugung von ATP, wie es besonders stark durch die oxidative Phosphorylierung geschieht.

Als die frühen Blaualgen oder Proalgen erstmals unverkennbare Spuren in Form der Gunflint-Mikroflora hinterließen, waren möglicherweise bereits fast 2 Milliarden Jahre seit der Entstehung des Lebens vergangen. Wahrscheinlich besaß die Atmosphäre erst ungefähr 1 Prozent des gegenwärtigen Sauerstoffgehaltes (Bild 5). Doch daß sie ihn hatte, hieß zugleich, daß die anfänglich vorhandenen Sauerstoff-Senken allmählich aufgefüllt wurden und daß der Sauerstoff sich nun in der Hydrosphäre anreichern und in die Atmosphäre entweichen konnte. Ungefähr von da an war die oxidative Phosphorylierung sicherlich eine Lebenstatsache.

Sauerstoff, ein Gift

Hier ist angezeigt, näher darauf einzugehen, wie die Evolution der Biosphäre wohl mit der Entwicklung der anderen großen aktiven Sphären verknüpft war, die die dynamische Erde ausmachen. Obwohl das Beweismaterial noch immer erschreckend unvollständig ist, reicht es doch aus, die mutmaßlich sich entwickelnden Verknüpfungen zwischen diesen Sphären konsistent, wenn auch vorläufig, zu beschreiben.

Neben dem in Luft und Wasser steigenden Sauerstoffgehalt werde ich mich auch kurz mit der Evolution der eukaryontischen Zelle befassen, denn sie kündigt bereits die vielzelligen Tiere – die Metazoen – an, die rund 700 Millionen Jahre später aus solchen Zellen entstanden. In den Zeiten danach beeinflußte die Plattentektonik tiefgreifend die Evolution der Metazoen und Landpflanzen. Hier jedoch werde ich mikrobielle Prozesse herausstellen, die später durch höhere Algen und Landpflanzen unterstützt wurden.

Was wirklich einer Erklärung bedarf, ist nicht der anfängliche Mangel an atmosphärischem Sauerstoff, sondern dessen Überfluß am Ende. Von praktisch Null stieg der Wert auf vielleicht 7 Prozent des gegenwärtigen Sauerstoffgehaltes zu der Zeit, als die ersten Metazoen erschienen, und dann bis zum

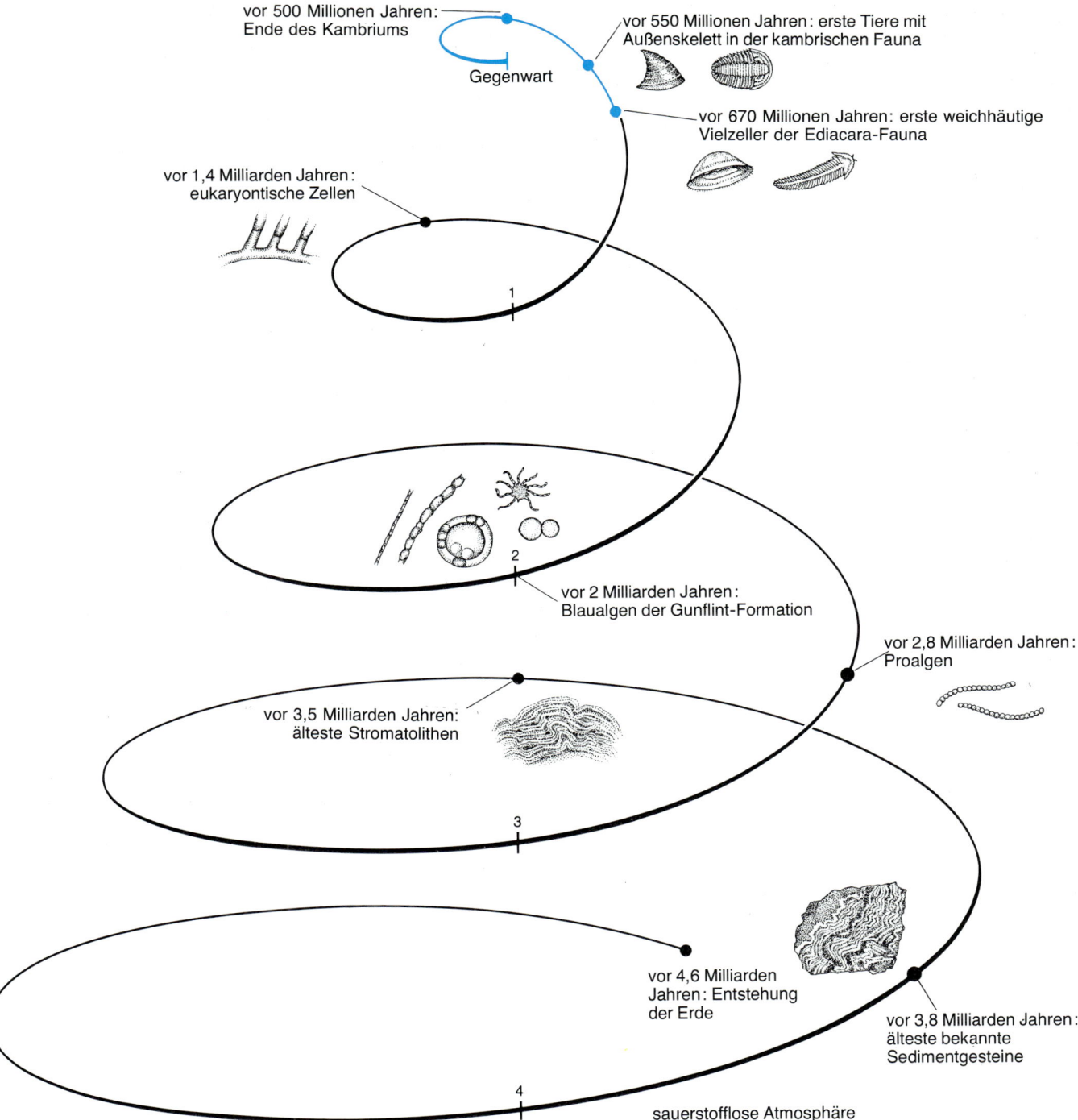

vor 500 Millionen Jahren:
Ende des Kambriums

Gegenwart

vor 550 Millionen Jahren: erste Tiere mit
Außenskelett in der kambrischen Fauna

vor 670 Millionen Jahren: erste weichhäutige
Vielzeller der Ediacara-Fauna

vor 1,4 Milliarden Jahren:
eukaryontische Zellen

1

vor 2 Milliarden Jahren:
Blaualgen der Gunflint-Formation

vor 2,8 Milliarden Jahren:
Proalgen

2

vor 3,5 Milliarden Jahren:
älteste Stromatolithen

3

vor 4,6 Milliarden
Jahren: Entstehung
der Erde

vor 3,8 Milliarden Jahren:
älteste bekannte
Sedimentgesteine

4

sauerstofflose Atmosphäre

Bild 4: Die aufsteigende Spirale symbolisiert die frühesten Phasen in der biogeologischen Geschichte unserer Erde (schwarz). Sie beginnt vor rund 4,6 Milliarden Jahren, kurz nach der Bildung des Sonnensystems. Aus dieser lebensfeindlichen Zeit ist kein direktes geologisches Zeugnis überliefert. Die ältesten Sedimentgesteine sind etwa 3,8 Milliarden Jahre alt. Damals bestand die sich entwickelnde Atmosphäre vermutlich vor allem aus Kohlendioxid, Wasserdampf, Stickstoff, Kohlenmonoxid, Schwefelwasserstoff und Wasserstoff. Freier Sauerstoff war entweder überhaupt nicht oder, wenn doch, nur in Spuren und vorübergehend vorhanden. Damals hatte sich die feste Erdoberfläche von Temperaturen um den Schmelzpunkt von Eisen auf durchschnittlich solche zwischen Siede- und Gefrierpunkt des Wassers abgekühlt. Die junge Sonne, mit damals nur 60 bis 70 Prozent ihrer heutigen einfallenden Intensität, ermöglichte dennoch, dank dem „Treibhaus"-Effekt der kohlendioxidreichen Atmosphäre, einen Temperaturbereich, der Lebensvorgänge zuließ. Ungefähr 300 Millionen Jahre später in der Erdgeschichte entstanden Stromatolithen, sedimentäre Strukturen, die Ablagerungen ähneln, wie sie auch heute noch von gewissen photosynthetisierenden Blaualgen gebildet werden. Wieder 700 Millionen Jahre später wurden dort, wo heute West-Australien liegt, Sedimente mit winzigen fädigen Strukturen abgelagert. Die mikrobielle Herkunft dieser Mikrofossilien ist überzeugend; es sind vermutlich Proalgen. Vor rund 2·Milliarden Jahren, hier auf der dritten Spiralwindung, finden sich anhäufende Kieselgele einer Eisen-Formation am Oberen See in Kanada fädige Zellketten, Einzelzellen und sogar noch komplexere Strukturen ein. Einige davon zeigen zwei oder drei Zelltypen, die den heute lebenden Blaualgen der Gattung *Nostoc* ähneln. (Blaualgen sind wie Bakterien Prokaryonten, denn ihren Zellen fehlt der für eukaryontische Zellen charakteristische Zellkern.) Damals hatte der Sauerstoffgehalt der Hydro- und der Atmosphäre schätzungsweise etwa 1 Prozent der heutigen Konzentration erreicht. So konnte sich eine schwache Ozonschicht bilden, welche die Erdoberfläche von schädlicher Ultraviolett-Strahlung abschirmte. Die ältesten glaubhaft eukaryontischen Zellen stammen aus der Zeit vor rund 1,4 Milliarden Jahren. Ihr Erscheinen hatte sich durch eine allgemeine Zunahme des mittleren Zelldurchmessers angekündigt. Die ersten bekannten fossilen Vielzeller sind in 670 Millionen Jahre alten Sedimenten der Ediacara Hills in Süd-Australien überliefert. Es handelt sich um eine bemerkenswert vielfältige Gruppe von Meerestieren. Da ihnen ein Außenskelett fehlt, dürfte der Sauerstoffgehalt damals nahe bei 7 Prozent der heutigen Konzentration gelegen haben. Das Erscheinen der Vielzeller kennzeichnet das Ende der frühen geologischen Zeitabschnitte (schwarz). Jetzt beginnt das Phanerozoikum (farbig) — die Zeit vom Kambrium bis heute mit ihren eindeutig durch Fossilen belegten und danach datierbaren Abschnitten. Vielzeller mit einem Außenskelett sind uns erstmals aus dem Kambrium fossil erhalten geblieben.

Schlüsselereignis	Milliarden Jahre vor heute	überlieferte Lebensspuren	Sauerstoffanteil gegenüber heute	Begleitereignisse und Folgen
8. voller Sauerstoffgehalt	0,4	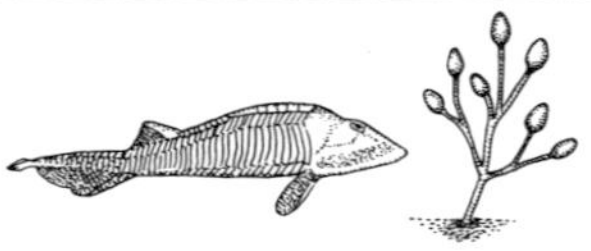 große Fische, erste Landpflanzen	100	biosphärische Evolution bis heute
7. Vielzeller mit Außenskelett	0,55	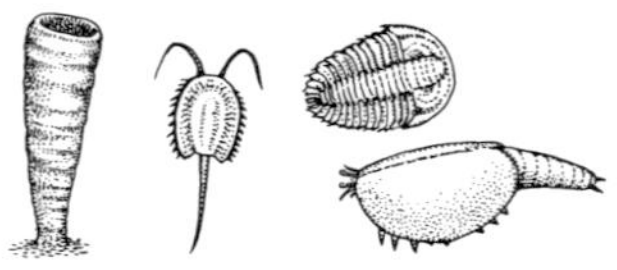 kambrische Fauna	~10	Grabspuren; Höherentwicklung
6. erste fossile Vielzeller	0,67	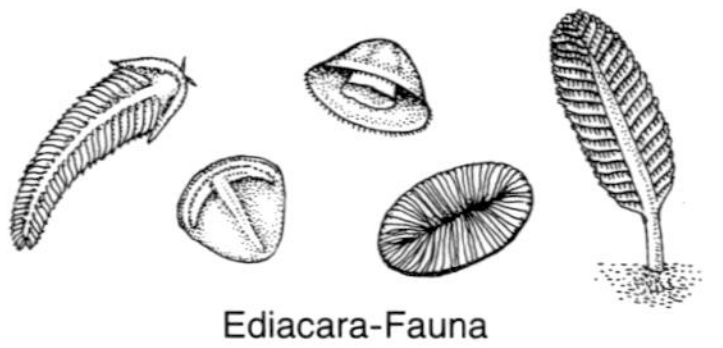 Ediacara-Fauna	~7	fossile Vielzeller und „Fährten"
5. erste fossile eukaryontische Zellen	1,4	 Zellen mit größerem Durchmesser	>1	Rotsedimente nehmen zu, mehrzellige Organismen, Mitose, Meiose, genetische Rekombination
4. sauerstofftolerante Blaualgen	~2,0	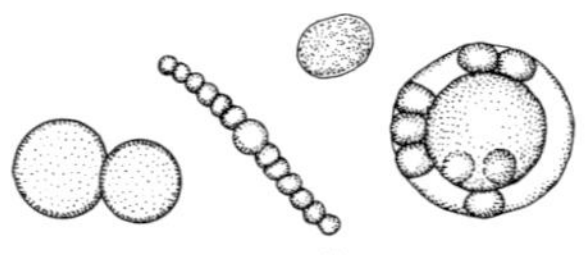 vergrößerte dickwandige Zellen, eingestreut in Zellketten von Blaualgen	~1	Atmungsstoffwechsel, Ozon-Schirm; älteste Rotsedimente überschneiden sich mit jüngsten gebänderten Eisensteinen
3. Photosynthese, wahrscheinlich sauerstofferzeugend	>2,8	 Stromatolithen	<1	Chlorophyll a und Cytochrom b; Formationen gebänderter Eisensteine und andere Sauerstoff-Senken; Treibhaus-Effekt nimmt ab
2. autotrophe Lebensweise Energiequelle: Methansynthese? Schwefeloxidation?	>3,5	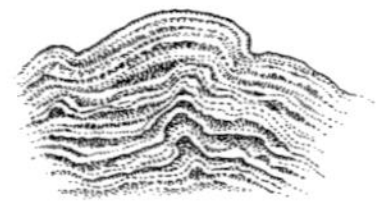 Stromatolithen, Sulfat, „leichter" Kohlenstoff	sauerstofflos	Strukturen, die heutigen ähneln
1. Entstehung des Lebens	(~3,8?)	„leichter" Kohlenstoff	sauerstofflos	Beginn der biosphärischen Evolution

Bild 5: Die Aufstellung zeigt acht Schlüsselschritte in der frühen Biosphäre. Sie beginnt mit der Entstehung des Lebens vor rund 3,8 Milliarden Jahren (1). Dieser Zeitpunkt läßt sich aus dem geänderten Verhältnis der Kohlenstoff-Isotope ableiten: Kohlenstoff-13 nimmt anteilsmäßig gegenüber dem leichteren Kohlenstoff-12 (hier „leichter" Kohlenstoff genannt) ab, was für biologische Prozesse charakteristisch ist. Einige Hundert Millionen Jahre später war zwar weder in der Atmosphäre noch in der Hydrosphäre dauerhaft Sauerstoff vorhanden, doch die ersten Stromatolithen (Bild 4) verraten, daß irgendwelche autotrophen (sich selbst ernährenden) Organismen entstanden waren (2). In wieder 800 Millionen Jahre jüngeren Schichten finden sich weitere Stromatolithen zusammen mit den fossilen Überresten von Organismen, die Blaualgen oder deren Vorläufer zu sein scheinen (3). Hier könnten die Anfänge der Sauerstoff erzeugenden Photosynthese liegen. Mit ihr wurden die Lebewesen vor das Problem gestellt, sich vor dem aggressiven Sauerstoff zu schützen. Formationen gebänderter Eisensteine, die bei ihrer Bildung als große Sauerstoff-Senken wirkten, dürften das Problem allerdings zunächst aufgeschoben haben. Vor rund 2 Milliarden Jahren (4) erschienen Blaualgen, die aus Ketten winziger Zellen bestanden. Einzelne davon sehen mit ihren verdickten Zellwänden wie die Grenzzellen von Blaualgen aus, die darin ihre Stickstoff fixierenden Enzyme vor freiem Sauerstoff schützen. Sie zeigen, daß sich damals Sauerstoff in der Hydrosphäre anzureichern begann und legen auch nahe, daß der Atmungsstoffwechsel als überlegener Energielieferant im Kommen war. Aus ungefähr dieser Zeit stammen die ersten kontinentalen Rotsedimente, was für die Entwicklung einer permanent sauerstoffhaltigen Atmosphäre spricht. In der Spanne bis vor 1,4 Milliarden Jahren entwickeln sich die Eukaryonten mit ihren im allgemeinen größeren und kernhaltigen Zellen (5) — und mit ihnen drei charakteristische Merkmale: die Mitose (die normale Zell- und Kernteilung, bei der sich die verdoppelten Chromosomen in der Äquatorialebene anordnen und von Spindelfasern geleitet auf beide Zellhälften verteilen), die Meiose (die Reduktionsteilung, bei der sich die Zahl der Chromosomen halbiert) und die genetische Rekombination (die Neukombination des Erbgutes durch sexuelle Vorgänge). Aus der Zeit vor 670 bis 550 Millionen Jahren kennt man dann Fossilien, die bereits Mehrzeller sind (6). Sie wurden weltweit gefunden und bilden die sogenannte Ediacara-Fauna, weichhäutige marine Tiere, die teilweise bereits heutigen Formen gleichen (Bild 8). Vor etwa 550 Millionen Jahren entwickelte sich die kambrische Fauna (7), eine weltweite Abfolge sehr alter Organismen, darunter die ersten (oder fast die ersten) wirbellosen Tiere mit einem Außenskelett. Damals dürfte der Sauerstoffgehalt der Atmosphäre schätzungsweise 10 Prozent des heutigen Wertes entsprochen haben. Rund 150 Millionen Jahre später (8) hatte der Sauerstoffgehalt wahrscheinlich den heutigen Level erreicht. Große aktive Meeresfische sowie Pflanzen und wirbellose Tiere auf dem Land sprechen jedenfalls dafür. Ihre Nachkommen haben schließlich alle ökologischen Nischen unseres Planeten besetzt.

heutigen Level, der bereits Mitte des Paläozoikums, des Erdaltertums, nahezu erreicht war (Bild 5). Soviel ist wenigstens klar: Vernachlässigt man den wenigen photolytisch entstandenen Sauerstoff, so beruhte der Anstieg in Hydrosphäre und Atmosphäre (wie er nach dem Auffüllen der wesentlichen Sauerstoff-Senken erfolgte) auf der sedimentären Abtrennung einer äquivalenten Menge an Kohlenstoff. Um zu zeigen warum, möchte ich die Photosynthese vereinfacht mit der Gleichung

$$nCO_2 + nH_2O \rightleftharpoons (CH_2O)_n + nO_2$$

wiedergeben. $(CH_2O)_n$ steht dabei für Kohlenhydrat, für Glucose.

Damit die sauerstoffreiche Atmosphäre der Erde geschaffen und erhalten werden konnte, mußte der Kohlenstoff des Kohlenhydrats jeweils schneller in den Sedimenten begraben werden, als der neu gebildete Sauerstoff in Oxidationsprozessen verbraucht wurde − ein Zyklus, der heute nur 3 Millionen Jahre dauert. Kurzum: Der Gehalt an atmosphärischem Sauerstoff beruht überwiegend auf einer Verzögerung im geochemischen Kreislauf der Photosyntheseprodukte.

Da die Menschen − wie die meisten anderen Eukaryonten − auf die „Veratmung" von Glucose angewiesen sind, erscheint ihnen wahrscheinlich der molekulare Sauerstoff als unbedingt lebensnotwendig. Doch wirkt er auf alle Lebensformen giftig, wenn die Enzyme fehlen, die schädliche Nebenprodukte des oxidativen Stoffwechsels wie etwa Wasserstoffperoxid reduzieren helfen. Auch mußte die Natur in zweierlei Hinsicht findig sein: Sie hatte den Zellkern und andere empfindliche Bereiche in der lebenden Zelle vor Sauerstoff zu schützen und zugleich einen oxidativen Stoffwechselweg zu entwickeln, bei dem nicht Sauerstoff eingebaut, sondern Wasserstoff entzogen wird.

Tatsächlich ist der Sauerstoff nicht für den Lebensprozeß selbst, sondern für eine hohe Energieausbeute unbedingt notwendig. Eukaryontische Organismen brauchen den Sauerstoff ausschließlich, um das für die Energieübertragung wichtige Grundmolekül ATP zu bilden. Würden nichtoxidative Prozesse ebensoviel ATP einbringen wie die oxidativen, so bestünde auch kein Stoffwechselbedarf an Sauerstoff.

Ebenso sicher ist, daß die präbiotische chemische Evolution, die den Grundstock organischer Makromoleküle lieferte, nicht in Gegenwart von freiem Sauerstoff hätte stattfinden können. Die Reaktionen wären nicht abgelaufen; und wenn doch, hätten ihre Produkte nicht überlebt. Auch hätten Lebensformen −

ohne die erst später entwickelten enzymatischen Schutzeinrichtungen − nicht in Gegenwart von freiem Sauerstoff überleben können, es sei denn, er wäre nur vorübergehend und dann in verschwindend geringen Konzentrationen vorgekommen.

Diese indirekten, aber gut fundierten biochemischen Schlüsse werden durch geochemische und paläomikrobiologische Indizien gestützt, die die Annahme einer zunächst sauerstofffreien Erde bestärken. Die wenigen glaubwürdigen Fossilien aus der Zeit vor 2 Milliarden Jahren waren kugelige, zu fädigen Ketten aufgereihte Zellen, so klein und einfach, daß sie auf eine prokaryontische Natur und damit eine begrenzte Sauerstoff-Toleranz schließen lassen. Mit solch stattlichen Sauerstoff-Senken wie sulfidischen Gasen, Sulfidmineralen, zweiwertigem Eisen und reduzierenden Gasen aus den ausgedehnten archaischen Vulkangürteln vor 2,5 Milliarden

Jahren und früher standen diese winzigen Organismen unter keinerlei Selektionsdruck, Abwehrmechanismen gegen Sauerstoff zu entwickeln. Tatsächlich sollte dieser Druck erst nach der Evolution der Sauerstoff freisetzenden Photosynthese durch die Blaualgen entstehen, und insbesondere nachdem auch die wichtigsten Sauerstoff-Senken abgesättigt waren.

Anfänge der Photosynthese

Das älteste paläontologische Indiz, daß biologisch gebildeter Sauerstoff in einer zuvor anoxischen Hydrosphäre sich anzureichern und damit auch in die Atmosphäre zu entweichen begann, stammt aus der Gunflint-Iron-Formation von vor rund 2 Milliarden Jahren. So zeigt der fossile Mikroorganismus *Gunflintia minuta* in seinen Zellketten gelegentlich vergrößerte Zellen, die in verblüffender

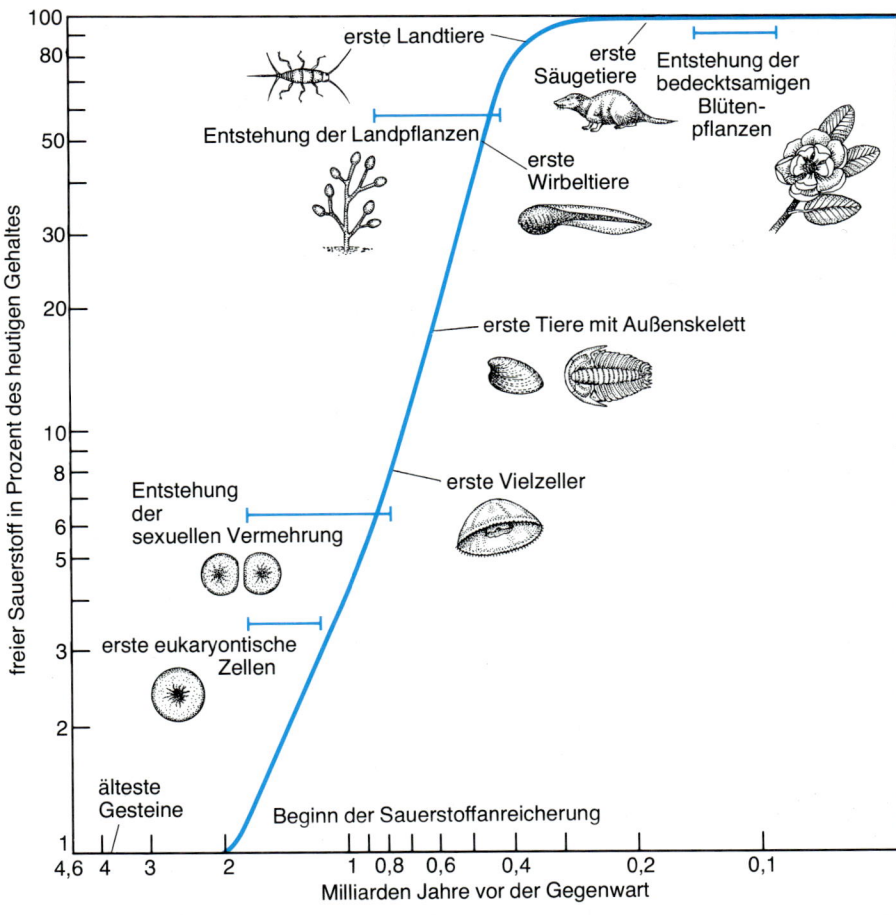

Bild 6: Die Anreicherung von Sauerstoff in der ursprünglich anoxischen Erdatmosphäre ist hier im doppeltlogarithmischen Maßstab dargestellt. Die Kurve zeigt, wie der Sauerstoffgehalt von etwa 1 Prozent des gegenwärtigen Wertes bis heute zugenommen hat. Mit eingezeichnet sind die Schlüsselereignisse in der Evolution der Biosphäre. Läßt sich der genaue Zeitpunkt nicht feststellen, so ist die mögliche Streubreite angegeben. So könnten etwa die einfachsten niederen Landpflanzen zu Beginn des Kambriums (vor 570 Millionen Jahren), aber auch bereits früher erschienen sein. Sporen, die von echten Gefäßpflanzen stammen dürften, tauchen allerdings erst Ende des Ordoviziums, vor 440 bis 430 Millionen Jahren, auf. Die anerkannt ältesten Landpflanzen im modernen Sinne entstanden im Silur und sind vielleicht 420 bis 415 Millionen Jahre alt. Aus der ungefähr gleichen Zeit kennt man skorpionartige Spinnentiere. Primitive Insekten erscheinen erst im Devon vor rund 380 Millionen Jahren.

Weise den dickwandigen Grenzzellen ähneln, wie sie in Abständen in den Ketten lebender Blaualgen wie *Nostoc* zu finden sind. Die Grenzzellen, in der Fachsprache Heterozysten genannt, schützen die für die Stickstoff-Fixierung benötigten Enzyme vor den zerstörerischen Wirkungen des Sauerstoffs. Weder vertragen noch erzeugen sie ihn, denn ihnen fehlen die Photosynthese-Pigmente.

Die Ähnlichkeit ist zu groß, um rein zufällig zu sein. Die Gunflint-Heterozysten lassen darauf schließen, daß vor 2 Milliarden Jahren der Sauerstoff in der Atmosphäre jene Konzentration überschritten haben mußte, die heute gerade das Stickstoff fixierende Nitrogenase-System inaktiviert. Ferner lassen sie darauf schließen, daß zu diesem Zeitpunkt, wenn nicht früher, etwas existierte, das sehr nach den heutigen *Nostoc*-Algen aussah. Solche Organismen konnten vermutlich das Wassermolekül spalten und daraus Sauerstoff freisetzen. Damit lieferten sie das entscheidende Molekül für die einträglichere oxidative Phosphorylierung, die über den Citronensäure-Cyclus dem reinen Gärungsstoffwechsel aufgesetzt wurde.

Wie könnten die ersten Blaualgen oder ihre Vorfahren solche Eigenschaften erworben haben? Und wie haben sie es wohl geschafft, den als Nebenprodukt gebildeten freien Sauerstoff auf Werte zu begrenzen, die sich von primitiven Atmungsenzym-Systemen bewältigen ließen? Antworten auf diese Fragen geben andeutungsweise die Vertreter der sechs Blaualgen-Gattungen, die von aerobem auf anaeroben Stoffwechsel umschalten können. Diese Arten gedeihen nur in Gegenwart von Schwefelwasserstoff, einem reduzierenden Gas, das den Partialdruck des sie umgebenden Sauerstoffs niedrig hält. Sie vertragen nur wenig Sauerstoff und vermögen von Wasser auf Schwefelwasserstoff als Wasserstoff- und damit Elektronenspender umzuschalten. Das Produkt einer solch anaeroben Photosynthese sind zwei Atome Schwefel anstelle von einem Molekül Sauerstoff. Die Schwefel-Atome werden dann von Schwefelbakterien zu Sulfat-Ionen „verarbeitet".

Irgendwelche photosynthetisierenden Schwefelbakterien waren möglicherweise die ersten Organismen, die durch Mutation die Fähigkeit erwarben, ihre als Reaktionsmotor benötigten Elektronen aus der Spaltung von Wasser anstelle aus der von Schwefelwasserstoff zu gewinnen. Gleichzeitig behielten sie aber die Fähigkeit, Schwefelwasserstoff als alternative Energiequelle zu verwerten. Der Erfolg einer solchen Mutante war gesichert, sobald sie das Nebenprodukt Sauerstoff sowohl zu erzeugen als auch zu tolerieren vermochte. Diese Anpassung

machte sie ihren ausschließlich anaeroben mikrobiellen Konkurrenten überlegen. Man kann sich leicht weitere Mutationen vorstellen, die einen enzymatischen Schutz vor höheren Sauerstoff-Konzentrationen gewährten, ohne zunächst den Zugriff auf Schwefelwasserstoff als Not-Energiequelle zu verbauen.

Derartige Organismen könnten die Bildung ungewöhnlicher Gesteinsformationen bewirkt haben, die während des frühen und mittleren Präkambriums bis vor etwa 2 Milliarden Jahren entstanden. Es handelt sich dabei um Formationen aus gebändertem, eisenhaltigem Kieselschiefer (Bild 2). Bei fast völliger Abwesenheit von Sauerstoff könnte sich lösliches zweiwertiges Eisen vorübergehend großräumig verteilt haben; es hätte dann als Sauerstoff-Puffer gewirkt und das Wachstum Sauerstoff freisetzender, aber nur beschränkt sauerstofftoleranter photosynthetisierender Mikroorganismen stimuliert – genau wie das heute noch Schwefelwasserstoff vermag.

Solche Proto-Blaualgen dürften wiederum den Sauerstoff geliefert haben, der für eine vorübergehende starke Ausfällung von höherwertigen Eisenoxiden (Hämatit und Magnetit) erforderlich ist, wie sie in dem feingebänderten eisenhaltigen Kieselschiefer vorkommen. Die episodische Ausfällung, die sich in der Bänderung beobachten läßt, geht möglicherweise auf saisonale Wachstumsspitzen der Mikroorganismen zurück oder auf ein episodisches Aufsteigen zweiwertiger Eisen-Ionen aus anaeroben Becken – vielleicht auch auf beides. (Dies soll allerdings nicht heißen, daß alle Eisen-Formationen auf diese Weise entstanden.) Als kein zweiwertiges Eisen mehr nachgeliefert wurde, mußte der Gehalt an Sauerstoff in der Hydrosphäre steigen und damit auch mehr davon in die Atmosphäre entweichen.

Die Ein-Prozent-Marke

Daß sich vor rund 2 Milliarden Jahren die hauptsächlich anoxische Hydro- und Atmosphäre zu einer schwach oxischen entwickelte, wird durch zwei weitere geochemische Befunde gestützt. Zum einen kommt in Afrika und Amerika das leicht oxidierbare Mineral Uraninit verbreitet in Flußschottern vor, die älter als 2,3 Milliarden Jahre sind. Es ist einfach unwahrscheinlich, daß sich unter einer deutlich sauerstoffhaltigen Atmosphäre ein so leicht oxidierbares Mineral verbreitet in Flußablagerungen hätte anreichern können.

Zum anderen ist die gebänderte Eisen-Formation fast ausschließlich auf Gesteine beschränkt, die älter als ungefähr 2 Milliarden Jahre sind. Danach

tauchen die ältesten bemerkenswerten Rotsedimente auf: Sandstein meist kontinentalen Ursprungs, dessen Rotfärbung vom Oxid des dreiwertigen Eisens herrührt (Bild 3). Während die gebänderten Eisensteine also darauf deuten, daß die Hydrosphäre allgemein anoxisch war und nur kurzfristig oxidierende Perioden vorkamen, lassen die Rotsedimente auf eine oxidierende Atmosphäre und Hydrosphäre schließen.

Wie hoch mag wohl vor 2 Milliarden Jahren die Konzentration an atmosphärischem Sauerstoff gewesen sein? Verschiedene Überlegungen sprechen dafür, daß sie etwa 1 Prozent der heutigen Konzentration ausmachte. Wird dieser Pegel unterschritten, so können sogenannte fakultative Anaerobier von aerobem auf anaeroben Stoffwechsel umschalten. Über der Ein-Prozent-Schwelle vermag sich dann genug Ozon zu bilden, so daß die kurzwelligere schädliche Ultraviolett-Strahlung der Sonne abgeschirmt wird. Vor rund 1,4 Milliarden Jahren existierten offensichtlich schon Eukaryonten, und das besagt, daß die kritische Schwelle früher erreicht worden war.

Andererseits kommt Uraninit nur in über 2,3 Milliarden Jahre alten Flußschottern vor; und das zeigt, daß die Schwelle bis dahin noch nicht erreicht war. Demnach ist ein beständig über 1 Prozent des heutigen Wertes liegender Sauerstoffgehalt der Atmosphäre ungefähr zwischen diesen Zeitmarken zu erwarten (Bild 6). Der allgemeine Wechsel von gebänderten Eisensteinen zu Rotsedimenten vor 2 Milliarden Jahren läßt darauf schließen, daß damals irgendein Schwellenwert für Sauerstoff für immer überschritten wurde. War das die Ein-Prozent-Marke? Höchstwahrscheinlich.

Wenn auch die Entstehung des Lebens das wichtigste Ereignis in der Evolution der Biosphäre war, so stehen ihm doch zwei Ereignisse nur wenig nach: vor etwas mehr als 2 Milliarden Jahren die Entstehung von Chlorophyll *a*, des „Blattgrün"-Pigments für die Sauerstoff erzeugende Photosynthese, und in der Zeit vor 1,4 bis vor 2 Milliarden Jahren die Entstehung eukaryontischer Zellen. Während in prokaryontischen Zellen die Desoxyribonucleinsäure (DNA) ein einziges langes Chromosom bildet, das wirr gefaltet die Zelle füllt, besitzen eukaryontische Zellen zahlreiche stäbchenförmige Chromosomen, die in einen schützenden membranumhüllten Zellkern eingeschlossen sind.

Bei der Mitose, der normalen Zell- und Kernteilung, scharen sich die paarweise zusammengehörenden Chromosomen unter dem richtenden Einfluß sogenannter Spindelfasern in der Äquatorialebene zusammen. Da sie sich zuvor verdoppelt, das heißt längsgespalten haben, entfällt auf jede Zellhälfte schließlich wieder ein kompletter Chromosomensatz. Die Bewegungen der Chromosomen hängen von kontraktilen Proteinen der Aktomyosin-Gruppe ab, die auch für die Kontraktion der Muskeln verantwortlich ist. Aktomyosin aber kann sich ohne Sauerstoff nicht bilden. Auch die höheren Schritte in der Synthese von Sterinen, Fettsäuren und dem Faserprotein Kollagen hängen von einem ausreichenden Sauerstoff-Gehalt ab. Kollagen ist das häufigste Protein höherer tierischer Organismen und kann bei Wirbeltieren bis zu einem Drittel des Körpergewichtes ausmachen.

Die Eukaryonten

Noch immer ist unsicher, wie genau nun die eukaryontischen Zellen oder die aus ihnen bestehenden Vielzeller entstanden sind. Ein Kapitel in der Ursprungsgeschichte der eukaryontischen Zellen befaßt sich ganz sicherlich mit der Endosymbiose. Dabei verleibte sich ein Organismus andere ein, die sich später zu Zellorganellen wie Mitochondrien und Chloroplasten entwickelten. Ebenso sicher ist, daß immer noch unbekannte Prozesse an der Entstehung des eukaryontischen Zellkerns, der Mitose und der Meiose beteiligt waren. Die Meiose ist die bei einer sexuellen Vermehrung unerläßliche Reduktionsteilung der Chromosomen. Die Kluft zwischen Pro- und Eukaryonten läßt sich jedoch bequem überbrücken; denn alle Lebensformen benutzen den gleichen genetischen Code, das gleiche Energie übertragende Molekül, nämlich ATP, und die gleichen Aminosäuren zum Aufbau ihrer Proteine. Solche universellen Merkmale ergeben nur Sinn, wenn sie einen gemeinsamen Ursprung widerspiegeln.

Welche fossilen Belege hat man nun dafür, daß vor 1,4 bis vor 2 Milliarden Jahren Eukaryonten erstmals in der Biosphäre erschienen? Einmal sind eukaryontische Zellen allgemein größer als prokaryontische. Wie V. V. Timofeev und andere sowjetische Paläomikrobiologen schon lange erkannt haben, wächst in Gesteinen aus dem oberen Jungpräkambrium der mittlere Durchmesser fossiler Mikrobenzellen beträchtlich. James W. Schopf von der Universität von Kalifornien in Los Angeles hat Datenmaterial gesammelt, wonach die größeren Zellen vor rund 1,4 Milliarden Jahren aufkamen; der Durchmesser nahm damals von allgemein weniger als 10 Mikrometer auf häufig mehr als 20 Mikrometer zu (ein Mikrometer = ein Tausendstel Millimeter). G. R. Licari und ich

Bild 7: Der Comanche Point, ein Wahrzeichen des Grand Canyon, erhebt sich 1340 Meter über den Wüstenboden. Dort sind Milliarden Jahre alte Gesteinsfolgen aufgeschlossen. Zuunterst treten Rotsedimente aus Sandstein zutage, der vor etwa 1,1 Milliarden Jahren gebildet wurde. Genau unter dem Gipfel sitzen ebenfalls Rotsedimente, die allerdings vor etwa 300 bis 270 Millionen Jahren entstanden. Am Grat selbst kommen marine Sedimente vor, die sich in einer Zeit abgelagert haben, als das Gebiet am Ende des Erdaltertums von Meer bedeckt war.

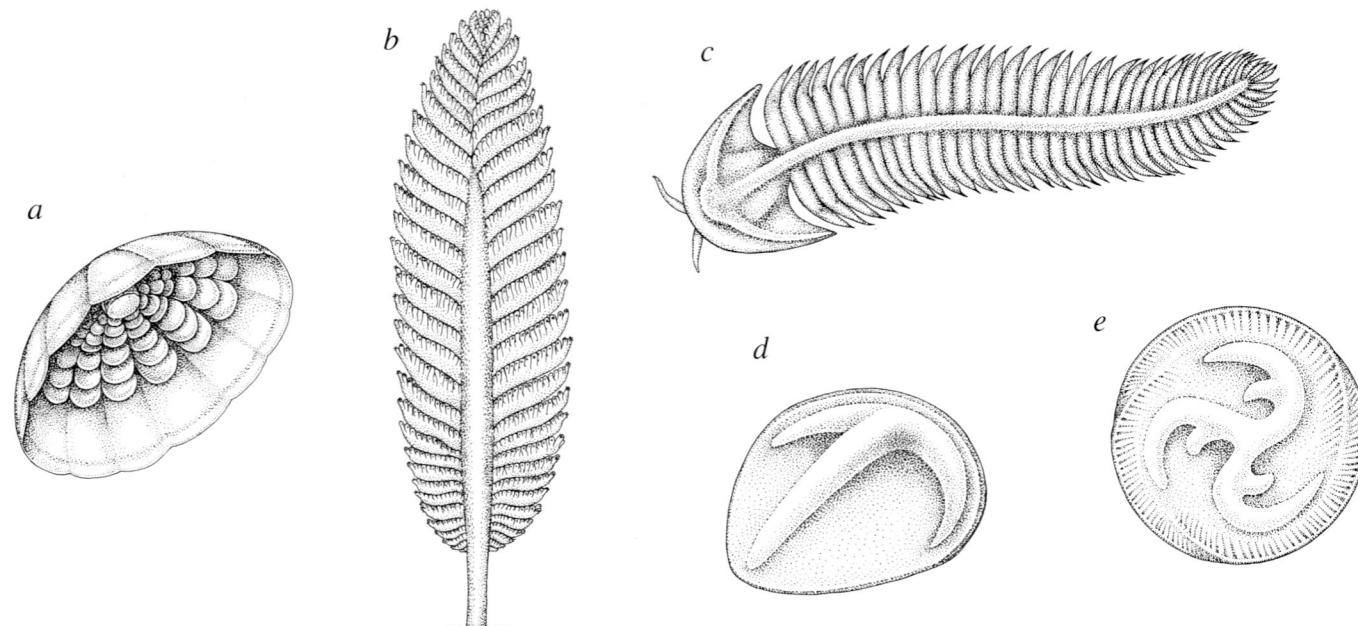

Bild 8: Tiere aus dem Präkambrium, wie sie erstmals in den Ediacara Hills im südlichen Australien entdeckt wurden, sind inzwischen von allen Kontinenten, außer dem antarktischen, bekannt. Am häufigsten kommen Tiere vor, die Quallen (a) oder anderen modernen Hohltieren wie den Seefedern (b) ähneln. Andere Tiere, *Spriggina* beispielsweise (c), ähneln weichhäutigen Gliederfüßern und Ringelwürmern. Wieder andere, *Parvancorina* (d) und *Tribrachidium* (e) etwa, sind mit keinem bekannten Tier vergleichbar. Alle diese Organismen nahmen den Sauerstoff aus dem umgebenden Wasser über ihre Körperoberfläche auf. So war natürlich eine dünne und große stoffwechselaktive Oberfläche von Vorteil.

haben wahrscheinlich 1,3 Milliarden Jahre alte Mikrofossilien aus dem östlichen Kalifornien vermessen und Zelldurchmesser bis zu 60 Mikrometer festgestellt.

Solche Maße sprechen dafür, daß sich damals oder früher die ursprünglich ausschließlich prokaryontische zu einer teilweise eukaryontischen Mikroflora wandelte. Die geologischen „Überlieferungen" aus dem Zeitraum von vor 2 bis vor 1,4 Milliarden Jahren sind allerdings so lückenhaft, daß möglicherweise doch noch ältere Eukaryonten ans Licht kommen. Anscheinend haben die Sauerstoff-Konzentrationen das Auftreten eukaryontischer Zellen irgendwann vor rund 2 Milliarden Jahren oder danach begünstigt.

Alles in allem bestehen kaum begründete Zweifel darüber, daß in dieser Zeitspanne eukaryontische Mikroorganismen, darunter vermutlich auch Grün- und Rotalgen, Fuß gefaßt haben. Damit war der Weg für die biologische „Ausfällung" von Kieselsäure frei, die nur Eukaryonten, Radiolarien mit ihren Kieselskeletten etwa, bewerkstelligen können. (Deshalb übrigens ist es wahrscheinlich, wie es auch sonst den Anschein hat, daß die in den gebänderten Eisenstein-Formationen vorhandene Kieselsäure nicht biologisch, sonder chemisch ausgefällt worden ist.)

Mit der Entstehung eukaryontischer Mikroorganismen war eine der beiden Voraussetzungen für die Evolution der vielzelligen Tiere erfüllt. Die zweite Voraussetzung war, wie Kenneth M. Towe von der Smithsonian Institution betonte, eine ausreichend hohe Konzentration an freiem Sauerstoff für die Biosynthese von Produkten wie dem Kollagen.

Die ersten Vielzeller

In Gesteinen aus der Zeit vor rund 1,4 Milliarden Jahren beginnen die zuvor nur spärlich überlieferten zellulären Überreste häufiger zu werden − so als hätte sich die Evolution beschleunigt. Doch erst in nochmals 700 Millionen Jahren jüngeren Gesteinen findet man Spuren der ältesten Organismen, die allgemeiner Überzeugung nach fossile Metazoen sind und gleichzeitig mit den sie einschließenden Sedimenten abgelagert wurden. Es handelt sich dabei um weichhäutige wirbellose Meerestiere aus dem sogenannten Ediacara-System, das sich dem untersten Paläozoikum (Erdaltertum) zuordnen läßt.

Die Ediacara-Fauna war ursprünglich nur von den namensgebundenen Ediacara Hills im südlichen Australien bekannt. Inzwischen hat man aber Vertreter einer sogar noch größeren Fossilansammlung in gut zwei Dutzend verschiedenen Gebieten auf allen fünf Kontinenten gefunden, begraben in Sedimentgesteinen, die vor 670 bis 550 Millionen Jahren abgelagert worden sind. Die Ediacara-Fauna erscheint nach einer nahezu weltweiten Abfolge glazialer Ablagerungen im oberen Jungpräkambrium. Aus solchen primitiven tierischen Anfängen und aus den zeitgenössischen Algen ging schließlich die uns vertraute Biosphäre hervor.

Mit fast 70 Prozent stellen die Hohltiere, genauer die Nesseltiere, den Löwenanteil unter den Organismen des Ediacara-Systems (Bild 8, links). Davon sind allein Dreiviertel entweder quallenartige Tiere, die frei (planktonisch) im Wasser schwebten, oder frei schwimmende koloniebildende Formen, die an die moderne, zu den Staatsquallen zählende Segelqualle *Velella* erinnern. (*Velella* ist hochseetüchtig, wird aber bei ungünstigem Wind auch an die Küste getrieben.)

Bei den restlichen Hohltieren handelt es sich um koloniebildende seßhafte Formen, den heutigen Seefedern nicht unähnlich. Zu den übrigen Tieren der Ediacara-Fauna gehören marine Würmer, ähnlich den heutigen Polychaeten (Vielborstern), einige ungewöhnliche arthropodenartige (gliederfüßerartige) Tiere ohne Panzer und ein merkwürdiges dreistrahliges, scheibenförmiges Tier, das andeutungsweise wie ein winziger nackter Seestern aussieht (Bild 8, rechts).

Von den primitiven Schwebtieren und Grundbewohnern flacher Meereszonen hinterließen einige am Boden „Fährten" und Körpereindrücke, aber kein einziges Tier hat offenbar senkrechte Gänge in den Grund gegraben. Einige Lebewesen waren ziemlich groß: Quallen erreichten bis zu 1 Meter Durchmesser und Seefedern über 1 Meter Länge; ein flacher mariner Wurm mit Namen *Dickinsonia*

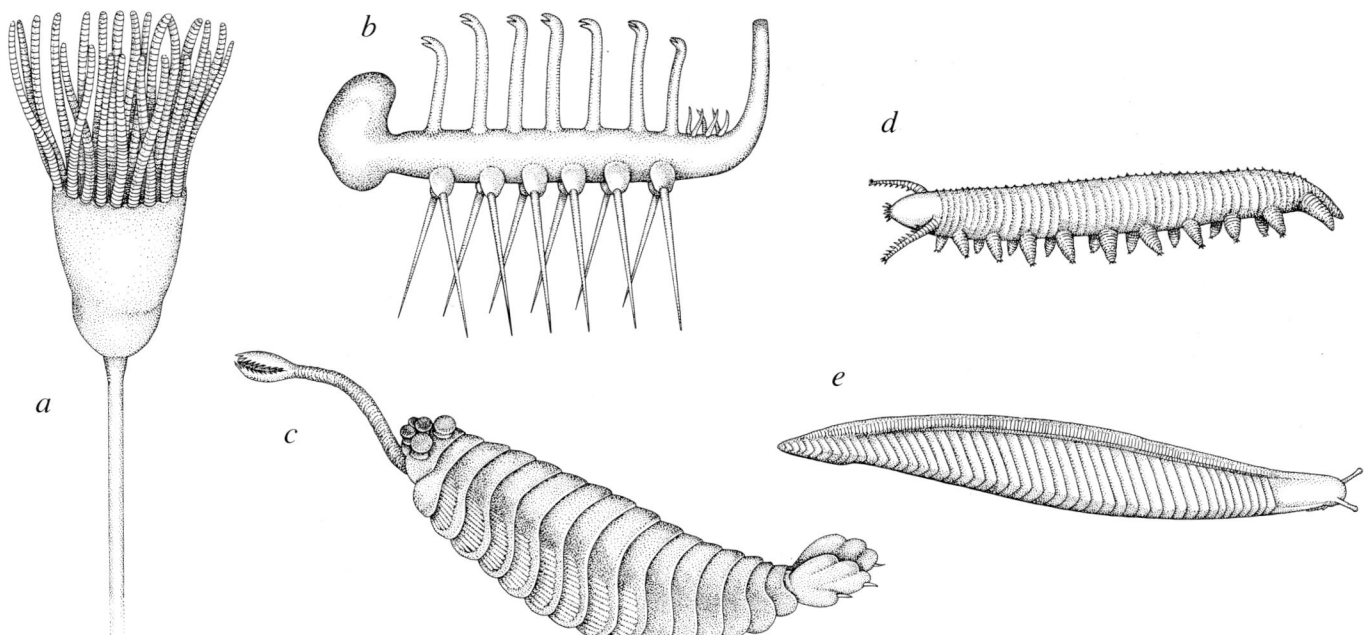

Bild 9: Tiere des Kambriums sind weit häufiger zu finden als die Ediacara-Fauna (Bild 8). Gewöhnlich schützten sie sich mit einem Außenskelett. Doch gibt es auch weichhäutige Tiere, die am besten in einer mittelkambrischen Formation des Mount Robson in Canada erhalten sind. Zu dieser Zeit waren drei neue, heute ausgestorbene Stämme aufgetaucht. Zu ihren Vertretern zählen der seßhafte *Dinomischus* (a), die stelzbeinige, „Unrat" fressende *Hallucigenia* (b) und die räuberische *Opabinia* (c). Ein vierter Neuling namens *Aysheaia* (d) ähnelt dem lebenden Stummelfüßer *Peripatus*. Die wahrscheinlich fortschrittlichste von allen, *Pikaia* (e), wird schließlich als einziger Vertreter der Chordatiere angesehen.

brachte es auf fast 1 Meter Länge, war aber nicht einmal 3 Millimeter dick.

Die Ediacara-Tiere sind zwar primitiv, stellen aber wohl kaum jene Art von fast mikroskopisch kleiner Fauna dar, wie viele Paläontologen sie an der Basis des Metazoen-Stammbaums erwartet haben. Doch im nachhinein sehen diese seltsamen Tiere dem gar nicht so unähnlich, was man erwarten würde, wenn gewisse Sauerstoffverhältnisse im Wasser ihre Evolution ausgelöst hätten.

Wie Rudolf A. Raff und Elizabeth C. Raff von der Indiana University zeigen konnten, vermögen Quallen und ähnliche Hohltiere über ihre Körperoberfläche noch Sauerstoff zu resorbieren, wenn die Konzentrationen höchstens 7 Prozent des heutigen atmosphärischen Sauerstoffgehalts entsprechen. Unter solchen Bedingungen wäre natürlich eine dünne, stoffwechselaktive Oberfläche zusammen mit einer großen Sauerstoff aufnehmenden Fläche von Vorteil. Daher sollte es nicht überraschen, daß in der ältesten bekannten Tierwelt Quallen, dünne flache Würmer und skelettlose Gliederfüßer vorherrschen.

Es gibt Hinweise dafür, daß *Dickinsonia* einen Darm und einen schwach muskulösen Körper besaß. Das wiederum spricht dafür, daß das Tier auch ein inneres Sauerstoff sammelndes System besaß. So errechnete der australische Paläontologe Bruce Runnegar, daß diese fossile Form sogar dann genug Sauerstoff hätte aufnehmen können, wenn der Druck des gelösten Sauerstoffs nur zwischen 6 und 7 Prozent des Wertes betrug, den man heute an der Meeresoberfläche mißt.

Die Tatsache, daß eukaryontische Zellen offensichtlich mindestens 700 Millionen Jahre vor den ältesten bekannten Metazoen auf der Erde erschienen, läßt darauf schließen, daß die kumulative Anreicherung des Sauerstoffs in Hydrosphäre und Atmosphäre auf etwa 7 Prozent des heutigen Pegels letztlich die Evolution von Vielzellern ausgelöst hat. Es ist durchaus möglich, daß dabei der ökologische Streß und die geographische Isolierung durch die damals rasche Plattendrift ebenso fördernd mitgewirkt haben wie die damit zusammenhängenden Klimaveränderungen.

Die ersten Tiere mit phosphat- und kalkhaltigem Außenskelett sind unter den ältesten Fossilien des Kambriums und − allerdings selten − unter den jüngeren Ediacara-Fossilien anzutreffen (Bild 9). Diese undurchlässigen Hüllen verhindern die Aufnahme von Sauerstoff über die Oberfläche. Von da an sind vermutlich irgendwelche Kiemen und Kreislaufsysteme in Funktion getreten, was darauf hinweist, daß der Sauerstoffgehalt vielleicht schon näher bei 10 Prozent des heutigen Gehaltes lag. Der Wettlauf um die wirkungsvollere Nutzung biologischer Energie war in vollem Gange.

Die photosynthetische Sauerstoffproduktion brachte Rückkoppelungen mit sich, und zwar folgenschwere. Der Sauerstoff trieb nicht nur die Evolution der Eukaryonten und Vielzeller voran, er nahm auch auf Kosten des Kohlendioxids in der Hydro- und der Atmosphäre zu. Der zu Anfang höhere Kohlendioxid-Partialdruck erklärt wahrscheinlich, warum in einem guten Teil der marinen Sedimente aus dem Präkambrium Dolomit gegenüber Kalkstein vorherrscht.

Stickstoff dürfte erst nach und nach zur dominierenden Komponente der Atmosphäre geworden sein. Doch stellte er wohl schon immer einen bedeutsamen Anteil. In grauer Vorzeit war er bereits lebenswichtiger Nährstoff der Biosphäre, und das ist er heute noch. Vielleicht ebenso bedeutsam ist er als reaktionsträger Stoff, der den aggressiven Sauerstoff verdünnt.

Der Rest der biosphärischen Geschichte, vom Kambrium an, spiegelt dann wider, wie die eukaryontische Evolution auf die Plattentektonik sowie auf die klimatischen und ökologischen Herausforderungen der sich entwickelnden Erde reagierte. Sie umfaßt eine Fülle faszinierender und oft bedeutsamer Einzelheiten. Die Biosphäre, vom Kambrium an bis heute, mit ihren zunächst fast gänzlich mikrobiellen Anfängen, hat eine lange Entwicklungsgeschichte zu immer ausgeklügelteren, mannigfaltigeren Formen hin − ein Prozeß, der immer noch weitergeht.

Wo wird es enden? Denn enden muß es, und sei es nur, weil sich die Sonne in 4 oder 5 Milliarden Jahren zu einem roten Riesenstern aufblähen wird, der die inneren Planeten verschlingt und alles Leben auf der Erde auslöscht.

Plötzliche Klimawechsel

In der Vergangenheit haben sich die Durchschnittstemperaturen
auf der Erde wiederholt in wenigen Jahrzehnten um mehrere Grad verändert. Droht uns
ein ähnlich jäher Klimasprung?

Von Wallace S. Broecker

Die letzten zehn Jahrtausende, in denen sich die menschliche Zivilisation entwickelte, sind eine Ausnahmeerscheinung in der jüngeren Klimageschichte unseres Planeten: Nie zuvor in den vergangenen 100 000 Jahren herrschten über so lange Zeit derart konstante und ausgeglichene Witterungsbedingungen, sondern es kam immer wieder zu Kälteeinbrüchen und Wärmeperioden, die jeweils mindestens 1000 Jahre andauerten. Wie Bohrkerne von verschiedenen Stellen auf dem grönländischen Eisschild zeigen, fielen oder stiegen die mittleren Wintertemperaturen in Nordeuropa innerhalb von nur einem Jahrzehnt um bis zu zehn Celsiusgrade. Zeugen dieser plötzlichen Änderungen sind der atmosphärische Staub, die Methanmenge und das Verhältnis der Sauerstoff-Isotope mit den Atommassen 18 und 16, die in den jährlichen Eisschichten konserviert sind.

Die letzte tausendjährige Kälteperiode wird nach dem lateinischen Namen der Tundrapflanze Silberwurz, deren Lebensraum sich damals stark ausweitete, als jüngere Dryaszeit bezeichnet. Sie endete vor etwa 11 000 Jahren und hat ihre Spuren in den Sedimenten auf dem Meeresboden des Nordatlantik, in den skandinavischen und isländischen Gletschermoränen sowie in den nordeuropäischen und großen kanadischen Seen und Mooren hinterlassen. Auch Neuengland kühlte sich damals deutlich ab.

Wahrscheinlich war der Kälteeinbruch der jüngeren Dryaszeit sogar von globalem Ausmaß. Jedenfalls gibt es dafür immer mehr Hinweise. So wurde die nacheiszeitliche Erwärmung des antark-

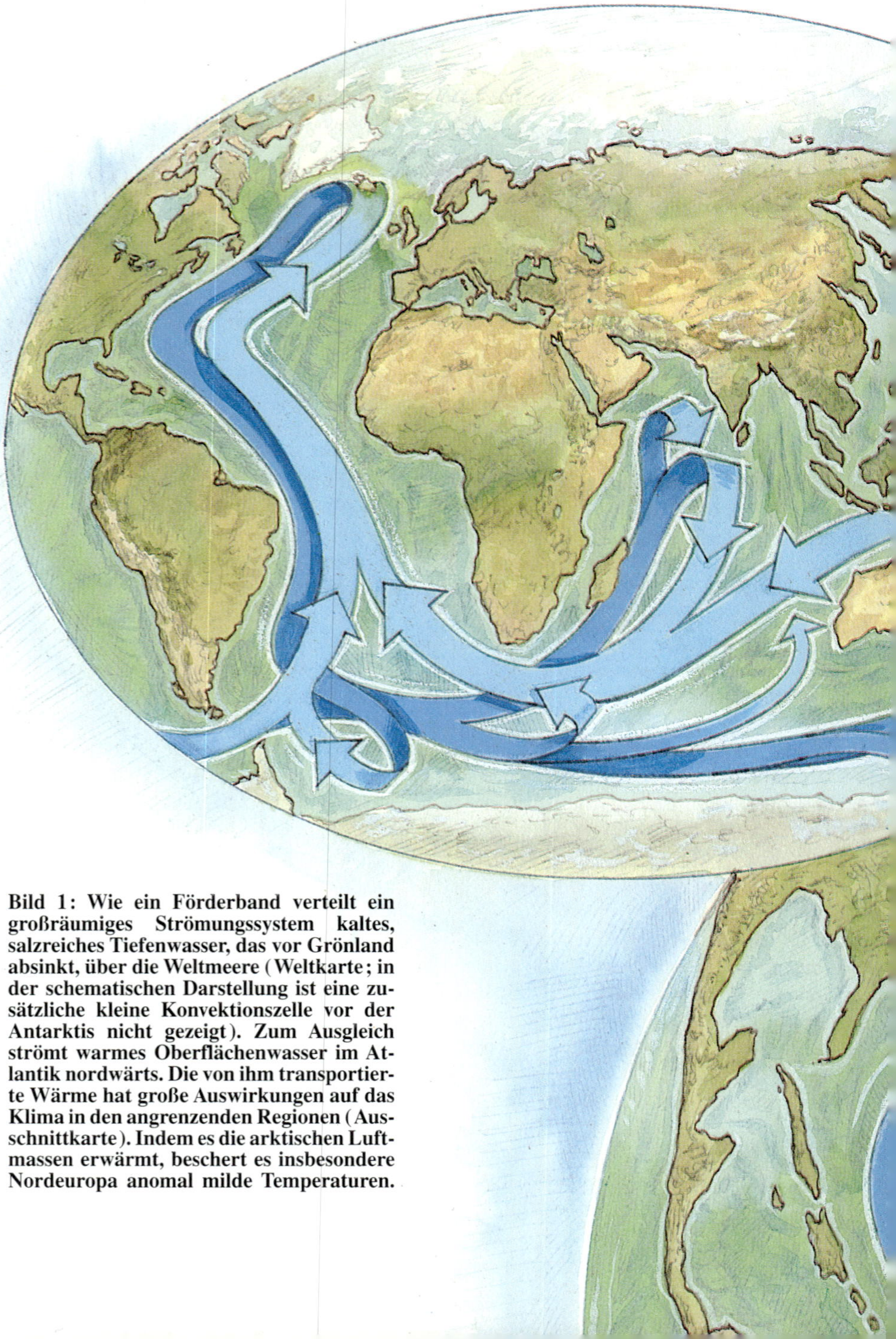

Dieser Artikel ist im Januar 1996 in *Spektrum der Wissenschaft* erschienen.

Bild 1: Wie ein Förderband verteilt ein großräumiges Strömungssystem kaltes, salzreiches Tiefenwasser, das vor Grönland absinkt, über die Weltmeere (Weltkarte; in der schematischen Darstellung ist eine zusätzliche kleine Konvektionszelle vor der Antarktis nicht gezeigt). Zum Ausgleich strömt warmes Oberflächenwasser im Atlantik nordwärts. Die von ihm transportierte Wärme hat große Auswirkungen auf das Klima in den angrenzenden Regionen (Ausschnittkarte). Indem es die arktischen Luftmassen erwärmt, beschert es insbesondere Nordeuropa anomal milde Temperaturen.

tischen Festlandsockels für 1000 Jahre unterbrochen; die neuseeländischen Gletscher dehnten sich erheblich aus, und das Artenspektrum der Planktonpopulation im Südchinesischen Meer änderte sich markant. Der Methangehalt der Atmosphäre nahm um 30 Prozent ab. Nur die Pollenuntersuchungen in einigen Teilen der USA zeigen keine Spuren dieser Kaltzeit.

Was hat diese Klimasprünge verursacht? Besteht die Gefahr, daß sie sich wiederholen? Nach neueren Erkenntnissen hängen sie mit der Zirkulation von Wärme und Salzgehalt in den Ozeanen zusammen, die sich Computersimulationen zufolge rasch ändern kann – mit drastischen Folgen für das globale Klima.

In allen Weltmeeren existieren riesige, Förderbändern ähnliche Zirkulationszellen (Bild 1). So fließt im Atlantik warmes oberflächennahes Wasser nordwärts. In der Nähe von Grönland wird es von arktischen Winden gekühlt und sinkt deshalb ab. Am Meeresboden entlang strömt es dann um den halben Erdball bis weit in den Südatlantik, wo es wärmer und somit weniger dicht ist als das sehr kalte oberflächennahe Wasser und deshalb aufsteigt.

Teils fließt es nun an der Oberfläche nach Norden zurück, teils aber strömt es weiter bis zur Antarktis. Dort wird es bis fast zum Gefrierpunkt abgekühlt und sinkt wieder zum Meeresgrund, wo es ein Reservoir an Kaltwasser bildet, das zum dichtesten der Welt gehört und in Zungen nordwärts in den Pazifischen und Indischen sowie zurück in den Atlantischen Ozean vordringt. In den beiden erstgenannten Meeren wird die bodennahe kalte Nordströmung durch eine Südwärtsbewegung von oberflächennahem warmem Wasser ausgeglichen. Im Atlantik stößt sie dagegen bald auf den Südstrom des Tiefenwassers und wird von ihm gestoppt.

Tiefenwasser bildet sich demnach nur im Nordatlantik und nicht im Pazifik. Der Grund dafür ist, daß im Atlantik das Oberflächenwasser etwas salzhaltiger ist. Durch die Anordnung der großen Gebirgsketten in Nord- und Südamerika, Europa und Afrika entstehen atmosphärische Zirkulationsmuster, die bewirken, daß sich die Luft beim Passieren dieses Ozeans mit Feuchtigkeit auflädt. Die Verdunstung macht die oberen Wasserschichten salzreicher und dichter. Werden sie dann im Nordatlantik zusätzlich abgekühlt, sinken sie ab und beginnen eine globale Zirkulation, die das Salz wieder effizient verteilt.

Mit dieser Zirkulationsströmung im Atlantik, die das hundertfache Fördervolumen des Amazonas erreicht, ist ein gewaltiger Wärmetransport verbunden. Das nach Norden fließende Wasser ist im Mittel acht Grad wärmer als das südwärts strömende und erwärmt die arktischen Luftmassen über dem Nordatlantik. Diesem Umstand verdankt Europa sein ungewöhnlich mildes Klima.

Die Zirkulation ist allerdings störungsanfällig. In hohen Breiten übertrifft die Zufuhr an Wasser durch Niederschläge und einmündende Flüsse die Verdunstung. Darum hängt der Salzgehalt der oberflächennahen Schichten davon ab, wie schnell das Förderband das überschüssige Süßwasser abführt. Ist es einmal zum Stillstand gekommen, neigt es dazu, abgeschaltet zu bleiben.

Dies hätte katastrophale Folgen: Die Wintertemperaturen über dem Nordatlantik und den angrenzenden Landflächen gingen um mindestens fünf Grad zurück, und Dublin bekäme zum Beispiel das Klima von Spitzbergen, das fast 1000 Kilometer nördlich des Polarkreises liegt (Bild 5). Dieser Umschwung vollzöge sich in weniger als einem Jahrzehnt. (Eisbohrkerne und andere Klimaarchive lassen auf Temperaturstürze von

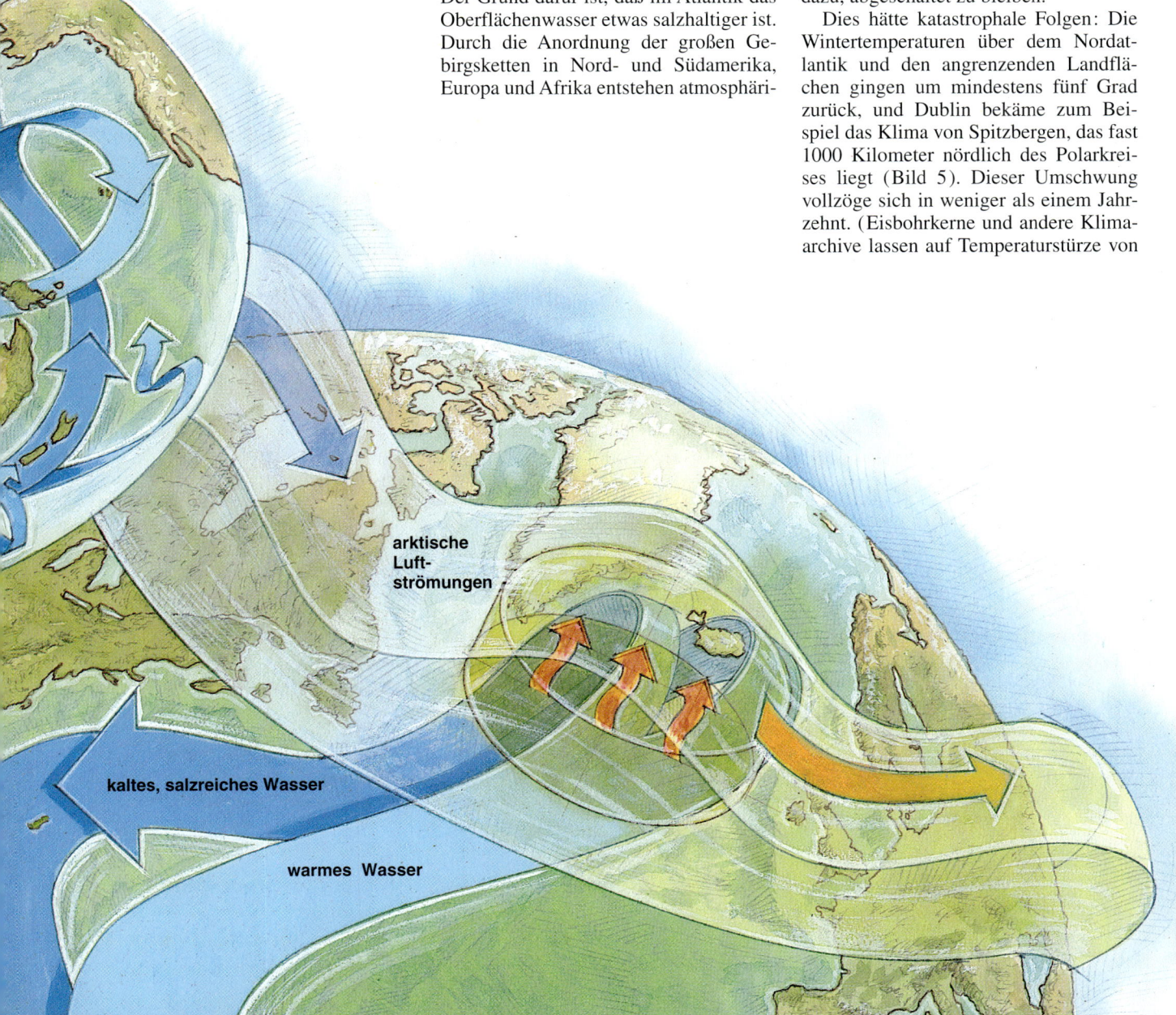

arktische Luftströmungen

kaltes, salzreiches Wasser

warmes Wasser

Bild 2: Das flachere ozeanische Zirkulationsmuster (gelbe Pfeile und schraffierte Fläche im Diagramm rechts), das Computersimulationen von Stefan Rahmstorf an der Universität Kiel beim Einstrom großer Mengen von Süßwasser in den Nordatlantik ergaben, reicht nur bis zur Höhe Südeuropas und gibt deshalb kaum Wärme an die nordatlantischen Luftströmungen ab (unten). Vermutlich entspricht dieses Förderband der Situation während der Eiszeiten, als es in Europa ungefähr zehn Grad kälter war als heute.

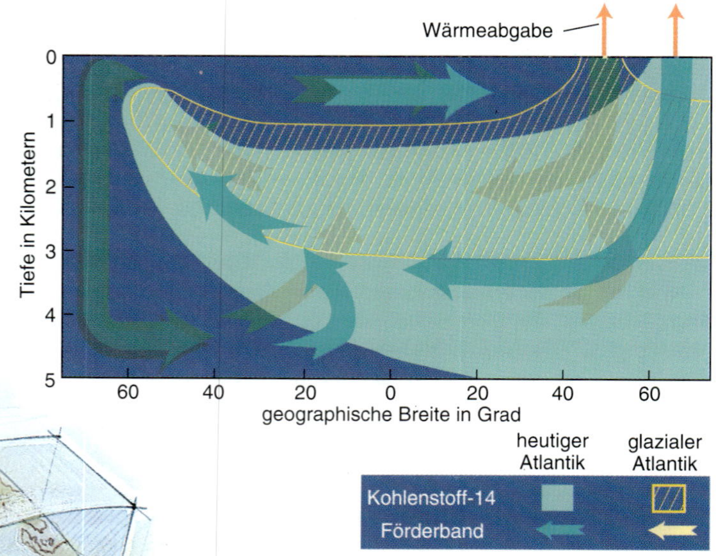

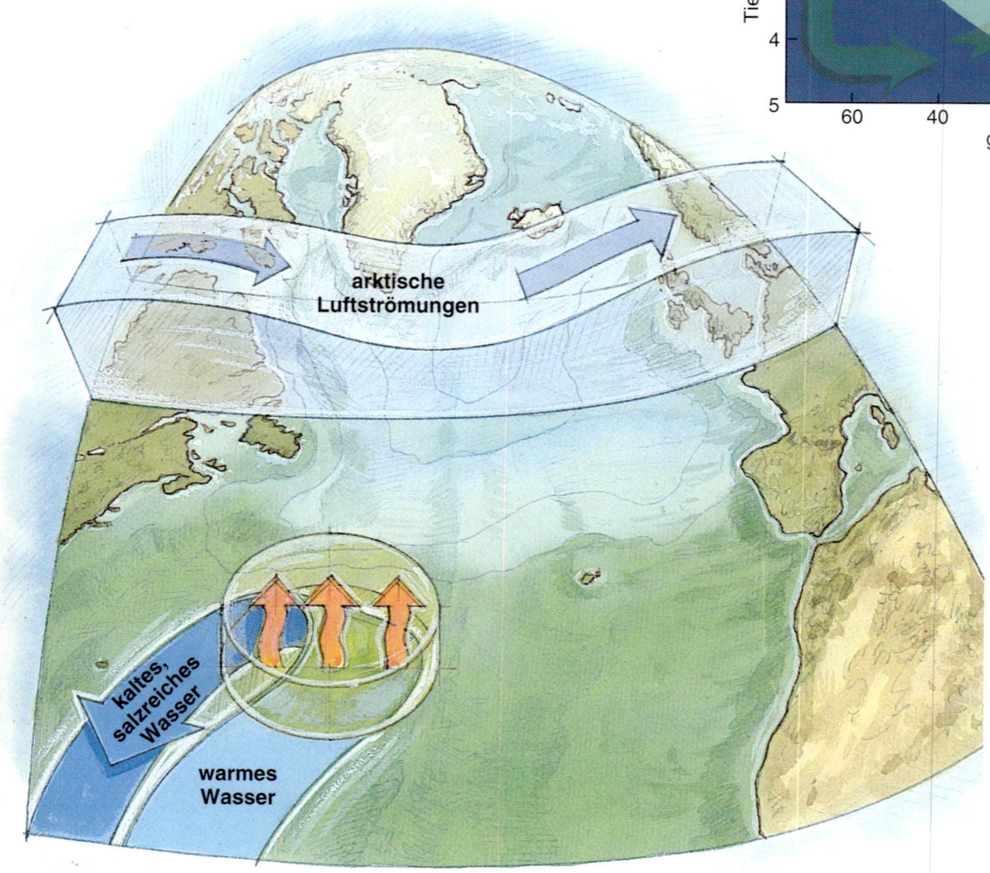

etwa sieben Grad im Bereich des Nordatlantik beim Einsetzen der letzten Kältephasen schließen.)

Numerische Modelle der Meeresströmungen zeigen zwar, daß das ozeanische Förderband auch wieder anliefe, jedoch erst nach Hunderten oder Tausenden von Jahren. Von der Wasseroberfläche nach unten gelangende Wärme und nach oben diffundierendes Salz würden die Dichte des stagnierenden Tiefenwassers allmählich so weit verringern, daß irgendwann in einem der beiden Polargebiete oberflächennahes Wasser bis zum Grund vordringen könnte. Damit käme die Zirkulation von Wärme und Salzgehalt wieder in Gang.

Das neue Strömungsmuster müßte allerdings nicht mit dem vor dem Stillstand übereinstimmen. Es hinge vielmehr von den Modalitäten der Frischwasserzufuhr in den beiden Polarregionen ab.

Kaltzeiten durch flache Meerwasserzirkulation

Kürzlich ergaben Computersimulationen von Stefan Rahmstorf an der Universität Kiel, daß sich nach dem Abschalten des Hauptförderbandes ein weniger tief reichendes Zirkulationsmuster bilden könnte (Bild 2). Der Abstrombereich läge dann nördlich der Bermudas und nicht bei Grönland. Aufgrund dieser Verlagerung würde Nordeuropa viel weniger erwärmt.

Auch dieses flache Förderband könnte durch einen Süßwasserschwall angehalten werden, würde aber nach nur wenigen Jahrzehnten bereits reaktiviert. Wie das System zur heutigen tiefreichenden Zirkulation zurückkehren könnte ist vorerst unklar.

Zwei Eigenschaften von Rahmstorfs Modell lassen Paläoklimatologen aufmerken. Zum einen paßt das flache Zir-

kulationsmuster zur eiszeitlichen Verteilung von Cadmium und dem Kohlenstoff-Isotop mit der Atommasse 13 in den Schalen von Kleinstorganismen, die am Meeresboden leben (Benthal-Foraminiferen oder Kammerlingen). Heute ist das Tiefenwasser im Nordatlantik arm an Cadmium und reich an Kohlenstoff-13 (^{13}C), während für alle anderen Meere das Gegenteil zutrifft.

Dieser Unterschied erklärt sich dadurch, daß die Atmung tierischer Meereslebewesen eine Abreicherung von ^{13}C gegenüber dem häufigsten Kohlenstoff-Isotop ^{12}C und eine Anreicherung von Cadmium bewirkt (sowie von anderen Elementen, deren Geschichte nicht aus benthischen Schalen ablesbar ist). Weil aber das Förderband nährstoffarmes Oberflächenwasser in den tiefen Atlantik transportiert, herrschen dort derzeit schlechte Lebensbedingungen.

Während der Kälteperioden stieg dagegen der Cadmiumgehalt im bodennahen Wasser immens an, während er in mittleren Tiefen abnahm; das Umgekehrte gilt für den Gehalt an ^{13}C. Dies steht in Einklang mit dem Ergebnis Rahmstorfs, wonach das absinkende nährstoffarme Oberflächenwasser damals nur in mittlere Tiefen und nicht bis zum Boden vordrang.

Zum zweiten wird beim flachen Förderband weiterhin radioaktiver Kohlenstoff in tiefere Meeresschichten transportiert. Hätte dieser Transport aufgehört, würden radiochemische Datierungsmethoden, die auf dem Zerfall von Kohlenstoff-14 (^{14}C) basieren, widersprüchliche Ergebnisse liefern. Die Radiokohlenstoff-Altersbestimmung ist mit anderen Verfahren kalibriert worden; dabei zeigte sich, daß sie zwar nicht absolut genau, aber im Prinzip zuverlässig ist.

Nur ein Viertel des Kohlenstoffvorrats der Erde befindet sich in den oberen Ozeanschichten und in der Atmosphäre; der Rest ist – größtenteils in Form von Kohlendioxid – im Tiefenwasser gelöst. Die Verteilung von radioaktivem Kohlenstoff-14, der in der Atmosphäre durch kosmische Strahlung gebildet wird, hängt von der Stärke der ozeanischen Zirkulation ab. Gegenwärtig gelangt der größte Teil davon über das atlantische Förderband in die Tiefsee (Bild 3). In dessen oberem, warmem Abschnitt nehmen die Wassermassen auf dem Weg nach Norden das im Kohlendioxid der Luft gebundene Isotop auf und befördern es beim Absinken mit nach unten. Obwohl das Tiefenwasser nahe der Antarktis kurzfristig wieder an die Oberfläche steigt, absorbiert es dabei wenig Radiokohlenstoff.

Demnach sollte eine Verlangsamung oder gar ein Anhalten des Förderbandes die Verteilung von ^{14}C zwischen Atmosphäre und Tiefsee deutlich verschieben. Am Meeresgrund ist das Mengenverhältnis von ^{14}C zum stabilen ^{12}C heute etwa 12 Prozent niedriger als im oberflächennahen Wasser und in der Atmosphäre; denn das radioaktive Isotop zerfällt allmählich (mit einer Halbwertszeit von 5736 Jahren), während es mit dem Tiefenwasser nach Süden strömt.

Nun frischt die kosmische Strahlung alle 82 Jahre gut 1 Prozent des gesamten ^{14}C-Bestandes der Erde wieder auf. Unterbliebe der Austausch zwischen Oberfläche und tieferem Ozean, nähme das Verhältnis ^{14}C/^{12}C im oberflächennahen Wasser und in der Atmosphäre somit pro Jahrhundert um 5 Prozent zu, weil der hinzukommende Kohlenstoff-14 nicht in die Tiefsee abtransportiert würde. Nach einem Jahrtausend wäre der ^{14}C-Anteil in der Atmosphäre um ein Drittel gestiegen.

Dies müßte die Ergebnisse von Radiokohlenstoff-Datierungen grob verfälschen. Bei diesem Verfahren wird das Alter organischer Stoffe anhand ihres Gehalts an ^{14}C bestimmt: Je weniger von dem instabilen Isotop noch übrig ist, desto älter muß die Probe sein.

Dabei wird allerdings ein stets gleicher Ausgangsgehalt an ^{14}C beim Absterben der Pflanze vorausgesetzt, aus welcher der organische Kohlenstoff letztlich stammt. Wieviel Radiokohlenstoff sie während ihres Lebens einlagert, hängt nämlich von dessen momentaner Konzentration in der Atmosphäre (oder im Ozean) ab. Wäre sie während eines Stillstandes des Förderbandes gewachsen, sollte sie ungewöhnlich viel ^{14}C aufgenommen haben und bei der späteren Datierung deshalb jünger erscheinen, als sie tatsächlich ist. Man erhielte für sie das-

selbe Alter wie für eine andere, die mehr als 1000 Jahre später lebte, als das Förderband wieder in Gang gekommen war und der atmosphärische ^{14}C-Spiegel sich normalisiert hatte.

Wenngleich der ^{14}C-Gehalt der Atmosphäre mit der Zeit leicht variierte, zeigen Radiokohlenstoff-Datierungen von maritimen Sedimenten, die sich recht gleichförmig abgelagert haben sollten, über die letzten 20 000 Jahre hinweg keine solchen Unstimmigkeiten. Im Gegenteil: Messungen an Korallen, deren absolutes Alter mit der Uran-Thorium-Methode ermittelt wurde, lassen darauf schließen, daß am Ende der letzten Eiszeit, als das Förderband seinen heutigen Operationsmodus aufnahm und der Atmosphäre im jetzigen Umfang ^{14}C entzog, dessen Anteil in der Luft sogar zunahm.

Demnach dürfte das Förderband allenfalls für höchstens ein Jahrhundert stillgestanden haben; und solche Stillstandsphasen müßten durch zwischenzeitliche Perioden verstärkter Durchmischung kompensiert worden sein. Insbesondere herrschte in der jüngeren Dryaszeit im Durchschnitt anscheinend eher eine intensivere als eine schwächere ozeanische Zirkulation. Diese Kaltzeit kann somit nicht von einem durchgehenden kompletten Stillstand des atlantischen Förderbandes verursacht worden sein – anderenfalls müßte ein anderer Vorgang das ^{14}C in die Tiefsee befördert haben.

Eine Eisbergflotte

Angenommen, die Zirkulation ging tatsächlich in Rahmstorfs flacheren Modus über – woher kam der Süßwasserüberschuß, der den Umschlag bewirkte? Eine naheliegende Quelle sind die polaren Eisschilde. Dafür spricht auch, daß plötzliche Klimaänderungen auf solche Zeiten beschränkt zu sein scheinen, in denen Kanada und Skandinavien von mächtigen Eismassen bedeckt waren. Am Ende der letzten Eiszeit ist das globale Klimasystem gleichsam in seinen heutigen stabilen Zustand eingerastet.

Man hat Indizien für mindestens acht Süßwassereinbrüche in den Nordatlantik: Siebenmal gab es eine Invasion von Eisbergen, die vom Ostrand des Eisschildes über der heutigen Hudson Bay abbrachen, und einmal ergoß sich eine Schmelzwasserflut aus dem riesigen See am Südrand der zurückweichenden Gletscherfront. In den frühen achtziger Jahren entdeckte Hartmut Heinrich als Doktorand an der Universität Göttingen eine Reihe ungewöhnlicher Sedimentschichten im Nordatlantik, die sich von Labrador bis zu den Britischen Inseln erstrek-

ken. Ihre besonderen Eigenschaften lassen sich am besten mit der Annahme erklären, daß sie beim Abschmelzen enormer Massen von Eisbergen enstanden, die von Kanada wegdrifteten.

So dünnen die Schuttschichten nach Osten hin aus – von einem halben Meter Dicke bei Labrador auf wenige Zentimeter im östlichen Atlantik. Bei den gröberen Sedimentkörnern handelt es sich größtenteils um Trümmer von Kalkablagerungen und vulkanischem Grundgestein, wie sie für die Hudson Bay und ihre Umgebung chrakteristisch sind. Foraminiferen-Schalen finden sich nur spärlich, weil der Ozean offenbar mit Treibeis zugestopft war, und die wenigen vorhandenen weisen ein sehr niedriges Verhältnis von Sauerstoff-18 zu -16 auf – ein deutliches Zeichen, daß die Tiere in Wasser mit viel niedrigerem Salzgehalt als üblich lebten (Regen und Schnee enthält in hohen Breiten weniger ^{18}O, weil das Wasser mit dem schwereren Isotop zuerst kondensiert, wenn eine Luftmasse auf dem Weg zum Pol abgekühlt wird).

Die achte Süßwasserflut kam aus dem Agassiz-See in jener ausgedehnten topographischen Senke, die unter dem Gewicht der sich zurückziehenden Eismas-

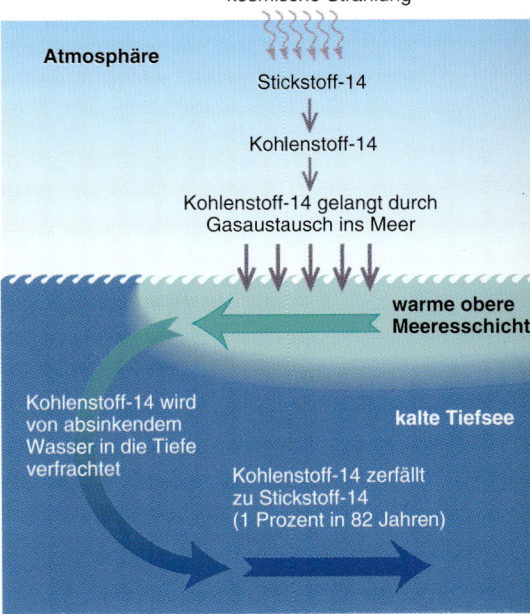

Bild 3: Bei der Bildung von Tiefenwasser gelangt auch radioaktiver Kohlenstoff-14, welcher von der kosmischen Strahlung aus Stickstoff-14 gebildet wird, aus der Atmosphäre und den oberen Meeresschichten in die Tiefsee. Radiokohlenstoff-Datierungen setzen voraus, daß dieser Transportmechanismus die letzten 100 000 Jahre hindurch wirksam war. Wäre er über längere Zeit ausgefallen, dann hätte der Kohlenstoff-14-Gehalt der Erdatmosphäre zugenommen, was ein zu niedriges Alter der datierten organischen Substanzen vortäuschen würde.

se entstanden war. Zunächst schwappte das Wasser über eine Felsbarriere in den Einzugsbereich des Mississippi und gelangte von dort in den Golf von Mexiko. Vor etwa 12 000 Jahren eröffnete der Rückzug des Eisrandes jedoch einen Abflußkanal nach Osten, durch den sich der See plötzlich großenteils entleerte. Die entweichenden Wassermassen fluteten durch das südliche Kanada in das heutige Tal des Sankt-Lorenz-Stroms und ergossen sich direkt in die Region, in der gegenwärtig das Tiefenwasser entsteht.

Der Zusammenhang zwischen diesen Vorgängen und lokalen Klimaänderungen ist offensichtlich. Eine der von Heinrich entdeckten Schichten markiert das Ende der vorletzten, eine andere das der letzten Eiszeit. Eine dritte paßt gut zum Beginn der eiszeitlichen Verhältnisse im Nordatlantik überhaupt. Die katastrophale Flut aus dem Agassiz-See schließlich fällt mit dem Anfang der jüngeren Dryaszeit zusammen.

Jede der restlichen vier Heinrich-Schichten (wie man sie inzwischen allgemein nennt) korrespondiert mit einem untergeordneten Klimazyklus. Gerard C. Bond vom Lamont-Doherty-Erdobservatorium der Columbia-Universität in Palisades (New York) fand beim Vergleich dieser Sedimentlagen mit dem aus den grönländischen Eisbohrkernen ermittelten Temperaturverlauf, daß die rund tausendjährigen Kaltzeiten in Gruppen auftreten, die durch immer schwerere Kälteeinbrüche charakterisiert sind. Die Serie gipfelt jeweils schließlich in einem Heinrich-Ereignis, dem eine markante Erwärmung folgt. Danach beginnt ein neuer Zyklus.

Globale Auswirkungen

Der Klimaumschwung der jüngeren Dryaszeit war weltweit zu spüren. Gilt das gleiche auch für die ungefähr 15 Kältephasen, die den Eisbohrkern-Befunden zufolge vorher auftraten? Bislang gibt es dafür nur zwei Anzeichen, aber diese sind sehr überzeugend.

Den ersten Hinweis fand Jerome A. Chappellaz vom Laboratorium für Glaziologie und Umweltgeophysik bei Grenoble. Bei der Analyse der Luft, die in grönländischen Eisbohrkernen eingeschlossen war, stellte er fest, daß die Atmosphäre in Kältephasen weniger Methan enthielt. Dieses Gas wird vor allem von Bakterien in Sümpfen und Mooren erzeugt, die in den nördlichen gemäßigten Breiten während der Eiszeiten entweder zugefroren oder von Inlandeis bedeckt waren. Deshalb muß das gemessene Methan in der Atmosphäre aus den

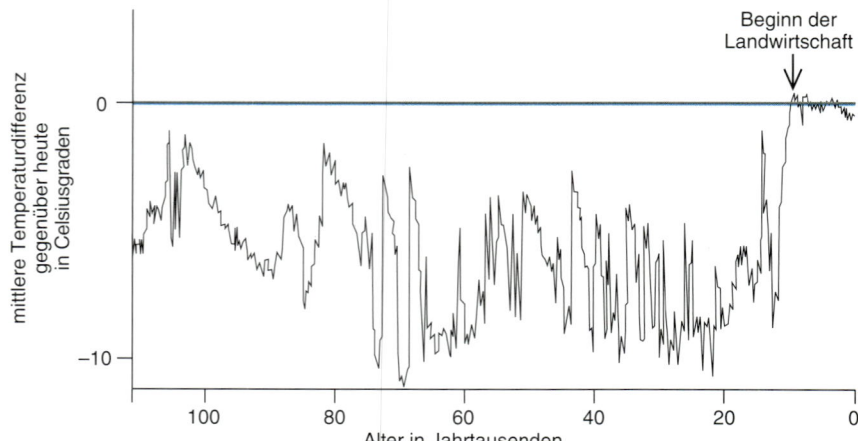

Bild 4: Aus Eisbohrkernen läßt sich der Verlauf der irdischen Temperaturen während der vergangenen 100 000 Jahre (ganz oben) ermitteln. Eine amerikanische und eine europäische Forschergruppe bohrten jeweils in der Mitte des grönländischen Eisschildes bis zum vulkanischen Grundgestein hinab (oben) und maßen in den gezogenen Proben die relative Konzentration von Sauerstoff-18 zu -16. Atmosphärischer Wasserdampf enthält um so weniger ^{18}O, je niedriger die Temperatur ist, weil Wassermoleküle mit dem schwereren Sauerstoff-Isotop bevorzugt kondensieren und ausregnen. Auf der großen Photographie rechts sind tiefkühlgelagerte Eisbohrkerne dargestellt, welche noch auf die Untersuchung warten. Auf mikroskopischen Aufnahmen eines Bohrkernausschnitts in polarisiertem Licht kann man die einzelnen Eiskristalle erkennen (rechts außen oben). Unter anderer Beleuchtung sieht man die eingeschlossenen Luftblasen, aus denen sich die Zusammensetzung der prähistorischen Atmosphäre ermitteln läßt (rechts außen Mitte). Die untersten Schichten wurden geschert und gefaltet, während sich das Eis über Grönlands unebenen Grund schob (rechts außen unten). Das erschwert genaue Messungen oder macht sie sogar unmöglich.

Tropen stammen. Die Konzentrationsschwankungen deuten darauf hin, daß dort während der Kältephasen Trockenheit herrschte.

Den zweiten Hinweis enthält eine noch unveröffentlichte Untersuchung von James P. Kennett und Richard J. Behl von der Universität von Kalifornien in Santa Barbara. Sie betrifft Sedimentbohrkerne, die 500 Meter unter der Meeresoberfläche im Santa-Barbara-Becken gewonnen wurden. Die Forscher fanden Bänder aus ungestörten, im Jahresrhythmus abgelagerten Schichten im Wechsel mit Lagen, die von Würmern zerwühlt waren. Eine Bodenfauna kann aber nur überleben, wenn das Wasser am Meeresgrund genügend Sauerstoff enthält. Daß das Alter der umgegrabenen Sedimente

frappierend genau mit kalten und staubreichen Perioden in Grönland übereinstimmt deutet darauf hin, daß das ozeanische Zirkulationsmuster auch außerhalb des Atlantik gestört war.

Noch überraschender ist, daß auch die Heinrich-Ereignisse selbst anscheinend weltweite Spuren hinterlassen haben. Eric Grimm und seine Mitarbeiter am Illinois State Museum in Springfield untersuchten Pollen in den Sedimenten des Tulane-Sees in Florida und fanden für jedes Heinrich-Ereignis ein deutliches Maximum im Verhältnis von Kiefern- zu Eichenpollen. Kiefern gedeihen am besten unter relativ feuchten Bedingungen, während Eichen ein trockeneres Klima bevorzugen. Obwohl die exakte zeitliche Relation zwischen kiefernreichen Phasen

auswirken, wieviel Wasser im äquatorialen Pazifik zur Oberfläche aufsteigt. Obwohl die Kopplung mit der tropischen Konvektion schwach ist, stellt dieses Aufquellen einen wichtigen Teil in der Wärmebilanz dieser Region dar und beeinflußt damit auch die Klimaverhältnisse auf dem angrenzenden Festland. Wenn es – wie derzeit während sogenannter El-Niño-Phänomene – nachläßt, können in bestimmten Gegenden Dürren und in anderen Überschwemmungen auftreten.

Solche Vorstellungen werden nicht nur durch die Methan-Daten von Chappellaz gestützt, wonach in den Tropen während der Kältephasen ein trockeneres Klima herrschte, sondern auch durch Befunde zu den einstigen Feuchtigkeitsverhältnissen in Nevada, Neu-Mexiko, Florida und Virginia. Das überzeugendste Indiz stammt aus dem großen Becken zwischen den Rocky Mountains und der Sierra Nevada in den westlichen USA. Unmittelbar nach dem letzten Heinrich-Ereignis vor etwa 14 000 Jahren erreichte der Lahontan-See in Nevada seine maximale Ausdehnung; er war damals rund zehnmal so groß wie heute. Ein derartiges Wasservolumen setzt Niederschläge in so enormen Mengen wie während des El-Niño-Winters 1982/83 voraus. Man könnte den Grund für den globalen Effekt der Kälteeinbrüche im Nordatlantik demnach auch in Änderungen der ozeanischen Zirkulation sehen, die tausendjährige El-Niño-Perioden auslösten.

Neuere Forschungsergebnisse von Lonnie G. Thompson von der Ohio State University in Columbus bestätigen die Vermutung, daß das Wetter in den Tropen während der Eiszeiten ganz anders war als heute. Alte Abschnitte von Eisbohrkernen aus 6000 Meter Höhe in den tropischen Anden enthalten 200mal so viel feinen Staub wie jüngere. Er wurde wahrscheinlich aus dem Amazonasbecken heraufgeweht, in dem damals ein trockenes, wüstenhaftes Klima herrschte. Das ältere Eis enthält auch wesentlich weniger Sauerstoff-18 als das in den letzten 10 000 Jahren gebildete. Demnach herrschten damals etwa zehn Grad niedrigere Temperaturen; zudem lag die Schneegrenze gut 1000 Meter tiefer. All dies weist darauf hin, daß die Tropen während der Eiszeiten kälter und trockener waren.

Ein labiles Gleichgewicht

Daß das Klimasystem der Erde gelegentlich von einem Zustand in einen anderen gesprungen ist steht fest. Nur die Ursachen dieser plötzlichen Änderungen

und Heinrich-Ereignissen noch durch genauere Radiokohlenstoff-Datierungen geklärt werden muß, deuten die Befunde darauf hin, daß es in jedem Zyklus eine feuchte Periode gegeben hat.

George H. Denton und seine Kollegen an der Universität von Maine in Orono haben sogar einen Einfluß auf noch entferntere Regionen gefunden: Jedes der vier Heinrich-Ereignisse, das sich im Meßbereich der Radiokohlenstoffmethode befindet, paßt zu einem deutlichen Maximum in der Ausdehnung der Andengletscher.

Warum das massive Kalben des kanadischen Eisschildes globale Auswirkungen hatte ist allerdings rätselhaft. Nach numerischen Atmosphärenmodellen sollten Änderungen der Wärmemenge, die

der Lufthülle über dem Nordatlantik zugeführt wird, nur das Klima in den umgebenden Regionen beeinflussen. Wie konnten sich die Effekte auf die Tropen, die südlichen gemäßigten Breiten und sogar die Antarktis ausweiten?

Die symmetrische Verteilung der Klimaänderungen beiderseits des Äquators weist auf die Tropen als entscheidendes Bindeglied hin. Eine Umstellung der meteorologischen Verhältnisse in der tropischen Atmosphäre könnte weitreichende Folgen haben. Wo sich die Passatwinde treffen, entstehen hochreichende Konvektionszellen, die der Atmosphäre ihr wichtigstes Treibhausgas zuführen: Wasserdampf.

Zudem sollte sich eine Änderung des ozeanischen Zirkulationsmusters darauf

Bild 5: Eine Unterbrechung der Zirkulationsströmung und der Bildung von Tiefenwasser im Nordatlantik hätte für Europa drastische Folgen. Dublin (oben links) bekäme ein Sommerklima, wie es zur Zeit in Spitzbergen im hohen Norden herrscht (oben rechts); London (unten links) würde im Winter von ebenso grimmiger Kälte heimgesucht wie heute Irkutsk in Sibirien (unten rechts).

sind noch nicht endgültig geklärt. Obwohl die großräumige Umstellung der ozeanischen Zirkulation wohl der wichtigste Mechanismus war, könnte es zusätzliche Auslöser in der Atmosphäre gegeben haben. Dies macht die Vorhersage der künftigen Klimaentwicklung schwierig. Könnte die gegenwärtige, vom Menschen verursachte Anreicherung von Treibhausgasen in der Atmosphäre eine neuerliche Veränderung des Tiefsee-Förderbandes und der davon abhängigen Wettersysteme bewirken?

Den paläographischen Befunden zufolge traten Sprünge ausschließlich dann auf, wenn der Nordatlantik von gewaltigen Eismassen umgeben war; von einer solchen Situation sind wir weiter entfernt denn je. Andererseits droht der Treibhauseffekt weitaus stärker zu werden als irgendein anderer der Klimafaktoren, die bisher in einer Zwischeneiszeit wirksam waren; und niemand kann garantieren, daß das irdische Klimasystem in seinem relativ günstigen momentanen Zustand verharrt. Ein Stillstand oder eine vergleichbar drastische Umstellung des Förderbandes ist zwar unwahrscheinlich, hätte aber katastrophale Folgen für die Zivilisation (Bild 5). Am ehesten wäre damit in 50 bis 150 Jahren zu rechnen, wenn die Welt überfüllt sein wird mit Menschen, die von Hunger und Epidemien bedroht sind und gegen die steigende Umweltbelastung kämpfen. Deshalb müssen wir diese Möglichkeit ernst nehmen und dürfen keine Mühe scheuen, das prekäre, chaotisch anmutende Verhalten des globalen Klimasystems besser verstehen zu lernen.

Ursachen der Vereisungszyklen

Periodische Änderungen der Erdbahnparameter sind offensichtlich
Schrittmacher für die zyklisch wiederkehrenden Eiszeiten. Auf welche Weise
aber reagiert das irdische Klima auf die geänderte Sonneneinstrahlung? Offenbar spielen
großräumige Umstellungen im System Ozean-Atmosphäre eine wichtige Rolle.

Von Wallace S. Broecker und George H. Denton

Das Klima der Erde ist starken Schwankungen unterworfen: Achtmal innerhalb der letzten Million Jahre sanken die Temperaturen derart, daß der Schnee in den Bergen und den nördlichen Breiten auch über die Sommermonate hinweg liegenblieb. Der Schnee verdichtete sich allmählich; Gletscher und ausgedehnte Eisschilde bildeten sich.

Nach wenigen zehntausend Jahren waren die Eispanzer mehrere Kilometer dick. Sie breiteten sich bis nach Mitteleuropa und dem Mittleren Westen der USA aus, ebneten dabei die Landschaft ein und hinterließen tiefe Schleifspuren, Urstromtäler und Geröllhalden, die Moränen.

Das Ende jeder Eiszeit kam abrupt: Innerhalb von wenigen tausend Jahren schrumpften die Eisschilde zurück auf ihre heutigen Ausdehnungen.

Während der letzten 30 Jahre mehrten sich die Hinweise, daß diese Vereisungszyklen letztlich von astronomischen Faktoren angetrieben werden (siehe auch „Erdbahn und Eiszeiten" von Curt Covey, Spektrum der Wissenschaft, April 1984). Langsame, zyklische Änderungen in der Exzentrizität der Erdbahn sowie in der Neigung und Orientierung der Erdachse beeinflussen die Intensität der Jahreszeiten und stören somit das Gleichgewicht zwischen Schneezufuhr im Nähr- und Abschmelzen im Zehrgebiet der Gletscher.

Wie aber sieht die Ursache-Wirkungs-Kette bis hin zu Veränderungen des globalen Klimas genau aus? Die Antwort muß all den bisherigen Er-

kenntnissen über Verlauf und Ausmaß der Klimaverschiebungen, welche die Eisvorstöße und -rückzüge begleitet haben, genügen.

Denkbar wäre, daß unterschiedliche Ausprägungen der Jahreszeiten unmittelbar auf die Eisdecken der Nordhalbkugel einwirken. Demnach würde die Eisschicht bei verminderter Sonneneinstrahlung in den Sommermonaten wachsen, bei erhöhter Einstrahlung dagegen schmelzen. Die veränderte Vereisung würde dann ihrerseits das Klima der Erde beeinflussen.

Wir halten jedoch den umgekehrten Prozeß für richtig: daß Vereisungen durch tiefergreifende Klimaänderungen verursacht werden. Eine Zu- oder Abnahme der Sonneneinstrahlung scheint den Regelmechanismus zwischen Verdunstung und Niederschlägen derart zu beeinflussen, daß das gekoppelte System aus Ozeanen und Atmosphäre von einem Zustand in einen anderen, grundverschiedenen umkippt. Jeder Wechsel würde somit die Meeresströmungen und folglich auch den globalen Wärmetransport ändern, ebenso die Eigenschaften der Atmosphäre und schließlich das Klima, das nun seinerseits bestimmt, ob die Vereisung zu- oder abnimmt. Wir bezweifeln keineswegs die astronomische Theorie der Eiszeiten, sondern wollen sie vielmehr erweitern.

Im Jahre 1836 begann der Schweizer Naturforscher und spätere amerikanische Staatsbürger Louis Agassiz (1807 bis 1873) die Bewegung von Alpengletschern zu untersuchen; er deutete die vielerorts anzutreffenden Findlinge mit Schleif- und Kratzspuren sowie die auffälligen Moränen als Zeugen vergangener Vergletscherung. Schon bald darauf wurde erstmals die

Hypothese aufgestellt, die Eiszeiten seien durch astronomische Faktoren verursacht: Im Jahre 1842 behauptete der französische Mathematiker Joseph Alphonse Adhémar (1797 bis 1862), Veränderungen in der Dauer der warmen und der kalten Jahreszeiten würden periodische Vergletscherungen auslösen.

Auch wenn Adhémar irrte, so griff doch der Schotte James Croll (1821 bis 1890) ein Vierteljahrhundert später diese Idee auf und ergänzte sie; in den zwanziger und dreißiger Jahren unseres Jahrhunderts schließlich stellte der jugoslawische Astronom Milutin Milanković (1879 bis 1958) diese Hypothese auf eine mathematisch fundierte Basis. Croll und Milanković hatten erkannt, daß drei Orbitaleigenschaften der Erde die Sonneneinstrahlung beeinflussen: die Neigung der Erdachse und die Form der Umlaufbahn um die Sonne, von denen die Intensität der Jahreszeiten abhängt, sowie die Präzessionsbewegung der Erdachse, die das Zusammenspiel zwischen diesen beiden bestimmenden Faktoren regelt (Bild 2).

Die Erdachse ist nicht senkrecht zur Ebene der Erdumlaufbahn — der Ekliptik — orientiert, sondern gegenwärtig um etwa 23,5 Grad gegenüber

Bild 1: Dieses Eisfeld in Patagonien endet in einem von Wald umsäumten Gletschersee. Aus der Altersbestimmung von Pflanzen, die einst in solchen Übergangszonen wuchsen, weiß man, daß die Vereisungszyklen auf der Nord- und Südhalbkugel der Erde synchron verliefen. Warum dies so war, ist jedoch ungeklärt, denn Schwankungen der Sonneneinstrahlung – die letztlich das Wachstum des Eises regulieren – sind breitenabhängig und auf beiden Hemisphären sehr unterschiedlich.

Dieser Artikel ist im März 1990 in *Spektrum der Wissenschaft* erschienen.

der Vertikalen geneigt. Diese Neigung schwankt aber in einem Zyklus von 41 000 Jahren zwischen 21,5 und 24,5 Grad. Je größer die Neigung ist, desto ausgeprägter sind die Jahreszeiten auf der Nord- und Südhalbkugel − die Sommer sind wärmer und die Winter kälter.

Auch die Form der Erdumlaufbahn um die Sonne ist nicht konstant: Sie ist eine Ellipse, deren Exzentrizität mit einer Periode von 100 000 Jahren zwischen einem Minimal- und einem Maximalwert schwankt. Je größer die Exzentrizität ist, desto stärker variiert der Abstand der Erde von der Sonne innerhalb eines Jahres. Dadurch werden die Jahreszeiten auf einer Halbkugel stärker ausgeprägt und auf der anderen gemildert. (Gegenwärtig ist die Erde am weitesten von der Sonne entfernt, wenn auf der Südhalbkugel Winter ist; daher sind auf der südlichen Hemisphäre die Winter etwas kälter und die Sommer etwas wärmer als auf der nördlichen.) Die Variation der Erdbahn verursacht allerdings einen geringeren klimatischen Effekt als diejenige der Achsenneigung.

Eine dritte astronomische Fluktuation regelt das Zusammenspiel zwischen beiden Effekten: die Präzession der Erdachse, die in etwa 23 000 Jahren einen vollen Kreis gegen den Fixsternhimmel beschreibt. Von der Präzession hängt es ab, ob ein Sommer auf einer Halbkugel im sonnennächsten oder sonnenfernsten Punkt der Erdbahn auftritt − ob also die aufgrund der Neigung der Erdachse auftretenden Jahreszeiten durch den Abstand von der Sonne verstärkt oder abgeschwächt werden. Sind beide die Intensität der Jahreszeiten bestimmenden Faktoren auf der einen Halbkugel in Phase, so sind sie auf der anderen gegenläufig.

Milanković hatte nun errechnet, daß durch diese drei Faktoren zusammen in den nördlichen Breiten die sommerliche Sonneneinstrahlung um etwa 20 Prozent variieren kann − seiner Meinung nach genug, um in Zeiten kühler Sommer und milder Winter das Ausdehnen der großen Eisschilde über die nördlichen Kontinente zu ermöglichen. Viele Jahre lang fehlten jedoch unabhängige Datierungen der Eiszeiten, um die Milanković-Hypothese zu beweisen.

Meeressedimente als Klima-Indikatoren

Anfang der fünfziger Jahre hatte Cesare Emiliani, der mit dem Chemie-Nobelpreisträger von 1934 Harold C. Urey in dessen Labor an der Universität Chicago arbeitete, die erste vollständige Aufzeichnung historischer Vergletscherungen zusammengestellt. Er benutzte dazu eine zunächst sonderbar anmutende Quelle: Sedimente des Meeresbodens.

Die Information entnahm er einzelligen Meeresorganismen − Foraminiferen oder Kammerlingen. Diese Planktontierchen haben eine Schale aus Calciumcarbonat (Kalk). Die Schalen abgestorbener Tiere sinken zum Meeresgrund und lagern sich in den Sedimenten ein; der Kalk ihrer Skelette konserviert aber bestimmte Eigenschaften des Meerwassers, in dem sie gelebt haben − insbesondere das Verhältnis der Sauerstoffisotope ^{18}O und ^{16}O.

Heute weiß man, daß das Verhältnis der beiden Isotope im Meerwasser ein recht genauer Indikator für die Größe und Dicke der Eisschilde ist. Diesen Zusammenhang verursacht eine Art meteorologische Destillation: Wassermoleküle, welche die schweren Isotope ^{18}O enthalten, kondensieren geringfügig schneller und regnen daher eher ab als die Moleküle mit den leichteren Isotopen. Wenn Wasser von der warmen Ozeanoberfläche verdunstet und als Dampf durch die Atmosphäre transportiert wird, enthält der Niederschlag, der noch über den Ozeanen niedergeht, daher etwas mehr ^{18}O als jener, der schließlich als Schnee auf die Eisschilde und Berggletscher fällt. Während sich so ^{18}O-armes Eis ansammelt, reichern sich die Ozeane mit dem schweren Isotop an. Je mächtiger die Eisschilde werden, desto größer wird der Anteil von ^{18}O im Meerwasser, damit auch in den Kalkskeletten der Foraminiferen − und schließlich in den Sedimenten.

Emiliani hatte nun das Isotopenverhältnis von Sauerstoff in Bohrkernen aus Meeressedimenten untersucht: Es variierte dabei ungefähr mit den Zyklen, die Milanković 30 Jahre zuvor vorhergesagt hatte.

Seit dieser bahnbrechenden Beobachtung hat man solche Messungen an Hunderten von Sedimentbohrkernen vorgenommen. So ließ sich nach und nach für einen Zeitraum von mehreren Hunderttausend Jahren das Verhältnis der Sauerstoffisotope im Meerwasser rekonstruieren.

Auf diese Weise konnten James D. Hays vom Lamont-Doherty Geological Observatory der Columbia-Universität in Palisades (New York), John Imbrie von der Brown-Universität in Providence (Rhode Island) und Nicholas Shackleton von der Universität Cambridge (England) im Jahre 1976 zeigen, daß die Meßkurven die periodischen Schwankungen der Erdbahnelemente widerspiegeln: In den letzten 800 000 Jahren erreichte das Volumen der globalen Eisdecken alle 100 000 Jahre ein Maximum − entsprechend der Periode der Exzentrizitätsschwankungen. Diesem langfristigen Zyklus überlagern sich zahlreiche Nebenmaxima und -minima − im Abstand von ungefähr 23 000 und 41 000 Jahren, wie es den Perioden der Präzessionsbewegung und der Änderung der Achsenneigung entspricht.

Imbrie hat später die astronomische Theorie noch stärker untermauert: Er zeigte, daß die Amplituden der kurzperiodischen Kurvenausschläge genau so variieren wie die Intensität der Jahreszeiten aufgrund des sich ändernden Abstands der Erde von der Sonne.

Ungelöste Fragen

Aber es gab auch noch Unklarheiten. So beeinflußt der 100 000-Jahre-Zyklus die jahreszeitliche Sonneneinstrahlung weit geringer, als es die kürzeren Zyklen tun, und dennoch scheint er der maßgebliche Schrittmacher für die Vereisungen zu sein; die kürzeren Zyklen dagegen sind in den Isotopenkurven nicht so ausgeprägt. Des weiteren sollte die Intensität der Jahreszeiten in ihrem Zyklus gleichmäßig steigen und fallen − wie auch die Erdbahnelemente sich harmonisch ändern; die Isotopenkurve verläuft aber sägezahnartig. Die Eisschichten wachsen demnach zunächst fast 100 000 Jahre lang an und nehmen dann, wenn die Sommer im Norden wärmer werden, schlagartig innerhalb weniger Jahrtausende ab (Bild 2).

Die Ursache für beide Phänomene haben mehrere Forscher im physikalischen Verhalten der Eisdecken und des darunterliegenden Gesteins, das durch das Gewicht der Eismassen absinkt, gesucht. So haben William R. Peltier und William T. Hyde von der Universität Toronto ein theoretisches Modell entwickelt, in dem sie bestimmte Annahmen über das Verhalten des absinkenden Untergrunds machten; dieses Modell gibt sowohl die Dominanz des 100 000-Jahre-Zyklus als auch den raschen Rückzug des Eises gut wieder.

In dem Modell dauert es fast 100 000 Jahre, bis ein Eisschild eine kritische Größe und Masse erreicht, bei der das verformbare Gestein unter der nun schwereren Erdkruste schnell zu fließen beginnt und deren Druck nachgibt. Durch das Absinken der Kruste senkt sich auch die Oberfläche des Eisschildes. In der nun tieferen und damit klimatisch milderen Lage kann das Eis schnell schmelzen, wenn die kurzperiodischen Zyklen eine Phase wärmerer Sommer einleiten.

Wie die meisten anderen Forscher, die solche Modelle entwickelt haben, setzen auch Peltier und Hyde voraus, daß die Ausdehnung der Eisflächen auf der Nordhalbkugel unmittelbar durch die Variation der Sonneneinstrahlung bestimmt wird; Verlauf und Länge der Zyklen hängen dabei von der Reaktion des Untergrunds ab. Diese Annahme ist jedoch problematisch, denn auch auf der Südhalbkugel variiert die von Eisschilden bedeckte Fläche. Geologische Untersuchungen – unter anderem von John H. Mercer von der Staatlichen Universität von Ohio in Columbus und Stephen C. Porter von der Universität von Washington in Seattle – belegen, daß sich das Klima in den mittleren Breiten der Südhalbkugel während der letzten Vereisungsperiode zur gleichen Zeit und in vergleichbarem Maße geändert hatte wie das im Norden, obgleich die Intensität der Jahreszeiten dort gänzlich anders variiert.

Ebenso ist bekannt, daß sich auch die Gebirgsgletscher während der letzten Eiszeit ausgedehnt haben. Das ist deutlich an den Moränen zu sehen – man findet sie in den Tropen (auf Neuguinea und Hawaii, in Kolumbien und Ostafrika), in den gemäßigten südlichen Breiten (in Chile, auf Tasmanien und Neuseeland) wie auch in den gemäßigten nördlichen Zonen (im Kaskadengebirge der USA, in den Alpen und im Himalaya). In allen bisher untersuchten Gebirgen sank die Schneegrenze unabhängig von der geographischen Lage und vom Niederschlag um etwa 1000 Meter – dies entspricht einem Absinken der Temperatur um etwa 5 Grad Celsius (Bild 3).

Wo organische Substanzen in den Moränen eingeschlossen sind, kann man mittels der Radiokarbon-Methode zeigen, daß sich alle Gletscher gleichzeitig ausdehnten beziehungsweise zurückzogen. Etwa vor 19 500 bis 14 000 Jahren erreichten sie ihre größte Ausdehnung – genau wie die Eisfelder, welche die nördlichen Kontinente bedeckten. Als die Vereisung im Norden vor etwa 12 500 Jahren abzunehmen begann, verkleinerten sich gleichzeitig die Gebirgsgletscher rapide.

Wie kann es sein, daß Änderungen der sommerlichen Sonneneinstrahlung in den Breiten von Island das Wachstum der Gletscher auf Neuseeland und in den südlichen Anden beeinflussen? Falls die periodischen Änderungen der Erdbahnelemente tatsächlich die glazialen Zyklen in der Weise antreiben, daß die zu- oder abnehmende Sonneneinstrahlung unmittelbar auf die Eisschilde der Nordhalbkugel einwirkt, dann müßte dieser Effekt so stark sein, daß er die gegensätzlichen Auswirkungen auf der Südhalbkugel übertrifft. Dies könnte beispielsweise dann geschehen, wenn die nördlichen Eisschilde selbst die Intensität der Jahreszeiten auf der Nordhalbkugel ändern und dies sich wiederum in eine globale Klimaveränderung umsetzt.

Es wurden zwei Wechselwirkungen zwischen den nördlichen Eisschilden und der weltweiten Vereisung postu-

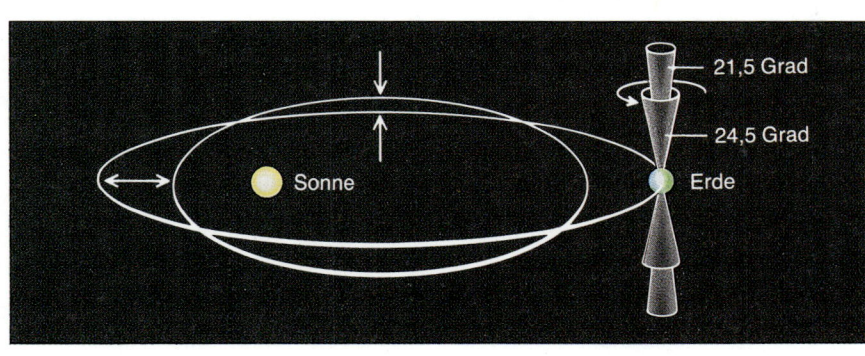

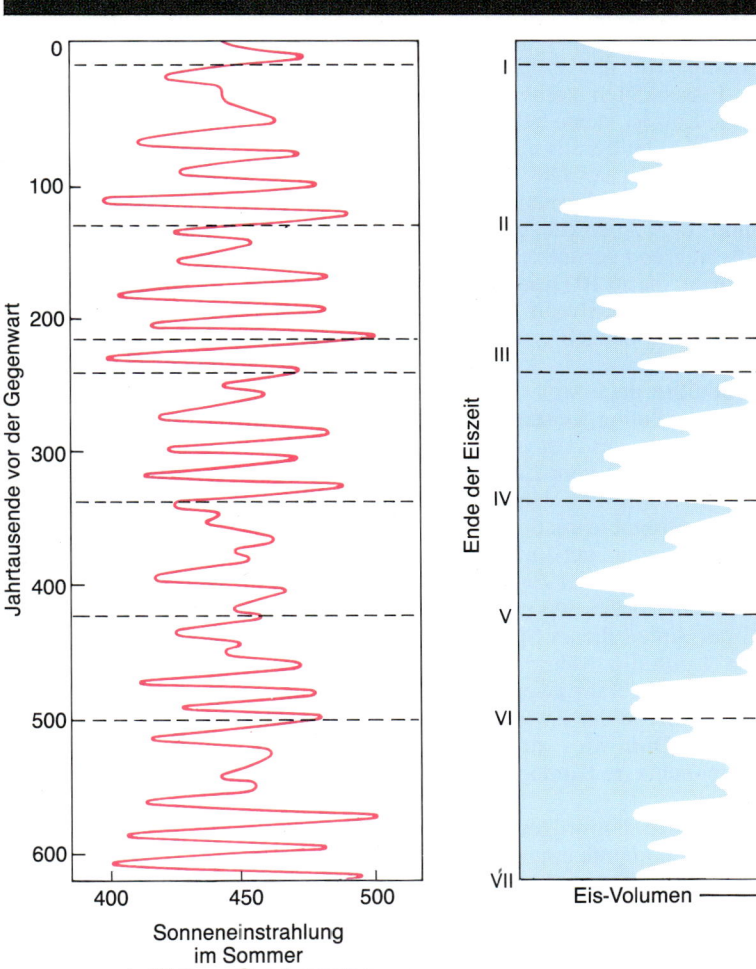

Bild 2: Periodische Schwankungen in den Bahnelementen der Erde verursachen letztlich die zyklisch wiederkehrenden Eiszeiten. Die Exzentrizität der Erdbahn sowie die Orientierung und Neigung der Erdachse variieren mit Periodenlängen von 23 000 bis 100 000 Jahren (oben). Diese Schwankungen ändern die Sonneneinstrahlung – hier dargestellt für hohe Breiten auf der Nordhalbkugel der Erde (links). Geochemische Untersuchungen von Meeressedimenten gaben Aufschluß über das Volumen der Eisschilde im gleichen Zeitraum (rechts). Während die Sonneneinstrahlung harmonisch schwankt, verläuft die Vereisungskurve sägezahnartig: Innerhalb von etwa 100 000 Jahren vergrößert sich das Eisvolumen allmählich und nimmt in der spätglazialen Phase rasch ab – in Zeiten zunehmender sommerlicher Sonneneinstrahlung in nördlichen Breiten. Die Intensität der Jahreszeiten variiert auf der Südhalbkugel in anderer Weise, so daß man annehmen muß, daß die Ausprägung der nördlichen Jahreszeiten für die Eiszeiten verantwortlich ist.

liert, aber keiner dieser Mechanismen ist wirklich überzeugend. Der erste betrifft eine Änderung des Meeresspiegels: Er sinkt, wenn ein Großteil des globalen Wasservorrats in den Eispanzern der nördlichen Hemisphäre gebunden wird. Möglicherweise haben sich also die Gletscher der Südhalbkugel auch ohne globale Temperaturänderung auf den jeweils freiliegenden Kontinentalschelf ausgedehnt. Später, als die nördlichen Eismassen schmolzen, könnten die steigenden Fluten die Ränder der Gletscher aufgelöst und diese so zum Rückzug gezwungen haben. Diese Erklärung ist jedoch allenfalls für die Antarktis plausibel, da die meisten Gebirgsgletscher nicht bis an das Meer heranreichen.

Der zweite vorgeschlagene Mechanismus betrifft das hohe Rückstreuvermögen – die Albedo – der ausgedehnten Eisschilde. Die dadurch verringerte Absorption des Sonnenlichts im Norden könnte eine weltweite Abkühlung verursacht und somit auch den Gletschern der südlichen Breiten ein Anwachsen ermöglicht haben. Numerische Klimamodelle zeigen jedoch, daß sich die Albedo-Effekte der nördlichen Eisfelder nur auf der Nordhalbkugel auswirken sollten. Zudem müßte, wenn die Albedo globale Klimaveränderungen auslösen würde, ein deutliches Nord-Süd-Gefälle in den Vergletscherungserscheinungen zu erwarten sein: Die Schneegrenze in Gebirgen nahe des nördlichen Eisschilds müßte stärker absinken als beispielsweise in den Anden. Dies ist jedoch nicht nachzuweisen.

Jeder kausale Zusammenhang zwischen der Ausdehnung der Eisfelder und einer globalen Klimaveränderung muß zudem den zeitlichen Verlauf des Rückzugs der Gebirgsgletscher richtig wiedergeben. Sowohl die nördlichen Eisschilde als auch die Berggletscher begannen nach dem Maximum der letzten Eiszeit vor etwa 14000 Jahren abzutauen (Bild 4). Die kontinentalen Eisdecken benötigten etwa 7000 Jahre zum Abschmelzen, während die Gebirgsgletscher viel schneller schrumpften. Dieser Unterschied läßt vermuten, daß der nördliche Eisschild das Klima nicht global ändern kann.

(Die Autoren diskutieren nicht die Vergletscherung Tibets, des größten Hochlandes der Erde, und deren mutmaßlichen Verstärkungseffekt im globalen Klimageschehen, wie der Göttinger Geograph Matthias Kuhle sie hier in zwei Beiträgen aufgezeigt hat: „Die Vergletscherung Tibets und die Entstehung von Eiszeiten", Spektrum der Wissenschaft, September 1986, sowie „Zur Auslöserrolle Tibets bei der Entstehung von Eiszeiten", Monatsspektrum, Spektrum der Wissenschaft, Januar 1988. *Die Redaktion*.)

Die Bedeutung der Ozeane

Wenn aber die Eisschilde nicht die astronomischen Zyklen mit den Klimaveränderungen koppeln, was dann? Wiederum sind es Bohrkerne, die das Rätsel teilweise lösten: Eis, aus Tiefen bis zu 2000 Metern aus den dicken Eispanzern Grönlands und der Antarktis emporgeholt. Als erstes bestätigten die Analysen den globalen Charakter der eiszeitlichen Klimaveränderungen und ihre Gleichzeitigkeit.

Wie erklärt, enthalten die Eisdecken weniger ^{18}O als die Weltmeere. Der genaue Gehalt an diesem schweren Sauerstoffisotop hängt jedoch von der Umgebungstemperatur ab, die bei der Bildung der Eisschichten vorherrschte. Je kälter die Luft ist, desto höher ist der Anteil des ^{18}O, der bereits als Niederschlag ausgefallen ist. Die Isotopenanalysen von Bohrkernen aus Grönland und der Antarktis zeigen nun, daß sich während der letzten Eiszeit beide Pole um bis zu 10 Grad unter das heutige Temperaturniveau abgekühlt hatten und sich danach synchron erwärmten.

Das Eis enthüllte noch weit Faszinierenderes: Teams unter Leitung von Hans Oeschger von der Universität Bern und Claude Lorius vom Laboratorium für Glaziologie und Umweltgeophysik nahe Grenoble maßen den Kohlendioxidgehalt winziger Luftbläschen, die bei der Bildung der Eisschilde eingeschlossen worden waren. Sie fanden, daß der Anteil dieses Spurengases an der Lufthülle während der letzten Eiszeit nur ungefähr zwei Drittel des Wertes während der Zwischeneiszeiten betrug. Dies wies auf eine fehlende Komponente im Klimamodell hin – die Ozeane.

Nur eine größere Umwälzung im marinen Geschehen konnte eine derartige Änderung der Atmosphärenzusammensetzung erklären. Die Weltmeere enthalten das 60fache des in der Atmosphäre vorhandenen Kohlendioxids in gelöster Form. Da durch die Meeresoberfläche hindurch ein steter Austausch des Gases zwischen Luft und Wasser stattfindet, hängt die atmosphärische Konzentration des Kohlendioxids von derjenigen in den oberflächennahen Wasserschichten ab.

Aber auch Lebewesen beeinflussen den Kohlendioxidgehalt in den oberen Wasserschichten. Sie wirken sozusagen als biologische Pumpe, indem sie das Gas in größere Tiefen des Meeres transportieren: Bei der Photosynthese nehmen winzige Pflanzen in den hellen, oberflächennahen Wasserschichten das gelöste Kohlendioxid auf und bilden organische Substanz. Ein Teil der Pflanzen sowie abgestorbene Tiere, die sich von ihnen ernährt haben, sinken in die Tiefsee, wo bei ihrer Zersetzung durch Bakterien wieder Kohlendioxid frei wird. So wird das Gas beständig abwärts transportiert, zusammen mit Nährstoffen wie Phosphaten und Nitraten.

Der Wirkungsgrad dieser Pumpe hängt nicht nur von der Menge und Art der Lebewesen an der Oberfläche ab, sondern auch von der vertikalen Durchmischung der Ozeane (siehe auch „Eine windgetriebene biologische Kohlendioxidpumpe im Ozean" von Birgit Haake und Venugopalan Ittekkot, Monatsspektrum, Spektrum der Wissenschaft, Februar 1990). Der genaue Zusammenhang zwischen diesen Faktoren ist umstritten; es ist aber leicht einsichtig, daß beispielsweise bei einer verlangsamten Durchmischung von Tiefen- mit oberflächennahem Wasser die Pflanzen mehr Zeit haben, Kohlendioxid aus den oberen Wasserschichten zu entnehmen, bevor Nachschub aus größeren Tiefen heraufbefördert wird. Die Messungen an den arktischen Bohrkernen zeigen, daß eine solche Veränderung stattgefunden haben muß, denn die biologische Pumpe war während glazialer Perioden wirksamer gewesen als heute.

Erste Hinweise darauf, daß die ozeanischen Regelkreise in der Eiszeit anders funktionierten, ergaben sich aus der Untersuchung von Fossilien: Populationen von Mikroorganismen, die Gewässer bestimmter Temperatur und mit bestimmtem Salzgehalt bevölkern, reagieren auf die Veränderung ihrer Umweltbedingungen, wie William F. Ruddiman und Andrew McIntyre von der Columbia-Universität in New York sowie Detmar F. Schnitker von der Universität von Maine in Orono nachwiesen.

Ein kürzlich von Edward A. Boyle vom Massachusetts Institute of Technology in Cambridge entwickeltes geochemisches Verfahren lieferte zudem eine aufsehenerregende unmittelbare Bestätigung dafür, daß die Meeresströmungen während der letzten Eiszeit anders verliefen als heute. Er entdeckte, daß die Verteilung von Cadmium in den heutigen Ozeanen aus noch unbekannten Gründen eng mit den Verteilungen der Phosphat- und Nitratnährstoffe korreliert ist.

Da das Cadmium-Ion die gleiche Ladung und die gleiche Größe wie ein

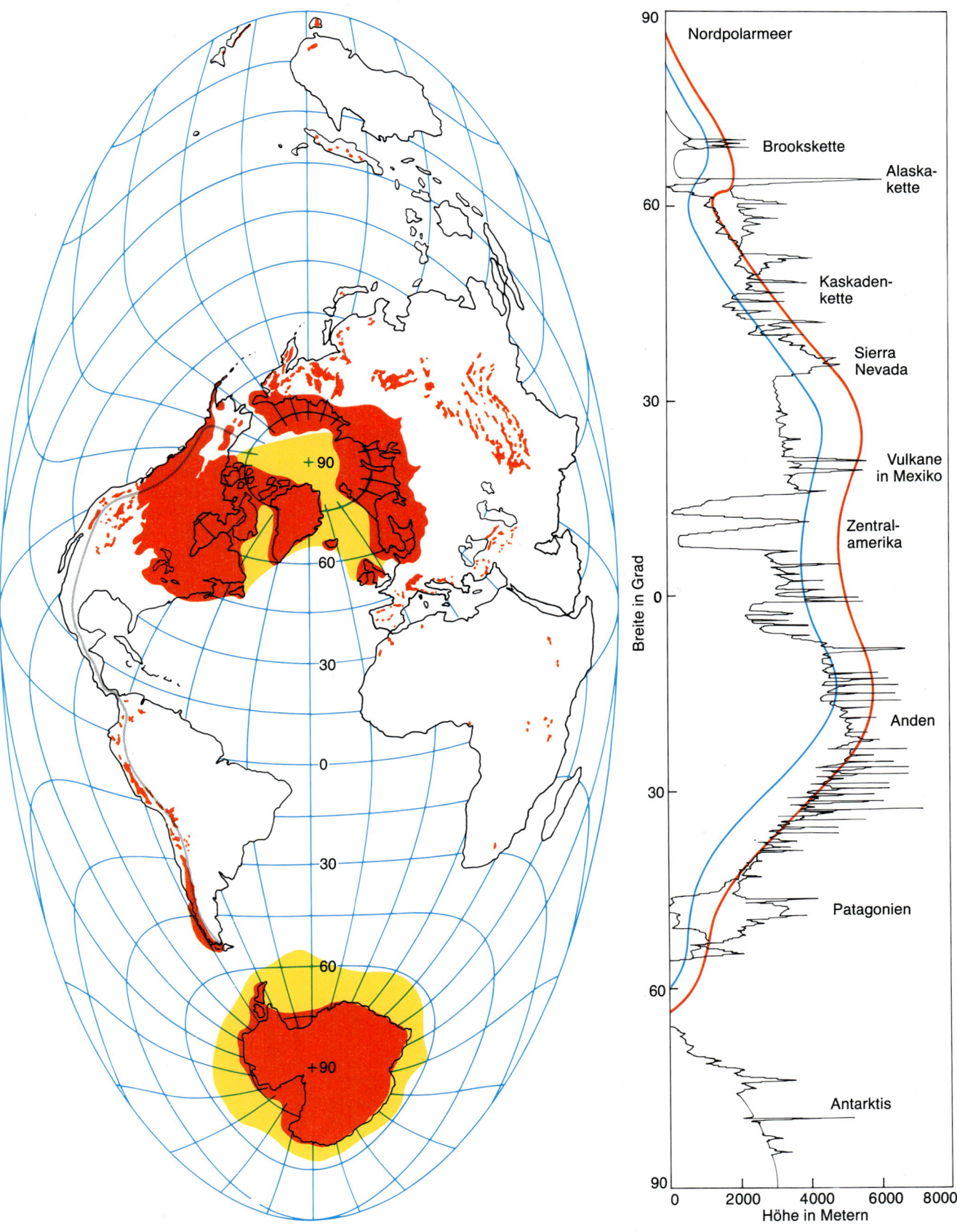

Bild 3: Während der letzten Eiszeit waren die Polargebiete und Gebirgsregionen mit dicken Eisschilden und Gletschern bedeckt; im Norden reichte die Vereisung bis nach Mitteleuropa und die Vereinigten Staaten hinein. Diese flächentreue Projektion der Erdoberfläche zeigt die maximale Ausdehnung der weltweiten Vereisung über den Kontinenten (rot) und den Meeren (gelb) vor etwa 19 500 Jahren. Da der Meeresspiegel damals niedriger lag, erstreckte sich das Inlandeis teilweise über einige der heutigen Küstenlinien hinaus. Die Graphik (rechts) zeigt die mittlere Höhe der Schneegrenze in den amerikanischen Kordilleren entlang eines Nord-Süd-Schnitts, der auf der Karte eingezeichnet ist. Die eiszeitliche Schneegrenze (blau) lag etwa 1000 Meter tiefer als heute (rot) − unabhängig von der geographischen Breite.

Calcium-Ion hat, so überlegte sich Boyle, könnte ein Teil des Calciums in den Kalkschalen der Foraminiferen durch Cadmium ersetzt sein. Dann aber müßte der Cadmiumgehalt in den Kalkschalen verschiedener Sedimentproben die Verteilung von Nitraten und Phosphaten in den eiszeitlichen Ozeanen wiedergeben.

Diese Vermutung erwies sich als richtig. Zunächst stellte Boyle fest, daß die Foraminiferen tatsächlich einen zum Cadmiumgehalt der Weltmeere proportionalen Anteil dieses Elements in ihre Schalen einbauen. Dann maß er den Cadmiumgehalt zahlreicher Sedimentbohrkerne. Das Ergebnis war erstaunlich: Ein wesentlicher Teil der heutigen Meereszirkulation im Atlantik fehlte während der Eiszeit und setzte erst vor etwa 14 000 Jahren ein.

Gegenwärtig enthält der Atlantik in seinem Tiefenwasser nur ungefähr halb so viel Phosphat und Nitrat wie der Pazifik und der Indische Ozean. Der geringe Nährstoffgehalt belegt, daß sich das Wasser noch kurze Zeit zuvor nahe der Meeresoberfläche befunden haben muß, wo biologische Prozesse ihm einen Teil der Nährstoffe entziehen.

In jedem Winter steigt Wasser mit relativ hohem Salzgehalt, das in mittleren Tiefen von etwa 800 Metern nach Norden strömt, ungefähr auf der Breite von Island auf, wo der Wind das oberflächennahe Wasser fortbewegt. Die kalte Luft kühlt dieses Wasser von etwa 10 auf etwa 2 Grad Celsius ab. Bei dieser Temperatur hat das stark salzhaltige Wasser eine sehr hohe Dichte, und es sinkt wieder ab – diesmal bis auf den Meeresgrund.

Bei diesem Vorgang wird eine beträchtliche Wärmemenge auf die Luftmassen übertragen: Sie entspricht etwa 30 Prozent der jährlichen Sonneneinstrahlung auf dem Nordatlantik. Die zusätzliche Wärme erklärt die überraschend milden Winter in Westeuropa. (Diese klimatische Besonderheit wird oft fälschlicherweise dem Golfstrom zugeschrieben, der viel weiter im Süden endet.)

Die Wassermenge, die dabei umgewälzt wird, ist ebenfalls immens: etwa das Zwanzigfache der Menge, die alle Flüsse der Erde zusammen transportieren. Ein großer Teil des Tiefenwassers der Weltmeere hat hier seinen Ursprung. Denn vom Nordatlantik strömt das dichte Wasser über den Meeresboden nach Süden, fließt um die Südspitze Afrikas herum und vereinigt sich mit dem Tiefenwasserstrom um die Antarktis (Bild 5). Von dort verteilt sich das Tiefenwasser schließlich in die anderen Ozeane (vergleiche „Riesenwasserfälle im Ozean" von John A. Whitehead, Spektrum der Wissenschaft, April 1989).

Auf seinem Weg reichert sich das Tiefenwasser mit absinkenden Phosphaten und Nitraten an. Boyle entdeckte nun durch Messungen des Cadmiumgehalts von Foraminiferen, die nahe dem Meeresboden lebten, daß die Nährstoffe während der Eiszeit gleichmäßiger in den Tiefen der Weltmeere verteilt waren als heute. Zudem war ihre Konzentration in den tiefsten Bereichen des eiszeitlichen Atlantiks am höchsten und nicht bei mittleren Tiefen wie heute.

Diese Ergebnisse bestätigten die Schlußfolgerungen aus früheren Untersuchungen der Mikrofossilien: Der Durchmischungsprozeß, der gewaltige Wärmemengen im Nordatlantik freisetzt und enorme Wassermassen zum Meeresgrund befördert, fand bis zum Ende der letzten Eiszeit vor 14 000 Jahren nicht statt. Ohne diese beherrschende Komponente aber muß die globale ozeanische Zirkulation ganz anders gewesen sein.

Den zahlreichen Indizien aus marinen und kontinentalen Forschungsprogrammen zufolge müssen sich also die dynamischen Prozesse der Ozeane und der Atmosphäre vor 14 000 Jahren gleichzeitig geändert haben: Die Meeresströmungen verschoben sich drastisch; die Gletscher begannen infolge der weltweiten Erwärmung abzutauen, und der Kohlendioxidgehalt der Atmosphäre stieg an, bis er schließlich den für die Interglazialzeiten typischen Wert erreicht hatte. Wir glauben, daß diese Ereignisse eine grundlegende Umstrukturierung des Verbundsystems Ozean-Atmosphäre bezeugen – einen Sprung von einem eiszeitlichen zu einem interglazialen Modus. Wir halten sogar solche abrupten Sprünge zwischen verschiedenen Zuständen des Systems Ozean-Atmosphäre für die Auslöser der Vereisungszyklen.

Salzgehalt und ozeanische Zirkulation

Diese Wechsel im Modus halten wir wiederum für eine Folge der durch die astronomischen Fluktuationen bedingten Änderung der Sonneneinstrahlung. Zwar ist der Mechanismus, der die Intensitäten der Jahreszeiten mit dem System Ozean-Atmosphäre und dem globalen Klima kausal verknüpft, äußerst komplex; gleichwohl können wir einige qualitative Aussagen machen.

Die Atmosphäre, die zweifellos auf die veränderte Sonneneinstrahlung reagiert, wirkt stark auf die ozeanische Zirkulation ein. Dies geschieht bei-

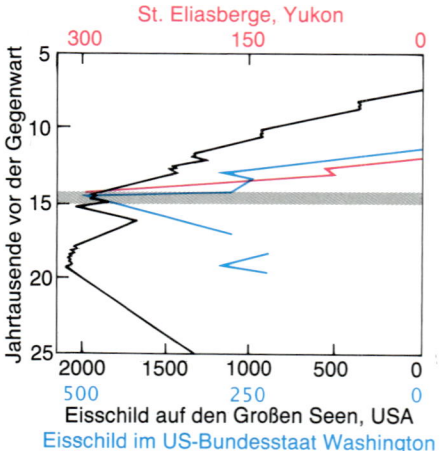
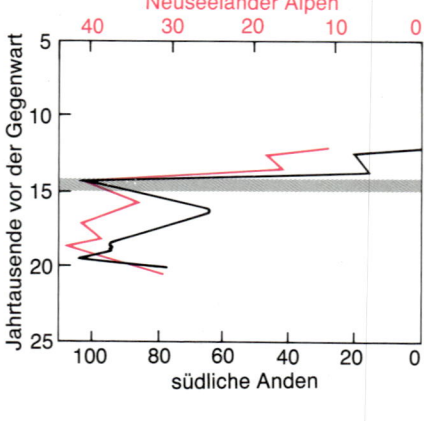
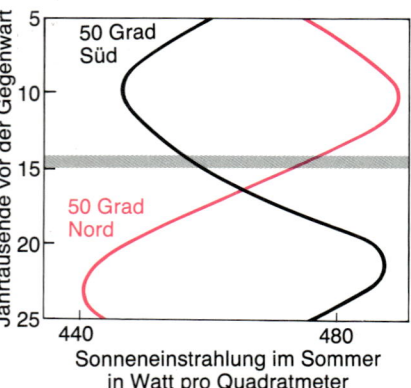

Bild 4: Das Eis begann vor 14 000 Jahren auf Nord- und Südhalbkugel gleichermaßen zurückzuweichen (links und Mitte). Die Kurven zeigen die Ausbreitung der Gletscher und Eisschilde von ihren Ursprungsgebieten in Kilometern. Veränderungen der Sonneneinstrahlung scheiden als direkte Ursache aus, denn die Sommer wurden auf der Nordhalbkugel wärmer, auf der Südhalbkugel dagegen kühler (rechts).

56

spielsweise über die Veränderung des Salzgehaltes: Die Verdunstung an der Meeresoberfläche erhöht ihn in diesem Gebiet. Durch Winde wird der Dampf in eine andere Region transportiert, wo er kondensiert und abregnet; in diesen Gebieten verringert sich der Salzgehalt.

Ob nun aber das oberflächennahe Wasser in größere Tiefen absinkt und vertikale Strömungen ausbildet, hängt von seiner Dichte ab. Die Dichte wiederum variiert mit der Temperatur und − in viel stärkerem Maße − mit dem Salzgehalt. (Oberflächennahes Wasser kühlt sich in den nördlichen Breiten im Winter fast bis zum Gefrierpunkt ab; aber nur dort, wo der Salzgehalt ungewöhnlich groß ist, sinkt es bis zum Meeresgrund.)

Das System ist allerdings nicht-linear: Ein allmählicher Wandel der atmosphärischen Zirkulation kann durch Ändern des Salzgehaltes in Meeresbereichen wie dem Nordatlantik das globale Strömungsverhalten drastisch umgestalten. Und wirklich scheint der vertikale Wassertransport im Atlantik der anfälligste Teil dieses Systems zu sein. Dies könnte erklären, warum die Ausprägung der Jahreszeiten auf der Nordhalbkugel für die globalen Klimaumschwünge verantwortlich ist.

Das Spätglazial − der Ausgang der letzten Eiszeit − liefert uns einen weiteren Anhaltspunkt. Die Gletscher zogen sich bereits zurück, und die Temperaturen erreichten interglaziales Niveau. Immer wieder jedoch gab es Kälterückschläge; und beim Übergang von der Alleröd- zur jüngeren Dryaszeit vor etwa 11000 Jahren waren innerhalb nur eines Jahrhunderts Nordeuropa und der Osten Kanadas wieder vereist. Pollenanalysen zeigen, daß Wälder, die das späteiszeitliche Europa überzogen hatten, zum Teil einmal arktischen Gräsern und Sträuchern (einschließlich der zu den Rosengewächsen gehörenden Silberwurz, nach deren lateinischen Gattungsnamen Dryas die letzte kalte Periode benannt ist) weichen mußten. Und Bohrkerne aus dem Eis Grönlands zeigen eine örtliche Abkühlung um 6 Grad. Etwa 650 Jahre später endete dieser Kälteeinbruch abrupt − innerhalb von nur etwa 20 Jahren, wie eine Untersuchung aus jüngster Zeit von Willi Dansgaard von der Universität Kopenhagen zeigt.

Boyles Cadmium-Messungen zusammen mit der Bestimmung der damals oberflächennah lebenden Foraminiferen können das Geschehen erklären. Beide Indikatoren zeigen an, daß zu Beginn der jüngeren Dryaszeit wieder eiszeitliche Verhältnisse im

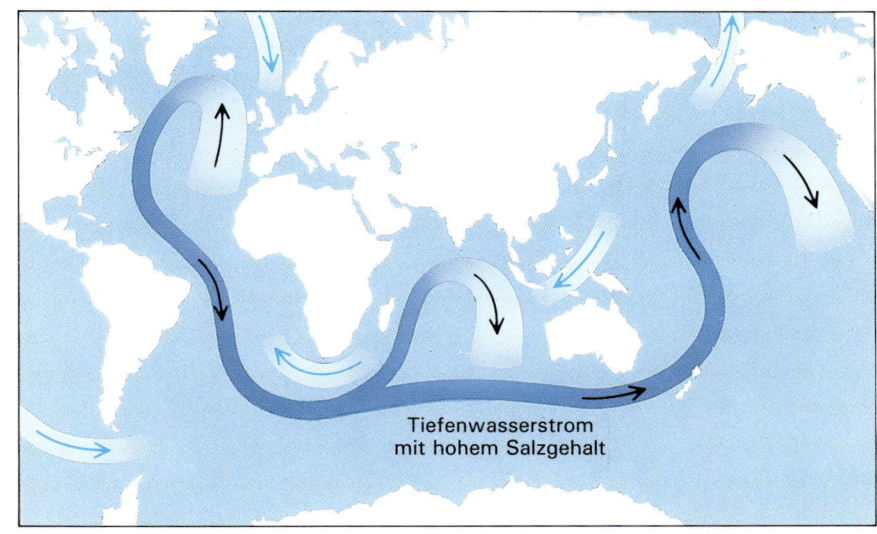

Bild 5: Ein Tiefenwasserstrom transportiert stark salzhaltiges Wasser durch die Weltmeere und kompensiert so die Veränderung des Salzgehalts durch die Verdunstung von Meerwasser. (Hellblaue Pfeile zeigen zurückgerichtete Ströme in geringerer Tiefe.) Der Strom beginnt im Nordatlantik. Dort wird das nordwärts fließende Wasser, das ungewöhnlich salzig ist und daher eine hohe Dichte hat, durch Verdunstung stark abgekühlt. Dies erhöht seine Dichte weiter, so daß es zum Meeresgrund sinkt und danach südwärts fließt − aus dem Atlantik hinaus. Der größte Teil des salzigen Wassers steigt schließlich im Pazifik wieder auf. Der vertikale Austauschprozeß im Nordatlantik war − wie wahrscheinlich der gesamte Tiefenwasserstrom − während der letzten Eiszeit unterbrochen.

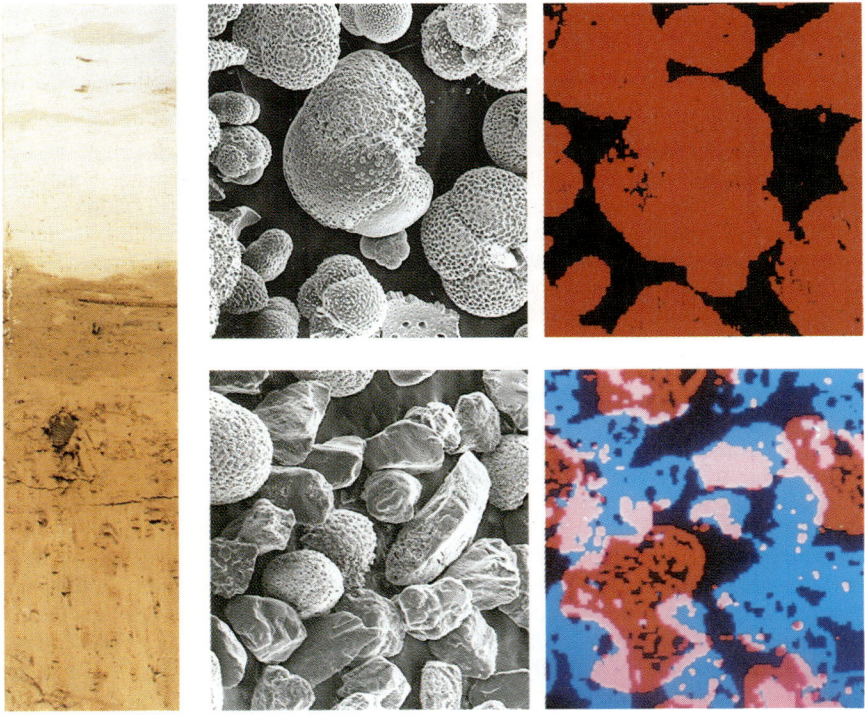

Bild 6: Ein Bohrkern aus den Sedimenten des Nordatlantiks (links) belegt die abrupte Änderung der ozeanischen Zirkulation am Ende der vorletzten Eiszeit vor etwa 128000 Jahren. Die Übergangszone im Sediment − von Gerard C. Bond von der Columbia-Universität identifiziert − ist nur wenige Millimeter dick und repräsentiert einen Zeitraum von 50 Jahren. Eine Rasterelektronenmikroskop-Aufnahme der dunklen Sedimentschicht (Mitte unten) zeigt eine Vielzahl von Gesteinssplittern, die reich an Silicium sind (blau im Röntgenbild rechts unten) und wahrscheinlich aus schmelzenden Eisbergen abgesunken sind. Die hellen Sedimente (oben) enthalten fast keine Gesteinsanteile und bestehen hauptsächlich aus den Kalkschalen von Meeresorganismen, die warme Gewässer bevorzugen; sie enthalten viel Calcium (rot). Kalkschalen in den dunklen Sedimenten stammen von einer Kaltwasserart. Das plötzliche Wiedereinsetzen des Austauschprozesses im Atlantik muß die Oberfläche erwärmt, die Eisberge aufgetaut und die Ökologie verändert haben.

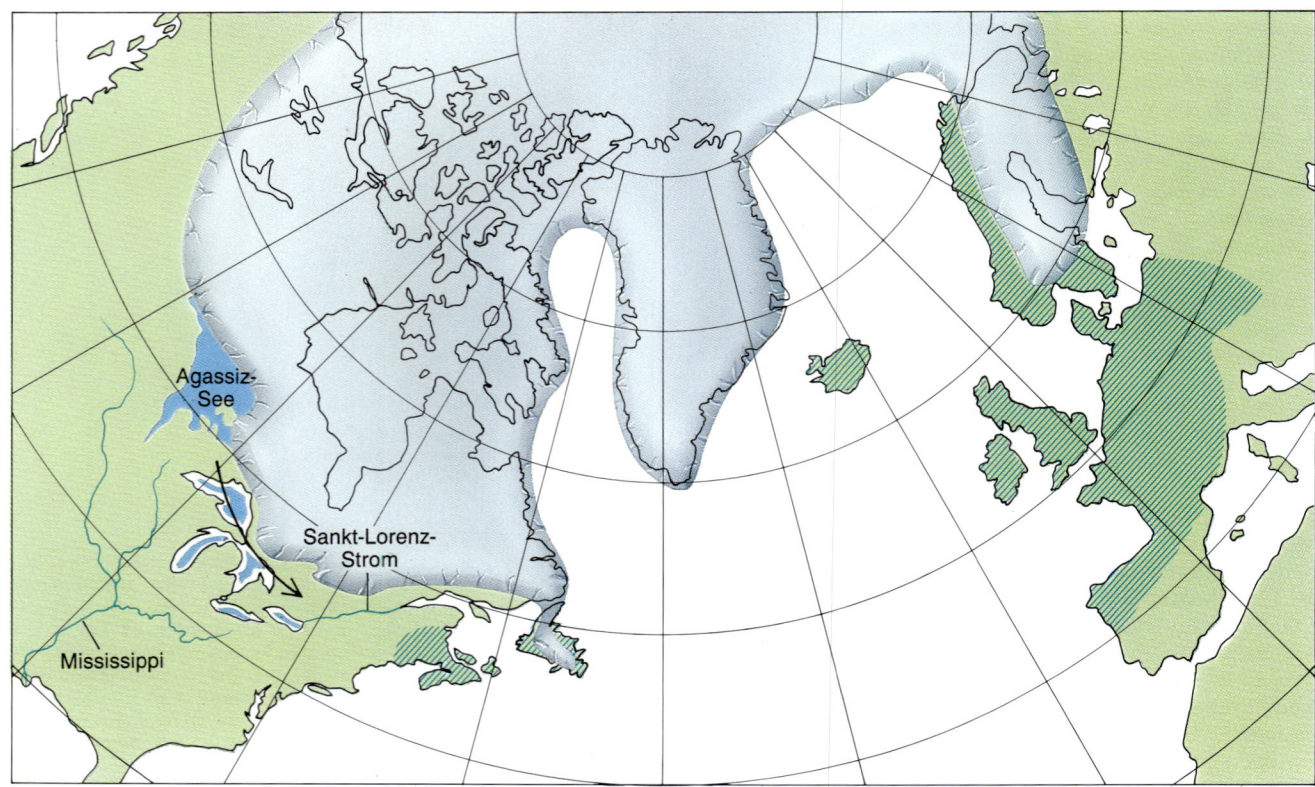

Bild 7: Die Umlenkung der Schmelzwasserströme während des Rückzugs des nordamerikanischen Eisschilds vor etwa 11 000 Jahren könnte den 1000 Jahre währenden Kälteeinbruch in der jüngeren Dryaszeit erklären. Schmelzwasser sammelte sich im Agassiz-See und floß über den Mississippi in den Golf von Mexiko. Als das Eis einen Kanal nach Osten freigab, strömte das Wasser hingegen durch die Region der Großen Seen in den Sankt-Lorenz-Strom (Pfeil) und schließlich in den Nordatlantik. Dort verringerte es den Salzgehalt des oberflächennahen Wassers, reduzierte dessen Dichte und hinderte es, auf den Meeresgrund zu sinken. Die Zirkulation war damit unterbrochen. Warmes Wasser konnte nicht mehr nordwärts strömen, und eine große Region rund um den Nordatlantik kühlte sich ab (schraffierte Fläche).

Nordatlantik herrschten: Der vertikale Austauschprozeß war abermals unterbrochen. So konnte sich kein neues Tiefenwasser mehr bilden und das warme Wasser in mittleren Tiefen, das Europa mit einem Wärmeüberschuß versorgt, nicht länger nordwärts strömen. Es wurde erst wieder wärmer, als der Austauschprozeß zu Beginn des Postglazials vor gut acht Jahrtausenden anhaltend einsetzte.

Die Ursache dieser Wechsel war in dem Falle nicht eine Änderung der Verdunstungsrate. Vielmehr scheint ein riesiger Süßwasserstrom aus dem schmelzenden Eisschild über Nordamerika den Austauschprozeß unterbrochen und damit die jüngere Dryaszeit ausgelöst zu haben. Das Abschmelzen begann vor 14 000 Jahren und muß Süßwasser in einer Menge freigesetzt haben, die dem heutigen Amazonasstrom entspricht. Zunächst floß alles Wasser vom Südrand des mächtigen Eisschilds durch den Mississippi in den Golf von Mexiko. Im Spätglazial jedoch begannen sich auch riesige Wassermassen über den Sankt-Lorenz-Strom in den Nordatlantik zu ergießen.

In einer großen Senke am Rande des zurückweichenden Eisschilds, im heutigen südlichen Manitoba, hatten sich damals gewaltige Mengen Schmelzwasser gesammelt und bildeten den Agassiz-See. Er war größer als jeder der heutigen Großen Seen und hatte an seiner Südseite einen Überlauf zum Mississippi. Aber dann gab das zurückweichende Eis einen Kanal nach Osten frei — der Spiegel des Sees fiel um 40 Meter, als nun das Wasser durch das Gebiet der Großen Seen zum Sankt-Lorenz-Strom floß (Bild 7).

An Foraminiferen der oberflächennahen Wasserschichten im Golf von Mexiko läßt sich das Geschehen verfolgen: Ihr ^{18}O-Gehalt war ungewöhnlich niedrig gewesen und zeugte vom ^{16}O-reichen Schmelzwasser, das durch den Mississippi abfloß. Aber dann stieg der Anteil der ^{18}O-Isotope sprunghaft an.

Als das Schmelzwasser nun in den Nordatlantik strömte, reduzierte es dort den Salzgehalt — und somit auch die Dichte — des Oberflächenwassers so stark, daß dieses trotz starker winterlicher Abkühlung nicht zum Meeresgrund sinken konnte. Der vertikale Wassertransport wurde gestoppt, bis sich rund 1000 Jahre später nochmals eine Eiszunge über das Westende des Beckens des Oberen Sees schob und den Ausgang nach Osten wieder blockierte. Der Spiegel des Agassiz-Sees stieg erneut um 40 Meter, und das Schmelzwasser floß wieder den Mississippi hinab. Der vertikale Wasseraustausch im Atlantik setzte wieder ein, und Europa erwärmte sich.

Spurengase und Staub

Die wechselvollen Ereignisse liefern einen Zusammenhang zwischen Süßwassertransport, ozeanischer Zirkulation und dem — in diesem Falle — regionalen Klima: Nur rund um den Nordatlantik brachte diese Epoche eine deutliche Abkühlung. Ansonsten war diese gering oder gar nicht zu bemerken. Wie aber konnte ein verändertes Verhalten des Systems Ozean-Atmosphäre während der Eiszeit die gesamte Erde abkühlen?

Die Bohrkerne aus dem Eis Grönlands und der Antarktis beantworten die Frage zum Teil. Der geringere Gehalt an atmosphärischem Kohlendioxid während der letzten Eiszeit, den sie aufzeigen, hat sicherlich zu der Abkühlung beigetragen. Kohlendioxid ist als Treibhausgas bekannt, das Sonnenenergie in der Atmosphäre zurückhält.

Klima-Simulationen mit Großrechnern ergeben jedoch, daß die beobachtete Kohlendioxidabnahme eine globale Abkühlung von maximal 2 Grad Celsius erklären kann – also nur ein Drittel des tatsächlichen Wertes.

An den Eisbohrkernen ließen sich jedoch zwei weitere Effekte erkennen, die ebenfalls die Temperatur reduziert haben müssen: Die eingeschlossene Luft aus der Eiszeit enthält nur halb soviel Methan wie die nacheiszeitliche. Methan ist ebenfalls ein Treibhausgas; wegen der geringen Mengen kann die Differenz aber nur eine Temperaturschwankungen um einige zehntel Grad bewirkt haben. Die eiszeitliche Atmosphäre muß zudem extrem dunstig gewesen sein, denn glaziale Eisproben zeigen einen dreißigfach höheren Staubgehalt als postglaziale. Auch Staub könnte durch Reflexion des Sonnenlichts zur Abkühlung beigetragen haben. Leider ist der Effekt in seiner Größe schwer abzuschätzen.

Die Trübung und der geringe Methangehalt der eiszeitlichen Luft lassen jedoch vermuten, daß der Zustand des Systems Ozean-Atmosphäre für ein trockenes Klima gesorgt hat. Staub stammt schließlich aus Regionen mit spärlicher Vegetation; und da Methan zumeist in Sümpfen entsteht, zeigt eine geringe Konzentration dieses Gases an, daß großflächige Feuchtgebiete nicht vorhanden waren. Trockene Bedingungen – die sich außerdem in geologischen Formationen wie Sanddünen und in Pollenablagerungen bestätigt finden – hätten ebenfalls die globale Temperatur beeinflußt: Je trockener die Atmosphäre, desto stärker nimmt die Temperatur mit der Höhe ab: Dies könnte dazu beigetragen haben, daß die Schneegrenze in den Bergen während der Eiszeit noch tiefer rückte als bei feuchterem Klima.

Kippt das globale Klima?

Aber selbst wenn man all diese Effekte – die Abkühlung durch Kohlendioxid, Methan und Staub sowie die Auswirkungen der größeren Trockenheit – addiert, reichen sie doch nicht aus, die Temperaturunterschiede zwischen den Eiszeiten und den Interglazialen zu erklären. Was hat noch dazu beigetragen? Beispielsweise könnte die Umstellung des Systems Ozean-Atmosphäre die Bewölkung derart verändert haben, daß sie das Sonnenlicht stärker in den Weltraum reflektierte (siehe den Beitrag „Bewölkung und Strahlungshaushalt der Erde" von Johannes Schmetz und Ehrhard Raschke in diesem Band).

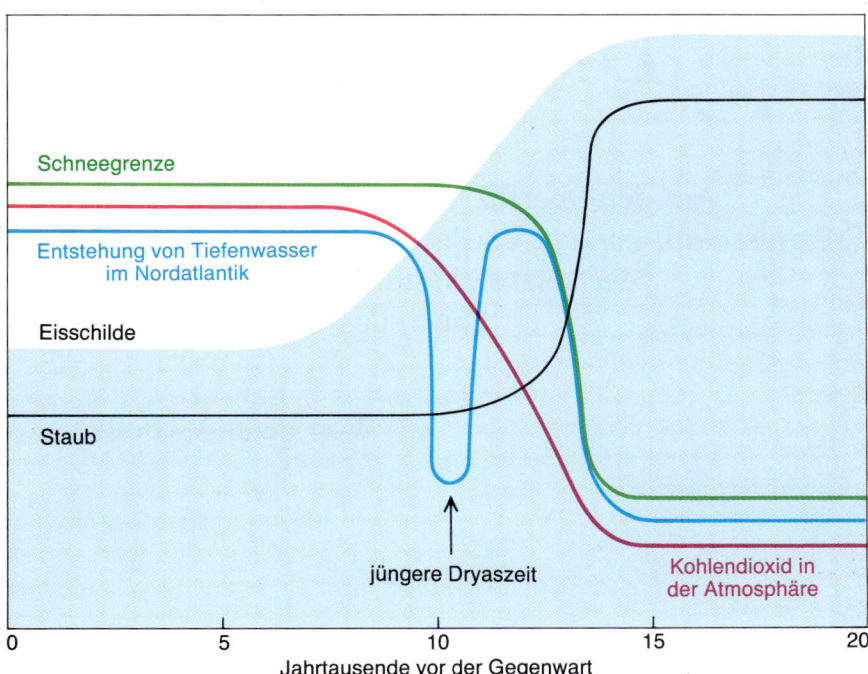

Bild 8: Mit dem Ende der letzten Eiszeit gingen tiefgreifende globale Änderungen einher. Sie begannen gleichzeitig vor etwa 14 000 Jahren, verliefen aber mit unterschiedlichen Geschwindigkeiten. Die Zirkulation im Nordatlantik stellte sich abrupt von eiszeitlichen auf interglaziale Bedingungen um (mit einer nur etwa 1 000 Jahre währenden Störung in der jüngeren Dryaszeit durch einen Zustrom von Schmelzwasser), als sich erneut stark salzhaltiges Tiefenwasser bildete. Gleichzeitig nahm die Staubmenge in der Atmosphäre ab und die Kohlendioxidkonzentration zu. Diese Veränderungen könnten Ausdruck einer größeren Reorganisation des gekoppelten Systems Ozean-Atmosphäre sein, die unseren Planeten erwärmte und das Abschmelzen der Gebirgsgletscher und Eisschilde einleitete.

Unser Bild, wie die Änderungen im System Ozean-Atmosphäre unseren Planeten abgekühlt haben könnten, ist damit freilich noch immer unvollständig. Da wir die jahreszeitlichen Klimaschwankungen auf der Nordhalbkugel gleichsam als Schalter für dieses Umkippen der Betriebsweisen ansehen, stoßen wir auf das gleiche Problem wie andere Theoretiker: Warum ist der astronomische Zyklus von 100 000 Jahren der ausschlaggebende, wo er doch der schwächste der drei Zyklen ist? Vielleicht gibt es einen Rückkopplungseffekt zwischen dem Anwachsen von Eisschilden und der atmosphärischen Zirkulation. Das System Ozean-Atmosphäre könnte für eine Zustandsänderung besonders empfindlich werden, sobald die Eisflächen eine kritische Größe erreicht haben – und dies mag 100 000 Jahre dauern.

So unsicher solche Erklärungen auch sind – viele der neueren Untersuchungen bestätigen unsere Grundvorstellung: Übergänge zwischen eiszeitlichen und interglazialen Bedingungen stellen Sprünge zwischen zwei in sich stabilen, jedoch völlig unterschiedlichen Zuständen des gekoppelten Systems Ozean-Atmosphäre dar. Wenn das so ist, sollte sich ein Übergang an allen Klima-Indikatoren zum selben Zeitpunkt ablesen lassen. In dieser Hinsicht sind die Zeugnisse vom Ende der letzten Eiszeit besonders beeindruckend: Die Erwärmung des oberflächennahen Wassers im Nordatlantik, der Beginn des Abschmelzens der nördlichen Eisschilde und der Andengletscher, das Wiederauftreten von Bäumen in Europa und Änderungen der Planktonpopulation nahe der Antarktis wie auch im Südchinesischen Meer traten synchron auf: in der Zeit vor 14 000 bis vor 13 000 Jahren.

Falls sich nachweisen läßt, daß das globale Klimasystem tatsächlich definierte Zustände hat, zwischen denen es hin- und herkippt, werden die Klimatologen genauer erkennen können, wie die astronomischen Einflüsse das Klima weltweit verändern. Sie müssen sich aber auch um die künftige Klimaentwicklung sorgen. Gerade so, wie vor 14 000 Jahren ausgeprägtere Sommer auf der Nordhalbkugel sich auf die ganze Erde auszuwirken begannen, unterliegt sie jetzt den zunehmenden Einflüssen von Milliarden Menschen – insbesondere durch die Freisetzung von Kohlendioxid und anderen Treibhausgasen. Wir müssen uns fragen: Wird das Klimasystem wieder abrupt reagieren, indem es in einen völlig neuen Zustand springt?

Die veränderliche Sonne

Auf der Oberfläche unseres Zentralgestirns spielen sich dramatische
Ereignisse ab, erzeugt und gesteuert durch starke lokale Magnetfelder. Schwankungen
der solaren Strahlung aber beeinflussen auf subtile Weise
auch das Geschehen auf der Erde.

Von Peter V. Foukal

Wer bei strahlendem Sonnenschein am Strand liegt oder spazieren geht, wird die Helligkeit unseres Tagesgestirns wohl als stets gleichbleibend empfinden. Und doch ist die Sonne genaugenommen ein veränderlicher Stern.

Der bekannte elfjährige Sonnenfleckenzyklus − der sich gegenwärtig im Bereich seines Maximums befindet − ist nur das augenfälligste Beispiel dafür; verursacht wird er durch eine komplexe Fluktuation des solaren Magnetfeldes mit einer Periodenlänge von 22 Jahren. Auch die Abstrahlung an sichtbarem und ultraviolettem Licht, an Röntgenstrahlen sowie an geladenen Teilchen variiert. Diese Phänomene wiederum ändern die Temperatur und Ausdehnung der äußeren Erdatmosphäre, erzeugen Polarlichter, stören Stromleitungen, verändern die Ozonschicht, vielleicht sogar das Klima.

Freilich bleiben selbst diese zyklischen Schwankungen nicht in sich gleich: Im 17. Jahrhundert etwa war der Zyklus kaum ausgeprägt; auch künftig könnte die Sonne sich anders verhalten als heute.

Diese langfristigen Veränderungen sind durchaus nicht nur von akademischem Interesse: Starke Schwankungen der Sonnenleuchtkraft oder -aktivität könnten die Bewohnbarkeit der Erde beeinträchtigen. Die gegenwärtigen Debatten über mögliche globale Umweltveränderungen richten sich überwiegend auf die Folgen menschlicher Aktivitäten − beispielsweise die klimatischen Auswirkungen der zu-
nehmenden Konzentration von Treibhausgasen in der Atmosphäre oder die Zerstörung der Ozonschicht durch Fluorchlorkohlenwasserstoffe. Um diese anthropogenen Effekte verstehen und ihr Ausmaß beurteilen zu können, muß man jedoch die natürlichen Ursachen von Umweltveränderungen kennen, wozu eben auch die langfristigen Schwankungen in dem von der Sonne abgestrahlten Licht und in dem von ihr ausgehenden Teilchenstrom zu rechnen sind. Ziel der Forschung ist, die Kopplungsmechanismen zwischen den Vorgängen auf der Sonne und denen auf der Erde zu ergründen und den künftigen Verlauf der solaren Veränderungen vorherzusagen − oder festzustellen, inwieweit eine Vorhersage überhaupt möglich ist.

Den ersten Hinweis auf periodische Veränderungen der Sonnenaktivität fand Heinrich S. Schwabe (1789 bis 1875), ein Apotheker und Amateurastronom in Dessau. Im Jahre 1826 begann er, Veränderungen der auf der Sonnenscheibe sichtbaren Flecken genau aufzuzeichnen. Nach 17 Jahren fast täglicher Beobachtung konnte er schließlich zeigen, daß die Zahl der Sonnenflecken mit einer Periode von etwa zehn Jahren variiert.

Der schweizerische Astronom Rudolf Wolf (1816 bis 1893), ab 1855 Professor am Polytechnikum in Zürich und danach Direktor der dort 1864 eröffneten Eidgenössischen Sternwarte, setzte Schwabes Beobachtungen fort (Bild 7). Er baute zudem ein internationales Programm zur Sonnenbeobachtung auf, wie es ähnlich noch heute existiert. Um die mit verschiedenen Teleskopen visuell durchgeführten Zählungen vergleichen zu können,
führte er 1848 die sogenannte Sonnenflecken-Relativzahl ein, die er für jeden Tag berechnete. Des weiteren wertete Wolf Aufzeichnungen der vergangenen 150 Jahre aus und rekonstruierte so den früheren Verlauf der Sonnenaktivität. Als mittlere Dauer des Sonnenfleckenzyklus konnte er auf diese Weise einen Wert von etwa 11,1 Jahren bestimmen, obgleich sowohl die Periodendauer als auch die Höhe der Maxima von Zyklus zu Zyklus deutlichen Schwankungen unterlag.

Die Aufzeichnungen der Sonnenflecken-Relativzahl seit Erfindung des Fernrohrs im Jahre 1610 zeigen, daß diese seit etwa 1715 ununterbrochen oszilliert (Bild 2). Die Periodenlänge variierte während der vergangenen 13 Zyklen, in denen man das von Wolf eingeführte standardisierte Verfahren zur Bestimmung der Relativzahl anwendet, zwischen zehn und zwölf Jahren. Die Höhe der Maxima dagegen schwankte weniger gleichmäßig: Das Jahresmittel der Relativzahl erreichte in den Jahren 1804 und 1818 lediglich einen Wert von 45, im Jahre 1957 dagegen den Spitzenwert von 190. Der gegenwärtige Zyklus, der sich im Bereich seines Maximums befindet, könnte durchaus die bisher höchste beobachtete Aktivität und Relativzahl erreichen oder sogar überschreiten.

Die zyklischen Schwankungen der Sonnenflecken-Relativzahl fehlen jedoch in den Jahren von 1645 bis 1715. In diesem Zeitraum hat man kaum Sonnenflecken beobachtet. Diese Periode verringerter solarer Aktivität bezeichnet man als Maunder-Minimum zu Ehren des britischen Astronomen E. Walter Maunder, der ab 1890 auf die Bedeutung dieses Phänomens auf-

Dieser Artikel ist im April 1990 in *Spektrum der Wissenschaft* erschienen.

merksam gemacht hatte. Andere
Astronomen ignorierten lange Zeit
Maunders Hinweise oder versuchten,
die geringe Anzahl von Sonnenflecken
mit den damals schlecht entwickelten
Teleskopen und Beobachtungsmetho-
den zu erklären. In jüngerer Zeit jedoch hat der Astronom John A. Eddy
von der amerikanischen Universitäts-
gesellschaft für Atmosphärenforschung
in Boulder (Colorado) überzeugende
Indizien dafür gesammelt, daß die von
Maunder belegte verringerte Zahl von
Sonnenflecken real und überaus aufschlußreich ist.

Das Maunder-Minimum fiel nämlich mit der strengsten Phase einer
Kälteperiode — der sogenannten Kleinen Eiszeit — zusammen, die vom 16.
bis in das 18. Jahrhundert hinein währ-
te. Es liegt nahe, einen kausalen Zusammenhang zwischen beiden Ereignissen anzunehmen; schlüssig ist er
jedoch bisher nicht nachgewiesen.
Immerhin könnten das Maunder-
Minimum und die niedrigen Maxima
im Aktivitätszyklus der Sonne zu Beginn des 19. Jahrhunderts erklären,
warum zwischen den ersten Sonnen-
fleckenbeobachtungen mit einem Te-
leskop und Schwabes Entdeckung des
elfjährigen Zyklus mehr als zwei Jahrhunderte vergingen.

Das Magnetfeld der Sonne

Mittlerweile weiß man, daß die periodische Variation der Sonnenflek-
kenzahl durch eine Oszillation des solaren Magnetfeldes verursacht wird.
Diese zeitigt jedoch noch weitere —
wenngleich weniger auffällige — Be-
gleiterscheinungen an der Oberfläche,
in der Atmosphäre und möglicherweise
auch im Innern der Sonne.

So fanden George Ellery Hale (1868
bis 1938) und seine Mitarbeiter am
Mount-Wilson-Observatorium in Kalifornien durch spektrale Untersuchun-

**Bild 1: Aufnahmen in verschiedenen Spek-
tralbereichen zeigen komplexe Vorgänge in
unterschiedlichen Schichten der Sonnenatmosphäre, die überwiegend durch magnetische
Felder hervorgerufen werden. Das sichtbare
Licht (oben) stammt aus der nur etwa 200 Kilometer mächtigen Photosphäre; man sieht
dunkle Sonnenflecken sowie in deren Nach-
barschaft helle Bereiche — die sogenannten
Fackeln. Ein Spektroheliogramm im roten
Licht einer Wasserstoff-Emissionslinie (unten; vergleiche Titelbild) enthüllt Details der
heißeren und höherliegenden Chromosphäre.
Ein heller Strahlungsausbruch (Flare) ist in
der Nähe des Sonnenrandes zu sehen. Dunkle
Filamente aus relativ kühlem, dichtem Gas
liegen auf Neutrallinien, die Gebiete entgegengesetzter magnetischer Polarität trennen.**

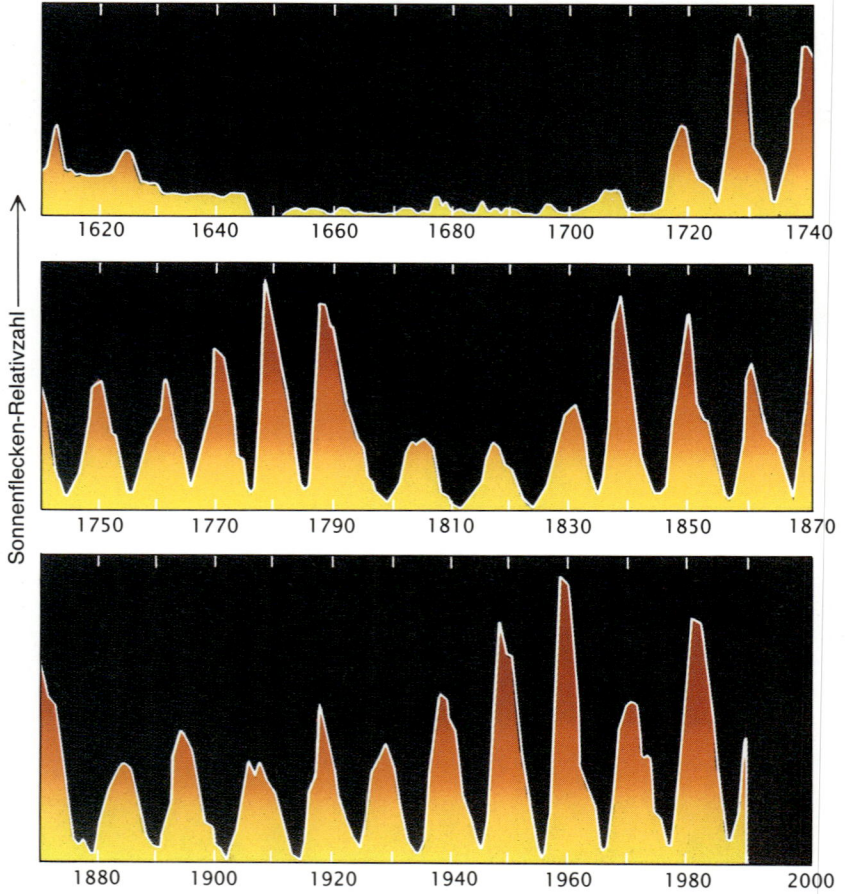

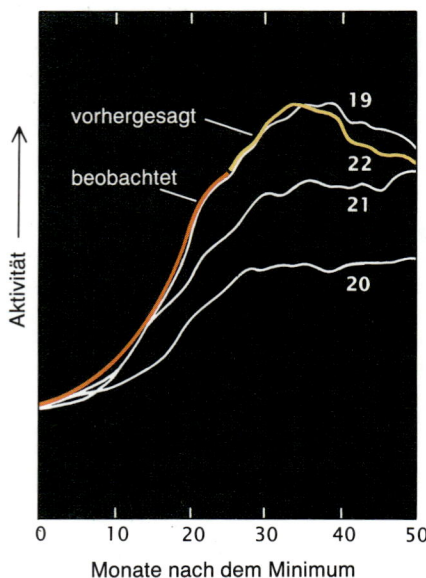

Bild 2: Sichtbarstes Zeichen für die zyklische Variation der Sonnenaktivität ist die sich ändernde Zahl von Sonnenflecken, die man in der Sonnenflecken-Relativzahl zusammenfaßt (links). Das fast völlige Ausbleiben von Sonnenflecken in den Jahren 1645 bis 1715, dem sogenannten Maunder-Minimum, fällt zeitlich mit einer ungewöhnlichen Kälteperiode auf der Erde zusammen. Der gegenwärtige Zyklus, der 22. seit Beginn regelmäßiger Beobachtungen, befindet sich zur Zeit nahe seinem Maximum; er hat die Maxima der beiden vorherigen Zyklen bereits übertroffen (rechts).

gen der Sonnenflecken erste Hinweise auf solare magnetische Oszillationen. Zunächst entdeckten sie im Jahre 1908, daß bestimmte Absorptionslinien in den Spektren verbreitert und polarisiert waren − ein Effekt, den erstmals der holländische Physiker Pieter Zeeman (1865 bis 1943) bei Labormessungen in den Spektren von Gasen im Magnetfeld beobachtet hatte (für diese Entdeckung wurde ihm 1902 der Nobelpreis verliehen). Durch Messen des Zeeman-Effektes in den Spektren der Sonnenflecken bestimmten die amerikanischen Forscher die Stärke der dort vorliegenden Magnetfelder zu 2000 bis 3000 Gauß − das rund zehntausendfache des Magnetfeldes an der Erdoberfläche.

Sie konnten ferner zeigen, daß die Sonnenflecken meist paarweise auftreten, wobei die beiden Flecken in der Regel bei nahezu derselben heliographischen Breite liegen und stets verschiedene magnetische Polarität haben, also eine bipolare Gruppe bilden. Die Polaritätsfolge blieb dabei innerhalb einer Hemisphäre zunächst gleich: Während auf der Nordhalbkugel der infolge der Rotation vorauswandernde Fleck stets ein magnetischer Südpol und der nachfolgende ein magnetischer Nordpol war, wanderte

auf der Südhalbkugel immer der Nordpol-Fleck voraus.

Als 1912 die ersten Flecken des neuen Zyklus auf der Sonnenoberfläche auftauchten, stellte Hale aber fest, daß sich die Polaritätsfolge innerhalb der bipolaren Fleckengruppen umgekehrt hatte: Auf der Nordhalbkugel war der vorausgehende Fleck nun ein Nordpol, auf der Südhalbkugel ein Südpol.

Zwölf Jahre später hatte Hale genug Beobachtungsdaten gesammelt, um seine Vermutung zu erhärten: Die Polaritätsfolge der bipolaren Fleckengruppen kehrt sich stets im Aktivitätsminimum um und bleibt während eines Zyklus gleich. Er folgerte daraus, daß der elfjährige Sonnenfleckenzyklus nur die Hälfte eines 22-jährigen magnetischen Zyklus darstellt, in dem erst nach zweimaliger Umkehr der Polaritätsfolge wieder die Ausgangssituation vorliegt.

Mittlerweile verfügt man über einen leistungsfähigeren Instrumententyp, mit dem man nicht nur die starken Magnetfelder in der Umgebung der Sonnenflecken, sondern auch die weit schwächeren Felder auf der gesamten Sonnenscheibe messen kann: den Magnetographen, den Harold D. Babcock (1882 bis 1968) und dessen Sohn Horace W. (geboren 1912) im Jahre 1951

am Mount-Wilson-Observatorium entwickelt hatten. Aus den damit gewonnenen Magnetogrammen und weiteren Beobachtungen erkannte man, daß sich der Oberflächenmagnetismus der Sonne auf kleine Gebiete mit intensiver Magnetisierung beschränkt, die nur wenige Prozent der Photosphäre − der relativ dünnen Oberflächenschicht, aus der das sichtbare Licht stammt − ausmachen: Die größten Bereiche gleicher magnetischer Polarität bilden noch die Umgebungen der Sonnenflecken; kleinere Bereiche, deren Größe bis zur Auflösungsgrenze der besten Magnetographen von etwa 200 Kilometern herabreicht, erscheinen in nahezu allen Wellenlängen als stark leuchtend. Diese sogenannten Fackeln waren erstmals im frühen 17. Jahrhundert beobachtet worden.

Hale und seine Mitarbeiter fragten sich auch, ob die Sonne ein globales magnetisches Dipolfeld wie die Erde habe; ihre Suche danach blieb jedoch erfolglos. Erst genauere Messungen in den vergangenen 20 Jahren haben gezeigt, daß die magnetischen Felder in den Polregionen der Sonne gewöhnlich − aber nicht immer − entgegengesetzt polarisiert sind und sich ihre Polarität zur Zeit des Aktivitätsmaximums umkehrt.

Diese Messungen enthüllten zugleich, daß die Struktur des solaren Magnetfeldes wesentlich komplexer als die eines Dipolfeldes ist. In niedrigen heliographischen Breiten kann man sich das Magnetfeld gleichsam als eine Serie von magnetischen Schläuchen oder Flußröhren vorstellen, die unterhalb der Photosphäre parallel zu den Breitenkreisen um die Sonne gewickelt sind. Wenn ein Schlauch magnetischer Materie bis zur Oberfläche aufsteigt, bilden die Feldlinien dort maschenähnliche Schlaufen (englisch *loops*), die sich wegen des abnehmenden Gasdrucks bis in die höhere Sonnenatmosphäre und manchmal sogar mehrere Millionen Kilometer in den Weltraum hinaus ausbreiten. An den Durchbruchstellen dieser Feldlinien durch die etwa 200 Kilometer mächtige Photosphäre treten eben jene aktiven Zonen auf, die als dunkle Sonnenflecken oder als helle Fackeln erkennbar sind (Bilder 1 und 3).

Trotz intensiver Forschung ist bis heute nur unzureichend geklärt, was den solaren magnetischen Zyklus antreibt. Die Astronomen nehmen allgemein an, daß die Wechselwirkung zwischen dem elektrisch leitenden Sonnenplasma — heiße Gase, bei denen die meisten Elektronen von den Atomkernen getrennt und somit frei beweglich sind — und dem bestehenden Magnetfeld eine zentrale Rolle spielt: Bewegt sich das Plasma quer zu den Magnetfeldlinien, so stellt es einen elektrischen Strom dar, der ein magnetisches Feld induziert; dieses verstärkt das ursprüngliche Feld.

Wie der britische Astronom Richard C. Carrington (1826 bis 1875) um 1860 entdeckte, rotieren die äußeren Bereiche der Sonne nicht wie bei einem starren Körper mit gleicher, sondern je nach der heliographischen Breite mit unterschiedlicher Winkelgeschwindigkeit: Die äquatornahen Zonen benötigen für einen Umlauf nahezu 25 Tage und sind somit etwa ein Viertel schneller als die Polregionen; der Übergang ist kontinuierlich. Diese sogenannte differentielle Rotation ist möglicherweise die treibende Kraft für den Dynamo, der das Magnetfeld der Sonne aufrechterhält. Man stelle sich den übersichtlichen Fall vor, daß zunächst zwischen den beiden Polen entlang der Oberfläche eine magnetische Feldlinie verläuft; sie wird sogleich mit dem Oberflächenplasma mitgeführt — jedoch auch durch die schnellere Rotation in Äquatornähe gedehnt und verformt (Bild 4). Schon nach wenigen Umdrehungen der Sonne ist die Feldlinie nahezu parallel zum Äquator um die Sonne gewickelt.

Diese Modellvorstellung vermag die Geometrie des solaren Magnetfeldes und die Ost-West-Orientierung der Sonnenfleckengruppen zu erklären. Durch die Dehnung der Feldlinien erhöht sich ihre Dichte und damit die Feldstärke bis zu den Werten, die man in den Sonnenflecken mißt.

Man führt den Wechsel in der Polaritätsfolge der bipolaren Fleckengruppen zwischen aufeinanderfolgenden Zyklen zum Teil auf den von der Sonne austretenden magnetischen Fluß zurück. Nachdem die magnetischen Schläuche zur Oberfläche aufgestiegen sind, wo sie aktive Gebiete bilden, breitet sich ihr Magnetfeld langsam aus und wird daher schwächer. Gleichzeitig wird das Feld in höhere Schichten der Sonnenatmosphäre gedrückt, weil aufgrund der differentiellen Rotation von unten neue Magnetfelder entgegengesetzter Polarität aufsteigen. Diese gewinnen schließlich die Oberhand über die alten Felder, so daß Aktivitätsgebiete mit umgekehrter Polaritätsfolge entstehen.

Nun mögen diese Vorgänge zwar für die Erklärung des magnetischen Zy-

klus ausreichen; bisher ist aber wenig darüber bekannt, wie die Sonne die Polarität umkehrt. Computerprogramme, mit denen man das Bewegungsverhalten des Sonnenplasmas und seine Wechselwirkung mit dem magnetischen Feld simuliert, um den elfjährigen Zyklus zusammen mit der differentiellen Rotation zu reproduzieren, ergeben unbefriedigende Resultate. Gänzlich unbekannt war bis vor kurzem, wie die Sonne in ihrem Innern rotiert.

Beobachtungen der Oszillationen der Sonnenkugel gestatten jedoch, ihr Innenleben zu erforschen (siehe „Helioseismologie" von John W. Leibacher, Robert W. Noyes, Juri Toomre und Roger K. Ulrich, Spektrum der Wissenschaft, November 1985). Damit wird es möglich, Tiefenprofile der Sonnenrotation zu erstellen und deren Einfluß auf die Entstehung der Magnetfelder zu berechnen. Neueste Resultate zeigen, daß die Sonne in ihrem äußeren Bereich — dessen Dicke 30 Prozent des Sonnenradius beträgt — ähnlich wie auf der Oberfläche differentiell rotiert. Der Dynamoprozeß,

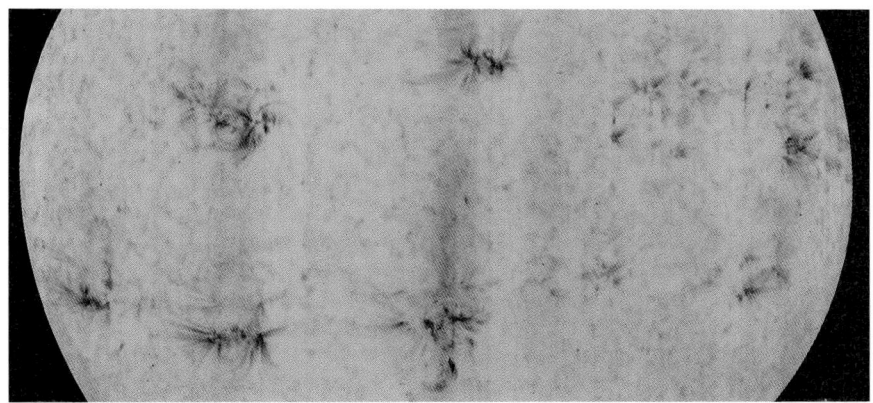

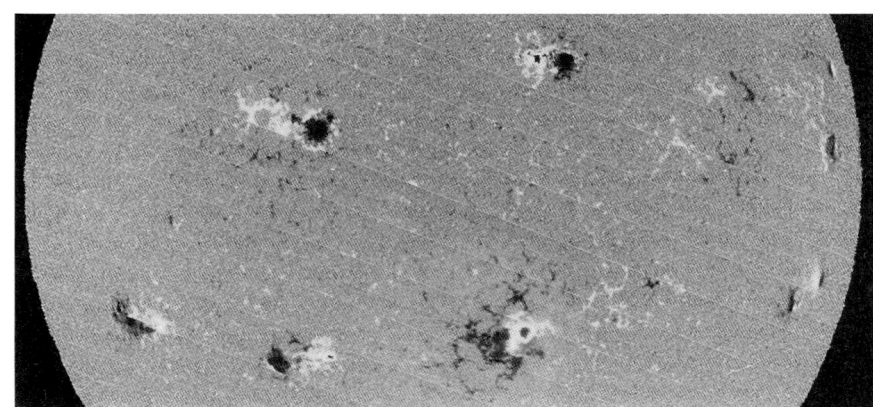

Bild 3: Magnetische Feldlinien halten große Ströme (Streamer) heißen, ionisierten Gases in der oberen Sonnenatmosphäre – der Korona – gefangen. Im ultravioletten Licht erscheinen diese als dunkle Linien (oben); die größten Streamer steigen von Sonnenflecken auf. Ein zur gleichen Zeit erstelltes Magnetogramm zeigt die Intensität der mit den Streamern verbundenen Magnetfelder (unten). Dunkle und helle Stellen markieren Bereiche entgegengesetzter Polarität. Die stärksten Felder treten in bipolaren aktiven Zonen auf.

der das solare Magnetfeld erzeugt, könnte demnach überwiegend tief unter der Sonnenoberfläche ablaufen.

Variationen der Solarkonstanten

Obwohl die Astronomen die Oszillationen des solaren Magnetfeldes noch längst nicht umfassend zu erklären vermögen, wäre es schon ein bedeutender Fortschritt zu wissen, wie der Zyklus der Sonne ihre Strahlung — in Form von Licht und Teilchen — beeinflußt. Für Klimatologen wären die typischen Zeitskalen und Amplituden der Helligkeitsschwankungen von großem Wert, selbst wenn deren astrophysikalische Erklärung noch aussteht. Glücklicherweise hat man in den vergangenen Jahren wichtige empirische Erkenntnisse über das Verhalten der Sonne gewonnen.

Dazu gehört die Entdeckung, daß die Bestrahlungsstärke oder Solarkonstante — die gesamte auf die Erde am Rande ihrer Atmosphäre einfallende Strahlungsleistung — keineswegs konstant ist, sondern zyklisch schwankt. Wegen störender Einflüsse der Erdatmosphäre hatte man die Solarkonstante vom Erdboden aus nicht ausreichend genau bestimmen können; mittlerweile haben Messungen von Satelliten aus gezeigt, daß sie innerhalb einiger Wochen um mehr als 0,2 Prozent schwanken kann. Ursache sind die dunklen Sonnenflecken und hellen Fackeln, die im Laufe der etwa einmonatigen Umdrehung der Sonne über die jeweils erdzugewandte Hemisphäre wandern.

Diese kurzzeitige Variation hatte erstmals die Forschungsgruppe um Richard C. Willson vom Jet-Propulsion-Laboratorium in Pasadena (Kalifornien) sowie unabhängig davon die Gruppe um John H. Hickey vom Eppley-Laboratorium in Newport (Rhode Island) im Jahre 1980 anhand von Radiometer-Daten des *Solar-Maximum-Mission*- (Bild 7) beziehungsweise des *Nimbus-7*-Satelliten bestätigt. Schwieriger war der Nachweis charakteristischer Langzeitschwankungen im Laufe eines Sonnenfleckenzyklus, weil sie — wie sich dann zeigte — sehr gering sind und man eine langsame Drift in der Absolutempfindlichkeit der Radiometer nicht ausschließen konnte.

Der überzeugende Beweis gelang erst, als die Signale beider Radiometer — die seit 1980 mit sinkender Aktivität der Sonne abnahmen — im Jahre 1986 ein flaches Minimum und anschließend mit Beginn des neuen Aktivitätszyklus einen Anstieg aufzeigten (Bild 5): Demnach hat die Helligkeit der Sonne vom Aktivitätsmaximum 1981 bis zum Minimum Mitte 1986 um 0,1 Prozent abgenommen; seitdem ist sie mit zunehmender Zahl dunkler Flecken wieder gestiegen.

Dies überrascht zunächst. Wie aber Judith L. Lean vom Marine-Forschungslabor und ich zeigen konnten, nimmt mit steigender Aktivität die Größe der hellen Fackelgebiete in der Photosphäre stärker zu als diejenige der dunklen Sonnenflecken, so daß die Helligkeit insgesamt ansteigt.

Einflüsse auf das irdische Klima?

Beeinflussen diese Schwankungen der Solarkonstanten unser Wetter und Klima? Nun, die Änderung der mittleren Temperatur der Erde ist einfach zu berechnen: Nach heutigen Klimamodellen wäre sie deutlich geringer als 0,1 Grad. Dies ist wenig gegenüber der globalen Erwärmung um immerhin einige zehntel Grad innerhalb der letzten Jahrzehnte, die man auf den angestiegenen Kohlendioxidgehalt der Atmosphäre zurückführt.

Die Messungen der Solarkonstanten vom Weltraum aus erstrecken sich allerdings gerade erst über einen einzigen Sonnenfleckenzyklus. Aus den vorliegenden Daten ist daher noch nicht zu erkennen, ob auch stärkere Schwankungen auftreten können — beispielsweise bei einer jahrzehntelang verminderten Sonnenaktivität wie zu Zeiten des Maunder-Minimums.

Die mittlere Temperatur der Erde während der Kleinen Eiszeit lag schätzungsweise um etwa 0,5 Grad unter dem Langzeitmittel — genug, um das ungewöhnliche Vordringen der Gletscher und die Ernteausfälle in Europa während dieser Periode zu erklären. Sollte ein Absinken der Sonneneinstrahlung diesen Effekt verursacht haben, müßte die Solarkonstante über einige Jahrzehnte hinweg um 0,2 bis 0,5 Prozent geringer gewesen sein.

Ein spezielles Programm zur präzisen Messung der Solarkonstanten aus dem Weltraum könnte Langzeitschwankungen registrieren. Damit ließe sich feststellen, ob mit einem vorübergehenden Abklingen der Sonnenaktivität eine weitere Kälteperiode auf der Erde zu erwarten wäre.

Es gab schon sehr viel früher zahlreiche Versuche, einen Zusammenhang zwischen der Sonnenaktivität und Vorgängen auf der Erde — insbesondere dem Wetter — nachzuweisen. Einen der ersten unternahm der britische Astronom deutscher Herkunft William Herschel (1738 bis 1822) — der zwar den elfjährigen Sonnenfleckenzyklus noch nicht kannte, die Schwankungen in der Fleckenzahl aber bereits bemerkt hatte: Herschel vermutete (was sich als völlig korrekt erwies), daß die Intensität der Sonnenstrahlung bei starker Fleckentätigkeit höher sei als in Zeiten geringer Aktivität; und er fragte sich, ob dies die Temperaturen auf der Erde schwanken lasse. Da er über keine langjährigen Klimastatistiken verfügte, verwendete er Angaben über die Weizenpreise in England; diese müßten — so argumentierte er — in milderen Jahren aufgrund der erhöhten Ernte sinken. Im Jahre 1801 erklärte er, daß der Getreidepreis tatsächlich mit der Sonnenaktivität korreliere.

Diese Indizienkette erwies sich — wie so viele andere auch — als nicht haltbar, da sie nur einen statistischen, aber keinen kausalen Zusammenhang darstellte. Niemand hat bisher vernünftig erklären können, auf welche Weise die geringen Schwankungen der Solarkonstanten spürbare Veränderungen auf der Erdoberfläche hervorrufen sollten.

Dennoch gibt es neue Indizien. Den statistisch signifikantesten Zusammenhang hat Karin Labitzke von der Freien Universität Berlin 1987 vorgestellt. Gemeinsam mit Harry van Loon vom Zentrum für Atmosphärenforschung in Boulder stieß sie auf ein verblüffendes Phänomen: Ungewöhnliche Erwärmungen der nordpolaren Stratosphäre im Winter, die 1952 entdeckt worden waren, sind deutlich mit dem Sonnenzyklus korreliert. Dabei ist der Einfluß der Winde in der unteren Stratosphäre über den Tropen zu beachten, die in einem etwa zweijährigen Rhythmus zwischen West- und Ostwinden wechseln. Wehen nun im Äquatorbereich stratosphärische Westwinde, so steigt und sinkt die Temperatur in der Stratosphäre über dem Nordpol synchron mit der Sonnenaktivität; herrscht dagegen Ostwind, so ist der Verlauf asynchron — Erwärmungen der Stratosphäre über dem Nordpol treten nun bevorzugt im Sonnenfleckenminimum auf.

Die statistischen Untersuchungen ergaben zudem, daß die Sonnenaktivität in den Wintermonaten die Vorgänge in der Troposphäre — der untersten, das Wetter bestimmenden Atmosphärenschicht — moduliert. Diese Korrelationen überstanden mehrere statistische Überprüfungen und sagten sogar den sehr milden Winter 1988/89 in bestimmten Regionen der nördlichen Hemisphäre voraus.

Aber auch wenn damit eine rein zufällige Schwingung der Atmosphäre im Rhythmus der Sonnenaktivität äußerst unwahrscheinlich geworden ist,

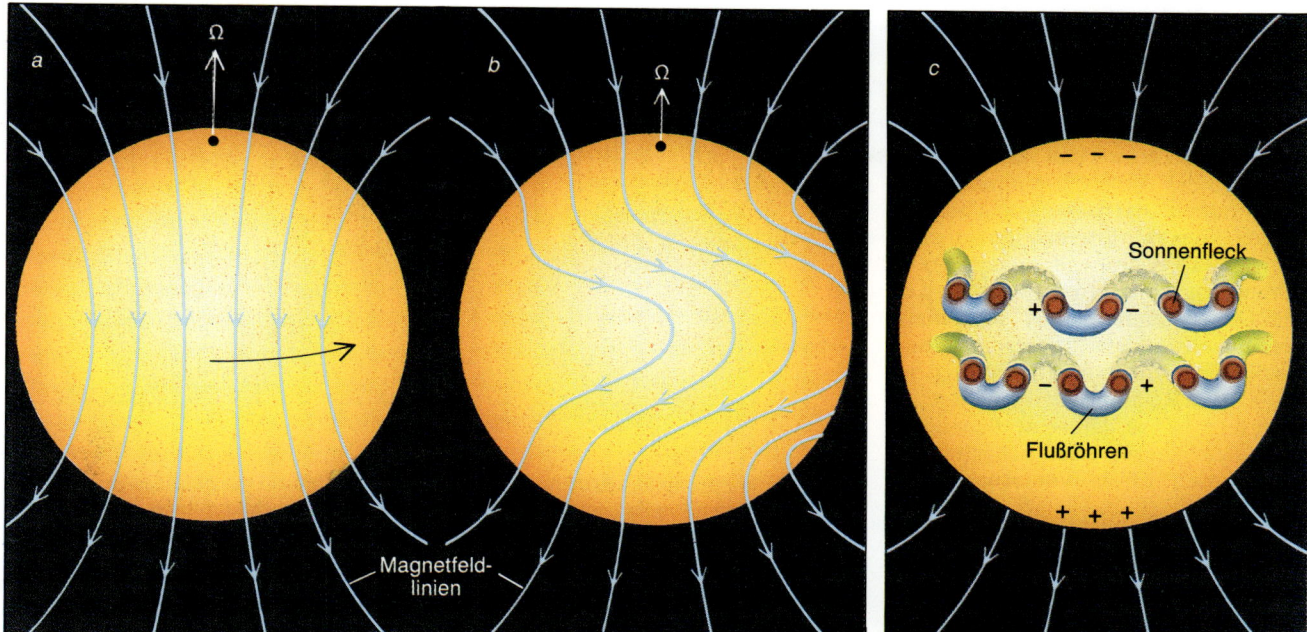

Bild 4: Die Sonne rotiert nicht wie eine starre Kugel, sondern differentiell mit nach den Polen hin abnehmender Winkelgeschwindigkeit; ein Punkt am Sonnenäquator braucht etwa 25 Tage für einen Umlauf, einer in mittleren Breiten dagegen etwa 28 Tage. Die Entstehung des magnetischen Zyklus der Sonne durch die differentielle Rotation verdeutlicht diese Schemazeichnung: Feldlinien, die vormals in Meridianebenen vom magnetischen Nord- zum Südpol unterhalb der Sonnenoberfläche verliefen (*a*), werden − da sie in der Materie gleichsam eingefroren sind − durch die Rotation nach und nach parallel zum Äquator gezogen und aufgewickelt (*b*); dabei bilden sich sogenannte magnetische Schläuche oder Flußröhren, die wegen der hohen Feldliniendichte ein starkes Magnetfeld haben. Sonnenflecken treten dort auf, wo die magnetischen Schläuche nach oben steigen und die Photosphäre durchstoßen. Die beiden Durchstoßpunkte haben entgegengesetzte Polarität, so daß sich ein gigantischer magnetischer Dipol bildet (*c*). Dies erklärt, warum die Flecken zumeist paarweise und parallel zum Sonnenäquator auftreten; die Polaritätsfolge der Fleckenpaare auf Nord- und Südhalbkugel der Sonne ist dabei stets entgegengesetzt.

so hat bisher doch niemand eine physikalische Erklärung dafür geben können. Eine wissenschaftliche Bestätigung dieses Phänomens wäre jedenfalls sensationell und dem Verständnis der das Erdklima beeinflussenden Faktoren höchst förderlich.

Auswirkungen spektraler Variationen

Die zyklischen Schwankungen des solaren Magnetfeldes beeinflussen indes außer Struktur und Helligkeit der Photosphäre auch die höheren Schichten der Sonnenatmosphäre: die Chromosphäre, die Korona und schließlich den Sonnenwind. Bedeutsam ist, daß die Temperaturen des Plasmas dort trotz des größeren Abstands vom energieerzeugenden Kern der Sonne weit höher sind als in der Photosphäre.

Dies verblüfft zunächst, scheint es doch einem fundamentalen Lehrsatz der Thermodynamik zu widersprechen. Da jedoch der Energieverlust der dünnen Plasmen sehr gering ist, reicht bereits eine relativ geringe zusätzliche Energiezufuhr aus, um die Korona bis auf etwa fünf Millionen Grad Celsius aufzuheizen. Diese Energie stammt vermutlich aus Druckwellen, die entstehen, wenn aufsteigende Turbulenzelemente aus der Konvektionszone der Sonne gegen die stabil geschichtete Photosphäre stoßen, sowie aus elektrischen Strömen, die durch die Wechselwirkung von ionisierter Materie mit den Magnetfeldern inner- oder unterhalb der Photosphäre erzeugt werden (siehe auch „Die aktive Sonnenkorona" von Richard Wolfson, Spektrum der Wissenschaft, April 1983).

Aus diesen heißen äußeren Schichten der Sonnenatmosphäre stammt die stark fluktuierende Strahlung mit Wellenlängen zwischen etwa 10 und 100 Nanometern − also im Röntgen- und extremen Ultraviolett-Bereich (EUV). Die Chromosphäre emittiert zudem einen wesentlichen Teil der solaren Ultraviolettstrahlung (UV) und trägt damit möglicherweise hauptsächlich zu den Intensitätsschwankungen in diesem Wellenlängenbereich zwischen 160 und 320 Nanometern bei. Das solare UV- und EUV-Licht ist für das irdische Leben bedeutsamer als die Röntgenstrahlung, da es die Erdatmosphäre merklich beeinflußt (Bild 6).

Seit den Beobachtungen mit Teleskopen an Bord der Orbitalstation *Skylab* in den Jahren 1973 und 1974 und nachfolgender Satelliten ist bekannt, warum die EUV-Strahlung der Sonne variiert: Starke, lokal geschlossene magnetische Dipolfelder schließen das heiße koronale Plasma wie in Käfigen ein und hindern es so, das Gravitationsfeld der Sonne zu verlassen. Das eingeschlossene Plasma in diesen aktiven Zonen hat eine etwa zehnfach höhere Dichte als das der umgebenden ruhigen Gebiete und strahlt daher intensivere EUV-Strahlung ab. Im Rhythmus mit dem magnetischen Zyklus verändern sich die aktiven Zonen und somit auch die Abstrahlungen im EUV-Bereich.

Bisher hat man die Variationen der solaren EUV-Strahlung noch nicht über einen gesamten Zyklus messen können. Um langsame Variationen von nur wenigen zehntel Prozent in diesem Spektralbereich sicher zu registrieren, müssen die Spektrometer und Detektoren hohe Anforderungen erfüllen: Selbst unter der starken EUV-Bestrahlung im Weltraum darf sich ihre vor dem Start bestimmte Empfindlichkeit nicht verändern. Bisherige Messungen einer besonders markanten Emissionslinie des Wasserstoffs bei 121,6 Nanometern Wellenlänge − der Lyman-alpha-Linie − lassen vermuten, daß die EUV-Intensität um einen Faktor von etwa 2 variiert. Durch den rapiden Aktivitätsanstieg des gegenwärtigen Sonnenzyklus nahm auch der EUV-Strahlungsfluß dramatisch zu. Dieser heizt die Atmosphäre oberhalb etwa 100 Kilometern − die Ionosphäre − dermaßen auf, daß im Vergleich zu Zeiten des Aktivitätsminimums die Temperaturen auf das Dreifache ansteigen können. Dadurch dehnt sich die Erdatmosphäre weiter aus: In 600 Kilometern Höhe etwa − in der das Hubble-Weltraumteleskop stationiert werden soll − kann die Gasdichte um das 50fache zunehmen; dies wiederum erhöht die Reibung, der ein Satellit ausgesetzt ist, so daß seine Bahnhöhe durch den Energieverlust schneller als ohne diesen Effekt vorausberechnet abnimmt.

Kürzlich drohte eine Forschungsplattform, die seit April 1984 die Erde umrundete, deswegen gar abzustürzen. Um den Verlust der 57 an Bord befindlichen Experimente zu verhindern, holte die Besatzung einer US-Raumfähre diese *Long Duration Exposure Facility* (LDEF) − ein Gerüst, auf dem verschiedene Materialien der kosmischen Strahlung ausgesetzt wurden − am 12. Januar dieses Jahres ein und brachte sie zur Erde zurück.

Sorge bereitet noch das Weltraumteleskop: Die Betriebsdauer dieses etwa eine Milliarde US-Dollar teuren Instruments könnte erheblich kürzer sein als geplant. Man versucht nun, den Starttermin so zu legen, daß die Sonne ihr Aktivitätsmaximum bis dahin überschritten hat; notfalls muß ein Shuttle das Gerät wieder auf eine höhere Umlaufbahn bringen.

Messungen im UV-Bereich lassen sich einfacher durchführen als im EUV-Bereich. Da die UV-Strahlung direkt die Ozonschicht der Erdatmosphäre beeinflußt, hat man ihre Schwankungen innerhalb des letzten Jahrzehnts gründlicher untersucht. Die Resultate der Satelliten *Nimbus-7* und *Solar Mesosphere Explorer* zeigen eine 27tägige Variation bei Wellenlängen unter 300 Nanometern − hervorgerufen durch die Sonnenrotation.

Wie stark die UV-Strahlung während eines elfjährigen Aktivitätszyklus schwankt, läßt sich wegen Unsicherheiten bei der Kalibrierung nur ungenau angeben. Bei Wellenlängen um 150 Nanometer scheint aber die Intensität um etwa 20 Prozent, bei solchen über 250 Nanometern dagegen nur um 1 oder 2 Prozent zu variieren.

Heutigen Modellen zufolge könnten diese Variationen eine Schwankung des globalen Ozongehalts von 1 bis 2 Prozent verursachen. Die globale Abnahme des stratosphärischen Ozongehalts zwischen 1978 und 1985, wie Sa-

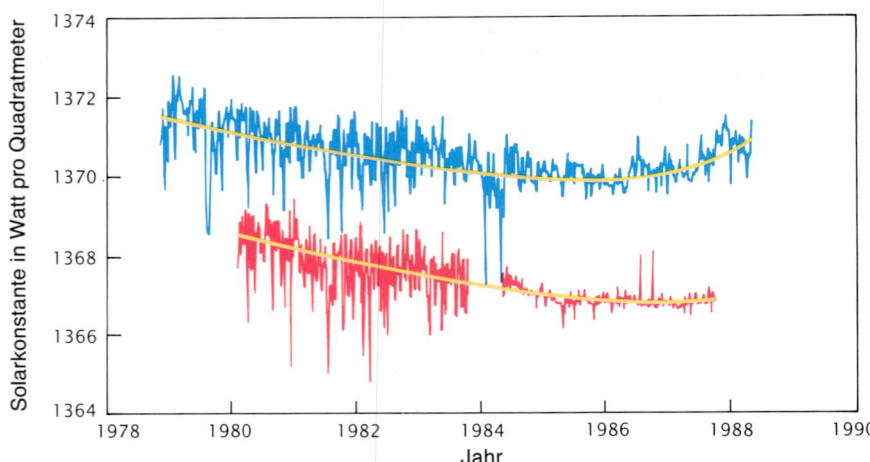

Bild 5: Kurzzeitige Helligkeitsschwankungen der Sonne wurden von Radiometern auf zwei Satelliten, *Nimbus-7* **(blau) und** *Solar-Maximum-Mission* **(rot), registriert. Sie machen sich in den Lichtkurven als spitze Ausschläge über dem Rauschen der Apparatur bemerk-** bar. Die Mittelwerte (gelbe Linien) zeigen die langfristige Leuchtkraftänderung der Sonne; im Maximum der Fleckenaktivität scheint sie etwas heller als im Minimum. Offensichtlich überwiegen die besonders hellen kleinen Fakkeln den Effekt der dunklen Sonnenflecken.

telliten-Messungen sie angezeigt haben, könnte großenteils darauf zurückzuführen sein, denn seit etwa 1980 ließ die Aktivität der Sonne nach. Offenbar muß man die Wirkungen des Sonnenzyklus berücksichtigen, wenn man die Ursachen des Ozonabbaus ergründen will, den über den längeren Zeitraum seit 1969 auch Bodenstationen registriert haben. Diese langsame Abnahme des globalen Ozongehalts ist weniger dramatisch als das erst vor relativ kurzer Zeit über der Antarktis entdeckte Defizit, das sogenannte Ozonloch − sollte sie aber anhalten, könnte sie freilich noch bedrohlicher werden.

Der Sonnenwind

Auch die Abstrahlung geladener Teilchen aus den Gebieten oberhalb der solaren Photosphäre variiert im Laufe eines Sonnenzyklus. Von ihnen beeinflussen hochenergetische Protonen, die durch Explosionen in der Sonnenkorona in das All hinausgeschleudert werden, die Erde am stärksten. Jedoch spielt auch die allgemeine Emission des koronalen Plasmas − der Sonnenwind − eine Rolle.

Die auf die Erde auftreffenden Protonen haben eine Energie von etwa zehn Millionen bis zehn Milliarden Elektronenvolt (zum Vergleich: ein Photon des sichtbaren Lichtes hat eine Energie von etwa zwei Elektronvolt). Die energiereichsten bewegen sich annähernd mit Lichtgeschwindigkeit und erreichen die Erde mithin etwa acht Minuten nach dem Auftreten starker Strahlungsausbrüche (Flares) in eng begrenzten Gebieten der Chro-

mosphäre. Diese Flares lassen die Intensität im Röntgen- und EUV-Bereich steil ansteigen. Man vermutet, daß sie ihre Energie aus der schnellen Auflösung magnetischer Felder erhalten, bei der sich das Plasma erhitzt und starke elektrische Felder entstehen, die geladene Teilchen beschleunigen.

Die durch starke Flares erzeugten Protonenschauer sind zum Beispiel in der zivilen Luftfahrt ein Gesundheitsrisiko − insbesondere bei Flugrouten über die Polargebiete: Dort verlaufen die Feldlinien des Erdmagnetfeldes nahezu senkrecht zur Oberfläche und lassen somit geladene Teilchen tief in die Erdatmosphäre eindringen. Passagiere und Besatzung sind dann einer erhöhten Strahlendosis ausgesetzt. Astronauten sind noch stärker gefährdet − vor allem wenn ihr Raumschiff eine polare Umlaufbahn hat.

Auch der Ausfall von Computersystemen ist mitunter auf solare Protonenschauer zurückzuführen. Im August 1989 etwa hatte ein solches Ereignis die Börse von Toronto zeitweise lahmgelegt. Innerhalb eines Sonnenfleckenzyklus treten zwar nur wenige Dutzend dieser starken Flares auf; sie häufen sich jedoch in der Zeit des Fleckenmaximums.

Schwankungen im unablässigen Strom des Sonnenwindes haben andere Effekte. Dieses relativ niederenergetische Plasma kann man sich gleichsam als Brodem der Sonnenkorona vorstellen − Temperatur und kinetische Energie der Teilchen sind so hoch, daß sie die Anziehungskraft der Sonne überwinden.

Der Sonnenwind erreicht allerdings die Erde nicht direkt: Das Erdmagnetfeld übt eine Kraft auf geladene Teilchen aus, die seine Feldlinien zu kreuzen suchen. Den Raum, in den der Sonnenwind aus diesem Grunde nicht eindringen kann, nennt man Magnetosphäre.

Flares und andere magnetische Ausbrüche auf der Sonnenoberfläche verändern jedoch den Fluß des Sonnenwindes und damit den Druck des Plasmas auf die Magnetosphäre (siehe auch „Der Schweif der Erdmagnetosphäre" von Edward W. Hones jr., Spektrum der Wissenschaft, Mai 1986). Daraus resultieren Fluktuationen in der Feldstärke des geomagnetischen Feldes; sie betragen aber lediglich etwa 0,1 Prozent.

Die elektrischen Ströme dagegen, die von diesen Fluktuationen in ausgedehnten Leitern auf der Erdoberfläche wie Stromleitungen und Pipelines induziert werden können, haben mitunter dramatische Effekte. So ließ ein außerordentlich starker magnetischer Sturm am 13. März 1989 den Strom in der gesamten kanadischen Provinz Quebec ausfallen; verursacht wurde er durch Flares, die in der Umgebung eines der größten bisher beobachteten Sonnenflecken auftraten.

Da magnetische Stürme dieser Stärke immer zum Teil durch Flares in den Aktivitätsgebieten der Sonne ausgelöst werden, treten sie um so häufiger auf, je stärker die Fleckenaktivität im magnetischen Zyklus ist. Der eher stetige Sonnenwind dagegen scheint aus ruhigeren Zonen der Korona zu stammen, von denen sich die Magnetfeldlinien weit in den interplanetaren Raum erstrecken; entlang dieser offenen Feldlinien können sich die geladenen Partikel relativ ungehindert bewegen und schließlich die weit über das Planetensystem hinausreichende Heliosphäre verlassen.

Auf diese Weise entstehen auf der Sonne Bereiche mit sehr wenig koronalem Plasma, sogenannte koronale Löcher. In der Umgebung der beiden Pole sind sie stets vorhanden, sie können sich aber gelegentlich auch in niederen Breiten bilden. Dort entstehen extrem schnelle Partikelströme, welche die Erde direkt und wiederholt im Rhythmus der sich drehenden Sonne erreichen.

Das Auftreten von Löchern hängt mit dem Sonnenzyklus zusammen, aber nicht in der bei der Fleckenzahl beobachteten Weise: Obwohl die Beobachtungen noch nicht zwei volle Sonnenzyklen währen, glaubt man doch sagen zu können, daß in niederen Breiten die größten Löcher besonders zu Zeiten abnehmender Aktivität entstehen, so daß sie erst einige Jahre

nach dem Sonnenfleckenmaximum das Magnetfeld der Erde am stärksten beeinflussen.

Rekonstruktion der historischen Sonnenaktivität

Da die Aktivität der Sonne auf vielfältige Weise die Erde beeinflußt, wäre es nützlich, Höhe und Zeitpunkt des nächsten Sonnenfleckenmaximums vorhersagen zu können. Heutige Prognosen sind aber noch recht ungenau, weil sie nur auf den empirischen Regeln basieren, die man aus dem Verlauf vergangener Zyklen abgeleitet hat.

Dennoch konnte man damit den weiteren Verlauf des jetzigen Zyklus – Nummer 22 – und seine Auswirkungen auf die Missionsdauer von Satelliten abschätzen. Ungewiß ist vorerst, ob die mittleren Sonnenflecken-Relativzahlen des jetzigen Zyklus diejenigen des 19. mit dem bisher höchsten Maximum im Jahre 1957 überschreiten werden (Bild 2).

Um den künftigen Verlauf der Sonnenaktivität prognostizieren zu können, ist es wichtig, ihr früheres Verhalten zu kennen — auch vor den ersten teleskopischen Beobachtungen im Jahre 1610. Beobachtungen von Sonnenflecken mit dem bloßen Auge reichen zurück bis in das 4. Jahrhundert vor Christus, auch wenn man sie in der Zeit vor Galileo Galilei (1564 bis 1642) als vor der Sonne vorbeiziehende Planeten oder andere nichtsolare Phänomene interpretierte. Historische Aufzeichnungen über Polarlichter haben sich als geeigneter erwiesen, auf das frühere Verhalten der Sonne zu schließen — denn sie werden vornehmlich durch Flares hervorgerufen, die bevorzugt während eines Aktivitätsmaximums auftreten.

Eine besonders lange zurückreichende Aufzeichnung über die Sonnenaktivität ist in fossilen und noch lebenden Pflanzen enthalten: in ihrem Gehalt an Kohlenstoff-14 — einem radioaktiven Isotop des häufigeren Kohlenstoff-12. Die Bildung von Kohlen-

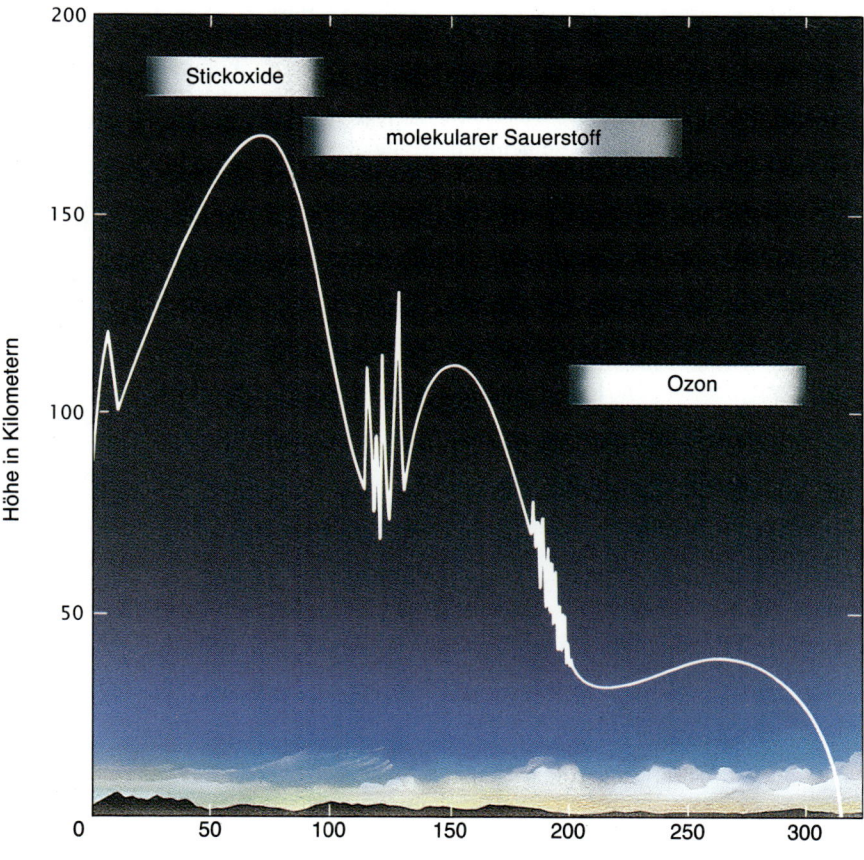

Bild 6: Die Erdatmosphäre ist für Strahlung verschiedener Wellenlänge unterschiedlich durchlässig. Die Kurve gibt die Höhe an, bis zu der die Hälfte der ankommenden Strahlung absorbiert ist. Stickoxide in der dünnen Atmosphäre oberhalb von 50 Kilometern schützen das Leben auf der Erde vor der stark variierenden, energiereichen Strahlung im extremen Ultraviolett-Bereich. In geringeren Höhen absorbieren molekularer Sauerstoff und Ozon das längerwellige Ultraviolett, das ebenfalls schädlich für das Leben auf der Erdoberfläche ist. Variationen in der UV-Strahlung verändern die Ozonschicht.

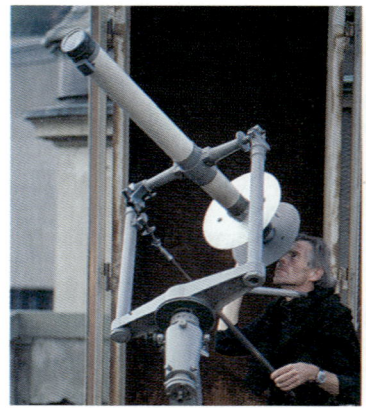

Bild 7: Sonnenteleskope wurden immer leistungsfähiger und komplexer. Mitte des 19. Jahrhunderts machte J. Rudolf Wolf in Zürich die ersten systematischen Beobachtungen des Sonnenfleckenzyklus mit einem kleinen Linsenfernrohr, das heute noch in Betrieb ist (links). In den achtziger Jahren unseres Jahrhunderts ermöglichte der *Solar-Maximum-Mission*-Satellit (rechts) genaue Messungen der Struktur der Sonnenatmosphäre und ihrer veränderlichen Strahlung. Der Satellit stürzte am 2. Dezember 1989 ab. Er wurde ein Opfer der gesteigerten Sonnenaktivität, die er beobachtet hatte: Die Zunahme der solaren UV-Strahlung hatte die obere Atmosphäre aufgeheizt, so daß sie sich weiter in den Weltraum ausdehnte; dadurch war der Satellit einer größeren Reibung ausgesetzt, so daß er immer tiefer sank und schließlich in der dichteren Atmosphäre verglühte.

stoff-14 in der Atmosphäre wird durch den Fluß hochenergetischer Teilchen in der kosmischen Strahlung bestimmt, dem die Erde ausgesetzt ist. Wieviele dieser Teilchen die Erde erreichen, hängt von Stärke und Geometrie der Magnetfelder ab, die sie auf ihrem Weg passieren.

Während der Photosynthese nehmen Pflanzen auch den radioaktiven Kohlenstoff-14 auf und bauen ihn in ihre Strukturen ein. Bestimmt man den Kohlenstoff-14-Gehalt in den Jahresringen von sehr alten noch lebenden Bäumen, läßt sich die Sonnenaktivität während der letzten 2000 Jahre rekonstruieren. Durch Auswertung fossiler Funde mit überlappenden Jahresring-Folgen kann man diese dendrochronologische Analyse über die vergangenen 10 000 Jahre fortführen.

Die historisch überlieferten Beobachtungen von Sonnenflecken und Polarlichtern sowie die Kohlenstoff-14-Daten hatte Eddy 1976 in seiner bahnbrechenden Studie ausgewertet. Er belegte anhand der zeitweilig geringen Anzahl von Polarlichtern und hohen Kohlenstoff-14-Konzentrationen, daß das Maunder-Minimum mit einem drastischen Rückgang solarer Aktivität einherging. Eddy und andere Forscher zeigten außerdem, daß derartige jahrzehntelangen Perioden scheinbar abnorm geringer Sonnenaktivität ein durchaus normales Phänomen sind. Eine ähnliche Periode trat zwischen 1450 und 1550 auf — das Spörer-Minimum. Andererseits fällt eine Periode hoher Sonnenaktivität zwischen 1100 und 1250 mit einer Zeit recht milden Klimas zusammen. Vielleicht hat dies

den Wikingern die Übersiedlung nach Grönland und ihre Expeditionen in die Neue Welt ermöglicht. Aus dem historischen Verlauf könnte man also durchaus vermuten, daß sich die Sonnenaktivität im kommenden Jahrhundert erneut abschwächt.

Das Verhalten anderer Sterne, die eine der Sonne vergleichbare Masse haben, bietet einen weiteren Anhalt für die Beurteilung des Sonnenzyklus. Olin C. Wilson vom Mount-Wilson-Observatorium zeigte 1976 in einer richtungsweisenden Studie, daß das sichtbare Licht aus der Chromosphäre vieler derartiger Sterne zyklisch variiert — über Perioden, deren Längen mit dem Sonnenzyklus vergleichbar sind (siehe „Stellare Aktivitätszyklen" von Olin C. Wilson, Arthur H. Vaughan und Dimitri Mihalas, Spektrum der Wissenschaft, April 1981). Dies war das erste deutliche Indiz dafür, daß magnetische Aktivitätszyklen ein normales Verhalten von sonnenähnlichen Sternen sind. Messungen stellarer Lichtkurven haben sogar Anzeichen einer differentiellen Rotation dieser Sterne ergeben.

Untersuchungen jüngerer Sterne zeigen, wie intensiv und veränderlich die Ultraviolett-Strahlung der Sonne und ihr Strahlungsfluß insgesamt vor einigen Milliarden Jahren gewesen sein können — zu eben jener Zeit, als sich das erste Leben auf der Erde entwickelte. Demnach war in diesem Stadium die Aktivität in der Photosphäre und der Chromosphäre sowie die koronale Röntgenstrahlung deutlich mit der Rotation der Sonne korreliert. Jüngere Sterne rotieren meist schneller als

ältere, wodurch die UV- und Röntgenstrahlung intensiver ist und stärker variiert; auch scheint ihre Gesamtleuchtkraft stärker zu schwanken. Kürzlich hat man überraschenderweise beobachtet, daß jüngere Sterne während Phasen erhöhter Aktivität offensichtlich schwächer strahlen — daß also bei ihnen, im Gegensatz zur jetzigen Sonne, der Effekt der dunklen Sonnenflecken den der hellen Fackeln überwiegt.

Sind Voraussagen möglich?

Werden Astronomen jemals das künftige Verhalten der Sonne langfristig vorhersagen können? Sollten die den magnetischen Zyklus auslösenden Faktoren nichtlinearer Natur sein, wären solche Prognosen wesentlichen Einschränkungen unterworfen.

Nichtlineare Systeme verhalten sich nicht wie ein einfaches Schwingungssystem, dessen Bewegungen man vorauszuberechnen vermag — wie zum Beispiel beim Pendel. Bereits eine vergleichsweise simple Rückkopplung einer Wirkung auf ihre Ursache kann verwirrend komplexe Verhaltensmuster ergeben. Selbst wenn nur wenige, exakt beschreibbare Kräfte zugrunde liegen, können nichtlineare Systeme derart empfindlich von den Anfangsbedingungen abhängen, daß Vorhersagen über eine längere Zeitspanne unmöglich sind. Paradebeispiel für ein solches chaotisches Verhalten ist das Wetter. Edward N. Lorenz vom Massachusetts Institute of Technology in Cambridge zeigte in den fünfziger Jahren, daß durch Rückkopplungen zwischen verschiedenen Vorgängen in der Atmosphäre eine Wettervorhersage prinzipiell schwierig ist: Für Prognosen über mehrere Tage müßten Druck, Temperatur und Winde mit unerreichbarer Genauigkeit bekannt sein. Auch die seit etwa 1715 regelmäßige Veränderung der Sonnenaktivität und ihr fast völliges Verschwinden im Maunder-Minimum wären mit dem für ein nichtlineares System typischen Verhalten erklärbar.

Die aktuelle Forschung sollte klären helfen, ob die Sonnenaktivität überhaupt vorhersagbar ist oder ob sie sich chaotisch verhält. Aber selbst für den Fall, daß man den Sonnenzyklus nicht vorhersagen kann, ist ein umfassendes Verständnis der Wirkungen langsamer Veränderungen der Sonnenaktivität auf das Erdklima eine wichtige Voraussetzung, um die Klimageschichte der Erde zu enthüllen — und um die Menschheit auf die Veränderungen vorzubereiten, die sie in den kommenden Jahrhunderten erwarten.

1816: Das Jahr ohne Sommer

Ein Vulkanausbruch in Indonesien machte den Sommer 1816 zum Winter:
Schnee im Juni und Frost im August zerstörten an der amerikanischen Ostküste einen
Großteil der Ernte. Die sozialen Folgen der Kälte lassen sich
an den historischen Berichten ablesen.

Von Henry Stommel und Elizabeth Stommel

Der Sommer des Jahres 1816 brachte in Neuengland, Kanada und Westeuropa eine ungewöhnliche Kältewelle — mit teilweise winterlichen Temperaturen. In New Haven — gut hundert Kilometer nordöstlich von New York — war es der kälteste Juni in den letzten zweihundert Jahren — das geht aus meteorologischen Meßreihen hervor, die seit 1779 am Yale College aufgezeichnet wurden (Bild 1). Die Temperaturen lagen im Juni 1816 durchschnittlich um gut fünf Grad niedriger als sonst und entsprachen dem, was man in normalen Jahren etwa dreihundert Kilometer nördlich von Quebec erwarten würde (Bilder 2 und 3). England erlebte seinen kältesten Juli, und in Genf sanken die Temperaturen während des gesamten Sommers tiefer als in irgendeinem anderen Jahr zwischen 1753 und 1960. In Neuengland, wo die Maispflanzen zum größten Teil erfroren und nur eine erheblich geringere Heuernte eingefahren wurde als sonst, nahmen die Verluste ein solches Ausmaß an, daß viele Farmer in existentielle Not gerieten. „Achtzehnhundertsechzehn und Kältetod", so beschreibt ein amerikanisches Volkslied die verheerenden Folgen der Kälteeinbrüche dieses Sommers. Das Unglück traf jedoch nicht nur die Farmer, sondern

wirkte sich indirekt erheblich weiter aus — wie weit, das spiegeln zeitgenössische Zeitungsberichte oder Tagebuchaufzeichnungen wider.

Die unheilvolle Kette der Ereignisse begann 1815 mit einem gewaltigen Vulkanausbruch in Indonesien, bei dem der Tambora-Vulkan im Norden der Insel Sumbabwa riesige Aschemassen in die Atmosphäre schleuderte. Den Ausbruch, der 12 000 Menschenleben forderte, schilderte Sir Thomas Stamford Raffles, damals Oberbefehlshaber der britischen Streitkräfte in Indonesien, in seinem Buch über die Geschichte Javas.

„Wohl jeder kennt die sporadischen Ausbrüche des Ätna oder Vesuv, wie sie von Dichtern oder Augenzeugen beschrieben wurden. Aber selbst die heftigsten davon lassen sich in keiner Weise mit dem Ausbruch des Tambora vergleichen, weder in ihrer Dauer noch in der Zerstörungskraft. Diese gewaltigen Eruptionen machten sich weithin bemerkbar ... in einem Umkreis bis zu 1600 Kilometern Entfernung bebte die Erde; und auch das Donnern der Explosionen war dort noch zu hören. Dagegen entfaltete sich in der unmittelbaren Umgebung des Ausbruchspunkts — bis zu Entfernungen von fast fünfhundert Kilometern — die eindrucksvollste Wirkung, und hier drohten die größten Gefahren für Leib und Leben. Noch auf Java, fast fünfhundert Kilometer weit entfernt, schien das Unheil beängstigend nah. Am

Mittag verdunkelten Aschewolken den Himmel, und die Sonne verschwand hinter einem dunklen Schleier, den sie augenscheinlich nicht durchdringen konnte. Ein Ascheregen bedeckte Häuser, Straßen und Felder mit einer mehrere Fingerbreit dicken Schicht. Durch die Finsternis drang zwischenzeitlich das Donnern der Explosionen, das sich wie Artilleriefeuer oder auch ein fernes Gewitter anhörte. Die Ähnlichkeit zum Kanonendonner war so frappierend, daß einige Offiziere an der Küste einen Piratenangriff fürchteten und sofort Boote losschickten, um Hilfe zu holen."

Der Tambora-Ausbruch war ungleich gewaltiger als die berühmt-berüchtigte Eruption der ebenfalls in Indonesien gelegenen Insel Krakatau im Jahre 1883. Der Tambora wurde damals um fast 1300 Meter niedriger und warf insgesamt etwa 150 Kubikkilometer Asche aus. Noch vier Jahre später stießen Schiffe immer wieder auf Bimssteininseln, die im Meer trieben. So viel Asche wie damals ist nach Meinung der Klimatologen zwischen 1600 und heute bei keinem anderen Vulkanausbruch in die Atmosphäre gelangt. Sie trieb jahrelang in der oberen Stratosphäre und schirmte das einfallende Sonnenlicht merklich ab — mit der Folge für das Klima auf der Erde, daß die Temperaturen weltweit spürbar zurückgingen.

Die Vorstellung, daß Staub in den oberen Luftschichten sinkende Tempe-

Dieser Artikel ist im Januar 1983 in *Spektrum der Wissenschaft* erschienen.

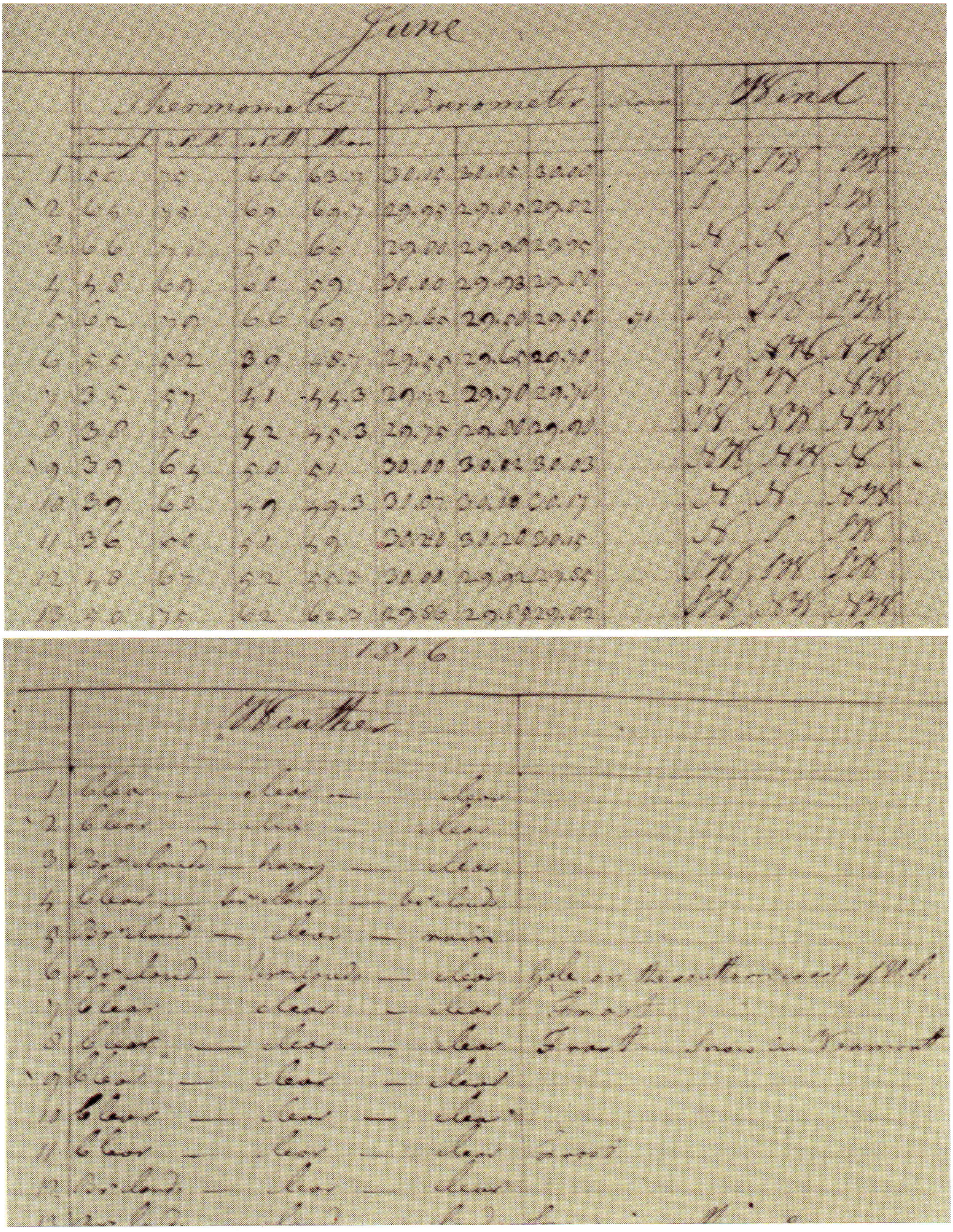

June

Handwritten meteorological table for June 1816 with columns: Thermometer, Barometer, Rain, Wind, and a lower section labelled "Weather". Dated 1816.

Bild 1: Historische Temperaturmessungen des Yale College dokumentieren für den Sommer 1816 ungewöhnlich niedrige Junitemperaturen in New Haven (Connecticut), einer Stadt gut hundert Kilometer nordöstlich von New York. Der Kälteeinbruch kam am 6. Juni – mit Temperaturen zwischen 39 und 58 Grad Fahrenheit, das entspricht 4 bis 12 Grad Celsius. Erst am 11. Juni normalisierten sich die Temperaturen wieder, lagen dann aber immer noch deutlich unter dem sonst üblichen Jahresmittel.

Diese Eintragungen finden sich in meteorologischen Jahrbüchern, die Ezra Stiles, ein Präsident des Yale Colleges, im achtzehnten Jahrhundert begonnen hatte. Die nachfolgenden Präsidenten führten die Meßreihe weiter, insbesondere auch Timothy Dwight, der 1816 amtierte, allerdings bereits im darauffolgenden Jahr starb. Es könnte daher durchaus sein, daß diese Eintragungen aus dem Jahr 1816 von seinem Nachfolger Jeremiah Day oder aber einem unbekannten Schreiber stammen.

raturen auf der Erde hervorrufen kann, ist nicht neu. Schon Benjamin Franklin sah darin die Ursache für den ungewöhnlich kalten Winter der Jahre 1783/84. Heute läßt sich dieser Zusammenhang recht sicher bestätigen, wenn man die Ergebnisse der langjährigen Temperaturmessungen, die in vielen Teilen der Welt durchgeführt wurden, mit der relativ vollständigen Liste der Vulkanausbrüche vergleicht, die in den letzten zweihundert Jahren weltweit beobachtet wurden (Bild 4).

Die Kältewellen in Neuengland ...

Nach dem Tambora-Ausbruch zirkulierte vor allem in den nördlichen Breiten Asche in der oberen Atmosphäre. Neuengland bekam die abkühlende Wirkung im folgenden Frühling zu spüren. War das Wetter in den beiden ersten Monaten des Jahres 1816 zunächst noch nicht ungewöhnlich kalt, so mehrten sich im Mai in den Zeitungen die Kommentare über das späte Einsetzen des Frühlings. Der Juni begann unheilvoll — Getreide, das den ungewöhnlich strengen „Eisheiligen" im Mai standgehalten hatte, fiel jetzt den erneuten Nachtfrösten zum Opfer. Die erste für diese Jahreszeit abnorme Kältewelle brach am 6. Juni mit eisigen Ostwinden nach Neuengland ein und dauerte bis zum 11. Juni. Im Norden fielen zwischen fünf und fünfzehn Zentimeter Schnee. Der nächste Frosteinschlag suchte dieses Gebiet am 9. Juli heim. Ein dritter und vierter folgten am 21. und 30. August, kurz bevor die dritte Saat dieses Jahres erntereif war. Die mehrfachen Kältewellen vernichteten alles — mit Ausnahme der extrem widerstandsfähigen Getreide- und Gemüsesorten.

Die Temperaturen sind in verschiedenen meteorologischen Zeitschriften dokumentiert, insbesondere auch in einer Publikation der Präsidenten des Yale College sowie in einer weiteren Zeitschrift, die William Plumer, damals Gouverneur von New Hampshire, herausgab. Natürlich gibt es darüber hinaus eine Fülle persönlicher Aufzeichnungen über das ungewöhnliche Wetter. So berichtet Hiram Harwood, ein Farmer aus Bennington im Südwesten von Vermont, in seinem Tagebuch, die Maifröste hätten ihn im Zeitplan etwa zwei Wochen zurückgebracht. Als er dann am 6. Juni frühmorgens aufwachte, sah er Schnee auf den umliegenden Berggipfeln, und am 7. Juni waren die Pflanzen auf seinen Feldern steif gefroren. Die Blätter färbten sich schwarz. Am 8. Juni setzte sich das winterliche Wetter fort — morgens fegten stürmische Nordwinde über die Felder und zeitweilig fiel sogar Schnee.

... im Spiegel der historischen Quellen

Einen nachhaltigen Eindruck hat dieser Sommer auf Chauncey Jerome gemacht, der damals als Sechsundzwanzigjähriger bei einem Uhrmacher in Plymouth (Connecticut) seine Lehre absolvierte. Er schilderte die Ereignisse 44 Jahre später in einem Buch über die Geschichte des amerikanischen Uhrmacherhandwerks: „An den 7. Juni kann ich mich sehr genau erinnern. Auf meinem Weg zur Arbeit, ungefähr 1,5 Kilometer, mußte ich mir warme Wollsachen und einen Mantel anziehen. Unterwegs wurden meine Hände so kalt, daß ich mein Werkzeug hinlegen und Handschuhe anziehen mußte, die ich mir vorsorglich in die Tasche gesteckt hatte. An diesem Tag schneite es etwa eine Stunde. Am 10. Juni zeigte mir meine Frau einige Tücher, die sie zum Bleichen ausgelegt und über Nacht draußen gelassen hatte: Sie waren steif gefroren wie im Winter. Am 4. Juli beobachtete ich während der Mittagspause einige Männer bei einem Wurfspiel. Sie hatten Mäntel an — und das bei strahlendem Sonnenwetter!"

In den Zeitungen standen ausführliche Berichte über das extrem unfreundliche Wetter. So konnte man Anfang Juni im *North Star* von Danville, Vermont, lesen: „Es ist noch nicht lange her, seit hier das ungewöhnlich lange Ausbleiben des Frühjahrs und die merkwürdigen Launen des unbeständigen Wetters zur Sprache kamen. Obwohl die Sommermonate bereits begonnen haben, ist das Wetter kein bißchen beständiger geworden, und die Aussichten haben sich um nichts gebessert. Am letzten Mittwoch (dem 5. Juni) war es allenfalls einen Tag lang so warm und schwül wie sonst an einem Septembertag; nachts war Wetterleuchten zu beobachten. Aber am Donnerstag hatte sich alles wieder geändert: Heizen war jetzt nicht nur eine Frage der Behaglichkeit, sondern schlechterdings notwendig. Den ganzen Tag über peitschte ein kalter Wind, wie man ihn sonst nur in den ersten Novembertagen oder Anfang April erwartet. Um zehn Uhr vormittags begann es zu schneien und zu hageln, und es stürmte dann weiter bis zum Abend. Wer nach draußen ging, mußte sich mit warmer Winterkleidung vor dem scharfen Wind schützen." Es folgt ein Hinweis darauf, daß das winterliche Wetter bereits seit einer Woche anhielt, bevor es weiter heißt: „Vermutlich hat noch niemand in diesem Lande so ein Wetter erlebt, und schon gar nicht über so lange Zeit."

Unmittelbar nach dem Sturm setzte schönes Wetter ein, und die Pflanzen begannen wieder zu gedeihen. Zwischen Connecticut und Quebec pflügten die Farmer ihre Felder zum zweiten Mal in diesem Jahr und bestellten sie erneut mit Mais, Bohnen und weiteren Kulturpflanzen für Nahrungszwecke.

Im Juli kam dann die zweite Kältewelle — nicht ganz so schlimm wie die erste, aber streng genug, um in Maine das Wasser gefrieren zu lassen — am 5. Juli! Vier Tage später fielen die Maispflanzen den Nachtfrösten zum Opfer, mit Ausnahme der Felder in den wenigen windgeschützten Lagen. Am 12. Juli kehrte dann in Neuengland wieder der Sommer zurück — bis zum 20. August. Dann aber schlugen erneut ungewöhnlich starke Fröste zu. Darüber schreibt Sidney Perley in seinem Buch über Stürme in der Geschichte Neuenglands: „In der Nacht zum 21. gab es Frost; in Keene und Chester (New Hampshire) erfror ein großer Teil der Ernte, vor allem Mais, Kartoffeln und Weintrauben. Auch in Maine wurden viele Nutzpflanzen erheblich geschädigt. Weiter südlich war die Kältewelle bis nach Massachusetts hinein — etwa bis zur Höhe von Boston — zu spüren. Im Westen reichte sie bis nach Stockbridge, und ließ überall frostgeschädigte Pflanzen zurück. Auf den Bergen von Vermont lag Schnee, und in den Tälern war es ungewöhnlich kalt. In Keene im Süden von New Hampshire erzählten damals die ältesten Einwohner, es hätte nie zuvor in ihrem Leben Frost im August gegeben. Selbst die Farmer im Flachland hofften nun nicht mehr darauf, daß ihr Mais noch reif würde, und ernteten ihre Felder ab, um die Pflanzen wenigstens als Futtermittel zu nützen. Aber der Mais stand noch voll im Saft, heizte sich in den Garben auf und faulte. Am 29. des Monats war die Kältewelle im Süden bis nach Berkshire (Massachusetts) vorgedrungen und ließ selbst im Flachland auf vielen Feldern den Mais absterben. Doch konnten die Farmer ein Gutteil der Ernte retten, indem sie die Halme über dem Boden abschnitten und senkrecht aufstellten. Dadurch konnten die noch saftigen Maispflanzen zu einer Notreife kommen. Hätten die Fröste nur zwei Wochen später eingesetzt, so wäre in Massachusetts wahrscheinlich eine ausgezeichnete Maisernte eingebracht worden."

In Kanada war die Kälte weitaus schlimmer. Die kleinen Seen nördlich des St.-Lorenzstromes waren noch bis Mitte Juli mit Eis bedeckt. Hier gingen selbst diejenigen Weizensorten zugrunde, die in den Vereinigten Staaten in diesem Jahr erfolgreich angebaut werden konnten, wie übrigens auch verschiedene andere Getreide mit Ausnahme von Mais. Dazu bemerkt die Wochenzeitung von Halifax, *Weekly Chronicle*: „In vielen Gemeinden der Provinz Quebec herrscht Not, weil die Nahrungsmittel

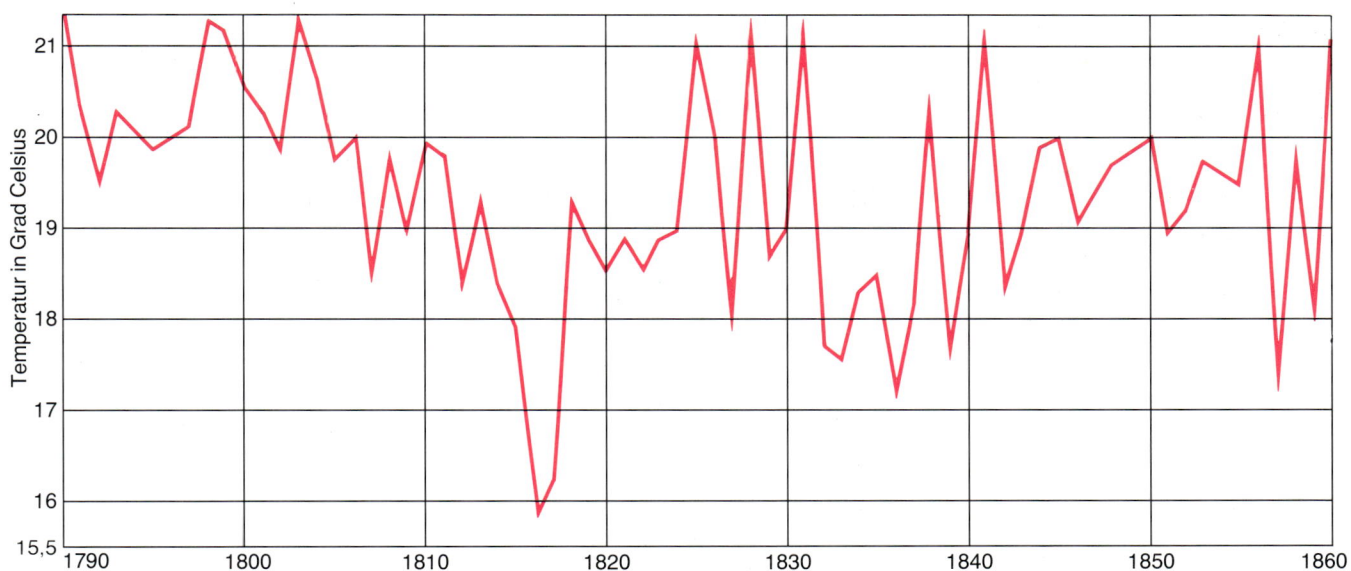

Bild 2: Der Kälteeinbruch im Juni 1816 ist in dieser Temperaturkurve für New Haven deutlich zu erkennen. Eingetragen sind jeweils die durchschnittlichen Junitemperaturen, die sich aus den meteorologischen Jahrbüchern des Yale Colleges ergeben. Die Mittelwerte beziehen sich dabei auf die Mittagstemperaturen um 14 Uhr. Sie lagen 1816 mit etwa 16 Grad Celsius um vieles niedriger als in den Jahrzehnten davor und danach. Während der Kälteeinbrüche kamen die Mittagstemperaturen an einigen Tagen sehr nah an die Null-Grad-Marke heran (Bild 3).

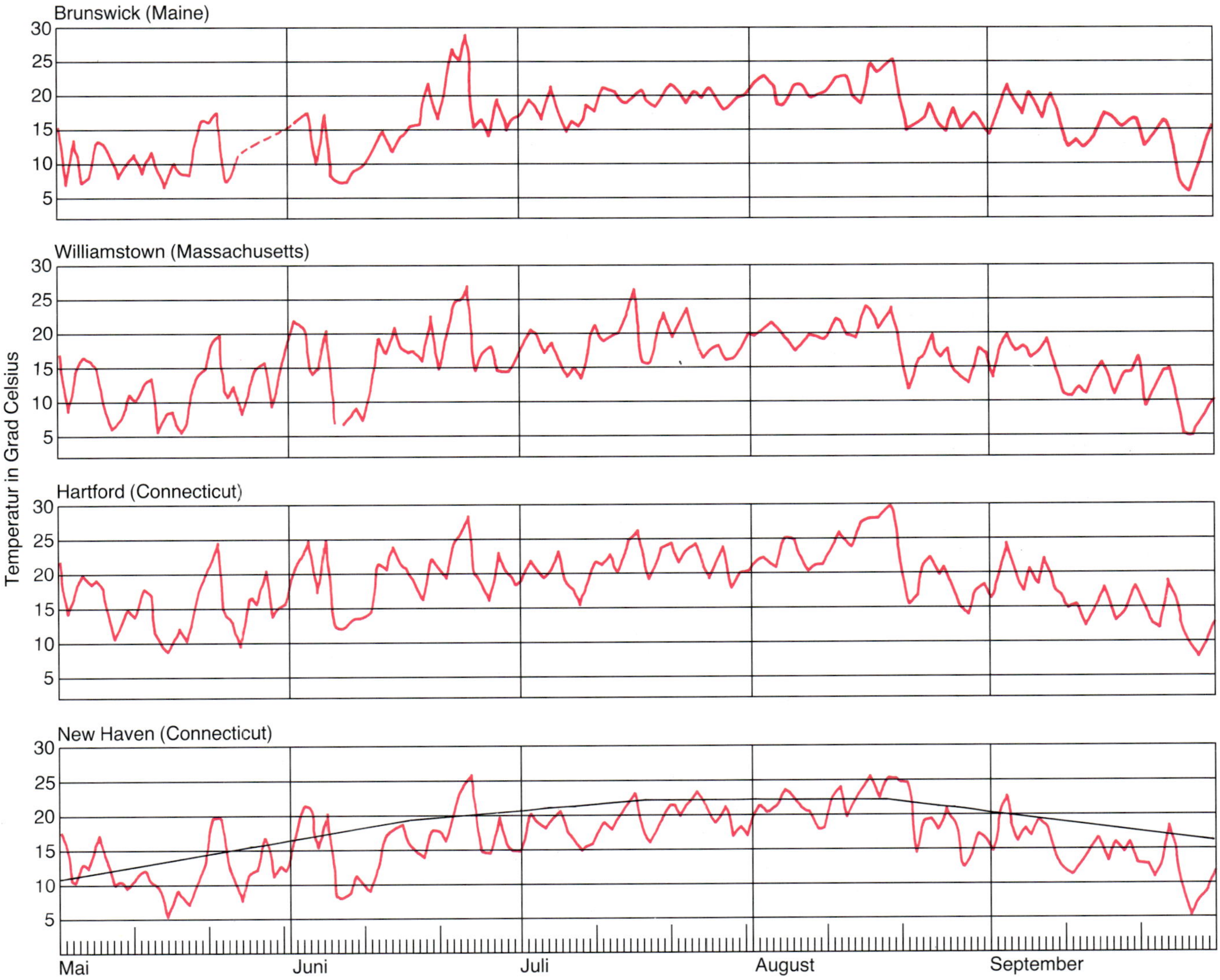

Bild 3: Mittagstemperaturen unter 5 Grad Celsius kennzeichnen die Kältewellen in Neuengland — die erste im Mai, eine weitere im Juni und die beiden letzten im späten August. Das waren die Tage mit Nachtfrösten, denen vor allem die Maispflanzen zum Opfer fielen. Auch insgesamt lagen die Temperaturen deutlich unter dem, was normalerweise in dieser Jahreszeit für Neuengland zu erwarten wäre — für New Haven ist zum Vergleich der durchschnittliche Temperaturverlauf in normalen Jahren eingezeichnet (schwarze Kurve).

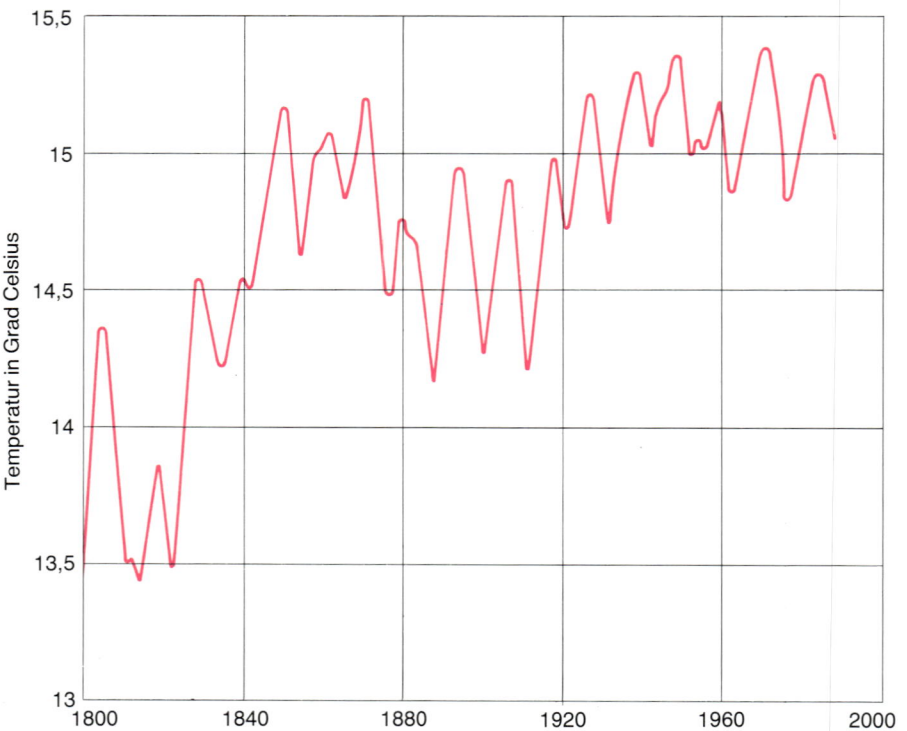

Bild 4: Diese Temperaturkurve spiegelt den Einfluß wider, den vulkanische Asche in der Atmosphäre auf das Klima hat. Stephan H. Schneider und Clifford Mass vom National Center of Research in Boulder, Colorado, berechneten sie 1979 anhand eines mathematischen Modells, das die Temperaturen als Funktion der Sonnenaktivität und der Staubdichte in der Atmosphäre darstellt. Nicht berücksichtigt ist dabei der „Treibhauseffekt" des Kohlendioxids, das durch den steigenden Verbrauch fossiler Brennstoffe in die Atmosphäre gelangt. Die Modellrechnungen von Schneider und Mass ergaben, daß Staub in der Atmosphäre einen wesentlich stärkeren Einfluß auf die Temperaturen hat als die Zahl der Sonnenflecken. Die Schwankungen in dieser Kurve beruhen also im wesentlichen auf vulkanischer Asche.

knapp sind. Brot und Milch, so sieht in diesem Jahr die Speisekarte der ärmeren Bevölkerungsschichten aus, aber viele haben noch nicht einmal Brot."

Die wirtschaftlichen und sozialen Folgen

Die vielen Einzelberichte, in denen die Zeitungen damals täglich über die Auswirkungen des ungewöhnlichen Wetters schrieben, lassen sich nur schwer zu einem in sich schlüssigen Gesamtbild zusammenfügen. Und viele der späteren Beschreibungen, die in den Büchern zur Landesgeschichte stehen, sind vermutlich übertrieben, etwa wenn behauptet wird, die Farmer hätten ganze Schafherden schlachten müssen, und viele seien durch die wetterbedingte Notlage in den Selbstmord getrieben worden. Zum Glück gibt es aber auch zuverlässige Quellen, die Auskunft über das tatsächliche Ausmaß der sozialen Folgen geben können. Dazu gehören eine Untersuchung der Gesellschaft zur Förderung der Landwirtschaft mit Sitz in Philadelphia, Listen über die Großhandelspreise für die verschiedenen landwirtschaftlichen Produkte und schließlich Statistiken über die Zahl der Auswanderer, die

aus den betroffenen Regionen abwanderten, um in die schier unbegrenzt scheinenden Weiten des Westens zu ziehen.

Die Gesellschaft zur Förderung der Landwirtschaft reagierte auf die überall diskutierte Frage nach den sozialen Folgen des kalten Sommers am 30. Oktober mit dem Beschluß, „Fakten über Landwirtschaft und Gartenbau sowie alle besonderen Umstände zusammenzutragen, die im Zusammenhang mit der extremen Wachstumszeit 1816 einhergingen; insbesondere (betrifft das) die Folgen des Frosts für die Vegetation." Kopien dieses Beschlusses wurden im ganzen Land verteilt, und bald darauf trafen die ersten Antworten in Philadelphia ein.

Als einer der ersten schrieb Samuel Latham Mitchill, Arzt und Professor für Naturgeschichte am Columbia College in New York: „In Long Island und im südlichen Distrikt unseres Staates wird es nicht einmal eine halbe Maisernte geben. Und weiter nördlich dürfte es noch weniger sein. Buchweizen ist so knapp, daß ich vor ein paar Tagen vier Dollar für einen halben Scheffel Buchweizenmehl (etwa 18 Liter) bezahlen mußte, das ich für unsere Familie einkaufte. Beim Wintergetreide waren Roggen und Weizen dagegen reichlich vorhanden . . . Vor

wenigen Wochen beschwerte sich ein Insektenkenner, daß diese Saison für das Sammeln von Insekten äußerst ungünstig gewesen sei. Dieses Vergnügen habe er, wie er sagte, so selten gehabt, daß er sein ,Museum' nur in äußerst bescheidenem Maße erweitern konnte. In New York gab es weniger Flöhe und Stechmücken als gewöhnlich."

Eine andere Antwort stammt von General David Humphreys, der sich während der amerikanischen Befreiungskriege hervorgetan hatte und 1816 Präsident der Gesellschaft für Landwirtschaft in Connecticut war. Er berichtet: „Die größten Wunden, die frühe und späte Fröste schlugen, trafen unsere wichtigste Kulturpflanze: den Mais. Hier gedieh höchstens die Hälfte der üblichen Menge; und in vielen Nachbarorten war nicht einmal ein Viertel des Mais reif und hart genug, um ihn zu Mehl zu verarbeiten. Was noch unreif, weich oder gar verschimmelt ist, eignet sich kaum, um Rinder und Schweine zu mästen . . . Das Gras auf den Weiden steht durch die Trockenheit nur halb so hoch wie sonst. Das Heu ist in seiner Qualität schätzungsweise um fast 25 Prozent besser als in einem feuchten Sommer; es enthält erheblich mehr Nährstoffe und läßt sich sehr gut lagern. Alle Getreidesorten kamen später zur Reife als sonst; vermutlich ist das einer der Gründe, warum das, was schließlich geerntet werden konnte, vollere und schwerere Ähren trug als gewöhnlich. Noch nie gab es so viel Weizen und Roggen . . .

In den Gärten gediehen manche Gemüsesorten sogar besser als sonst, jedenfalls dann, wenn morgens regelmäßig die Erde um die Pflanzen aufgelockert wurde, so daß der Tau in den Boden eindringen konnte. Einige aufmerksame Gärtner beobachteten, daß sich mehr Tau niederschlug als gewöhnlich."

Die Preise überstiegen alle Rekorde. Die Tageszeitungen veröffentlichten regelmäßig den Stand der Großhandelspreise für die meisten landwirtschaftlichen Produkte, wie insbesondere Weizen und Mehl, die man als Gradmesser für die Nahrungsmittelpreise insgesamt betrachten kann. In allen Zeitungen wurde über einen plötzlichen Anstieg der Mehlpreise berichtet, der durch die Nachricht von Mißernten in großen Teilen Europas ausgelöst wurde.

Die Weizen- und Roggenüberschüsse in Amerika hätten ausgereicht, um die europäische Nachfrage zu decken – und zwar ohne Preissteigerungen. Da jedoch nördlich von Pennsylvania ebenfalls eine Mißernte zu verzeichnen war, kletterten die Weizenpreise im Jahr 1817 auf 2,45 Dollar pro Scheffel (etwa 36 Liter); weit höher als in den meisten Jahren davor und auch danach. Hatten die Großhandelspreise zwischen 1800 und 1811 noch bei etwa 1,30 Dollar gelegen, so pendelten sie nach dem Rekord von 1817 in den folgenden dreißig Jahren meist um 1,05 Dollar.

Auf die Folgen, die der kalte Sommer für die Preise hatte, geht auch Perley in seinem Buch über die Stürme Neuenglands ein: „Im folgenden Winter und Frühjahr litten die Menschen unter Nahrungsmangel. Einige Farmer wurden an den Rand ihrer Existenz gebracht, und viele Rinder verendeten. Die ärmeren Leute konnten die Wucherpreise für Mais nicht bezahlen. Im Herbst wurde Vieh zu Schleuderpreisen verkauft, weil Futtermais und Heu extrem knapp waren. In Chester, New Hampshire, war ein Gespann aus zwei vierjährigen Ochsen für 39 Dollar zu haben.

Im darauffolgenden Frühjahr wurde eine Tonne Heu in New Hampshire in einigen Fällen für 180 Dollar gehandelt; normalerweise liegt der Preis hier bei etwa 30 Dollar. Auf dem Markt kostete ein Scheffel Mais 2 Dollar; Weizen 2,50 Dollar; Roggen 2 Dollar; Hafer 92 Cent; Bohnen 3 Dollar; Butter, das Pfund, 25 Cent; Käse 15 Cent. In Maine waren für einen Scheffel Kartoffeln 75 Cent zu zahlen – gegenüber 40 Cent im Frühjahr 1816, dem damals üblichen Preis."

Die Preisangaben, die in den New Yorker Zeitungen allwöchentlich zu finden waren, listete der Geograph Joseph B. Hoyt während dieser Zeit gesondert für Weizen und Mais sowie für Schweine- und Rindfleisch auf. Die Fleischpreise unterlagen gewöhnlich jahreszeitlich bedingten Schwankungen. Beispielsweise war Schweinefleisch im späten Herbst besonders teuer, denn jetzt behielten die Farmer ihr Vieh, um es durch den Winter zu füttern. Die Preise kletterten dann auf 24 Dollar pro 115-Liter-Faß, gegenüber 20 Dollar im späten Frühjahr. Der Sommer 1816 stellte diesen Zyklus völlig auf den Kopf. Angesichts der schlechten Aussichten bei der Heuernte verkauften viele Farmer einen Teil ihres Viehs früher als sonst, mit der Folge, daß die Fleischpreise im Sommer kräftig zurückgingen – beim Schweinefleisch auf 17 Dollar pro Faß.

Weizenexporte nach Kanada und Europa trieben die Preise in Amerika drastisch in die Höhe. Am 4. Januar 1817 stand dazu in der New Yorker Zeitung *Weekly Museum* die folgende Notiz: „In nur wenigen Wochen sollen mehr als 100 000 Faß Weizenmehl in New York, Philadelphia und Baltimore nach England verschifft worden sein; und dafür haben wir hier jetzt Mehlpreise von 14 Dollar pro Faß."

Der Sommer 1816 markierte einen Wendepunkt im Leben vieler Farmer.

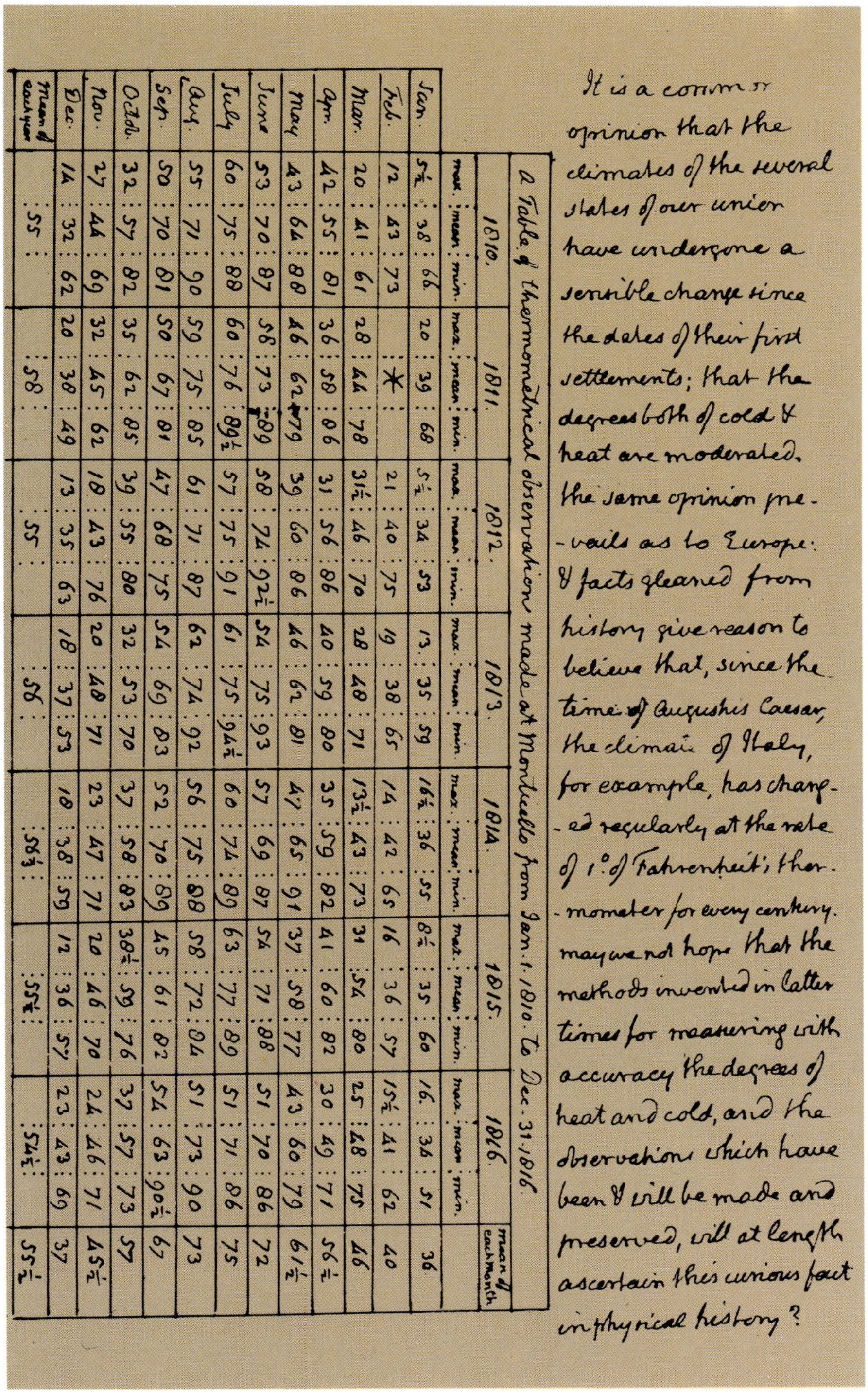
A Table of thermometrical observation made at Monticello from Jan. 1. 1810. to Dec. 31. 1816.

	1810.			1811.			1812.			1813.			1814.			1815.			1816.			
	max.	mean	min.	max.	mean	min.	max.	mean	min.	max.	mean	min.	max.	mean	min.	max.	mean	min.	max.	mean	min.	mean of each month
Jan.	5½	38	66	20	39	68	5½	34	53	13.	35	59	16½	36	55	8½	35	60	16.	36	51	36
Feb.	12	43	73		*		21	40	75	19	38	65	14	42	65	16	36	57	15½	41	62	40
Mar.	20	41	61	28	44	78	31½	46	70	28	48	71	13½	43	73	31	54	80	25	48	75	46
Apr.	42	55	81	36	58	86	31	56	86	40	59	80	35	59	82	41	60	82	30	49	71	56½
May	43	64	88	46	62	79	39	60	86	46	62	81	47	65	91	37	58	77	43	60	79	61½
June	53	70	87	58	73	89	58	74	92½	54	75	93	57	69	87	54	71	88	51	70	86	72
July	60	75	88	60	76	89½	57	75	91	61	75	94½	60	74	89	63	77	89	51	71	86	75
Aug.	55	71	90	59	75	85	61	71	87	62	74	92	56	75	88	58	72	84	51	73	90	73
Sep.	50	70	81	50	67	81	47	68	75	54	69	83	52	70	89	45	61	82	54	63	90½	67
Octob.	32	57	82	35	62	85	39	55	80	32	53	70	37	58	83	38½	59	76	37	57	73	57
Nov.	27	44	69	32	45	62	18	43	76	20	48	71	23	47	71	20	46	70	24	46	71	45½
Dec.	14	32	62	20	38	49	13	35	63	18	37	53	18	38	59	12	36	57	23	43	69	37
mean of each year		55			58			55			56			56⅓			55½			54½		55½

It is a common opinion that the climates of the several states of our union have undergone a sensible change since the dates of their first settlements; that the degrees both of cold & heat are moderated. the same opinion prevails as to Europe: & facts gleaned from history give reason to believe that, since the time of Augustus Caesar, the climate of Italy, for example, has changed regularly at the rate of 1.° of Fahrenheit's thermometer for every century. may we not hope that the methods invented in latter times for measuring with accuracy the degrees of heat and cold, and the observations which have been & will be made and preserved, will at length ascertain this curious fact in physical history?

Bild 5: Diese Tabelle der mittleren Jahrestemperaturen stellte Thomas Jefferson anhand von Wetterbeobachtungen zusammen, die er nach Ablauf seiner Präsidentenschaft zwischen 1811 und 1816 in Virginia durchführte. Im Sommer 1816 lagen auch dort die Temperaturen niedriger als in den Jahren davor – sie sind hier in Fahrenheit angegeben. Um die entsprechenden Werte in Grad Celsius zu erhalten, muß man zunächst einmal 32 subtrahieren, um die Verschiebung der Temperaturnullpunkte auf beiden Skalen zu kompensieren. Die Differenz muß dann mit einem Faktor 5/9 multipliziert werden. Beispielsweise entsprechen 50 Grad Fahrenheit gerade (50–32) · 5/9 = 10 Grad Celsius. Jefferson deutete die Temperaturschwankungen so: „Es ist eine weit verbreitete Meinung, daß sich das Klima in einigen Staaten unserer Union seit der Zeit der ersten Besiedlung deutlich geändert hat; daß nämlich der Grad an Kälte wie auch an Wärme abgeschwächt wurde. Dieselbe Auffassung wird auch für Europa geltend gemacht. Und das, was an historischen Fakten gesammelt wurde, läßt vermuten, daß sich das Klima in Italien seit der Zeit von Kaiser Augustus durchschnittlich in jedem Jahrhundert um ein Grad Fahrenheit (etwa ein halbes Grad Celsius) geändert hat. Dürfen wir nicht hoffen, daß sich dieser einzigartige Befund in der Geschichte der Naturwissenschaft auf lange Sicht in Zukunft sicher bestätigen läßt, dank der Methoden, die in letzter Zeit für eine genaue Messung der Kälte und Wärme in Graden entwickelt wurde, und dank der Beobachtungen, die schon durchgeführt und dokumentiert wurden und noch werden?" Beim Übertragen der Tabelle ist Jefferson ein kleiner Fehler unterlaufen: Die Temperaturen in den Spalten „max." und „min." sind jeweils gerade vertauscht.

Bild 6: Auf diesem Grabstein wird an den kalten Sommer 1816 erinnert. Er steht in Ashland, New Hampshire, auf einem Stück Land, das damals offenbar dem Farmer Reuben Whitten gehörte. Nach dem Hinweis auf seinen Vater, der als Soldat am Befreiungskrieg teilgenommen hatte, folgt die Bemerkung, daß Whitten „während der kalten Wachstumszeit 1816 40 Scheffel Weizen auf diesem Land erntete und damit seine Familie und seine Nachbarn vor dem Hunger bewahrte". Der Winterweizen hatte die Kälte praktisch überall in Neuengland gut überstanden und sogar eine überdurchschnittliche Ernte gebracht; dagegen war der größte Teil der Maisernte dahin − und weil Mais für die meisten Farmerfamilien damals das wichtigste Grundnahrungsmittel darstellte, gerieten im Winter 1816/17 viele Menschen in eine existentielle Notlage.

Wer früher daran gedacht hatte, in den Westen abzuwandern, der entschloß sich jetzt, es auch zu tun. War die Zahl der Auswanderer bereits seit einiger Zeit gestiegen, so setzte sich diese Entwicklung nach den Kälteeinbrüchen von 1816 verstärkt durch, wenngleich die witterungsbedingten Einflüsse sicherlich nicht der einzige Faktor waren. Besonders stark machte sich diese Entwicklung in Vermont und Maine bemerkbar. Nach Angaben von L. D. Stilwell, einem Historiker aus Vermont, war die Zahl der Auswanderer zwischen 1816 und 1817 fast doppelt so hoch wie in den Jahren davor und danach. Im Einwanderungsland Ohio spiegelt sich das ebenfalls in Zeitungsberichten wider. So schreibt der *Messenger* von Zanesville am 31. Oktober 1816, daß „die Zahl der Emigranten aus dem Osten in diesem Jahr alles übersteigt, was zuvor prophezeit wurde".

Der Sommer 1816 in Europa

In weiten Teilen Südeuropas hatte der rauhe Sommer 1816 sogar noch schwerwiegendere Konsequenzen als in den Vereinigten Staaten. Die Kältewelle verringerte die Ernte hier zu einem Zeitpunkt, als viele Länder sich gerade von den Folgen der Befreiungskriege zu erholen begannen, die 1815 mit Napoleons Verbannung nach St. Helena geendet hatten. Die schlechte Ernte brachte die Menschen vielerorts an den Rand einer Hungersnot. Betrachten wir stellvertretend für die betroffenen Länder zunächst Frankreich und die Schweiz.

Zürich war seit dem Mittelalter einer der großen Getreidemärkte Europas. An den historischen Preislisten lassen sich Zeiten der Knappheit ablesen: 1692, 1770−71 und auch 1816−17. Aus der örtlichen Presse geht hervor, daß 1816 ein ungewöhnlich kaltes und trockenes Jahr mit ungünstigen Wachstumsbedingungen war. Versuche, die Verluste auf den Weizenfeldern durch eine zweite Aussaat wettzumachen, scheiterten hier daran, daß nicht genug Saatgut in den staatlichen Kornspeichern vorrätig war. Gegen Ende des Jahres kam es vor allem in den Städten zu schwerwiegenden Engpässen in der Nahrungsmittelversorgung. Ein Blick in die Sterberegister bestätigt eindeutig einen Zusammenhang zwischen Nahrungsmangel und einer Häufung der Todesfälle. Die Kirchen riefen am 26. Januar 1817 zu einer besonderen Spende für die Hungernden und Elenden auf. In ihrer Not aßen die Menschen alles, was sie bekommen konnten; auch Sauerampfer, Moos und Katzenfleisch. Es gab Aufklärungsschriften, die helfen sollten, die eßbaren Wildpflanzen von den giftigen zu unterscheiden.

In Frankreich sah es nicht besser aus. Von den Feldzügen und der Niederlage bei Waterloo ohnehin am schwersten geschlagen, verfügten die französischen Kleinbauern und Landarbeiter über keinerlei Reserven mehr, um den Unbilden des Sommers 1816 zu entgehen. Schließlich hatten sie mit dem Niedergang des Adels auch ihre Schutzpatrone verloren, die sich – einer der positiven Aspekte der Feudalordnung – für die Versorgung der Landbevölkerung einsetzten. Das Land befand sich politisch im Umbruch, nachdem Ludwig XVIII. und Talleyrand vergeblich versucht hatten, die konstitutionelle Monarchie wiedereinzuführen, bevor Napoleon nochmals für hundert Tage an die Macht kam. Die politischen Unruhen schwächten die Wirtschaft, die ohnehin 1815 durch die Invasion der Alliierten bereits erheblich in Mitleidenschaft gezogen war. Hatte es bereits dadurch Engpässe in der Lebensmittelversorgung gegeben, so spitzte sich die Lage nach der schlechten Ernte von 1816 erheblich zu. Die wirtschaftlichen Rückschläge und die hohen Preise für Nahrungsmittel trugen maßgeblich zum politischen Aufruhr der folgenden Jahre bei.

In Poitiers gab es einen Aufstand, als Weizen mit einer Steuer von 3 Francs pro Scheffel belegt wurde. Getreidetransporte mußten auf dem Weg durch das Loiretal von Polizei und Militär begleitet werden, die manchmal bis zu zweitausend hungrige und aufgebrachte Bürger abzuwehren hatten. Farmer, die eine gute Ernte einfahren konnten, trauten sich nicht, ihr Getreide auf den Markt zu bringen – aus Furcht vor Wegelagerern.

Im August führte die Regierung Einfuhrzölle für Getreide ein. Im November war sie dann bereits auf der Suche nach Importangeboten, um die Versorgung sicherzustellen. Die Weizenpreise kletterten im Frühjahr 1817 in Frankreich auf Höhen, wie sie zwischen 1801 und 1912 in keinem anderen Jahr erreicht wurden – das zeigen neuere Untersuchungen von J. P. Housel. Damals lagen die Preise fast doppelt so hoch wie im Langzeitmittel, also ganz ähnlich wie in den Vereinigten Staaten. Erst im Herbst 1817 entspannte sich die Lage.

(Anmerkung der Redaktion: Der Kälteeinbruch im Sommer 1816 war in Europa keineswegs so markant wie in Neuengland, denn er fiel in eine Periode mit schlechten Sommern, die bereits 1812 eingesetzt hatte – vor Ausbruch des Tambora-Vulkans. Im darauffolgenden Jahrzehnt gingen die Sommertemperaturen in Mitteleuropa durchschnittlich um 1,1 Grad Celsius zurück – in Südwestdeutschland, am Oberrhein und in Oberitalien waren es sogar 1,2 bis 1,4 Grad Celsius. Rückgänge von 2,4 Grad (in Paris) bis 3,8 Grad (in Mailand) kennzeichnen die Rekorde dieses Sommers. Weiter nördlich kam das Temperaturdefizit jedoch – anders als an der amerikanischen Ostküste – nicht an die Spitzenwerte heran. In Berlin war beispielsweise der Sommer 1844 mit einem Temperaturrückgang von 2,6 Grad noch kälter als 1816 (mit „nur" 2,4 Grad). In Skandinavien lagen die Temperaturen sogar nahezu ein Grad höher als in den kältesten Jahren davor oder danach. Die sozialen Folgen der schlechten Sommer waren jedoch in Europa ganz ähnlich wie in Neuengland. Auch hier stiegen die Auswandererzahlen – besonders in den Weinbaugebieten. Viele Winzer, die nach 1811 (mit einem Jahrhundertwein) praktisch nur noch schlechte Ernten verzeichnet hatten, suchten nun ihr Glück in Amerika.)

Die Choleraepidemie von 1832

Möglicherweise ist das kalte Wetter im Sommer 1816 auch die Ursache einer weltweiten Choleraepidemie, die 1832 auch die Vereinigten Staaten heimsuchte. Das jedenfalls vermutet J. D. Post von der Northeastern University. Einiges spricht dafür, wenngleich sich diese Vermutung nicht beweisen läßt.

Aus historischen Quellen geht hervor, daß die Cholera vor dieser Zeit auf die Pilgerstraßen der hinduistischen Mönche im Gangestal beschränkt war und nur gelegentlich bis nach China vordrang. Als nach den Mißernten von 1816 auch in Indien eine Hungersnot ausbrach, konnte sich die Seuche bis nach Bengalen ausbreiten. Von dort schleppten britische Truppen sie nach Afghanistan und Nepal ein. Nachdem sie das Kaspische Meer erreicht hatte, breitete sie sich langsam immer weiter nach Westen aus: im Norden über die Wolga bis hinauf in die baltischen Staaten und im Süden über die Pilgerpfade nach Mekka bis in den Mittleren Osten. Zu einer Zeit, als es weder Eisenbahnen noch Flugzeuge gab, ging der Vormarsch einer Seuche noch verhältnismäßig langsam vonstatten, ähnlich wie wir es heute noch bei Pflanzenkrankheiten beobachten.

Als die erste Cholerawelle im Sommer 1832 New York erfaßte und jeder – wenn irgend möglich – vor der Seuche aufs Land floh, dachten wohl weder die schutzsuchenden Städter noch ihre Gastgeber auf dem Lande daran, daß die Epidemie etwas mit dem schlechten Wetter von 1816 zu tun haben könnte. Zuerst waren nur aus Europa und dem Nahen Osten Schreckensmeldungen eingetroffen, die über das Wüten der Seuche von Moskau bis Paris berichteten; später kam dann die bestürzende Nachricht, daß die Cholera den Atlantik überquert und Montreal erfaßt hatte. New York suchte sie am stärksten um den 20. Juli heim; auf ihrem Höhepunkt forderte sie täglich hundert Todesopfer. Besonders hart traf es die – wie man es damals ausdrückte – niederen Stände. Die auffällig hohe Sterblichkeit in diesen Bevölkerungsschichten war zweifellos eine direkte Folge unzureichender sanitärer Einrichtungen und einer schlechten Wasserversorgung – für New York später ein Grund, das Croton Aquädukt zu bauen, das noch heute große Teile der Stadt mit Wasser versorgt.

Was zwischen dem kalten Sommer 1816 und der Choleraepidemie von 1832 geschah, läßt sich allenfalls zu einer dürftigen Beweiskette verknüpfen. Sicher hat das schlechte Wetter in Bengalen die Hungersnot verursacht, und der Hunger wiederum bereitete den Boden für den Vormarsch der Cholera. Aber auch ohne die Hungersnot wäre die Seuche wohl nicht zu stoppen gewesen – europäische Kolonialtruppen hätten sie sicher früher oder später weltweit verbreitet.

Der kalte Sommer von 1816 hat sich auch in den Schriften zeitgenössischer Naturforscher niedergeschlagen. Einige führten ihn auf Sonnenflecken zurück. Der Akustiker Ernst Chladni machte ein Vordringen arktischen Eises im Nordatlantik für die Kälte verantwortlich. Er erläuterte seine Theorie in den *Annalen der Physik* und versuchte, sie mit Beobachtungen von Seeleuten zu belegen, die im Nordatlantik vermehrt Eisberge gesichtet hatten. Andere meinten, die Blitzableiter, die Franklin erfunden hatte, seien an allem schuld. Sie glaubten, daß sich die Erde im Inneren elektrisch aufheizt und nach dem Prinzip der Widerstandsheizung beträchtliche Wärmemengen abgibt. Der natürliche Fluß sei hier durch die Blitzableiter unterbrochen worden, was schließlich das kalte Wetter heraufbeschworen habe. Auf die richtige Erklärung sind wir bei keinem dieser Naturforscher gestoßen. Niemand erkannte als wahre Ursache den gewaltigen Ausbruch des Tambora-Vulkans, obwohl Franklin bereits dreißig Jahre zuvor auf die meteorologischen Auswirkungen von Staub in der Atmosphäre hingewiesen hatte. Nur die Zeitungen rückten beide Ereignisse in ein gemeinsames Blickfeld: Wetterbericht und Reportagen über die schwimmenden Bimssteininseln im Pazifik standen oft Seite an Seite.

Die Verschmutzung der Atmosphäre durch El Chichón

Der eher schwache Ausbruch des El Chichón im Frühjahr 1982
in Mexiko bewirkte für lange Zeit farbenprächtige Sonnenuntergänge: Der Vulkan
hatte eine gewaltige Dunstwolke aus Schwefelsäuretröpfchen in die Stratosphäre
geschleudert. Wie beeinflussen solche Aerosole das Klima?

Von Michael R. Rampino und Stephen Self

Der Ausbruch des Vulkans El Chichón in Mexiko Ende März bis Anfang April 1982 war zwar nicht besonders stark; dennoch wurde eine ungewöhnlich große Menge vulkanischer Asche und Gase in die Stratosphäre geblasen. Wie Satellitenaufnahmen unmittelbar nach der Eruption zeigten, bewegte sich das mehr als 25 Kilometer emporgeschleuderte Material rasch westwärts, und bereits nach ein paar Wochen umspannte ein feiner Dunstschleier die Erde. Innerhalb eines knappen Jahres hatte er sich über die gesamte Nordhalbkugel und ein gut Teil der Südhalbkugel ausgedehnt.

Seit einiger Zeit ist bekannt, daß vulkanische Wolken in der Stratosphäre das Weltklima beeinflussen können, vor allem indem sie die mittlere Temperatur auf der gesamten Erde oder zumindest auf einer Hemisphäre sinken lassen. Bis vor kurzem galt das Volumen der bei einer Eruption ausgestoßenen feinen

Bild 1: Beim Ausbruch des El Chichón im Frühjahr 1982 wurden die oberen 200 Meter des alten Vulkankegels weggesprengt. Der Vulkan befindet sich in einer entlegenen Gegend Südmexikos und hatte bis dahin etwa 600 Jahre lang geruht. Eine der wenigen Photographien vor dem Ausbruch (links) zeigt den alten Kraterrand, die Staukuppe über dem Zentralschlot und eine weitere Staukuppe an einer Flanke des Vulkans

Asche- und Staubteilchen als ein guter Anhaltspunkt für die Dichte der entstehenden Wolke und damit für das Ausmaß der zu erwartenden Klimaeffekte. So hat der britische Klimatologe Hubert H. Lamb 1970 einen Dunstschleier-Index eingeführt und auf historische Vulkanausbrüche angewandt; er berücksichtigte dabei außer der Abnahme der Temperaturen an der Erdoberfläche in den Jahren nach dem Ausbruch und Berichten über atmosphärische optische Erscheinungen insbesondere Schätzungen der ausgetretenen Aschemenge. In den letzten zehn Jahren ist nun freilich deutlich geworden, daß der größte Teil des Staubes innerhalb weniger Monate wieder aus der Atmosphäre ausfällt und daß langlebige vulkanische Wolken nicht aus Staubteilchen, sondern aus einem Aerosol aus Schwefelsäuretröpfchen bestehen. Somit dürfte die Menge an freigesetzten schwefelreichen Gasen ein besserer Indikator für die atmosphärischen Auswirkungen einer explosiven vulkanischen Eruption sein als das Volumen der ausgestoßenen Asche.

Die Eruption des El Chichón bewies zum ersten Mal, daß ein relativ schwacher, aber schwefelreicher Vulkanausbruch tatsächlich eine dichte, weltweite Stratosphärenwolke erzeugen kann. Obwohl El Chichón nicht mehr Asche auswarf als der Mount St. Helens im Mai 1980, erzeugte er eine im Durchschnitt etwa hundertmal dichtere Stratosphärenwolke. Tatsächlich war es die dichteste Wolke, die seit der Eruption der indonesischen Insel Krakatau im Jahre 1883 auf der Nordhalbkugel beobachtet wurde. Während die Wolke des Mount St. Helens hauptsächlich aus feinen Ascheteilchen bestand, die sich rasch zu größeren Partikeln zusammenballten und aus der Atmosphäre wieder ausfielen, hinterließ der El Chichón einen dichten Dunstschleier aus Schwefelsäuretröpfchen, der einige Jahre brauchen wird, bis er sich vollständig aufgelöst hat.

Die Größe der Aerosolwolke und die geologischen Charakteristika eines Vulkans — wie die Zusammensetzung seiner Förderprodukte und die Art seiner Eruption — hängen miteinander zusammen. In dieser Hinsicht war El Chichón ziemlich atypisch. Vulkane mit hohem Kieselsäure-Gehalt brechen gewöhnlich sehr heftig aus, fördern aber kaum Schwefel oder Schwefelverbindungen. Umgekehrt ist es bei kieselsäurearmen Vulkanen. Als Vulkan mit mittlerem Kieselsäure-Gehalt brach El Chichón zwar so heftig aus, wie es zu erwarten war; doch die ausgestoßene Schwefel-

menge lag weit über dem bei Vulkanen seines Typs üblichen Wert. Um eine Erklärung für diese Anomalie bemühen sich die Geologen noch immer. Möglich wäre, daß der Schwefel von einer Sedimentschicht unter dem Vulkan stammt, oder aber von Sulfid-Ablagerungen auf einer Platte der Erdkruste herrührt, die am Ort des Vulkans unter eine andere abtaucht und dabei aufschmilzt.

Der Ursprung des Dunstschleiers

Das Schwefelsäure-Aerosol entsteht durch die photochemische Reaktion von vulkanischen Schwefelgasen mit Wasserdampf in der Stratosphäre. Einen Rückgang der mittleren globalen Temperatur bewirkt es, weil die Tröpfchen die Sonnenstrahlung sowohl absorbieren als auch zurück in den Weltraum streuen.

Die Reaktionen, über die sich die Schwefelsäure bildet, sind jedoch komplex und die einzelnen Reaktionsschritte noch nicht vollständig aufgeklärt. Ferner ist nicht ganz klar, wie einzelne zeitabhängige Parameter — so das Entstehen der Schwefelsäure, das Wachsen der Aerosol-Tröpfchen und die Ausbreitung der Wolke — jeweils die Klimaeffekte einer vulkanischen Aerosolwolke beein-

(vorne links), die einen Nebenschlot verschloß. Der neue Krater (rechts) liegt innerhalb des alten, unter frischen vulkanischen Ablagerungen verborgenen Kessels. Während der Regenzeit hat sich dort Wasser angesammelt und einen heißen, sauren See entstehen lassen. Dessen Temperatur beträgt etwa fünfzig Grad, und sein pH-Wert liegt unter eins. Bei dem Ausbruch wurden große Mengen Schwefelgase in die Stratosphäre befördert.

flussen. Zum Teil liegt das daran, daß zu wenig Datenmaterial über vulkanische Wolken in der Stratosphäre existiert.

Die atmosphärischen Auswirkungen des El-Chichón-Ausbruchs sind besser dokumentiert als die irgendeiner anderen Eruption, bei der eine große Stratosphärenwolke entstand. Die Natur hat hier gleichsam selbst ein Experiment geliefert, mit dem sich Meßinstrumente sowie theoretische Modelle des Chemismus und der klimatischen Auswirkungen vulkanischer Aerosole in der Stratosphäre überprüfen lassen. Zwar ist die Fülle von Informationen, die während und nach der Eruption gesammelt wurden, noch immer nicht komplett ausgewertet; doch schon jetzt zeichnen sich einige Überraschungen ab. So deuten die Temperaturdaten darauf hin, daß die Aerosolwolke die größte Temperaturänderung auf der Nordhalbkugel schon zwei Monate nach dem Ausbruch bewirkte – viel eher, als es die meisten Klimamodelle vorhergesagt hatten.

Der El Chichón liegt auf 17,33 Grad nördlicher Breite und 93,2 Grad westlicher Länge in Chiapas, dem südlichsten Bundesstaat Mexikos. Drei Platten der Erdkruste stoßen in der Nähe Südmexikos aneinander: die Nordamerikanische Platte, die Karibische Platte und die Cocos-Platte (Bild 3). Der Vulkanismus des Gebiets rührt vom Abtauchen der Cocos-Platte unter die Nordamerikanische Platte her. Der El Chichón und einige verwandte vulkanische Zentren sitzen jedoch in einer Lücke zwischen dem transmexikanischen Vulkangürtel im Norden und dem guatemaltekischen Vulkangürtel im Süden. Diese isolierte Lage mag mit einem Bruch in der Cocos-Platte zusammenhängen, der von der Subduktion des Tehuantepec-Rückens vor der südwestlichen Küste Mexikos herrührt.

Der El Chichón wurde erstmals 1928 als 1260 Meter hoher Vulkangipfel beschrieben. Die Schlote in seinem Innern waren damals von Staukuppen und Eruptionspfropfen aus erstarrter Lava verschlossen (Bild 1). Obwohl Fumarolen im Krater seit vielen Jahren ihre heißen Dämpfe ausspieen, war der Vulkan lange nicht mehr aktiv gewesen. Nach neuesten Kohlenstoff-14-Datierungen hatte sein letzter Ausbruch, der vermutlich zehnmal so stark war wie der von 1982, zwischen 1350 und 1400 nach Christus stattgefunden.

Einen Monat vor dem jüngsten Ausbruch setzten Erdbeben ein. Sie wurden von einem Netz von Seismographen registriert, die man 1980 in dem Gebiet aufgestellt hatte, um die eventuell von ei-

Dieser Artikel ist im März 1984 in *Spektrum der Wissenschaft* erschienen.

nem Stausee verursachte seismische Aktivität zu überwachen. Schon zu Anfang lagen die Erdbebenherde nicht sehr tief (weniger als fünf Kilometer unter der Erdoberfläche), und vor dem Ausbruch hatten sie sich noch weiter nach oben verlagert (bis in weniger als zwei Kilometer Tiefe). Ausgelöst wurde die seismische Aktivität wahrscheinlich durch den Aufstieg von Magma an die Oberfläche oder durch die Wechselwirkung zwischen Magma und Grundwasser.

Der Eruptionsverlauf ließ sich aus den vom Vulkan hinterlassenen Ablagerungen in Verbindung mit Augenzeugenberichten rekonstruieren. Die Ablagerungen wurden schon bald nach dem Ausbruch von Haraldur Sigurdsson und Steven N. Carey von der Universität von Rhode Island sowie von J. M. Espindola von der Autonomen Nationaluniversität Mexikos kartiert. Die Grenzen zwischen den drei Haupteruptionen am 28. März, am 3. April und am 4. April 1982 sind am Wechsel in den Korngrößen der Ascheschichten zu erkennen.

Alle drei Ausbrüche waren vom plinianischen Typ, so benannt nach Plinius dem Jüngeren, der den Ausbruch des Vesuv im Jahre 79 nach Christus beschrieb. Typisch für plinianische Ausbrüche sind gewaltige Eruptionssäulen aus Gas, Staub, Asche und Bimsstein, die durch Konvektion Dutzende von Kilometern in die Höhe getrieben werden.

Die drei erwähnten Eruptionen schleuderten nicht nur die Gase und Staubpartikel empor, aus denen sich später die Stratosphärenwolke bildete, sondern hinterließen auch die meisten Ablagerungen am Boden. Die Säule des zweiten Ausbruchs sank jedoch in sich zusammen, bevor sie sich auflöste, und erzeugte so pyroklastische Ströme: Lawinen aus heißem Gas, Asche und Bimsstein, die sich am Boden entlangwälzten. Sie hinterließen charakteristische Ablagerungen eigener Art.

Die drei Haupteruptionen

Die erste plinianische Eruption setzte am 28. März um 23.32 Uhr ein und dauerte fünf bis sechs Stunden. Die zweite begann am 3. April um 19.35 Uhr. Im Unterschied zur ersten wurden diesmal große Mengen alten Vulkangesteins ausgeworfen. Das Magma hobelte also den Vulkanschlot bei seinem Durchtritt nun seitlich ab und erweiterte ihn dabei. Die Aufweitung des Schlots verminderte die Eruptionsgeschwindigkeit; das war wohl der Grund für den Kollaps der Eruptionssäule.

Plinianische Eruptionen treten auf, wenn die Eruptionsgeschwindigkeit groß und der Vulkanschlot eng (weniger als

200 Meter im Durchmesser) ist. Im unteren Teil wird die Säule von der kinetischen Energie angetrieben, die das Magma gewinnt, während es unter Druck durch den Schlot gejagt wird. Die Energie für den oberen Teil der Säule liefern Konvektionsströme, die das heiße Material in der Atmosphäre in Gang setzt. Läßt die Eruptionsgeschwindigkeit nach, so kann der Kopf der Säule spezifisch schwerer als die umgebende Luft werden und die Säule in sich zusammensinken. Das noch heiße Material stürzt dann zurück auf den Boden in der Umgebung des Vulkanschlots und schießt – angetrieben von der Fallenergie und fließfähig gemacht von den heißen Gasen und erwärmter Luft – wie eine Flutwelle nach außen davon. Dabei trennt es sich in dichtere, langsamere Ströme und weniger dichte, schnellere Wogen. Die pyroklastischen Wogen laufen vor den Strömen her und breiten sich vom Vulkan mehr oder weniger gleichmäßig in alle Himmelsrichtungen aus, während sich die Ströme im allgemeinen dem Gelände anpassen.

Die vom El Chichón erzeugten pyroklastischen Wogen zerstörten die dichten Wälder an seinen Flanken und auf den angrenzenden Hügeln in einem Radius von acht bis neun Kilometern um den Krater. Die meisten Bäume innerhalb dieser Zone wurden umgeknickt und verkohlt, auf der dem Vulkan zugewandten Seite geschwärzt oder wie von einem Sandstrahlgebläse zerfressen. Die Temperaturen waren hoch genug, um totes Holz und Holzhäuser zu entzünden, reichten aber im allgemeinen nicht aus, um lebende Bäume in Brand zu setzen.

Trotz ihrer zerstörerischen Gewalt hinterließen die Wogen nur eine dünne Ablagerung, die sich zum Schlot hin allmählich verdickt. Direkt hinter ihnen stürzten die pyroklastischen Ströme die schmalen Flußtäler an den Vulkanhängen hinab. Von ihnen zeugen relativ mächtige, radial um den Krater verteilte Ablagerungen aus Asche und Bimsstein, darunter bis zu einem Meter große Blöcke aus dichtem Vulkangestein sowie verkohlte Baumstämme.

Die dritte Eruption begann am 4. April um 5.22 Uhr und erzeugte wie die zweite Ablagerungen aus Asche und Bimsstein, die gleichfalls von großen Mengen alten Vulkangesteins durchsetzt sind. Diesmal scheint sich die Eruptionssäule jedoch aufgelöst zu haben, ohne vorher zu kollabieren. Dicht am Vulkan sind die Ablagerungen des dritten Ausbruchs mit feinkörniger Asche bedeckt, die wahrscheinlich entstand, als heißes Material aus pyroklastischen Strömen in den Tälern mit dem Hochwasser der Regenzeit in Kontakt kam und Dampfexplosionen hervorrief.

Bild 2: Der Schwefelgehalt vulkanischen Gesteins, das direkt außerhalb des Kraterrandes abgelagert wurde, verrät sich durch die gelbe Farbe. Wie chemische Analysen ergaben, enthält die Vulkanasche des El Chichón ungewöhnlich große Mengen an Sulfat: bis zu zwei Gewichtsprozent. Es liegt überwiegend in Form von farblosen Anhydritkristallen (Calciumsulfat, $CaSO_4$) vor, die in vulkanischem Gestein sonst selten sind. Die gelbe Kruste auf den Ablagerungen besteht aus elementarem Schwefel, der vermutlich bei der Zersetzung von Anhydrit frei wurde. Man schätzt die Masse der bei dem Vulkanausbruch in die Atmosphäre geschleuderten Schwefelgase auf zwanzig Millionen Tonnen.

Ungewöhnlich schwefelreiche Vulkanasche

Das vom El Chichón geförderte Volumen an Asche und Bimsstein war nicht besonders groß: zwischen 0,5 und 0,6 Kubikkilometer. Im Vergleich dazu wurden 1902 bei der Explosion des Vulkans Santa Maria in Guatemala 10 Kubikkilometer, 1883 beim Ausbruch von Krakatau 20 Kubikkilometer und 1815 bei der Eruption des Tambora in Indonesien sogar mehr als 175 Kubikkilometer Material ausgeworfen.

Die vom El Chichón geförderte Asche gehört ihrer Zusammensetzung nach zur Gruppe der Andesite – Gesteinen, die gewöhnlich von Vulkanen an Subduktionszonen ausgestoßen werden. (Das kaliumreiche Magma des El Chichón ist ein spezieller Typ, den man als Trachyandesit bezeichnet.) Die chemische Zusammensetzung von Magmen kann in weiten Grenzen variieren. Sie reicht vom kieselsäurearmen, eisenreichen Basalt über Andesit bis zum kieselsäurereichen und eisenarmen Dacit und Rhyolit. Da sich Schwefel in den eisenreichen Magmen besser löst als in eisenarmen, enthält Basalt im allgemeinen mehr Schwefel als Rhyolit. Damit jedoch eine beträchtliche Aerosol-Menge in die Stratosphäre gelangt, muß ein Ausbruch auch explosiv genug sein, um die Schwefelgase hoch in die Atmosphäre zu schleudern; kieselsäurearme Magmen aber treten meist weniger heftig aus als kieselsäurereiche. Daher sind Eruptionen von Material mittlerer Zusammensetzung noch am ehesten in der Lage, große Mengen Schwefelgas in die Stratosphäre zu befördern.

Auch die Geschichte spricht dafür, daß zwischen den atmosphärischen Auswirkungen von Eruptionen und dem Typ des geförderten Magmas eine grobe Beziehung besteht. So ist der Gunung Agung auf Bali, nach dessen Ausbruch 1963 eine ausgedehnte Stratosphärenwolke entstand, ein andesitischer Vulkan; und beim Ausbruch von Krakatau, der ersten Eruption, deren atmosphärische Auswirkungen gründlich untersucht wurden, traten riesige Mengen von dacitischem Magma aus.

Der Schwefelgehalt in den Ascheablagerungen des El Chichón wäre freilich für jede Art von Ausbruch anomal hoch (Bild 2). So fanden Johan C. Varekamp von der Wesleyan-Universität in Middletown (Connecticut) und James F. Luhr von der Universität von Kalifornien in Berkeley, die mit als erste Proben sammelten und die chemische Zusammensetzung der Ascheablagerungen analysierten, bemerkenswert hohe Sulfatwerte: bis zu zwei Gewichtsprozent. Unter dem Mikroskop waren freie Kristalle von Anhydrit ($CaSO_4$), einem in Vulkangestein seltenen Sulfat-Mineral, zu erkennen. Beim Waschen der Asche zeigte sich, daß Schwefel an der Oberfläche der Ascheteilchen absorbiert war. Offenbar hatte sich ein Teil der im Verlauf der Eruption freigesetzten Schwefelgase auf ihnen niedergeschlagen.

Der ungewöhnlich hohe Schwefelgehalt der Asche stammt möglicherweise von schwefelreichen Sedimentschichten unter dem Vulkan (Bild 4 oben). Eine Tiefbohrung, die auf der Suche nach Erdöl in der Nähe des El Chichón niedergebracht worden war, führte durch mächtige Schichten aus sedimentärem Anhydrit und Salz, die bei der Austrocknung flacher Meeresbecken vor etwa 100 Millionen Jahren entstanden waren. Einige Wissenschaftler äußerten daher die Vermutung, daß das Magma beim Aufstieg durch diese Schichten große Schwefelmengen aufgenommen habe. Doch die Frage nach dem Ursprung des Schwefels bleibt nach wie vor ungeklärt. So meint William I. Rose jr. von der Technischen Universität von Michigan, daß der Schwefel gemeinsam mit dem Magma aus großen Tiefen emporgestiegen sein könnte.

Ein hoher Schwefelanteil in neugebildetem Magma würde allerdings eine ungewöhnliche Schwefelquelle in der abtauchenden Krustenplatte voraussetzen. So etwas gibt es: An einigen mittelozeanischen Rücken, wo neue Kruste gebildet wird, speien hydrothermale Schlote heiße, schwefelreiche Lösungen aus, die die Kruste mit Schwefelablagerungen überziehen. Taucht ein solcher Krustenteil später ab und schmilzt auf, so könnten ungewöhnlich schwefelreiche Magmen entstehen (Bild 4 unten).

Woher der Schwefel in den Anhydritkristallen und anderen Auswurfprodukten des El Chichón stammt, dürfte seine Isotopenverteilung verraten. So sollte der Schwefel in Meeressedimenten einen größeren Anteil des schwereren der beiden Schwefelisotope besitzen als der in Magma. Nach ersten Untersuchungen ist der Schwefel des El Chichón beiderlei Ursprungs; welchen Anteil aber jede Quelle genau beigesteuert hat, läßt sich noch nicht sagen.

Angenommen also, ein Magma enthält große Mengen Schwefel gleich welchen Ursprungs. Wieviel dieses Elements wird dann bei einer Eruption aus der Gesteinsschmelze freigesetzt, und wie läßt sich der in Gasform entweichende Anteil bestimmen? Joseph D. Devine von der Universität von Rhode Island und Sigurdsson haben eine Methode entwickelt, nach der sich der Schwefelgehalt des Magmas vor der Eruption über die Zusammensetzung von Kristalleinschlüssen ermitteln läßt. Kristalle, die sich unmittelbar vor einer Eruption im Magmakörper bilden, nehmen manchmal während ihres Wachstums etwas Gesteinsschmelze in sich auf. Das eingeschlossene Magma bildet dann oft, statt zu kristallisieren, kleine Glasperlen. Die Zusammensetzung dieses Glases spiegelt nun den Gehalt des Magmas an flüchtigen Bestandteilen wie schwefelreichen Gasen vor dem Ausbruch wider.

Devine und Sigurdsson maßen also mit einer elektrischen Mikrosonde zunächst den Schwefelgehalt von Schmelzeinschlüssen in den Ascheablagerungen verschiedener Vulkane. Dann bestimmten sie den Schwefelgehalt vulkanischer Gläser, die erst nach Beginn des jeweiligen

Ausbruchs entstanden waren. Die Differenz beider Werte zeigt das Ausmaß der Entgasung im Laufe der Eruption. Um die Gesamtmenge der beim Ausbruch freigesetzten Gase abzuschätzen, muß man zusätzlich das Gesamtvolumen des ausgetretenen Magmas bestimmen, indem man die Mächtigkeit der Ascheablagerungen und die Größe des von ihnen bedeckten Gebietes ermittelt.

Devine und Sigurdsson fanden eine gute Übereinstimmung zwischen ihren Schätzwerten für die bei Vulkanausbrüchen freigesetzten Mengen an schwefelhaltigen Gasen und der jeweiligen Abnahme der mittleren Temperatur einer Erdhalbkugel, die ja einer der Indikatoren für die Größe der entstandenen Aerosolwolke ist. Beim El Chichón allerdings ergab ihre Methode einen Wert, der weit unter dem lag, den direkte Abschätzungen der Schwefelmenge in der Stratosphäre nach dem Ausbruch lieferten. Der Grund dafür mag sein, daß sich im Fall des El Chichón ein Teil des Schwefels bereits vor der Eruption als Festkörper im Magma abgeschieden hatte, so daß er beim Messen des Gasanteils in den Kristalleinschlüssen nicht erfaßt wurde. Vielleicht lag er in Form winziger Anhydritkristalle vor, wie man sie auch in den Ascheteilchen gefunden hat. Während des Ausbruchs hätte sich ein Großteil dieses Schwefels dann wieder in schwefelreiche Gase verwandelt.

Bildung und Ausbreitung der Aerosolwolke

Analysen vulkanischer Exhalationen zeigen, daß Schwefel hauptsächlich als Schwefeldioxid (SO_2) und zu einem geringeren Teil als Schwefelwasserstoff (H_2S) austritt; dieser wird jedoch bald gleichfalls zu Schwefeldioxid oxidiert. In der Stratosphäre reagiert das Schwefeldioxid dann mit Hydroxid-Radikalen (OH), die bei der Aufspaltung von Wasserdampf durch Sonnenlicht entstanden sind, zu instabilen Verbindungen wie dem Hydrogensulfit-Radikal (HSO_3), das schließlich zu Tröpfchen aus Schwefelsäure (H_2SO_4) und Wasser kondensiert. Wie die Tröpfchen genau entstehen, ist unbekannt.

Die gasförmige Schwefelsäure schlägt sich vermutlich auf winzigen Keimen wie vulkanischen Staubteilchen oder sogar Ionen oder kleinen Molekülverbänden nieder. Hydrogensulfit- und Wasser-Moleküle können Tröpfchen bilden, indem sie sich einfach zusammenballen; vielleicht ist es mit Schwefelsäure- und Wasser-Molekülen genauso.

Die photochemischen Reaktionen sind allerdings langwierig: Bis sich das ausgetretene Schwefelgas vollständig in

Bild 3: Diese tektonische Karte von Südmexiko zeigt das geodynamische Umfeld des El Chichón, der zwischen dem transmexikanischen und dem guatemaltekischen Vulkangürtel liegt. Drei Großplatten der Erdkruste treffen sich in seiner Nähe. Die Karibische Platte gleitet längs einer Serie von Verwerfungen in Guatemala an der Nordamerikanischen Platte entlang; zugleich taucht die Cocos-Platte am Mittelamerikanischen Tiefseegraben vor der mexikanischen Küste unter die Nordamerikanische und die Karibische Platte ab. Der Vulkanismus dieser Region hängt zwar mit dieser Subduktion zusammen, doch weist zum Beispiel der Umstand, daß der transmexikanische und der guatemaltekische Vulkangürtel gegeneinander versetzt sind, auf zusätzliche Feinheiten in der lokalen Tektonik hin. Der El Chichón liegt auf einer Linie mit dem Tehuantepec-Rücken, einer inaktiven Bruchzone innerhalb der Cocos-Platte. Vielleicht rührt seine isolierte Lage von der Subduktion dieses Rückens her.

Aerosol umgewandelt hat, können Wochen und Monate vergehen. Dabei entstehen ständig neue Tröpfchen, während andere größer werden oder sich schon wieder aus der Stratosphäre absetzen. Die Wolke erneuert sich also eine Zeitlang immer wieder selbst.

Wie weit sie sich innerhalb der Stratosphäre ausdehnt, hängt von den Zirkulationsmustern ab, die dort herrschen. Die Stratosphäre ist ein Bereich zwischen der unteren und oberen Atmosphäre (Troposphäre und Mesosphäre), in dem sich die Lufttemperatur mit der Höhe kaum ändert. Aus diesem Grund wird die Luft in vertikaler Richtung nur wenig durchmischt. Die vulkanischen Gase bleiben daher im allgemeinen in der Höhe, auf die sie beim Vulkanausbruch befördert wurden, und bilden somit geschichtete Wolken.

Die Stratosphäre hat ihre eigenen jahreszeitlichen Wettermuster. Wenn auf der Nordhalbkugel später Frühling und Sommer ist, blasen die stratosphärischen Winde auf der subtropischen Breite des El Chichón im allgemeinen nach Westen. Dabei befördern sie das vulkanische Aerosol schnell rund um die Erdkugel; nach Norden oder Süden aber breitet sich das Gas-Tröpfchen-Gemisch nicht so rasch aus. Darin hat man einen wichtigen Faktor gesehen, der den Klimaeffekt eines Vulkanausbruchs verzögert.

Wie es aussieht, beförderten alle drei plinianischen Ausbrüche des El Chichón schwefelreiche vulkanische Gase und Asche in die unteren subtropischen Stratosphärenschichten. Nach Satellitenaufnahmen hinterließ der Ausbruch am 28. März eine Wolke in etwa 20 Kilometer Höhe, während die von der Eruption am

3. April erzeugte Wolke etwas niedriger lag. Das Zentrum der gewaltigen Wolke, die beim Ausbruch am 4. April entstand, befand sich in 26 Kilometer Höhe. Man konnte beobachten, wie die Stratosphärenwolken nach Westen wanderten, während die kurzlebige Aschewolke in der oberen Troposphäre nach Osten trieb und sich schließlich auflöste.

Beobachtung der Aerosolwolke

Die Dunstwolken wurden mit Lasersystemen zur Entfernungsmessung vom Erdboden aus sowie mit einer Vielzahl von Instrumenten an Bord von Satelliten verfolgt. Während die Laser-Ortungssysteme speziell für die Beobachtung von Aerosolen in der Atmosphäre konzipiert waren, galt das für einige der Satelliten-

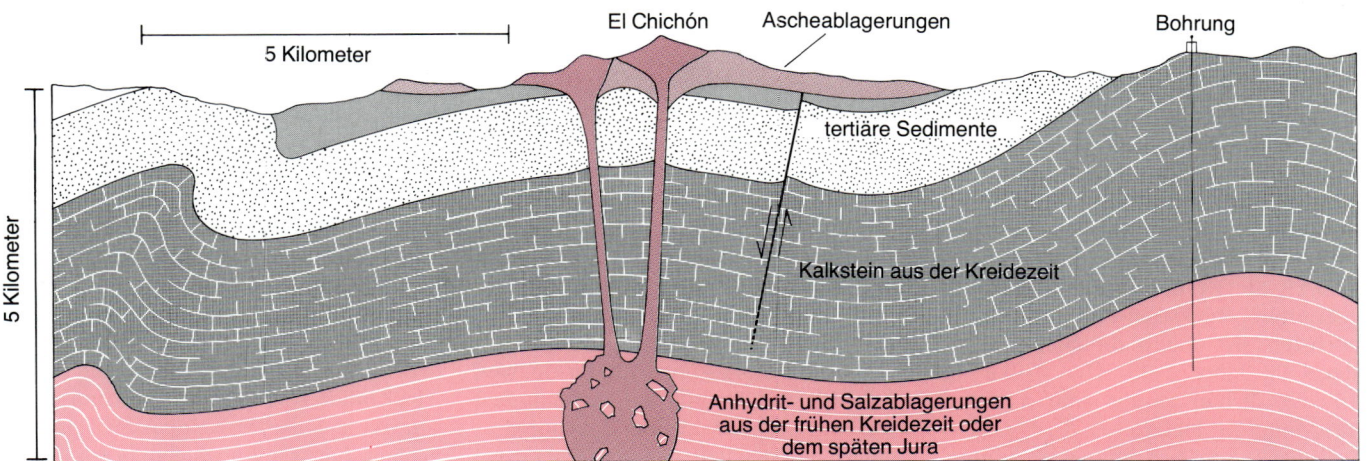

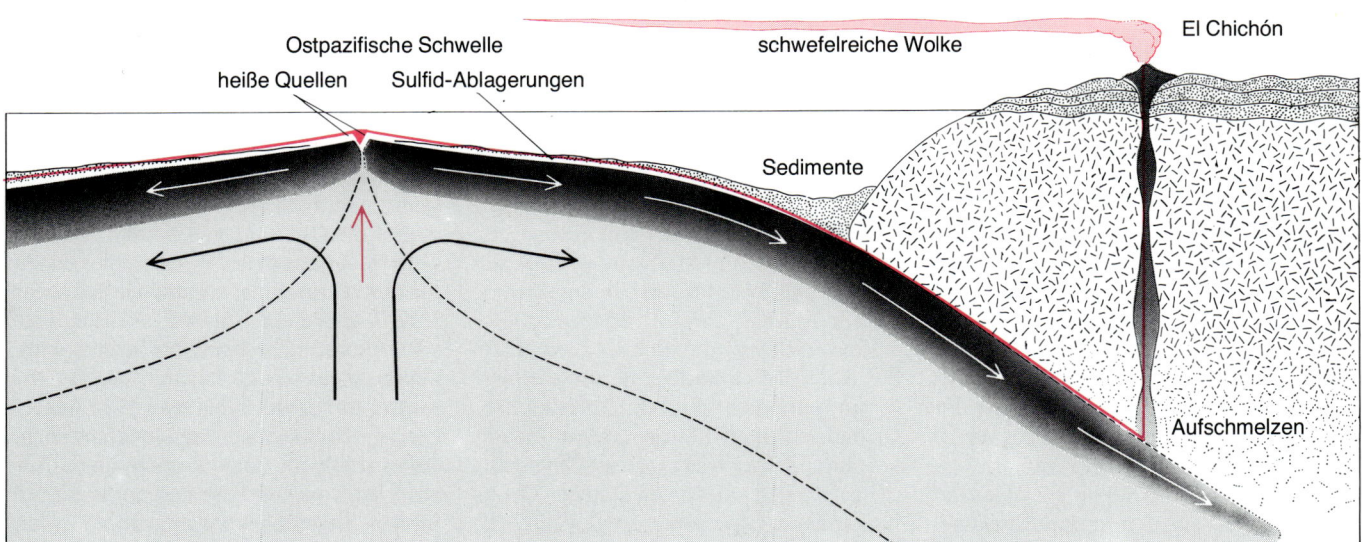

Bild 4: Der vom El Chichón geförderte Schwefel könnte zwei verschiedenen Quellen entstammen. So stieß man bei einer Tiefbohrung neben dem Vulkan auf Schichten aus Anhydrit- und Salzsedimenten, die bei der Austrocknung flacher Meeresbecken vor etwa 100 Millionen Jahren abgelagert worden sind (oben). Das Magma könnte also auf seinem Weg durch diese Schichten größere Schwefelmengen aufgenommen haben. Das geologische Profil basiert auf Untersuchungen von Robert I. Tilling und Wendell A. Duffield vom U. S. Geological Survey. Denkbar wäre aber auch, daß der Schwefel bereits im Muttergestein des Magmas enthalten war (unten). In einigen Abschnitten des mittelozeanischen Riftsystems, wo neue ozeanische Kruste erzeugt wird, speien heiße Tiefseequellen schwefelreiche Lösungen aus. Aus ihnen fallen beim Kontakt mit Meerwasser Sulfid-Minerale aus und lagern sich auf der noch jungen Kruste ab. Taucht eine Platte mit solchen Ablagerungen später ab und schmilzt auf, könnte schwefelreiches Magma entstehen. Der Schwefel in den Auswurfprodukten des El Chichón ist vielleicht beiderlei Ursprungs.

Instrumente nicht. Sie waren auf Wellenlängen abgestimmt, bei denen ausgewählte gasförmige Bestandteile der Luft Strahlung absorbieren oder emittieren. Daher war es eine kleine Überraschung, daß sich mit den von ihnen gelieferten Daten auch die Position der Wolken bestimmen ließ.

Das LIDAR genannte Lasersystem (von *light detection and ranging* für: Auffinden und Entfernungsmessen mit Licht) registriert den Lichtanteil eines ausgesandten Laserpulses, der zur Erdoberfläche zurückgestreut wird. Die Aerosolmenge in der Stratosphäre läßt sich bestimmen, indem man den Anteil des zurückgestreuten Lichtes mit dem vergleicht, der normalerweise von den Luftmolekülen in dieser Höhe zurückgeworfen wird. Während die Aerosolwolke des El Chichón in Richtung Westen rund um die Erdkugel wanderte, registrierten nacheinander die LIDAR-Stationen von Nordamerika, Japan und Europa hohe Rückstreuwerte.

Am eindrucksvollsten waren die LIDAR-Messungen am Mouna Loa-Observatorium auf Hawaii direkt nach dem Ausbruch. Hawaii liegt genau in Windrichtung des El Chichón; und die stratosphärische Wolke hatte sich noch nicht nennenswert verteilt, als sie das erste Mal darüber hinwegzog. Die von der LIDAR-Station des Observatoriums registrierten Rückstreuwerte waren die höchsten seit Inbetriebnahme des Systems im Jahre 1973. Die Wolke war 140 mal dichter als die vom Ausbruch des Mount St. Helens.

Daher ließ sie sich anfangs sogar durch das von ihr in den Weltraum reflektierte Sonnenlicht im sichtbaren Spektralbereich mit Satelliten erkennen. So verfolgte man ihren Weg um die Erdkugel anhand von Bildern, die aus den Reflexionsdaten vieler Satelliten, darunter *NOAA 6, NOAA 7, GOES East, GOES West,* des japanischen *GMS* und des westeuropäischen *Meteosat,* erstellt wurden (Bild 8). Der zungenförmige Bereich mit dem dichtesten Aerosol, dessen Zentrum bei etwa 20 Grad nördlicher Breite lag, erreichte Hawaii am 9. April, Japan am 16. April, das Rote Meer am 20. April und hatte am 26. April den Globus umrundet. Die Driftgeschwindigkeit der Wolke entsprach einer östlichen Windgeschwindigkeit in der Stratosphäre von etwa 20 Meter pro Sekunde. Während des ersten Umlaufs um die Erdkugel dehnte sich der Dunstschleier auch nach Norden und Süden etwas aus, so daß er schließlich einen 25 Grad breiten Gürtel zwischen etwa 5 und 30 Grad nördlicher Breite bedeckte.

Als sich das Aerosol zu verteilen begann, war es auf Satelliten-Aufnahmen im sichtbaren Spektralbereich immer schwerer von normalen Wolken, Wasserdampf, dem Glitzern des Sonnenlichts auf Meereswellen und anderen Objekten zu unterscheiden, die Licht reflektieren. Es stellte sich jedoch heraus, daß Satelliten-Instrumente, die gar nicht zum Nachweis von Aerosol gedacht waren, die Wolke noch viel länger verfolgen konnten. So ließ sich mit dem Infrarot-Radiometer an Bord des *Solar Mesosphere Explorer,* das normalerweise die von Wasserdampf in der Stratosphäre ausgesandte Strahlung bei einer Wellenlänge von 6,3 Mikrometern mißt, auch die Infrarotstrahlung des vulkanischen Aerosols nachweisen.

Eine der interessantesten Tatsachen, die aus den anhand dieser Daten erstellten Karten hervorging, war, daß der Hauptteil der Wolke nach der Eruption länger als ein halbes Jahr südlich von 30 Grad nördlicher Breite verblieb. Eine solche Sperre in der Luftzirkulation der Stratosphäre hatte niemand erwartet. Sie war um so interessanter, als sich der Ausbruch des El Chichón auf die Temperaturen der Nordhalbkugel offenbar am stärksten auswirkte, als der Hauptteil des Aerosols noch auf ein Drittel der Entfernung vom Äquator zum Pol beschränkt war.

Die meisten Satelliten-Instrumente zeigten nur die Gesamtmenge des in der Stratosphäre enthaltenen Materials an, also Staub und Wasserdampf genauso wie das Schwefelsäure-Aerosol. Doch bald nach dem Ausbruch entdeckte man, daß sich der Gehalt der vulkanischen Wolke an Schwefeldioxid-Gas aus Messungen ableiten ließ, die das Total Ozone Mapping Spectrometer an Bord des Satelliten *Nimbus 7* vornahm (Bild 6). Dieses Spektrometer bestimmt normalerweise die Absorption im ultravioletten Bereich des Spektrums, um so die Konzentration an Ozon, das Strahlung in diesem Bereich absorbiert, zu messen. Dazu vergleicht es den Anteil des von der Stratosphäre reflektierten UV-Lichtes mit dem Wert, der sich aus einem theoretischen Modell für Absorption, Streuung und Strahlungstransport in der Atmosphäre ergibt.

Auch Schwefeldioxid-Gas vermindert das Reflexionsvermögen der Stratosphäre im ultravioletten Strahlungsbereich, so daß es einen höheren Ozon-Gehalt vortäuscht. Der Beitrag des Schwefeldioxids läßt sich jedoch von dem des Ozons und anderer Gase separieren, wenn man das Reflexionsvermögen bei verschiedenen Wellenlängen untersucht. Im Gegensatz zu den anderen Gasen absorbiert Schwefeldioxid nämlich Licht bei zwei Wellenlängen nahe 0,3 Mikrometer. Anhand von Spektrometerdaten und Schätzungen über die Ausdehnung der El-Chichón-Wolke kommt Arlin J. Krueger

vom Goddard-Raumflugzentrum der NASA zu dem Schluß, daß der Vulkan 3,3 Millionen Tonnen gasförmiges Schwefeldioxid in die Stratosphäre eingetragen hat. Wie diese Daten auch nahelegen, war bis zum Juli 1982, also bis etwa drei Monate nach der Eruption, bereits sämtliches Schwefeldioxid in Schwefelsäure umgewandelt.

Kruegers Wert für die Ausgangsmenge an Schwefeldioxid-Gas liegt unter den Schätzwerten, die andere Wissenschaftler für die Menge an Schwefelsäure-Aerosol in der Stratosphäre ermittelt haben. Das aber wirft die Frage auf, ob der Schwefel vielleicht in Form anderer Gase die Stratosphäre erreichte. Eine Möglichkeit wäre, daß ein Teil des vom Vulkan ausgestoßenen Schwefelwasserstoffs unoxidiert in die Stratosphäre gelangte.

Untersuchungen mit Flugzeugen und Ballons

Mit Flugzeugen und Ballons genommene Proben der Wolke gaben genaueren Aufschluß über ihre Zusammensetzung sowie über die Dynamik ihres Wachstums und ihrer Ausbreitung. Ein Teil der Aerosol-Proben wurde bei Flügen im Rahmen eines Programms des Lyndon B. Johnson-Weltraumzentrums zur Sammlung kosmischen Staubs gewonnen, den anderen Teil sammelte eine Arbeitsgruppe des Ames-Forschungszentrums. David S. McKay und Ian D. R. MacKinnon vom Johnson-Zentrum stellten fest, daß die Wolke auch im Mai und Anfang Juni 1982 noch eine bedeutende Menge Asche enthielt. Etwa 85 Prozent davon bestanden aus kantigen Glasstückchen, die von einer Schicht aus Schwefelsäure-Tröpfchen überzogen waren. Einige der Glassplitter enthielten kleine schwefelhaltige Kristalle — wohl aus Anhydrit oder einem anderen Sulfat-Mineral, das sich während oder nach dem Ausbruch als Sublimat auf der Asche niedergeschlagen hatte.

Im Mai hatten die Aschepartikel einen mittleren Durchmesser von drei bis sechs Mikrometern. Im Juli waren die gröberen Teilchen bereits aus der Stratosphäre abgesunken, so daß der mittlere Durchmesser nur noch ein bis zwei Mikrometer betrug. Die Proben zeigten aber auch, daß sich Asche und Schwefelsäure-Aerosol zu Teilchen verbanden, die wegen ihrer geringen Dichte viel größer werden konnten, ehe sie ausfielen. So fand man Teilchen mit einem Druchmesser von 80 Mikrometern und einer Dichte von nur 0,1 Gramm pro Kubikzentimeter.

Die besten Aufschlüsse darüber, wie die Aerosolteilchen wachsen und sich aus der Wolke wieder absetzen, lieferten Instrumente, die von Ballons in die hohe

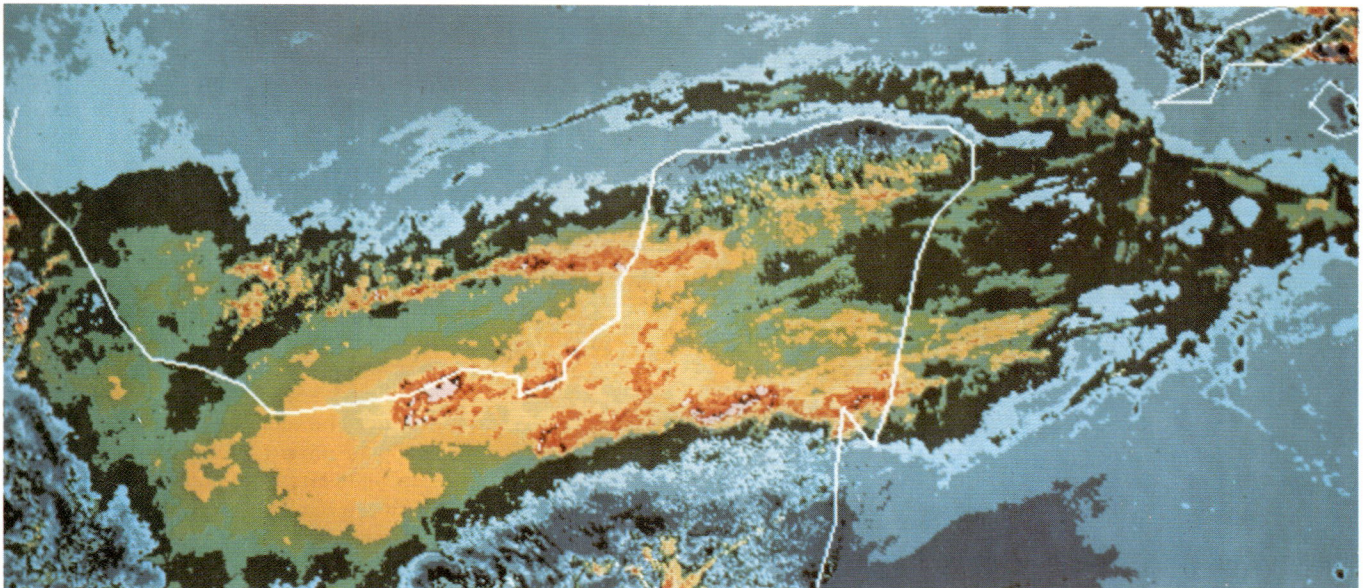

Bild 5: Diese Karte zeigt die Temperaturen an der Oberseite der vulkanischen Wolke vom 29. März 1982, einen Tag nach der ersten Haupteruption des El Chichón. Sie wurde aus Daten erstellt, die das Advanced Very High Resolution Radiometer an Bord des Satelliten *NOAA 7* gesammelt hat. Ein Kanal des Geräts mißt die Strahlungsmenge, die Atmosphäre und Erde im infraroten Wellenlängenbereich aussenden. Vor dem Vulkanausbruch wurden aus diesen Daten die Temperaturen an der Meeresoberfläche für langfristige Wettervorhersagen berechnet. Als jedoch die vulkanische Wolke unter dem Radiometer vorbeizog, registrierte es vor allem die von der Oberseite der Wolke ausgehende Strahlung. Die Temperaturen sind farbcodiert und steigen von Grün über Gelb nach Rot. Das Zentrum der Wolke ist kälter als der Rand, weil es höher liegt. Die Wolkenhöhe läßt sich bestimmen, indem man die Infrarotdaten mit den von Radiosonden an Ballons gemessenen Temperaturprofilen vergleicht.

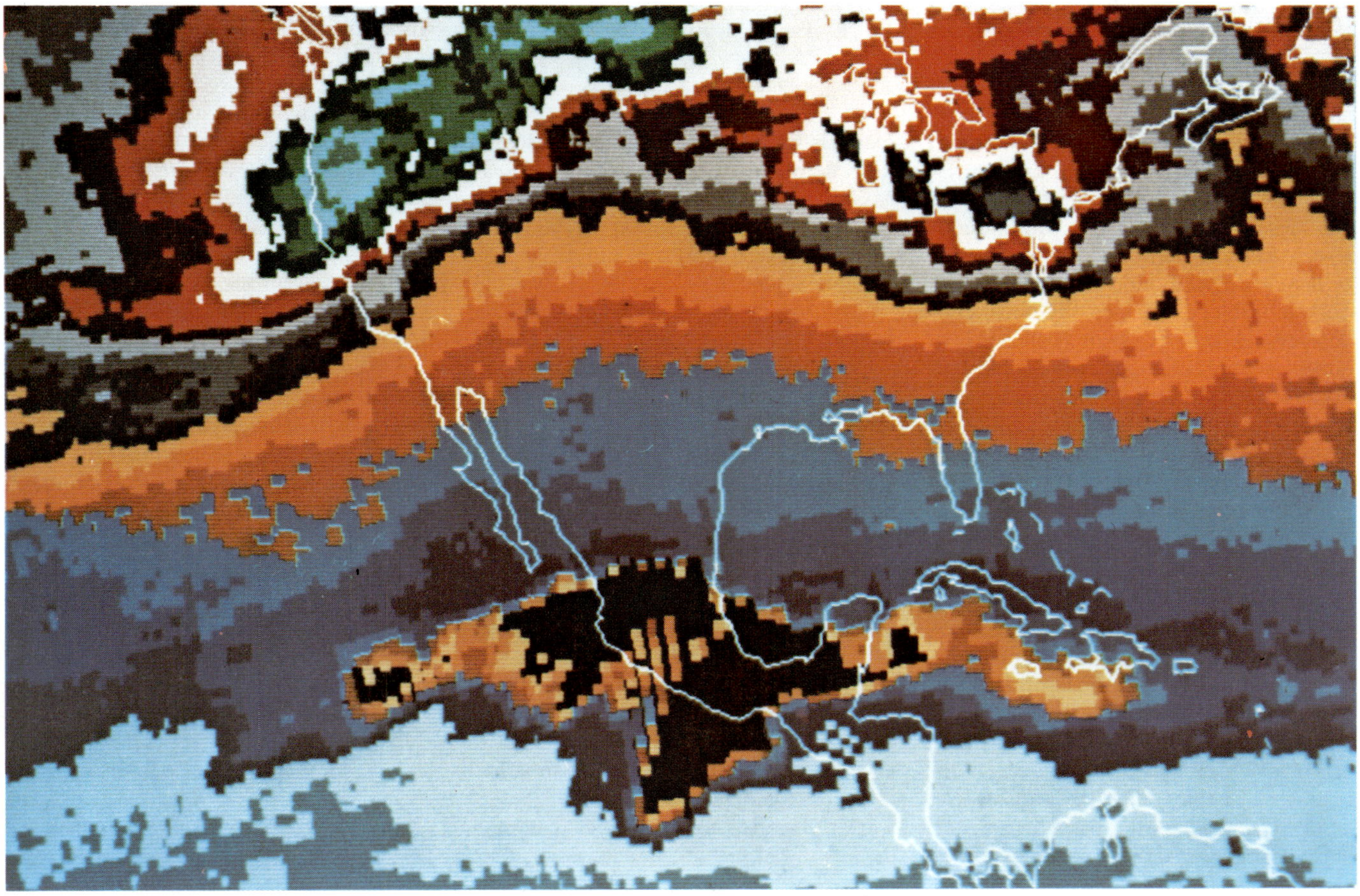

Bild 6: Das vom El Chichón ausgestoßene gasförmige Schwefeldioxid ist auf diesem am 5. April 1983, also einen Tag nach der letzten großen Eruption, aufgenommenen Satellitenbild deutlich zu erkennen. Es handelt sich um das schwarze Gebiet, das sich von Hawaii über die Halbinsel Yucatán bis in den Pazifik erstreckt. Das Bild stammt von dem Total Ozone Mapping Spectrometer an Bord des Satelliten *Nimbus 7*. Dieses Gerät mißt die Strahlungsmenge, die die Atmosphäre im ultravioletten Bereich des Spektrums reflektiert, wo normalerweise Ozon am stärksten absorbiert, aber auch Schwefeldioxid ausgeprägte Absorptionslinien besitzt. Daraus berechnet das Spektrometer den Ozongehalt, indem es den gemessenen mit einem theoretischen Wert aus einem Strahlungsmodell der Atmosphäre vergleicht. Die Schwefeldioxidwolke täuscht dem Spektrometer einen erhöhten Ozongehalt in dem schwarzen Gebiet vor. Dagegen entsprechen die Farben in der oberen Bildhälfte den tatsächlichen Ozonkonzentrationen; der Ozonspiegel steigt von Blau über Braun nach Grün. Das Wellenmuster der Ozonverteilung (ein Kamm liegt über den Vereinigten Staaten) ist charakteristisch für die Luftzirkulation in der oberen Troposphäre über den nördlichen USA und Kanada.

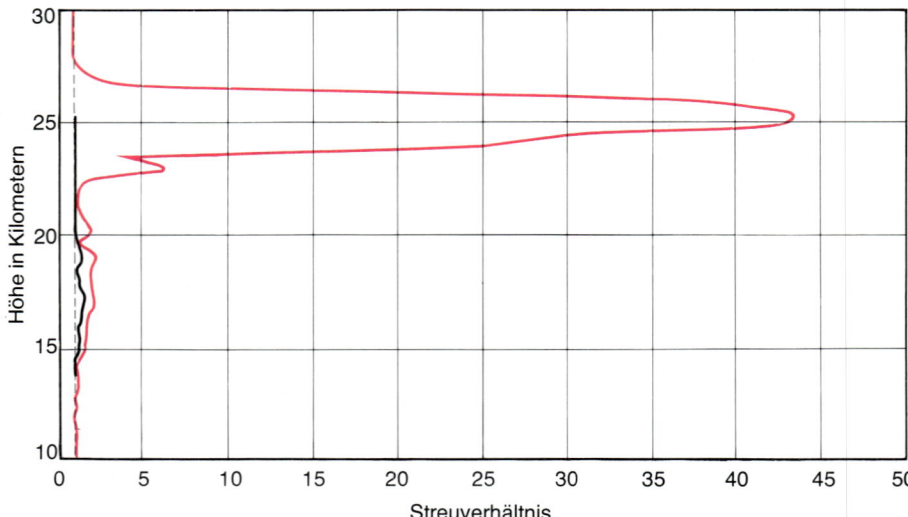

Bild 7: Streuprofile der Atmosphäre machen deutlich, daß der Ausbruch des El Chichón eine bedeutend dichtere Aerosolwolke in der Stratosphäre erzeugte als die Eruption des Mount St. Helens im Mai 1980, bei der zwar etwa gleich viel Asche, aber weit weniger Schwefel ausgestoßen wurde. Die Profile fußen auf Daten des LIDAR-Systems am Langley-Forschungszentrum der NASA in Virginia vom 18. Juli 1980 (schwarz) und vom 1. Juli 1982 (farbig). Ein LIDAR-System bestimmt die in der Atmosphäre enthaltene Materialmenge, indem es mißt, wieviel von einem ausgesandten Laser-puls zum Instrument zurückgestreut wird. Die Höhe, aus der das Licht zurückkommt, ergibt sich aus der Laufzeit des Pulses. Das Ausmaß der Streuung hängt sowohl von der Dichte der Atmosphäre als auch von der Menge der in der Luft schwebenden Staub- und Aerosolteilchen ab. Die gezeigten Kurven geben das Verhältnis der aus einer bestimmten Höhe empfangenen Lichtmenge zu der normalerweise von dort zurückgestreuten Lichtmenge an. Ein Streuverhältnis von 43 (in 25 Kilometer Höhe) ist der höchste derartige Wert, der jemals am Langley-Forschungszentrum registriert wurde.

Atmosphäre getragen wurden. David J. Hofmann und James M. Rosen von der Universität von Wyoming untersuchen auf diese Art schon seit 1971 kontinuierlich Aerosole in der Stratosphäre. Dazu lassen sie per Ballon photoelektrische Teilchenzähler aufsteigen, die noch Kondensationskeime (winzige Teilchen, an denen Dampf kondensieren kann) von nur 0,02 Mikrometer Durchmesser nachweisen und zwischen flüssigen Tröpfchen und festen Partikeln durch Erhitzen unterscheiden können.

Größendiagramme der Aerosol-Tröpfchen, die Hofmann und Rosen im Mai 1982 aufnahmen, zeigten zwei Gipfel bei 0,04 und 1,4 Mikrometer. Der erste entspricht in der Entstehung begriffenen, der zweite ausgewachsenen Tröpfchen. Wie Daten von Ballonflügen im August und Oktober ergaben, war die Zahl der sehr kleinen Tröpfchen bis dahin zurückgegangen; anscheinend bildeten sich keine Kondensationskeime mehr. Die Zahl der großen Tröpfchen hatte dagegen selbst im Oktober nur wenig abgenommen; es gab also offenbar noch genügend wachsende Tröpfchen, die die aus der Stratosphäre abgesunkenen ersetzten.

Aus der per Ballon bestimmten mittleren Dichte und Größe der Tröpfchen sowie aus der geschätzten Ausdehnung der Wolke ließ sich die Gesamtmenge des Aerosols in der Stratosphäre taxieren.

Danach dürften sich dort einen Monat nach dem Ausbruch nicht weniger als 20 Millionen Tonnen Schwefelsäure-Aerosol befunden haben. Im April 1983, also ein Jahr später, waren es nur mehr acht Millionen.

Optische Erscheinungen in der Atmosphäre

Stratosphärische Aerosole beeinflussen den globalen Strahlungshaushalt vor allem dadurch, daß sie die einfallende Sonnenstrahlung absorbieren und zurückstreuen; allerdings absorbieren sie auch die von der unteren Atmosphäre ausgesandte Infrarotstrahlung. Der erstgenannte Effekt erzeugt optische Erscheinungen in der Atmosphäre und läßt die Oberflächentemperatur auf der Erde sinken. Die Absorption von Infrarotstrahlung aus tieferen Atmosphärenschichten und aus dem Sonnenlicht erwärmt dagegen vor allem die höhere Stratosphäre.

So stieg die Temperatur der Stratosphäre am Äquator nach dem Ausbruch des El Chichón um etwa vier Grad Celsius — auf den höchsten Wert seit Beginn kontinuierlicher Messungen im Jahre 1958 (Bild 5). Schon bald nach der Eruption gab es außerdem Berichte von optischen Erscheinungen in der Atmosphäre, wie sie auch auf den Ausbruch von Krakatau 1883 und auf den des Gunung Agun 1963 gefolgt waren; einige dieser Phänomene waren Ende 1983 noch zu beobachten. So berichteten Aden B. Meinel und Marjorie P. Meinel von der Universität von Arizona über außergewöhnlich farbenprächtige und ausgedehnte Sonnenauf- und -untergänge in Tucson (Arizona) ab Ende April 1982. Am 7. Mai ließen sich längliche Aerosolschwaden in der oberen Atmosphäre erkennen; an diesem Tag zog offenbar der Hauptteil der Wolke nordwestlich der Stadt vorüber. Eine Zeitlang war der Himmel über Arizona nur mehr blaßblau anstatt azurfarben, wie es für den Südwesten der Vereinigten Staaten sonst typisch ist.

Sonnenuntergänge, die einen Dunstschleier in der Stratosphäre anzeigen, beginnen in der Regel damit, daß sich am Himmel weit über dem Horizont ein lavendelfarbener Schimmer zeigt, dessen Farbton allmählich nach Gelb und Orange wechselt. Nach dem Versinken der Sonne erglüht der Himmel in einem tiefen Rot, das sich nach oben hin purpurn tönt. Es ist der Widerschein von Sonnenlicht, das an der Aerosolwolke reflektiert wird. Die Schichtung der Wolke kann sich durch horizontale Streifen zu erkennen geben. Berichtet wurde auch über Bishopsche Ringe, eine weitere optische Erscheinung, die für vulkanische Aerosole typisch ist. Es sind farbige Lichthöfe um die Sonne, in denen die normale Farbfolge des Regenbogens jedoch umgekehrt ist, Rot also außen liegt. Ihren Namen erhielten sie nach Reverend Sereno E. Bishop, der sie nach dem Ausbruch von Krakatau als erster beschrieb.

Als wichtigste Auswirkung auf das Klima wird die Aerosolwolke des El Chichón wahrscheinlich die mittleren globalen Temperaturen sinken lassen. Typischerweise beträgt die von vulkanischen Aerosolen verursachte Temperaturabnahme allerdings nur Bruchteile eines Grads. Zwar kann auch eine scheinbar so geringe Abkühlung Folgen für das Klima haben, doch läßt sie sich unter Umständen nur schlecht von natürlichen Temperaturschwankungen unterscheiden.

Folgen für das Klima

Das gilt besonders für den El Chichón. 1981 war das wärmste Jahr seit Beginn der systematischen Temperaturmessungen auf der Nordhalbkugel (seine mittlere Temperatur lag rund ein halbes Grad über dem langjährigen Durchschnitt), und Anfang 1982, also noch vor dem Ausbruch, hatte die Temperatur bereits wieder zu sinken begonnen.

Nach statistischen Untersuchungen fallen ein bis drei Jahre nach großen

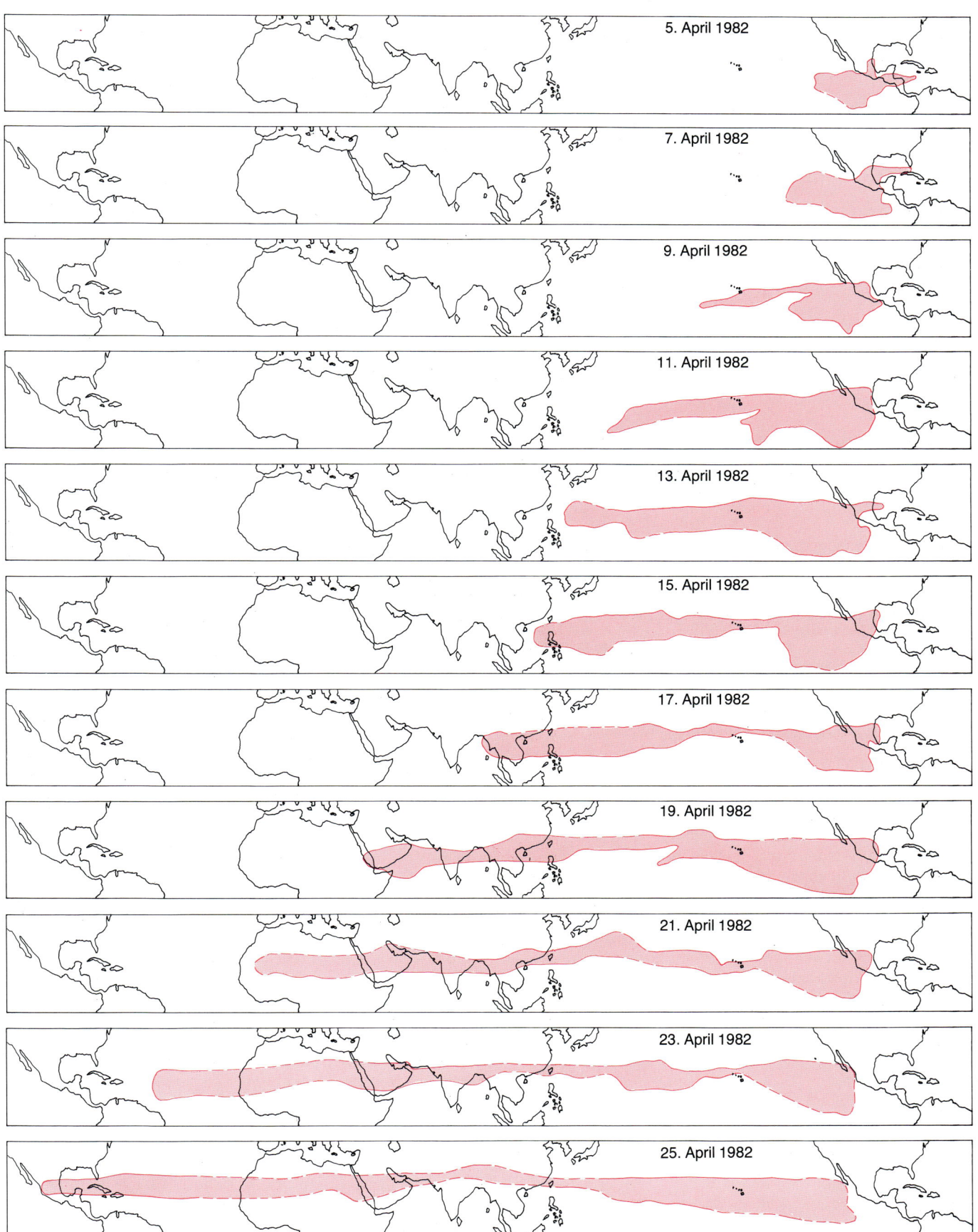

Bild 8: Der Weg der vulkanischen Wolke in den ersten Wochen nach der Eruption läßt sich anhand von Karten verfolgen, die auf Messungen der geostationären Satelliten *GOES East, GOES West* und *NOAA 7* beruhen. Die Ausdehnung der Wolke war auf Bildern zu erkennen, die die von den Satelliten gemessene Intensität des reflektierten Sonnenlichts zeigten. Kurz vor dem Ausbruch hatten die Winde in der Stratosphäre begonnen, gemäß ihrem sommerlichen Zirkulationsmuster von Osten nach Westen zu blasen. Die Zeit, die die Wolke für eine Erdumkreisung brauchte, entspricht einer Windgeschwindigkeit von etwa 70 Kilometer pro Stunde. Wegen fehlender Nord-Süd-Zirkulation blieb die Wolke auf einen schmalen Breitenbereich beschränkt. Gestrichelte Linien zeigen, wo sich der Wolkenrand nicht genau ausmachen ließ. Die Dunstwolken von anderen Vulkanausbrüchen der letzten zwei Jahre (darunter der des Mount St. Helens in den USA, des Alaid in der Sowjetunion und des Galunggung in Indonesien) hatten sich binnen weniger Tage über so große Flächen verteilt, daß sie auf Satellitenbildern nicht mehr zu erkennen waren.

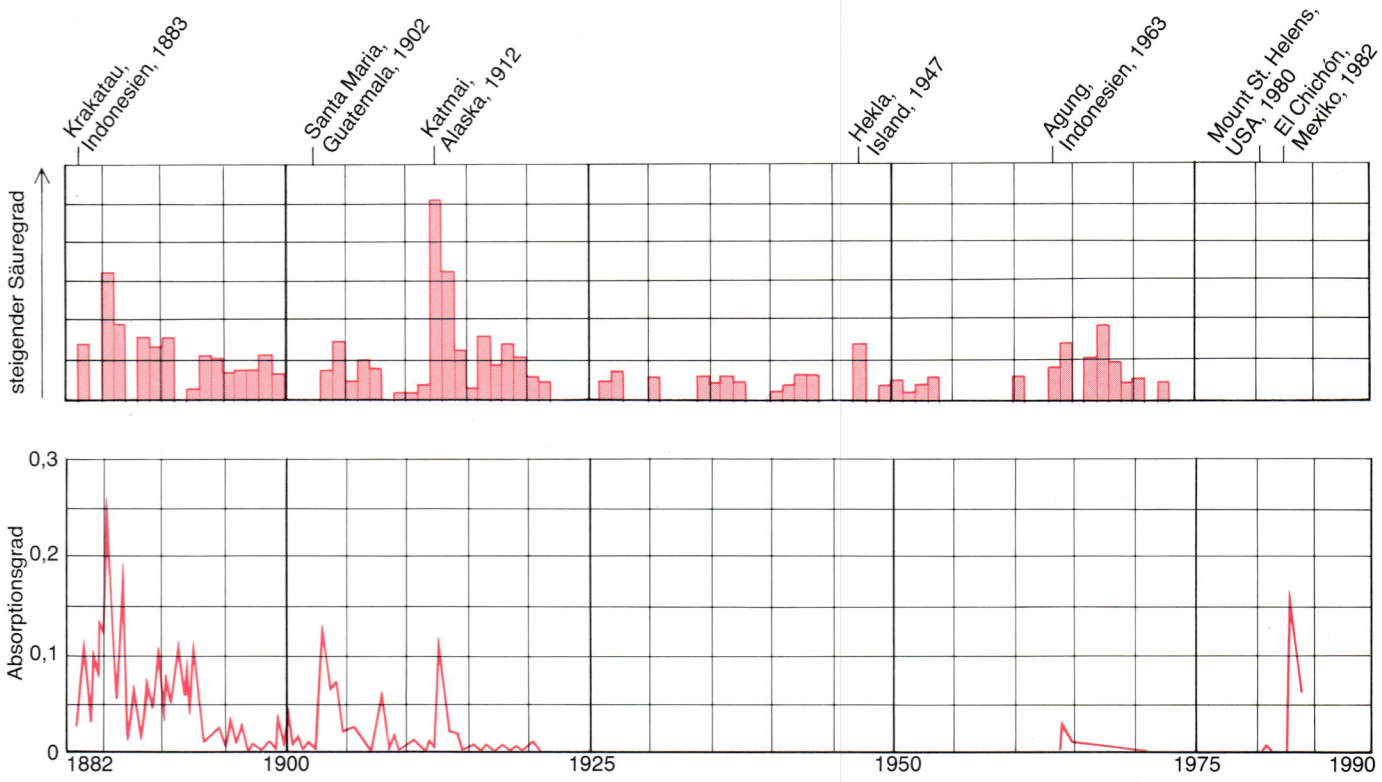

Bild 9: Die Maxima im Säuregehalt der grönländischen Eisdecke treten zu Zeiten auf, als auch die Atmosphäre nach zeitgenössischen Berichten weniger klar als gewöhnlich war. Der Säuregehalt in den Jahresschichten eines Eiskerns, der Anfang der siebziger Jahre aus der Eisdecke gebohrt wurde (oben), ist ein gutes Maß für die Menge des jeweils in der Stratosphäre vorhandenen Schwefelsäure-Aerosols. Das Diagramm der optischen Durchlässigkeit der Stratosphäre über der nördlichen Hemisphäre (unten) stellten Wissenschaftler aus Berichten von Observatorien über die Intensität des Sonnen- oder Sternenlichtes zusammen. Die meisten Spitzen lassen sich Vulkanausbrüchen zuordnen, von denen einige eingezeichnet sind. Zwischen 1920 und 1960 gab es kaum große explosive Eruptionen, die Dunstschleier in der Stratosphäre erzeugten. Bei der Deutung des Diagramms muß man freilich auch die geographische Breite eines Vulkans in Rechnung stellen. So dürften der Katmai und die Hekla, die 1912 beziehungsweise 1947 ausbrachen, den Säuregehalt des Grönlandeises nur deshalb so stark erhöht haben, weil sie weit im Norden liegen. Den Säuregehalt des Eiskerns bestimmte Claus U. Hammer von der Universität Kopenhagen. Das Diagramm der optischen Durchlässigkeit bis 1970 stellten Owen B. Toon und James B. Pollack vom Ames-Forschungszentrum der National Aeronautics and Space Administration zusammen.

Vulkanausbrüchen die mittleren Temperaturen der betreffenden Hemisphäre um etwa 0,3 Grad Celsius. Genauere Vorhersagen darüber, wie stark der Ausbruch des El Chichón die Temperatur auf der Erde beeinflussen wird, basieren auf der Veränderung der optischen Durchlässigkeit der Stratosphäre und verschiedenen mathematischen Klimamodellen. Um die optische Durchlässigkeit der Stratosphäre nach einem Vulkanausbruch zu messen, vergleicht man die von einem Photometer oder Pyrheliometer empfangene Lichtenergie mit den normalen Werten.

Anhand des Temperaturabfalls nach früheren Vulkanausbrüchen, die ähnliche Veränderungen in der optischen Durchlässigkeit der Stratosphäre bewirkten wie jetzt der El Chichón, wurde bis Ende 1983 für die Nordhalbkugel eine Verringerung der Temperatur um etwa 0,4 Grad vorausgesagt. Ein Klimamodell von Alan Robock von der Universität von Maryland prophezeit sogar eine Temperaturabnahme von 0,5 Grad bis zum Winter 1984/85. Andere Klimamodelle ergeben ähnliche Prognosen, nur der Zeitpunkt der Abkühlung

schwankt je nach den Annahmen, die über die Ausbreitung und Auflösung der Aerosol-Wolke gemacht wurden.

Eine neuere Analyse der Temperaturabnahme nach Vulkanausbrüchen (einschließlich dem des El Chichón) ergab überraschende Ergebnisse. P. M. Kelly und Chris B. Sear von der Universität von East Anglia verglichen die mittleren Monatstemperaturen auf der Nordhalbkugel nach den größten Vulkanausbrüchen der letzten 100 Jahre. Dabei zeigte sich, daß der stärkste Temperaturabfall schon zwei Monate nach einem Ausbruch auf der Nordhalbkugel auftritt; eine zweite Abkühlung folgt etwa ein Jahr später. Danach beginnen sich die Temperaturwerte wieder zu normalisieren. Ausbrüche auf der Südhalbkugel scheinen die Temperatur der nördlichen Hemisphäre erst mit sieben- bis achtmonatiger Verspätung zu beeinflussen.

Nach Kelly und Sear erreichte die Eruption des auf 17 Grad nördlicher Breite liegenden El Chichón ihren größten Einfluß auf die Monatstemperaturen (eine Abkühlung um 0,2 Grad Celsius) bereits im Juni 1982. Das war zu einer Zeit, als die Wolke noch gar nicht die ge-

samte Erde einhüllte und außerdem noch beträchtliche Staubmengen enthielt. Das aber heißt, daß ein vulkanischer Dunstschleier die Temperaturen in einem größeren Breitenbereich beeinflussen kann, als er selbst überdeckt, und daß neben der Schwefelsäure auch der Staub zur Abkühlung beiträgt.

Möglicherweise war die Abnahme der Oberflächentemperatur jedoch nicht die einzige Folge, die der Ausbruch des El Chichón für das irdische Klima hatte. So könnte er durch eine Verschiebung im vertikalen Temperaturprofil der Atmosphäre auch die atmosphärischen Zirkulationsmuster durcheinandergebracht und dadurch vielleicht den besonders starken El Niño im Winter 1982/83 mitverursacht haben. Als El Niño bezeichnet man eine abrupte Änderung im Muster der Luft- und Wasserzirkulation in der pazifischen Äquatorregion. Obwohl sich der El Niño rund um den Pazifik feststellen läßt, bringt man ihn gewöhnlich mit der plötzlichen Veränderung der Meeresströmungen vor der Westküste Südamerikas in Verbindung, mit der er in der Regel beginnt. In dieser Gegend lassen die südöstlichen Passatwinde in periodischen Abständen nach. Sobald sie abflauen, flutet das Wasser im Westpazifik nach Osten und schneidet den Humboldtstrom ab, der normalerweise vor Südamerika nach Norden fließt. Diese Störung wiederum sorgt für ungewöhnliches Wetter auf dem Kontinent.

Indem die Aerosolwolke die obere Atmosphäre in den Tropen erwärmte, kann sie durchaus einen El Niño verursacht haben; denn durch die verringerte Temperaturdifferenz zwischen Stratosphäre und Erdoberfläche könnten die atmosphärische Zirkulation und die dadurch angetriebene Wasserzirkulation im Meer abgeschwächt worden sein. Der El Niño 1982/83 war besonders deshalb ominös, weil er sich nicht in das normale Ablaufschema fügte. So begann er bereits im Mai und nicht wie üblich im Oktober oder November. Außerdem trat die Veränderung im Zirkulationsmuster etwa gleichzeitig über dem gesamten Pazifik auf, statt ihren Ausgang vor der südamerikanischen Küste zu nehmen und dann nach Westen zu wandern.

Von den neun El Niños seit 1950 paßten nur zwei nicht in das normale Schema: der von 1982/83 und der von 1963. In eben jenem Jahr aber war der Ausbruch des Gunung Agung, die letzte Eruption vor der des El Chichón, bei der eine dichte Aerosolwolke entstand, die die Stratosphäre in den tropischen Breiten erwärmt haben könnte. Andererseits scheinen einige der typischen Vorboten eines El Niño wie das Absinken des Luftdrucks auf Tahiti und der Osterinsel gegenüber dem in Australien und Indonesien schon vor dem Ausbruch des El Chichón eingesetzt zu haben. So muß ein Kausalzusammenhang zwischen Vulkanausbrüchen und atypischen El Niños einstweilen als unbewiesen gelten. Die Frage wird wohl erst die Zukunft klären.

Läßt sich jetzt, da der El Chichón gezeigt hat, wie stark die Auswirkungen eines Vulkanausbruchs auf die Atmosphäre von der ausgestoßenen Schwefelmenge abhängen, auch ein Zusammenhang zwischen dem Schwefelgehalt einstiger Eruptionen und damaligen Klimaänderungen nachweisen? Leider hinterlassen andesitische Ausbrüche wie der des El Chichón kaum bleibende geologische Spuren. Andesitische Vulkane fördern in der Regel nur wenig Magma, das sich in dünnen, leicht erodierenden Ascheschichten ablagert. So dürfte es ein schwieriges, wenn nicht aussichtsloses Unterfangen sein, aus Ascheablagerungen eine komplette Liste vergangener schwefelreicher Eruptionen zusammenzustellen.

Kaltzeiten als Folge von Vulkanausbrüchen?

Doch könnten viele kleine Ausbrüche für das Klima ebenso bedeutsam sein wie ein großer. Nach Simulationen mit Klimamodellen sind Perioden erhöhter vulkanischer Aktivität möglicherweise für einige der längerfristigen Kaltzeiten auf der Erde verantwortlich.

Eine vielversprechende Methode, einstige schwefelreiche Eruptionen zu erkennen, ist, den Säuregrad der Jahresschichten in den Polareisdecken der Erde (auf Grönland und der Antarktis) zu messen (Bild 9). Aus dem Säuregrad einer Schicht läßt sich die Gesamtmenge an Schwefelsäure-Aerosol in der Atmosphäre während des betreffenden Jahres berechnen. Allerdings muß bekannt sein, auf welchem Breitengrad der Vulkanausbruch stattfand. Außerdem ist zu berücksichtigen, daß Vulkane in der Nähe der Eisdecke einen anomal hohen Säuregrad hervorrufen sollten, da ihre schwefeligen Gase auch direkt durch die Troposphäre ins Eis gelangten.

Der Vergleich von Klimadaten mit dem Säuregrad von Eisschichten aus Bohrkernen hat interessante Zusammenhänge aufgezeigt. So wurde in der als kleine Eiszeit bekannten Zeitspanne zwischen 1350 und 1700 relativ saures Eis abgelagert. Schwefelreicher Vulkanismus mag also sehr wohl langfristige Trends im irdischen Klima entscheidend mitgeprägt haben.

Die Untersuchungen gehen indessen weiter. Noch immer analysieren Geologen die Ascheablagerungen des El Chichón, sammeln Ballons, Flugzeuge und Satelliten Proben des stratosphärischen Aerosols und beobachten Wissenschaftler den Dunstschleier mit Instrumenten von der Erde aus. Die Auswertung der Daten und ihre Umsetzung in Modelle, die die Auswirkungen von Vulkanausbrüchen auf das Klima korrekt zu beschreiben vermögen, wird Meteorologen und Vulkanologen noch etliche Jahre beschäftigen. Schon heute jedoch lassen uns die gewonnenen Informationen den Zusammenhang zwischen Vulkanausbrüchen und Klimaänderungen besser verstehen.

Die Eruption des El Chichón bot den dringend benötigten Testfall für die Hypothese, daß die Effekte der bei einem Vulkanausbruch erzeugten Aerosolwolke nicht so sehr von der Menge der Auswurfprodukte als von ihrem Schwefelgehalt bestimmt werden. Welche Schlüsse sich aus weiteren Analysen ergeben werden, bleibt abzuwarten. Eines aber steht fest: Der Ausbruch des El Chichón lieferte eine Fülle von Daten, die für unser Verständnis der klimatischen Folgen von Vulkanausbrüchen bedeutsamer sind als alle Erkenntnisse zuvor.

Der Amazonas-Regenwald

Das Amazonasbecken war in der Vergangenheit immer wieder Klimaschwankungen unterworfen; das Ökosystem des tropischen Regenwaldes hat vielleicht gerade dadurch seine Artenvielfalt erlangt. Wann aber ist unter den zunehmenden Eingriffen des Menschen die Grenze dieser Anpassungsfähigkeit erreicht?

Von Paul A. Colinvaux

Vom Flugzeug aus erscheint der tropische Regenwald des Amazonasbeckens wie ein gleichmäßig gewirkter, nur hier und da von Wasserfäden durchbrochener, riesengroßer grüner Teppich. Doch das Bild trügt. Einheitlichkeit gibt es hier nicht. Schon das Laubdach, das sich von weitem so gleichförmig ausnimmt (Bild 1), besteht aus den Kronen vieler verschiedener großblättriger Baumarten; und das ist nur die oberste Schicht des Waldes.

Dieses Ökosystem, das eine Fläche von rund 1000 mal 3000 Kilometern einnimmt (Bild 2), beherbergt mehr Arten von Organismen als irgendein Lebensraum sonst auf der Erde. In dieser Region leben schätzungsweise 80000 Pflanzenarten (davon allein 600 verschiedene Palmen) und vielleicht an die 30 Millionen Tierarten, die meisten davon Insekten.

Eine solche Artenvielfalt, glaubte man früher, könne nur in einem sehr beständigen, warmen, immer feuchten Klima entstanden sein. Denn — so jene Theorie — in einem tropischen Gebiet wie Amazonien, wo die alljährliche Katastrophe Winter nicht stattfindet und lebensvernichtende Eiszeiten ausgeblieben sind, würden nur selten Arten abwandern oder aussterben, aber immer wieder neue dazukommen.

Doch die Feldforschung liefert jetzt Erkenntnisse, nach denen diese Vorstellung zu revidieren ist. Demnach war Amazonien in allen erdgeschichtlichen Epochen sehr wohl Klimaschwankungen ausgesetzt. Beispielsweise wurde es auch in dieser Region kälter, wenn während der Eiszeiten die Gletscher auf der Nordhalbkugel vorrückten. Das zerstörte allerdings nicht, wie dort, die Tier- und Pflanzenwelt; vielmehr waren wohl gerade solche leichten Klimaänderungen förderlich für die Entwicklung der heutigen Artenvielfalt.

Das ist nicht nur von akademischem Interesse. Im Gegenteil: Anhand früherer Entwicklungen nach Umweltveränderungen kann man die Folgen heutiger Eingriffe vorhersagen, und zuverlässige Prognosen brauchen wir dringlicher denn je. Denn dadurch, daß riesige Waldflächen von Menschenhand einfach vernichtet werden, verschwinden rasch so viele Tier- und Pflanzenarten, wie es bisher beispiellos ist. Die Folgen für die Zukunft sind nicht mehr kalkulierbar.

Die Eignerstaaten des tropischen Regenwaldes im Amazonasbecken — vor allem Brasilien, Venezuela, Kolumbien, Ecuador und Peru — brauchen aber Bewirtschaftungsstrategien, die ihnen zwar die gebotene ökonomische Entwicklung erlauben, doch dabei so viele Tier- und Pflanzenarten wie möglich vor dem Aussterben bewahren. Die Verantwortlichen müssen also wissen und bei ihren Plänen berücksichtigen können, auf welche Weise dieses Ökosystem auf bestimmte Belastungen reagiert, insbesondere, wenn einzelne Arten gefährdet sind. Und eben die Naturgeschichte von Amazonien lehrt, welchen Unbilden das System widerstanden hat.

Die alte Annahme, ein langfristig stabiles Klima sei die Ursache für den enormen Artenreichtum am Amazonas, kommt — so seltsam das klingt — aus der Tiefseeforschung. Daß es unter den Schlammbewohnern am Boden der Weltmeere eine große Artenvielfalt gibt, und dies trotz Dunkelheit, Kälte und geringer Produktion von Biomasse, hatte Howard L. Sanders vom Institut für Meeresbiologie in Woods Hole bei Falmouth (Massachusetts) entdeckt und daraus den Schluß gezogen, daß stets gleichbleibende Verhältnisse derart lebensfeindliche Bedingungen ausgleichen könnten. Wo sich die Umwelt niemals wesentlich veränderte, da würden hieran angepaßte Tierarten kaum je aussterben; und weil sich im Laufe der Zeit immer noch neue Arten bildeten, würde die Artenzahl insgesamt zunehmen. Die Mannigfaltigkeit an Formen würde immer größer.

Sanders sah zwischen einem tropischen Wald und der Tiefsee manche Ähnlichkeit, wenn beide sich auch in der Produktion von Biomasse erheblich unterscheiden: Beide seien über das ganze Jahr gleichmäßig warm und feucht, was einen Artentod weitgehend verhindere. Die Tatsache, daß es im Amazonas-Regenwald weder Eiszeiten gab noch Winter gibt und manche Baumarten dort bereits seit mehr als 30 Millionen Jahren existieren, schien diese These zu stützen.

Dann, im Jahre 1969, ließen neue Beobachtungen Zweifel an dieser Theorie aufkommen: Demnach hatte es im Amazonasraum früher starke Klimaschwankungen gegeben.

So fand Jürgen Haffer, der damals bei der Mobil Research and Development Corporation arbeitete, daß der Regenwald, obwohl er sich als geschlossene Decke vom westlichen Rand Amazoniens bis zum Atlantik erstreckt, an verschiedenen Standorten dennoch eine jeweils eigene, isolierte Vogelwelt beherbergt (Bild 3 rechts). Solcherart unterschiedlich bevölkerte Areale fanden Haffer und andere Biologen auch für Schmetterlinge und einige andere Organismengruppen. Das Phänomen war für die Wissenschaftler ein Rätsel: Wie konnten in einem doch offensichtlich geschlossenen, so einheitlichen Lebensraum räumlich getrennte Populationen entstehen?

Dieser Artikel ist im Juli 1989 in *Spektrum der Wissenschaft* erschienen.

Haffers Erklärungsvorschlag war so kühn und logisch, daß wohl mancher andere Wissenschaftler gern selbst darauf gekommen wäre. Haffer führte die heutige Isolation von Arten auf die letzte Eiszeit zurück. Die abgegrenzten Bezirke liegen im allgemeinen erhöht, und das tieferliegende Land ist oft trockener (Bild 3 links). Während der Eiszeiten könnten die Tiefebenen mithin fast wüstengleich gewesen sein, so daß die feuchteren Erhebungen zu Refugien von Tieren und Pflanzen geworden wären: Ehemals geschlossene Populationen hätten sich entlang den Klimagradienten aufgetrennt, an die veränderten Verhältnisse angepaßt und sich immer mehr auseinanderentwickelt, bis eigene Arten herausgebildet waren.

Diese Hypothese wirkte sehr überzeugend, denn sie schien nicht nur die geographische Verbreitung der biologischen Arten, sondern auch die erstaunliche Artenfülle im Amazonasgebiet zu erklären. Wegen der Rückzugsmöglichkeit in hochgelegene, tropisch feuchtwarme Regionen wären zur Zeit von Vereisungen auf der Nordhemisphäre hier lebende Tiere und Pflanzen nicht ausgestorben — auch Sanders setzte ja Arterhalt voraus. Und aufgrund wiederholter geographischer Isolation — allein während des Pleistozäns, das vor 2,5 Millionen Jahren begann und vor etwa 10 000 Jahren endete, hat es mindestens vier Vereisungsperioden gegeben — wurde die Evolution immer neuer Arten begünstigt.

Trockenheit am Amazonas?

Noch fehlen Beweise, daß die heute feuchten Tiefebenen Amazoniens in den Eiszeiten trocken waren. Allerdings unterstützen Computersimulationen die These. Zudem sprechen Analysen von Sedimentproben aus verschiedenen tropischen Regionen dafür.

So haben John E. Kutzbach und Peter J. Guetter von der Universität von Wisconsin in Madison das eiszeitliche Globalklima auf dem Computer simuliert. Es ergab sich ein Rückgang der Monsunregenmenge in den Tropen um bis zu 20 Prozent. Gebiete mit ausgeprägten Jahreszeiten und regenlosen Monaten könnten dadurch sicherlich versteppen oder verwüsten — und zumindest

Bild 1: Von oben wirkt der Amazonas-Regenwald uniform, wie ein gleichmäßiger, von Wasseradern durchzogener Teppich. Doch der Schein trügt: In Wirklichkeit wachsen in dem feuchtwarmen Klima der Region sehr viele verschiedene Baumarten. Insgesamt wie auch pro Fläche leben hier mehr Arten von Lebewesen als irgendwo sonst auf der Erde. Früher nahm man an, nur unter sehr gleichmäßigen, stabilen Bedingungen könne sich eine derartige Vielfalt von Organismen entwickeln; doch scheinen nun nach neueren Befunden episodische leichte Störungen und Klimaschwankungen eher dafür günstig zu sein: Wenn katastrophenbedingtes Massensterben ausbleibt, Teilpopulationen dominanter Arten aber ausgemerzt werden, können sich andere, bisher ökologisch unterlegene Arten eventuell besser als vorher durchsetzen.

Teile des Amazonasraums wären auch betroffen. (In vielen Regionen der Tropen gibt es zwar keine wirklichen Trockenzeiten; dennoch fällt zu bestimmten Zeiten des Jahres weniger Regen).

Mit die ersten Daten aus Felduntersuchungen in den afrikanischen Tropen lieferte Daniel A. Livingstone von der Duke-Universität in Durham (North Carolina). An fossilen Baumpollen, die sich gut als Indikatoren früherer Pflanzengemeinschaften eignen, belegte er, daß heute Regenwald auch Standorte einnimmt, wo es vor 20000 bis vor 12000 Jahren nur Trockenwald oder Savanne gab; dies war vor Ende der letzten Würm-Eiszeit, die vor rund 70000 bis vor 10000 Jahren herrschte. Und weil außerhalb des Amazonasbeckens in tropischen Gebieten Südamerikas ebenfalls Spuren eiszeitlicher Trockenheit gefunden worden sind, könnte ähnliches wie für Afrika auch für dieses Gebiet gelten.

Ich selbst habe hierzu Daten auf den Galápagos-Inseln gesammelt; sie liegen am Äquator 2000 Kilometer vom westlichen Ende Amazoniens entfernt. Eine gut datierbare Bodenprobe vom Sediment des einzigen Süßwassersees ergab, daß der See während der letzten Eiszeit trockengefallen war. Erst zu Beginn des Holozäns (der geologischen Gegenwart seit Abklingen der letzten Eiszeit) füllte er sich wieder.

Auch auf dem südamerikanischen Kontinent in Gebieten nördlich von Amazonien wurden inzwischen Spuren früherer Trockenheit gefunden. Zum Beispiel enthielt der tiefe Lago de Valencia im Norden Venezuelas gegen Ende der letzten Eiszeit kein Wasser, und auf dem heutigen Sumpfgebiet an der Küste von Guyana standen Trockenpflanzen. Nach anderen Untersuchungen war der heutige Monsunwald bei São Paulo im südlichen Brasilien früher einmal Trockenzone.

Desgleichen gaben Tiefseebohrungen vor der Amazonas-Mündung Hinweise auf frühere Trockenheit. John E. Damuth und Rhodes W. Fairbridge, die damals an der Columbia-Universität in New York arbeiteten, fanden in den Schichten, die der Fluß während der letzten Eiszeit angeschwemmt hat, Spuren von Feldspat, die sich als Verwitterungsprodukte einer trockenen Landschaft deuten lassen.

Alle diese Hinweise auf eine mögliche eiszeitliche Trockenheit sind gleichwohl meines Erachtens nur schwache Indizien. Der Feldspat beispielsweise stammt zwar wahrscheinlich aus dem Amazonasbecken, jedoch nicht von einer trockenen Oberfläche, wie Georg Irion vom Forschungsinstitut und Naturmuseum Senckenberg in Frankfurt

aufgezeigt hat: Weil der Meeresspiegel während der Eiszeit absank, haben sich die vielen Nebenflüsse des Amazonas vermutlich auch tiefer eingegraben und dabei dieses Mineral mit ausgewaschen.

Auch die Bohrproben von den Galápagos-Inseln und aus dem Umkreis Amazoniens sagen über die Vergangenheit des südamerikanischen Regenwaldes selbst wenig aus. Zum einen liegen die Gebiete zu weit entfernt - wenn auch viel näher als Afrika; zum anderen ist das Amazonasbecken im Westen von den Anden, im Norden vom Bergland von Guayana und im Süden vom Hochland des Mato Grosso begrenzt, und diese Gebirge sind Klimascheiden.

Möglicherweise waren die heutigen Monsungebiete Amazoniens damals, bei weniger Regen, eher Savannen oder Steppen; denkbar wäre dies für die tieferen Regionen im Nordosten unterhalb des Berglands von Guayana, im Südwesten direkt westlich des Mato Grosso und in Teilen des zentralbrasilianischen Beckens. In den feuchteren Gebieten dürften selbst um 20 Prozent geringere Niederschläge als die derzeitigen zwei bis fünf Meter sich auf die Lebensbedingungen nicht nennenswert ausgewirkt haben.

Temperaturwechsel

Bis 1985 gab es keine Altersbestimmungen fossilen Materials aus den höhergelegenen Regionen, den mutmaßlichen früheren Refugien, und auch nicht aus den Tiefebenen Amazoniens. Das ließ meinen Kollegen von der Ohio State University in Columbus und mir keine Ruhe; und mittels Radiokohlenstoff-Bestimmungen gelang es uns erstmals, Holzreste genau zu datieren und einer Eiszeit zuzuordnen. Offensichtlich war die Region damals nicht trocken, aber die Temperatur war beträchtlich – um mehrere Grade – tiefer als heute.

Zugegeben, unser Fund war ein Zufall. Wir durchstreiften gerade das östliche Ecuador, den westlichsten Zipfel des Regenwaldes, auf der Suche nach ehemaligen Seen, in deren Ablagerungen wir Aufschlüsse über die Geschichte des Ökosystems zu finden hofften. In Mera, 1100 Meter hoch in den Ausläufern der Anden gelegen und damit heute nahe der Höhengrenze tropischen Bewuchses, weshalb dies früher vielleicht eines der mutmaßlichen Rückzugsgebiete gewesen war, stießen wir an einem Feldweg auf einen Abbruch, in dem das Sediment mit alten Baumstämmen und Stubben frei lag.

Wir hatten gerade etwas Zeit – wir warteten auf einen Flug zu einem See –

und sammelten ein paar Boden- und Holzproben ein. Das Holz war, wie sich später im Labor herausstellte, in einem Fall 35000, im anderen 26000 Jahre alt – damals war der Norden vereist; ihren Höhepunkt erreichte diese Eiszeit allerdings erst vor 18000 Jahren.

Unter den Proben befanden sich - wie weitere Untersuchungen ergaben – Weichhölzer, also möglicherweise Nadelhölzer. Als einzige Nadelbäume wachsen heute in Ecuador *Podocarpus*-Arten (Steineiben) – freilich höher in den Anden, nämlich mindestens 700 Meter über Mera (Bild 4). Und wirklich ergab eine Pollenanalyse der Bodenproben, daß die früheren Wälder denen der heutigen Andenvegetation ähnelten; der gegenwärtige Tropenwald hat ein anderes Pollenprofil.

Steineiben brauchen ein feuchtes und recht kühles Klima. Wenn sie einstmals in mindestens 700 Meter tieferen Lagen als heute wuchsen, so läßt sich daraus und aus dem Pollenbefund schließen, daß es zur Eiszeit in Mera zwar feucht war, aber zu kalt für eine tropische Vegetation. Nach der Faustformel, daß die Temperatur pro 1000 Meter Höhe um 6 Grad abnimmt, war es mindestens 4,5 Grad kälter.

Dann können sich jedoch wärmeliebende Arten damals nicht dorthin zurückgezogen haben. Wenn, wie man annehmen kann, auch in den anderen hochgelegenen Regionen Amazoniens die Temperatur gesunken ist, waren auch sie als Refugien für Regenwaldarten zu kalt.

Irgendwo müssen die tropischen Formen jene Zeit aber überstanden haben. Es bleibt nur das Tiefland. Das kann also nicht, wie bisher angenommen, trocken gewesen sein – zumindest nicht überall.

Bevor wir den Zustand des gesamten Amazonasgebietes im Eiszeitalter überzeugend entwerfen können, brauchen wir sehr viel mehr Informationen, insbesondere über die kälteste Phase. Auf jeden Fall ist aber das Modell von den Rückzugsgebieten im Hochland wohl genausowenig haltbar wie das frühere Konzept dauernder Stabilität. Der Regenwald scheint vielmehr in den kälteren Zeiten an Fläche zu verlieren und sich in den Zwischeneiszeiten – wie in der Gegenwart – wieder auszudehnen.

Das alte Refugien-Modell wäre damit umgekehrt: Nicht die hochliegenden Areale waren während der Vereisungen auf der Nordhalbkugel feucht und warm geblieben und boten den an tropisches Klima angepaßten Tier- und Pflanzenarten gute Rückzugsmöglichkeiten; sondern nach unseren Befunden haben sich die tropischen Arten damals nur in den vergleichsweise warmen, feuchten

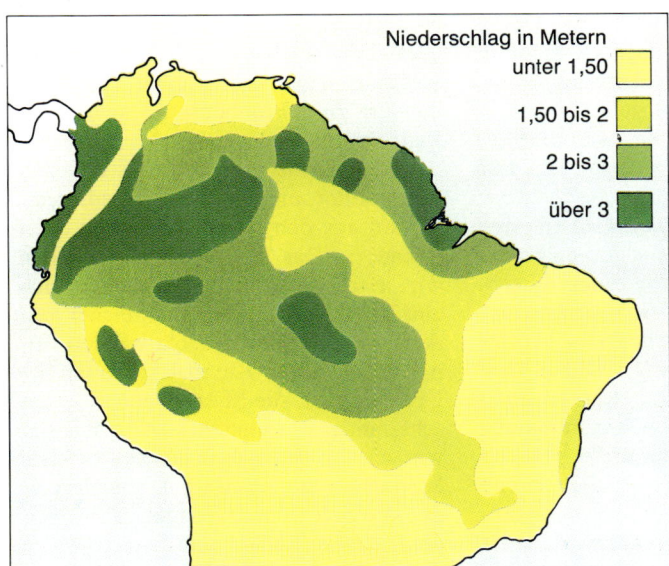

Bild 2: Das Einzugsgebiet des Amazonas ist rundum von hohen Gebirgszügen begrenzt – im Norden vom Bergland von Guayana, im Westen von den Anden und im Süden vom Hochland des Mato Grosso. Der tropische Regenwald (dunkelgrün) steigt bis auf 1200 Meter Höhe auf.

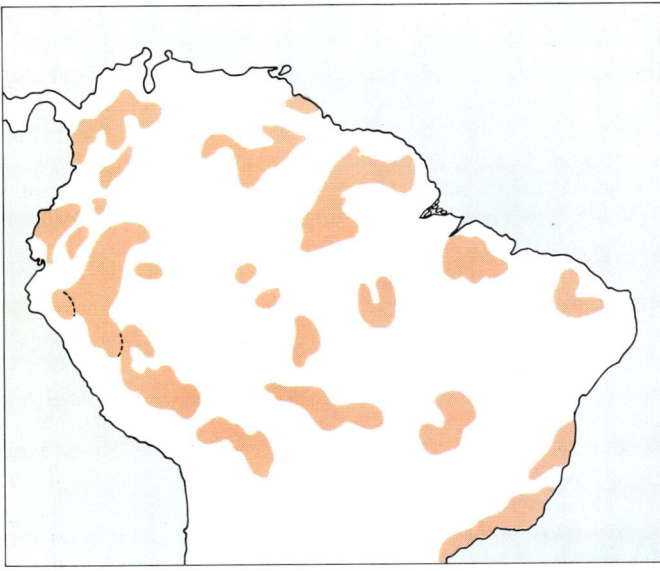

Bild 3: Besonders in Gebieten mit hohen jährlichen Niederschlägen (links) leben viele Schmetterlingsarten mit abgegrenztem Verbreitungsgebiet (rechts). Oft befinden sich solche Areale zudem in den höheren Lagen. Für eine Reihe von Vogelarten gilt ähnliches. Dieser Befund begründete die mittlerweile überholte These, früher – wohl während der letzten Eiszeit vor 70 000 bis 10 000 Jahren und auch in vorangegangenen Eiszeiten – habe ein anderes Klima geherrscht: In den Tieflagen sei es trocken gewesen, in den Höhen aber tropisch feucht-warm geblieben, und eben diese Zonen hätten den Tieren und Pflanzen Rückzugsmöglichkeiten geboten; infolge der geographischen Isolation hätten sich die räumlich getrennten Populationen unabhängig voneinander weiterentwickeln können. Nach neueren Untersuchungen war es in den Hochlagen aber zu kalt für eine tropische Vegetation; vielmehr hielt sie sich in den tieferen Gebieten, die wärmer blieben, und diese waren auch nicht trocken. Generell sind für das Amazonasbecken häufige und regional unterschiedliche Klimaschwankungen charakteristisch.

Bild 4: Eine Steineibe, *Podocarpus oleifolius*, ein Baum mit sehr breiten Nadelblättern. Mehrere *Podocarpus*-Arten wachsen ab ungefähr 1800 Metern Höhe in den Anden von Ecuador, aber nicht mehr in den wärmeren Zonen des Regenwalds. Der Autor hat jedoch in tieferen Lagen fossiles Weichholz gefunden, möglicherweise waren dies auch Nadelhölzer; während der Eiszeiten war es dort demnach wohl kühler als heute. Die tropische Vegetation kann also diese ungünstigen Klimaphasen nicht in Hochlagen überstanden haben.

Bezirken der Tiefebenen gehalten, und gerade die Höhenlagen waren in der Eiszeit unwirtlich.

Artenwandel

Wie läßt sich dann aber die Artenvielfalt erklären? Und wie entstanden die separaten Verbreitungsgebiete?

Die Klimaschwankungen von Eis- und Zwischeneiszeiten mögen schon mitgewirkt haben, aber anders als bisher angenommen. Ich schlage folgendes Modell vor: In den warmen Perioden haben sich die tropischen Formen auch in den höhergelegenen Gebieten ausbreiten können (wie auch heute). Andere Arten als zuvor trafen aufeinander, und somit waren die Bedingungen für evolutive Entwicklungen gut. Die in höhere Lagen vorgedrungenen Populationen trennten sich von ihren Schwesterpopulationen im Tiefland und entwickelten eigene Anpassungen. So etwa könnte es bei manchen Schmetterlings- und Vogelarten gewesen sein, die heute im Bergwald leben.

Man muß dabei auch bedenken, daß die klimatischen und geographischen Verhältnisse nicht überall im Amazonasbecken gleich sind. Das Gebiet ist sozusagen ein überdimensionales Spielbrett für die Evolution. Nur oberflächlich sind die einzelnen Regionen ähnlich, nur einige der biologischen Arten sind überall verbreitet; aber das gesamte Ökosystem ist keineswegs einheitlich. Lokale und regionale Unterschiede von Böden, Niederschlägen und Überschwemmungen sowie verschieden stark ausgeprägte Jahreszeiten bewirken eine örtlich unterschiedliche Evolution.

Eine weitere Erklärungsmöglichkeit für die Artenvielfalt ist, Störungen mittleren Ausmaßes anzunehmen. Diese Hypothese haben unabhängig voneinander Joseph H. Connell von der Universität von Kalifornien in Santa Barbara und Stephen P. Hubbel, der jetzt an der Universität Princeton in New Jersey wirkt, aufgestellt: Danach ist nicht in Gegenden mit immer gleichem, stabilem Klima der größte Artenreichtum zu finden, sondern dort, wo zwar häufige, aber nicht sehr schwere Wechsel der Umweltbedingungen auftreten.

Nach gewaltigen Naturkatastrophen gäbe es ein großes Artensterben. Dazu zählt etwa der Einschlag eines Asteroiden auf der Erde (möglicherweise stand das Aussterben der Dinosaurier damit in Zusammenhang). Durch kleinere, örtlich begrenzte Katastrophen wie Orkane oder Überschwemmungen verschwindet hingegen nicht generell der gesamte Bestand einer Art. Wenn dann aber von den ökologisch dominanten, das heißt an Individuenzahl oder Biomasse vorherrschenden Arten größere Teile vernichtet werden, gibt das den bisher im Ökosystem wenig einflußreichen oder auffälligen Arten die Gelegenheit, sich in der Konkurrenz durchzusetzen.

Ein Beispiel, wie sich kleine Umweltkatastrophen auswirken können, geben

die Urwaldriesen mit ihren ausladenden, alles Licht beanspruchenden Kronen. Große Lichtungen findet man indes überall im Regenwald, ebenso die verschiedenen Artengemeinschaften, die solche Stellen nacheinander bevölkern (man nennt den Prozeß, bis in Jahrhunderten wieder große Bäume dort stehen, Sukzession). Wann immer ein Gummi-, Kautschuk- oder Balsabaum umbricht, wird das Loch sofort von vielen Arten kurzlebiger, lichtliebender Pflanzen und der zugehörigen Fauna besiedelt. Nach und nach wachsen dort andere, auch wieder langlebigere und größere Formen, die eine andere Tierwelt anziehen. Kann sich das System ungestört entwickeln, entsteht dort schließlich in Jahrhunderten wieder eine Organismengesellschaft mit alles überdeckenden Riesenbäumen, die für den reifen tropischen Regenwald typisch ist − die sogenannte Klimaxgemeinschaft.

Urwaldriesen können leicht umstürzen, sie sind Flachwurzler: Oft ankert die Hälfte ihres Wurzelwerks nicht tiefer als 20 Zentimeter. Ein Sturm oder eine Überflutung, die den Boden abträgt, kann sie fällen.

Überraschende Funde in Bodenproben

Die Hinweise mehren sich, daß zumindest während der geologischen Gegenwart, dem Holozän, und wohl auch noch in historischer Zeit das Amazonasgebiet immer wieder hier und da von Stürmen, erodierenden Überschwemmungen und anderen Naturgewalten verändert worden ist. Augenscheinlich wechselt seine Topographie von Jahrhundert zu Jahrhundert, ja sogar von Jahrzehnt zu Jahrzehnt.

Einigen Aufschluß über das Holozän geben unter anderem unsere Sedimentproben aus den schon erwähnten Seen Ecuadors. Das älteste Material fanden wir in ehemaligen Vulkanen mit den einzigen Kraterseen, die bisher im Amazonas-Gebiet entdeckt wurden. Einer davon − der Kumpak[a], wie ihn die Ureinwohner, die Shuar, nennen − hat schlammiges, sauerstoffarmes Wasser, wie es für Amazoniens flußgespeiste Seen charakteristisch ist. Der andere − der Ayauch[i] − sieht dagegen mit seinem klaren, blauen und auch noch in der Tiefe sauerstoffreichen Wasser beinahe aus wie ein Alpensee, ein merkwürdiges Bild mitten im Dschungel.

Mark B. Bush, einer meiner Mitarbeiter, hat die Proben vom Ayauch[i], ein Profil der letzten 7000 Jahre, auf Pollen untersucht. Demnach stand dort fast immer Regenwald, bis auf eine längere

Trockenzeit vor knapp 4000 Jahren, also lange nach der letzten Eiszeit. (Übrigens fanden sich auch Hinweise auf Maisanbau vor 3000 Jahren – für das Amazonasgebiet ist das der bisher früheste Beleg.)

Am Kumpak[a] ermittelte Kam-biu Liu, der jetzt an der Louisiana State University in Baton Rouge arbeitet, jedoch eine dramatischere Geschichte. Das Sediment ist stark geschichtet, und die einzelnen Bänder haben eine ganz unterschiedliche Struktur. Vermutlich haben immer Unwetter die Uferböschungen stark erodiert und damit die Landschaft um den See zumindest während der letzten 5000 Jahre regelmäßig umgestaltet.

Die Bohrproben von vier Seen des Tiefland-Tropenwaldes im Norden Ecuadors, die seit Jahrhunderten keinen Zufluß mehr haben, legen nahe, daß es im westlichen Amazonien mindestens eine langanhaltende Phase turbulenten Klimas gegeben hat, in der Orkane den Wald verwüsteten. Die Sedimente von allen vier Seen waren gleich angeordnet: zuoberst eine Schicht Gyttja, einem für Seen typischen Halbfaulschlamm, der nach der Radiokarbondatierung seit rund 800 Jahren abgelagert wird, und darunter aus Flußbetten angespültes Material; dessen unterste Schicht war etwa 1300 Jahre alt (Bild 5). Demnach haben diese Seen seit rund 800 Jahren keinen Zufluß mehr.

Wir vermuten, daß in der Zeit zwischen 1300 und 800 Jahren vor der Gegenwart ausgiebige Regenfälle im westlich liegenden Gebirge das Land überfluteten; die Flüsse speisten damals wieder vordem längst ausgetrocknete Arme im Tiefland. Wie unsere Pollenanalyse ergab, bildeten sich vorübergehend Sandbänke mit jungem Wald,

während zu Zeiten der Überschwemmungen auch wohl die großen Bäume abstarben.

Marcia L. Absy vom Nationalen Institut für Amazonasforschung in Manaus hat auch im zentralen Amazonasraum Spuren von Überschwemmungen aus jener Zeit nachweisen können, und zwar im Sediment von fünf Seen in einem Feuchtgebiet, der sogenannten Varzea, die in der Hauptregenzeit überschwemmt ist und dann langsam trockenfällt. Diese Seen speisen sich aus Flüssen verschiedener Einzugsgebiete – dem Bergland von Guayana, dem Mato Grosso und den Anden. Die Gebiete, deren Zuflüsse aus dem Westen kommen, wurden früher weitaus häufiger überflutet als die anderen. Demnach trat die einstige Unwetterphase nur im Westen Amazoniens auf; überregional wirkte sie sich nur entlang der von dort ostwärts gerichteten Amazonas-Zuflüsse aus.

Das westliche Amazonien unterlag also im Holozän mindestens einmal einer drastischen Klimaänderung; fast ein Jahrtausend lang herrschte stürmisches, regenreiches Wetter. Sicherlich wird man in diesem unruhigen Stromgebiet noch mehr frühere klimatische Ereignisse nachweisen, die so langdauernde Auswirkungen hatten.

Erosion und Feuer

Im leichter überschaubaren Zeitraum einiger Jahrhunderte ist Erosion durch Flüsse, die ihr Bett verlagern, eine besonders auffällige Veränderung der Umwelt. Die schnellfließenden Wasserläufe tragen den Boden rasch ab; aber auch trägere Gewässer schwemmen Sediment mit sich fort. Viele Flüsse wech-

seln ab und zu ihr Bett; dabei können sie Bäume umreißen, lassen aber auch fruchtbaren Boden zurück. Besonders in Regenzeiten, wenn sie Hochwasser führen, verändern sie das Landschaftsbild – das gilt vor allem für die schlammigen westlichen Nebenflüsse des Amazonas: Schätzungsweise 80 Prozent der Schwebstoffe im Unterlauf des Stroms kommen aus dem Westen.

Um auszurechnen, wie rasch die Andenströme den Boden im Westen erodieren, haben wir Angaben in der Fachliteratur über die jährlichen Ablagerungen an der Amazonas-Mündung extrapoliert. Die Methode ist natürlich unzuverlässig, aber zumindest scheint gesichert, daß in jedem Jahrhundert viele Zentimeter Boden verlorengehen. Während der normalen Lebensdauer eines dort typischen Baumes kann ohne weiteres die Hälfte der von ihm durchwurzelten Bodenschicht fortgeschwemmt werden.

Die im peruanischen Amazonasraum arbeitende Gruppe um Jukka S. Salo von der Universität Turku in Finnland hat das genauer untersucht. Anhand von Satellitenaufnahmen kartierten die Kollegen die Waldtypen; sie unterschieden frühe Sukzessionsstufen (die man typischerweise in seit kurzer Zeit trockenen Flußbetten findet) und Klimaxstadien (dazu muß der Wald etwa in einem alten Flußbett einige hundert Jahre ungestört wachsen). Während der letzten Jahrhunderte ist demnach ein Viertel der peruanischen Wälder fortgerissen und ersetzt worden.

Doch auch binnen kürzerer Zeitspannen können Flüsse Landschaften umformen, wie die Finnen mit 13 Jahre später gemachten Luftaufnahmen nachweisen. Ein einziger kleiner Fluß hatte 3,7 Prozent seines Überschwemmungs-

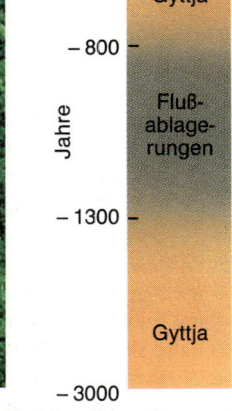

Bild 5: Der Añangucocha (links), einer von vier Seen in Ecuador mit alten Schlamm- und Flußablagerungen, aus deren Schichtung zu ersehen ist, daß es im westlichen Amazonasraum vor rund 1000 Jahren eine lange Schlechtwetterperiode gegeben hat: Die oberste Schicht ist Gyttja (rechts), Halbfaulschlamm am Boden nährstoffreicher Seen; darunter liegen Flußablagerungen. Die tiefere Gyttja-Schicht bildete sich vor 1300 bis 800 Jahren. Der See hatte also rund fünfhundert Jahre lang einen Zufluß, was auf eine Epoche erhöhter Niederschläge schließen läßt.

Bild 6: Der Napo, ein Fluß in Ecuador. Man erkennt, wie er das sandige Ufer unterspült und die Baumwurzeln freiwäscht. Immer wieder stürzen dadurch alte Bäume um, denn wegen des felsigen Grundes können sie nur flach wurzeln. Nur solange derartige Veränderungen nicht überhand nehmen, kann der tropische Wald regenerieren; Kahlschlag riesiger Areale wie derzeit für die Nutzung als Weideland hat katastrophales Artensterben zur Folge.

gebietes gänzlich verändert. Noch überraschender ist, daß der amazonische Regenwald mitunter stellenweise ohne menschliches Zutun in Brand gerät. Kürzlich entdeckten Robert L. Sanford von der Universität von Kalifornien in Berkeley und andere Wissenschaftler in Süd-Venezuela, in den nördlichen Ausläufern des Amazonasbeckens, in Bodenproben Holzkohleschichten. Nach einer Radiokarbondatierung entstanden manche davon schon vor 6000 Jahren, als dort vermutlich noch keine Menschen lebten.

Was könnte die Ursache für die Brände sein? Man muß sich Regenwaldbäume als wassergekühlte Energiefallen vorstellen. Mit ihrer riesigen Oberfläche aus dünnen, großflächigen Blättern absorbieren sie über den ganzen Tag die intensive Sonnenstrahlung; und da sie die überschüssige Wärme unbedingt wieder abgeben müssen, verdunsten sie ungeheure Wassermengen. Sanford hält es für möglich, daß in einer Trockenperiode ein Baum schon in einem Monat alles Wasser in Reichweite seines flachen Wurzelwerks aufsaugt. Dann heizen die Blätter auf, verdorren und fallen ab. Die Sonne kann das Laub unter den kahlen Bäumen versengen, so daß es sich selbst entzündet, oder der trockene Wald kann durch Blitz in Brand geraten. Eine solche für tropische Verhältnisse langdauernde völlige Trockenheit ist vielleicht ein- oder zweimal in mehreren Jahrtausenden zu erwarten.

Zukunft für den Regenwald?

Das Amazonasbecken war anscheinend also immer ein Ökosystem im Wandel. Während der Eiszeiten in anderen Regionen der Erde — vorausgesetzt unsere Daten sind repräsentativ — wird es auch dort kälter, und der Tropenwald muß weichen. Nur an manchen Stellen, die noch tropisches Klima bieten — nach unseren Untersuchungen die tieferliegenden Regionen — können die bisherigen Populationen in solchen Epochen relativ unverändert überleben. In den Warmzeiten ist der Amazonaswald eher lokalen Störungen ausgesetzt, wie sie in holozänen Ablagerungen, etwa von Gewässern, nachzuweisen sind. Nur an wenigen Stellen werden länger als ein bis zwei Jahrhunderte weder Stürme noch Überschwemmungen oder Brände vorkommen. So entstand das heutige Mosaik aus Lichtungen und Lebensgemeinschaften der verschiedenen Sukzessionsstadien bis zur letzten Stufe, dem hohen Wald mit alten Bäumen — kurz, die ganze Artenvielfalt.

Was sagt uns dies über die Zukunft dieses Regenwaldes, der augenblicklich in seinem Bestand ernstlich durch den Menschen gefährdet ist, und über den Erhalt seiner Tier- und Pflanzenwelt? Vielleicht kann dieses Ökosystem sogar kleinere menschliche Eingriffe aushalten, denn die Zahl der Arten von Lebewesen nahm ja gerade auch unter immer wieder wechselnden Lebensbedingungen zu.

Allerdings darf das Ausmaß der Nutzung höchstens das von kleineren natürlichen Störungen annehmen, nach denen immer Restpopulationen überleben. Der Kahlschlag, wie er heute geübt wird, hatte in der Vergangenheit nicht seinesgleichen. Beim heutigen Vorgehen wird das Leben ausgemerzt wie bei großen Naturkatastrophen, die viele Tier- und Pflanzenarten ausrotten.

Verheerend ist auch die Jagd mit modernen Schußwaffen für die größeren Tierarten. Besonders leicht abzuschießen sind die baumlebenden, pflanzenfressenden Säugetiere — beispielsweise Primaten oder Faultiere — und Greifvögel wie die Harpyie, ein mächtiger Adler, der sogar größere Primaten fängt. Mit einer Schrotflinte kann ein Mensch in einem Jahr — wie vieltausendmal geschehen — alle Harpyien und langsameren Primaten im Umkreis von zehn Kilometern um seine Behausung erlegen. Nur in streng überwachten Reservaten könnten die Tiere noch überleben. Die Staaten Amazoniens wollen dafür zwar Land zur Verfügung stellen; aber noch ist nicht einmal geklärt, wie groß solche Gebiete überhaupt mindestens sein müßten. Aber die benötigten Flächen sind riesig. Insbesondere die größeren Tiere, wie Raubkatzen, Greifvögel oder Primaten, brauchen ausgedehnte Landstriche ohne kulturelle Veränderungen.

Gefährdet ist schließlich der Baumbestand selbst. Zur Zeit werden weite Areale am Amazonas radikal abgeholzt, um Weideland zu schaffen. Man wird die eigentümliche Flora und Fauna aber nur dann retten können, wenn man völlig umdenkt: Die Bewirtschaftung darf die Waldreste auf keinen Fall stärker schädigen, als es die dort lebenden Tiere und Pflanzen mittels ihrer Anpassungsstrategien verkraften können. Vielleicht ließen sich Teile der Regenwaldregion als Urlaubs- und Erholungsgebiete ausgrenzen, andere als Gelände für solche industriellen Betriebe, die wenig Energie verbrauchen und die Umwelt nicht sonderlich belasten.

Wir dürfen wohl aus dem Geschehen in einer langen Vergangenheit schließen, daß der Amazonas-Regenwald robust genug für eine stellenweise wirtschaftliche Nutzung sein müßte. Doch ist äußerste Umsicht geboten, damit nicht die dort heimischen Arten massenweise aussterben.

Dürre in Afrika

Wiederkehrende Dürrekatastrophen von oft verheerendem Ausmaß kennzeichnen
das Klima südlich der Sahara. Würden die Regierungen der betroffenen Länder für das
Wiederkehren der Dürre vorsorgen, ließe sich die Agrarproduktion der Region
auf absehbare Zeit stabilisieren.

Von Michael H. Glantz

Immer wieder zeigen Photos aus den südlich der Sahara gelegenen Gebieten verhungernde Kinder, bis auf die Knochen abgemagertes Vieh, überfüllte Flüchtlingslager und ausgetrocknete Wasserstellen. Ursache solch erschütternder Szenen sind wiederkehrende Dürreperioden; sie haben diese Region Afrikas während der letzten zwanzig Jahre in den Brennpunkt weltweiter Sorge gerückt und Ströme humanitärer Hilfe ausgelöst.

Während jeder Dürre leiten Regierungen, internationale Hilfsagenturen und karitative Organisationen Soforthilfeprogramme in die Wege, und viel wird über falsche Landnutzung und Wüstenbildung geschrieben. Doch wenn wie im vergangenen Jahr wieder Regen fällt, erscheint die Dürre als Problem von gestern, und die Sorge beginnt nachzulassen.

Tatsächlich gehört die Dürre jedoch zum Klima dieser Region und wird immer wieder auftreten. In fast allen Ländern des subsaharischen Afrika hängt entscheidend davon ab, ob es in steter Folge ausreichende Ernten gibt oder nicht; die Dürre sollte deshalb in der Entwicklungsplanung nicht länger ignoriert werden. Der erste Schritt zur langfristigen Vorsorge besteht darin, sich über ihre Ursachen klarzuwerden. Erst dann kann gefragt werden, wie sie sich auswirkt und wie den Folgen zu begegnen wäre.

Wahrscheinlich ist es zwecklos, nach einer einzigen Ursache für die afrikanischen Dürreperioden zu suchen. Es gibt eine Vielzahl lokaler und regionaler Klimate, die von ganz unterschiedlichen atmosphärischen Prozessen und Bodenverhältnissen verursacht werden.

Ebenso gibt es in der Region viele verschiedene Gesellschaftsformen mit unterschiedlicher Landnutzung und unterschiedlichem Wasserbedarf.

Im Weltmaßstab sind Dürren recht häufig; aber ihr Auftreten variiert von Jahr zu Jahr beträchtlich. Im regionalen Maßstab haben manche Gebiete eine Regenzeit und andere zwei; in einigen Gebieten regnet es im Winter, in anderen im Sommer. Zum Beispiel hat der westafrikanische Sahel – die Übergangszone zwischen der Sahara und der südlich gelegenen Feuchtsavanne – acht Monate Trockenzeit sowie vier Monate Regenzeit dann, wenn auf der Nordhalbkugel Sommer herrscht. Während einer Regenzeit können die lokalen Niederschläge örtlich und zeitlich höchst unterschiedlich fallen.

Die Definition von Dürre ist so schwierig, weil es sich um ein schleichendes Phänomen handelt. Anfang und Ende sind oft kaum festzustellen, da beide sich nicht deutlich von gewöhnlichen Trockenheiten unterscheiden. „Der erste regenfreie Tag einer Schönwetterperiode trägt ebensoviel zu einer Dürre bei wie der letzte", bemerkte einmal Ivan R. Tannehill vom amerikanischen Wetterdienst, „aber niemand weiß genau, wie groß die Dürre werden wird, bevor nicht der letzte trockene Tag vorüber ist und der Regen wieder fällt."

Die Bedeutung des Begriffs Dürre wechselt, je nachdem wie nötig die Menschen den Regen haben. Am häufigsten wird Dürre als ein meteorologisches Ereignis verstanden. Es gibt aber auch landwirtschaftliche und hydrologische Dürren; diese Begriffe sind nicht synonym.

Die meteorologische Dürre läßt sich durch den Grad der Trockenheit – als Verringerung des Niederschlags gegenüber dem langjährigen Jahres- oder Jahreszeitmittel in Prozent – und durch die Dauer der Trockenheit in einer bestimmten Region definieren. Es gibt viele Varianten dieser Definition, die sich oft auf ein bestimmtes Gebiet beziehen und von der menschlichen Tätigkeit abhängen, für die der Niederschlag gemessen wird. Manchmal fällt es schwer, die meteorologische Dürre mit einiger Sicherheit zu bestimmen, einmal wegen der Natur des Phänomens und zum anderen, weil meteorologische und klimatologische Daten in vielen afrikanischen Staaten erst seit wenigen Jahre verfügbar oder unzuverlässig sind. Außerdem sind die bloßen Niederschlagsdaten oft nicht von unmittelbarem und vorrangigem Nutzen für Entscheidungsträger und Landwirtschaftsplaner, da andere Variable den Wert des Regens beeinflussen – etwa Bodenfeuchte, Lufttemperatur und Verdunstungsrate.

Landwirtschaftliche Dürre tritt ein, wenn es nicht genug Feuchtigkeit zur rechten Zeit für Wachstum und Reifung der Ernte gibt. Die Niederschlagsverteilung während der Wachstumsperiode ist ebenso wichtig wie die absolute Regenmenge pro Monat oder pro Jahreszeit, da die Pflanzen während ihrer Entwicklung unterschiedlich viel Feuchtigkeit brauchen. M. D. Dennett von der Universität Reading in England und seine Kollegen Jeremy Elston und J. A. Rogers haben kürzlich nachgewiesen, daß sich die jahreszeitliche Regenverteilung in der Sahelzone Westafrikas vor allem deswegen geändert hat, weil die Regenmenge im August, der im Mittel der feuchteste Monat ist, nachließ. Solch eine Veränderung ist für die Landwirtschaft gewiß ungünstig, als Trend jedoch nur im Rückblick erkennbar.

Zu einer hydrologischen Trockenheit kommt es, wenn die Wasserführung eines Flusses gewisse Zeit unter einen be-

Dieser Artikel ist im August 1987 in *Spektrum der Wissenschaft* erschienen.

Bild 1: Der Tschadsee im Grenzgebiet von Kamerun, Tschad, Niger und Nigeria ist infolge der anhaltenden Dürre im westafrikanischen Sahel seit den sechziger Jahren erheblich geschrumpft. Als das obere Photo 1972 von einem „Landsat"-Satelliten aufgenommen wurde, umfaßte der See etwa 25000 Quadratkilometer. Im Jahre 1984, als ein anderer „Landsat"-Satellit das untere Bild aufnahm, war der See auf weniger als 2000 Quadratkilometer geschrumpft. Alte Dünen, die lange von Wasser bedeckt waren, sind auf dem unteren Bild deutlich sichtbar.

stimmten Wert sinkt, wenn also menschliche Tätigkeiten wie Bewässerung und Stromerzeugung empfindlich eingeschränkt sind. In Westafrika ist die Abflußmenge von Schari, Niger und Senegal seit den späten sechziger Jahren stark zurückgegangen.

Ursachen der Dürre

Von meteorologischen Dürren war Westafrika nun 17 Jahre hintereinander betroffen (Bild 1). Nach den historischen Quellen war dies die dritte große Dürreperiode dieser Region im 20. Jahrhundert.

Allerdings muß man, wenn man von Klimaschwankungen spricht, unterschiedliche Zeiträume betrachten. Von Interesse sind hier das Jahrtausend, das Jahrzehnt und das Jahr.

Bei den größten Zyklen berufen sich etliche Forscher auf den sogenannten Milanković-Mechanismus, um den offensichtlichen Trend zu größerer Trockenheit im subsaharischen Afrika zu erklären. Im Jahr 1930 legte der serbische Astronom Milutin Milanković dar, Veränderungen der elliptischen Bahn der Erde um die Sonne könnten das Klima beeinflussen. Solche Veränderungen im Laufe von Jahrtausenden werden durch die Anziehungskraft zwischen den größeren Planeten des Sonnensystems und der Erde bewirkt.

Infolgedessen empfing die Nordhalbkugel vor ungefähr 10 000 Jahren im Sommer etwa 8 Prozent mehr und im Winter 8 Prozent weniger Sonnenstrahlung als heute, so daß die Jahreszeiten ausgeprägter waren als in der Gegenwart. Dadurch verstärkte sich auf der Nordhalbkugel im Sommer wie im Winter die Monsunzirkulation. Vor allem vom Sommermonsun hängen die subtropischen Regenzeiten ab.

Wie John E. Kutzbach von der Universität von Wisconsin in Madison und Alayne Street-Perrott von der Universität Oxford gezeigt haben, kann ein Klimamodell, das unter anderem auch diese Variationen enthält, recht gut die subtropischen Niederschlagsschwankungen in Nordafrika, Süd- und Südostasien sowie Mittelamerika simulieren, die durch die wechselnden Wasserstände von Seen während der letzten 18 000 Jahre belegt sind. Die Seespiegel waren im allgemeinen vor 10 000 und bis vor 5000 Jahren am höchsten; seitdem sind die meisten gesunken, und das deutet auf eine ganz allmählich zunehmende Trockenheit hin.

Gegenwärtig ist die Erde der Sonne am nächsten, während auf der nördlichen Hemisphäre Winter herrscht. In den kommenden Jahrtausenden wird sie sich wieder während des nordhemisphärischen Sommers der Sonne am meisten annähern. Dies sollte von neuem die Monsune und damit die Niederschläge in den tropischen Breiten verstärken (siehe den Artikel „Klimamodelle" von Stephen H. Schneider in diesem Band).

Im Maßstab von Jahrzehnten und einzelnen Jahren werden für die afrikanischen Dürren sowohl natürliche Ursachen wie Einflüsse des Menschen vermutet. Zu den natürlichen Faktoren gehören Klimaschwankungen über kurze Zeit, langfristige Klimaänderungen, Änderungen der Oberflächentemperatur des Atlantischen Ozeans, El Niño-Ereignisse und dadurch bedingte Klimaanomalien; letztere sind ein Beispiel für meteorologische Wirkungen über große Entfernungen. Zu den künstlichen Ursachen zählen die vom Menschen verursachte Zunahme des atmosphärischen Kohlendioxids und anderer Spurengase, die den Strahlungshaushalt beeinflussen, sowie die Veränderung von Vegetationsflächen.

Natürliche Ursachen

Unter den kurzfristigen Klimaschwankungen sind die Dürren der ariden und semiariden Regionen durchaus als normal anzusehen. Für diese Regionen ist der statistische Mittelwert des Jahresniederschlags wenig aussagekräftig, weil jeweils wenige regenreiche mit sehr viel mehr regenarmen Jahren abwechseln. Nur selten entspricht die jährliche Regenmenge etwa dem Durchschnitt (Bild 2).

Es wäre deshalb irreführend, für diese Regionen Dürre nur als Unterschreiten des Jahresmittels zu definieren (Bild 3). Man muß andere statistische Größen heranziehen, zum Beispiel den Median (den Wert in der Mitte einer der Größe nach geordneten Reihe von Niederschlagswerten), die Schwankungsbreite (zwischen größter und kleinster Regenmenge) und den Modus (die am häufigsten auftretende Regenmenge), um den charakteristischen Niederschlag einer bestimmten afrikanischen Region angemessen zu beschreiben (Bild 4).

Die paläoklimatologische Forschung zeigt, daß es in verschiedenen Teilen des subsaharischen Afrika sowohl jahrtausendelange Feucht- wie Trockenperioden gegeben hat. Viele Wissenschaftler haben versucht, aus statistischen und historischen Aufzeichnungen auf Dürrezyklen für bestimmte Regio-

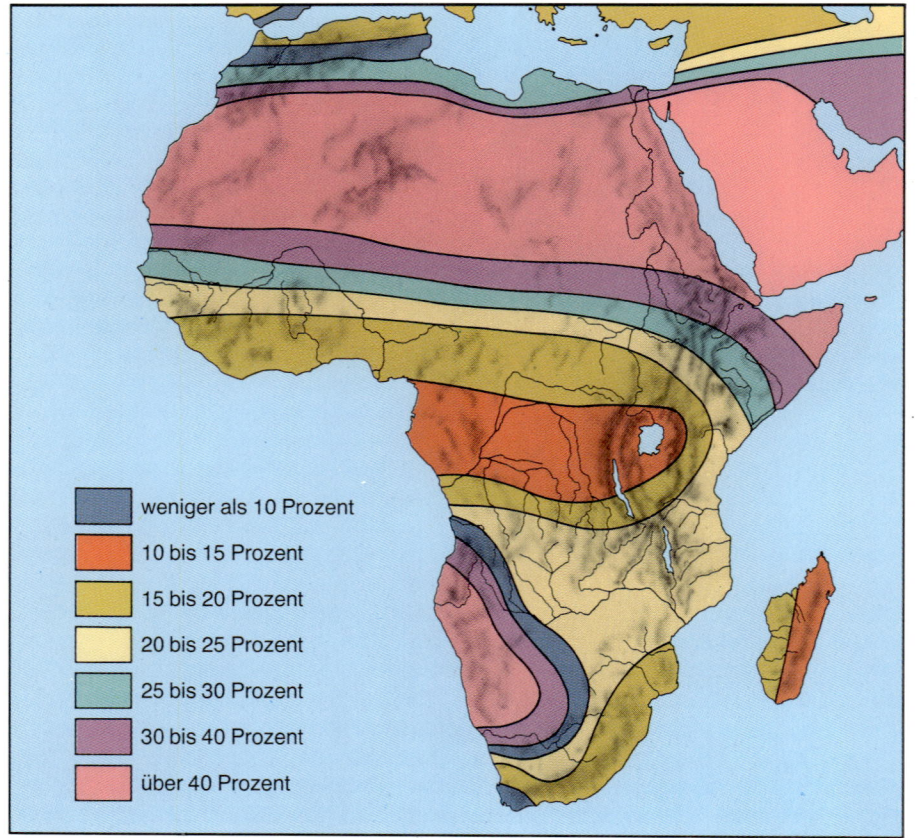

weniger als 10 Prozent

10 bis 15 Prozent

15 bis 20 Prozent

20 bis 25 Prozent

25 bis 30 Prozent

30 bis 40 Prozent

über 40 Prozent

Bild 2: Die Klimavariabilität in Afrika ist als mittlere jährliche Abweichung vom durchschnittlichen Niederschlag dargestellt. In den Teilen des Kontinents, wo hohe Niederschlags- variabilität und geringe Niederschlagsmenge zusammentreffen, tritt mit großer Wahrscheinlichkeit immer wieder Dürre ein, also vor allem in den hellrot markierten Gebieten.

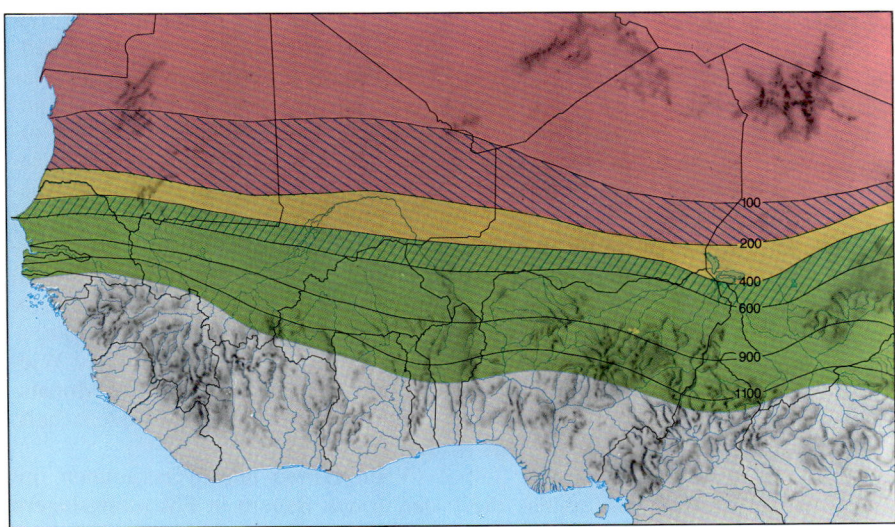

Bild 3: Die Niederschlagsregionen Westafrikas sind, von oben nach unten: die Sahara-Zone, die Zone zwischen Sahara und Sahel, die Sahel-Zone, die Zone zwischen Sahel und Sudan und die Sudan-Zone. Rechts ist der mittlere Jahresniederschlag in Millimetern angegeben.

nen zu schließen, die Ergebnisse waren nicht recht überzeugend; tatsächlich verstärkte sich dadurch nur der Eindruck, daß es keine ausgeprägte Periodizität gibt. Somit scheint die Dürre ein aperiodisches, aber eben doch wiederkehrendes Phänomen zu sein.

Unter dem Aspekt langfristiger Klimaänderungen diskutierten die Klimatologen in den frühen siebziger Jahren, ob die durchschnittlichen Temperaturen weltweit steigen oder sinken. Anhänger der Abkühlungshypothese behaupteten, eine neue Eiszeit stehe bevor, da die gegenwärtige Zwischeneiszeit schon ungefähr so lange andauere wie frühere Zwischeneiszeiten, nämlich 10000 bis 15000 Jahre. Sie wiesen außerdem darauf hin, daß die Erde während der letzten 500000 Jahre nur in etwa 25000 Jahren so warm gewesen sei wie im 20. Jahrhundert.

Vor ungefähr zehn Jahren setzte sich aber die Erwärmungshypothese durch. Genauen Beobachtungen zufolge hatte sich die Nordhalbkugel zwar seit etwa 1940 abgekühlt, doch Mitte der siebziger Jahre kehrte die Tendenz sich um. Der längerfristige Trend zu weltweiter Erwärmung, der schon um 1900 eingesetzt hat, wird vor allem auf den Anstieg atmosphärischen Kohlendioxids zurückgeführt. Ungewiß bleibt, ob eine weltweite Erwärmung den Gebieten Afrikas, die gegenwärtig als dürreanfällig gelten, mehr oder weniger Regen bringen wird.

El Niño

Unter El Niño versteht man das vorübergehende Eindringen warmen Oberflächenwassers in den östlichen Pazifik nahe dem Äquator, vor den Küsten von Peru und Ecuador (siehe „El Niño" von Colin S. Ramage, Spektrum der Wissenschaft, August 1986). Es handelt sich um eine lokale Auswirkung der sogenannten Southern Oscillation, einer Art Luftdruckschaukel zwischen dem westlichen und dem östlichen Pazifik in Nähe des Äquators. Solche Ereignisse sind mit Dürren und anderen Klimaanomalien auf der ganzen Erde in Verbindung gebracht worden; das von 1982/ 83 war durch den starken Anstieg der Meeresoberflächentemperatur, durch das geographische Ausmaß und durch die sozialen Folgen das ausgeprägteste seit mehr als hundert Jahren.

Eugene M. Rasmusson von der Universität von Maryland in College Park sieht zwischen solchen Ereignissen und Regenfällen im südöstlichen Afrika (im Gebiet von Moçambique und Simbabwe) einen deutlichen Zusammenhang: Dort sei in 22 von den letzten 28 El-Niño-Jahren weniger Regen gefallen. Allerdings findet er viel schwächere Korrelation zwischen El Niño und Dürren in Äthiopien, im westafrikanischen Sahel und in Ostafrika (im Gebiet von Tansania, Kenia und Uganda).

Die westafrikanischen Dürren lassen sich vielleicht besser durch Schwankungen der Oberflächentemperatur des Atlantik erklären. D. E. Parker, C. K. Folland und T. N. Palmer vom Britischen Meteorologischen Dienst schließen aus Klimamodellen: „Ungewöhnlich warme Wassermengen im tropischen Südatlantik, vor allem im Golf von Guinea, haben Trockenheiten während der Regenzeit der Sahelzone begünstigt, weil sich die atmosphärische Zirkulation und der Feuchtigkeitstransport in den Tropen veränderten."

Künstliche Ursachen

Die für das Klima folgenreichste Aktivität des Menschen ist das Verbrennen fossiler Kohlenwasserstoffe in nie dagewesenem Ausmaß. Immer mehr Wissenschaftler sind der Ansicht, daß die zunehmende Belastung der Lufthülle mit Kohlendioxid und anderen sich auf den Strahlungshaushalt auswirkenden Gasen wie Methan, Ozon, Fluorkohlenwasserstoffen und Stickoxiden die tieferen Schichten der Lufthülle aufheize. Diese sogenannten Treibhausgase lassen das sichtbare Sonnenlicht durch, absorbieren oder reflektieren jedoch die langwelligere Infrarotstrahlung von der Erdoberfläche.

Eine Erwärmung der unteren Atmosphäre wirkt sich gewiß auf den Wasserkreislauf und die Verteilung der Niederschläge aus, doch hat man von den regionalen Folgen noch kein klares Bild. Dennoch vermuten einige Atmosphärenforscher, die jüngste langanhaltende Dürre in Afrika sei ein erstes Anzeichen für die regionalen Auswirkungen der globalen Erwärmung.

Die zweite klimatisch folgenreiche Tätigkeit des Menschen ist die Veränderung von Vegetationsflächen durch Entwaldung, Überweidung und Desertifikation sowie durch Brennholz- und Bauholzeinschlag. Solche Aktivitäten können die Albedo der Erde, das heißt ihr Reflexionsvermögen, erhöhen. Dadurch absorbiert die Erdoberfläche weniger Sonnenlicht und wird kühler. Dies wiederum verändert die unteren Schichten der Atmosphäre: Kühle Luft in Bodennähe und wärmere Luftschichten darüber schwächen die Konvektion ab und reduzieren Wolkenbildung und Niederschläge.

Wie andere Autoren hat Jule G. Charney vom Massachusetts Institute of Technology schon vor etwa zehn Jahren vermutet, eine Zunahme der Erdoberflächen-Albedo verstärke regionale Dürreperioden. Gemäß dieser Hypothese wird die Dürre zu einem immer schlimmeren Dauerzustand, indem immer mehr Menschen sich von dem schwindenden Bodenertrag ernähren müssen und dabei die Vegetationsdecke mehr und mehr zerstören.

Hingegen haben Studien zur Geschichte des ökologischen Wandels in der westafrikanischen Sahelzone gezeigt, daß die Albedo sich viel weniger verändert hat, als in den Computermodellen angenommen worden war. Das bedeutet, daß Albedoänderungen, obwohl sie durchaus vorkommen, kaum stärkere regionale Folgen für das Klima haben.

Man hat auch andere Zusammenhänge zwischen Veränderung der Vegeta-

101

tionsflächen und Niederschlägen diskutiert. Zum Beispiel gäbe es dadurch vielleicht in der Atmosphäre weniger Kondensationskerne, die aus der Zersetzung von Laub und anderen Vegetationsrückständen entstehen. Denn einigen Befunden zufolge erleichtern organische Kondensationskerne die Niederschlagsbildung besser als anorganische wie etwa Staub, da die anorganischen Kerne erst bei viel tieferen Wolkentemperaturen die Bildung winziger Eiskristalle auslösen.

Desertifikation ist eine weitere Veränderung der Erdoberfläche, die den Niederschlag beeinflussen kann, weil dadurch die Staubmenge in der unteren Atmosphäre zunimmt. Dieser Staub absorbiert und streut das Sonnenlicht, heizt dadurch den oberen Teil der staubhaltigen Luftschicht auf und hält einen Teil der Sonnenstrahlung von der relativ kühlen Erdoberfläche ab. Dadurch werden wiederum Konvektion und Regenfälle reduziert.

Landflucht

Die Untersuchungen dieser geophysikalischen Zusammenhänge erfassen nur einen Teil der Ursachen für die anhaltenden Dürren und Hungersnöte Afrikas. Wesentlich ist auch das komplexe Zusammenspiel von Klimavariabilität und menschlichem Handeln. Diese Wechselwirkungen muß man berücksichtigen, um zu verstehen, wie Dürren sich auf die Landwirtschaft, das Ökosystem und die Wirtschaft auswirken.

Südlich der Sahara hängt das Wohlergehen von mehr als 80 Prozent der Bevölkerung direkt von den Regenfällen ab, weil diese Menschen in der Landwirtschaft arbeiten; dort sind die Auswirkungen allgegenwärtig. Augenfällig sind ausgetrocknete Wasserstellen, verdorrende Ernten und immer spärlichere Weideflächen. Weniger offensichtlich, aber gleich wichtig sind steigende Preise, höhere Lebensmittelimporte, bedrohliche Verschlechterungen des Ernährungszustands und zunehmende Abwanderung vom Land in die Städte.

Zu dieser Landflucht kommt es, weil Mißernten und stark gestiegene Getreidepreise sich während einer langen Dürre zuerst in den Dörfern verheerend auswirken. Am härtesten werden die ärmsten Bauern getroffen, die oft nur geringe Getreidevorräte, aber hohe Schulden haben. Dauert die landwirtschaftliche Dürre länger als einige Regenzeiten, verlassen die Menschen ihre Dörfer.

Zuerst gehen die Männer fort und suchen Arbeit, um mit dem Lohn Lebensmittel kaufen zu können. Später folgen die Frauen und Kinder, um die Familien wieder zusammenzuführen oder einfach, um Nahrung zu suchen. Hält die Dürre über eine lange Zeit an, wie es in Teilen des subsaharischen Afrika der Fall gewesen ist, stranden die Abwanderer oft geschwächt in Flüchtlingslagern, völlig abhängig von Nahrungshilfe. Viele kehren niemals in ihre Dörfer zurück; so treibt ein immer kleinerer Teil der Bevölkerung Landwirtschaft, und die Pro-Kopf-Produktion von Nahrungsmitteln nimmt beschleunigt ab (vergleiche „Das Welternährungsproblem − nutzen Nahrungsmittelhilfen?" in Monatsspektrum, Spektrum der Wissenschaft, Juli 1987).

Die Hirten sind oft die ersten, die eine Dürre zu spüren bekommen, da sie gewöhnlich am Rande der Wüste leben.

Wenn im Sahel die Regen nicht so weit nach Norden vordringen wie üblich, verschlechtert sich die Weide, und das Futter wird knapp. Die Hirten sind gezwungen, neue Weidegebiete zu suchen. Bei extremer Dürre verenden viele Tiere aus Mangel an Futter und Wasser. Dies geschieht oft, weil das Vieh die Vegetation rund um die ganzjährigen und jahreszeitlichen Wasserstellen überweidet und so das Gleichgewicht zwischen Vegetation und Wasserangebot zerstört (vergleiche „Sahel: Wiederkunft einer alten Wüste" in Monatsspektrum, Spektrum der Wissenschaft, Juli 1987).

Viele Hirten landen zusammen mit den armen Bauern in Flüchtlingslagern oder in den Städten, wo sie sich an das urbane Leben gewöhnen und das Inter-

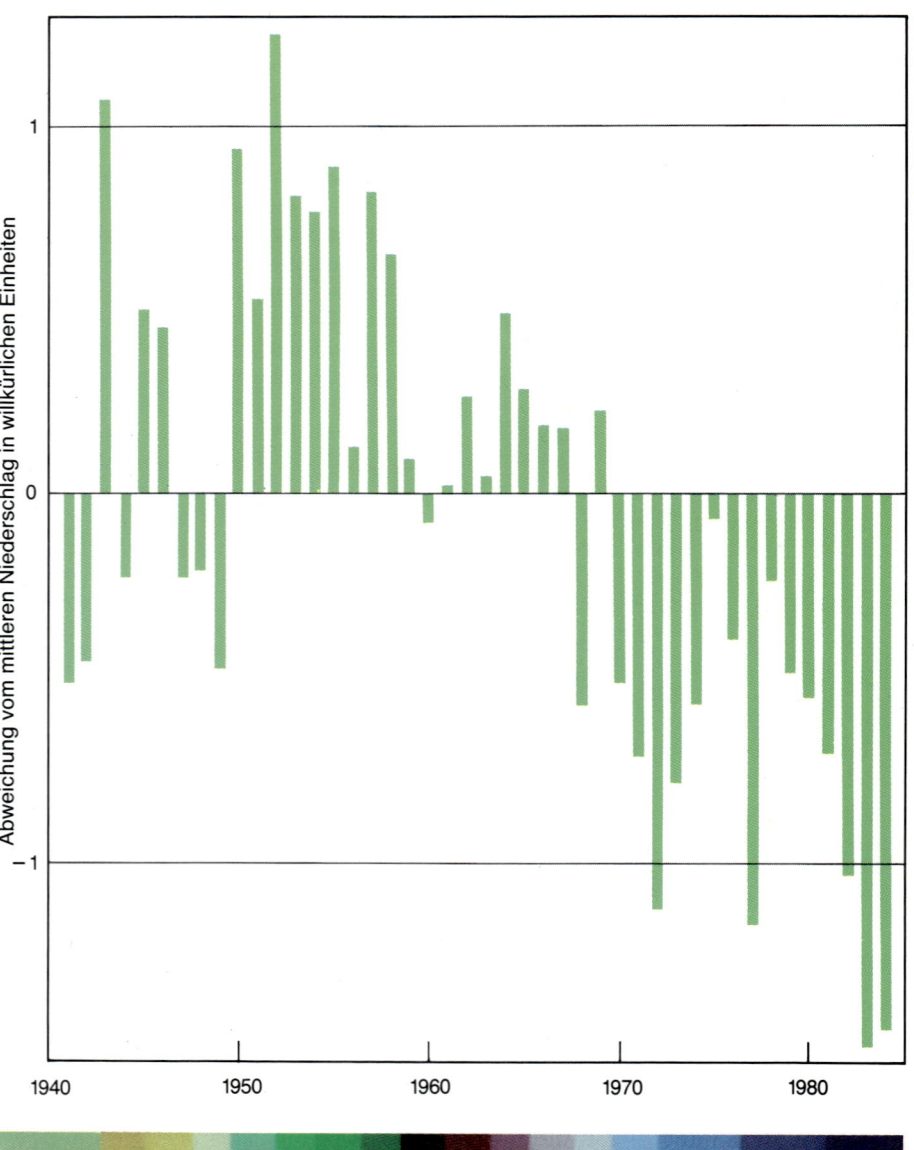

Bild 4: Der Regenindex (links) gilt für einen Teil Westafrikas einschließlich der Sahelzone; er wurde von Peter J. Lamb vom Wasseramt des US-Bundesstaates Illinois nach den Daten von 20 Niederschlagsmeßstellen erarbeitet. Zwischen 1968 und 1985 zeigt der Index unterdurchschnittliche Regenmengen. Im vergangenen Jahr nahm der Regen etwas zu, und die

esse verlieren, ins Weideland und zum Kampf mit den Launen des Klimas zurückzukehren. Dort finden sie Geschmack an importiertem Weizen oder Reis anstelle der traditionellen Getreidearten Hirse und Sorghum. Darum sind steigende Lebensmittelimporte auf Kosten der kargen Devisenreserven der Entwicklungsländer ein oft übersehener Langzeiteffekt der Dürre.

Um die Verschuldung zu steuern, fördern die Regierungen häufig den Anbau von landwirtschaftlichen Exportprodukten wie Baumwolle, Erdnüssen oder Kaffee. Dies geht zu Lasten des traditionellen Ackerbaus, da diese Pflanzungen gewöhnlich auf den guten Böden mit ausreichendem Wasserangebot angelegt werden, die zuvor der Lebensmittelproduktion dienten. Es ist bemerkenswert, daß im westafrikanischen Sahel und in Äthiopien sogar während der großen Dürren der siebziger und achtziger Jahre Anbau und Export devisenbringender Produkte aufrechterhalten und sogar ausgeweitet wurden, während die Lebensmittelproduktion für den Eigenbedarf drastisch fiel.

Vorsorgemaßnahmen

Jedes Jahr gibt es Dürren in vielen Teilen der Erde, aber nicht notwendig sind Hungersnöte oder schwere Versorgungsschwierigkeiten die Folge (Bild 5). Brasilien, Indien, Indonesien und Kenia zum Beispiel haben in den letzten Jahren auf verschiedene Weise Dürren bewältigt. Nur wenige der afrikanischen Staaten, in denen zwischen 1982 und 1984 die Lebensmittel knapp wurden, erlitten tatsächlich Hungersnöte. Die Staaten, in denen Hunger herrschte (Moçambique, Angola, Sudan, Tschad und Äthiopien), litten nicht nur unter großer Dürre, sondern auch unter Bürgerkriegen. Dies zeigt, daß eine Dürre an sich noch keine Hungersnot bedeuten muß — allerdings verschärft sie andere gesellschaftliche Probleme.

Wie gefährdet eine Gesellschaft durch Dürren ist, läßt sich einigermaßen zuverlässig vorhersagen, indem man historische Informationen über vergleichbare Situationen und analoge Erfahrungen aus anderen Gebieten heranzieht. In einem Land mit inneren Konflikten ist im Fall einer Dürre das Risiko einer Hungerkatastrophe beson-

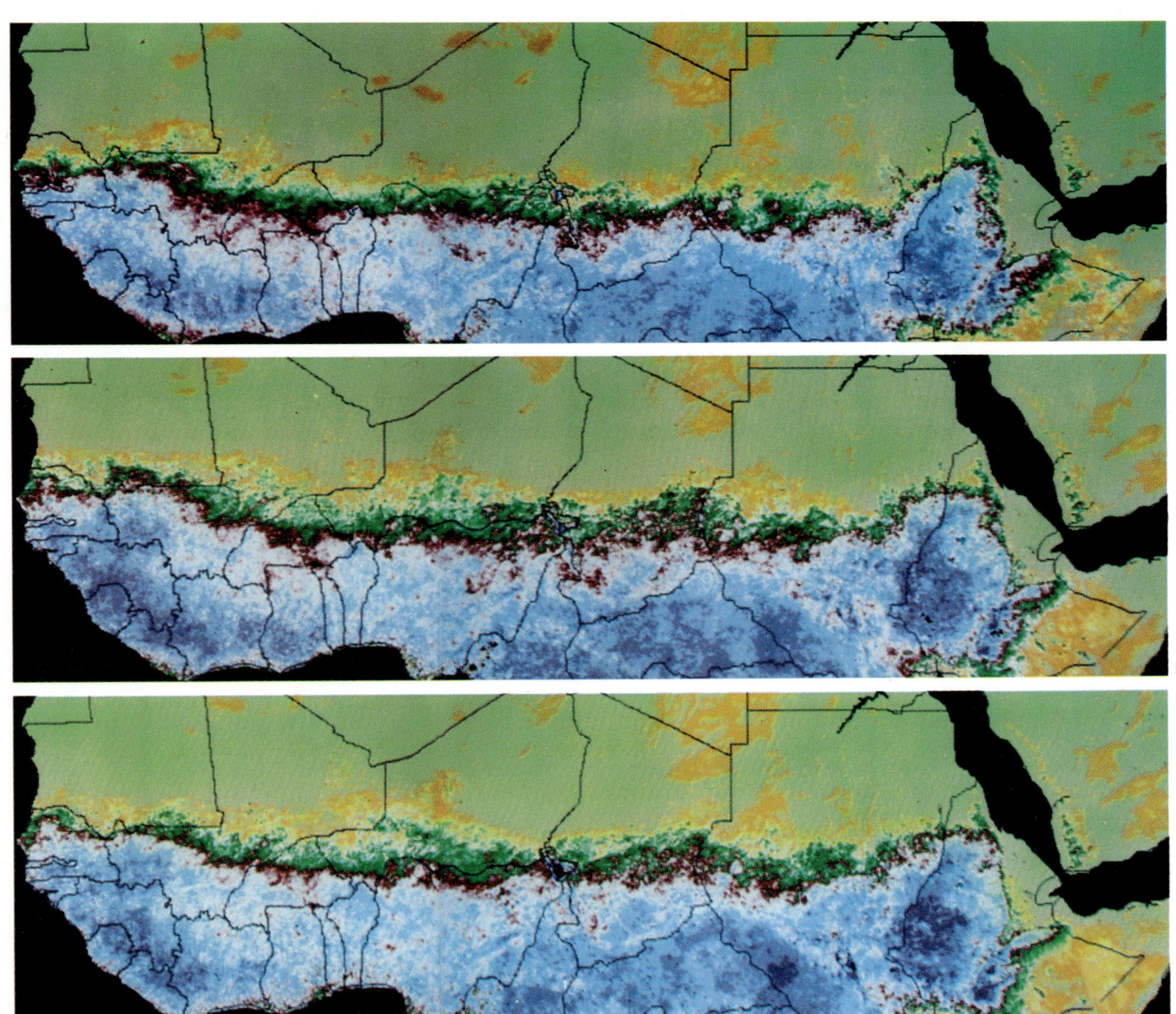

Auswirkung auf die Vegetation wird aus Satellitendaten (rechts) sichtbar, die von der UNO-Organisation für Ernährung und Landwirtschaft (FAO) und der amerikanischen Luft- und Raumfahrtbehörde (NASA) zusammengestellt worden sind. Die Satellitenbilder zeigen, von oben nach unten, die Situation im August und September der Jahre 1984, 1985 und 1986. Hellgrün zeigt die schwächste Vegetation an, Dunkelblau die stärkste. Daraus wird deutlich, wie stark der Regenindex schwankt und wie schnell sich das auf die Vegetation auswirkt.

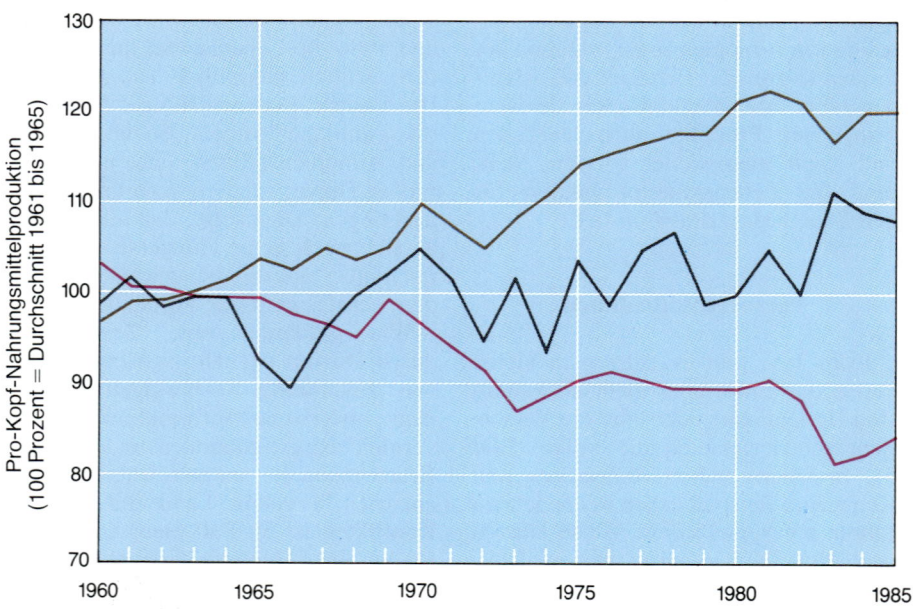

Bild 5: Die Lebensmittelproduktion pro Kopf hat in Afrika südlich der Sahara seit den frühen sechziger Jahren abgenommen, zum Teil infolge Regenmangels. Das subsaharische Afrika (rot), ohne Südafrika, wird mit Lateinamerika (braun) und sechs südasiatischen Staaten (grau) verglichen. Das Diagramm beruht auf Daten des US-Landwirtschaftsministeriums.

ders hoch; dies zeigt die jüngste Geschichte Äthiopiens.

Hinzu kommt als weniger auffälliger Risikofaktor, daß Regierungen, die das beste Land für landwirtschaftliche Exportprodukte requirieren, die dort ansässigen Bauern und Hirten verdrängen und sie zwingen, ihr Leben in dürftigeren Randzonen zu fristen. Je mehr aride und semiaride Gebiete, die für einen regenabhängigen Feldbau wenig geeignet sind, zu Ackerland umgewandelt werden, desto eher wird eine Dürre Mißernten und Desertifikation zur Folge haben. Probleme entstehen also nicht unbedingt, weil sich die räumliche und zeitliche Verteilung und die Ergiebigkeit der Niederschläge ändern, sondern weil die Verlagerung des Lebensmittelanbaus in Randzonen dort langfristig mehr Wasser erfordert, als es regnet.

Die Hoffnung afrikanischer Regierungen und ausländischer Geldgeber, mit Bewässerungsmaßnahmen ließen sich Dürreperioden überbrücken, hat oft genug getrogen. Künstliche Bewässerung ist teuer. Die bewässerten Kulturen brauchen nicht nur eine Infrastruktur von Pumpen, Rohrleitungen und Kanälen, sondern auch hohe Aufwendungen für Dünger, Herbizide und Pestizide. Mit dem Anbau von traditionellen Nahrungsmitteln sind die Kosten für ein solches System gewöhnlich nicht aufzubringen, da sowohl die Lebensmittelpreise als auch der Erlös der Bauern für ihre Ernte in den meisten afrikanischen Staaten künstlich niedrig gehalten werden. Deshalb richten die Regierungen in der Regel Bewässerungsprojekte für Exportprodukte wie Baumwolle oder Zuckerrohr ein, um die dringend benötigten Devisen zu bekommen. Gegenwärtig wird in Afrika nur ein kleiner Teil der landwirtschaftlichen Nutzfläche künstlich bewässert, und es ist unwahrscheinlich, daß demnächst der Anbau traditioneller Lebensmittel auf diese Weise gefördert wird.

Zur Linderung von Dürren sind zudem verschiedene Methoden vorgeschlagen worden, Klima und Wetter zu beeinflussen. Sie sollen entweder die Vegetation verändern (durch Anlegen von Baumgürteln und Wiederbepflanzen desertifizierter Landstriche), die atmosphärische Zirkulation (indem man Binnenmeere in alten Endbecken der Entwässerung schafft, um durch Verdunstung die Luftfeuchtigkeit zu erhöhen) oder den Niederschlag (durch das Impfen weiträumiger Monsunfronten und lokaler Wolken mit Kondensationskeimen). Solche Eingriffe aufgrund wissenschaftlicher Vermutungen sind oft von zweifelhaftem Wert: Sie verschleiern bloß tiefersitzende ökologische und soziale Probleme und wecken falsche Hoffnungen.

Die mittelfristig wirklich sinnvollen Maßnahmen zielen darauf ab, die Auswirkung der Dürre auf die afrikanischen Gesellschaften zu mildern. Dazu gehört während einer Dürre die Umstellung von Exportprodukten auf Nahrungsanbau für den Eigenbedarf oder zumindest die Garantie, daß die Devisen aus dem Export landwirtschaftlicher Erzeugnisse dem Kauf von Lebensmitteln für die betroffene Bevölke-

rung dienen; ferner muß die Hilfe von außen sich an den Bedürfnissen der Bevölkerung orientieren, und bei neuen Programmen für den Anbau von Lebensmitteln sollten die jeweiligen landwirtschaftlichen und klimatischen Besonderheiten berücksichtigt werden.

Vor allem geht es dabei um die Einsicht, daß eine meteorologische Dürre an sich noch keine Katastrophe bedeuten muß: Erst das Zusammenwirken von Dürre und bereits vorhandenen sozialen, wirtschaftlichen oder politischen Problemen wird eine Gesellschaft unfähig zur Produktion von Lebensmitteln machen.

Aufklärung und Frühwarnung

Langfristig tun andere Gegenmaßnahmen not. Ein erster Schritt wäre ein Erziehungs- und Überzeugungsprogramm, durchgeführt von Organisationen wie der Weltbank; es hätte die Botschaft zu vermitteln, daß die Dürre ein wiederkehrendes Phänomen von zerstörerischer Kraft ist, mit dem die Politiker rechnen müssen. Ebenso müssen die Regierungen der gefährdeten Länder darüber aufgeklärt werden, wie sehr die Dürre die Entwicklung hemmt — und zwar unablässig, da die Amtszeit der politischen Führer oft kürzer dauert als die Spanne zwischen zwei Dürrephasen.

Die Regierungen selbst dürfen nicht mehr zulassen, daß Ackerbau und Weidewirtschaft immer weiter in ungeeignete Gebiete mit geringem Niederschlag vordringen. Sonst verschlimmern die Folgen der landwirtschaftlichen Dürre — verdorrte Ernten und versandende Böden — den Lebensmittelmangel und die Desertifikation.

Außerdem sollten die afrikanischen Staaten ihre Wetterdienste vermehrt für die Landwirtschaft einsetzen. Die meteorologischen Daten geben den Politikern Entscheidungshilfen für Agrar-Entwicklungsprogramme, und die Wetterdienste können zusätzlich an einem Frühwarnsystem für drohende Hungersnöte mitwirken.

Immer deutlicher zeigt sich schließlich: Die Meßgrößen einer Dürre — Stärke, Dauer, Intensität und räumliche Verbreitung — geben nur wenig Aufschluß, warum Dürren mit anscheinend ähnlichen physikalischen Merkmalen sich von Staat zu Staat, ja sogar zu verschiedenen Zeiten in ein und derselben Region so unterschiedlich auswirken. Das läßt sich nur verstehen, wenn in fachübergreifenden Untersuchungen auch die sozialen, wirtschaftlichen und kulturellen Bedingungen der Dürre erforscht werden.

Sulfat-Aerosole und Klimawandel

Aus den Schwefelemissionen von Industrieanlagen entstehen
in der Atmosphäre winzige feste oder flüssige Schwebteilchen, die Sonnenstrahlung in den
Weltraum reflektieren können. Dies verschleiert in Teilen der Erde die Folgen
einer Verstärkung des Treibhauseffekts.

Von Robert J. Charlson und Tom M. L. Wigley

Der Treibhauseffekt der irdischen Lufthülle ist eine geophysikalische Tatsache. Spurengase wie Kohlendioxid und Methan absorbieren und speichern Wärme und ermöglichen damit überhaupt erst Leben auf unserem Planeten. Sie erwärmen die Erdoberfläche von einer Temperatur unterhalb des Gefrierpunktes um etwa 33 Grad auf einen Durchschnittswert von derzeit ungefähr 17 Grad Celsius.

Nach übereinstimmenden Ergebnissen von Klimamodellen und -analysen sollten die meisten der Gase, die durch menschliche Aktivitäten in die Atmosphäre gelangen und dort lange bleiben, die Temperatur auf der Erde noch weiter ansteigen lassen. Nach wie vor bestehen allerdings Diskrepanzen zwischen Theorie und Beobachtung. Die Erwärmung, die aufgrund der erhöhten Konzentrationen an Treibhausgasen berechnet wurde, ist etwas größer als die gemessene. Außerdem scheint die Temperaturentwicklung in den gemäßigten nördlichen Breiten nicht dem globalen Trend zu folgen.

Die Erklärung für diese und andere Unstimmigkeiten entbehrt nicht einer gewissen Ironie: Aller Wahrscheinlichkeit

Bild 1: Schwefel aus Industrieanlagen und – in geringerem Ausmaß – aus marinem Phytoplankton beeinflußt die Umwelt in vielerlei Hinsicht. Er kühlt die Erde, indem er winzige Tröpfchen oder feste Teilchen bildet, die als Dunstschleier das einfallende Sonnenlicht zurück in den Weltraum streuen. Damit kompensiert er den Treibhauseffekt teilweise. Sulfatverbindungen tragen auch zur Versauerung des Niederschlags und zur Ausdünnung der Ozonschicht bei.

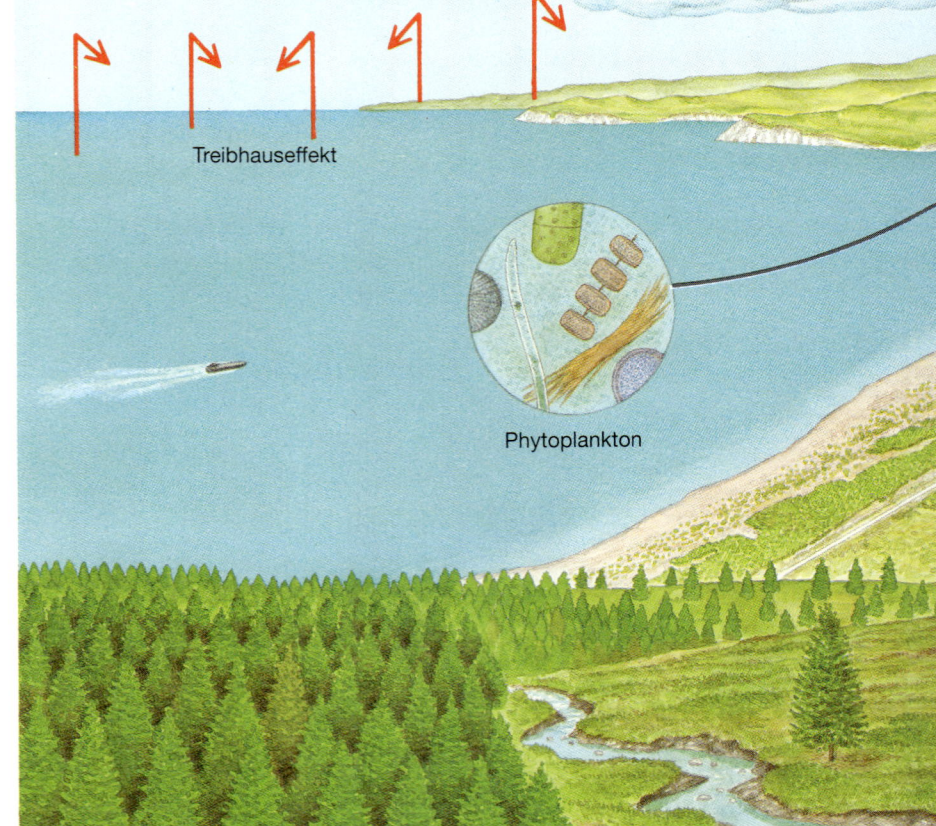

1. Hauptquelle von Schwefeldioxid sind Industrie, Haushalte und Straßenverkehr. Das Phytoplankton der Meere setzt auch Schwefel in Form von Dimethylsulfid frei, das mit anderen Stoffen in der Atmosphäre ebenfalls zu Schwefeldioxid reagiert. Durch Niederschlag und Luftströmungen wird etwa die Hälfte des Schwefeldioxids direkt wieder aus der Atmosphäre entfernt.

2. Bei klarem Himmel bilden sich aus dem Schwefeldioxid durch chemische Reaktionen mit anderen Stoffen in der Atmosphäre unmittelbar Sulfat-Aerosole.

3. In Wolken wird das Schwefeldioxid zunächst in Wassertröpfchen gelöst und dort von Wasserstoffperoxid oxidiert. Die entstehende Schwefelsäurelösung ergibt beim Verdampfen der Tröpfchen Sulfat-Aerosole.

Wolkentröpfchen

Treibhauseffekt

Phytoplankton

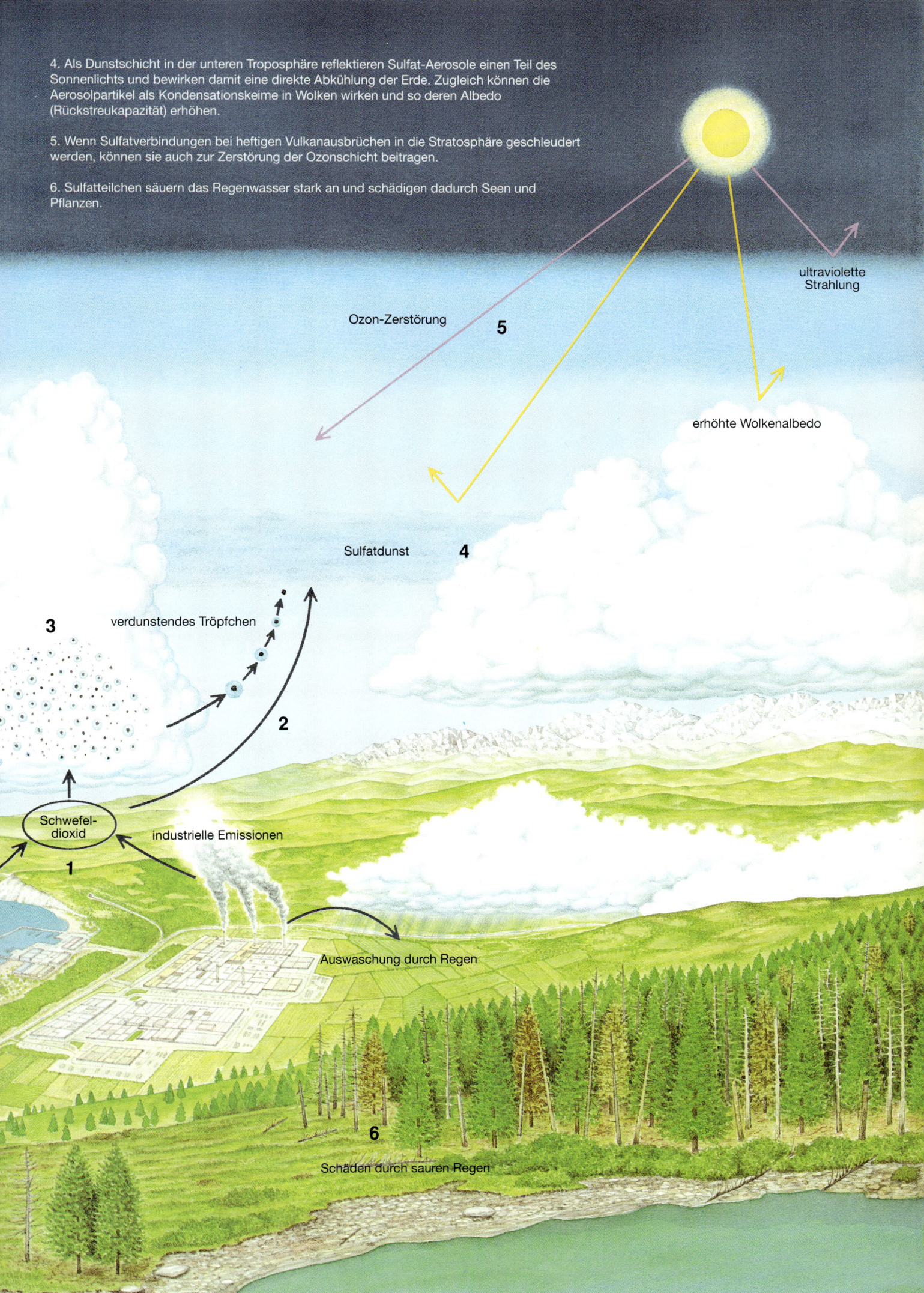

4. Als Dunstschicht in der unteren Troposphäre reflektieren Sulfat-Aerosole einen Teil des Sonnenlichts und bewirken damit eine direkte Abkühlung der Erde. Zugleich können die Aerosolpartikel als Kondensationskeime in Wolken wirken und so deren Albedo (Rückstreukapazität) erhöhen.

5. Wenn Sulfatverbindungen bei heftigen Vulkanausbrüchen in die Stratosphäre geschleudert werden, können sie auch zur Zerstörung der Ozonschicht beitragen.

6. Sulfatteilchen säuern das Regenwasser stark an und schädigen dadurch Seen und Pflanzen.

ultraviolette Strahlung

Ozon-Zerstörung

5

erhöhte Wolkenalbedo

Sulfatdunst

4

verdunstendes Tröpfchen

3

2

Schwefel-dioxid

industrielle Emissionen

1

Auswaschung durch Regen

6

Schäden durch sauren Regen

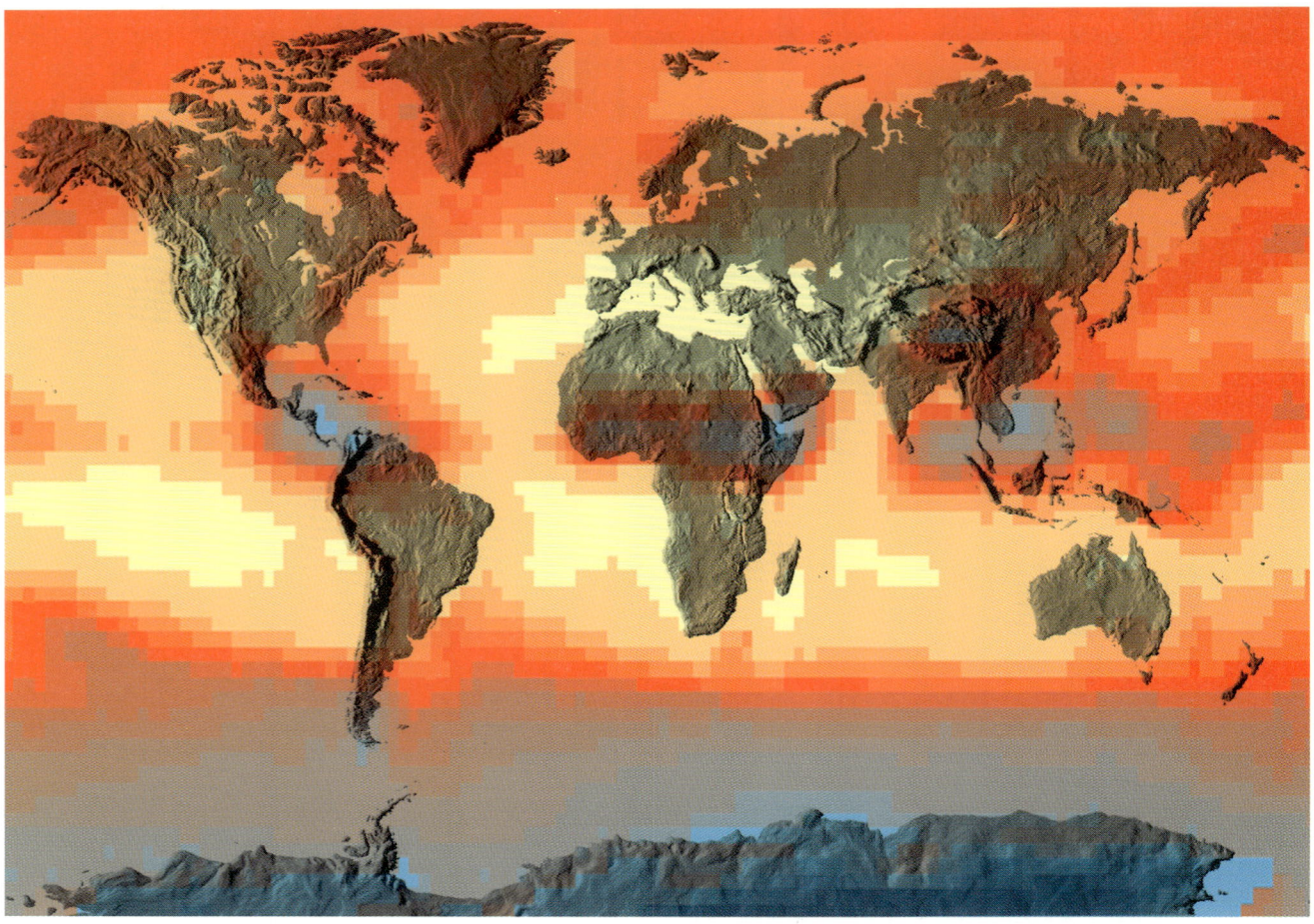

Bild 2: Den Einfluß menschlicher Aktivitäten auf das Klima verdeutlichen Berechnungen der globalen Erwärmung während des nördlichen Sommers. Danach erzeugen anthropogene Treibhausgase im Juli an der Erdoberfläche im globalen Durchschnitt eine zusätzliche Heizleistung von 2,2 Watt pro Quadratmeter; die regionale Aufschlüsselung des Effekts (links) zeigt, daß er über den warmen Subtropen am stärksten ist. Berücksichtigt man die Kühlwirkung des Sulfat-Aerosols, so verringert sich die Heizleistung auf ungefähr 1,7 Watt pro Quadratmeter (rechts). Über den Industriegebieten der Nordhalbkugel dominiert der Kühleffekt sogar.

nach erhöhen andere Luftverunreinigungen den Anteil des Sonnenlichts, den die Atmosphäre in den Weltraum zurückwirft, so daß die Erdoberfläche sich nicht so stark aufheizt. Dabei handelt es sich um Aerosole – feinste Verteilungen von festen oder flüssigen Luftschwebstoffen, hauptsächlich aus Schwefelsäure und deren Salzen (Sulfaten) bestehend, die ihrerseits das Produkt wirtschaftlicher Aktivität sind.

Schwefelsäuretröpfchen und Sulfatteilchen mit einen Durchmesser von 0,1 bis 1 Mikrometer (tausendstel Millimeter) – im folgenden meist vereinfachend als Sulfatpartikel bezeichnet – treten über den Industriegebieten der Nordhalbkugel in besonders hohen Konzentrationen auf. Seit Jahren weiß man, daß sie zum sauren Regen beitragen, als Reizstoffe in der Luft Atembeschwerden verursachen können und als feiner Dunstschleier die klare Sicht beeinträch-

Dieser Artikel ist im April 1994 in *Spektrum der Wissenschaft* erschienen.

tigen. Daß sie auch als Streuzentren wirken und dadurch einen Kühleffekt ausüben ist dagegen erst vor kürzem erkannt worden. Um zuverlässige Klimamodelle zu entwickeln und eine sinnvolle Umweltpolitik zu betreiben, besteht die Notwendigkeit, diesen Effekt folglich ebenso zu berücksichtigen wie den entgegengesetzten der Treibhausgase.

Außer industriell verursachten gibt es zwar auch diverse natürliche Aerosole – hauptsächlich handelt es sich dabei um kontinentalen Staub, Meersalz und Sulfatverbindungen marinen Ursprungs. Da ihre Konzentration, Verteilung und Zusammensetzung zumindest im letzten Jahrhundert jedoch relativ konstant geblieben ist, scheinen sie für Klimaveränderungen nur von untergeordneter Bedeutung zu sein und haben in diesem Zeitraum jedenfalls nicht wesentlich dazu beigetragen. Ebensowenig dürften sich vulkanische Aerosole längerfristig auswirken; die Abkühlungsperioden im Gefolge der Ausbrüche des Tambora (1815), des Krakatau (1883) und des

Pinatubo (1991) dauerten jeweils nur einige Jahre.

Dagegen ist die Konzentration der von Menschen produzierten Aerosole in der Atmosphäre seit Beginn der Industrialisierung dramatisch angestiegen – vor allem ab der Mitte dieses Jahrhunderts. Von den vielen anthropogenen Emissionen, die aus Partikeln oder Tröpfchen bestehen oder dazu werden, haben die Klimatologen bisher vor allem die Schwefelsäure und deren Salze erforscht, da diese wesentlich zum sauren Regen beitragen. Bei anderen Luftteilchen – etwa Ruß aus der Ölverbrennung, Bodenstaub als Folge der Versteppung und Rauchpartikeln aus der Brandrodungslandwirtschaft – lassen sich die Effekte, obwohl sie durchaus an die der Sulfat-Aerosole herankommen könnten, wegen des begrenzten Datenmaterials nur sehr viel schwerer abschätzen.

Wie bei der Komplexität des irdischen Klimasystems nicht anders zu erwarten, ist die Berechnung des Kühleffekts von Sulfat-Aerosolen keine leichte Aufgabe. Viele Faktoren sind zu berücksichtigen –

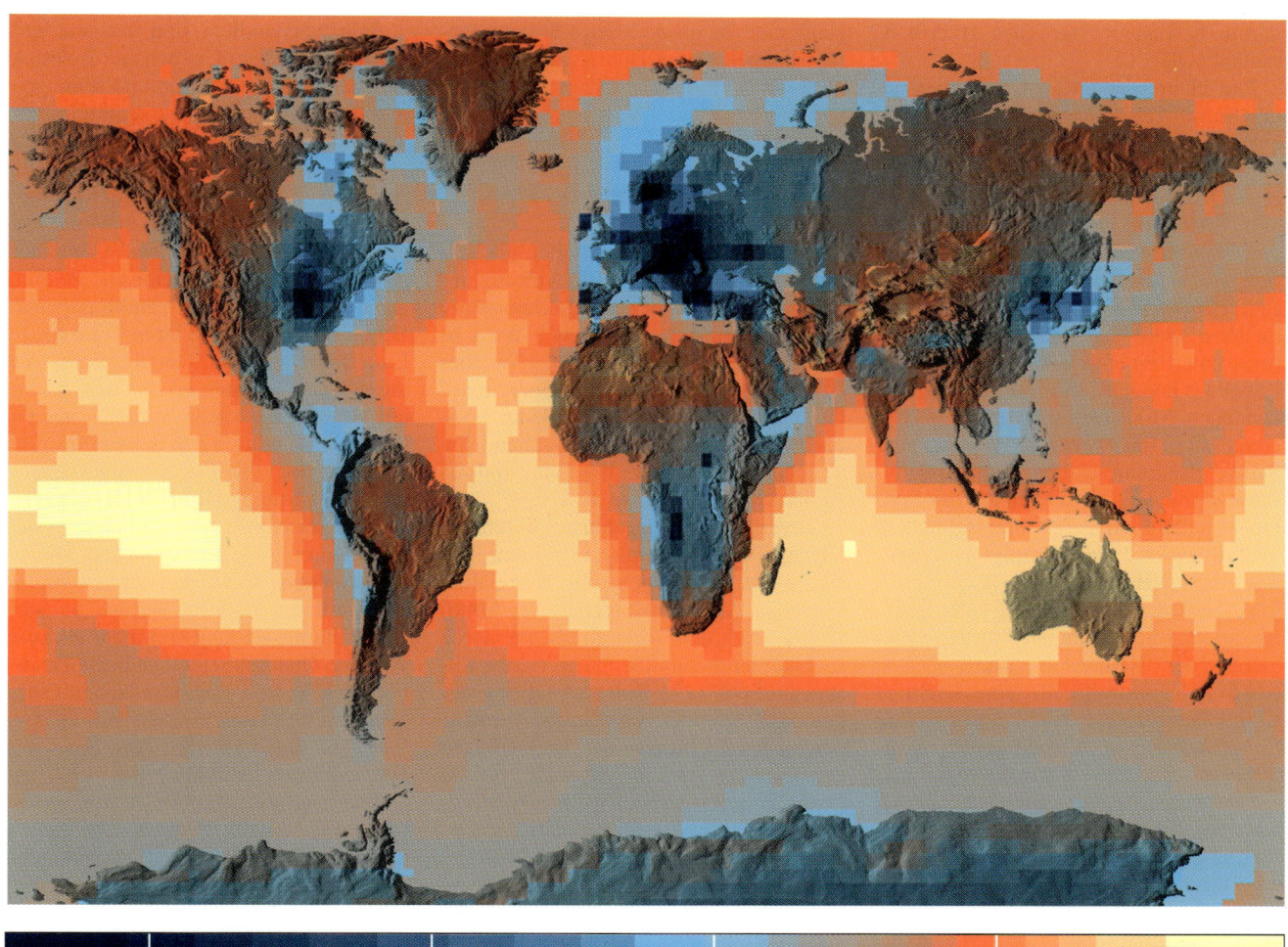

mittlere zusätzliche Heizleistung im Juli 1993 in Watt pro Quadratmeter

außer der Menge und globalen Verteilung des Schwefels innerhalb der Atmosphäre auch der Mechanismus der Aerosolbildung sowie das Reflexionsvermögen der Teilchen und ihr Einfluß auf die Bewölkung. Außerdem setzt eine genaue Vorhersage zutreffende Grundannahmen voraus. So wurde in sehr frühen Untersuchungen fälschlicherweise unterstellt, daß der Dunstschleier außerhalb der Städte größtenteils von natürlichen Aerosolen stamme.

Eine weitere stillschweigende Annahme war, daß die meisten Aerosole an der Erdoberfläche entstünden. Dies trifft jedoch nur für zwei Arten von Teilchen zu: solche, die vom Wind aufgewirbelt und hochgetragen werden (wie Meersalz und Bodenstaub), und solche, die sich direkt bei der Verbrennung bilden (wie Rauch aus Schloten oder Wald- und Steppenbränden). Nach Untersuchungen im vergangenen Jahrzehnt stammt der größte Teil der Sulfat-Aerosole jedoch aus chemischen Reaktionen von freigesetztem Schwefeldioxid (SO_2). Diese laufen in der Troposphäre ab, der bis in ungefähr

zehn Kilometer Höhe reichenden untersten Schicht der Atmosphäre.

Die Zunahme an Schwefel in der Troposphäre berechnen Klimatologen, indem sie die recht gut bekannten industriellen Emissionraten mit der Verweildauer der einzelnen Schwefelverbindungen multiplizieren. Weil Schwefelgase und die daraus entstehenden Aerosole normalerweise nur wenige Tage in der Troposphäre bleiben, entspricht die geographische Verteilung ihrer primären Effekte jener der Emissionsquellen.

Gegenwärtig stammen mehr als zwei Drittel des Eintrags an Schwefelgasen in die Troposphäre vom Menschen (Bild 5). Etwa 90 Prozent davon entstehen auf der Nordhalbkugel, wo die anthropogenen Emissionen rund fünfmal so hoch sind wie die natürlichen, während sie auf der Südhalbkugel nur etwa ein Drittel der natürlichen ausmachen. Die wichtigste nicht-anthropogene Quelle für Sulfat-Aerosole mit Durchmessern unter 1 Mikrometer ist Dimethylsulfid (DMS; chemisch: $(CH_3)_2S$), das vom Phytoplankton in den Meeren abgeben wird. Außer-

dem setzen Vulkane, Sümpfe und Moore in geringen Mengen Schwefelwasserstoff und Schwefeldioxid frei.

Das Schwefeldioxid verbleibt im allgemeinen in der Halbkugel, in der es gebildet wurde. Bis sich die Luftmassen der beiden Hemisphären thermisch und chemisch durchmischt haben, vergeht etwa ein Jahr, was deutlich länger ist als die mittlere Verweildauer von SO_2 oder den daraus gebildeten Schwebstoffen. Dennoch können Aerosole auf der Nordhalbkugel das Klima weltweit beeinflussen – ebenso wie regionale Wolkendecken die mittlere Albedo (Reflektivität) der Erde mitbestimmen.

Etwa die Hälfte der Schwefelgase wird der Atmosphäre unmittelbar wieder entzogen – durch Auswaschen mit dem Regen oder durch Reaktion mit Pflanzen, Böden oder Meerwasser. Der Rest wird durch Bestandteile der Luft oxidiert und bildet schließlich feine Schwebteilchen (Bild 4). Nahezu sämtliche Schwefelgase sind unbeständig gegenüber Oxidationsmitteln in der Troposphäre; das wichtigste ist das chemisch ungesättigte und darum besonders aggressive Hydroxylradikal (OH).

Die chemischen Reaktionen, bei denen Sulfat-Aerosole entstehen, kann man grob einteilen in solche, die bei klarem Himmel ablaufen, und solche in Wolken (Bild 1). Bei schönem Wetter reagieren Schwefeldioxid und DMS in Gegenwart von Wasserdampf in einer komplizierten Folge von Einzelschritten zu Schwefelsäuregas (H_2SO_4). Dieses kann dann auf mehrere Arten Teilchen mit Durchmessern unter einem Mikrometer bilden: Entweder kondensiert es auf bereits vorhandenen Mikropartikeln, oder es vereinigt sich mit weiteren Wasser- oder Schwefelsäuremolekülen. Die Schwefelsäure verbindet sich schließlich mit Spuren von Ammoniak zu unterschiedlich hydratisierten Formen von Diammoniumsulfat (($NH_4)_2SO_4$).

Außerdem kann DMS zu einer anderen kondensationsfähigen Substanz reagieren: der Methansulfonsäure (MSA; CH_3SO_3H). Obwohl sie eine wichtige Komponente der Atmosphäre ist und ihre Konzentration in Eisbohrkernen Aufschlüsse über die Meeresbiologie und Atmosphärenchemie früherer Zeiten gibt, hat ihr Aerosol nach neuesten Forschungsergebnissen nur geringe Bedeutung für das Klima.

Die Bildung von Sulfat-Aerosolen in Wolken beginnt, indem sich Schwefeldioxid in bereits existierenden Wassertröpfchen löst. Dort kann es durch in geringer Konzentration vorhandenes Wasserstoffperoxid (H_2O_2) oxidiert werden, das durch Rekombination von zwei OH-Radikalen entstanden ist. Die resultierende Schwefelsäure und ihre Ammoniumsalze liegen zunächst als verdünnte wäßrige Lösung vor, die allmählich konzentrierter wird, während das Tröpfchen verdunstet. Wegen der hohen Affinität von Schwefelsäure und ihren Salzen zu Wasser entweicht aber nicht alle Feuchtigkeit. Vielmehr bleibt ein feines, submikrometergroßes Aerosoltröpfchen aus hochkonzentrierter Schwefelsäure/Sulfatlösung zurück, das chemisch nicht von dem bei der Gaskondensation entstandenen Aerosol unterscheidbar ist.

Die hohe Affinität von Schwefelsäure und ihren Ammoniumsalzen zu Wasser ist auch von großer Bedeutung für die Lichtstreuung durch Aerosole. In feuchter Luft (etwa über Feuchtgebieten oder Ozeanen) ziehen die winzigen Lösungströpfchen weiteres Wasser an und wachsen. Größere Tröpfchen aber streuen sichtbares Licht noch stärker, was die Zunahme des Dunstschleiers an schwülen Tagen erklärt. Bei einer relativen Luftfeuchte von 80 Prozent (dem globalen Mittelwert für bodennahe Luft) erzeugt eine gegebene Menge Sulfat ungefähr doppelt soviel Dunst wie in trockener Luft.

Berechnungen des Kühleffekts

Bei klarem Himmel entfalten die Sulfatpartikel eine direkte Kühlwirkung, indem sie Sonnenlicht aus der Atmosphäre zurück in den Weltraum streuen, bevor es die Erdoberfläche erreicht. Welcher Bruchteil der eingestrahlten Energie auf diese Weise verlorengeht, kann man nach den Gesetzen der Optik anhand von Teilchengrößen und Brechungsindizes zu berechnen versuchen.

Zuverlässigere Ergebnisse liefert allerdings ein Näherungsverfahren, das sich einfach die empirische Korrelation zwischen dem Aerosolgehalt der Atmosphäre und dem Energieverlust durch Lichtstreuung zunutze macht (siehe Kasten auf Seite 112). Solche Analysen zeigen, daß anthropogene Sulfat-Aerosole derzeit rund 3 Prozent der direkten Sonnenstrahlung streuen. Etwa 15 bis 20 Prozent dieses Streulichts gelangen zurück in den Weltraum, so daß der Gesamtverlust ungefähr 0,5 Prozent beträgt. Tatsächlich wird die Sonneneinstrahlung allerdings nur etwa um die Hälfte dieses Wertes abgeschwächt, weil die Erdoberfläche jederzeit annähernd zur Hälfte von Wolken bedeckt ist; am Boden beträgt die Einbuße an Sonnenenergie durch Aerosolstreuung demnach lediglich 0,2 bis 0,3 Prozent.

Die auf die Dunstschicht treffende solare Strahlung hat eine Intensität von etwa 200 Watt pro Quadratmeter. Demnach beträgt der Intensitätsverlust durch Streuung schätzungsweise 0,4 bis 0,6 Watt pro Quadratmeter. Weil die Atmosphäre der nördlichen Halbkugel mehr Aerosol enthält, dürfte der mittlere Intensitätsverlust hier allerdings etwas höher liegen – wahrscheinlich bei rund einem Watt pro Quadratmeter.

Ein Verlust dieser Größenordnung mag gering scheinen, hat aber durchaus spürbare Konsequenzen. Das vom Menschen zusätzlich in die Atmosphäre eingebrachte Kohlendioxid bewirkt einen Überschuß von etwa 1,5 Watt pro Quadratmeter in der Wärmebilanz unseres Planeten. Berücksichtigt man auch die anderen Treibhausgase wie Methan und Distickstoffoxid (N_2O), so beträgt die Zunahme 2,5 Watt pro Quadratmeter. Der Kühleffekt durch Sulfat-Aerosole liegt also in der gleichen Größenordnung wie der Aufheizeffekt durch das Kohlendioxid – zumindest in den Dunstglocken über den großen Industrieregionen.

Selbstverständlich sind dies nur grobe Berechnungen. Um den Aerosoleffekt genauer zu quantifizieren und seine geographische Verteilung zu ermitteln, verwendeten Wissenschaftler von der Universität Stockholm und der Universität von Washington in Seattle ein am Max-Planck-Institut für Chemie in Mainz entwickeltes meteorologisches Computermodell, welches die chemische Bildung der Schwebteilchen aus anthropogenem Schwefeldioxid sowie ihren Transport in Luftströmungen im Detail erfaßt. Auf diese Weise konnten sie für den gesamten Globus die lokale Veränderung der Wärmebilanz durch den direkten Einfluß anthropogener Sulfat-Aerosole bestimmen und kartieren (Bild 2).

Über der Nordhalbkugel befinden sich danach drei große Dunstglocken. Die erste lastet über dem Osten der Vereinigten Staaten und verursacht Verluste an Sonnenstrahlungsleistung von mehr als zwei Watt pro Quadratmeter. Die beiden anderen, über Europa und dem Nahen Osten gelegen, reflektieren sogar bis zu vier Watt pro Quadratmeter. Auf Basis der Schwefeldioxidemission von 1980 errechnet sich der mittlere Strahlungsverlust auf der Nordhalbkugel nach diesem Modell zu 1,1 Watt pro Quadratmeter, was recht gut mit der obigen groben Abschätzung übereinstimmt.

Aerosolpartikel haben allerdings noch einen zweiten, indirekten Kühleffekt, indem sie die Albedo der Wolken erhöhen. Sie wirken nämlich als Kondensations-

Bild 3: Saurer Regen, der großenteils aus Schwefelemissionen entsteht, hat das Bronzedenkmal im National Military Park von Gettysburg (Pennsylvania) stark angeätzt.

keime, deren Dichte die Größe und Anzahl der Tröpfchen in einer Wolke und so deren Reflektivität bestimmt. Eine 30prozentige Erhöhung der Wolkenalbedo nur über den Ozeanen würde bereits genügen, die im Laufe dieses Jahrhunderts eingetretene durchschnittliche Erwärmung durch anthropogenes Kohlendioxid auszugleichen.

Bisher ist es allerdings nicht gelungen, diese indirekte Auswirkung der Sulfat-Teilchen zuverlässig zu berechnen. Obwohl Beobachtungen gezeigt haben, daß Wolken über Industriegebieten wesentlich mehr Kondensationskeime enthalten, ist die quantitative Beziehung zwischen anthropogener Aerosolmenge und Anzahl der Keime unbekannt. Entsprechend vage sind die Schätzungen. Satellitenmessungen zufolge sollte der indirekte Aerosoleffekt nicht sehr groß sein, wogegen er nach theoretischen Analysen durchaus mit dem direkten mithalten könnte.

Indizien
aus Temperaturdaten

Bei solchen Unsicherheiten mag man sich fragen, ob der vermutete Kühleffekt überhaupt real ist. Was läßt sich aus Klimabeobachtungen darüber ableiten?

Aufschlußreich ist ein Vergleich der Veränderungen auf der Nord- und der Südhalbkugel. Im globalen Mittel hat sich die Erde in den letzten 100 Jahren um ungefähr 0,5 Grad erwärmt (Spektrum der Wissenschaft, Oktober 1990, Seite 108). Wenn der durch den Menschen verstärkte Treibhauseffekt die einzige Ursache dieses Klimawandels wäre, sollte er sich auf der Nordhalbkugel etwas stärker ausgewirkt haben; denn die Südhälfte reagiert wegen ihres höheren Anteils an Ozeanen träger auf thermische Veränderungen.

Den Klimadaten zufolge verhält es sich jedoch umgekehrt: Nachdem sich die Nordhalbkugel seit Beginn dieses Jahrhunderts zunächst stark aufgeheizt hatte, brach dieser Trend um 1940 völlig ab; und obwohl die industrielle Emission von Treibhausgasen das gesamte Jahrhundert hindurch stetig zunahm, begann erst Mitte der siebziger Jahre die Temperatur im Norden wieder zu steigen.

Dieses Aussetzen des Erwärmungstrends könnte zumindest teilweise auf der gegensteuernden Wirkung der SulfatAerosole beruhen. Als Beweis für einen kausalen Zusammenhang reicht das indes nicht aus. Insgesamt gesehen, ist die Differenz zwischen den Erwärmungstrends der beiden Halbkugeln in diesem Jahrhundert nämlich so gering, daß sie

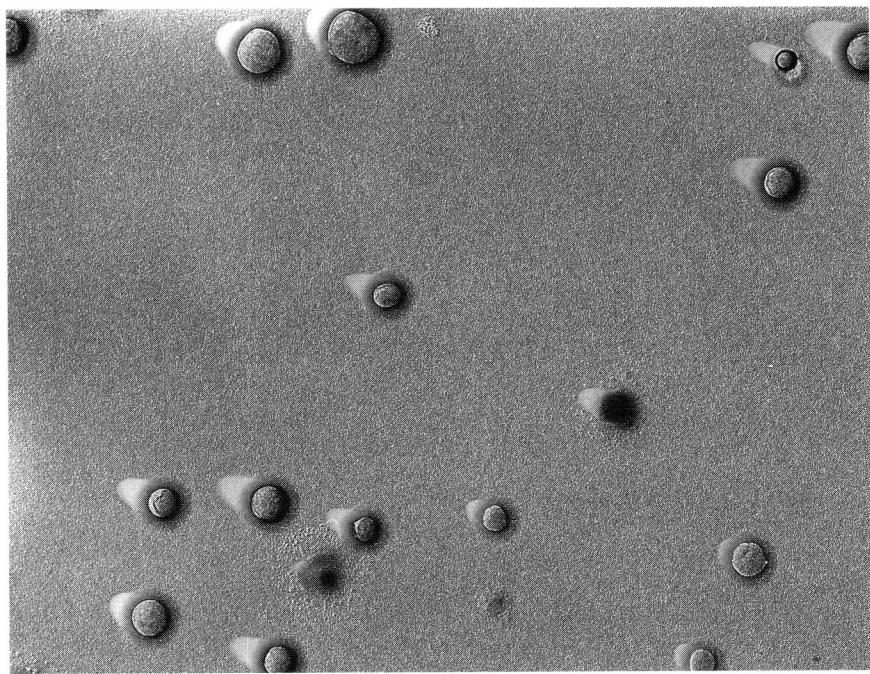

Bild 4: Elektronenmikroskopische Aufnahme von Sulfat-Aerosolteilchen, die in der Atmosphäre gesammelt wurden. Ihr Durchmesser beträgt ungefähr 0,1 Mikrometer.

sogar umgekehrt dem möglichen Einfluß der Aerosole auf das Klima enge Grenzen setzt und insbesondere den Beitrag der Wolkenalbedo als ziemlich klein erscheinen läßt.

Einen weiteren Ansatzpunkt bietet eine Analyse, die das Intergovernmental Panel on Climate Change (IPCC) der Vereinten Nationen durchführen ließ. In seiner Abschlußbewertung wies das zwischenstaatliche Gremium 1990 auf eine Diskrepanz zwischen den beobachteten Änderungen der mittleren globalen Temperatur und den Vorhersagen von Klimamodellen hin. Sulfat-Aerosole könnten dieses Mißverhältnis erklären helfen.

Von großer Bedeutung bei solchen Betrachtungen ist das Konzept der Klimaempfindlichkeit. Bei Computersimulationen des Klimas verdoppelt man die Kohlendioxidkonzentration und rechnet so lange, bis das Modell einen neuen stabilen Zustand erreicht. Der sich ergebende Anstieg des globalen Temperaturmittelwertes ist dann ein Maß dafür, wie empfindlich das Klima vermutlich auf die Verdopplung der Konzentration an Kohlendioxid reagiert.

Das IPCC hat als besten Schätzwert für diese Größe 2,5 Grad Celsius angegeben, wobei die Resultate der verschiedenen Simulationen allerdings zwischen 1,5 und 4,5 Grad Celsius variieren. Aus Berechnungen mit anderen Programmen, welche die bisherige Reaktion des Klimas auf die beobachteten Veränderungen im Gehalt der Atmosphäre an Treibhausgasen extrapolieren, ergibt sich dagegen

eine Klimaempfindlichkeit von nur etwas weniger als 1,5 Grad Celsius. Dieser quasi empirisch ermittelte Wert liegt damit ein volles Grad unter dem besten Schätzwert des IPCC und sogar leicht unterhalb des Schwankungsbereichs der obigen Prognosen.

Dies deutet darauf hin, daß der Erwärmungseffekt der vermehrt freigesetzten Treibhausgase stärker ist, als der beobachtete globale Temperaturanstieg von lediglich 0,5 Grad Celsius erkennen läßt, und durch einen Abkühlungseffekt teilweise wettgemacht wurde. Dieser könnte sehr wohl einfach auf natürlichen Klimaschwankungen beruhen. Wenn aber externe Faktoren dafür verantwortlich sind, kämen Aerosole als erste in Betracht. Korrigiert man nämlich den quasi empirisch ermittelten Wert für die Klimaempfindlichkeit um den Aerosoleffekt, so liegt er knapp über dem besten Schätzwert des IPCC und innerhalb der angegebenen Bandbreite der Prognosen.

Obwohl auch dies wieder nur ein Indiz und kein Beweis ist, zeigt es, daß zumindest rein rechnerisch der Abkühlungseffekt der Aerosole für den Zeitraum zwischen 1880 und 1970 den verstärkten Treibhauseffekt auf der Nordhalbkugel mehr oder weniger kompensiert haben könnte. (Seit 1970 ist die Emission der Treibhausgase stärker gestiegen als die von Schwefel.) In einigen Regionen hat die Kühlwirkung der Aerosole möglicherweise sogar überwogen. Nach jüngsten Untersuchungen von Jeffrey T. Kiehl und Bruce P. Briegleb vom

Nationalen Zentrum für Atmosphärenforschung der USA in Boulder (Colorado) gilt dies für Regionen im Osten der Vereinigten Staaten, in Südeuropa und in Ostchina.

Der Begriff „kompensieren" ist allerdings irreführend. Die Abkühlung durch Aerosole und der Treibhauseffekt wirken so unterschiedlich, daß sie sich nicht exakt gegenseitig aufheben können. Zum einen sind sie in den einzelnen Weltregionen verschieden ausgeprägt: Die Abkühlung betrifft, wie gesagt, in erster Linie die Industriegebiete der Nordhalbkugel; und obwohl sich das Kohlendioxid über die gesamte Atmosphäre verteilt, ist der Treibhauseffekt über den subtropischen Ozeanen und Wüsten besonders intensiv (Bild 2 links).

Beide Einflüsse auf das Klima unterscheiden sich außerdem in zeitlicher Hinsicht. Das Ausmaß, in dem Kohlendioxid Wärme zurückhält, ändert sich nur wenig mit dem Tages- oder Jahreszyklus. Dagegen ist der Aerosoleffekt im Sommer stärker ausgeprägt als im Winter und nur am Tage wirksam. Thomas R. Karl und seine Mitarbeiter am Nationalen Zentrum für Klimadaten der USA in Asheville (North Carolina) haben festgestellt, daß in den USA, der ehemaligen Sowjetunion und China wohl die mittlere jährliche Tiefsttemperatur, nicht aber die Höchsttemperatur angestiegen ist. Das paßt gut zu der Vorstellung, daß die Aerosole zwar tagsüber eine Erwärmung durch den Treibhauseffekt kompensieren, nicht aber in den vergleichsweise kühlen Nächten.

Schlußfolgerungen

Wie also sollte man die bisher zusammengetragenen Indizien zur Klimawirksamkeit von Schwefelemissionen bewerten? Sicherlich ist es ratsam, sich ebenso vorsorglich zu verhalten wie gegenüber dem Treibhauseffekt. Das IPCC hat eine drastische Einschränkung der Kohlendioxidemission empfohlen, obwohl bisher der endgültige Beweis aussteht, daß Änderungen der Konzentration an Treibhausgasen für die beobachtete globale Erwärmung verantwortlich sind, weil die Größenordnung des Effekts noch im Bereich der natürlichen Klimaschwankungen liegt.

Gleiches gilt für Aerosole. Eine abkühlende Wirkung ist noch nicht zweifelsfrei erwiesen. Aber die starken theoretischen Argumente dafür, die Übereinstimmung der Meßdaten mit den Ergebnissen von Simulationen und das Fehlen von Gegenbeweisen lassen es als ziemlich sicher erscheinen, daß es sich um ein reales Phänomen handelt.

Zugegebenermaßen sind Aussagen über das am besten bekannte anthropogene Aerosol – das Sulfat – derzeit noch mit einer wesentlich größeren Unsicherheit behaftet als solche über die Treibhausgase: Schätzungen des Abkühleffekts schwanken um den Faktor zwei; dagegen kann man die Erwärmung

---

Wieviel Strahlung reflektieren Aerosole ins All?

Sulfat-Aerosole in der Atmosphäre streuen Sonnenlicht in alle Richtungen. Ihr direkter Kühleffekt beruht darauf, daß 15 bis 20 Prozent des Streulichts in den Weltraum reflektiert werden. Auch bei geringer Luftfeuchtigkeit ist die Streukapazität der Teilchen bereits recht hoch: Einem Gramm entspricht eine Streufläche von etwa fünf Quadratmetern. Feuchtigkeit erhöht diesen spezifischen Streuquerschnitt α noch, weil die Aerosolteilchen durch Wasseranlagerung wachsen. Bei einer relativen Luftfeuchte von 80 Prozent, die dem globalen Mittelwert entspricht, ist er mit knapp zehn Quadratmetern pro Gramm doppelt so groß. Diesen Wert kann man verwenden, um die Größenordnung der direkten Kühlwirkung von anthropogenem Schwefel zu berechnen.

Der Streuverlust an Sonnenstrahlung pro Meter Laufstrecke ist gegeben durch den Streukoeffizienten σ, welcher sich aus dem Produkt der Aerosolkonzentration M (in Gramm pro Kubikmeter) und dem spezifischen Streuquerschnitt α (in Quadratmeter pro Gramm) ergibt: $\sigma = \alpha M$. Integriert man beide Seiten dieser Gleichung über die Höhe h, so ergibt sich eine dimensionslose Größe, die man als optische Dichte δ des Aerosols bezeichnet:

$$\int_0^\infty \sigma\, dh = \delta = \alpha \int_0^\infty M\, dh = \alpha B$$

B ist dabei die mittlere globale Belastung der Atmosphäre mit anthropogenem Sulfat-Aerosol: die Menge in Gramm innerhalb einer Luftsäule zwischen Erdboden und interplanetarem Raum mit einem Quadratmeter Querschnitt. Aus der optischen Dichte δ läßt sich dann gemäß dem Beerschen Gesetz nach der Gleichung $I/I_o = e^{-\delta}$ der gesamte Strahlungsverlust entlang der Luftsäule berechnen. Dabei ist I_o die Intensität des einfallenden Sonnenlichts und I die Strahlungsintensität, die den Boden nach der Rückstreuung noch erreicht; e bezeichnet die Basis des natürlichen Logarithmus. Ist die optische Dichte sehr viel kleiner als 1, so vereinfacht sich die Gleichung zu $1 - I/I_o = \delta$, so daß δ direkt den Bruchteil des rückgestreuten Sonnenlichts wiedergibt.

Die entscheidende Frage ist demnach, welchen Wert δ – oder, genauer gesagt, der auf den Menschen zurückgehende Anteil von δ – hat. Zu seiner Berechnung braucht man die mittlere globale Belastung mit anthropogenem Sulfat-Aerosol.

Um sie abzuschätzen, denkt man sich zunächst das gesamte Volumen der Atmosphäre als großen Kasten. Da die Verweildauer des Sulfat-Aerosols kurz ist, ergibt sich B aus der Summe aller Sulfatemissionen Q in Gramm pro Jahr und der Verweildauer t des Sulfats im Kasten in Jahren, dividiert durch die Erdoberfläche in Quadratmetern, nach der Gleichung

$$B = Qt/\text{Erdoberfläche}.$$

Ungefähr 50 Prozent der anthropogenen Schwefelemission von rund 70 Millionen Tonnen pro Jahr – also etwa 35 Millionen Tonnen – werden in Sulfat-Aerosole umgewandelt. Da das Molekulargewicht von Sulfat etwa dreimal so groß ist wie das von elementarem Schwefel, ergibt sich für Q ein Wert von 115 Millionen Tonnen oder $1,15 \times 10^{14}$ Gramm pro Jahr. Die mittlere Verweilzeit von Sulfat in der Troposphäre beträgt, wie man aus Untersuchungen über den sauren Regen weiß, etwa fünf Tage oder 0,014 Jahre, und die Erde hat eine Oberfläche von $5,1 \times 10^{14}$ Quadratmetern. Setzt man diese Größen in die obige Gleichung ein, erhält man für die mittlere Sulfatbelastung B einen Wert von $2,8 \times 10^{-3}$ Gramm pro Quadratmeter Luftsäule.

Diese minimal scheinende Materialmenge liefert einen niedrigen, aber nicht zu vernachlässigenden Wert für die optische Dichte der Aerosole. Wenn man in die Gleichung $\delta = \alpha B$ den spezifischen Streuquerschnitt α von fünf Quadratmetern pro Gramm einsetzt und ihn mit dem Faktor zwei für die mittlere relative Luftfeuchte multipliziert, ergibt sich für die anthropogene optische Dichte ein Schätzwert von $\delta = 5 \times 2 \times (2,8 \times 10^{-3}) = 0,028$. Demnach streuen anthropogene Sulfat-Aerosole ungefähr 3 Prozent des einfallenden Sonnenlichts. Annähernd 15 Prozent des Streulichts werden in den Weltraum zurückgeworfen; das entspricht $0,15 \times 3 = 0,5$ Prozent der gesamten Sonneneinstrahlung. Dieser Streuprozeß findet allerdings nur über wolkenlosen Gebieten statt. Weil im Mittel stets etwa die Hälfte der Erdoberfläche unter einer Wolkendecke liegt, gehen global also 0,2 bis 0,3 Prozent der Sonneneinstrahlung durch direkte Streuung an Sulfat-Aerosolen verloren.

durch Treibhausgase schon auf ein Zehntel bis ein Fünftel genau angeben.

Einige allgemeine Vorhersagen sind dennoch möglich. Weil anthropogene Sulfat-Aerosole in der Atmosphäre zum größten Teil auf bestimmte Regionen der Nordhalbkugel beschränkt sind, sollte die Erwärmung durch den Treibhauseffekt auf der Südhalbkugel (aber auch in den industriefernen Gebieten der Nordhalbkugel) relativ ungehindert weitergehen. Deshalb scheint die IPCC-Prognose, daß der Meeresspiegel in den kommenden 50 Jahren um mehrere Dezimeter steigen werde, nach wie vor vernünftig; denn dieser Anstieg beruht hauptsächlich auf der thermischen Ausdehnung der globalen Wassermassen bei zunehmenden mittleren Temperaturen. Andere Folgen sind dagegen etwas schwieriger zu prognostizieren, weil sie von regionalen Besonderheiten des Zusammenwirkens von Aerosol- und Treibhauseffekt abhängen.

Welche Auswirkungen hätte beispielsweise die gleichzeitige Verminderung der Emissionen von Kohlen- und Schwefeldioxid? Weil der Kohlenstoffzyklus und das Klimasystem langsam auf Veränderungen reagieren, hielte der verstärkte Treibhauseffekt wohl noch jahrzehntelang an. Dagegen dürfte der Abkühleffekt sehr schnell verschwinden, da die Sulfat-Aerosole sich nur kurze Zeit in der Atmosphäre halten. Paradoxerweise könnte mithin ein reduzierter Verbrauch fossiler Brennstoffe, die wegen ihres Schwefelgehalts auch die Hauptquelle für SO_2-Emissionen sind, besonders in Industrieregionen anfänglich statt der erwarteten Abkühlung sogar eine Erwärmung bewirken.

Zudem sind viele weitere mögliche Faktoren der Klimaentwicklung ungeklärt oder noch gar nicht bekannt. Üben vielleicht andere Aerosole als die Sulfatteilchen – beispielsweise die Rußschwa-

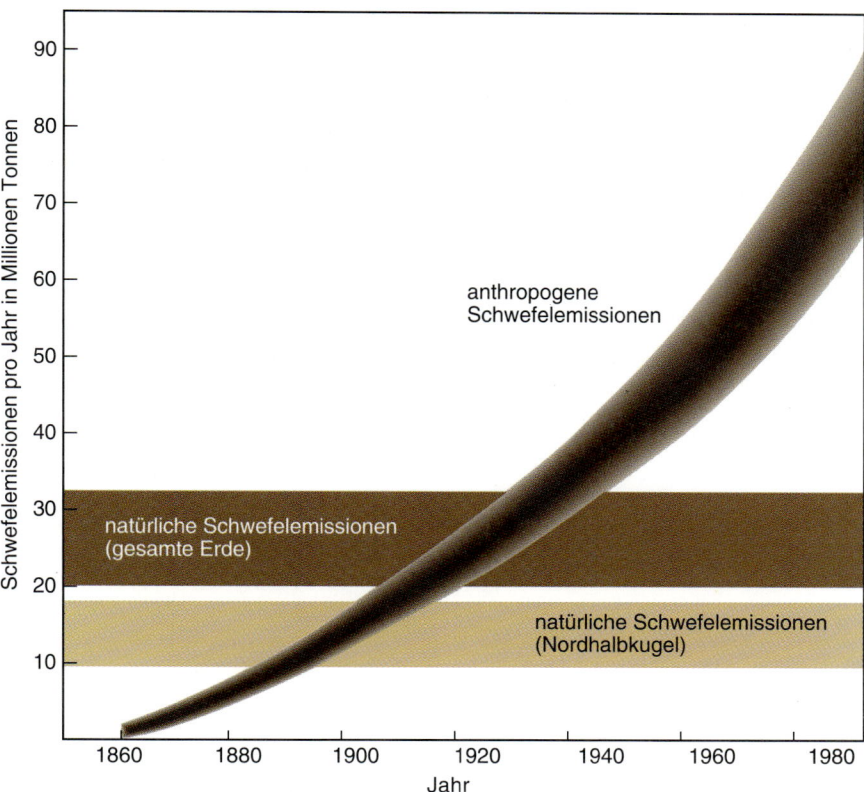

Bild 4: Die anthropogenen Schwefelemissionen übersteigen die aus natürlichen Quellen wie dem Phytoplankton bei weitem. Durch menschliche Aktivität gelangen derzeit jährlich zwischen 65 und 90 Millionen Tonnen Schwefel in die Atmosphäre.

den aus der großräumigen Verbrennung von Biomasse in den Tropen – einen größeren Einfluß aus als bisher angenommen? Welche meteorologischen Folgen haben externe Veränderungen, die nicht weltweit gleichförmig wirken?

Man könnte sich zu dem Schluß verleiten lassen, daß wegen der vielen Unsicherheiten die Frage, ob und in welchem Ausmaß der Mensch Klimaveränderungen verursacht, nicht zu entscheiden und es deshalb voreilig sei, politische Konsequenzen zu ziehen. Ein solches Denken wäre aber kurzsichtig. Auch wenn das

Problem komplex ist und man mit widrigen Nebenwirkungen sinnvoller Maßnahmen zu rechnen hat, empfiehlt sich eine vorsorgliche Haltung. Es gibt viele gute Gründe dafür, fossile Brennstoffe einzusparen und die Emissionen an Kohlen- wie Schwefeldioxid zu reduzieren. Je eher man das täte, desto weniger Gefahr bestünde, daß das Klima durcheinandergerät. Tatenlos warten heißt dagegen, das Risiko einzugehen, eines Tages mit Konsequenzen konfrontiert zu werden, die wir nicht mehr zu beherrschen vermögen.

Polare Stratosphärenwolken und Ozonloch

Allmählich verdichten sich die Erkenntnisse, wieso in letzter Zeit jeweils
im Frühjahr das vor ultravioletter Strahlung der Sonne schützende Ozon über den Polen
abgebaut wird: An Stratosphärenwolken, die sich dort bei den extrem tiefen Temperaturen
im Winter bilden, setzt – angeregt durch das erste Sonnenlicht – ein zerstörerischer
Reaktionszyklus mit Chlor anthropogenen Ursprungs ein.

Von Owen B. Toon und Richard P. Turco

Punta Arenas, September 1987: Eine Gruppe von mehr als zwei Dutzend Wissenschaftlern startet mit einer DC-8 der NASA von Chile aus gen Süden. Im ersten Morgenlicht steigen wir hoch in die Stratosphäre. Über der antarktischen Halbinsel stoßen wir auf eines unserer Expeditionsziele: eine in vielen Farben schimmernde Wolke. Diese sieht aus wie ein riesiges Auge mit einer grünen Pupille und einer leuchtendroten Iris – es ist eine typische Perlmutterwolke.

Solche ausgedehnten irisierenden Wolken entstehen in polaren Regionen in ungefähr 20 Kilometern Höhe, also in tieferen Lagen der Stratosphäre (der über Troposphäre und Tropopause liegenden Atmosphärenschicht, die sich in Polnähe zwischen 10 und 50 Kilometern Höhe erstreckt). Schon im letzten Jahrhundert hat man diese bis 100 Kilometer langen und mehrere Kilometer mächtigen Naturerscheinungen beobachtet. Außer solchen bei bestimmten Wetterverhältnissen auch im nördlichen Polargebiet vom Boden und von Flugzeugen aus mit bloßem Auge sichtbaren Perlmutterwolken kennen die Wissenschaftler inzwischen noch zwei andere Typen von Stratosphärenwolken, die aber zarter und anders zusammengesetzt sind; sichtbar zu machen sind sie fast nur mit speziellen Geräten.

Nun gilt zu erforschen, inwiefern solche Stratosphärenwolken mit dem in den letzten Jahren registrierten hohen Ozon-

verlust über der Antarktis zu tun haben könnten, denn immer, wenn man in Polnähe eine Ausdünnung der stratosphärischen Ozonschicht verzeichnet, treten diese Wolken auf.

Eine Expedition in die untere Stratosphäre, wo die Ozonhülle der Erde am dichtesten ist, erfordert eine spezielle Ausrüstung. Außer der umgebauten, mit wissenschaftlichem Gerät vollgepackten Passagiermaschine DC-8, die auf 11 000 Meter Höhe steigen kann, wurde bei unserer Mission eine vergrößerte Version des Höhenaufklärers U-2 eingesetzt; diese ER-2 ist bis über 18 000 Meter Höhe funktionstüchtig und erreicht mithin die Schichten stärkster Ozonkonzentration (am Pol etwa sieben Kilometer tiefer als am Äquator). Spezielle Instrumente nahmen physikalische und chemische Daten auf. Zehn solcher Flüge bis zum 72. Breitengrad (dies entsprach der Reichweite der ER-2 vom chilenischen Stützpunkt aus) fanden in jenem antarktischen Frühjahr 1987 statt.

Seit die Wissenschaft 1985 auf das Ozonloch über dem Südpol aufmerksam geworden ist, war dies die bislang größte Studie des für jedermann überraschenden Phänomens. Über das internationale *Airborne Antarctic Ozone Experiment* (luftgestütztes antarktisches Ozonexperiment) wurde bereits vor drei Jahren in dieser Zeitschrift mit ersten Erkenntnissen daraus berichtet (siehe den Beitrag „Das Ozonloch über der Antarktis" von Richard S. Stolarski in diesem Band). Mittlerweile sind viele der Messungen ausgewertet und weitere Beobachtungen

hinzugekommen. So trifft das Schlagwort vom Ozonloch den Sachverhalt nicht sehr präzise, denn es handelt sich dabei lediglich um einen Bereich besonders geringer Ozonkonzentration.

Das Bild von den Vorgängen um den Ozonabbau hat sich durch die Forschungen verschärft, ist allerdings noch nicht in allen Punkten stimmig und muß immer wieder umgezeichnet werden. Im folgenden wollen wir einen Überblick über die derzeit plausibelsten Modelle und Theorien geben.

Ozon – Schaden und Nutzen

Wenn in den Großstädten an heißen Sommertagen – bedingt durch die Autoabgase und die darauf einwirkende Sonnenstrahlung – der Ozongehalt zu sehr ansteigt, geben Gesundheitsbehörden oder andere Dienststellen Alarm: Ozon, ein Molekül aus drei Sauerstoffatomen, wirkt stark oxidierend und ist für Pflanzen und Tiere hochgiftig (Effekte beim Menschen sind Schleimhautreizung, Müdigkeit, Atemnot, Kopfschmerz und Schmerz unter dem Brustbein). In der Stratosphäre allerdings trägt Ozon wesentlich dazu bei, daß unser Planet lebensfreundlich ist. Zwar ist sein Anteil an den Atmosphärengasen verschwindend gering (eins zu eine Million Teilchen), doch reicht das aus, den größten Teil der ultravioletten Strahlung der Sonne zurückzuhalten, die Mutationen am Erbgut auslöst. Ohne den Schutz der erdumhüllenden Ozonschicht würden

Dieser Artikel ist im August 1991 in *Spektrum der Wissenschaft* erschienen.

ganze Ökosysteme beeinträchtigt, und damit wäre unsere Nahrungsgrundlage gefährdet; beim Menschen dürften sich vermutlich die Raten der Erkrankung an Hautkrebs, grauem Star und Immunschwächen stark erhöhen. Würde dieser atmosphärische Strahlenschild zerstört, würde also Leben, wie wir es kennen, außerhalb des Wassers wohl nicht mehr möglich sein; und selbst das Phytoplankton, Basis der marinen Nahrungskette, wäre bedroht.

Deshalb besteht aller Anlaß zur Sorge, seit im Jahre 1985 Joseph C. Farman und seine Mitarbeiter vom britischen Antarktis-Stützpunkt meldeten, von 1977 an sei jeweils im Frühjahr über der Forschungsstation Halley Bay ein deutlicher Abfall der Ozonsäule – also der Menge des Gases in einem gedachten Zylinder zwischen Erdboden und oberem Rand der Atmosphäre – festzustellen gewesen. Messungen vom Satelliten *Nimbus 7*, die Arlin Krueger vom Goddard-Raum-

fahrtzentrum der NASA in Greenbelt (Maryland) leitete, ergaben dann, daß sich die Situation von Jahr zu Jahr dem Trend nach verschlechterte. Waren es beispielsweise 1984 noch 30 Prozent, so gingen im September und Oktober 1989 bereits 70 Prozent des antarktischen Ozons (das seinerseits 3 Prozent der globalen Menge ausmacht), verloren.

Das meiste davon verschwindet in einer Schicht zwischen 12 und 30 Kilometern Höhe, wie die Forschergruppe um David Hofmann von der Universität von Wyoming in Laramie herausfand. Besonders alarmierend ist, daß sich die ozonarme Luft von der Antarktis her nach Norden ausbreitet; schon werden im südlichen Frühsommer beispielsweise über Australien verminderte Konzentrationen festgestellt.

Auch im nördlichen Polargebiet wird der stratosphärische Ozonschild im hiesigen Frühjahr dünner. Doch ist der Effekt bislang, wie wir noch erläutern

werden, über der Arktis aufgrund anderer meteorologischer Gegebenheiten beträchtlich schwächer.

Physikalische oder chemische Ursachen?

Um den Ozonabbau zu erklären, sind etliche Hypothesen unterbreitet worden, die man allerdings wenigen Hauptrichtungen zuordnen kann. Welche davon zutreffen und welche nicht, vermochten die Feldforschung, theoretische Überlegungen und Laborexperimente inzwischen teilweise zu klären.

Nicht bestätigen ließ sich beispielsweise, daß allein atmosphärische Strömungen verantwortlich seien. Die Vertreter dieser Vermutung stellten sich vor, in letzter Zeit hätten sich über der Antarktis nach und nach neue Luftzirkulationsmuster ausgebildet, so daß dort nun die Luft im Frühjahr aufwärts

Bild 1: Solche großen irisierenden Perlmutterwolken entstehen in der polaren Stratosphäre in ungefähr 18 Kilometern Höhe bei mindestens 83 Grad Kälte. Bei den tiefen Temperaturen, die öfter und für längere Zeit im antarktischen Winter als im arktischen Winter erreicht werden, kondensiert Wasser an Salpetersäuretrihydrat- **Aerosolteilchen. Stratosphärenwolken ermöglichen chemische Reaktionen mit Chlor – der Anfang einer Reaktionskette, bei der Ozon zerstört wird. Diese Aufnahme hat Stefan Spreng vom Max-Planck-Institut für Kernphysik in Heidelberg am 20. Januar dieses Jahres nachmittags im schwedischen Kiruna gemacht.**

strömt. Dadurch würde ozonarme Troposphärenluft von unten in die Stratosphäre nachfließen.

Dies haben Max Loewenstein und seine Mitarbeiter vom Ames-Forschungszentrum der NASA in Moffet Field (Kalifornien), Leroy E. Heidt und seine Gruppe beim Nationalen Zentrum für Atmosphärenforschung (NCAR) der USA wie auch andere widerlegt. Dann müßte man nämlich in Höhe des Ozonlochs starke Konzentrationen von Spurengasen aus der darunterliegenden oberen Troposphäre finden, was jedoch nicht der Fall ist. Vielmehr scheint die Luft in der fraglichen Schicht aus einer Höhe zu stammen, in der Ozon ansonsten reichlich vorkommt.

Andere Wissenschaftler halten chemische Prozesse für die Hauptursache. Eine frühe Hypothese führte reaktive Stickstoffverbindungen an, weil sie unter normalen Bedingungen in der unteren Stratosphäre die wichtigsten Agentien für Ozonabbau sind. Diese Verbindungen sollten in sehr großen Höhen infolge verstärkter Sonnenaktivität entstehen und dann unter besonderen Zirkulationsverhältnissen in die Ozonschicht weiter unten gelangen. Doch mehrere Arbeitsgruppen, so die von Crofton B. Farmer vom Jet Propulsion Laboratory (JPL) der NASA in Pasadena (Kalifornien) und die von George H. Mount am Aeronomischen Laboratorium der US-Behörde für die Meere und die Atmosphäre (NOAA) fanden heraus, daß gerade im Bereich des Ozonlochs solche Stickstoffverbindungen rar sind, weil sie dort ebenfalls chemischen Reaktionen unterliegen.

Was dagegen Farman und seine Kollegen als Chemismus vorschlugen, fand weltweit Beachtung und wird inzwischen weithin akzeptiert. Ihr Modell fußt auf Entdeckungen von Mitte der siebziger Jahre – auf Arbeiten von Mario J. Molina, der jetzt am Massachusetts Institute of Technology in Cambridge tätig ist, und von F. Sherwood Rowland von der Universität von Kalifornien in Irvine; es besagt, daß Chlorverbindungen verantwortlich seien.

Atmosphärisches Chlor ist größtenteils anthropogenen Ursprungs und wird insbesondere mit Fluorchlorkohlenwasserstoffen (FCKWs) freigesetzt. Weil diese Gase chemisch sehr träge und deshalb zunächst ungefährlich sind, hat man sie für viele technische Zwecke verwendet, etwa als Kühlmittel und Treibgase, für spezielle Reinigungverfahren (etwa bei Elektronikbauteilen) und zum Aufschäumen von Kunststoffen. Eben weil sie inert sind, können diese Verbindungen in der Atmosphäre viele Jahrzehnte lang verbleiben, werden aber binnen weniger Jahre vom Freisetzungspunkt aus weltweit verteilt und gelangen schließlich auch in die mittlere Stratosphäre – in Höhen von 30 Kilometern oder darüber.

Dort aber, im oberen Bereich der Ozonschicht, trifft sie die ultraviolette Strahlung der Sonne fast unvermindert: Sie bricht die Molekülbindungen auf und setzt somit das Chlor frei. Entweder existiert es nun in Form freier Chloratome, oder es reagiert mit Ozon, wobei Chlormonoxid (ClO) entsteht. Beides sind aggressive Gase, die sich aber zunächst zu chemisch stabilen, also wenig reaktiven Verbindungen umsetzen – man bezeichnet sie nun als Chlorvorrat. Es handelt sich vor allem um gasförmige Salzsäure (HCl) und um Chlornitrat (ClONO$_2$); die Salzsäure entsteht, wenn freies Chlor etwa mit Methan – einer in der Atmosphäre häufigen Substanz – reagiert, und Chlornitrat, indem Chlormonoxid sich mit Stickstoffdioxid (NO$_2$) verbindet.

Weil beide Substanzen so dem Ozon nicht schaden, haben frühe Computermodelle der chemischen Vorgänge in der Stratosphäre die FCKWs als Verursacher des Ozonlochs ausgeschlossen; die geringen Mengen, die nach damaligem Ermessen dem Chlorvorrat hätten entschlüpfen und reaktiv werden können, wären unerheblich gewesen.

Doch in Wirklichkeit war über der Antarktis offenkundig eine ganze Menge reaktives Chlor wirksam. Durch welche Prozesse es wohl dem Chlorvorrat entkommt, haben zuerst 1986 Susan Solomon und ihre Mitarbeiter vom Aeronomie-Laboratorium der NOAA sowie Michael B. McElroy und seine Gruppe von der Harvard-Universität in Cambridge (Massachusetts) dargelegt: Immer zur Zeit des Ozonabbaus treten Stratosphärenwolken auf, so daß ein Zusammenhang zu vermuten war – wie, wenn an den Eispartikeln chemische Reaktionen stattfänden, die das Chlor freisetzen?

Perlmutterwolken

Sehr plausibel schien dies damals nicht gerade: Man hielt Wolken in der Stratosphäre für äußerst selten. Die Luft hat in dieser Höhe eine relative Feuchte von im Mittel nur etwa 1 Prozent, und vor allem beträgt der Anteil an Wasserdampf lediglich einige millionstel Teile; er liegt damit um einen Faktor von 1000 niedriger als in der Troposphäre, wo die meisten Wolken vorkommen.

Bis vor kurzem noch wußte man lediglich von einem einzigen Typ Stratosphärenwolken, eben den Perlmutterwolken. Sie entstehen in Höhen zwischen etwa 15 und 30 Kilometern und sind das stratosphärische Gegenstück zu den Lenticulariswolken (linsenförmigen Wolken) in tieferen Schichten, wie Bewohner windiger, gebirgiger Gegenden sie kennen. Lenticulariswolken entstehen, wenn über ein Gebirge Luft strömt und sich dabei auf der windabgewandten Seite stehende Wellen, sogenannte Leewellen, aufbauen. Im jeweils aufsteigenden Bereich dieser Wellen dehnt sich die Luft schnell aus und kühlt dadurch ab; bei genügend hoher Feuchte kondensiert der Wasserdampf dann an den zahlreichen partikelförmigen Luftbeimengungen, den Aerosolen – so werden die Wellen in ihrem Verlauf als Wolken sichtbar.

Sind die Luftschichten stabil und Richtung wie auch Geschwindigkeit des Windes bis in große Höhen gleich, können sich die stationären Strömungsmuster bis in die Stratosphäre gleichsam durchprägen, selbst wenn die Berge nur einige hundert Meter hoch sind. Dort entstehen dann Perlmutterwolken vorwiegend auf dem Wellenkamm, wobei der Wasserdampf an jedem verfügbaren Aerosol kondensiert.

Perlmutterwolken bilden sich nur, wenn die Luft sich plötzlich tief abkühlt. Da sie aus Wassereis bestehen, muß die Temperatur – wegen der extremen Trockenheit dieser Höhen – auf wenigstens −83 Grad Celsius (190 Kelvin) fallen. In den stationären Wellen stehen sie scheinbar still, obwohl die Luft immerzu durch sie hindurchströmt und die Eiskristalle weiterträgt. Diese fangen auf ihrem Weg weiteres Wasser ein, so lange, bis es aufgebraucht ist, und wachsen dabei auf etwa 2 Mikrometer Größe an. In den abwärts gerichteten Leewellen wird die Luft dann wieder komprimiert und somit erwärmt: Das Eis verdunstet. Bei ausreichender Energie der stehenden Wellen formieren sich auf diese Weise mehrere Wolken hintereinander.

Daß Perlmutterwolken in wundervollen Farben irisieren, liegt unter anderem daran, daß die Eiskristalle in den einzelnen Bereichen verschiedene Größe haben und deshalb das Sonnenlicht verschieden stark brechen. Die kleinsten Partikel finden sich am vorderen und hinteren Rand der Wolke, denn dort fangen sie gerade erst an zu wachsen beziehungsweise sind sie bereits fast wieder verdunstet; darum gibt es die größten Partikel zwangsläufig in der Mitte. Um das Farbspiel zu sehen, muß man in flachem Winkel aus Richtung der Sonne gegen einen dunklen Himmel auf die Dunstlinse schauen. Dann kann man deutlich die ovale Kontur erkennen und am Farbmuster die Verteilung der verschieden großen Kristalle ermessen.

Verschiedene Stratosphärenwolken

Über der Antarktis ist es in der Stratosphäre eigentlich nur während der Wintermonate für geraume Zeit so kalt, daß das Wasser kondensiert. (Da die Arktis meist etwas wärmer ist, treten Perlmutterwolken hier seltener auf.) Überraschenderweise hat man dort vor Jahren aber auch bei höheren Temperaturen Wolkenformationen entdeckt: mit dem 1978 gestarteten Satelliten *Nimbus 7*, als ein von Patrick McCormick vom Langley-Forschungszentrum der NASA betreutes Meßinstrument für stratosphärische Aerosolmessungen, SAM II, die Sonnenstrahlung über dem Erdhorizont aufzeichnete. Es mußte demnach noch andere Entstehungsmöglichkeiten für Stratosphärenwolken geben. Ohnehin waren diese neuartigen Gebilde viel zu ausgedehnt, als daß sie von Leewellenströmungen über Gebirgen hätten herrühren können.

Wäre es möglich, daß diese Wolken gar nicht hauptsächlich aus Wassereis bestünden? Diesen Erklärungsvorschlag machten im Jahre 1986 Paul J. Crutzen

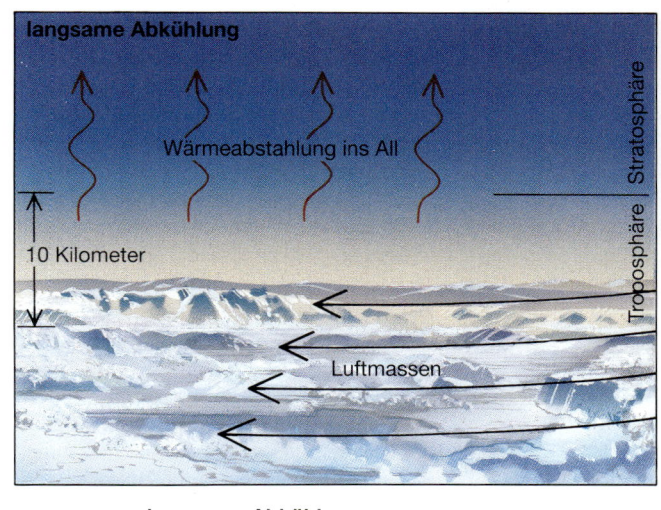

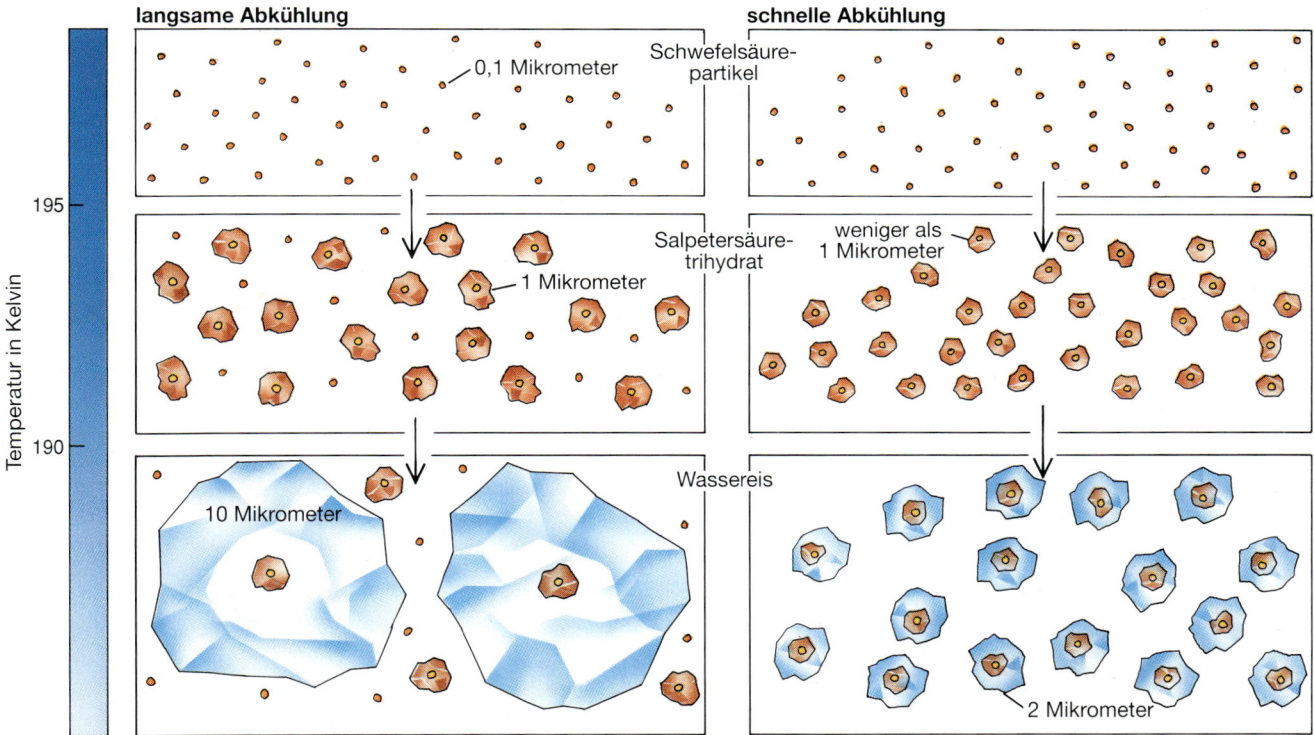

Bild 2: Je nach Abkühlungsgeschwindigkeit und erreichter Temperatur entstehen Stratosphärenwolken unterschiedlichen Typs. Eine langsame Abkühlung findet statt, wenn Wärme in den Weltraum abstrahlt oder wenn Luftmassen der Troposphäre sich unter Schichten der Stratosphäre schieben und sie anheben (oben links). Dagegen kann eine schnelle Abkühlung erfolgen, falls eine Strömung über Bergen stehende Wellen bis in hohe Lagen aufbaut (oben rechts). Zunächst bilden sich bei −78 Grad Celsius (195 Kelvin) Salpetersäuretrihydrat-Wolken: entweder mit relativ wenigen größeren Partikeln (weil bei langsamer Abkühlung nicht sämtliche vorhandenen Schwefelsäurepartikel als Kondensationskeime einbezogen werden; links) oder mit mehr und dafür kleineren Partikeln bei rascher Abkühlung (rechts). Daran lagert sich bei noch tieferen Temperaturen (−83 Grad Celsius oder 190 Kelvin) Wassereis an. In sich schnell abkühlender Luft bilden sich Perlmutterwolken mit zahlreichen verhältnismäßig kleinen Eiskristallen, die das Sonnenlicht vielfach streuen und brechen und deshalb in einem flachen Winkel zur Lichtrichtung vielfarbig irisierend sichtbar sind. Wolken mit großen Eiskristallen, wie sie bei langsamer Abkühlung entstehen, sind weniger gut sichtbar.

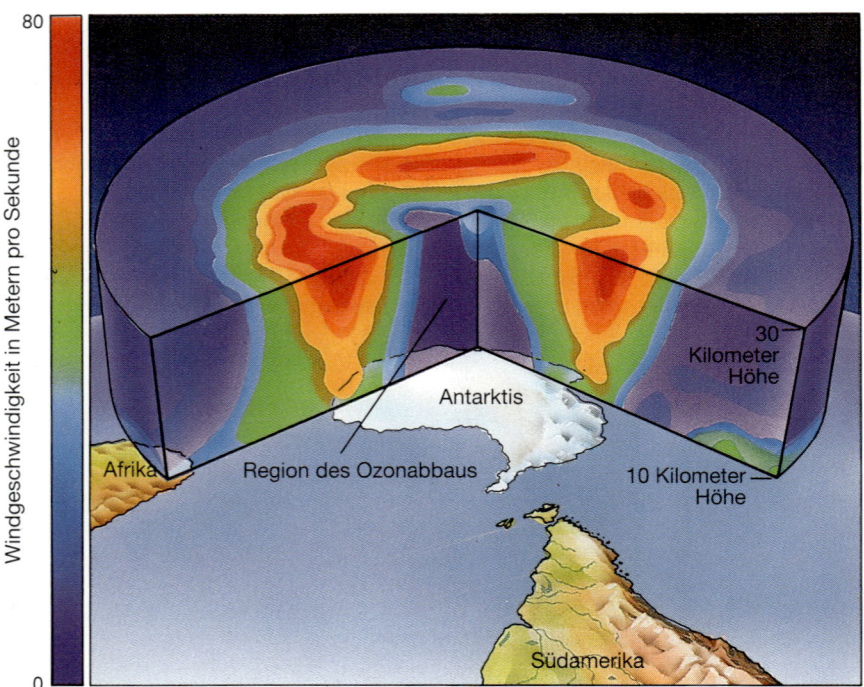

Bild 3: Im Südwinter hält der antarktische Polarwirbel – ein Ring kräftiger Westwinde – in Höhe der Ozonschicht die kalten Luftmassen gewissermaßen gefangen (Rot entspricht der höchsten, Violett der niedrigsten Windgeschwindigkeit). Erst sehr spät im Frühjahr löst er sich wieder auf, nachdem bei sehr tiefen Temperaturen große Mengen Ozon zerstört worden sind. Nun verteilt sich die ozonarme Luft über die südliche Hemisphäre. Die geographischen Gegebenheiten sind hier nicht maßstabsgerecht gezeichnet. Die Darstellung basiert auf einer Computergraphik von Mark R. Schoeberl und Leslie R. Lait vom Goddard-Raumfahrtzentrum der NASA.

vom Max-Planck-Institut für Chemie in Mainz, Frank Arnold vom Max-Planck-Institut für Kernphysik in Heidelberg und wir mit unseren Mitarbeitern. Das konnte zugleich ein Schlüssel zum Verständnis des Ozonabbaus sein.

Theoretisch kann unter den angenommenen chemischen Bedingungen Ozon nämlich nur verschwinden, wenn kein reaktiver Stickstoff vorhanden ist, denn der würde freies Chlor einfangen und als Chlornitrat im Chlorvorrat festhalten. Wir überlegten, ob die neuentdeckten Wolken eine Art Stickstoffsenke seien, in der der Stickstoff als Salpetersäure (HNO_3) gefror, und zwar in einem Komplex mit drei Wassermolekülen:

einem Salpetersäuretrihydrat ($HNO_3 \times 3H_2O$). Das würde bereits bei höheren Temperaturen kondensieren als Wasser, unter den gegebenen Verhältnissen bei –78 Grad Celsius (195 Kelvin). Unsere Vermutung haben dann in einer Reihe unabhängiger Beobachtungen die Teams von David W. Fahey vom Aeronomie-Laboratorium der NOAA, Bruce W. Gandrud vom NCAR sowie Rudolf F. Pueschel und Stefan A. Kinne vom Ames-Forschungszentrum der NASA bestätigt.

Unsere Studien wie auch die anderer Forscher ließen uns allmählich das Geschehen verstehen (Bild 2). Anscheinend bilden sich Salpetersäurewolken

vorwiegend dann, wenn die Luft sich – anders als bei Perlmutterwolken – langsamer abkühlt als bei Leewellenströmungen über Gebirgen. Diese Bedingungen sind nun im langen antarktischen Winter gegeben, strahlt doch die Stratosphäre dann reichlich Wärmeenergie in den Weltraum ab, so daß die entscheidende Temperatur irgendwann erreicht ist; der Prozeß wird noch verstärkt, weil Wettersysteme der unteren Atmosphärenschichten sich unter die Stratosphärenluft schieben, die dadurch hochsteigt und noch weiter abkühlt.

Als Kondensationskeime für das Salpetersäuretrihydrat können Schwefelsäurepartikel dienen. Die Schwefelgase, aus denen sie entstehen, sind teils anthropogenen Ursprungs, stammen aber auch aus natürlichen Quellen – etwa biologischen Prozessen – und gelangen mit der Luftzirkulation in die Stratosphäre. Auch Vulkanausbrüche werfen mitunter riesige Mengen hoch, manchmal sogar direkt bis in die Stratosphäre. So schleuderte der El Chichón nahe der Stadt Pichucalco in Mexiko 1982 ungefähr fünf Millionen Tonnen Schwefel in große Höhen. Noch Jahre nach einem solchen Ereignis sind die daraus gebildeten 0,1 Mikrometer großen Schwefelsäure-Teilchen dort zahlreich vorhanden.

Unter solchen Umständen können besonders weiträumige Wolken entstehen, die sich manchmal etliche tausend Kilometer weit erstrecken und mitunter in mehreren kilometerdicken Schichten übereinanderliegen. Diese Größenordnungen haben McCormick und Edward V. Browell vom Langley-Forschungszentrum und ihre Mitarbeiter von Flugzeugen aus mit Laser-Radar (Lidar für *light detecting and ranging*: Nachweis und Entfernungsbestimmung mittels Lichtes) gemessen. Allerdings sind diese besonderen Wolken dermaßen zart und transparent, daß man sie mit bloßem Auge kaum sieht.

Seltener kommt in der Stratosphäre eine weitere Wolkenart vor, die ebenfalls von der Erde aus schwer sichtbar ist.

Bild 4: Schema der Vorgänge um den Ozonabbau im Südpolargebiet. Wenn der antarktische Winter beginnt (*a*), baut sich der Polarwirbel auf, und es wird darin in der Stratosphäre so kalt, daß gasförmige Partikel an Aerosolen kondensieren können und sich Wolken bilden. Die Wolken entziehen der Stratosphäre Wasser und vor allem auch Stickstoff (*b*); an den Oberflächen der winzigen Kristalle können nun chemische Reaktionen ablaufen, bei denen aus den Chlorvorräten (das Chlor entstammt ursprünglich Fluorchlorkohlenwasserstoffen, die in ultraviolettem Licht zerfallen waren) molekulares Chlor freigesetzt wird (*c*). Dieser Prozeß

Dies sind wiederum Wasserwolken, deren Partikel wie die der Perlmutterwolken bei Temperaturen unter −83 Grad Celsius kondensiert sind, und zwar an Salpetersäuretrihydrat-Kristallen (die stickstoffhaltigen Kristalle sind im Grunde auch für beide eine Art Übergangszustand bei etwas höherer Temperatur; siehe Bild 2). Aber in ihrem Fall ist die Luft langsam abgekühlt. Sie nehmen insgesamt ähnlich viel Wasser auf wie Perlmutterwolken, doch während in diesen beinahe sämtliche vorhandenen Aerosole zu Kondensationskeimen werden, geschieht das bei langsamer Abkühlung nur bei einem Teil. Die Eiskristalle werden dann jedoch wesentlich größer, mehr als zehn Mikrometer, während die Partikel von Perlmutterwolken nur ungefähr zwei Mikrometer groß sind. Daraus erklärt sich auch die schlechte Sichtbarkeit des langsam entstandenen Wolkentyps: Bei der geringeren Anzahl an Kristallen im gleichen Luftvolumen wird das Licht eben insgesamt weniger reflektiert und gebrochen.

Verheerender Katalysezyklus im Sonnenlicht

Tatsächlich sind alle drei Arten von Stratosphärenwolken ein entscheidender Faktor beim Ozonabbau (Bild 5). Denn an den Oberflächen ihrer Kristalle wird das Chlor, das ja als Salzsäure (HCl) beziehungsweise Chlornitrat (ClONO$_2$) im Chlorvorrat gefangen war, offenbar wieder frei.

Dies folgt zumindest aus Laborexperimenten von Molina, Ming-Taun Leu vom Jet Propulsion Laboratory und Margaret Tolbert vom Internationalen Stanford-Forschungsinstitut und deren Mitarbeitern: Die beiden Substanzen reagieren an solchen Oberflächen miteinander, wobei einerseits molekulares Chlor (Cl$_2$) und andererseits Salpetersäure (HNO$_3$) entstehen. Ohne diese Oberflächen wäre der Prozeß unbedeutend, weil nur sehr langsam. Das Chlormolekül zerfällt in einzelne Chloratome (Cl), sowie die ersten Sonnenstrahlen des Südfrühlings es energetisch anregen (Bild 5, unten).

Nun setzt ein verheerender chemischer Kreislauf ein. Der Stickstoff, der das Chlor wieder einfangen und unschädlich machen könnte (er würde es als Chlornitrat in den Chlorvorrat zurückführen), ist nicht mehr frei verfügbar, sondern selbst in den Salpetersäurekomplexen der Wolken festgehalten – wenn er nicht schon großenteils als Schnee herabgefallen ist, wie übrigens auch das meiste Wasser.

Die Chloratome brechen die Ozonmoleküle auf und verbinden sich jeweils mit einem der drei Sauerstoffatome zu Chloroxid (ClO); aus den anderen beiden wird molekularer Sauerstoff (O$_2$). Doch der Prozeß setzt sich fort: Je zwei gasförmige Chloroxide finden zu einem Dimer (Cl$_2$O$_2$) zusammen, wie Molina herausfand; dieses wiederum zerfällt unter Ultraviolett-Bestrahlung, so daß die Chloratome erneut frei sind und weiteres Ozon spalten können – der Zyklus, dessen Katalysator das Chlor ist, beginnt von vorn (Bild 5 unten).

Indizien, daß der experimentelle Prozeß Vorgängen in der Stratosphäre entspricht, sind mittlerweile beigebracht: Mehrere Forscher haben im Ozonloch über der Antarktis beträchtliche Mengen an Chlormonoxid gemessen, 500mal soviel wie in mittleren Breiten in gleicher Höhe (die Befunde stammen von James G. Anderson und seinen Mitarbeitern von der Harvard-Universität sowie Robert L. deZafra und Philip Solomon von der Staatsuniversität von New York in Stony Brook). Bei derart hoher Chlormonoxid-Konzentration könnte der eben geschilderte Zyklus das meiste zum Ozonabbau beitragen, denn jedes einzelne Chloratom kann Tausende von Ozonmolekülen zerstören, bis es irgendwann auf eine reaktive stickstoff- oder wasserstoffhaltige Verbindung trifft, die es schließlich in den inaktiven Vorrat zurückbefördert. Generell dürfte dieses Bild der Prozesse in der Stratosphäre stimmig sein, auch wenn manches Detail noch nicht geklärt ist. Weitere Laborexperimente und Feldstudien werden Einzelheiten etwa der Reaktionswege und -raten sicherlich aufdecken.

Etwa 20 Prozent des Ozonverlusts sind allerdings einem anderen katalytischen Prozeß zuzuschreiben, bei dem auch wieder freigesetztes reaktives Chlor, zusätzlich aber Brom beteiligt ist. Auch dieses Element (ebenso wie Chlor ein Halogen) kann anthropogener Herkunft sein; es ist ein wichtiger Bestandteil mancher feuerlöschenden Verbindungen.

Wie das wohl abläuft, haben als erste McElroy und seine Mitarbeiter überlegt: Das Brom entreißt – ähnlich wie freies Chlor – dem Ozon ein Sauerstoffatom, wodurch sich Brommonoxid (BrO) bildet, das mit Chlormonoxid reagiert; dabei entsteht molekularer Sauerstoff, und zugleich werden die Brom- und Chloratome wieder frei und können erneut mit Ozon reagieren – auch dies ein sich wiederholender Zyklus. Ein Indiz dafür, daß dieser Prozeß in der Stratosphäre wirksam ist, haben William H. Brune von der Staatsuniversität von Pennsylvania in University Park und Anderson 1987 gefunden: beträchtliche Mengen Brommonoxid im Bereich des antarktischen Ozonlochs.

Stickstoff und Wasser, die der Ozonzerstörung im Frühjahr entgegenwirken könnten, werden offenbar – wie angedeutet – schon jeweils während des Winters durch Wolkenbildung und Niederschläge der stratosphärischen Luft entzogen. Zum Stickstoffschwund tragen anscheinend hauptsächlich die bei langsamer Abkühlung entstehenden Wassereiswolken bei: Außer daß das Wasser an (stickstoffhaltigen) Salpetersäure-Aerosolpartikeln kondensiert, absorbieren die Eiskörnchen noch zusätzlich gasförmige Salpetersäure. Hingegen scheinen die Perlmutterwolken, deren Wassereiskristalle sich auch an einem Salpetersäure-Kondensationskeim bilden, nicht abzuschneien, weil das Eis im fortwährend

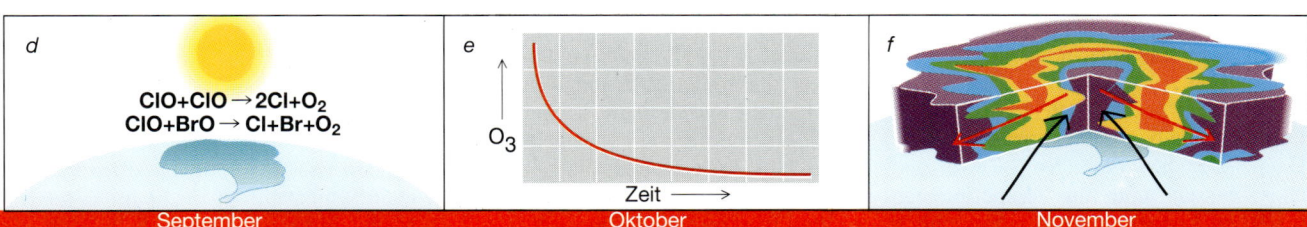

d
ClO+ClO → 2Cl+O$_2$
ClO+BrO → Cl+Br+O$_2$
September   e   O$_3$ Zeit →   Oktober   f   November

Prozeß kulminiert in der kältesten Zeit, also im August. Sowie die Sonne wieder über der Antarktis zu scheinen beginnt (d), zerfällt das Chlor in seine hochreaktiven Atome. Nun beginnen Reaktionszyklen, bei denen hauptsächlich von dem Chlor und teilweise auch von Brom große Mengen Ozon zersetzt werden. Diese Reaktionen setzen sich bis in den Oktober hinein fort, in dem die geringsten Ozonwerte erreicht werden (e). Erst im späten Frühjahr löst sich der Polarwirbel auf; die ozonarmen Luftmassen verteilen sich über die Südhemisphäre, während ozonreiche Luft aus mittleren Breiten in die antarktische Stratosphäre einströmt (f).

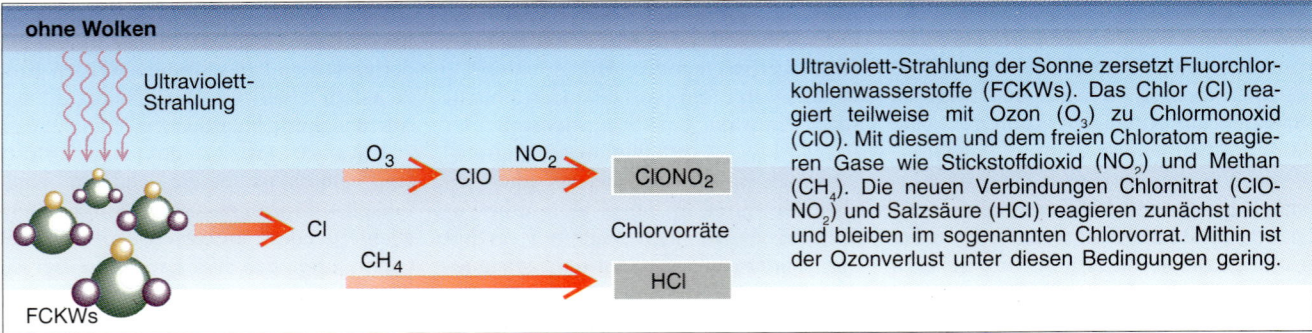

ohne Wolken

Ultraviolett-Strahlung

O_3 → ClO → NO_2 → $ClONO_2$

Cl

CH_4 → HCl

Chlorvorräte

FCKWs

Ultraviolett-Strahlung der Sonne zersetzt Fluorchlor-kohlenwasserstoffe (FCKWs). Das Chlor (Cl) reagiert teilweise mit Ozon (O_3) zu Chlormonoxid (ClO). Mit diesem und dem freien Chloratom reagieren Gase wie Stickstoffdioxid (NO_2) und Methan (CH_4). Die neuen Verbindungen Chlornitrat (ClO-NO_2) und Salzsäure (HCl) reagieren zunächst nicht und bleiben im sogenannten Chlorvorrat. Mithin ist der Ozonverlust unter diesen Bedingungen gering.

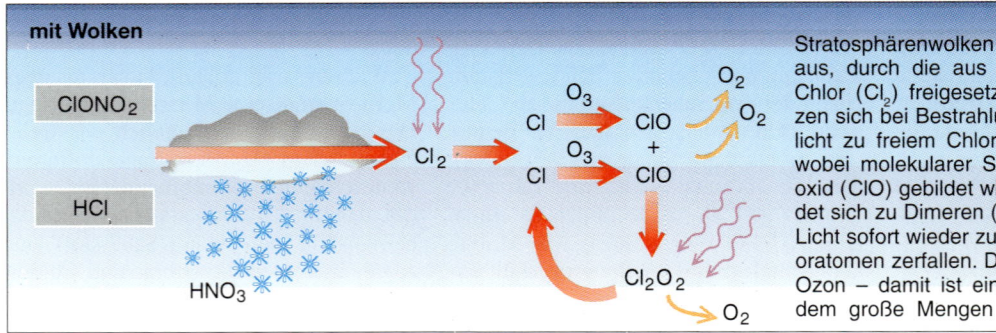

mit Wolken

$ClONO_2$

HCl

Cl_2

HNO_3

Cl → O_3 → ClO
Cl → O_3 → ClO
+
→ O_2
→ O_2

Cl_2O_2

→ O_2

Stratosphärenwolken lösen chemische Reaktionen aus, durch die aus dem Chlorvorrat molekulares Chlor (Cl_2) freigesetzt wird. Chlormoleküle zersetzen sich bei Bestrahlung mit ultraviolettem Sonnenlicht zu freiem Chlor (Cl), das mit Ozon reagiert, wobei molekularer Sauerstoff (O_2) und Chlormonoxid (ClO) gebildet wird. Das Chlormonoxid verbindet sich zu Dimeren (Cl_2O_2), die unter ultraviolettem Licht sofort wieder zu Sauerstoffmolekülen und Chloratomen zerfallen. Das Chlor reagiert mit weiterem Ozon – damit ist ein Katalysezyklus in Gang, bei dem große Mengen an Ozon vernichtet werden.

Bild 5: Die Rolle der Stratosphärenwolken beim Abbau des Ozons durch Chlor.

durch sie hindurchwehenden Wind zu schnell wieder verdampft. Wohl aber können Niederschläge aus Salpetersäuretrihydrat-Wolken Stickstoff in tiefere Schichten oder bis zum Erdboden befördern. Normalerweise sind ihre Partikel zwar, bedingt durch den geringen Salpetersäure-Gehalt der Stratosphäre, so klein, daß sie in der Höhe schweben bleiben; doch gelegentlich, wenn diese Wolken sich einmal besonders langsam aufbauen und die Kristalle dadurch auf mehr als einen Mikrometer wachsen, sinken die Partikel ab. Das bestätigen Messungen in der arktischen Stratosphäre: Es geschieht, daß ihr nur der Stickstoff, nicht aber das Wasser entzogen ist. Zudem hat Browell in Wolken dieses Typs bereits mehr als ein Mikrometer große Partikel gefunden.

Polarwirbel als Isolator

Wenngleich vereinfacht, dürfte diese Darstellung die entscheidenden chemischen und physikalischen Ereignisse wiedergeben, die den alljährlichen Ozonabbau über der Antarktis in der Hauptsache bewirken. Soweit wir bislang wissen und aus Experimenten schließen können, sind also tatsächlich die Fluorchlorkohlenwasserstoffe – ein Produkt unseres technischen Fortschritts – das eigentliche Agens. Da diese Substanzen sich in kürzester Zeit von der nördlichen Hemisphäre, wo sie größen-

teils freigesetzt werden, global und bis in die schützende Ozonschicht der Atmosphäre verteilen, wo sie sich unter der solaren Ultraviolett-Strahlung zersetzen, gibt es mittlerweile auch über den Polen reichlich reaktionsbereites Chlor. Besonders in der Antarktis bietet das Klima in Winter und Frühjahr geradezu perfekte Voraussetzungen für einen umfangreichen Ozonabbau.

Um die Prozesse in der nördlichen polnahen Stratosphäre abzuklären, wurde 1989 mit denselben Flugzeugen wie beim *Airborne Antarctic Ozone Experiment* ein Meßprogramm über der Arktis unternommen, die *Airborne Arctic Stratospheric Expedition*. Dabei stellten Browell und Michael H. Proffitt vom Aeronomie-Laboratorium der NOAA in mehr als 18 Kilometern Höhe einen Ozonschwund von 6 Prozent fest, während es über der Antarktis während der letzten Jahre im Durchschnitt wenigstens 50 Prozent waren. Der Unterschied scheint insbesondere daran zu liegen, daß die fraglichen Luftschichten im nördlichen Winter durchschnittlich ein wenig wärmer bleiben und deshalb in ihnen weniger Wolken aufkommen; zudem ist das arktische Gebiet, in dem die geschilderten Prozesse auftreten, nur ungefähr halb so groß wie jenes am Südpol.

Dies wiederum hängt mit den Windverhältnissen zusammen: Sobald mit Einbruch des jeweiligen Winters die Sonne nicht mehr einstrahlt, baut sich ein von West nach Ost drehender Polwir-

bel auf, in dem die Luft in den Höhen recht schnell um den Pol zirkuliert, in der Antarktis zum Beispiel in knapp einer Woche (Bild 3). Diese Rotation behindert gerade in Höhe der Ozonschicht den Luftaustausch mit der übrigen Atmosphäre sehr stark, so daß der innere Bereich sich in der monatelangen Polarnacht schnell abkühlt. In der Antarktis bleibt dieser Wirbel gewöhnlich bis weit ins Frühjahr hinein bestehen (Bild 4); somit ist die Luft noch lange kalt, auch wenn die Sonne bereits wieder einzustrahlen beginnt. Deshalb setzt der Ozonabbau über der Antarktis im September ein und erreicht seinen Höhepunkt im Oktober.

Der arktische Wirbel dagegen wird durch die nahen Landmassen und Gebirge der nördlichen Kontinente mehr gestört, wodurch sich die kalte polare Luft auch im Winter mitunter plötzlich mit wärmerer aus klimatisch gemäßigten Regionen mischt; und er ist längst zerfallen, wenn die Sonne im Frühling wieder strahlt. Wie Brune und Anderson 1989 nachgewiesen haben, ist in 18 Kilometer Höhe im nördlichen Polargebiet an sich etwa genausoviel reaktives Chlor vorhanden wie im südlichen, doch kann es eben klimabedingt nicht im gleichen Maße wirksam werden. Falls sich die Wetterverhältnisse nicht grundsätzlich umkehren, wird das Ozonloch über der Antarktis noch lange das über der Arktis übertreffen, doch dürfte auch das im Norden mit steigendem Chlorgehalt der

Atmosphäre weiter zunehmen. Wissenschaftliche Projekte, die diese Vorgänge über der Arktis eingehender untersuchen sollen, werden schon vorbereitet.

Vielleicht ist in der Antarktis sogar ein vertrackter Rückkopplungsmechanismus im Spiel, der die Kälte länger als normal bewahrt. Mit dem Ozon fehlt ausgerechnet ein Luftbestandteil, der Sonnenlicht aufnimmt und damit die Stratosphäre erwärmt. Wenn es länger kalt bleibt, sind aber auch die der Ausdünnung der Ozonschicht förderlichen Stratosphärenwolken und der Polarwirbel länger vorhanden. Tatsächlich hat während der letzten zehn Jahre die Temperatur im antarktischen Wirbel abgenommen, und er blieb länger bestehen. Die Annahme eines Rückkopplungseffekts stützen zudem Befunde von Lamont R. Poole und seinen Mitarbeitern am Langley-Forschungszentrum der NASA: Sie stellten einen Zusammenhang zwischen sinkenden Temperaturen und vermehrter Bildung von Stratosphärenwolken fest.

Globale Aspekte

Sind auch die atmosphärischen Voraussetzungen für drastischen Ozonabbau, wie wir sie beschrieben haben, nur nahe den Polen gegeben, dürfen sich die Menschen keineswegs deshalb sicher wähnen, daß sie weitab leben. Denn die ozonarmen Luftmassen der Antarktis breiten sich, wenn der Polarwirbel im Spätfrühling zerfällt, wie eingangs erwähnt, über die Südhalbkugel aus. Bereits im Dezember 1987 berichtete Rodger Atkinson vom australischen Wetterdienst von extrem niedrigen Ozonwerten über Südaustralien und Neuseeland.

Im Grunde wirkt, wie Adrian F. Tuck vom Aeronomie-Laboratorium der NOAA es prägnant formuliert hat, der antarktische Polarwirbel wie ein chemischer Reaktor, der zunächst ozonreiche Luft ansaugt und später ozonarme wieder ausstößt. Unter anderem dieser Frage soll 1993 eine weitere Antarktis-Expedition mit Höhenflügen nachgehen.

Außerdem sind die ozonzerstörenden chemischen Prozesse nicht auf die Polarregionen beschränkt. Überall in der Stratosphäre gibt es Schwefelsäurepartikel – auch sie befreien von den FCKWs stammendes Chlor aus den Reservoiren und lösen so seine Reaktion mit Ozon aus. Vor allem vermögen auch sie Stickstoff in inerte Verbindungen zu überführen und so zu verhindern, daß das Chlor in unschädlicher Form gespeichert wird. Die dadurch verursachten Ozonverluste sind allerdings erheblich niedriger als jene durch die polaren Stratosphärenwolken, denn die Masse des Schwefelsäure-Aerosols ist geringer als die der Wolken.

Immerhin muß man bei großen Vulkanausbrüchen, wenn viele Schwefelpartikel in die Atmosphäre eingetragen werden, mit einem merklichen Effekt rechnen. Nach der Eruption des El Chichón haben Hofmann und Solomon einen deutlich verminderten Ozongehalt festgestellt. Damals wurde ungefähr so viel Schwefel freigesetzt, wie die polaren Stratosphärenwolken an Stickstoff enthalten. Man kann sich also ausmalen, daß große Vulkanausbrüche in Zukunft, wenn die Chlor-Konzentration in der Atmosphäre noch zugenommen hat, die Ozonschicht weltweit merklich ausdünnen werden.

Was können wir nun tun? Die Ozonreservoire künstlich zu erneuern ist wohl ausgeschlossen. Sogar mit größter Anstrengung, gewaltigem Energieeinsatz und Nutzung aller Transportkapazitäten dürften wir es kaum schaffen, den Schaden wieder gutzumachen, den wir – zunächst unwissend und in bester Absicht – angerichtet haben. Wir können nur versuchen, die Situation und die künftige Entwicklung jetzt, da wir allmählich die Zusammenhänge begreifen, nicht noch unmäßig zu verschlimmern.

Wie ernst die Lage ist und wie sehr sie sich in kürzester Zeit zugespitzt hat, kann man daraus ersehen, wie rasch politische Reaktionen auf die wissenschaftlichen Erkenntnisse folgten. Schon 1987 haben viele Industrienationen im Montrealer Protokoll beschlossen, ihre Produktion von Fluorchlorkohlenwasserstoffen bis zum Jahre 2000 auf die Hälfte der Mengen von 1986 zu senken. Als man voraussah, daß bei solchen Vorgaben in 100 Jahren trotzdem doppelt soviel Chlor in der Atmosphäre wäre wie heute, kamen dieselben Staaten im Sommer 1990 überein, bis Ende dieses Jahrhunderts die FCKW-Produktion einzustellen.

Auch damit ist nicht zu verhindern, daß weiterhin noch riesige Mengen an Fluorchlorkohlenwasserstoffen in die Atmosphäre gelangen – aus den vorhandenen Kühlschränken, Klimaaggregaten und Isolierschäumen. Wirklich unbedenkliche Alternativen müssen erst noch entwickelt werden.

Die Prognose ist, daß selbst bei Gegensteuerung noch 10 bis 20 Jahre lang der Chlorgehalt der Atmosphäre zunehmen wird. Frühestens für Mitte nächsten Jahrhunderts kann man Werte erwarten wie zu den Zeiten, als es noch kein Ozonloch gab. Die Ausdünnung der natürlichen Strahlenschutzschicht wird also noch Jahr um Jahr dramatischer sein; dabei dürfte das antarktische Ozonloch sich schließlich mit der Zeit doppelt so weit ausdehnen wie heute.

Die Menschheit ist in einen Wettlauf geraten, den sie durchhalten muß, obgleich sie nicht einmal alle Bedingungen kennt: Wird der Ozonabbau so schwere ökologische und klimatologische Folgeeffekte haben, daß wir gänzlich wehrlos werden, oder können die Maßnahmen zur Kontrolle und Verringerung der FCKWs rasch genug greifen? Der Ausgang ist ungewiß.

Veränderungen der Atmosphäre

Langsam, aber sicher ändern menschliche Aktivitäten die komplexe Zusammensetzung des atmosphärischen Gasgemischs. Erste negative Auswirkungen wie saurer Regen und Smog zeigen sich schon seit Jahren. Weitere unliebsame Überraschungen könnten bevorstehen.

Von Thomas E. Graedel und Paul J. Crutzen

Die Erdatmosphäre war schon immer Veränderungen unterworfen: Seit der Entstehung des Planeten haben sich ihre Zusammensetzung, ihre Temperatur und ihre Selbstreinigungskraft unablässig verschoben. Bemerkenswert an dem Wandel während der letzten zwei Jahrhunderte ist allerdings sein Tempo: Insbesondere die Zusammensetzung der Atmosphäre verschiebt sich schneller als je zuvor in der Geschichte der Menschheit.

Immer deutlicher zeigen sich die Effekte der momentanen Änderungen in Form von sauren Niederschlägen, Korrosionsprozessen wie dem Steinfraß, urbanem Smog und der Ausdünnung des stratosphärischen Ozon(O_3)-Schutzschildes, der die Erde vor gefährlicher ultravioletter Strahlung abschirmt. Zugleich befürchten Atmosphärenwissenschaftler, daß sich der Planet durch Verstärkung des sogenannten Treibhauseffekts schon bald rapide erwärmen wird − mit potentiell dramatischen Folgen für das Klima. Verantwortlich dafür sind Gase, welche die Wärmestrahlung der durch die Sonne aufgeheizten Erdoberfläche absorbieren und sie so zurückhalten.

Erstaunlicherweise beruhen diese gravierenden Effekte nicht auf Verschiebungen bei den Hauptbestandteilen der Atmosphäre. Abgesehen von dem überaus variablen Wasserdampfgehalt sind die Konzentrationen der Gase, die mehr als 99,9 Prozent der irdischen Lufthülle ausmachen − nämlich Stickstoff (N_2), Sauerstoff (O_2) und die äußerst reaktionsträgen Edelgase −, fast konstant geblieben, und zwar schon viel länger, als es Menschen auf der Erde gibt. Verantwortlich für die geschilderten Effekte sind vielmehr Änderungen − zumeist Erhöhungen − im Gehalt einiger Nebenbestandteile der Atmosphäre, der sogenannten Spurengase. Dazu zählen das Schwefeldioxid (SO_2), die beiden unter der Formel NO_x zusammengefaßten Stickoxide − nämlich das Stickstoffmonoxid (NO) und das Stickstoffdioxid (NO_2) − sowie einige Fluorchlorkohlenwasserstoffe (FCKWs): Verbindungen, die Chlor, Fluor, Kohlenstoff und manchmal auch Wasserstoff enthalten.

Der Volumenanteil von Schwefeldioxid beispielsweise macht selbst dort, wo die Emissionen am höchsten sind, maximal 50 Milliardstel (0,00005 Promille) aus. Dennoch trägt dieses Gas wesentlich zum sauren Niederschlag, der Korrosion von Stein und Metall und den trüben Dunstglocken über Industriegebieten bei. Ähnliches gilt für die NO_x-Gase; diese gehen, unterstützt von der Sonnenstrahlung, zudem chemische Reaktionen ein, die den sogenannten photochemischen Smog hervorrufen.

Die Fluorchlorkohlenwasserstoffe, die zusammen gerade ein Milliardstel der Atmosphäre ausmachen, sind hauptverantwortlich für den Abbau der stratosphärischen Ozonschicht. Außerdem verstärken sie gemeinsam mit Methan (CH_4), Distickstoffmonoxid (N_2O) und Kohlendioxid (CO_2) − dem mit einem Volumenanteil von 350 Millionsteln bei weitem häufigsten Spurengas − den Treibhauseffekt.

Auch das Hydroxyl-Radikal (OH), ein höchst reaktives Molekülbruchstück, beeinflußt die chemische Aktivität der Atmosphäre, obwohl es mit einem Volumenanteil von weniger als 0,01 Billionsteln noch viel stärker verdünnt ist als die anderen Spurengase. Im Unterschied zu diesen spielt es jedoch eine überwiegend positive Rolle: Es trägt wesentlich zur Reinigung der Atmosphäre bei. Leider unterscheidet es sich auch dadurch von den anderen Spurengasen, daß sich seine Konzentration in der Zukunft wohl verringert.

Sicherlich beruhen die Änderungen in den Spurengasgehalten der Atmosphäre zum Teil auch auf Schwankungen der Emissionsraten natürlicher Quellen. Vulkane zum Beispiel können schwefel- und chlorhaltige Gase in die Troposphäre (die unteren 10 bis 15 Kilometer der Atmosphäre) und in die darüberliegende Stratosphäre (bis etwa 50 Kilometer Höhe) freisetzen. Unbestritten ist allerdings, daß die meisten der rapiden Veränderungen der letzten 200 Jahre auf menschliche Aktivitäten zurückgehen, insbesondere auf das Verfeuern fossiler Brennstoffe (Kohle und Erdöl) zur Energiegewinnung und andere industrielle und landwirtschaftliche Praktiken sowie das Verbrennen von Biomasse und die Waldrodung.

Über diese Grundtatsachen hinaus stellen sich einige wichtige Fragen. Welche menschlichen Aktivitäten verursachen welche Emissionen? Auf wel-

Dieser Artikel ist im November 1989 in *Spektrum der Wissenschaft* erschienen.

Bild 1: Bei der Brandrodung tropischer Regenwälder, heute in großem Maßstab zur Landgewinnung betrieben, werden Ruß und verschiedene Gase − insbesondere Kohlendioxid (CO_2), Kohlenmonoxid (CO), Kohlenwasserstoffe, Stickstoffmonoxid (NO) und Stickstoffdioxid (NO_2) − freigesetzt. Diese Praxis und andere menschliche Aktivitäten wie die Verfeuerung fossiler Brennstoffe sind maßgeblich für den dramatischen Anstieg der Konzentrationen vieler Spurengase in der Atmosphäre während der letzten zwei Jahrhunderte. Zu den schwerwiegenden negativen Folgen gehören saure Niederschläge, Smog und die drohende Ausdünnung der stratosphärischen Ozonschicht, welche die gefährliche Ultraviolettstrahlung der Sonne absorbiert. Außerdem wird sich durch die Anhäufung von Treibhausgasen, die Wärmestrahlung in Bodennähe zurückhalten, die Erde voraussichtlich erwärmen.

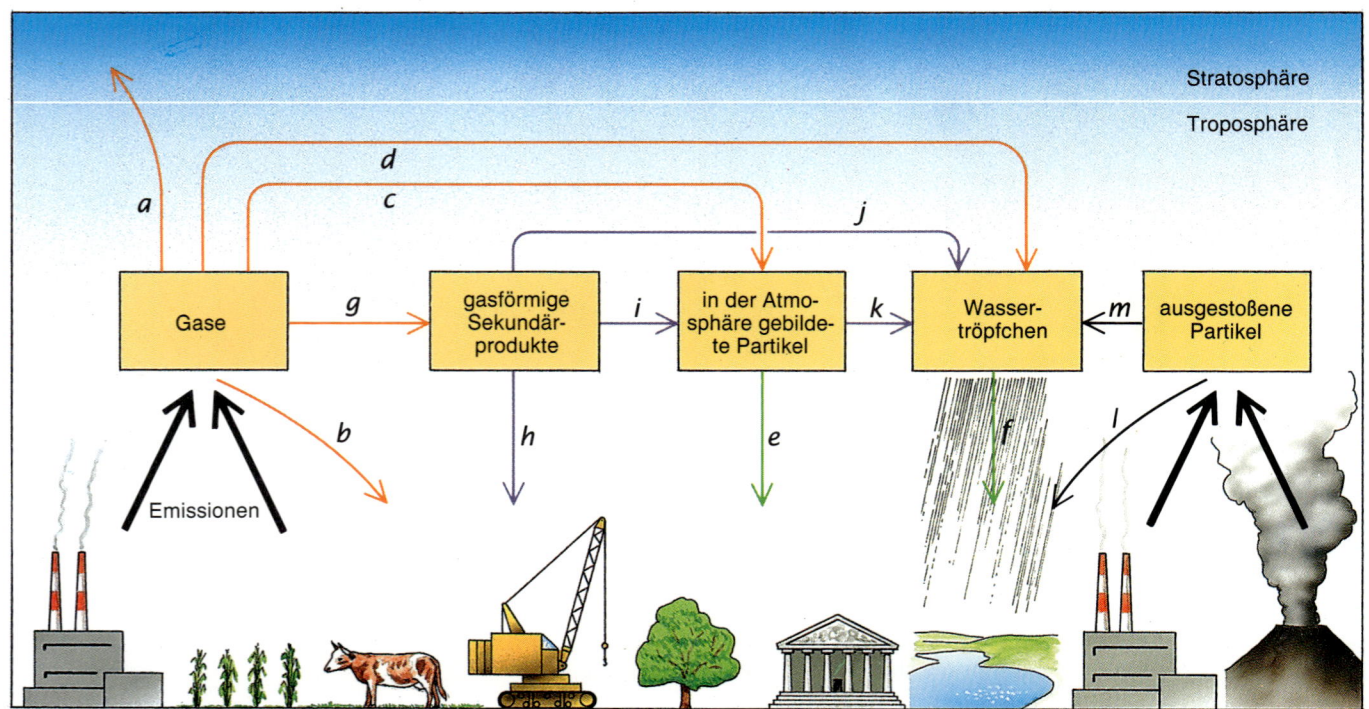

Bild 2: Das Schicksal der einzelnen Emissionen (dicke schwarze Pfeile) in der Atmosphäre ist sehr unterschiedlich. Die größte Variationsbreite zeigen Gase (orangefarbene Pfeile). Ein nicht reaktives, wasserunlösliches Gas wird sich in der Troposphäre (den unteren 10 bis 15 Kilometern der Atmosphäre) verteilen und teils in die Stratosphäre (die über der Troposphäre liegende Atmosphärenschicht, die bis etwa 50 Kilometer Höhe reicht) vordringen (*a*), teils aber auch vom Erdboden und der Vegetation aufgenommen werden (*b*). Ein wasserlösliches Gas kann sich dagegen auf feuchten Partikeln (*c*) oder in Wassertröpfchen (*d*) lösen, wie sie in Wolken vorkommen. Die Partikel und Tröpfchen bringen das Gas dann zur Erde zurück (grüne Pfeile), und zwar entweder auf direktem Weg (*e*) oder in Form von Regen, Schnee, Nebel oder Tau (*f*). Die meisten Gase sind allerdings reaktionsfreudig genug, um chemische Reaktionen in der Atmosphäre einzugehen (*g*); eingeleitet werden diese Umsetzungen vor allem durch Wechselwirkung mit dem sehr reaktionsfreudigen Hydroxyl-Radikal (OH). Mit den entstehenden gasförmigen Produkten kann zweierlei geschehen (purpurfarbige Pfeile): Manchmal setzen sie sich trocken an der Erdoberfläche ab (*h*), meistens aber sind sie löslicher als ihre Vorgänger und werden daher schneller von feuchten Teilchen (*i*) sowie direkt (*j*) oder indirekt (*k*) von Wassertröpfchen aufgenommen. Dadurch werden sie rascher aus der Troposphäre entfernt (*e*, *f*); die Wahrscheinlichkeit, daß sie bis in die Stratosphäre vordringen, ist folglich weitaus geringer. Das Schicksal emittierter Partikel (dünne schwarze Pfeile) ähnelt dem wasserlöslicher, nicht reaktiver Gase. Sie können sich direkt absetzen (*l*) oder von Wassertröpfchen aufgenommen (*m*) und mit dem Niederschlag zur Erde zurückgeführt werden (*f*).

che Weise lösen veränderte Spurengaskonzentrationen eine solche Serie von Effekten aus? Wie weit sind die Probleme schon fortgeschritten, und welche Konsequenzen ergeben sich für unseren Planeten? Zwar stehen erschöpfende Antworten auf diese Fragen noch aus. Doch machen die Forschungen, die Chemiker, Meteorologen, Solar- und Weltraumphysiker, Geophysiker, Biologen, Ökologen und andere in multidisziplinärer Zusammenarbeit anstellen, ermutigende Fortschritte.

Fachübergreifendes Vorgehen ist so wichtig auf diesem Gebiet, weil die Faktoren, die das Schicksal der Gase in der Atmosphäre und ihre Wechselwirkung mit der Biosphäre bestimmen, komplex und nur unvollständig bekannt sind. So hängen die chemischen Reaktionen eines Gases in der Atmosphäre von der lokalen Mischung der Gase und Partikel ebenso ab wie von der Temperatur, der Intensität der Sonneneinstrahlung, den vorliegenden Wolken- oder Niederschlagstypen und dem Muster der Luftströmungen (welche die Chemikalien horizontal und vertikal transportieren). Die Reaktionen wiederum bestimmen, wie lange ein Gas in der Atmosphäre verbleibt, und damit zugleich, ob es selbst oder eines seiner Folgeprodukte einen globalen oder nur lokalen Effekt auf die Umwelt hat.

Auf Grund dieser Untersuchungen sind wir heute recht gut über die Emissionen unterrichtet, die durch bestimmte menschliche Aktivitäten verursacht werden. So weiß man, daß die Verfeuerung fossiler Brennstoffe enorme Mengen an Schwefeldioxid (insbesondere aus Kohle), NO_x-Gasen (sie entstehen, wenn Stickstoff und Sauerstoff der Luft gemeinsam erhitzt werden) und selbstverständlich Kohlendioxid als Hauptprodukt freisetzt. Bei unvollständiger Verbrennung werden auch Kohlenmonoxid (CO), Ruß (schwarze Kohlenstoffpartikel) und eine ganze Reihe von Kohlenwasserstoffen (einschließlich Methan) frei. Andere Industriezweige geben zusätzlich Schwefeldioxid in die Luft ab (beim Verhütten von Erzen zum Beispiel), oder sie emittieren Substanzen wie FCKWs oder toxische Metalle.

Bei bestimmten landwirtschaftlichen Praktiken werden ebenfalls schädliche Gase freigesetzt. Das Abbrennen von Wäldern und Savannen in den Tropen und Subtropen zur Schaffung von Weide- und Ackerland belastet die Luft außer mit Kohlendioxid auch mit Kohlenmonoxid, Methan und NO_x-Gasen (Bild 1). Zudem exhaliert der bloßgelegte Boden Distickstoffmonoxid; und das gleiche Gas geben auch die stickstoffhaltigen Dünger ab, die dann auf die Felder gestreut werden. Die Haustierhaltung ist eine weitere bedeutende Methanquelle (durch die anaeroben Bakterien im Pansen von Wiederkäuern) – desgleichen der Anbau von Reis, dem Hauptnahrungsmittel vieler Völker in den Tropen und Subtropen.

Saure Niederschläge

Auch über die Folgen ansteigender anthropogener Emissionen haben die multidisziplinären Forschungen wichtige Aufschlüsse gegeben. Von dem ausgiebig untersuchten Phänomen des „sauren Regens" (ein Begriff, unter dem wir hier auch sauren Schnee, Nebel und Tau subsumieren) weiß man mittlerweile, daß er hauptsächlich bei der Wechselwirkung von NO_x-Gasen und Schwefeldioxid mit anderen Bestandteilen der Luft entsteht. Durch eine Reihe von Reaktionen wie die Vereinigung mit dem Hydroxyl-Radikal können sich diese Gase innerhalb weniger Tage in Salpetersäure (HNO_3) und Schwefelsäure (H_2SO_4) umwandeln — beides Stoffe, die sich begierig in Wasser lösen. Die angesäuerten Tropfen gehen dann als saurer Regen nieder.

Da Wassertropfen relativ schnell zu Boden sinken, ist saurer Regen allerdings weniger ein globales als ein regionales oder kontinentales Phänomen. Einige andere Spurengase wie Methan, Kohlendioxid, FCKWs und Distickstoffmonoxid halten sich dagegen sehr viel länger in der Atmosphäre (siehe Bild 3 unten), so daß sie sich ziemlich gleichmäßig verteilen können und global wirksam werden.

Seit Beginn der industriellen Revolution Mitte des 18. Jahrhunderts ist der Säuregehalt der Niederschläge vielerorts angestiegen (wie Messungen der Wasserstoffionenkonzentration belegen). So hat er sich im Nordosten der USA seit der Jahrhundertwende beinahe vervierfacht — bei entsprechendem Anstieg der NO_x- und Schwefeldioxidemissionen. Ähnliche Zunahmen sind in allen industrialisierten Regionen der Welt festzustellen. Saurer Regen wurde aber auch in den praktisch gar nicht industrialisierten Tropen registriert; hier stammt er vom Abbrennen der Vegetation und den dabei freigesetzten NO_x-Gasen sowie Kohlenwasserstoffen, die sich in organische Säuren verwandeln.

Schwefel- und Salpetersäure gelangen indes nicht nur mit Niederschlägen aus der Troposphäre zur Erdoberfläche. Sie können sich auch „trocken" ablagern, etwa als Gase selbst oder als Bestandteile mikroskopisch kleiner Partikel. Tatsächlich gibt es immer mehr Hinweise darauf, daß die trockene Deposition die gleichen Umweltprobleme auslösen kann wie die nasse.

Saurer Niederschlag setzt viele Ökosysteme starken Belastungen aus. Die spezifischen Wirkungen solcher Depositionen auf die Fauna von Seen sowie auf Böden und verschiedene Vegetationstypen sind zwar noch immer nur bruchstückhaft bekannt. Zumindest aber weiß man, daß durch die Versauerung von Seen in Skandinavien, im Nordosten der USA und Südosten Kanadas die Fischbestände in Zahl und Vielfalt deutlich dezimiert wurden. Außerdem spielen saure Niederschläge anscheinend auch eine gewisse Rolle bei den neuartigen Waldschäden im Nordosten der USA und in Europa.

Es besteht kaum ein Zweifel, daß saure Niederschläge auch zur Korro-sion an Gebäuden und Anlagen aller Art sowie an Kunstwerken im Freien wie Denkmälern, Skulpturen an Fassaden oder alten Kirchenfenstern beitragen — vor allem im Stadtbereich; die dadurch verursachten Kosten für Reparaturen und Neuanschaffungen belaufen sich allein in den USA jährlich auf 10 bis 100 Milliarden Dollar.

Sulphathaltige Partikel haben noch weitere unangenehme Eigenschaften: Durch Streuung der Lichtstrahlen beeinträchtigen sie die Sicht, und indem sie die Wolkenalbedo beeinflussen, könnten sie auch ein bedeutender Klimafaktor sein (siehe den Artikel „Veränderungen des Klimas" von Stephen H. Schneider in diesem Band).

Smog

Photochemischer Smog in Städten und ihrer näheren Umgebung ist eine weitere negative Zivilisationserscheinung (Bild 5). Man versteht darunter jene Mischung aus gesundheitsschädlichen, reaktionsfreudigen Gasen, die sich in der unteren Troposphäre bilden, wenn Sonnenstrahlung auf anthropogene Emissionen (insbesondere NO_x-Verbindungen und Kohlenwasserstoffe aus Autoabgasen) trifft.

Ozon ist das Hauptprodukt dieser photochemischen Reaktionen und auch die Hauptursache für smog-bedingte Augenreizungen und Atemprobleme sowie für Schäden an Bäumen und Feldfrüchten. Daher bewertet man das Ausmaß des Smogs im allgemeinen nach der Ozonkonzentration am Boden. Demnach wird dasselbe Molekül aus drei Sauerstoffatomen, das in der Stratosphäre, wo sich rund 90 Prozent seiner Gesamtmenge in der Atmosphäre befinden, als Schutzschild gegen die gefährliche Ultraviolettstrahlung von lebenswichtiger Bedeutung ist, bei Anreicherung an der Erdoberfläche zum Problem.

Schon seit dem späten 19. Jahrhundert wird die Ozonkonzentration in der Atmosphäre gemessen. Zunächst geschah das nur am Boden; später erlaubten Fluggeräte mit komplizierten Instrumenten auch Messungen in verschiedenen Höhen. Einigen der ersten Meßdaten zufolge lag der „natürliche" Ozongehalt in Bodennähe an einer Beobachtungsstation in Europa vor rund 100 Jahren bei etwa zehn Milliardsteln. Die heutigen Bodenkonzentrationen in Westeuropa sind durchschnittlich zwei- bis viermal so hoch. Oft wird hier sowie in Kalifornien, den östlichen USA und Australien mittlerweile sogar schon mehr als das Zehnfache dieses Wertes registriert.

Photochemischer Smog tritt aber auch in weiten Gebieten der Tropen und

---

Chemische Reaktionen in der Atmosphäre

Oxidantien als Waschmittel. Die meisten Reaktionen in der Atmosphäre werden von Molekülen ausgelöst, die in der chemischen Fachsprache Oxidantien heißen. Sie wirken in der Lufthülle wie Waschmittel, die Gase in wasserlösliche Produkte überführen und so ihre Auswaschung durch Niederschläge ermöglichen. Ein Großteil der in die Luft abgegebenen Spurengase wäre ohne sie immer noch dort. Ein wichtiges Oxidationsmittel, das Ozon (O_3), ist dabei an der Bildung eines weiteren Waschmittel-Moleküls beteiligt: des Hydroxyl-Radikals. Dieses reagiert mit nahezu jedem molekularen Bestandteil der Atmosphäre. Es bildet sich, nachdem ultraviolette Sonnenstrahlung (hv) Ozon gespalten und dabei ein hochenergetisches — und somit hochreaktives — Sauerstoffatom (O^*) erzeugt hat, das dann mit einem Wassermolekül reagiert:

$$a)\ O_3 \xrightarrow{hv} O^* + O_2 \qquad\qquad b)\ O^* + H_2O \longrightarrow 2\,OH$$

Stratosphärisches Ozon: Erzeugung und Zerstörung. Ozon bildet sich, wenn Sauerstoffmoleküle (O_2) durch ultraviolette Sonnenstrahlung gespalten werden und sich die resultierenden Sauerstoffatome mit anderen Sauerstoffmolekülen verbinden:

$$a)\ O_2 \xrightarrow{hv} O + O \qquad\qquad b)\ O + O_2 \longrightarrow O_3$$

Von Fluorchlorkohlenwasserstoffen durch ultraviolette Sonnenstrahlung abgespaltene Chloratome spielen eine zentrale Rolle bei einem der wirksamsten katalytischen Zyklen zur Zerstörung von Ozon in der Stratosphäre. Er beginnt mit der Spaltung eines Ozonmoleküls durch ein Chloratom unter Bildung von Chlormonoxid (ClO) und molekularem Sauerstoff:

$$a)\ Cl + O_3 \longrightarrow ClO + O_2$$

Das Chlormonoxid reagiert anschließend mit einem Sauerstoffatom, das durch Photodissoziation eines anderen Ozonmoleküls entstanden ist. Dabei wird das Chlor freigesetzt, so daß es einen neuen Zyklus starten kann:

$$b)\ ClO + O \longrightarrow Cl + O_2$$

Stickoxide vernichten zwar ebenfalls Ozon, können aber andererseits störend in diesen Zyklus eingreifen. Beispielsweise vermag Stickstoffdioxid dem Kreislauf Chlormonoxid zu entziehen, indem es sich mit ihm zu Chlornitrat ($ClNO_3$) verbindet.

Subtropen auf. Hauptursache ist hier das periodische Abbrennen des Savannengrases — manchmal in nur jährlichem Abstand —, durch das große Mengen an Smogvorläufern freigesetzt werden. Bei dem häufigen und intensiven Sonnenschein in diesen Regionen laufen die photochemischen Reaktionen rasch ab, so daß die Luftozongehalte schnell auf das Fünffache des Normalwertes steigen können.

Durch das Bevölkerungswachstum in den Tropen und Subtropen wird die ungesunde Luft dort zu einem immer verbreiteteren Phänomen. Diese Aussichten sind besonders bedenklich, weil auf Grund der Bodenbeschaffenheit in diesen Landstrichen die Ökosysteme viel verwundbarer für Smog sein dürften als in den mittleren Breiten.

Ausdünnung der stratosphärischen Ozonschicht

Während eine Verminderung der bodennahen Ozonkonzentration für die belasteten Gebiete also erstrebenswert wäre, hätte eine ebensolche Abnahme im Ozongehalt der Stratosphäre im Gegenteil vermutlich weltweit äußerst ernste Folgen. Die vermehrt zur Erdoberfläche durchdringende ultraviolette Strahlung würde Hautkrebs und grauen Star fördern. Zu erwarten wären außerdem Schäden an Feldfrüchten und Phytoplankton, jenen mikroskopisch kleinen Pflanzen, welche die Basis der Nahrungskette im Meer bilden.

Am dramatischsten hat sich die Ausdünnung der stratosphärischen Ozonschicht bisher über der Antarktis gezeigt, wo sich spätestens seit 1975 (dem ersten Jahr mit verläßlichen Beobachtungen) jeweils im dortigen Frühjahr ein „Ozonloch" auftut: ein Gebiet mit zunehmendem Ozondefizit. Während der letzten zehn Jahre haben sich die Frühjahrs-Ozonwerte über der Antarktis um fast 50 Prozent verringert (siehe den Artikel „Das Ozonloch über der Antarktis" von Richard S. Stolarski in diesem Band).

Was die weltweite Ausdünnung der stratosphärischen Ozonschicht betrifft, so gibt es darüber bisher immer noch nur vorläufige Abschätzungen; aber anscheinend nimmt der Ozongehalt seit 20 Jahren auch in den mittleren und höheren Breiten der Nordhemisphäre um 2 bis 10 Prozent im Winter und Vorfrühling ab — am stärksten in den nördlichsten Bereichen.

Mittlerweile ist ziemlich klar, daß FCKWs — und zwar insbesondere Freon-11 ($CFCl_3$) und Freon-12 (CF_2Cl_2) — hauptverantwortlich für den Ozonabbau sind. Diese syntheti-

schen Stoffe, deren Emissionen und Konzentrationen in der Atmosphäre seit ihrer Einführung vor einigen Jahrzehnten rapide gestiegen sind, werden weithin als Kältemittel, Treibgase in Spraydosen, Lösungsmittel und als Füllgase bei der Schaumstoffproduktion eingesetzt. Das geschieht zum Teil wegen einer Eigenschaft, die sie anfangs geradezu als ideale Substanzen erscheinen ließ: Sie verhalten sich in der unteren Atmosphäre wie Edelgase und sind daher völlig ungiftig und unbrennbar.

Wegen dieser Reaktionsträgheit gelangen die FCKWs schließlich aber auch unverändert in die Stratosphäre. Dort werden sie von der starken ultravioletten Strahlung gespalten, und die dabei freigesetzten Chloratome können Ozon abbauen, indem sie seine Umwandlung in normalen Luftsauerstoff (O_2) katalysieren. Da Katalysatoren chemische Reaktionen beschleunigen, selbst aber unverändert wieder daraus hervorgehen, kann ein einziges Chloratom schließlich viele tausend Ozonmoleküle zerstören.

Hauptsächlich auf Grund der Emission von FCKWs hat der Gehalt der Stratosphäre an ozonzerstörenden chlorierten Verbindungen inzwischen schon das Vier- bis Fünffache des Normalwertes erreicht und steigt um 5 Prozent jährlich – Fakten, die schlaglichtartig beleuchten, wie gravierend sich menschliche Aktivitäten auf die Stratosphäre auswirken können.

Das Ozon (O_3) der Stratosphäre bildet sich, wenn ein Sauerstoffmolekül (O_2) durch kurzwellige Strahlung in zwei Sauerstoffatome (O) gespalten wird. Jedes der beiden Atome verbindet sich dann mit einem anderen Sauerstoffmolekül zu Ozon. Normalerweise wird genausoviel Ozon, wie auf diese Weise entsteht, photochemisch unter katalytischer Mitwirkung von NO_x-Gasen wieder vernichtet. Zusätzliche Abbauzyklen mit Chlor als Katalysator, die zunehmend an Bedeutung gewinnen, stören dieses Gleichgewicht jedoch mit dem Resultat eines Netto-Ozonverlusts (siehe Kasten Seite 125).

Besonders über der Antarktis – und in abgeschwächter Form auch über der Arktis – beschleunigen sehr tiefe Temperaturen die katalytischen Chlorzyklen, indem sie die NO_2-Gase entfernen, die sonst störend in diese Zyklen ein greifen. (Paradoxerweise schwächt NO_2, obwohl es selbst Ozon zersetzen kann, in der Stratosphäre oft die durch Chlor katalysierte Ozonzerstörung ab.) Zusammen mit Wassermolekülen gefrieren die NO_x-Gase nach Umwandlung in Salpetersäure zu feinen Partikeln, die dann die sogenannten polaren Stratosphärenwolken bilden. Zu allem

Unglück fördern diese Wolkenpartikel auch noch chemische Reaktionen, bei denen aus Verbindungen wie Chlorwasserstoff (HCl) und Chlornitrat ($ClNO_3$), die von sich aus nicht mit Ozon reagieren würden, Chlor freigesetzt wird.

Selbst wenn die FCKW-Emissionen heute schlagartig aufhörten, würden die für die Zerstörung der stratosphärischen Ozonschicht verantwortlichen chemischen Reaktionen noch für mindestens ein weiteres Jahrhundert weiterlaufen: So lange bleiben die schädlichen Verbindungen in der Atmosphäre und diffundieren aus der Troposphäre als einem sich nur langsam leerenden Reservoir weiterhin in die Stratosphäre.

Globale Erwärmung durch Treibhausgase

Während die Zerstörung der Ozonschicht das alleinige Werk der FCKWs zu sein scheint, beschwören mehrere Emissionsgase zusammen das Gespenst einer schnellen Treibhauserwärmung der Erde herauf. Wie hoch die globalen Durchschnittstemperaturen in den kommenden Jahren klettern können, läßt sich noch nicht genau sagen. Fest steht aber, daß die Konzentrationen solcher Wärme-, das heißt Infrarotstrahlung absorbierender Gase wie Kohlendioxid, Methan, FCKWs und Distickstoffmonoxid während der letzten Jahrzehnte dramatisch angestiegen sind, so daß zumindest eine gewisse Erwärmung unvermeidlich ist.

Das Zurückhalten von Wärme über der Erdoberfläche durch natürliche Spurengase ist ein lebenswichtiger Prozeß: Ohne ihn wäre unser Planet zu kalt, um bewohnbar zu sein. Die Aussicht eines plötzlichen Temperaturanstiegs, und sei es auch nur um ein paar Grad, ist allerdings trotzdem beunruhigend; denn niemand vermag genau vorherzusagen, wie er sich auf die Umwelt auswirkt, also wie sich zum Beispiel die weltweiten Niederschläge und der Meeresspiegel ändern. Jedenfalls werden die Veränderungen wahrscheinlich so rasch vor sich gehen, daß es für die irdischen Ökosysteme und die Menschheit sehr schwer oder in vielen Gebieten gar unmöglich sein wird, sich ihnen anzupassen.

Wie schnell sich die Treibhausgase derzeit in der Atmosphäre anreichern, zeigt sich beim Vergleich der aktuellen mit früheren Konzentrationen. Solche Vergleiche wurden für mehrere Gase angestellt — unter anderem für Kohlendioxid, das allein für mehr als die Hälfte der Treibhauserwärmung verantwortlich ist, und für Methan, das zwar in wesentlich geringeren Mengen vor-

Gas	Treibhaus-effekt	Zerstörung des Ozons in der Stratosphäre	saure Deposition	Smog	Korrosion	Lufttrübung	verringerte Selbstreinigungskraft der Atmosphäre
Kohlenmonoxid (CO)							+
Kohlendioxid (CO_2)	+	+/−					
Methan (CH_4)	+	+/−					+/−
NO_x: Stickstoffmonoxid (NO) und Stickstoffdioxid (NO_2)		+/−	+	+		+	−
Distickstoffmonoxid (N_2O)	+	+/−					
Schwefeldioxid (SO_2)	−		+		+	+	
Fluorchlorkohlen-wasserstoffe	+	+					
Ozon (O_3)	+			+			−

Gas	hauptsächliche anthropogene Quellen	anthropogene/Gesamtemissionen in Millionen Tonnen pro Jahr	mittlere Verweilzeit in der Atmosphäre	mittlere Konzentration vor 100 Jahren in Milliardsteln	ungefähre derzeitige Konzentration in Milliardsteln	voraussichtliche Konzentration im Jahr 2030 in Milliardsteln
Kohlenmonoxid (CO)	Verfeuerung fossiler Brennstoffe, Biomasse-verbrennung	700/2 000	Monate	Nordhalbkugel: ? Südhalbkugel: 40 bis 80 (saubere Atmosphäre)	Nordhalbkugel: 100 bis 200 Südhalbkugel: 40 bis 80 (saubere Atmosphäre)	vermutlich steigend
Kohlendioxid (CO_2)	Verfeuerung fossiler Brennstoffe, Entwaldung	5 500/~ 5 500	100 Jahre	290 000	350 000	400 000 bis 550 000
Methan (CH_4)	Reisanbau, Vieh-zucht, Müllkippen, Förderung fossiler Brennstoffe	300 bis 400/550	10 Jahre	900	1 700	2 200 bis 2 500
NO_x-Gase	Verfeuerung fossiler Brennstoffe, Biomasse-verbrennung	20 bis 30/ 30 bis 50	Tage	0,001 bis ? (sauber/industriell)	0,001 bis 50 (sauber/industriell)	0,001 bis 50 (sauber/industriell)
Distickstoff-monoxid (N_2O)	Stickstoffdünger, Entwaldung, Biomasse-verbrennung	6/25	170 Jahre	285	310	330 bis 350
Schwefeldioxid (SO_2)	Verfeuerung fossiler Brennstoffe, Verhüttung von Erzen	100 bis 130/ 150 bis 200	Tage bis Wochen	0,03 bis ? (sauber/industriell)	0,03 bis 50 (sauber/industriell)	0,03 bis 50 (sauber/industriell)
Fluorchlorkohlen-wasserstoffe	Treibgase, Kühlmittel, Füllgase in Schaumstoffen	~1/1	60 bis 100 Jahre	0	ungefähr 3 (Chloratome)	2,4 bis 6 (Chloratome)

Bild 3: Zusammenstellung umweltrelevanter Informationen über die wichtigsten Spurengase in der Atmosphäre. Bei der Auflistung der negativen Einflüsse auf die Umwelt (oben) bedeutet ein Pluszeichen eine Verstärkung des jeweiligen Effekts, ein Minuszeichen eine Abschwächung. Manchmal variiert der Effekt, was durch „+/−" angezeigt ist. So hängt der Einfluß von Kohlendioxid, den NO_x-Gasen und Distickstoffmonoxid auf das stratosphärische Ozon von der Höhe ab. Ferner wirkt Methan zwar im allgemeinen der Ausdünnung der Ozonschicht entgegen, fördert sie aber im Ozonloch; zudem ist seine Tendenz, die Selbstreinigungskraft der Atmosphäre zu beeinträchtigen (indem es die Hydroxyl-Konzentration verringert), in Nord- und Südhemisphäre unterschiedlich: Es vermindert sie auf der Süd- und erhöht sie auf der Nordhalbkugel. Die Konzentrationen vieler Gase, hier angegeben in milliardstel Volumenanteilen, werden in 40 Jahren voraussichtlich wesentlich höher sein, wenn die anthropogenen Emissionen nicht drastisch eingeschränkt werden (unten). Für Gase, die sich jahrelang in der Atmosphäre halten, sind die durchschnittlichen globalen Verweildauern angegeben. Über hochindustrialisierten Regionen werden die Konzentrationen der NO_x-Gase und des Schwefeldioxids in den nächsten 40 Jahren möglicherweise nicht mehr wesentlich steigen, aber die Anzahl der belasteten Gebiete dürfte besonders in den Entwicklungsländern weiter zunehmen. Bei Fluorchlorkohlenwasserstoffen beziehen sich die Konzentrationsangaben auf das Chlor, da die Moleküle meist mehr als ein Ozon zerstörendes Chloratom enthalten, bei den Oxiden auf das Basiselement.

liegt, dafür aber noch effizienter Infrarotstrahlung absorbiert als Kohlendioxid.

Der historische Verlauf der Kohlendioxid- und Methankonzentrationen in der Atmosphäre läßt sich anhand von Luftblasen rekonstruieren, die in den Eisschilden der Antarktis und Grönlands eingeschlossen sind (Bild 4 oben).

Weil diese Gase lange Zeit in der Atmosphäre verbleiben und folglich relativ gleichmäßig über sie verteilt sind, spiegeln die polaren Proben den globalen Durchschnittswert der jeweiligen Epochen recht genau wider.

Demnach haben sich die Konzentrationen von Kohlendioxid und Methan in der Atmosphäre seit dem Ende der letz-ten Eiszeit vor rund 10000 Jahren bis vor ungefähr 300 Jahren ziemlich konstant bei 260 Millionsteln beziehungsweise 700 Milliardsteln gehalten. Vor etwa 300 Jahren begannen die Methanwerte jedoch zu steigen (Bild 4 unten), und seit rund 100 Jahren gehen die Konzentrationen beider Gase rasant in die Höhe, so daß sie heute bei 350 Millionsteln beziehungsweise 1700 Milliardsteln liegen (Bild 3). Aus direkten weltweiten Messungen einiger Forscher während des letzten Jahrzehnts geht hervor, daß das atmosphärische Methan dabei schneller zunimmt als das Kohlendioxid, und zwar um 0,7 bis 1 Prozent pro Jahr.

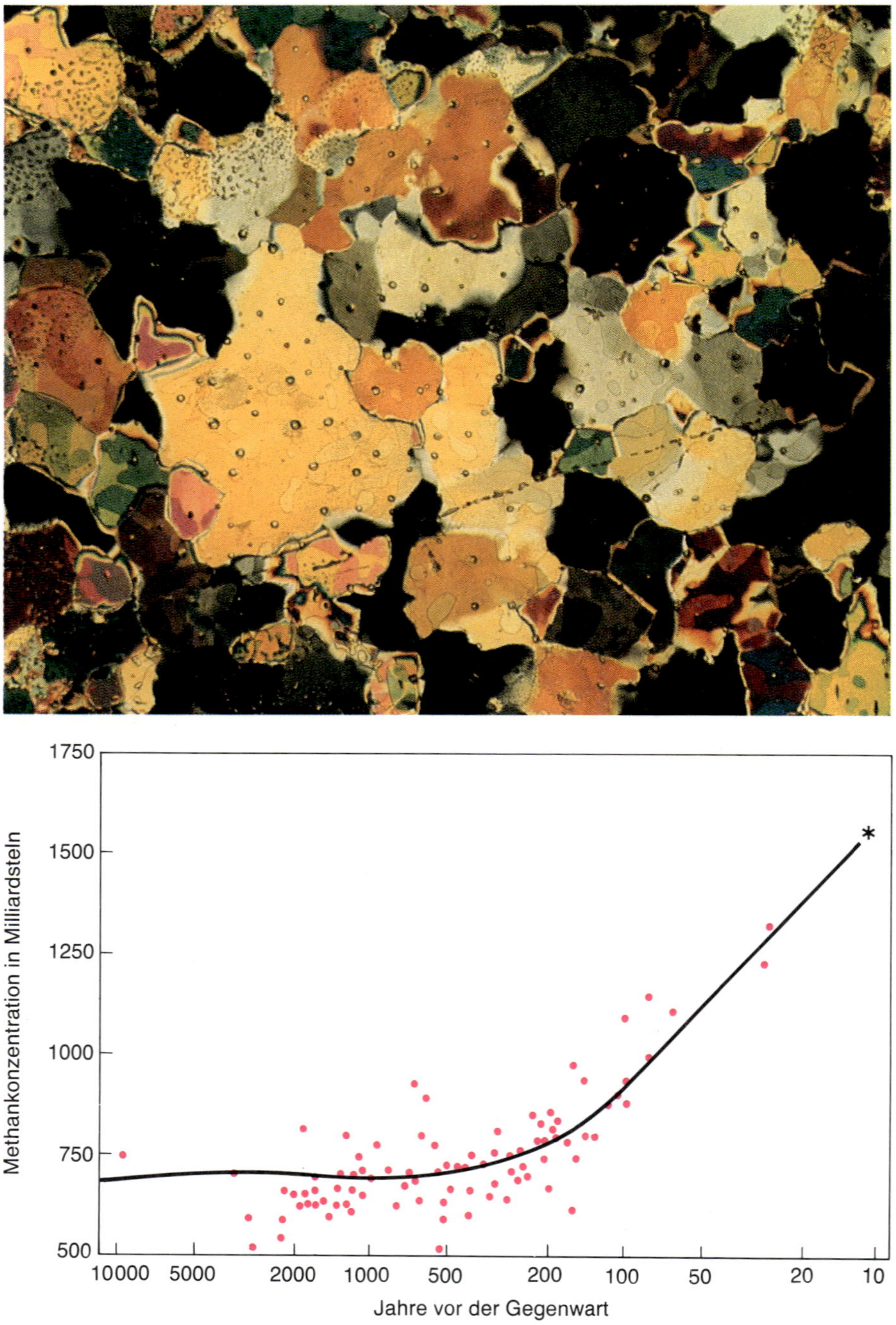

Der Konzentrationsanstieg der beiden Gase in diesem Jahrhundert geht großenteils auf das Konto zunehmender anthropogener Emissionen. Hauptursache der Kohlendioxidemissionen sind die Verfeuerung fossiler Brennstoffe und die tropische Waldrodung; beim Methan sind die Emissionsquellen vielfältiger und umfassen vor allem Reisanbau, Rinderzucht, Biomasseverbrennung in tropischen Wäldern und Savannen, mikrobiologische Fäulnisprozesse in städtischen Mülldeponien und das Entweichen von Gas bei der Gewinnung und Verteilung von Kohle, Öl und Erdgas. Wenn die Weltbevölkerung im nächsten Jahrhundert weiter anwächst — und mit ihr die Nachfrage nach Energie, Reis- und Fleischprodukten —, wird sich die Belastung der Atmosphäre mit Methan möglicherweise noch einmal verdoppeln. Dann könnten Methan und andere Spurengase ebensoviel zum Treibhauseffekt beitragen wie Kohlendioxid.

Die übrigen Spurengase

Welche Trends sind bei anderen Spurengasen zu erwarten? Wir und mehrere andere Forscher haben unter Berücksichtigung des Bevölkerungswachstums und des steigenden Energieverbrauchs durch Extrapolation der Entwicklungen in Vergangenheit und Gegenwart Projektionen für die Zukunft erstellt. Danach sind eigentlich bei allen Spurengasen in den nächsten 100 Jahren Anstiege zu erwarten (Bild 3). Zu verhindern wäre das nur durch Einsatz neuer Technologien und große Anstrengungen zur Energieeinsparung, damit die Welt nicht im erwarteten Maße von hochschwefelhaltiger Kohle — einem stark umweltschädlichen Brennstoff — als Hauptenergiequelle abhängig wird.

Im Rahmen einer Kooperation zwischen mehreren Institutionen haben wir uns beispielsweise einmal die auf Emissionsbasis geschätzten Schwefeldioxidkonzentrationen im Nordosten der USA

Bild 4: Die in polarisiertem Licht photographierten Eiskristalle einer Bohrprobe aus dem grönländischen Eisschild (oben) sind ungefähr 1000 Jahre alt. In Polareis eingeschlossene feine Luftbläschen erlauben, die einstigen Konzentrationen von Spurengasen wie den Treibhausgasen Kohlendioxid und Methan in der Atmosphäre zu ermitteln. Untersuchungen von Eisbohrkernen aus Grönland und der Antarktis lassen beispielsweise erkennen, daß die durchschnittlichen globalen Methankonzen-trationen über einen Zeitraum von mehr als 10000 Jahren bis vor rund 300 Jahren nahezu konstant bei rund 700 Milliardsteln lagen und erst vor etwa 100 Jahren dramatisch zu steigen anfingen (unten). Die roten Punkte entsprechen Daten aus den Eisbohrkernen, während der Stern den globalen Durchschnittswert in den späten siebziger Jahren dieses Jahrhunderts anzeigt: 1500 Milliardstel. Die Photographie stammt von Chester C. Langway jr. von der State University von New York in Buffalo.

und in Europa vor Mitte der sechziger Jahre, also der letzten Phase des Industriewachstums alten Stils, angesehen und darüber spekuliert, wie hoch die künftigen atmosphärischen Konzentrationen dort und über der kleinen, wenig industrialisierten Gangesebene in Indien sein könnten (Bild 6).

Man erkennt für die USA einen markanten Anstieg der Schwefeldioxidkonzentration zwischen 1890 und 1940, der mit dem Aufstreben der Montanindustrie und dem Bau vieler neuer Kraftwerke einhergeht. Die Kurve flacht dann ab und bewegt sich in den sechziger und frühen siebziger Jahren sogar nach unten. Zum großen Teil spiegelt dieser Abfall zwar nur den Umstieg auf das schwefelärmere Erdöl als Energiequelle wider; er ist sicherlich aber auch ein Erfolg der Luftreinhaltungsgesetzgebung mit ihren Vorschriften zur Einschränkung der Schwefelemissionen.

Auch über Europa sind die Schwefeldioxidkonzentrationen seit 1890 angestiegen, bevor sie Mitte dieses Jahrhunderts auf ein konstantes Niveau einschwenkten. Allerdings sind sie nicht wesentlich zurückgegangen, da die Maßnahmen zur Emissionskontrolle in Europa uneinheitlich und in einigen (vor allem osteuropäischen) Ländern nicht so strikt sind oder waren wie in den Vereinigten Staaten. In der Gangesebene schließlich, wo die Industrialisierung erst in jüngster Zeit eingesetzt hat, ist die Schwefeldioxidkonzentration an einigen Orten von beinahe null im Jahre 1890 mittlerweile auf Werte gestiegen, die denen über dem Nordosten der USA nahekommen.

Voraussichtlich wird die mittlere Schwefeldioxidkonzentration über allen drei Regionen noch oder wieder ansteigen − unter anderem deshalb, weil schwefelarme Brennstoffe wahrscheinlich knapp werden (wenn auch strenge Emissionskontrollen die Belastung über den USA und Europa für ein paar Jahrzehnte stabilisieren könnten). Am stärksten ist der zu erwartende Anstieg über Entwicklungsländern wie Indien, die eine rasch wachsende Bevölkerung und Zugang zu reichen Vorkommen an relativ billiger, hochschwefelhaltiger Kohle haben. Nur mit energischen Maßnahmen auf dem Energiesektor läßt sich verhindern, daß Schwefeldioxid im nächsten Jahrhundert extrem hohe Konzentrationen erreicht.

Auch der Gehalt der Luft an Kohlenmonoxid − einem Gas, das die Selbstreinigungskraft der Atmosphäre zu beeinträchtigen vermag − wird wahrscheinlich zunehmen. Dafür spricht, daß sich alle Vorgänge, bei denen es entsteht − Verfeuerung fossiler Brennstoffe, Biomasseverbrennung und Oxi-

Bild 5: Photochemischer Smog − hier über São Paulo in Brasilien − ist ein Umweltproblem vieler urbanisierter Regionen. Es handelt sich um eine Mischung von Reizgasen, die sich bildet, wenn Sonnenstrahlung auf anthropogene Emissionen − insbesondere NO_x-Verbindungen und Kohlenwasserstoffe aus Autoabgasen − einwirkt. Sein Hauptbestandteil, Ozon (O_3), kann Augen und Lungen angreifen sowie Bäume und Feldfrüchte schädigen.

dation des Methans in der Atmosphäre −, voraussichtlich verstärken. Zugleich bildet sich eine bedeutende (aber noch nicht exakt quantifizierte) Menge dieses Gases über den Tropen: durch Oxidation von Kohlenwasserstoffmolekülen, die aus der Vegetation stammen. Diese Quelle wird durch menschliche Aktivitäten allerdings zunehmend verstopft. Die künftigen Konzentrationen von Kohlenmonoxid sind daher ungewiß, wenngleich im Endeffekt viele Forscher zumindest für die Nordhemisphäre einen Anstieg prognostizieren.

Kohlenmonoxid untergräbt die Selbstreinigungskraft der Atmosphäre, indem es deren Gehalt an Hydroxyl absenkt, das als eine Art Universalreiniger mit nahezu allen Spurengasmolekülen in der Lufthülle reagiert. Ohne Hydroxyl lägen die meisten Spurengase in viel höheren Konzentrationen vor, und die Atmosphäre insgesamt hätte völlig andere chemische, physikalische und klimatische Eigenschaften.

Notwendige Maßnahmen

Unsere Prognosen für die Zukunft sind somit wenig ermutigend, wenn man bedenkt, daß durch menschliches Zutun wohl auch weiterhin große Mengen unerwünschter Spurengase in die Atmosphäre abgegeben werden. Durch ihr unaufhaltsames Wachstum bei fort-

schreitender wirtschaftlicher Entwicklung ist die Menschheit dabei, nicht nur die Chemie der Atmosphäre zu verändern, sondern zugleich auch die Erde im Eiltempo in eine Erwärmung von nie dagewesenem Ausmaß zu treiben. Zusammen mit der Anreicherung diverser Spurengase in der Atmosphäre stellt dieser Klimawandel ein gewagtes Experiment mit ungewissem Ausgang dar, an dem wir wohl oder übel alle teilnehmen.

Besonders beunruhigend ist die Möglichkeit unliebsamer Überraschungen, wenn die Menschheit fortfährt, die Belastbarkeit einer Atmosphäre zu testen, deren innere Mechanismen und Wechselbeziehungen mit belebter wie unbelebter Materie sie nur unzulänglich kennt. Das antarktische Ozonloch ist ein besonders ominöses Beispiel dafür, was uns noch bevorstehen könnte. Sein unerwartetes Ausmaß hat über jeden Zweifel hinaus demonstriert, daß die Atmosphäre höchst empfindlich auf scheinbar minimale chemische Störungen reagieren kann und daß sich die Folgen viel rascher manifestieren können, als selbst die kritischsten Wissenschaftler für denkbar gehalten hätten.

Allerdings gibt es durchaus Möglichkeiten, der rapiden weiteren Belastung der Lufthülle entgegenzuwirken und dadurch vielleicht die bekannten und noch unbekannten Gefahren zu verringern. So ist klar, daß eine beträchtliche Einschränkung beim Einsatz fossiler

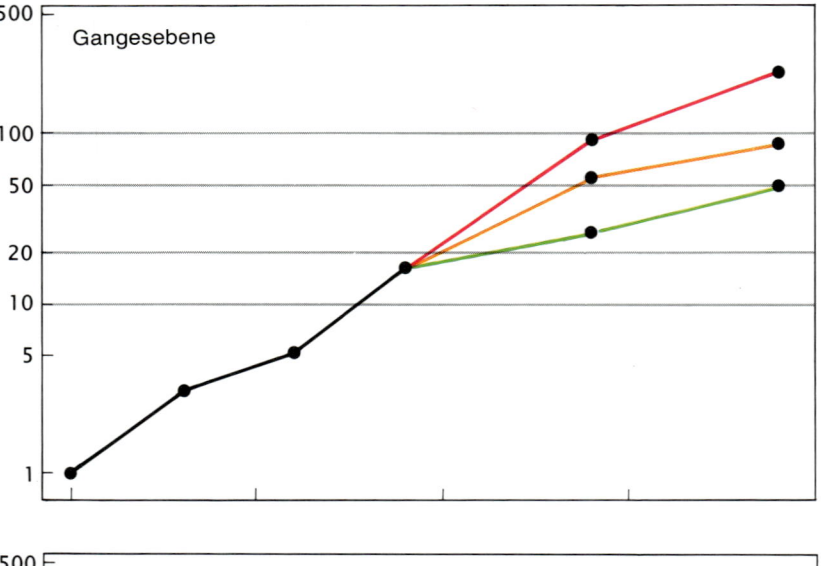

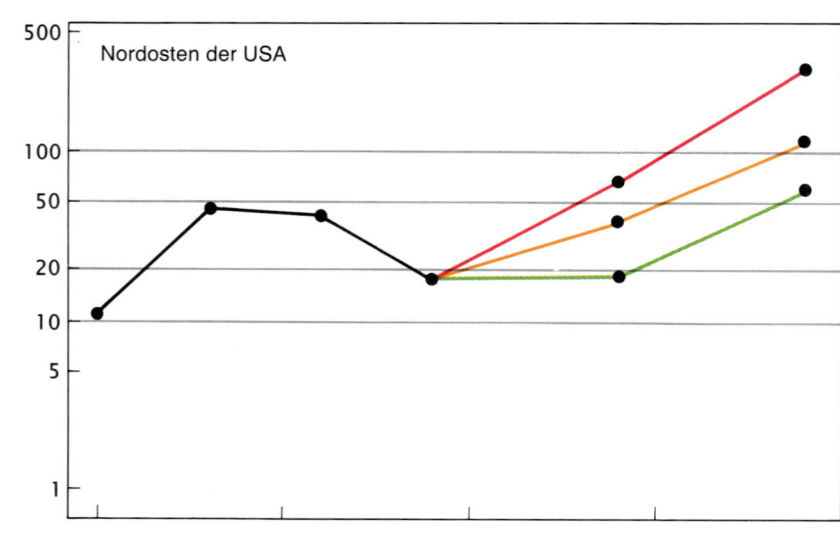

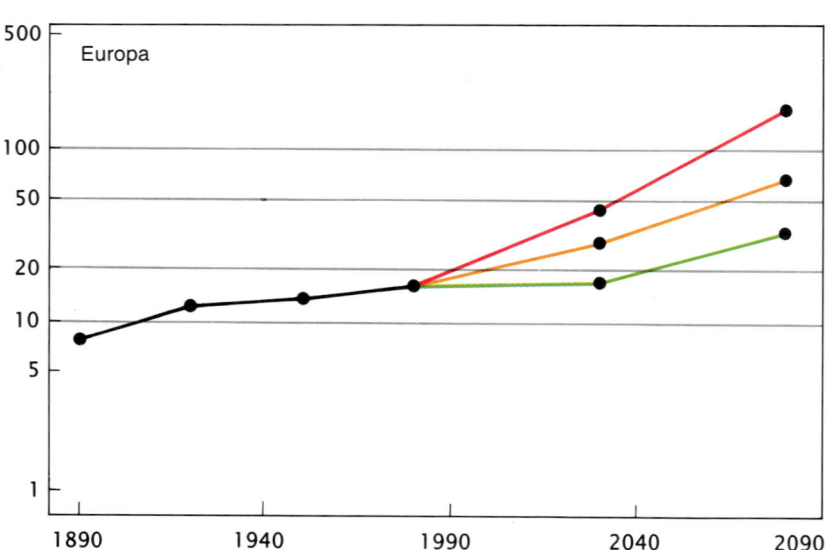

Schwefeldioxidkonzentration in Milliardsteln

Bild 6: Die Schwefeldioxidkonzentrationen über jungen Industrieregionen wie der Gangesebene in Indien sowie über dem Nordosten der USA und über Europa wurden zurückverfolgt (schwarz) und 100 Jahre in die Zukunft projiziert (farbig). Die Prognosen setzen voraus, daß Bevölkerung und Energiebedarf in allen drei Regionen steigen und daß auch das Verheizen von Kohle zur Energiegewinnung (als Hauptquelle für Schwefeldioxid) zunimmt. Je nachdem ob man laxe (rot), mäßige (orange) oder strenge Emissionskontrollen (grün) un-

terstellt, ergeben sich unterschiedliche Vorhersagen. Gleichwohl erhält man stets eine Zunahme der Schwefeldioxidbelastungen, wenn auch äußerst strenge Kontrollen den Anstieg über den USA und Europa verzögern oder gar verhindern könnten. Da voraussichtlich auch andere Spurengase vermehrt freigesetzt werden, betonen die Autoren die Bedeutung einer weltweiten Zusammenarbeit, um unerwünschte Emissionen zu minimieren und die von ihnen verursachten Störungen im Gleichgewicht der Natur zu begrenzen.

Brennstoffe die Treibhaus-Erwärmung verzögern, den Smog reduzieren, die Sicht verbessern und die sauren Niederschläge verringern würde.

Auch gegen die Emissionen bestimmter Gase wie Methan ließe sich mit gezielten Maßnahmen etwas ausrichten. Denkbar wären Müllbeseitigungstechniken, die das Entweichen von Methan verhindern, und vielleicht auch weniger verschwenderische Verfahren zur Förderung fossiler Brennstoffe, bei denen nicht so viel Gas entweicht. Methanemissionen in der Rinderzucht ließen sich eventuell sogar mit neuen Fütterungsmethoden vermindern.

Ermutigend ist, daß sich viele Menschen und Institutionen mittlerweile bewußt sind, daß ihre Handlungen nicht nur lokale, sondern auch globale Konsequenzen für die Atmosphäre und die Bewohnbarkeit der Erde haben können. Einige Ereignisse aus der jüngsten Vergangenheit belegen dieses veränderte Bewußtsein: Im Protokoll von Montreal sind 1987 Dutzende von Ländern übereingekommen, ihre FCKW-Emissionen bis zum Ende des Jahrhunderts zu halbieren, und einige Länder sowie die führenden FCKW-Hersteller haben inzwischen die Absicht bekundet, auf FCKWs bis zu diesem Termin sogar ganz zu verzichten.

Einige Unterzeichnerstaaten des Protokolls von Montreal diskutieren zur Zeit außerdem die Möglichkeit eines internationalen Gesetzes zum Schutz der Atmosphäre. Es würde darauf abzielen, die Freisetzung mehrerer Treibhausgase und chemisch reaktiver Spurengase wie Kohlendioxid, Methan, Distickstoffmonoxid, Schwefeldioxid und NO_x-Verbindungen zu begrenzen.

Wir selbst sind mit vielen anderen der Meinung, daß die Lösung der Umweltprobleme nur gelingen kann, wenn sich Wissenschaftler, Bürger und Staatsmänner in noch nie dagewesener Weise zu einer weltweiten gemeinsamen Anstrengung zusammentun. Die technologisch am höchsten entwickelten Nationen müssen ihren überproportionalen Verbrauch der irdischen Ressourcen einschränken. Zugleich muß den Entwicklungsländern geholfen werden, umweltgerechte Technologien und Planungsstrategien zur Hebung des Lebensstandards ihrer Bevölkerungen einzusetzen, deren schnelles Wachstum und steigender Energiebedarf eine der Hauptgefahren für die Umwelt darstellen. Wenn ernsthaft Sorge getragen wird, die Stabilität der Atmosphäre zu erhalten, lassen sich die derzeit stattfindenden chemischen Veränderungen vielleicht so weit begrenzen, daß das physikalische und ökologische Gleichgewicht der Erde am Ende gewahrt bleibt.

Kohlenmonoxid
in der Erdatmosphäre

Seit man den Kohlenmonoxidgehalt der irdischen Lufthülle vom Weltall
aus messen kann, wurden große Mengen des Gases, das die Selbstreinigungskraft der
Atmosphäre beeinträchtigt und die Bildung schädlichen Ozons in Bodennähe fördert, an
unerwarteten Stellen gefunden. Demnach setzen die Brandrodung tropischer Regenwälder
und das Abbrennen von Savannen wohl kaum weniger von dem giftigen Gas frei
als Industrie und Straßenverkehr in den hochentwickelten Ländern.

Von Reginald E. Newell, Henry G. Reichle jr. und Wolfgang Seiler

Noch vor 20 Jahren waren die Experten einhellig der Meinung, praktisch das gesamte Kohlenmonoxid in der Atmosphäre stamme aus der Verfeuerung fossiler Brennstoffe. Daher vermutete man das Gas damals nur über der Nordhalbkugel, wo sich Industrie und Verkehr konzentrieren. Im Umkreis der Emissionsquellen − so die Überlegung − bliebe es dicht am Boden in der 2000 Meter mächtigen Grenzschicht der Atmosphäre liegen und würde nur zu einem kleinen Teil durch Konvektion in größere Höhen befördert, wo es in die Südhemisphäre driften könne.

Doch die Experten von damals irrten. Fabrikschornsteine und Auspuffrohre sind nicht und waren nie die einzigen oder auch nur die bedeutendsten Quellen dieses farb- und geruchlosen Gases. Erstmals hat nun ein von uns mitentwickeltes Instrument bei zwei Flügen mit der amerikanischen Raumfähre umfangreiche Momentaufnahmen der weltweiten Kohlenmonoxidverteilung geliefert (Bild 1). Zusammen mit Daten, die von Flugzeugen und Bodenstationen aus gesammelt worden sind, lassen diese Meßwerte klar erkennen, daß das Abbrennen tropischer Regenwälder und Savannen mindestens genausoviel

Kohlenmonoxid freisetzt wie das Verfeuern fossiler Energieträger.

Diese Erkenntnis ist alarmierend. Der Grund ist allerdings nicht die Giftigkeit des Kohlenmonoxids, das sich fest an den roten Blutfarbstoff bindet und ihn so am Transportieren von Sauerstoff hindert. Zwar kann das Gas schon in der für Autotunnel oder Hauptverkehrsstraßen typischen Konzentration von 20 Molekülen pro Million Luftmolekülen schläfrig und benommen machen; doch erreicht es über tropischen Regenwäldern gewöhnlich nicht einmal ein Hundertstel dieser Konzentration. Die Gefährlichkeit des Kohlenmonoxids in der Atmosphäre liegt vielmehr in seinen unheilvollen Auswirkungen auf die Umwelt.

Zum einen sind hohe Kohlenmonoxidwerte durch brennende Vegetation ein weiteres Indiz für die rapide Zerstörung der Regenwälder, die sich verheerend auf das Klima in diesen Regionen und vielleicht auf der Welt insgesamt auswirkt. Zum anderen fördert ein steigender Kohlenmonoxidgehalt die Anreicherung der Atmosphäre mit anderen umweltschädlichen Spurengasen in der Lufthülle. Das gilt insbesondere für Ozon und Methan − beides Treibhausgase, die im Verdacht stehen, zur befürchteten Erwärmung der Erde beizutragen; Ozon reizt außerdem Augen und Lungen und kann zu einer Schädigung von Pflanzen führen.

Dieser Artikel ist im Dezember 1989 in *Spektrum der Wissenschaft* erschienen.

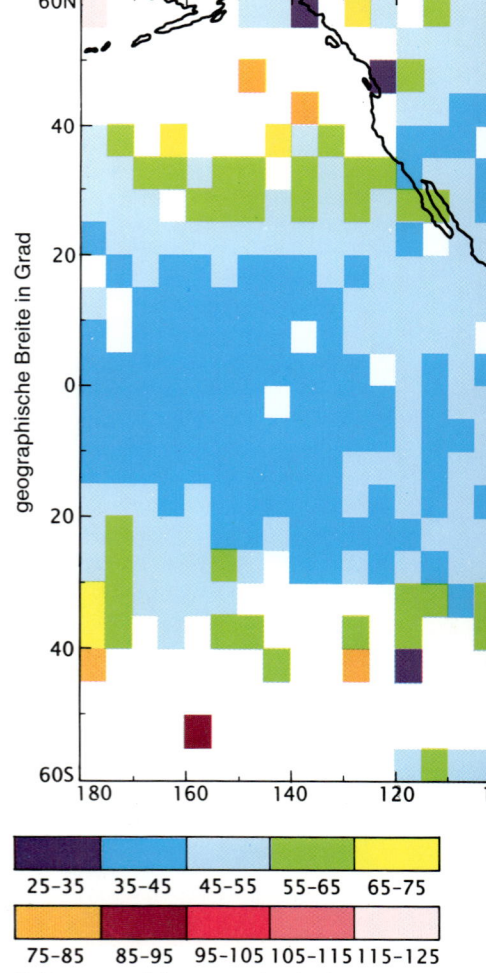

25-35	35-45	45-55	55-65	65-75
75-85	85-95	95-105	105-115	115-125

Kohlenmonoxidkonzentration in der Luft
in milliardstel Volumenanteilen

Jahrelang hielt man hohe Kohlenmonoxidkonzentrationen auf der Südhalbkugel und in den Tropen für unwahrscheinlich, weil Straßenverkehr und Industrie der hochentwickelten Länder auf der Nordhalbkugel als einzige Quellen des Gases angesehen wurden. Messungen des atmosphärischen Kohlenmonoxidgehalts am Boden und auf dem Meer schienen dies zu bestätigen. So enthielten Luftproben, die erstmals einer von uns (Seiler) und Christian Junge vom Max-Planck-Institut für Chemie in Mainz im Jahre 1969 während einer Fahrt über den tropischen Atlantik sammelten, nördlich des Äquators mehr von dem Gas.

Zwar ergaben im gleichen Zeitraum durchgeführte Messungen vom Flugzeug aus in 10 000 Metern Höhe auf der Strecke zwischen Frankfurt und Johannesburg fast identische Konzentrationen in Nord- und Südhemisphäre. Doch schob man dies auf die starke interhemisphärische Durchmischung der Luftschichten in großen Höhen.

Dennoch war die Entdeckung nennenswerter Kohlenmonoxidmengen in der Südhemisphäre Anlaß, nach anderen Emissionsquellen als der Verfeuerung fossiler Brennstoffe zu suchen. Das Hauptaugenmerk richtete sich dabei auf jenen Bereich der Atmosphärenchemie, in dem das hochreaktive Hydroxyl-Radikal (OH) eine besondere Rolle spielt (als Radikale bezeichnen Chemiker Verbindungen mit ungepaarten Elektronen).

Hydroxyl-Radikale entstehen bei der Reaktion zwischen Wassermolekülen in der Luft und angeregten Sauerstoffatomen, die bei der Zersetzung von Ozonmolekülen durch Sonnenlicht freigesetzt werden. Seine hohe Reaktivität macht es zum wichtigsten Selbstreinigungsmittel der Atmosphäre, das Methan und andere Spurengase geradezu begierig oxidiert und sie somit abbauen und auswaschen hilft.

James C. McConnell, Michael B. McElroy und Stephen C. Wofsy von der Harvard-Universität in Cambridge (Massachusetts) äußerten bereits 1971 die Vermutung, daß die Oxidation von atmosphärischem Methan durch Hydroxyl-Radikale eine Serie von Reaktionen einleite, durch die beträchtliche Mengen an Kohlenmonoxid erzeugt würden (Bild 2). Da Methan nahezu gleichmäßig über die gesamte Atmosphäre verteilt ist, kommt es auch auf der Südhalbkugel reichlich vor. Nach den Berechnungen der Harvard-Forscher sah es so aus, als ob Methan eine bedeutendere Kohlenmonoxidquelle sei als die Verfeuerung fossiler Brennstoffe.

Kohlenmonoxid hält sich allerdings nicht unbegrenzt in der Atmosphäre: Nach mehreren Wochen bis höchstens einigen Monaten ist es wieder verschwunden. Man weiß, daß ein Teil des Gases von Mikroorganismen im Boden oxidiert und auf diese Weise vom Erdreich aufgenommen wird. Als die Harvard-Forscher ihre Berechnungen veröffentlichten, hatte Hiram Levy II vom Smithsonian Astrophysical Observatory in Cambridge (Massachusetts) außerdem bereits gezeigt, daß auch Hydroxyl-Radikale Kohlenmonoxid durch Umwandlung in Kohlendioxid aus der Luft zu entfernen vermögen.

Trotz dieser theoretischen Fortschritte ließ sich die Frage nach Herkunft und Verbleib des Kohlenmonoxids nicht endgültig klären. Unerläßlich waren vor allem zuverlässige Informationen

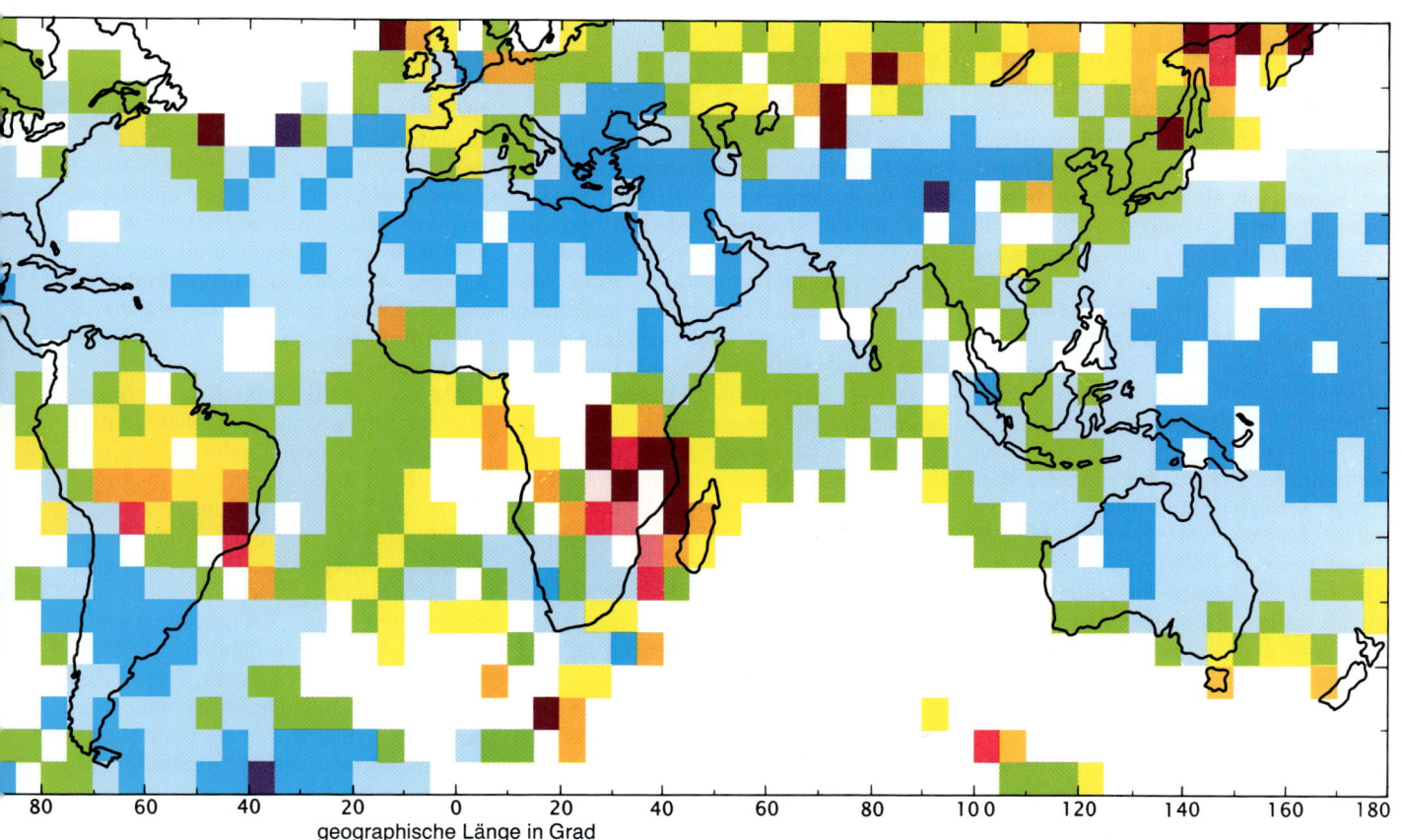

Bild 1: Kohlenmonoxidreiche Luft aus brennenden Regenwäldern und Savannen steigt über tropischen Regionen auf; dies ergaben Daten, die im Rahmen des MAPS-Projektes (nach englisch *Measurement of Air Pollution from Satellites*, Messung der Luftverschmutzung per Satellit) gesammelt worden sind. Damit steht fest, daß Kohlenmonoxid nicht nur in den hochentwickelten Industrieländern aus Fabrikschornsteinen und Auspuffrohren von Kraftfahrzeugen entweicht. Diese Karte beruht auf Messungen, die im Oktober 1984 mit einem für Infrarotstrahlung empfindlichen Instrument von der Raumfähre „Challenger" aus gemacht wurden. Dargestellt ist das sogenannte Mischungsverhältnis von Kohlenmonoxid in der Luft in 3000 bis 18 000 Meter Höhe; vielfach haben Winde die verschmutzten Luftmassen von ihrem Ursprungsort weggetrieben. Jedes Quadrat hat eine Seitenlänge von fünf Grad; die Farbe zeigt den Mittelwert mehrerer Messungen in der jeweiligen Region an.

über die Verteilung des Gases: So können Regionen mit ungewöhnlich hohen Konzentrationen Hinweise auf mögliche Quellen geben und Gebiete mit besonders niedrigen Konzentrationen Anhaltspunkte vermitteln, wohin das Gas wieder verschwindet.

Aber wie sollte man zu umfassenden und detaillierten Karten der globalen Kohlenmonoxidverteilung kommen? Messungen vom Flugzeug aus sind unpraktisch, weil selbst eine ganze Flotte von Flugzeugen Monate bis Jahre brauchen würde, um genügend Meßwerte zusammenzutragen. Zudem gäbe eine solche Karte keinerlei Aufschluß über kurzfristige Schwankungen der Kohlenmonoxidverteilung.

Noch während die Harvard-Studie und weitere Untersuchungen im Gange waren, dachten andere Forschergruppen daher über Möglichkeiten nach, Instrumente an Bord erdumkreisender Satelliten für globale Bestandsaufnahmen des Kohlenmonoxids einzusetzen. Damit ließen sich innerhalb weniger Tage genügend Meßdaten für eine Karte gewinnen, die fast zeitgleich die Verhältnisse bei verschiedenen geographischen Längen und Breiten wiedergäbe.

Theoretische Untersuchungen von Claus Ludwig und seinen Mitarbeitern bei der Firma Convair zeigten, daß es mit der sogenannten Gasfilter-Radiometrie möglich wäre, Kohlenmonoxidkonzentrationen von Satelliten aus zu bestimmen. John Haughton von der Universität Oxford und seine Mitarbeiter hatten mit dieser Technik bereits vom Satelliten „Nimbus IV" aus die Temperaturverteilung der Atmosphäre ermittelt.

Daraufhin wurden beim Langley-Forschungszentrum der amerikanischen Luft- und Raumfahrtbehörde (NASA) in Hampton (Virginia) an Bord von Flugzeugen verschiedene Varianten des Gasfilterverfahrens getestet. Die von Anthony Barringer von der Firma Barringer Research in Toronto (Kanada) vorgeschlagene Ausführung wurde schließlich der Entwicklung eines entsprechenden Satelliteninstruments zugrunde gelegt. Zu diesem Zeitpunkt lud einer von uns (Reichle) die beiden anderen ein, mit ihm eine Wissenschaftlergruppe zu bilden, welche die Entwicklung eines Experiments zur Bestimmung der globalen Verteilung von Kohlenmonoxid während eines Fluges mit der amerikanischen Raumfähre leiten sollte. Das Experiment erhielt die Bezeichnung MAPS (Akronym für *Measurement of Air Pollution from Satellites*, Messung der Luftverschmutzung per Satellit) und wurde 1976 für einen der Testflüge der US-Raumfähre vorgeschlagen.

Das Meßgerät

Das MAPS-Radiometer nutzt aus, daß Kohlenmonoxid Wärme- oder Infrarotstrahlung nur bei ganz bestimmten Wellenlängen absorbiert. Sein charakteristisches Absorptionsspektrum ist daher eine Art Fingerabdruck, mit dessen Hilfe man es identifizieren und seine Konzentration in der Atmosphäre bestimmen kann. Die Absorptionsbanden liegen bei etwa 4,67 Mikrometern (tausendstel Millimetern); allerdings hängt das genaue Absorptionsspektrum sowohl von der Temperatur als auch vom Druck des Gases ab.

Die Objektivlinse des MAPS-Instrumentes ist auf die Erde gerichtet und fängt die vom System Erde/Atmosphäre ausgehende Strahlung ein (Bild 3). In periodischen Abständen wird der Strahlungsfluß von einem mit Schlitzen versehenen, rotierenden Rad („Chopper") unterbrochen, das zugleich einen Moment lang Infrarotstrahlung einer auf konstanter Temperatur gehaltenen schwarzen Aluminiumplatte einblendet. Als sogenannter Schwarzkörperstrahler gibt diese Platte ein genau bekanntes Spektrum ab, in dem nicht die Strahlungsintensität bei irgendwelchen Wellenlängen durch Absorption abgeschwächt ist und das daher als Vergleichsspektrum zur Messung der von der Atmosphäre absorbierten Strahlungsmenge dienen kann.

Der kombinierte Strahl durchläuft einen Filter, der alle Strahlung außer der mit Wellenlängen um 4,67 Mikrometer zurückhält. Strahlteiler spalten den gefilterten Strahl auf und lenken die Teilstrahlen auf drei Detektoren. Einer davon befindet sich hinter einer evakuierten, durchsichtigen Gasküvette und mißt abwechselnd die absolute Intensität des Infrarotsignals von der Atmosphäre und vom Schwarzkörperstrahler. Die anderen beiden Detektoren sitzen gleichfalls hinter Gasküvetten, die allerdings mit unterschiedlichen Mengen Kohlenmonoxid gefüllt sind. Ein mitfliegendes Aufzeichnungsgerät hält jeweils drei Meßwerte fest: den mit einer Zeitmarke versehenen Wert des Vakuumküvetten-Detektors und die Differenzen zu den Werten der beiden Detektoren mit vorgeschalteten Gasfiltern (Bild 4).

Die Differenzsignale zeigen den Grad der Ähnlichkeit zwischen den wechselnden Spektren der Atmosphäre und den konstanten Signalen von den beiden Küvetten mit reinem Kohlenmonoxid an. Enthält die untersuchte Atmosphärenregion kaum Kohlenmonoxid, sind die Unterschiede groß; mit zunehmendem Gehalt des Gases werden sie immer geringer. Aus diesen Meßwerten sowie den bekannten Drücken und

Temperaturen in den Gasküvetten kann man auf den Anteil des Kohlenmonoxids in der Luft, das sogenannte Mischungsverhältnis, zurückschließen.

Da sich das Strahlungsspektrum von Kohlenmonoxid mit dem Druck ändert, spricht jeder Detektor bei einer anderen Höhe am stärksten auf das Gas an. Der Detektor hinter der Gasküvette, die bis zu einem Druck von 266 Millimeter Quecksilbersäule (Torr) mit Kohlenmonoxid gefüllt ist, reagiert am empfindlichsten auf das Gas in Höhen zwischen 3000 und 8000 Metern, während der hinter der Küvette mit einem Kohlenmonoxiddruck von 76 Torr auf noch größere Höhen abgestimmt ist; der Detektor ohne Gasfilter schließlich spricht am stärksten auf Strahlung vom Boden an. Die unterschiedlichen Empfindlichkeitskurven der Detektoren erlauben eine ungefähre Abschätzung der Höhenverteilung des während der MAPS-Experimente gemessenen Kohlenmonoxids.

Um aus den Detektorwerten Kohlenmonoxid-Mischungsverhältnisse berechnen zu können, muß man eine Vielzahl weiterer Faktoren berücksichtigen, welche die Strahlung auf ihrem Weg durch die Atmosphäre beeinflussen. Dazu zählen Wetterbedingungen ebenso wie der Sonnenstand zur Zeit der Beobachtungen und die mutmaßlichen Lichtreflexionseigenschaften des Bodens; für die entsprechenden Korrekturen waren Informationen vom Zentrum für Numerische Ozeanographie der US-Flotte überaus hilfreich. Außerdem entwickelten wir Atmosphärenmodelle, um die Einflüsse von Wasserdampf, Kohlendioxid, Ozon und Distickstoffmonoxid zu korrigieren — Gasen, die gleichfalls Absorptionsbanden nahe 4,67 Mikrometern haben.

Da auch Wolken im Beobachtungsfeld der Instrumente die Meßergebnisse verfälschen können, nahmen wir entsprechende Korrekturen vor. Während des ersten Raumfährenflugs mit MAPS installierten wir dazu eine Kamera, die in Beobachtungsrichtung des Radiometers orientiert war und während der Messungen das Beobachtungsgebiet aufnahm. Nach der Landung sichteten unsere Kollegen Warren D. Hypes vom Langley-Forschungszentrum und Barbara B. Gormsen, damals Forschungsstipendiatin an der Old Dominion University in Norfolk (Virginia), die Photos gewissenhaft und tilgten alle Kohlenmonoxidmessungen, die durch Wolken beeinflußt worden waren, aus dem MAPS-Datensatz.

Vor dem Einsatz an Bord der Raumfähre wurde die Empfindlichkeit des MAPS-Instruments schließlich noch bei hohem und niedrigem Kohlenmonoxid-

Mischungsverhältnis erprobt. Den Test mit hohem Mischungsverhältnis machten wir per Flugzeug über dem Michigan-See, um das vom morgendlichen Berufsverkehr in Chicago produzierte Kohlenmonoxid zu erfassen. Tatsächlich entdeckte das Gerät ausgedehnte Schwaden des Gases über Chicago und Milwaukee. Die Wolke über Chicago enthielt, über ihre Höhe gemittelt, 260 Kohlenmonoxidmoleküle pro Milliarde Luftmoleküle – ein hoher, aber keineswegs unerwarteter Wert.

Überraschende Befunde

Es war während der Flüge, die dem Test bei niedrigen Kohlenmonoxid-Mischungsverhältnissen dienen sollten, daß das Radiometer erstmals wider Erwarten hohe Kohlenmonoxidwerte über abgelegenen, nicht industrialisierten Regionen anzeigte. Im Sommer 1979 wurde MAPS in das Projekt MONEX einbezogen: ein internationales Vorhaben zum Studium des Monsuns in In-

dien. An Bord eines Flugzeugs vom Typ Convair 990 der NASA nahm das Radiometer auf langen Flügen über das Arabische Meer in 12 000 Metern Höhe Messungen vor. Die Ergebnisse wurden durch Analysen von Luftproben bestätigt, die Estelle P. Condon, damals an der Old Dominion University tätig, während der Flüge in Flaschen gesammelt hatte.

Zu unserem Erstaunen fanden wir in der Grenzschicht über Saudi-Arabien und dem indischen Ganges-Tal noch weitaus höhere Kohlenmonoxidkonzentrationen als über Chicago beim Berufsverkehr: Die MAPS-Daten und die Analysen der Luftproben ergaben Gehalte von mehr als 300 Molekülen Kohlenmonoxid pro Milliarde Luftmoleküle. Über dem Arabischen Meer in der Nähe des Äquators, wo Luft von der Südhalbkugel in die Monsun-Zirkulation eintritt, wurde dagegen nur das viel geringere Mischungsverhältnis von rund 80 zu einer Milliarde gemessen.

Mit dem Fortschreiten des MAPS-Projektes mehrten sich die Indizien ge-

gen die alte Annahme, daß Kohlenmonoxid auf Industrieregionen beschränkt sei. Einer von uns (Seiler) und Wissenschaftler vom Nationalen Zentrum für Atmosphärenforschung der USA in Boulder (Colorado) beteiligten sich 1980 in den Monaten August und September an einer Forschungsexpedition zur Untersuchung der horizontalen und vertikalen Verteilung von Kohlenmonoxid und diversen anderen Gasen über Brasilien. Messungen vom Flugzeug aus ergaben Grenzschichtkonzentrationen von bis zu 400 Molekülen Kohlenmonoxid pro Milliarde Luftmoleküle über unberührtem Regenwald. Noch höhere Werte, die teilweise außerhalb des Meßbereichs lagen, registrierte das eingesetzte Meßinstrument über einer brasilianischen Savanne, die gerade abgebrannt wurde.

Neue Theorien zur Erklärung der Kohlenmonoxidemission von Wäldern ließen nicht lange auf sich warten. Vor dem Hintergrund der Daten aus Brasilien mutmaßte Paul J. Crutzen vom Max-Planck-Institut für Chemie in

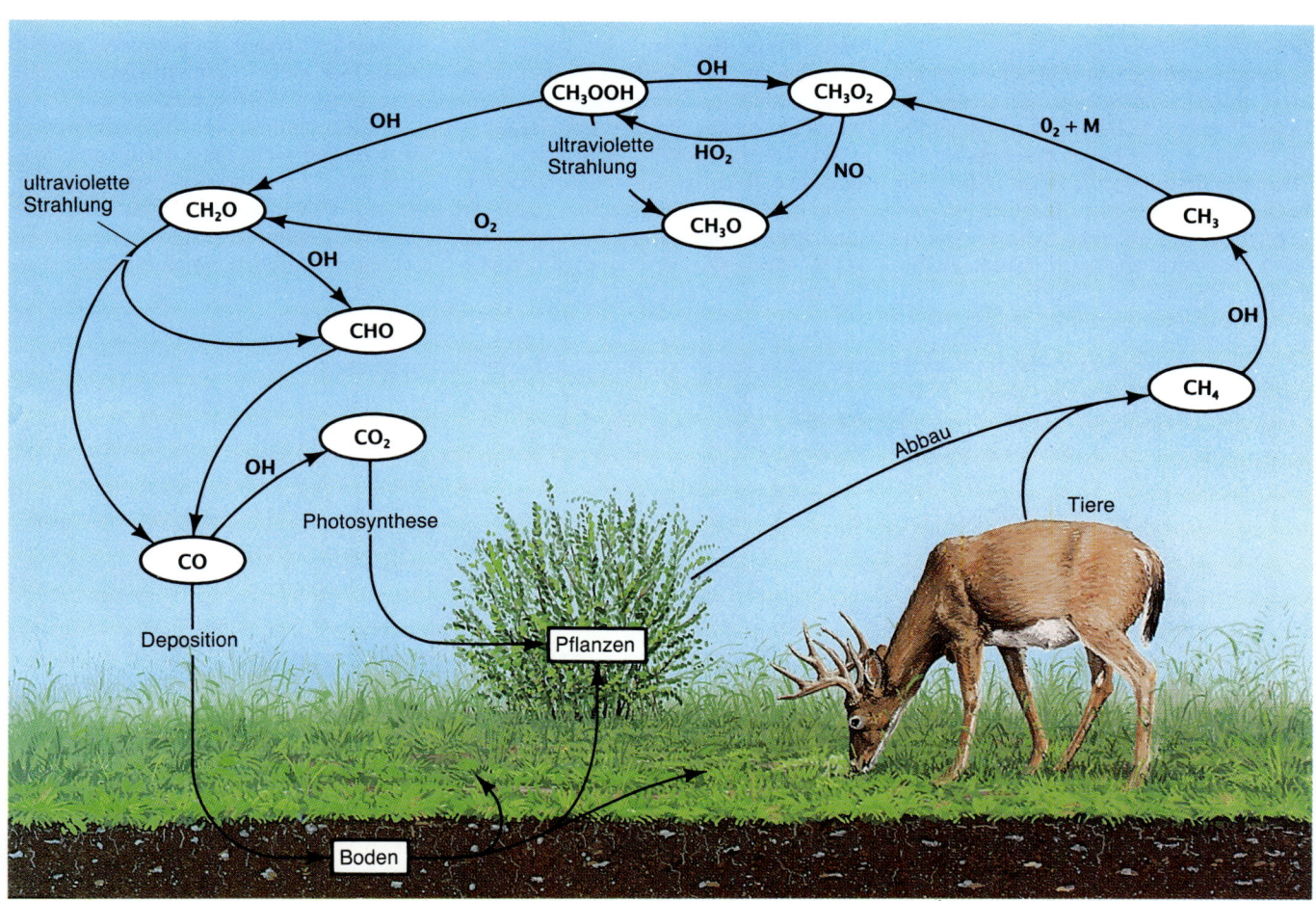

Bild 2: Kohlenmonoxid wird nicht nur bei technologischen Prozessen freigesetzt, sondern auch in der Atmosphäre auf natürliche Weise produziert – so bei der Oxidation von Methan (CH_4). Eine besondere Rolle spielt dabei das Hydroxyl-Radikal (OH): Es greift nicht nur das Methan an und oxidiert einige der Zwischenprodukte in der Kette von Reaktionen, die zum Kohlenmonoxid führt, sondern ist auf der anderen Seite auch an der Umwandlung von Kohlenmonoxid (CO) in Kohlendioxid (CO_2) beteiligt. Das Hydroxyl-Radikal reagiert mit nahezu allen vom Menschen in die Atmosphäre emittierten Luftschadstoffen und wirkt damit generell als eine Art Reinigungsmittel der Atmosphäre. Da Kohlenmonoxid mit dem Hydroxyl-Radikal reagiert, bedeuten steigende Kohlenmonoxidemissionen durch Brandrodung von Regenwäldern und andere Prozesse, daß der Gehalt der Atmosphäre an Hydroxyl-Radikalen sinkt und so zugleich ihre Selbstreinigungskraft geschwächt wird.

Mainz, daß sich größere Mengen Kohlenmonoxid über unberührten Regenwäldern durch die photochemische Oxidation von Kohlenwasserstoffen mit mehr als einem Kohlenstoffatom bilden könnten. Wesentliche Quellen der Kohlenwasserstoffe sind die von Pflanzen teilweise in großen Mengen abgegebenen ätherischen Öle (unter anderem Isopren und Terpene). Ähnliche Schlußfolgerungen zogen kürzlich Alain Marenco vom französischen Zentrum für Atomphysik in Toulouse und Jean Claude Delauny vom Laboratorium für Atmosphärenphysik in Abidjan (Elfenbeinküste) aus Messungen über afrikanischen Tropenwäldern.

Gemeinsam wiesen Seiler und Crutzen auch darauf hin, daß beim Verbrennen von Biomasse wie dem Brandroden von Vegetation oder Verheizen von Dung erhebliche Mengen an Kohlenstoff in die Atmosphäre freigesetzt werden − hauptsächlich allerdings als Kohlendioxid und teilweise auch in Form von festen Kohlenstoffteilchen. Nach den Berechnungen von Seiler und Crutzen führt die Verbrennung von Biomasse der Atmosphäre jährlich zwischen zwei und vier Milliarden Tonnen Kohlenstoff zu.

Untersuchungen von Helene Cashier und ihren Mitarbeitern am französischen Centre de Faibles Radioactivités in Gif-sur-Yvette haben ergeben, daß in Tropenwäldern durch Brandrodung so viele feine Kohlenstoffpartikel in die Atmosphäre freigesetzt werden wie in allen Industrieländern zusammen. Ihr

Maximum erreicht diese Emission während der Trockenzeit, wenn die Zahl natürlicher oder von Menschen entfachter Brände am größten ist.

Die ersten Messungen von der Raumfähre aus

Vor diesem Hintergrund überraschender Befunde und neuer Theorien war die Spannung groß, als das MAPS-Radiometer beim zweiten technischen Erprobungsflug der Raumfähre im November 1981 mit an Bord ging. Leider konnten wegen Ausfällen im Energieversorgungs- und Kühlsystem der Fähre nur während insgesamt 11 Stunden, verteilt über zwei Tage, verwertbare Daten gewonnen werden; das entspricht rund 10 000 Meßwerten für Kohlenmonoxid in Höhen zwischen 3000 und 12 000 Metern.

Die Beobachtungsgebiete lagen im Tropengürtel zwischen 37 Grad nördlicher und südlicher Breite. Aus der Flughöhe der Fähre von 260 Kilometern betrug die horizontale Auflösung 20 Kilometer. Allerdings unterteilten wir die Beobachtungsfläche in ein gröberes Raster aus Quadraten von 5 Grad Seitenlänge und glätteten kleinräumige Schwankungen, indem wir die Meßwerte über jedes Quadrat mittelten.

Wir waren verblüfft über das so gewonnene Bild der Kohlenmonoxidverteilung. Wenig überraschte, daß die niedrigsten Konzentrationen von rund 40 Molekülen Kohlenmonoxid pro Mil-

liarde Luftmoleküle über dem südöstlichen Pazifik und Argentinien gemessen wurden, wo Westwinde von den Weiten des Ozeans herüberwehen. Da frühere Untersuchungen die offenen Meere als bedeutende Kohlenmonoxidquellen ausgeschieden hatten, entsprachen diese Befunde durchaus den Erwartungen.

Höhere Mischungsverhältnisse von etwa 75 zu einer Milliarde ergaben sich für das östliche Mittelmeer und die angrenzenden Landgebiete. Die Luft dort war zuvor während einer Phase starker Konvektion über Europa hinweggestrichen, so daß die relativ hohen Werte wahrscheinlich auf die Verfeuerung fossiler Brennstoffe zurückgingen.

Die große Überraschung dagegen war, daß die höchsten Kohlenmonoxidgehalte über Gebieten mit nur wenig oder ganz ohne Industrie und Autoverkehr gemessen wurden, von denen viele auf der Südhalbkugel oder in den Tropen liegen. Über dem nördlichen Südamerika, Zentralafrika und Ostchina registrierte das MAPS-Radiometer durchweg mehr als 100 Moleküle Kohlenmonoxid pro Milliarde Luftmoleküle. (Den höchsten Wert ermittelte es über dem Golf von Guinea an der Westküste Äquatorialafrikas; doch könnte dies ein Ausreißer wegen der zu kleinen Zahl brauchbarer Messungen dort sein.)

Woher stammte das Kohlenmonoxid über diesen nicht industrialisierten Gebieten? Wir studierten Karten der Windgeschwindigkeiten und Berichte über die Luftbewegungen in den beobachteten Regionen für den Monat No-

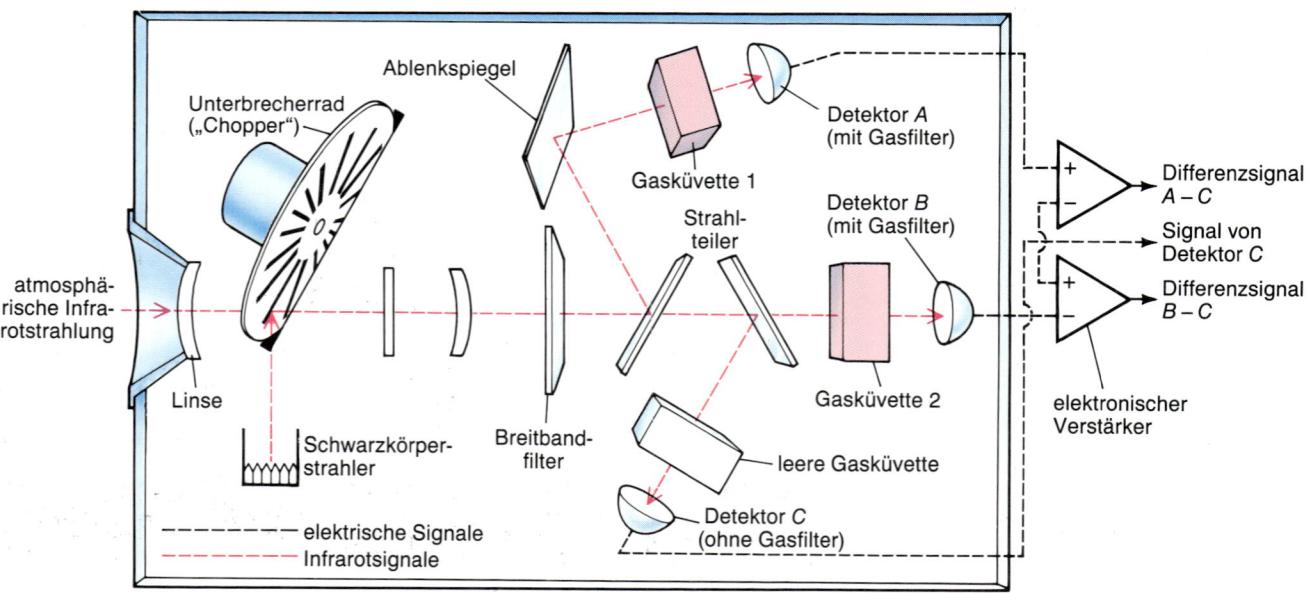

Bild 3: Aufbau des MAPS-Radiometers zur Messung des Kohlenmonoxidgehalts der Atmosphäre. Ein rotierendes Rad mit Schlitzen („Chopper") „zerhackt" die einfallende Infrarotstrahlung und blendet Strahlung eines warmen schwarzen Körpers ein, die als Referenz dient. Ein optisches Filter läßt nur Strahlung nahe der Hauptabsorptionslinie von Kohlenmonoxid bei 4,67 Mikrometern durch. Strahlteiler spalten den Strahl schließlich auf, und die Teilstrahlen werden auf drei Detektoren gelenkt. Vor den Detektoren befinden sich transparente Gasküvetten, von denen zwei mit unterschiedlichen Mengen an Kohlenmonoxid gefüllt sind. Der Detektor hinter der evakuierten Gasküvette mißt die absolute Strahlungsintensität. Dieser Wert und die Differenzen zu den Meßwerten der beiden Detektoren mit Gasfiltern werden aufgezeichnet.

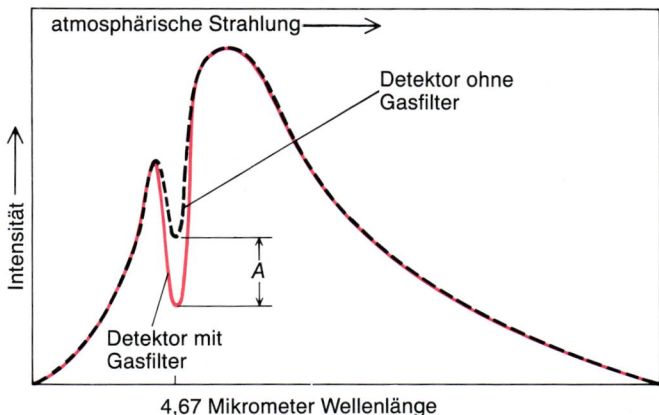

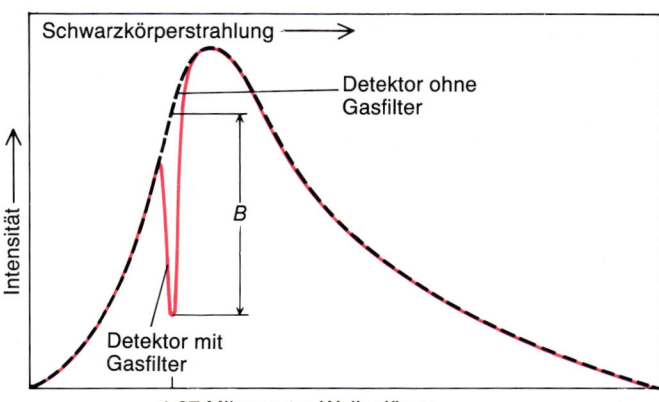

Bild 4: Mischungsverhältnisse von Kohlenmonoxid in der Atmosphäre lassen sich durch Vergleich der Spektren berechnen, die zwei Detektoren von der Infrarotstrahlung der Atmosphäre und derjenigen eines schwarzen Körpers aufgenommen haben. Ein Detektor mit einer vorgeschalteten kohlenmonoxid-gefüllten Gasküvette liefert ein niedriges, nahezu konstantes Signal, da das Küvettengas Strahlung bei 4,67 Mikrometern unabhängig von ihrer Quelle fast völlig absorbiert. Ein Detektor ohne Filter registriert entweder eine teilweise (bei Strahlung von der Atmosphäre) oder gar keine Absorption (bei Schwarzkörperstrahlung). Die Differenz A zwischen den Meßwerten der beiden Detektoren für die atmosphärische Strahlung ist mathematisch mit der Differenz zwischen der Kohlenmonoxidkonzentration in der Atmosphäre und der in der Küvette verknüpft. Die Differenz B zwischen den Meßwerten der beiden Detektoren für die Schwarzkörperstrahlung dient zur Kalibrierung.

vember. Dabei wurde deutlich, daß die kohlenmonoxid-beladene Luft in 10 000 bis 12 000 Metern Höhe über Südamerika und dem äquatorialen Atlantik aus der Grenzschicht über tropischen Regenwäldern kam. Die Luft über China war am Tag vor der Messung über die Regenwälder im Nordwesten Birmas gezogen, und das Gebiet unmittelbar unter der gemessenen Grenzschicht in Zentralafrika bestand aus Grasland und Savannen, die höchstens 500 Kilometer von Regenwäldern entfernt lagen.

Offensichtlich mußte etwas anderes als Industrieanlagen in diesen unterentwickelten Gebieten Wolken aus Kohlenmonoxid erzeugen. Die Nähe von Regenwäldern schien ein gemeinsames Merkmal; vielleicht leistete auch brennende Vegetation in Savannen einen Beitrag.

Demnach konnten die Seiler und Crutzen aufgestellten Theorien also die von MAPS auf seinem ersten Shuttle-Flug gesammelten Daten erklären. Wir hofften, daß Messungen bei einem zweiten Flug diese vorläufigen Befunde bestätigen und erweitern würden.

Die zweite Kartierung

Vor dem zweiten Shuttle-Experiment wurde das MAPS-Instrument so modifiziert, daß es über ein simples System zum Erkennen von Wolken verfügte. Nun enthielt nur noch eine der Gasküvetten Kohlenmonoxid. Das schränkte zwar die Möglichkeiten, die Höhe der Kohlenmonoxidschwaden zu bestimmen, etwas ein; doch schien uns diese Einbuße vertretbar. Die andere Küvette wurde mit einem Gemisch aus Luft und Distickstoffmonoxid gefüllt, dessen Ge-

halt in den untersten 12 000 Metern der Atmosphäre fast konstant bei 305 Molekülen pro Milliarde Luftmolekülen liegt. Wie Kohlenmonoxid absorbiert es Energie bei einer Wellenlänge nahe 4,67 Mikrometern.

Eben weil das Mischungsverhältnis von Distickstoffmonoxid nahezu konstant ist, ließen sich von Wolken verursachte Veränderungen des Infrarotspektrums sofort erkennen und die gleichzeitig gemessenen Kohlenmonoxiddaten direkt ausscheiden. Damit entfiel die zeitraubende Auswertung der Wolkenphotos.

Der zweite Raumfährenflug von MAPS fand im Oktober 1984 statt. Ursprünglich war er für das zeitige Frühjahr vorgesehen, aber Verzögerungen im Zeitplan der Shuttle-Flüge erzwangen die Verschiebung. Das war bedauerlich, da wir gehofft hatten, mit Messungen im Frühjahr als Ergänzung zu den Daten vom November 1981 einen gewissen Aufschluß über die Schwankungen des Kohlenmonoxidgehalts im Jahresverlauf zu erhalten. Seiler und seine Mitarbeiter hatten zuvor an verschiedenen Bodenstationen auf beiden Hemisphären die Luft kontinuierlich analysiert und ausgeprägte jahreszeitliche Veränderungen festgestellt, mit Spitzenwerten im jeweiligen Frühling (Bild 5).

Immerhin verbreiterte diese zweite Orbitalmission gegenüber der ersten die Datenbasis erheblich. Die Raumfähre überstrich auf ihrer Umlaufbahn einen größeren Breitenbereich — von 57 Grad Nord bis 57 Grad Süd —, und während neun Tagen wurden innerhalb eines gesamten Zeitraums von 86 Stunden Meßwerte aufgenommen. Sie bilden die Grundlage zweier Karten, welche die

über vier beziehungsweise fünf aufeinanderfolgende Tage gemittelte globale Kohlenmonoxidverteilung zeigen.

Im großen und ganzen glich diese Verteilung der im November 1981 gemessenen. Mehr als 100 Kohlenmonoxidmoleküle pro Milliarde Luftmoleküle wurden über Südamerika, dem südlichen Afrika, Europa, der Sowjetunion, China, dem Nordpazifik und dem südlichen Indischen Ozean registriert. Am niedrigsten waren die Werte über dem tropischen Pazifik, dem Nordatlantik, der Sahara und Argentinien.

Photographien der NASA-Astronautin Kathryn D. Sullivan bestätigten den vermuteten Zusammenhang zwischen großen Bränden, die vom Shuttle aus sichtbar waren, und Schwaden mit hohem Kohlenmonoxidgehalt. So konnte man sehen, wie Rauch von Feuern nahe der Mündung des Sambesi, getrieben von einem Ostwind, landeinwärts zog. Durch Konvektion wurde er in fünf bis zehn Kilometer Höhe emporgewirbelt, wo das MAPS-Radiometer das enthaltene Kohlenmonoxid aufspürte.

Im Herbst 1984 führte Seilers Forschungsgruppe auch vom Flugzeug aus umfangreiche Messungen über dem Atlantik durch. Mit den eingesetzten Instrumenten ließ sich das Kohlenmonoxid direkt bestimmen — und zwar bis hinab zu Mischungsverhältnissen von weniger als eins zu einer Milliarde. Gemessen wurde bei Flügen von Frankfurt nach São Paulo und zurück in 10 000 Metern Höhe.

Die Verteilungsmuster des Kohlenmonoxids in Nord-Süd-Richtung, die fast gleichzeitig mit MAPS und vom Flugzeug aus aufgenommen wurden, stimmten ausgezeichnet überein. Allerdings lagen die Flugzeugwerte absolut gesehen konstant um etwa 40 Prozent über den MAPS-Daten; diese Abweichung wird derzeit näher untersucht.

Die mit MAPS und per Flugzeug gemessene globale Verteilung der Kohlenmonoxidkonzentrationen weist übereinstimmend darauf hin, daß zumindest während des Oktobers (also im Herbst auf der Nord- beziehungsweise Frühjahr auf der Südhalbkugel) Regenwälder und Savannen wenigstens gleich viel − wenn nicht sogar mehr − Kohlenmonoxid in die Atmosphäre abgeben wie Industrie und Verkehr der hochentwickelten Länder; sowohl Brände als auch die Oxidation der durch die tropische Vegetation freigesetzten Kohlenwasserstoffe tragen wesentlich zu diesen Emissionen bei.

Trotz ähnlich hoher Spitzenwerte an verschiedenen Stellen der Erde haben die Kohlenmonoxidemissionen also verschiedene Ursachen, deren Bedeutung lokal variiert. Generell ist die Verfeuerung fossiler Brennstoffe die Hauptquelle des Kohlenmonoxids auf der industrialisierten Nordhalbkugel, während auf der Südhalbkugel und in den Tropen die Verbrennung von Biomasse und die Oxidation höherer Kohlenwasserstoffe das meiste Kohlenmonoxid erzeugt. Eine in beiden Hemisphären gleich wichtige Kohlenmonoxidquelle· ist die Oxidation von Methan. Dagegen spielt die Freisetzung des Gases durch Mikroorganismen im Erdreich oder die direkte Emission von Kohlenmonoxid durch Pflanzen nur eine untergeordnete Rolle.

Beunruhigende Entwicklungen

Daß soviel Kohlenmonoxid durch Abbrennen von Vegetation − in den Entwicklungsländern großenteils auf Grund menschlicher Eingriffe − freigesetzt wird, wirft beunruhigende Fragen auf. Wie schnell schreitet die Abholzung der tropischen Regenwälder voran? Wieviel Kohlendioxid und Kohlenmonoxid wird durch die Verbrennung der Biomasse freigesetzt und wieviel davon durch Photosynthese wieder aufgenommen? Welches sind die Folgen einer steigenden Konzentration der beiden Oxide für die Umwelt?

Für die Menschen in den Entwicklungsländern ist Holz noch immer der wichtigste Brennstoff; außerdem schaffen sie durch Brandrodung Land für Viehweiden, Ackerbau und neue Siedlungen. Ökonomische Zwänge und die Energieknappheit beschleunigen noch das Tempo der Waldzerstörung.

Anhand statistischer Daten haben Seiler und Crutzen berechnet, daß in den siebziger Jahren jährlich 0,5 bis

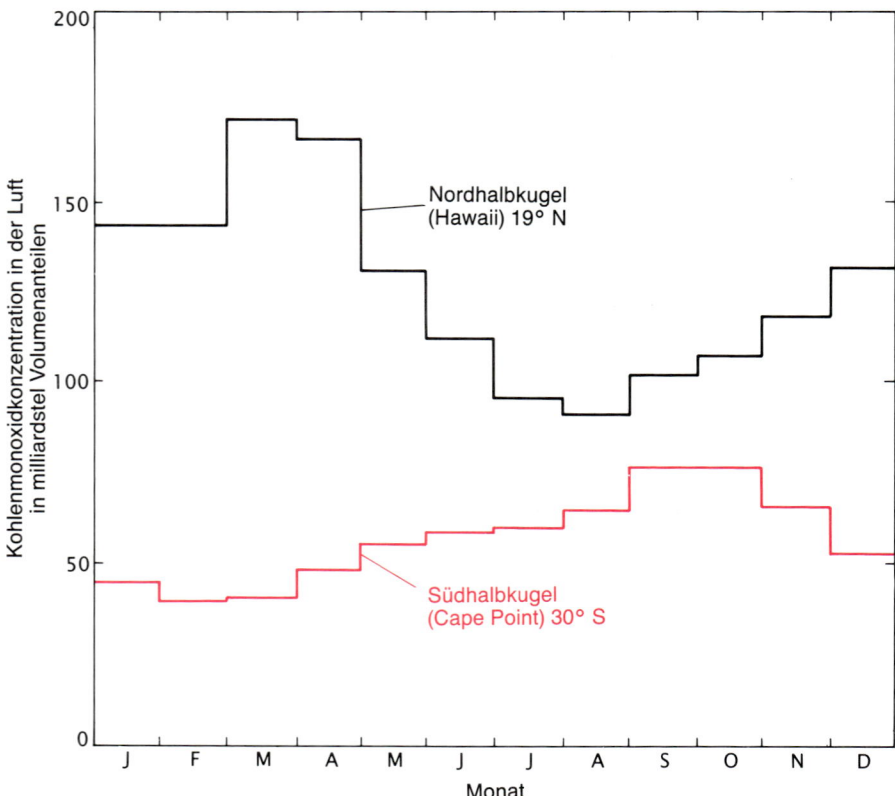

Bild 5: Auf beiden Erdhalbkugeln haben einer der Autoren (Seiler) und seine Mitarbeiter jahreszeitliche Schwankungen im Kohlenmonoxidgehalt der Atmosphäre registriert. Die Messungen für die Nordhalbkugel wurden am meteorologischen Observatorium auf dem Mauna Loa auf Hawaii, die für die Südhalbkugel an der Bodenstation Cape Point am Kap der Guten Hoffnung in Südafrika durchgeführt. Jeder Monatsmittelwert beruht auf einer kontinuierlichen Aufzeichnung der Kohlenmonoxidkonzentration in der Luft über einen Zeitraum von mindestens fünf Jahren. Wie sich zeigt, erreichen auf beiden Erdhälften die Kohlenmonoxid-Mischungsverhältnisse die höchsten Werte um die Zeit des jeweiligen Frühlings.

0,75 Prozent der Tropenwälder durch Brandrodungen verlorengegangen sind. Da die für Forstwirtschaft zur Verfügung stehende Fläche ab- und das Ausmaß der Brandrodungen zunimmt, schnellen die Prozentzahlen für die Waldzerstörung in vielen tropischen Ländern bedenklich in die Höhe. Selbst wenn zunächst nur das Nutzholz eingeschlagen worden ist, wird gerodetes Waldland durch nachfolgende Siedler oft in landwirtschaftlich genutzte Flächen umgewandelt und geht dadurch für immer verloren.

Der Verlust oder auch nur ein substantieller Rückgang der tropischen Regenwälder wird die Verdunstung und damit die Wärmezirkulation gravierend verändern, was sich dramatisch auf das Klima auswirken könnte. Bäume geben über ihre Blätter große Mengen Feuchtigkeit an die Atmosphäre ab; werden sie gerodet, verdunstet weniger Wasser. Da das Verdunsten Sonnenenergie verbraucht, die sonst den Boden aufheizen würde, wirken Bäume ausgleichend auf die Temperaturen an der Erdoberfläche. Bei einer Abnahme des Waldbestandes sollte sich das Klima daher extremer gestalten.

Die Auswirkungen bleiben dabei keineswegs lokal begrenzt. Zum einen ändert eine reduzierte Verdunstung auch die Intensität und Verteilung der Niederschläge in anderen Gebieten. Außerdem trägt die Verdunstung dazu bei, die durch die Sonnenstrahlung an der Erdoberfläche erzeugte Wärmeenergie hoch in die Atmosphäre zu transportieren, während sie sonst nur auf die bodennahen Luftschichten überginge. In den Tropen kann der durch Verdunstung gebildete Wasserdampf dagegen bis in Höhen von 2000 bis 8000 Metern aufsteigen, bevor er seine latente Wärme durch Kondensation zu Regentröpfchen abgibt. Die Freisetzung von Wärme in diesen Höhen treibt das Wettergeschehen und die globale Luftzirkulation an. Welche Folgen eine Veränderung dieser Strömungsmuster für das Klima und die großräumige Niederschlagsverteilung hätte, ist schwer vorherzusagen.

Ebenso schwer läßt sich derzeit abschätzen, inwiefern die großen Mengen an Kohlenmonoxid, die durch Verbrennen von Biomasse erzeugt werden, die Chemie der Atmosphäre verändern und dadurch das globale Klima beeinflussen könnten. Hydroxyl-Radikale reagieren, wie erwähnt, bereitwillig mit Kohlenmonoxid. Bei steigenden Kohlenmonoxidemissionen wird also immer mehr Hydroxyl verbraucht, und immer weniger bleibt für den Abbau von Methan und anderen Spurengasen übrig.

Diese Störung des chemischen Gleichgewichts der Atmosphäre könnte erklären helfen, wieso der Methangehalt der Atmosphäre in den letzten Jahren beträchtlich zugenommen hat. Methan ist wie Kohlendioxid ein Treibhausgas: Indem es die von der Erde abgestrahlte Wärmeenergie absorbiert und teilweise zurückstrahlt, erhöht es die Temperatur in der bodennahen Luftschicht. Die wachsende Besorgnis, daß dieser Treibhauseffekt das Weltklima ändern könnte, wurzelt vor allem in dem Anstieg des Gehalts der Atmosphäre an Kohlendioxid und Methan; ob eine zunehmende Kohlenmonoxidkonzentration den Anstieg der Methanwerte noch wesentlich beschleunigt, bleibt abzuwarten.

Hohe Kohlenmonoxidkonzentrationen in der Luft fördern auch die Bildung von Ozon in der Troposphäre (den unteren 10 bis 15 Kilometern der Atmosphäre). Wie es scheint, vermag dieses Ozon in den tieferen Luftschichten zwar die schädliche Ultraviolettstrahlung der Sonne wirksam abzuschirmen und könnte so einen gewissen Ausgleich für die Ausdünnung der stratosphärischen Ozonschicht durch Fluorchlorkohlenwasserstoffe schaffen. Allerdings gibt es Anzeichen dafür, daß selbst geringfügige Zunahmen der Ozonkonzentration in Bodennähe das Pflanzenwachstum beeinträchtigen können. Außerdem ist Ozon in der Troposphäre ein sehr wirksames Treibhausgas.

Zweifellos ist es also von vitalem Interesse, Produktion, Verteilung und Abbau des Kohlenmonoxids möglichst umfassend und genau zu bestimmen. Das MAPS-Radiometer hat sich als nützliches Instrument zum Messen der Kohlenmonoxidverteilung in großen Höhen erwiesen. Ein weiterer Shuttle-Flug mit MAPS im Frühjahr der Nordhemisphäre könnte zum Verständnis der jahreszeitlichen Schwankungen im atmosphärischen Kohlenmonoxidgehalt beider Erdhälften beitragen. Durch zusätzliche Messungen ließen sich außerdem Lücken bei den erfaßten geographischen Regionen — insbesondere über den Ozeanen — schließen. Weitere Verbesserungen am MAPS-Radiometer könnten schließlich seine Empfindlichkeit erhöhen. Dies würde die Möglichkeit eröffnen, auch in den unteren Atmosphärenschichten Messungen durchzuführen und somit Brände und örtlich begrenzte Kohlenmonoxidemissionen direkt und genau zu bestimmen.

Das Ozonloch über der Antarktis

In jedem Frühling der letzten zehn Jahre wurde
die atmosphärische Ozonschicht über dem Südpolargebiet dünner und dünner. Ist dieser
Ozonverlust eine antarktische Anomalie oder ein erstes Zeichen, daß diese die
Ultraviolettstrahlung absorbierende Schicht global in Gefahr ist?

Von Richard S. Stolarski

Im Jahre 1985 veröffentlichten Atmosphärenforscher des British Antarctic Survey eine gänzlich unerwartete Entdeckung: Von 1977 bis 1984 hatte die im Frühling über der Forschungsstation Halley Bay an der Antarktis-Küstenregion Coatsland beobachtete Ozonsäule um mehr als 40 Prozent abgenommen. Bald bestätigten andere Forschergruppen diesen Befund; sie wiesen nach, daß das Gebiet der Ozonabnahme sich sogar noch über den antarktischen Kontinent hinaus erstreckte und einen Höhenbereich von etwa 12 bis 24 Kilometern – also fast die gesamte untere Stratosphäre – umfaßte: Es existierte, was inzwischen zu einem allgemein bekannten Begriff geworden ist, ein „Ozonloch" in der südpolaren Atmosphäre (Bilder 1 und 2).

Diese Entdeckung alarmierte Wissenschaftler und Öffentlichkeit gleichermaßen: Die erdumspannende stratosphärische Ozonschicht schien stärker bedroht zu sein, als man aufgrund von Atmosphärenmodellen vorausberechnet hatte.

Eine rasch fortschreitende Erosion dieser Schicht wäre höchst bedenklich. Obwohl Ozon, dessen Moleküle aus drei Sauerstoffatomen bestehen, nur weniger als ein Millionstel der Atmosphäre ausmacht, absorbien es den größten Teil der ultravioletten Sonneneinstrahlung, bevor sie die Erdoberfläche erreicht. Die Energie dieser Strahlung reicht aus, um wichtige biologische Moleküle wie die Erbträgersubstanz DNA aufzubrechen; dadurch kann sie die Häufigkeit von Hautkrebs, Katarakten (grauem Star) und Immunschwächen erhöhen, Ernteerträge min-

dern sowie aquatische Ökosysteme schädigen.

Weil diese Auswirkungen so ernst sind, haben viele Forscher – so auch meine Kollegen und ich von der amerikanischen Luft- und Raumfahrtbehörde NASA – einen Wettlauf mit der Zeit begonnen, um die Ursachen des Ozonlochs zu ergründen. Die Ausdünnung der Ozonschicht bildet sich jedesmal, wenn auf der Südhalbkugel Frühling herrscht, im sogenannten Polarwirbel, einer isolierten Luftmasse, die während eines großen Teils des Jahres um den Südpol zirkuliert. Die Ozonmenge im Wirbel nimmt gegen Ende August und Anfang September ab, stabilisiert sich im Oktober und nimmt im November wieder zu. Solange wir jedoch die Ursachen des Ozonlochs nicht kennen, wissen wir nicht, ob es weltweite Auswirkungen hat oder ausschließlich auf die Stratosphäre über der Antarktis beschränkt bleiben wird, wo ganz besondere meteorologische Bedingungen herrschen.

Eingesetzt werden Meßgeräte am Boden, an Ballons und auf Satelliten. Die Balloninstrumente sondieren im allgemeinen die chemische Zusammensetzung der Luft, durch die sie schweben. Die Boden- und Satelliteninstrumente führen Fernerkundungen durch, etwa Messungen der Dicke der Ozonschicht; darunter versteht man die lotrechte Gassäule, die entstünde, wenn das gesamte genau über einem Beobachter auf der Erdoberfläche vorhandene Ozon auf Standarddruck und -temperatur gebracht würde. Um die Säule zu bestimmen (sie wird gewöhnlich in Dobson-Einheiten, das heißt hundertstel Millimetern, angegeben), messen die Forscher gewisse bis zur Erdoberfläche durchdringende Strahlungsanteile von leicht unterschiedlichen Wellenlängen; das Ozon absorbiert die einen stark und

andere nicht. (Die von Satelliten getragenen Sensoren registrieren die reflektierte Strahlung.) Wenn die Strahlungsmenge im Bereich der absorbierten Wellenlängen relativ zu der nicht absorbierten zunimmt, hat die Ozonsäule abgenommen; nimmt umgekehrt die Strahlung bei absorbierten Wellenlängen ab, ist die Ozonsäule gewachsen.

Diese Untersuchungen finden mittlerweile in internationaler Zusammenarbeit statt. Im Jahre 1987 zum Beispiel kamen rund 150 Wissenschaftler und Techniker aus 19 Organisationen und vier Nationen in Punta Arenes (Chile) zusammen, um die bisher ehrgeizigste Studie, das *Airborne Antarctic Ozone Experiment* (luftgestützte antarktische Ozonexperiment), durchzuführen. Dabei wurden außer boden- und satellitengestützten Meßgeräten sowie Ballons auch Laboratorien in Flugzeugen eingesetzt; eine umgebaute DC-8-Passagiermaschine und eine vergrößerte Version des Höhenaufklärers U-2, die ER-2, flogen mehrmals in die ozonarme Region, um ihre Ausdehnung und chemische Zusammensetzung im Detail zu erforschen. Generelles Ergebnis: Das Ozonloch war 1987 größer als je zuvor.

Künstliche Schadstoffe

Die Expedition von 1987 konzentrierte sich, wie andere aktuelle Studien auch, auf die zwei wichtigsten Erklärungen des Ozonlochs. Gemäß der einen Theorie sind künstliche Schadstoffe eine Hauptursache; die andere führt natürliche Luftströmungen an, die gewöhnlich während des Frühlings auf der Südhalbkugel ozonhaltige Luft in die polare Stratosphäre transportieren, nun aber gestört sind.

In der Tat war man über die Verschmutzung der Stratosphäre schon be-

Dieser Artikel ist im März 1988 in *Spektrum der Wissenschaft* erschienen.

sorgt, bevor es konkrete Hinweise auf ihre schädlichen Auswirkungen gab. Im Jahre 1971, als eine rasche Entwicklung des Überschall-Luftverkehrs erwartet wurde, befürchteten viele Atmosphärenforscher, die Wasserdampf- und Stickoxid-Emissionen der Triebwerke würden in großen Höhen die Atmosphäre schädigen. Wie sich im Labor gezeigt hatte, können beide Gase Ozon angreifen.

Die projektierte Überschall-Flotte kam zwar nie zustande, aber in den folgenden Jahren löste die zunehmende Umweltbelastung durch Lachgas (N$_2$O) aufgrund vermehrter Verbrennungsprozesse und des Einsatzes von stickstoffreichen Düngern ähnliche Bedenken aus. Diese wiederum verblaßten im Jahre 1974, als Mario J. Molina und F. Sherwood Rowland von der Universität von Kalifornien in Irvine die Fachwelt

wegen der zunehmenden Anwendung von Chlorfluorkohlenwasserstoffen (CFKWs) alarmierten. Seither hat das CFKW-Problem die einschlägige Forschung weitgehend beherrscht.

Chlorfluorkohlenwasserstoffe sind, wie ihr Name andeutet, Kohlenwasserstoffe, in denen der Wasserstoff teilweise oder gänzlich durch Chlor und Fluor ersetzt ist. Seit ihrer Einführung vor etwa 60 Jahren dienen diese Gase als

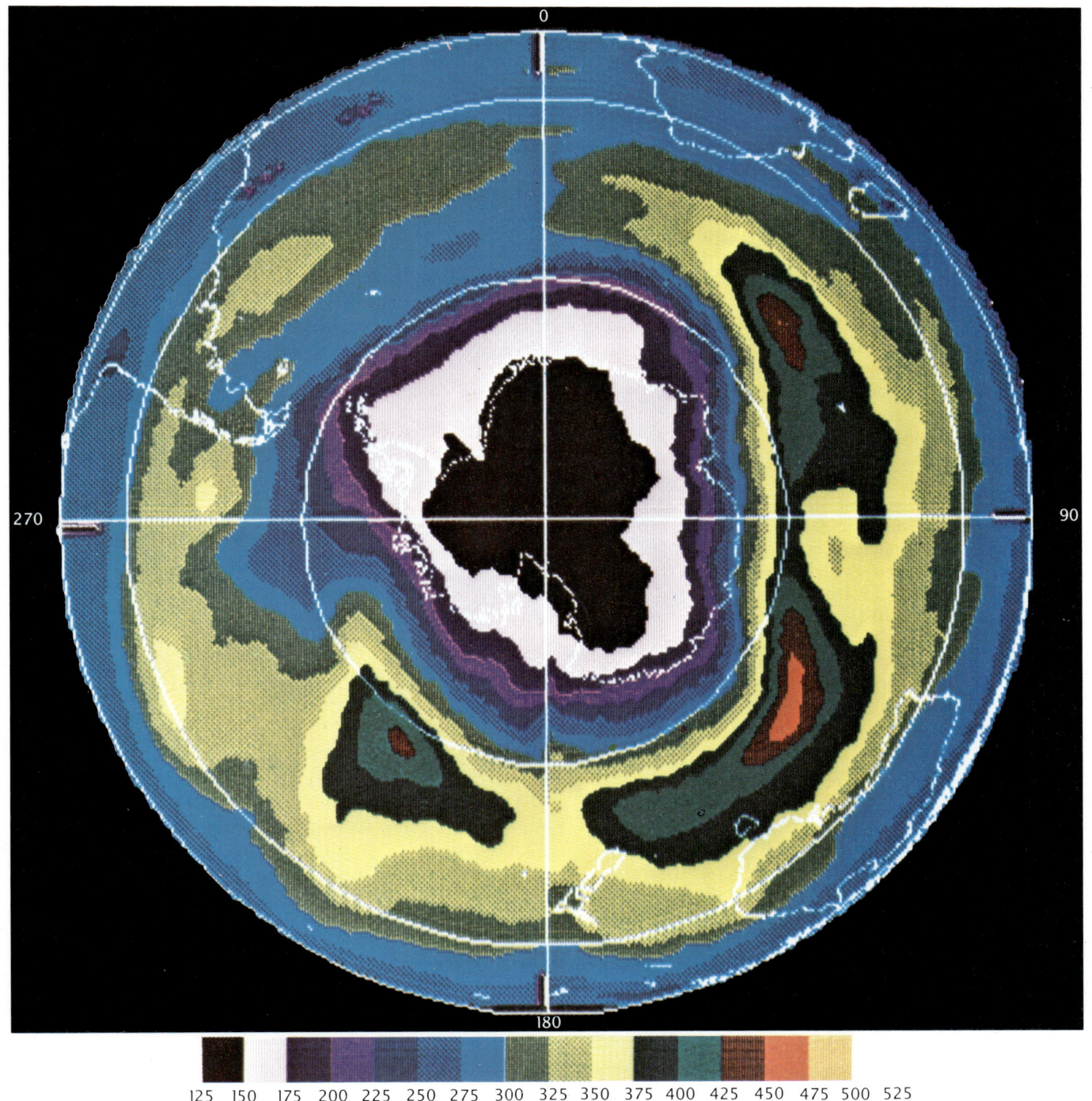

125 150 175 200 225 250 275 300 325 350 375 400 425 450 475 500 525
mittlere Oktoberwerte des Ozons in Dobson-Einheiten

Bild 1: Die Karte der Ozonhäufigkeit in der Atmosphäre der Süd-Hemisphäre am 5. Oktober 1987 zeigt deutlich das im Frühling entstehende sogenannte Ozonloch (schwarz, lila, violett) über der Antarktis. In dieser Region ist die Ozonkonzentration nur noch etwa halb so groß wie vor rund zehn Jahren; damals lag sie bei ungefähr 300 Dobson-Einheiten. Eine Dobson-Einheit entspricht einem hundertstel Millimeter und bezieht sich auf die Dicke der Ozonschicht, die entstünde, wenn das atmosphärische Ozon auf Standarddruck und -temperatur gebracht würde. Die Karte beruht auf Daten, die das *Total Ozone Mapping Spectrometer* (TOMS) an Bord des Satelliten „Nimbus 7" der NASA gemessen hat.

Kühlmittel für Kühlschränke und Klimaanlagen, als Treibgase für Aerosol-Sprays, zur Aufschäumung von Kunststoffen und als Reinigungsmittel für elektronische Bauteile. Diese weiterhin allenthalben gebräuchlichen Verbindungen wurden ursprünglich als ideale Industriechemikalien betrachtet, da sie sehr stabil, chemisch träge und somit ungiftig sind. Aber ausgerechnet diese Reaktionsträgheit macht sie zu einer möglichen Gefahr für das Ozon der Stratosphäre.

Inerte Gase werden in der Troposphäre – der Atmosphärenschicht, die sich von der Erdoberfläche bis in eine Höhe von etwa 10 Kilometern erstreckt – nicht rasch abgebaut; deshalb gelangen sie schließlich in die Stratosphäre, die bis in rund 50 Kilometer Höhe reicht. Oberhalb von 25 Kilometern – dort ist die stratosphärische Ozonschicht am dichtesten – sind die Moleküle der intensiven Ultraviolettstrahlung ausgesetzt, die in tieferen Lagen durch das Ozon absorbiert wird. Diese Strahlung vermag ansonsten stabile Moleküle wie die CFKWs in reaktionsfreudigere Komponenten zu zerlegen, zum Beispiel einzelne Chloratome abzuspalten.

Aus Laboruntersuchungen war bekannt, daß Chlor Ozon rasch zerstört. Da Millionen Tonnen CFKWs in die Umwelt gelangten, zogen viele Forscher den Schluß, durch eine weiter anhaltende Emission würden sich diese Verbindungen schließlich in der Stratosphäre so stark anreichern, daß der Ozonschild ernsthaften Schaden nehmen könnte. Außerdem würde der Zerstörungsprozeß, selbst wenn die CFKW-Emission sofort aufhörte, wahrscheinlich bis weit in das nächste Jahrhundert weitergehen, da diese Chemikalien jahrzehntelang in der Atmosphäre bleiben: Die zwei Hauptsorten, Nummer 11 (CFCl$_3$) und Nummer 12 (CF$_2$Cl$_2$), überdauern ungefähr 75 beziehungsweise 100 Jahre.

Diese Argumente wirkten so überzeugend, daß die Vereinigten Staaten im Jahre 1978 die Anwendung von CFKWs in Aerosolprodukten wie Deodorants und Haarsprays verboten. Aber die Bemühungen, auch andere Anwendungen einzuschränken, hatten wenig Erfolg – zum Teil, weil sich immer mehr herausstellte, wie kompliziert die chemischen Zusammenhänge in der Stratosphäre sind.

Wie man zum Beispiel bereits wußte, können Stick- und Wasserstoffoxide zwar an sich Ozon zerstören; doch neue Modellrechnungen zeigten, daß Stickoxide mit Chlor so zu reagieren vermögen, daß die ozonzerstörende Wirkung des Chlors in Wirklichkeit abgeschwächt wird.

Dann kam aus Großbritannien die Meldung, über der britischen Forschungsstation in der Antarktis seien die Oktober-Werte für Ozon von den gewohnten 300 Dobson-Einheiten in den frühen siebziger Jahren auf ungefähr 180 Dobson-Einheiten im Jahre 1984 gefallen. Diese Entdeckung belebte in der Öffentlichkeit erneut die Sorge um die globale Ozonschicht. Zugleich waren die Politiker immerzu mit Diskussionen um eine internationale Kontrolle der Chlorfluorkohlenwasserstoff-Verbindungen konfrontiert, denn deren Emission nahm unterdessen immer weiter zu.

Im September 1987 schließlich unterzeichneten 23 Nationen in Montreal (Kanada) einen Vertrag über die Verringerung des Verbrauchs solcher Substanzen. Diese Vereinbarung, die mindestens elf Nationen ratifizieren müssen, bevor sie Anfang 1989 in Kraft treten kann, verlangt von den Industrieländern, bis Mitte 1990 ihren Verbrauch an Chlorfluorkohlenwasserstoffen auf den Niveaus von 1986 einzufrieren und ihn bis 1999 zu halbieren.

Die Chemie der Ozonschicht

Die Chlorfluorkohlenwasserstoff-Hypothese geht von dem chemischen Phänomen aus, daß kleine Mengen Chlor große Mengen Ozon zerstören können. Ein Ozonmolekül (O$_3$) wird gebildet, wenn ultraviolette Strahlung ein Sauerstoffmolekül (O$_2$) trifft (Bild 3). Ein Photon spaltet das Molekül in zwei hochreaktive Sauerstoffatome (O), die schnell mit inaktiven Sauerstoffmolekülen unter Bildung von Ozon (O$_3$) rekombinieren.

Dieses Gas absorbiert ultraviolette Strahlung sehr stark und zerfällt in seine Bausteine (O$_2$ und O); das freigesetzte Sauerstoffatom verbindet sich anschließend mit einem anderen Sauerstoffmolekül und bildet wiederum Ozon. So dissoziiert und rekombiniert sich das Gas viele Male, bis es schließlich mit einem freien Sauerstoffatom zwei stabile Sauerstoffmoleküle bildet. Unter konstanten Bedingungen stellt sich ein dynamisches Ozongleichgewicht ein, indem pro Zeiteinheit gleichviel Ozon gebildet wie vernichtet wird.

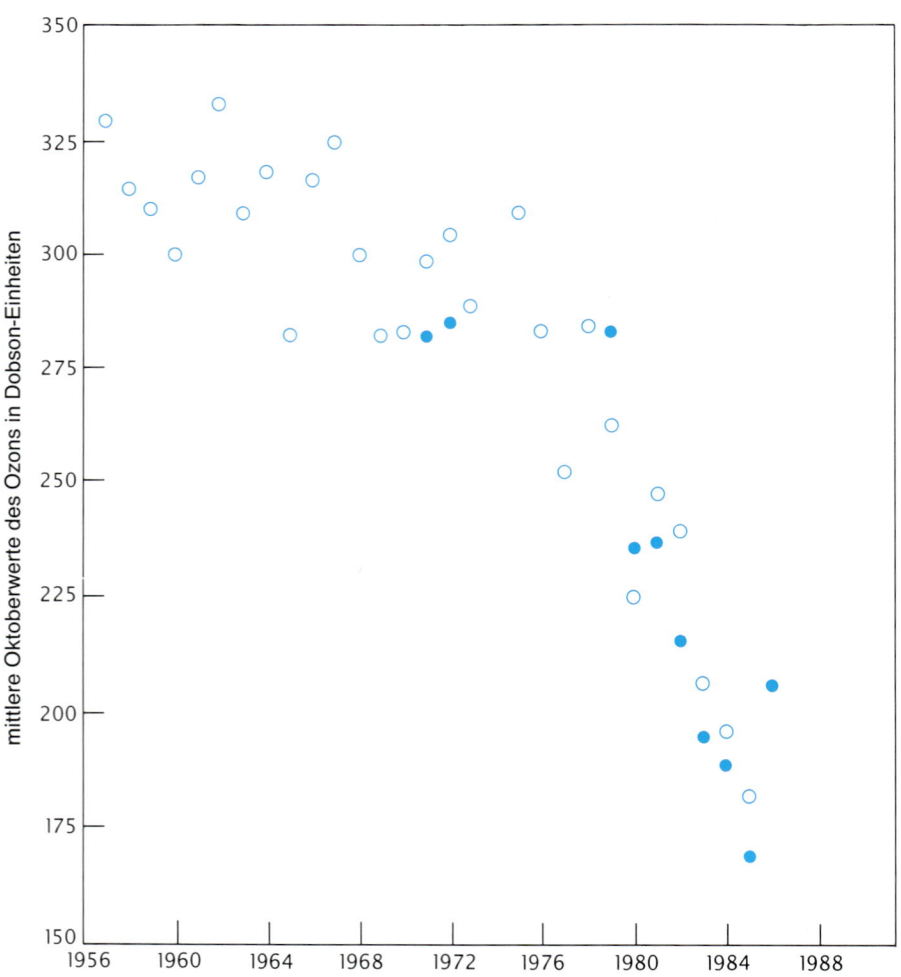

Bild 2: Die Abnahme der Ozonhäufigkeit im antarktischen Frühling (links) wurde erstmals von Joseph C. Farman und seinen Kollegen vom British Antarctic Survey erkannt; sie haben die Ozonmengen direkt über der Forschungsstation Halley Bay seit 1956 gemessen (offene Kreise). Nachdem die Forscher ihre Ergebnisse 1985 veröffentlicht hatten, wurden diese durch NASA-

Chlor verschiebt nun dieses Gleichgewicht und verringert die Ozonkonzentration in der Stratosphäre, da es die Umwandlung des Ozons in zwei Sauerstoffmoleküle beschleunigt. Noch wichtiger ist, daß Chlor (wie Stick- und Wasserstoffoxide) als Katalysator wirkt: Es bleibt bei diesem Prozeß unverändert. Daher kann jedes Chloratom bis zu 100 000 Ozonmoleküle zerstören, bevor es deaktiviert wird oder schließlich in die Troposphäre zurückkehrt, wo es durch Niederschlag oder andere Prozesse aus der Atmosphäre entfernt wird (Bild 4).

Wie diese Ozonzerstörung vermutlich chemisch vor sich geht, ist recht einfach zu verstehen. Stößt ein Chloratom (Cl) mit einem Ozonmolekül zusammen, so stiehlt es sozusagen das dritte Sauerstoffatom des Ozons und bildet ein Chlormonoxid-Radikal (ClO) und ein Sauerstoffmolekül. Radikale, das heißt Moleküle mit einer ungeraden Zahl von Elektronen, sind sehr reaktionsfreudig. Wenn das Chlormonoxid auf ein freies Sauerstoffatom trifft — das ist ein wichtiger Schritt im katalytischen Zyklus —, wird der Sauerstoff im ClO-Molekül vom freien Sauerstoffatom stark angezogen und spaltet sich ab; es bildet sich ein neues Sauerstoffmolekül. Das freiwerdende Chloratom wiederum kann mit der Ozonzerstörung von neuem beginnen.

Der durch Chlor katalysierte Zyklus funktioniert allerdings im allgemeinen nicht ungestört. Vermutlich behindern zwei Haupttypen von Reaktionen die Ozonzerstörung, zumindest in mittleren geographischen Breiten. Im einen Fall reagiert Chlormonoxid mit Stickstoffmonoxid (NO). Das Sauerstoffatom des Chlormonoxids wird auf das Stickoxid übertragen, wobei sich ein freies Chloratom und Stickstoffdioxid (NO$_2$) bilden. Wenn das NO$_2$-Molekül sichtbares Licht absorbiert, verliert es ein Sauerstoffatom, das in der Folge zur Ozonbildung zur Verfügung steht (Bild 5). Im Endergebnis bleibt bei dieser Reaktionskette die Ozonkonzentration unverändert.

Im zweiten und wichtigeren Fall verbindet sich ein Chloratom oder ein ClO-Radikal mit einem anderen Molekül und bildet eine stabile Verbindung, die vorübergehend als Chlor-Reservoir dient; in der Atmosphäre liegt Chlor meistens in dieser gebundenen Form vor und kann darum das Ozon nicht angreifen. Zwei wichtige Reservoire sind Chlornitrat (ClONO$_2$), das aus Chlormonoxid und Stickstoffdioxid (NO$_2$) gebildet wird, sowie Salzsäure (HCl), die aus einem Chloratom und Methan (CH$_4$) entsteht. Schließlich aber wird ein derartiges Reservoir-Molekül ein Photon absorbieren oder mit anderen Chemikalien reagieren; dann zerbricht es und setzt das Chlor frei, das seine katalytische Ozonzerstörung wieder aufnimmt.

Wegen dieser hemmenden Reaktionen ist man bei Computermodellrechnungen übereinstimmend zu dem Schluß gekommen, die CFKWs könnten bisher die globale Ozonschicht kaum beeinträchtigt haben. Die Entdeckung einer mehr als 40prozentigen Ozonabnahme im Frühling über dem Südpol bedeutet also: Sofern Chlor aus CFKWs eine Ursache dafür ist, werden während des antarktischen Frühlings

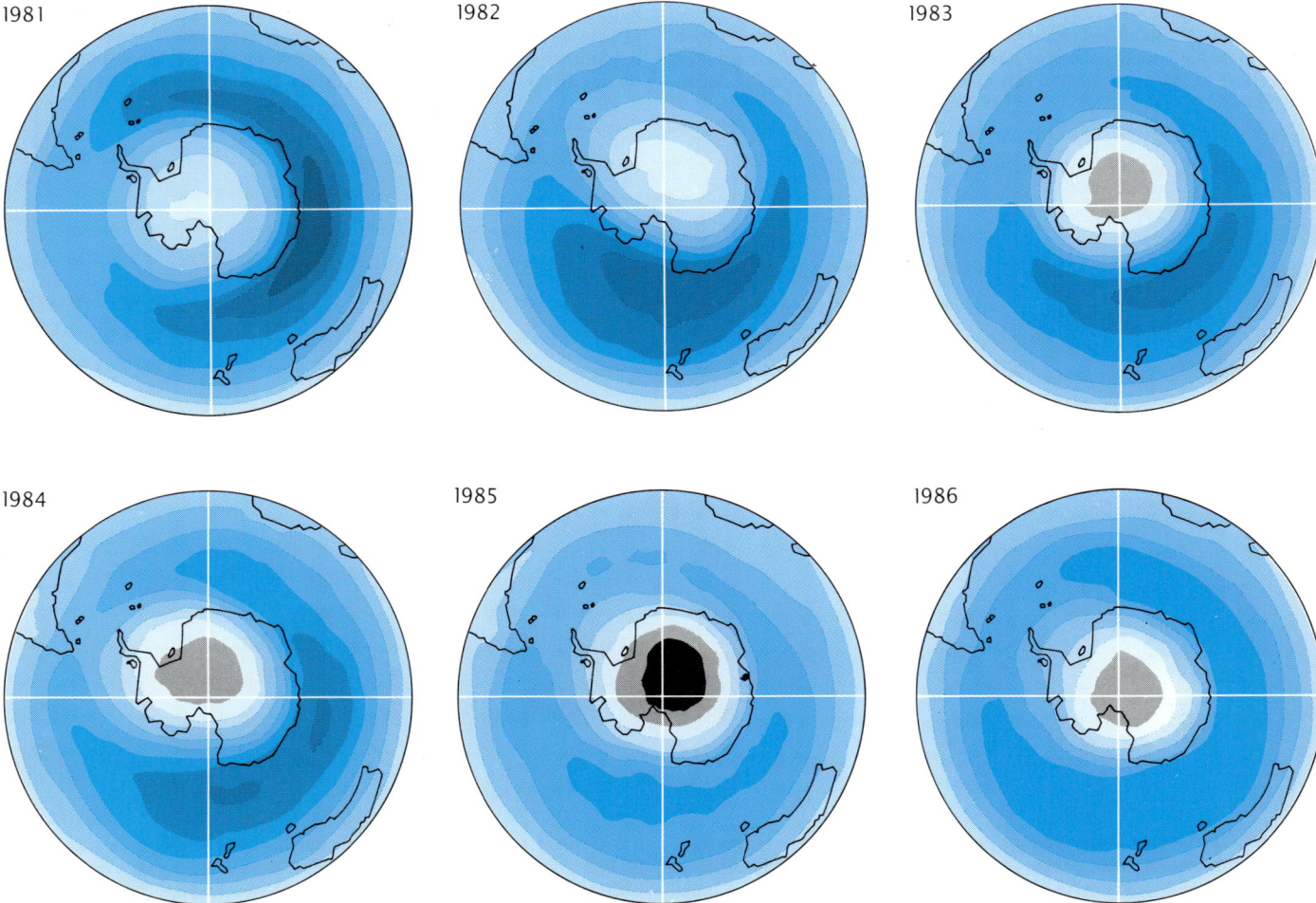

1981 1982 1983

1984 1985 1986

Satelliten bestätigt (Punkte). Andere NASA-Daten (rechts) zeigen, daß das ozonarme Gebiet größer ist als der antarktische Kontinent und von einer ozonreichen Region (halbmond-förmig) umgeben ist. Die Karten – hier der Anschaulichkeit wegen neu gezeichnet – beruhen auf TOMS-Messungen. Schwarz bedeutet 150 bis 180 Dobson-Einheiten; von Grau bis Tiefblau nehmen die Ozonwerte immer mehr zu. Als Ursache für die drastische Ozonabnahme vermutet man heute ein Zusammenwirken von natürlichen und künstlichen Einflüssen.

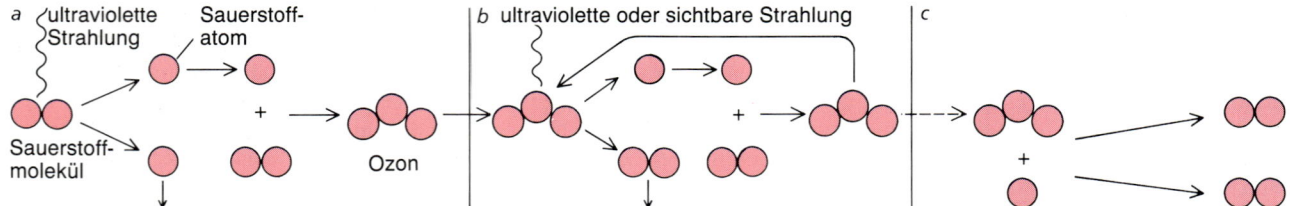

Bild 3: Atmosphärisches Ozon absorbiert große Mengen ultravioletter Strahlung, die sonst die Erdoberfläche erreichen würde. Ozon wird gebildet (a), wenn ein energiereiches Ultraviolett-Photon ein Sauerstoffmolekül (O₂) trifft und dessen Sauerstoffatome (O) freisetzt, die chemisch äußerst aktiv sind und sich anschließend mit Sauerstoffmole- külen in der Nähe verbinden. Das so gebildete Ozon (O₃) wird immer wieder durch Photonen des ultravioletten und sichtbaren Lichts aufgebrochen, bildet sich aber sofort wieder neu und kann erneut Licht absorbieren (b). Ozon wird erst endgültig zerstört (c), wenn ein Sauerstoffatom mit ihm zusammenstößt, wobei zwei Sauerstoffmoleküle entstehen.

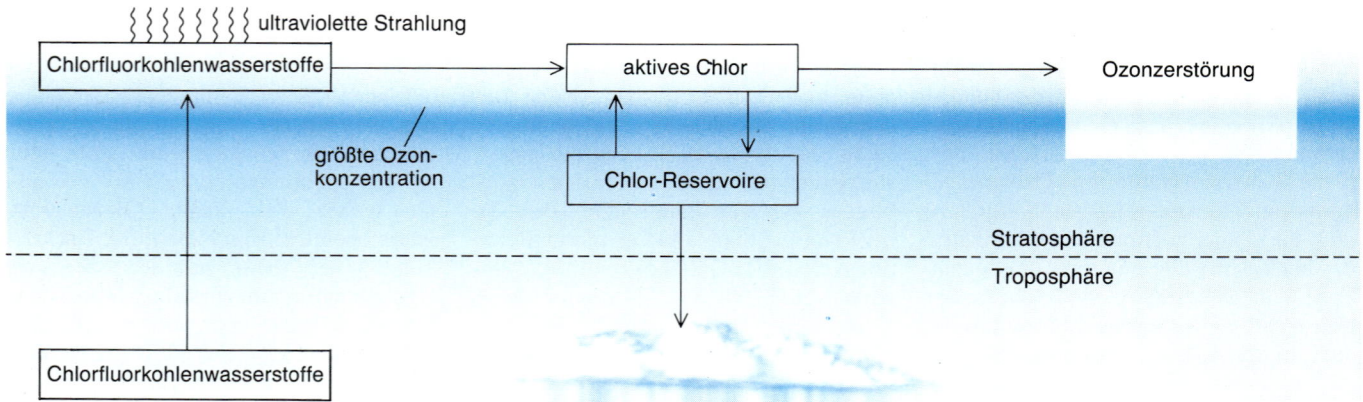

Bild 4: Chlorfluorkohlenwasserstoffe sind synthetische Chemikalien, die wahrscheinlich wesentlich zur Bildung des Ozonlochs beitragen. Nach ihrer Emission in die Troposphäre, wo sie chemisch inert bleiben, steigen diese Verbindungen schließlich in die obere Stratosphäre auf, bis oberhalb der Schicht, in der die Ozonkonzentration (farbig) am größten ist. Dort ist die Ulraviolettstrahlung stark genug, die Moleküle aufzu- brechen und Chloratome freizusetzen, die Ozon angreifen. Die zerstörerische Wirkung des Chlors erlahmt, wenn sich die Atome mit anderen Substanzen zu stabilen Chlor-Reservoiren verbinden. Solche Moleküle können durch Wärme oder Licht gespalten werden und erneut Chlor in die Stratosphäre freisetzen; einige aber sinken in die Troposphäre, wo sie durch verschiedene Prozesse aus der Atmosphäre entfernt werden.

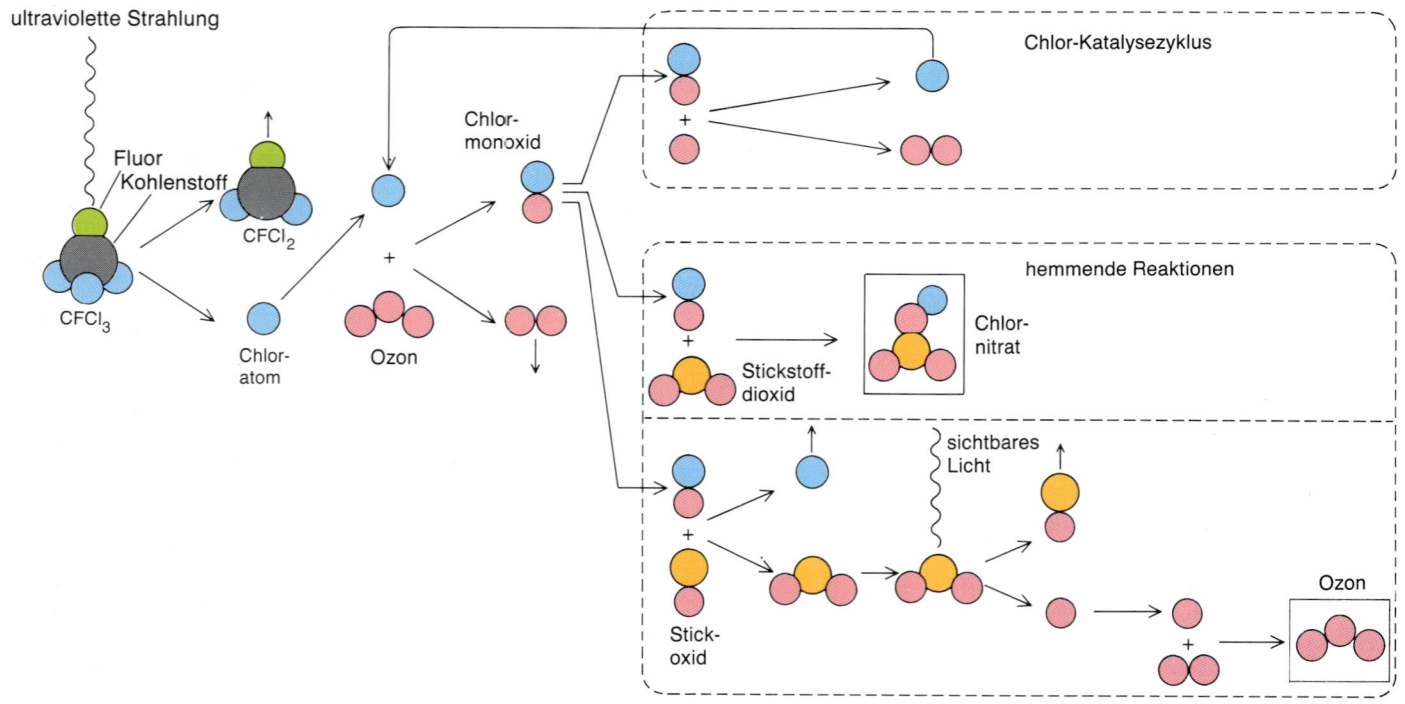

Bild 5: Die Chlor-Chemie umfaßt sowohl Prozesse, die die Ozonzerstörung fördern als auch solche, die sie hemmen. Ein Chloratom kann Ozon auf katalytischem Weg zerstören (links und rechts oben), ohne selbst verbraucht zu werden. Es raubt dem Ozon zunächst ein Sauerstoffatom, wobei sich Chlormonoxid (ClO) und ein stabiles Sauerstoffmolekül bilden. Wenn das ClO mit einem anderen Sauerstoffatom zusammenstößt, verbinden sich die beiden Sauerstoffatome sofort unter Freisetzung des Chloratoms, das anschließend ein weiteres Ozonmole- kül vernichtet. Andere Prozesse hemmen diesen katalytischen Zyklus. So kann sich Stickstoffdioxid (NO₂) an Chlormonoxid anlagern und ein Chlor-Reservoir bilden (Mitte): In dieser Form vermag Chlor nicht mit Ozon zu reagieren. Ein weiteres Hemmnis (unten) ist Stickstoffmonoxid (NO). Es nimmt dem Chlormonoxid das Sauerstoffatom, absorbiert sichtbares Licht und regeneriert das Ozon. Ist das Ozonloch chemisch verursacht, so folgt, daß das Klima am Südpol diese hemmenden Reaktionen abschwächt und der katalytische Zyklus seine Wirkung entfalten kann.

die normalerweise hemmenden Reaktionen irgendwie stark abgeschwächt. Die Frage ist, wie.

Die Vertreter der Theorie, das Ozonloch entstehe durch Chlorfluorkohlenwasserstoffe, haben mehrere verschiedene Prozesse gefunden, die durchaus die Wirkung der hemmenden Reaktionen stark abschwächen könnten. Zum Beispiel würde das Entfernen der Stickoxide aus der Stratosphäre die Ozonzerstörung erleichtern. Wenn diese Oxide nicht vorhanden wären, könnte sich Chlor nicht mit ihnen verbinden und als Katalysator in Form von Chlornitrat zeitweilig ausfallen. Außerdem könnte irgendein Prozeß die Chlor-Reservoire verändern, so daß aktives Chlor entweder in Form einzelner Atome oder als Chlormonoxid freiwürde und das Ozon zerstörte.

Meteorologische Verhältnisse der Antarktis

Viele Forscher haben den Verdacht, daß die sogenannten polaren stratosphärischen Wolken dabei eine Rolle spielen. Diese Wolken bilden sich − viel häufiger in der Antarktis als in der Arktis − in großen Höhen während des Winters, wenn die Dunkelheit und die Isolation der Luftmassen durch den antarktischen Polarwirbel die Temperaturen in der Stratosphäre oft unter −80 Grad Celsius fallen lassen (Bild 6).

Es ist denkbar, daß dann Stickstoffverbindungen kondensieren, gefrieren und in Wolkenpartikel eingebaut werden. So stünden sie für Reaktionen mit Chlor nicht mehr zur Verfügung. Zugleich könnten die Wolkenpartikel die Umwandlung von Chlor-Reservoiren in aktives Chlor erleichtern: Einige chemische Reaktionen laufen an Teilchenoberflächen wesentlich schneller ab als in einem rein gasförmigen Medium.

In der Dunkelheit des Polarwinters kommen zwar viele chemische Prozesse nahezu zum Stillstand. Dennoch ist es möglich, daß die Partikel der polaren stratosphärischen Wolken die wichtigsten Chlor-Reservoire einfangen und langsam verändern; auf diese Weise würden sie Chlormonoxid bereitstellen, das nach dem Ende der Polarnacht im Sonnenlicht plötzlich freigesetzt würde. Leider sind die Zusammensetzung der Wolkenteilchen sowie die Reaktionen, die an ihrer Oberfläche ablaufen, noch nicht genau bekannt.

Die CFKW-Hypothese zum Ozonloch muß freilich nicht nur erklären, wodurch im antarktischen Frühling die den Chlor-Katalysezyklus hemmenden Reaktionen abgeschwächt werden, sondern auch, wie ein nur an den Polen

Bild 6: Polare stratosphärische Wolken bilden sich über der Antarktis, wenn Wasserdampf und vielleicht auch andere Gase wie Salpetersäure durch die eisigen Wintertemperaturen kondensieren und ausfrieren. Man vermutet, daß die Wolken die Aufspaltung von Chlor-Reservoiren erleichtern, wodurch Chlor das Ozon zerstört, wenn im Frühling die Sonne scheint.

auftretendes Phänomen außer Kraft gesetzt wird: Im polaren Frühling steigt die Sonne kaum über den Horizont, und somit wird weniger Ozon durch Sonnenstrahlung abgebaut; dadurch wiederum stehen weniger freie Sauerstoffatome für den Chlor-Katalysezyklus zur Verfügung.

Die Anwesenheit von genügend Brom (Br) in der polaren Stratosphäre könnte zum Ausgleich dieses Defizits an freien Sauerstoffatomen beitragen. Brom wird aus der natürlich vorkommenden Verbindung Methylbromid, aus Desinfektionsmitteln und gewissen Feuerlöschmitteln in die Atmosphäre freigesetzt; es kann mit Ozon reagieren und ein Brommonoxid-Radikal (BrO) sowie ein Sauerstoffmolekül bilden. Das Brommonoxid kann seinerseits mit Chlormonoxid reagieren, ein weiteres Sauerstoffmolekül bilden und dabei Chlor- und Bromatome freisetzen. Insgesamt wird dabei Ozon in Sauerstoff umgewandelt.

Solch ein kombinierter Chlor-Brom-Katalysezyklus funktioniert selbst dann gut, wenn freie Sauerstoffatome in der Umgebung relativ rar sind. Auch Brom allein kann Ozon wirkungsvoll zerstören: Es löst ähnlich wie Chlor eine Reaktionskette aus, für die aber in diesem Fall kein freier Sauerstoff nötig ist.

Obwohl zur Chemie der antarktischen Ozonzerstörung noch viele Fragen offen bleiben, stützen die Ergebnisse einer großen Untersuchung am McMurdo-Sund von 1986 sowie die vorläufigen Ergebnisse des *Airborne Antarctic Ozone Experiment* des Jahres 1987 doch im wesentlichen die Chlorfluorkohlenwasserstoff-Theorie. Zum Beispiel ist im Ozonloch die Chlormonoxid-Konzentration im Frühling gegenüber den Werten in den mittleren Breiten erhöht; außerdem liegen − wie zu erwarten − die Konzentrationen der Stickoxide im Ozonloch viel tiefer als in mittleren Breiten.

Die Meßergebnisse stimmen überdies mit der Annahme überein, daß die als Chlor-Reservoire dienenden Verbindungen Chlornitrat und Salzsäure durch Wolken verändert werden. Als Gase sind beide Reservoire zu Beginn des antarktischen Frühlings (wenn das Ozonloch sich bildet) nur in geringen Mengen vorhanden, ihre Konzentrationen nehmen aber dann zu. Der Anstieg deutet darauf hin, daß ein großer Teil dieser Substanzen ursprünglich in einer nicht beobachtbaren Form vorlag, etwa an Wolken-Teilchen gebunden.

Ob auch Brom im Einklang mit der Theorie eine wichtige Rolle spielt, ist unklar. Vorläufige Ergebnisse deuten an, daß seine Konzentration in der antarktischen Stratosphäre nicht ungewöhnlich hoch ist.

Die Indizien für chemische Ursachen des Ozonlochs schließen allerdings die Möglichkeit nicht aus, daß natürliche

Prozesse, etwa eine veränderte Dynamik der Atmosphäre, wichtig sind. Dynamische Prozesse zerstören Ozon nicht, sondern verteilen es einfach um.

Die Idee, Veränderungen der Dynamik könnten eine Rolle spielen, liegt nahe, da die Atmosphäre ein dreidimensionales Fließsystem ist, das sich unablässig bewegt und somit Ort und Menge nicht nur des Ozons, sondern auch aller anderen chemischen Verbindungen verändert, die das Ozon beeinflussen. Wenn die Ozonkonzentration, die immer gewissen natürlichen Schwankungen unterworfen ist, nur durch die Sonne beeinflußt würde, wären die größten Konzentrationen dort zu erwarten, wo die Sonneneinstrahlung am stärksten ist, das heißt in großen Höhen und sehr niederen Breiten. In Wirklichkeit aber finden sich die höchsten Werte nicht in der oberen, sondern in der mittleren Stratosphäre. Außerdem werden die größten Ozonmengen nicht über dem Äquator beobachtet – dort mißt man in der Regel nur rund 260 Dobson-Einheiten –, sondern in der Nähe der Pole.

Natürliche Ursachen

Diese Verteilung kommt zustande, weil Luft der Stratosphäre von großen Höhen über den Tropen zu geringeren Höhen über den Polargebieten zirkuliert und neugebildetes Ozon mitführt. In der Nord-Hemisphäre erreicht diese stratosphärische Luft den Nordpol, wo die mittlere Ozonsäule zwischen Winter und Frühling auf rund 450 Dobson-Einheiten ansteigt. In der Süd-Hemisphäre gelangt die Zirkulation während des größten Teils des Jahres freilich nur bis zu etwa 60 Grad südlicher Breite; die Ozonsäule erreicht hier maximal etwa 380 Dobson-Einheiten. Besonderheiten der antarktischen Meteorologie, insbesondere der Polarwirbel, hindern die ozonreiche Luft bis zum späten Frühling daran, weiter nach Süden vorzudringen (Bild 7).

Zum Teil aufgrund dieses Zirkulationsmusters blieb die Ozonsäule in der antarktischen Atmosphäre früher fast den ganzen Winter und Frühling über nahezu konstant bei ungefähr 300 Dobson-Einheiten. Dann aber nahm sie gegen Ende des Frühlings rasch auf fast 400 Dobson-Einheiten zu, denn der Polarwirbel löste sich auf und erlaubte einen schnellen Zustrom von Luftmassen aus niederen Breiten. Jetzt ist die Ozonsäule zwar noch während des gesamten Winters fast konstant, fällt jedoch im Frühling rasch auf weniger als 200 Dobson-Einheiten.

Ein früherer Versuch, die Ozonabnahme im Frühling auf dynamische

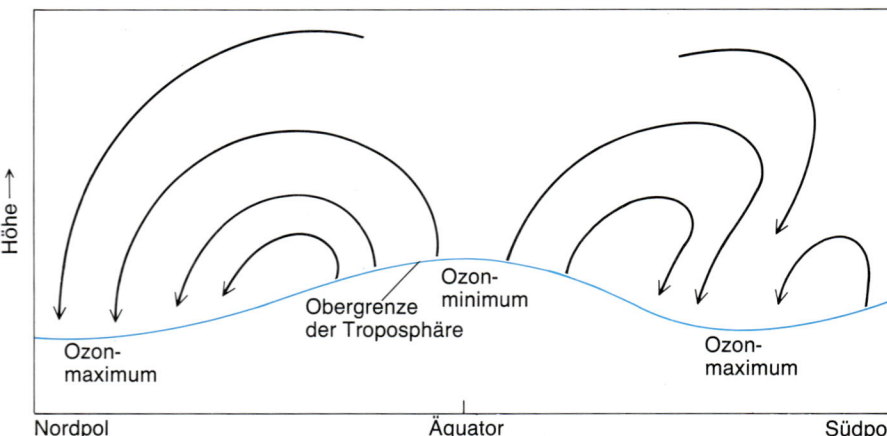

Bild 7: Mit der stratosphärischen Zirkulation – hier sehr vereinfacht dargestellt – strömt ozonreiche Luft vom Äquator abwärts zu den Polen. Dadurch ist die Ozonkonzentration nicht am Äquator am höchsten, obwohl dort das meiste Ozon gebildet wird, sondern in der Nähe des Nordpols und bei etwa 60 Grad südlicher Breite. Weiter nach Süden dringt das Ozon fast während des ganzen Jahres nicht vor, weil die Zirkulation in diesen Breiten auf die Gegenströmungen des antarktischen Polarwirbels stößt. Da die Ozonhäufigkeiten von der atmosphärischen Zirkulation beeinflußt werden, wird das Ozonloch möglicherweise zum Teil durch Änderungen der Luftströmungen in der südlichen Hemisphäre verursacht.

Prozesse zurückzuführen, bot folgende Erklärung: Feine Aerosol-Teilchen, die 1982 beim Ausbruch des Vulkans El Chichón in Mexiko in die Atmosphäre gelangt waren, hätten durch Absorption von Sonnenstrahlung die Stratosphäre erwärmen und einen springbrunnenförmigen Hoch- und Abtransport ozonreicher Luft aus der Südpolregion hervorrufen können. Inzwischen ist jedoch dieses vulkanische Material großenteils aus der Atmosphäre verschwunden, und die Ozonwerte müßten wieder auf ihre früheren Werte ansteigen.

Einer anderen Theorie zufolge kommt eine solche Aufwärtsströmung zustande, weil die Zirkulation ozonreicher Luftmassen aus wärmeren Breiten zum Südpol nachgelassen hat; dafür habe sich eine umgekehrte Strömung ausgebildet, die ozonreiche polare Luft aus der unteren Stratosphäre aufwärts und zum Äquator transportiert. Diese Luft würde durch ozonarme Luft aus der Troposphäre ersetzt.

Hinweise auf einen dynamischen Mechanismus wären durch Temperaturanalysen zu gewinnen. Wenn im Frühling die Zirkulation nicht die Polregion erreichen könnte, sollte man dort eine Abnahme sowohl der Temperatur als auch des Ozons erwarten. Zwar wurden bisher in der antarktischen Stratosphäre im August und September, wenn sich das Ozonloch bildet, keine wesentlichen Temperaturänderungen entdeckt, aber für Oktober haben manche Forscher niedrigere mittlere Temperaturen gemessen. Dies könnte bedeuten, daß sich im Frühling der Zustrom warmer Luft in die Polregion verzögert hat.

Wie in der Wissenschaft üblich, erweckt eine Idee weitere. Für die Abnahme der Oktober-Temperatur kommen auch andere Erklärungen in Betracht. Sie könnte zum Beispiel von einem chemischen Abbau des stratosphärischen Ozons herrühren statt von Veränderungen in der atmosphärischen Zirkulation. Da Ozon Sonnenstrahlung absorbiert, könnte der Ozonabbau im Frühling eine verringerte Strahlungsabsorption und somit eine Abkühlung der Stratosphäre zur Folge haben.

Es gibt aber ziemlich eindeutige Hinweise auf dynamische Prozesse, die zur Ausdünnung der Ozonschicht beitragen. Das *Airborne Antarctic Ozone Experiment* des Jahres 1987 ergab, daß die Ozonsäule an einem einzigen Tag, dem 5. September, auf einer Fläche von etwa 3 Millionen Quadratkilometern um etwa 10 Prozent sank. Nach Ansicht der Forscher ist ein derart schneller und drastischer Abfall kaum durch chemische Prozesse, wohl aber durch atmosphärische Strömungen zu erklären. In diesem Fall ist es naheliegend, daß ozonarme Luft, möglicherweise aus der unteren Stratosphäre, vorübergehend in die Region einströmte. Allerdings fanden die Forscher mittels der Konzentrationsbestimmung von Gasen, die als Tracer für Luftbewegungen dienen, keinerlei Hinweise für eine großräumige und anhaltende Aufwärtsströmung in der Stratosphäre.

Dynamische und chemische Modelle werden gegenwärtig auch zur Erklärung eines ähnlichen wissenschaftlichen Rätsels diskutiert: Man hat nämlich entdeckt, daß in der gesamten Süd-Hemisphäre südlich des 45. Breitengrads die Ozonmengen im Frühling abgenommen haben. Eine Abschwächung der Zirkulation aus mittleren Breiten könnte sicherlich zu einer derartigen Abnahme beitragen, aber auch chemische Vorgänge könnten eine Rolle spielen. Zum Beispiel kann sich chemisch ozonabgereicherte Luft aus dem Polarwirbel mit Luft in der umliegenden Region mischen, so daß insgesamt ein Ozonverlust zu beobachten ist.

Eine globale Gefahr?

Alles in allem verstärken jüngste Forschungsergebnisse den Verdacht, daß die Chlorflourkohlenwasserstoffe in der Tat wesentlich zum Entstehen des Ozonlochs beitragen. Die Befunde zeigen aber auch, daß dieses Phänomen durch die einzigartigen meteorologischen Bedingungen der Südpolregion (den Polarwirbel, tiefe stratosphärische Temperaturen und polare stratosphärische Wolken) beeinflußt wird sowie wahrscheinlich auch durch Verschiebungen im Luftströmungsmuster der Süd-Hemisphäre. Was sagt all dies über eine mögliche globale Gefährdung der Ozonschicht aus?

Die Daten sprechen zwar dafür, daß die ungewöhnliche jahreszeitliche Abnahme des Ozons am Südpol durchaus eine regionale Besonderheit sein kann, die sich in wärmeren Klimaten nicht wiederholt — aber diese Einschätzung ist nicht zwingend. Eines steht jedenfalls fest: Chlorfluorkohlenwasserstoffe können den Ozongehalt der Atmosphäre beeinträchtigen. Außerdem wird das bereits in die Stratosphäre emittierte Chlor noch für Jahrzehnte mit Ozon wechselwirken.

Darum ist die jüngste Vereinbarung über eine weltweite Kontrolle des CFKW-Verbrauchs zu begrüßen. Natürlich wird weiter diskutiert, ob die Ziele des Vertrags ausreichen oder übertrieben eng gesteckt sind; aber darüber wird vielleicht bald mehr Klarheit bestehen. Die Endergebnisse des *Airborne Antarctic Ozone Experiment* stehen ab Mitte 1988 zur Verfügung — rechtzeitig für eine wissenschaftliche Aufarbeitung im Jahre 1989 und für die Überarbeitung der Vereinbarungen von Montreal im Jahre 1990.

Vorläufig hat das Ozonloch immerhin auch zwei positive Auswirkungen: Es hat die internationale Gemeinschaft von der Notwendigkeit überzeugt, gegen eine weltweite Umweltgefährdung zusammenzuarbeiten; und es spornt die Forscher an, Chemie und Dynamik der Atmosphäre viel genauer zu erforschen. Diese Anstrengung hat unser Wissen über die Wechselwirkungen des Ozons mit anderen Gasen und über deren Abhängigkeit von meteorologischen Bedingungen schon jetzt revolutioniert. .

Wirtschaftliche Aspekte des Kohlendioxid-Problems

Seit Beginn der industriellen Revolution wurde weltweit mehr und mehr
von dem Treibhausgas CO_2 freigesetzt. Mittlerweile droht sich dadurch das globale
Klima zu verändern. Wie volkswirtschaftliche Szenarien belegen, sind die Kosten eines
Übergangs zu wesentlich verringerten Emissionen durchaus
vertretbar – politischen Willen vorausgesetzt.

Von Malte Faber, Frank Jöst, John Proops und Gerhard Wagenhals

Kaum ein Beispiel scheint auf den ersten Blick den Gegensatz von Wirtschaftswachstum und Umweltschutz besser zu illustrieren als das Kohlendioxid-Problem. Hauptquelle der anthropogenen CO_2-Emissionen ist die Gewinnung von Energie aus fossilen Energieträgern. Rauchende Schlote waren seinerzeit geradezu das Wahrzeichen der industriellen Revolution; sie standen für dynamische ökonomische Entwicklung und immerzu verbesserte Güterversorgung. Auch heute noch kommen die Volkswirtschaften nicht ohne die umfangreiche – in den weniger entwickelten Regionen der Welt sogar noch stark zunehmende – Nutzung nichterneuerbarer Energie aus.

Andererseits sprechen starke Indizien dafür, daß weiterhin gesteigerte CO_2-Emissionen über den Treibhauseffekt – die Fähigkeit atmosphärischer Spurengase, Wärme zurückzuhalten – eine globale Klimaänderung mit möglicherweise katastrophalen Folgen bewirken (siehe „Veränderungen der Atmosphäre" von Thomas E. Graedel und Paul J. Crutzen in diesem Band, und „Veränderungen des Klimas" von Stephen H. Schneider, Spektrum der Wissenschaft, November 1989, Seite 70, sowie „Die große Klima-Debatte" von Robert M. White, Spektrum der Wissenschaft, September 1990, Seite 72). Darum hat die Weltkonferenz „The Changing Atmosphere", die im Juni 1988 in Toronto (Kanada) stattfand, der Menschheit das Ziel gesetzt, die CO_2-Emissionen bis zum Jahre 2005 um 20 Prozent ihres Werts von 1988 zu verringern; bis Mitte des nächsten Jahrhunderts sollen sogar mindestens 50 Prozent dieses Betrags vermieden werden.

Die meisten Umweltschäden – zum Beispiel die Grundwasserverschmutzung durch Dioxine aus Mülldeponien und durch Überdüngung der landwirtschaftlichen Böden – waren nicht erwartet worden, und darum mußte man auf bereits entstandene Schwierigkeiten reagieren (siehe auch den folgenden Beitrag „Das Mengenproblem der Abfallwirtschaft" von Malte Faber, Gunter Stephan und Peter Michaelis in diesem Band). Man ergriff dabei meist sogenannte *End-of-the-pipe*-Maßnahmen (wörtlich: am Ende des Abflußrohrs). So wird etwa das verschmutzte Grundwasser geklärt oder verdünnt, damit es Trinkwasser-Qualität erreicht.

Hingegen sind beim CO_2-Problem die Folgen einer globalen Erwärmung – wie Überflutungen niedrig gelegener Landstriche und die Versalzung von Flußmündungen – noch nicht eingetreten, lassen sich aber mit großer Sicherheit voraussagen. Die Stärke dieser Effekte wird durch die heutigen und künftigen Emissionen bei der Energieerzeugung mit fossilen Energieträgern bestimmt. Darum sind vorbeugende Gegenmaßnahmen möglich. Andererseits kennt man keine *End-of-the-pipe*-Technik, um das in der Atmosphäre schon übermäßig vorhandene Kohlendioxid zu verringern (Bild 1).

Die wirtschaftlichen Aspekte des Problems lassen sich relativ einfach untersuchen, denn der Mensch verursacht CO_2-Emissionen größtenteils durch Verbrennung fossiler Energieträger – also Kohle (Stein- und Braunkohle), Öl und Gas. Über deren Verbrauch in den industrialisierten Ländern gibt es seit langem ausführliche Statistiken. Auch ist die langfristige Wirkung der Emissionen auf die atmosphärische CO_2-Konzentration einigermaßen abschätzbar. (Hingegen läßt sich beispielsweise viel schwieriger vorhersagen, wie Sickerwasser aus Abfalldeponien sich auf die Qualität des Grundwassers auswirkt.)

Das anthropogene CO_2 ist nicht nur ein Umwelt-, sondern auch ein eminentes Rohstoffproblem, denn Kohle, Öl und Gas sind die Hauptquellen unserer Energieversorgung. Da Alternativen zur nichtfossilen Energieerzeugung in vergleichbarem Maßstab erst längerfristig verfügbar sein werden, vermag man die CO_2-Emissionen nicht in kurzer Zeit global zu beenden, wie es gegenwärtig etwa bei den Fluorchlorkohlenwasserstoffen (FCKWs) versucht wird.

Industrialisierung und anthropogenes CO_2

Ein Vergleich der bisherigen Trends in unterschiedlichen Wirtschaftsregionen der Erde unterstreicht den engen Zusammenhang von CO_2-Ausstoß und ökonomischem Entwicklungsstand. Von 1950 bis 1973 nahmen diese Emissionen in

Dieser Artikel ist im Juli 1993 in *Spektrum der Wissenschaft* erschienen.

der Welt viel schneller zu als allein in Westeuropa und in den USA. Im Gefolge des ersten Ölpreisschocks von 1973 flachte der Anstieg in den USA ab, während die Emissionen sich in der EG bis etwa 1985 sogar verringerten. Der globale Trend war jedoch – abgesehen von einem kurzen Einbruch in den frühen achtziger Jahren – ungebrochen (Bild 2).

Zugleich hat das Verhältnis der CO_2-Emissionen zum Bruttosozialprodukt – ein Indikator für die Umweltbelastung durch Verbrennen fossiler Energieträger, insbesondere Kohle – seit den fünfziger Jahren weltweit abgenommen. Dabei ist dieser Wert in den USA und der EG wesentlich stärker gesunken als in der Welt insgesamt (Bild 3).

Betrachtet man schließlich, wie sich seit 1950 die Emissionen auf die verschiedenen Regionen der Welt verteilt haben, so zeigt sich: Die Anteile von USA und Westeuropa sinken, die der Entwicklungsländer nehmen zu (Bild 4). Der Grund ist die zunehmende Industrialisierung in der Dritten Welt. Dieser Trend wird sich wahrscheinlich längere Zeit fortsetzen.

Für die Entwicklung der globalen CO_2-Emissionen ist somit – außer der absoluten Höhe des Bruttosozialprodukts – das Verhältnis der Emissionen zum Bruttosozialprodukt ausschlaggebend. Auf dieses Verhältnis wirken mehrere Faktoren ein.

Erstens geben die fossilen Energieträger beim Verbrennen unterschiedlich viel CO_2 ab. Erzeugt man eine Steinkohleeinheit (SKE; die beim Verbrennen einer Tonne Steinkohle freiwerdende Energie) mit Kohle, so entstehen 2,20 Tonnen CO_2, bei Öl 1,82 und bei Gas 1,35 Tonnen. Substitution von Kohle durch Öl und noch besser durch Gas senkt somit die Emissionen. Diesen Zusammenhang nennen wir den Brennstoff-Mix.

Zweitens benötigen die Sektoren der Volkswirtschaft unterschiedlich viel Energie, um Güter desselben Werts zu produzieren. So ist die Herstellung einer Tonne Zement sehr energieaufwendig; hingegen kommt der Bank- und Versicherungssektor mit wenig Energie aus, um Dienstleistungen im Wert von einer Tonne Zement bereitzustellen.

Zudem setzen die Industriesektoren unterschiedliche fossile Energieträger ein. So nutzt die Zementindustrie vor allem Kohle, die Glasindustrie fast nur Öl und Gas – ein Grund, warum erstere mehr CO_2 erzeugt. Hier handelt es sich um den sogenannten sektoralen Einfluß.

Drittens variiert die Energieeffizienz erheblich: Aufgrund besserer Verfahren läßt sich die gleiche Menge eines Produkts mit weniger Energie herstellen. Zum Beispiel würden die CO_2-Emissionen in Deutschland schon um 28 Prozent sinken, wenn man anstelle der gerade gängigen Produktionsverfahren (der „allgemein anerkannten Regeln der Technik") überall die fortschrittlichsten und mit Erfolg erprobten Methoden (den „Stand der Technik") anwenden würde.

Viertens verschiebt sich im Laufe der Zeit das Gewicht einzelner Sektoren einer Volkswirtschaft – vor allem der sich wandelnden Nachfrage wegen. So hat in der Bundesrepublik die Bedeutung der Landwirtschaft abgenommen, die von Chemie und Automobilindustrie ist gewachsen. Auch diese Gewichtsverschiebung verändert über den sektoralen Einfluß den CO_2-Ausstoß.

Schließlich entwickelt sich der Bedarf an Energie bei den Haushalten anders als in der Industrie. Auch dort hängt die Höhe der Emissionen wiederum vom Brennstoff-Mix, dem sektoralen Einfluß – für Heizung und Personenverkehr wird viel Energie benötigt, für Kommunikation wenig – und von der Energieeffizienz ab. Um die wichtigsten Einflußgrößen

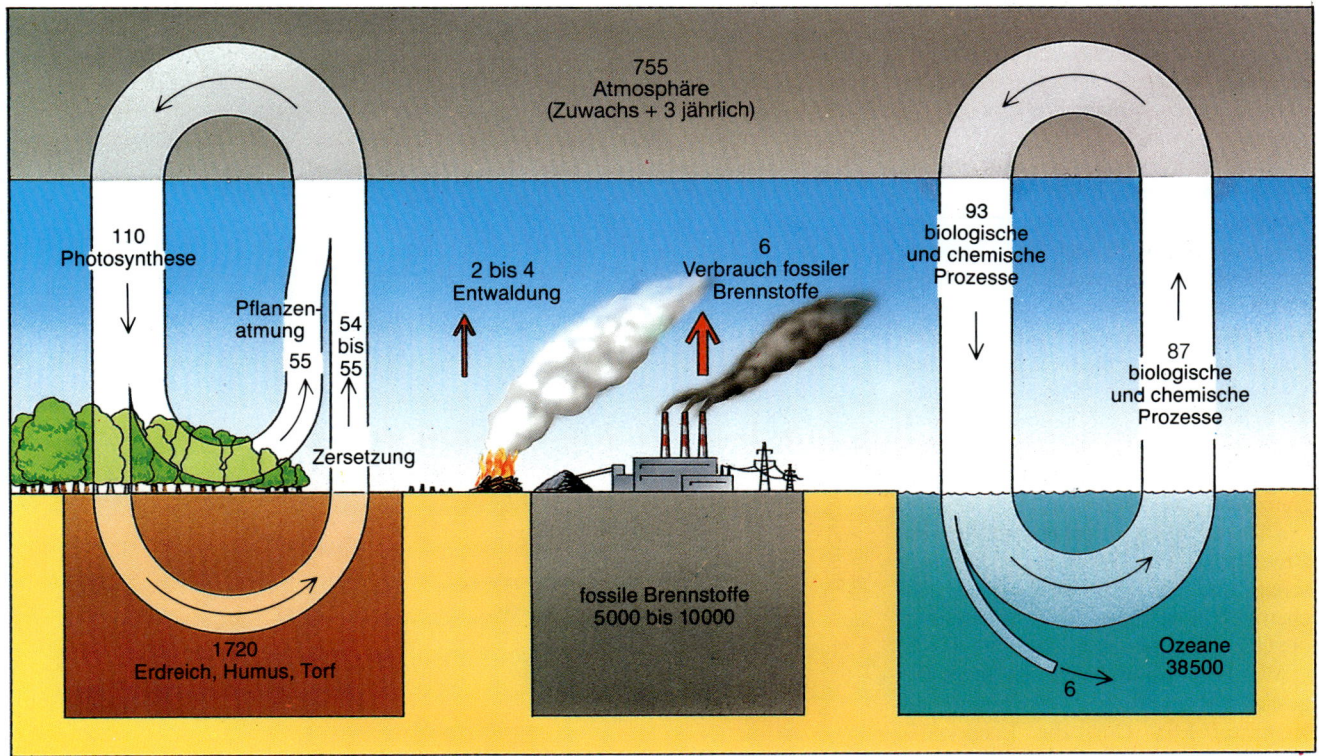

Bild 1: In diesem Diagramm des globalen Kohlenstoffkreislaufs geben die Zahlen angenähert die jährlichen Flüsse von Kohlendioxid sowie die Menge des in jedem Reservoir gespeicherten Kohlenstoffs in Milliarden Tonnen an. Die seit jeher existierenden Kreisläufe zwischen Atmosphäre und Kontinenten beziehungsweise Ozeanen nehmen aus der Atmosphäre ungefähr so viel Kohlen- **dioxid auf, wie sie wieder abgeben. Doch menschliche Aktivitäten wie Waldrodung und Verfeuerung fossiler Brennstoffe erzeugen gegenwärtig zusätzlich rund 9 Milliarden Tonnen CO_2 jährlich, von denen etwa ein Drittel in der Atmosphäre verbleibt; die übrigen zwei Drittel werden vermutlich durch chemische und biologische Prozesse größtenteils von den Ozeanen aufgenommen.**

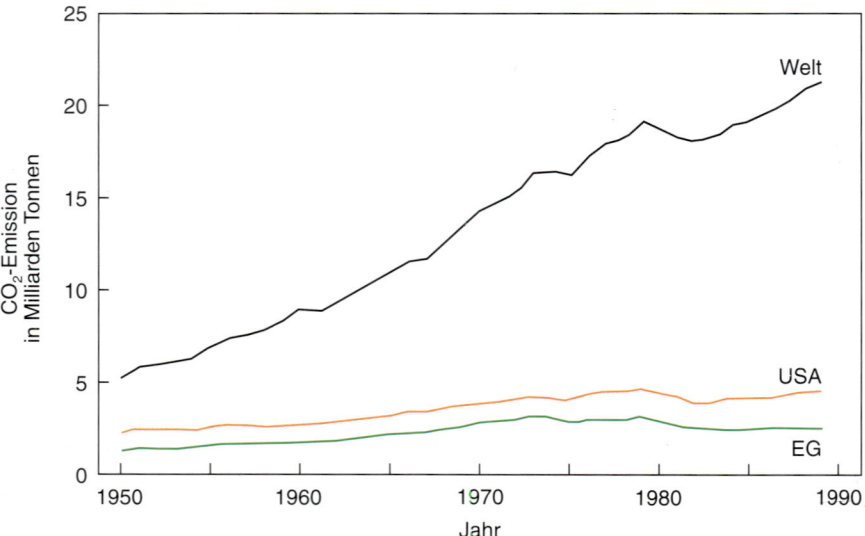

Bild 2: Die anthropogenen CO$_2$-Emissionen stiegen von 1950 bis 1973 weltweit wesentlich schneller als etwa die Anteile der Europäischen Gemeinschaft (EG) und der Vereinigten Staaten. Nach dem ersten Ölpreisschock des Jahres 1973 sanken die Emissionen in der EG sogar; in den USA blieben sie mehr oder weniger konstant.

quantitativ zu erfassen, definieren wir drei volkswirtschaftliche Variablen:

Erstens bilden wir das Verhältnis C/E der gesamten CO$_2$-Emissionen C zum totalen Energieverbrauch E. Bleiben das Bruttosozialprodukt und das Verhältnis Energie/Bruttosozialprodukt konstant, dann bedeutet eine Verringerung von C/E, daß zum Beispiel weniger Kohle und mehr Gas eingesetzt wird. Mit dieser Variablen haben wir folglich ein Maß für die Zusammensetzung der fossilen Energieträger, das heißt den Brennstoff-Mix.

Zweitens betrachten wir das Verhältnis E/Y des Energieverbrauchs E zum Bruttosozialprodukt Y. Bleiben C/E und Y konstant, so bedeutet eine Verringerung von E/Y, daß die Energienutzung effizienter geworden ist oder daß die Volkswirtschaft sich zu weniger energieintensiven Sektoren bewegt, also beispielsweise weniger Zement und mehr Bankdienstleistungen produziert (sektoraler Einfluß). Somit bildet die Variable E/Y ein Maß für die Energieeffizienz einer Volkswirtschaft.

Drittens spielt selbstverständlich das Bruttosozialprodukt Y der Volkswirtschaft eine Rolle. Je höher es (bei gleichem C/E und E/Y) ist, desto höher ist die CO$_2$-Emission.

Welchen Einfluß haben nun diese drei gesamtwirtschaftlichen Variablen – der Brennstoff-Mix C/E, die Energieeffizienz E/Y und das Bruttosozialprodukt Y – auf die CO$_2$-Emissionen? Wie sich zeigen läßt, kann man die zeitliche Veränderungsrate der CO$_2$-Emissionen $\Delta C/C$ als Summe der Veränderungsraten dieser drei Variablen approximieren:

$$\Delta C/C = \Delta(C/E)/(C/E) + {} + \Delta(E/Y)/(E/Y) + \Delta Y/Y$$

Mittels dieser Zerlegung vermögen wir zu erklären, welchen Einfluß jede dieser drei Variablen in der Vergangenheit auf die Entwicklung der CO$_2$-Emissionen gehabt hat. Überdies lassen sich aus den Trends dieser drei Komponenten die jährlichen Veränderungsraten der Emissionen schätzen, und damit können wir Aussagen über die künftige Entwicklung der Gesamtemissionen machen.

Angewandt auf die unterschiedlichen CO$_2$-Veränderungsraten für die Welt, die Vereinigten Staaten und Westeuropa ergibt sich: Während die globalen Emissionen durch zunehmende Industrialisierung weiter wachsen (sektoraler Einfluß), haben die der USA sich stabilisiert, und in der EG fallen sie sogar; dies läßt sich auf geringere Wachstumsraten der Bruttosozialprodukte und auf zunehmende Energieeffizienz zurückführen.

Deutschland und Großbritannien im Vergleich

Wir haben zwei wichtige Volkswirtschaften der Europäischen Gemeinschaft genauer untersucht: Deutschland (alte Bundesländer) und Großbritannien (England, Schottland, Wales und Nordirland). In unserer Studie unterteilten wir die Wirtschaften jedes der beiden Länder in 47 jeweils vergleichbare Sektoren. Für jeden dieser Sektoren können wir die beschriebene Zerlegung in die drei Einflußgrößen vornehmen. Die Verflechtungen der Sektoren haben wir mit Hilfe der Input-Output-Analyse beschrieben (siehe „Input-Output-Analyse" von Reiner Stäglin sowie „Technologie-Wahl und Ökonomie" von Wassily Leontief, Spektrum der Wissenschaft, Mai 1985, Seite 44, und August 1985, Seite 32). Schließlich haben wir die Änderungen der Produktionsstruktur analysiert und daraus Zukunftsszenarien entwickelt.

Die Gesamtemissionen der beiden Volkswirtschaften zeigen in der betrachteten Zeitspanne zuerst steigende Tendenz (Bild 5). Während jedoch die britischen CO$_2$-Emissionen ihren Höchst-

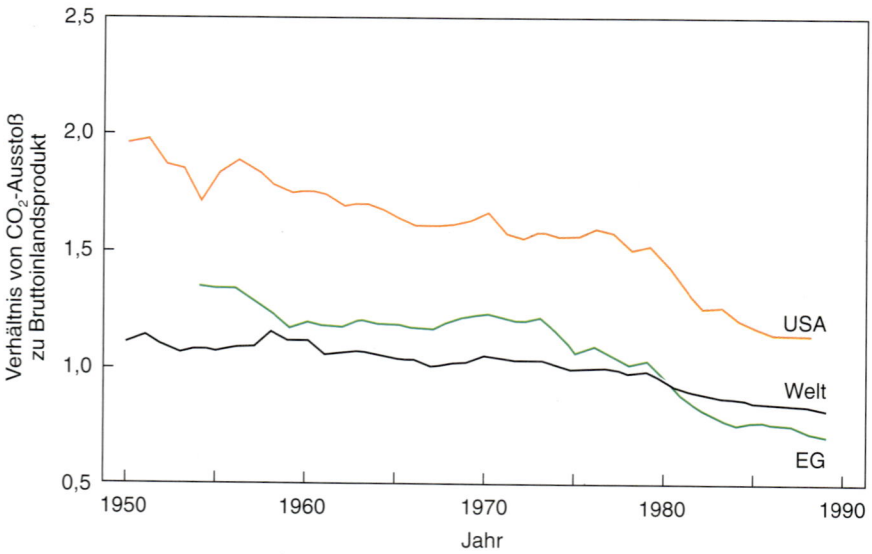

Bild 3: Das Verhältnis des emittierten CO$_2$ (in Tonnen) zum Bruttosozialprodukt (in 1000 ECU von 1985) nimmt global gesehen langsam ab. In bereits hochindustrialisierten Regionen wie den USA und Westeuropa ist dieser Trend zu einer weniger umweltbelastenden Energienutzung viel stärker ausgeprägt als in der Welt insgesamt.

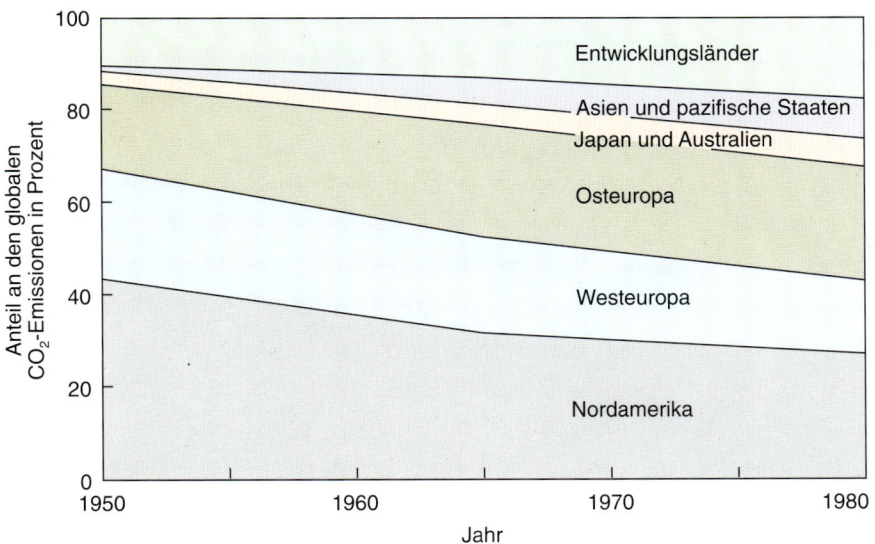

Bild 4: Der enorme Anteil der hochindustrialisierten Wirtschaftsräume USA und Westeuropa am globalen CO_2-Ausstoß hat in den letzten vier Jahrzehnten abgenommen. Dafür ist der Beitrag der Entwicklungsländer zu diesem weltweiten Umweltproblem gewachsen. Diese Verschiebung wird wahrscheinlich zukünftig andauern.

stand schon 1972 erreichten, war das bei den deutschen erst 1980 der Fall. Daß die Trendumkehr jeweils zur Zeit eines Ölpreisschocks eintrat, kommt gewiß nicht von ungefähr: Die steigenden Energiepreise waren ein starker Anreiz, die Energieeffizienz zu verbessern, und dadurch sanken die Emissionen.

Wie die kumulativen Verbrauchskurven von Kohle, Öl und Gas belegen, hat in beiden Ländern eine langfristige Substitution von Kohle durch Öl und Gas stattgefunden (Bild 6). Unterschiede werden jedoch deutlich, wenn man Haushalte und Industrie separat betrachtet: In Deutschland hat der Anteil der Haushalte an den CO_2-Emissionen wesentlich stärker zugenommen als in Großbritannien (Bild 7). Gemeinsam ist beiden Staaten, daß die Emissionen der Industrie seit ein bis zwei Jahrzehnten sinken, während die der Haushalte noch leicht steigen.

Ein differenzierteres Panorama der bisherigen Entwicklung ergibt sich, wenn man die Gesamtemissionen C in die Faktoren Brennstoff-Mix (C/E), Energieeffizienz (E/Y) und Bruttosozialprodukt (Y) zerlegt. In den fünfziger Jahren lag das Wachstum der Emissionen bei 4 Prozent pro Jahr in Deutschland und 1,5 Prozent in Großbritannien; in Deutschland sank es bis 1976 auf null Prozent, in Großbritannien bis 1971. Von da an war die jährliche Veränderungsrate negativ: etwa –1,5 Prozent in Deutschland und –1 Prozent in Großbritannien (Bild 8).

Für diese Trendumkehr war im wesentlichen die langfristige Substitution von Kohle durch Öl und Gas sowie eine verbesserte Energieeffizienz verantwortlich. Dadurch ist in beiden Ländern die Entkoppelung von Bruttosozialprodukt und Energieverbrauch gelungen. Dies ist auf drei Effekte zurückzuführen: auf die Veränderung des Brennstoff-Mixes zugunsten weniger CO_2-intensiver fossiler Brennstoffe, den Anstieg der Energieeffizienz sowie eine Verschiebung vom produzierenden zum Dienstleistungsgewerbe, das weniger Energie benötigt.

Während die CO_2-Emissionen von Industrie- und Dienstleistungssektoren zeitlich ähnlich verlaufen wie die der Gesamtwirtschaft, zeigen die der Haushalte einen deutlich anderen Verlauf (Bild 9). Bei den deutschen Haushalten beginnt die Veränderungsrate auf sehr hohem Niveau – bei 12 Prozent pro Jahr – und fällt 1976 auf null. In Großbritannien ist die Rate fast über die gesamte Zeit – bis auf eine kurze Periode Mitte der sechziger Jahre – positiv; ab 1977 ist sie ungefähr gleich null.

Bemerkenswert ist vor allem, daß am Ende des Betrachtungszeitraums in beiden Ländern die Veränderungsrate praktisch gleich null ist. Dies läßt sich jeweils durch den balancierenden Effekt von steigendem Bruttosozialprodukt Y und besserer Energieeffizienz (sinkendem E/Y) erklären.

Aus der Analyse der bisherigen Entwicklung ergeben sich drei Folgerungen: Erstens hat man in der Industrie Deutschlands und Großbritanniens immer weniger CO_2-intensive Brennstoffe eingesetzt, das heißt, Kohle wurde durch Öl und Gas substituiert; dies trifft jedoch für die deutschen Haushalte nicht in selbem Maße zu. Zweitens ist in beiden Ländern die Energieeffizienz – sowohl in der Industrie als auch bei den Haushalten – gestiegen: Pro Einheit des Bruttosozialproduktes wird immer weniger Energie eingesetzt. Und drittens fand eine sektorale Verschiebung vom emissionsreich produzierenden Gewerbe zu weniger CO_2-intensiven Sektoren des Dienstleistungsgewerbes statt. Infolge aller drei Komponenten der Entwicklung sank die gesamte CO_2-Emission, obwohl das Bruttosozialprodukt zunahm.

Nachdem wir die Entwicklung der CO_2-Emissionen bis 1988 dargestellt ha-

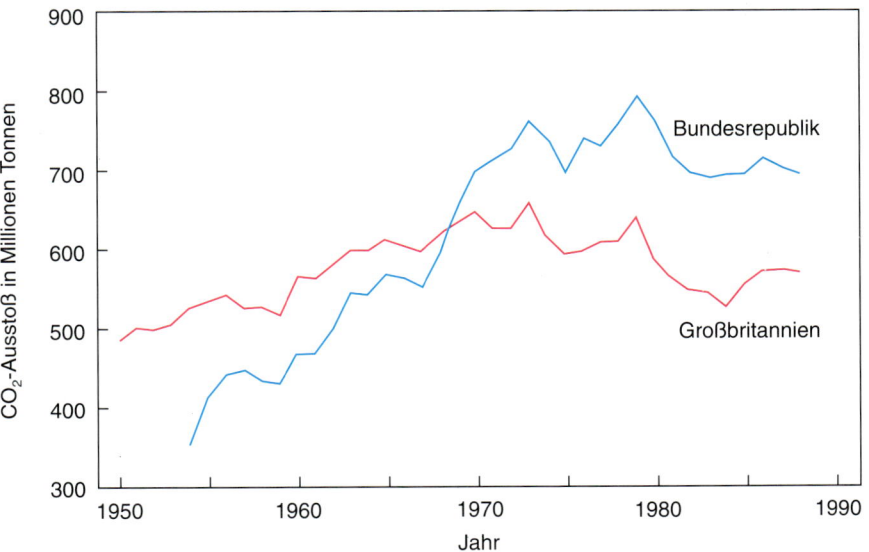

Bild 5: Sowohl in Großbritannien (rot) als auch in der Bundesrepublik Deutschland (blau) sind die CO_2-Gesamtemissionen bis in die frühen siebziger Jahre ziemlich kräftig angestiegen. Die britischen Werte zeigen seit 1972 fallende Tendenz, die deutschen erst seit 1980. Die Trendumkehr trat jeweils zur Zeit eines Ölpreisschocks ein.

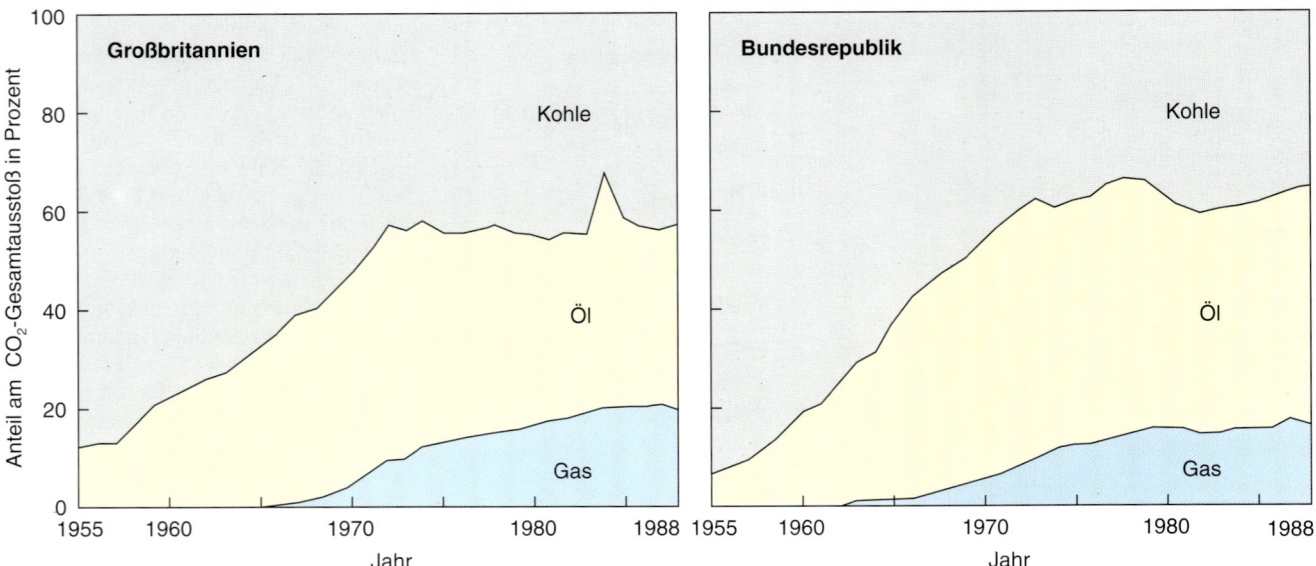

Bild 6: Die kumulativen Verbrauchskurven von Kohle, Öl und Gas für Großbritannien (links) und die Bundesrepublik (rechts) machen die langfristige Substitution von Kohle durch Öl und Gas augenfällig. Den Einbruch der britischen Kohlenutzung und die deutliche Spitze des Ölverbrauchs zu Beginn der achtziger Jahre hat der Streik der Bergarbeiter von 1984 und 1985 verursacht.

ben und wissen, wie Brennstoff-Mix, Energieeffizienz und Sozialprodukt darauf einwirken, können wir nun fragen, wie es damit weitergehen soll. In Politik und Wirtschaft gibt es einerseits Tendenzen, die CO_2-Emissionen nicht durch zusätzliche politische Maßnahmen zu beeinflussen; dabei vertraut man auf die Selbststeuerung der Wirtschaft und hofft, sie werde von sich aus eine Emissionsminderung herbeiführen. Ganz im Gegensatz dazu steht die Tendenz, Reduktionsziele vorzugeben, ohne den wirtschaftlichen und politischen Handlungsspielraum zu berücksichtigen.

Künftige Trends

Wir haben in detaillierten Input-Output-Szenarios untersucht, ob unter plausiblen Annahmen das in Toronto gesetzte Ziel – eine 20prozentige Reduktion des Emissionsniveaus von 1988 bis zum Jahre 2005 – erreichbar ist. Da wir bereits 1993 schreiben, ändern wir aus Gründen der Realisierbarkeit dieses Ziel folgendermaßen ab: Wir betrachten eine jährliche Reduktion von 1,3 Prozent über einen Zeitraum von 20 Jahren. Auf diese Formulierung des Toronto-Zieles beziehen sich unsere Schlußfolgerungen. Unter plausiblen Annahmen verstehen wir, daß die in diesem Szenario dargestellten Entwicklungen zwar keineswegs von selbst und reibungslos ablaufen werden, aber dennoch politisch und wirtschaftlich machbar sind.

Die Annahmen im Szenario entsprechen zwar größtenteils den historischen Trends der drei Einflußgrößen und des

Strukturwandels; doch einige – insbesondere die Annahmen über den Transportsektor – weichen vom bisherigen Trend ab, da wir nicht unterstellen können, daß er sich noch lange aufrechterhalten ließe. Insofern muß die Umwelt- und Wirtschaftspolitik, nachdem sie sich für ein bestimmtes Szenario entschieden hat, Maßnahmen ergreifen, damit die darin angegebenen Trends auch tatsächlich realisiert werden.

Für wichtige Parameter in der deutschen wie auch in der britischen Volkswirtschaft haben wir Entwicklungen vorgezeichnet, die uns plausibel scheinen und mit den verfügbaren Daten, mit ingenieurwissenschaftlichen Informationen und der bisherigen Entwicklung kompatibel sind. In Bild 10 links sind die angenommenen Wachstumsraten für einige Sektoren zusammengefaßt. Die Raten der dort nicht aufgeführten Sektoren haben wir jeweils gleich groß gewählt – und zwar so, daß das gesamte jährliche Wachstum der beiden Volkswirtschaften 2 Prozent beträgt.

Als Ergebnis liefert das Modell für die beiden untersuchten Länder einen quantitativen Zusammenhang zwischen bestimmten wirtschafts- und umweltpolitischen Maßnahmen und den daraus resultierenden Änderungen der gesamten CO_2-Emissionen. Daraus ergeben sich für die beiden Staaten mit Blick auf das Toronto-Ziel mehrere Schlußfolgerungen (siehe die entsprechenden Zeilennummern in Bild 10 rechts):

1. Gehen wir von dem in Bild 10 links angegebenen Strukturwandel aus (mit einem Gesamtwachstum der Wirtschaft von 2 Prozent), dann steigen die CO_2-

Emissionen in beiden Staaten um mehr als 1 Prozent pro Jahr.

2. Durch zweiprozentige Verbesserung der Energieeffizienz in allen Industriesektoren – bei zunächst unveränderter Wirtschaftsstruktur sowie konstantem Bruttosozialprodukt und Brennstoff-Mix – sinken die Emissionen in beiden Staaten jährlich um rund 1,3 Prozent.

3. Beides zusammengenommen – also verbesserte Energieeffizienz bei gleichzeitig geänderter Wirtschaftsstruktur – ergibt nur in der Bundesrepublik mit rund 0,3 Prozent eine nennenswerte Emissionsminderung; bei den britischen Emissionen hingegen heben der zweiprozentige Effizienzfortschritt und das zweiprozentige Wachstum des Sozialprodukts einander praktisch auf.

4. Verbessert man beim direkten Verbrauch der Haushalte die Energieeffizienz um 2 Prozent, so gehen die Emissionen in beiden Ländern um rund 0,6 Prozent zurück.

5. Alle bisher aufgezählten Maßnahmen zusammen ergeben Emissionsminderungen von 0,87 Prozent in der Bundesrepublik und 0,63 Prozent in Großbritannien. Dies genügt noch nicht, um das Toronto-Ziel zu erreichen; dazu wären jährlich 1,3 Prozent nötig.

6. Deshalb sehen wir eine Substitution von fossilen durch nichtfossile Energieträger vor: Die Nutzung von Wasserkraft, Wind und Solarenergie nimmt demnach derart zu, daß der Einsatz fossiler Energieträger um 0,5 Prozent im Jahr zurückgeht. Damit sinken die industriell verursachten CO_2-Emissionen in beiden Staaten um etwa 0,35 und die endnachfragebedingten um rund 0,15 Prozent.

7. Dies alles zusammen ergibt jährliche Reduktionsraten von 1,36 Prozent für die Bundesrepublik und 1,13 Prozent für Großbritannien. Damit ließe sich das Toronto-Ziel für die Bundesrepublik tatsächlich erreichen.

8. In einem ergänzenden Szenario haben wir untersucht, ob man die Vorgabe von Toronto auch bei einem Ausstieg aus der Kernenergie einzuhalten vermöchte. Dabei unterstellen wir einen langsamen Ersatzprozeß, so daß die Emissionen durch den verstärkten Einsatz fossiler Energieträger jährlich nicht über 1 Megatonne (10^6 Tonnen) steigen. Diese Politik verursacht dann in beiden Staaten ein jährliches Wachstum der CO_2-Emissionen um 0,2 Prozent.

9. Faßt man die Ergebnisse dieser Simulationen – einschließlich eines allmählichen Ausstiegs aus der Kernenergie – zusammen, so zeigt sich: Die Bundesrepublik Deutschland (alte Bundesländer) vermag das Toronto-Ziel nach wie vor knapp zu erreichen, während Großbritannien es unter den getroffenen Annahmen knapp verfehlt.

Zusätzliche Simulationsrechnungen auf der Basis unseres Szenarios erweisen, daß die maximalen Emissionsminderungen eine Zunahme der Beschäftigung um mehr als 2 Prozent nach sich ziehen. Dieser Effekt wäre angesichts der jahrzehntelangen hohen Arbeitslosigkeit in beiden Ländern äußerst erwünscht.

Insgesamt ergibt sich, daß das Toronto-Ziel bereits unter Annahmen relativ schwachen Wandels – abgesehen vom Nullwachstum des Transportsektors – nahezu eingehalten werden kann. Dabei scheint die Bundesrepublik (alte Bundesländer) gegenüber Großbritannien im Vorteil zu sein. Wenn wir die Folgen der deutschen Vereinigung berücksichtigen, kann sich dieses Bild ändern: Einerseits wird in den neuen Bundesländern mehr Braunkohle eingesetzt, andererseits werden viele Betriebe geschlossen, die ineffizient Energie genutzt haben.

Alles in allem ist das Ergebnis dennoch ermutigend. Durch gezielte Anstrengungen, Energie einzusparen und erneuerbare Energiequellen zu verwenden, können beide Industriestaaten selbst bei allmählichem Verzicht auf Kernenergie dem Toronto-Ziel sehr nahe kommen. Dieses Ergebnis ist einerseits überraschend, denn in der Bundesrepublik überwiegt Skepsis bei der Debatte, ob wesentliche CO_2-Reduktionspotentiale überhaupt vorhanden seien (vergleiche die Beiträge zum Themenschwerpunkt „Auto und Umwelt" in diesem Band). Andererseits zeigt die frühere Entwicklung Deutschlands und Großbritanniens,

wie flexibel beide Volkswirtschaften auf veränderte Bedingungen zu reagieren vermögen.

Bei der Interpretation des Szenarios ist zu beachten, daß es Hinweise auf den Handlungsspielraum gibt, über den diese Volkswirtschaften verfügen. Maßnahmen innerhalb dieses Spielraumes erscheinen uns prinzipiell nicht nur wirtschaftlich, sondern auch politisch durchsetzbar; denn bei den Änderungen der Produktionsstruktur und des Konsumverhaltens, die das Szenario voraussetzt, würden der gegenwärtige Wohlstand und sein Wachstum in beiden Ländern im wesentlichen erhalten bleiben.

Allerdings ist die politische Durchsetzung nicht einfach. Diese Schwierigkeit kann man nicht unmittelbar aus den Szenarien erschließen. Denn sie zeigen nicht die Übergangsprobleme auf, die bei der Verwirklichung umweltpolitischer Vorgaben unvermeidlich auftreten.

Langfristige Strategien

Die Verstärkung des Treibhauseffekts ist ein globales Problem; somit hat eine Reduktion der CO_2-Emissionen auf lokaler und nationaler Ebene nur geringe Wirkung auf die Kohlendioxidkonzentration in der Atmosphäre. Die Situation hat obendrein Züge des sogenannten Gefangenen-Dilemmas: Wer bei sich den Abgas-Ausstoß senkt, trägt die Kosten allein, aber die anderen können als Trittbrettfahrer die Vorteile nutzen. Darum liegt die Frage nahe: Was nützt es, wenn

die Bundesrepublik und Großbritannien einschneidende Maßnahmen ergreifen? Beim Versuch einer Antwort wollen wir folgendes zu bedenken geben:

– In der Vergangenheit waren die Industriestaaten für 75 Prozent der CO_2-Emissionen verantwortlich; das heißt, sie haben in großem Umfang die Fähigkeit der Erde genutzt, Kohlendioxid zu absorbieren. Darum sind, schon aus Gründen der Gerechtigkeit und Fairness, nun sie gefordert, mit der Emissionsminderung zu beginnen.

– Die Industrienationen haben die höchsten Einkommen. Wie wir wissen, gehört Umweltqualität zu den Gütern, nach denen die Menschen erst verlangen, wenn elementare Bedürfnisse befriedigt sind. Deshalb ist nicht zu erwarten, daß alle Länder gleichzeitig mit der Reduktion der Emissionen beginnen werden.

– Außer über höhere Einkommen verfügen die Industrienationen zudem auch über das nötige Wissen, CO_2-sparende oder -freie Techniken zu entwickeln und einzusetzen. Zudem haben sie die Erfahrungen und die Infrastruktur, die erforderlichen Gesetze zu verabschieden und ihre Einhaltung zu kontrollieren.

– Letztlich müssen diejenigen, die mit der Reduktion beginnen, zwar zunächst hohe Kosten tragen, handeln sich damit aber längerfristig große Vorteile ein. Denn sie nehmen notwendige Anpassungen bereits früher vor und können die dafür entwickelten Techniken dann erfolgreich exportieren.

Insbesondere die sektorale Analyse der letzten drei Jahrzehnte hat gezeigt,

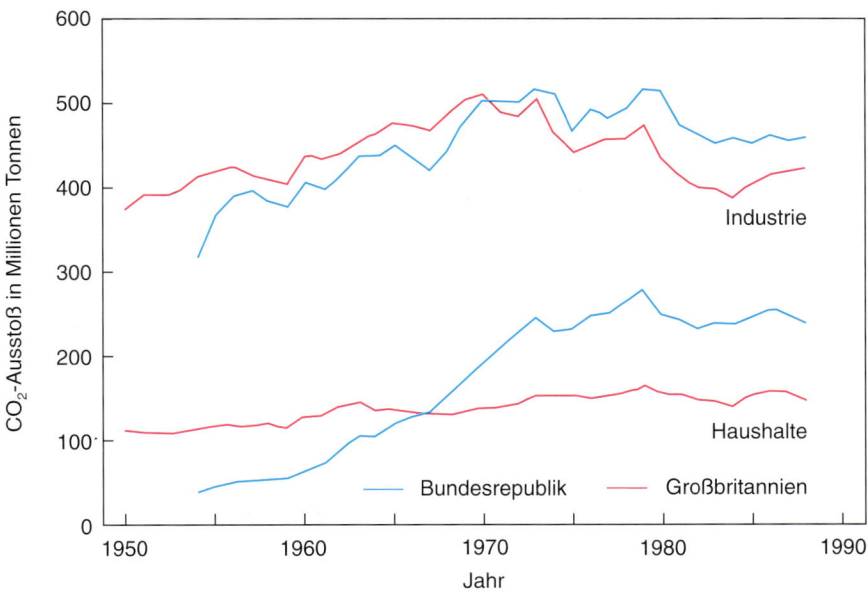

Bild 7: Wie die unterschiedlichen Kurven für Haushalte und Industrie zeigen, ist in Deutschland der Anteil der Haushalte an den CO_2-Emissionen wesentlich stärker gestiegen als in Großbritannien. In beiden Ländern nehmen die Emissionen der Industrie seit ein bis zwei Jahrzehnten ab, während die der Haushalte weiter anwachsen.

153

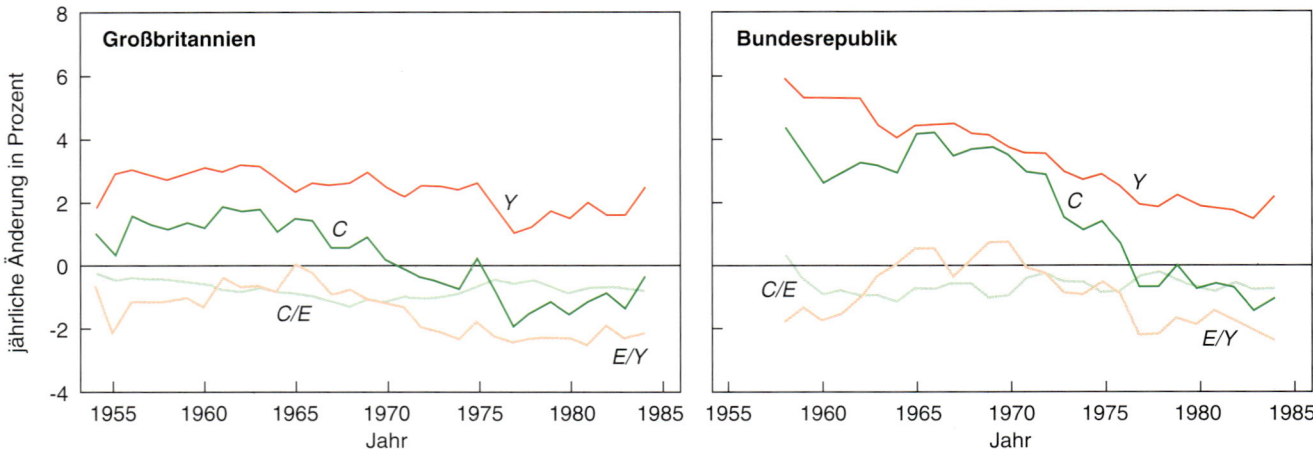

Bild 8: Hier sind für Großbritannien und die Bundesrepublik die Veränderungen der CO_2-Gesamtemissionen (C) sowie der volkswirtschaftlichen Faktoren Brennstoff-Mix (C/E), Energieeffizienz (E/Y) und Bruttoinlandsprodukt (Y) eingetragen. In beiden Ländern hat das jährliche Wachstum der Emissionen von anfangs 1,5 Prozent in Großbritannien und 4 Prozent in Deutschland mit den Jahren abgenommen und schließlich negative Werte erreicht. Die Ursachen sind ein weniger CO_2-intensiver Brennstoff-Mix, bessere Energieeffizienz sowie sektorale Verschiebungen vom energieaufwendigen produzierenden Gewerbe zu Dienstleistungen.

wie unterschiedlich die einzelnen Sektoren zur gesamten Entwicklung der CO_2-Emissionen beitragen. Erst die Kenntnis der quantitativen Einflüsse von Brennstoff-Mix, Energieeffizienz und sektoraler Gewichtung auf die Emissionen ermöglicht eine wirksame Umweltpolitik. Nur so vermag man diejenigen Sektoren zu ermitteln, deren Beitrag zu den Emissionen groß ist, die Einflußgrößen zu bestimmen, auf die das jeweils zurückzuführen ist, und spezifische umweltpolitische Maßnahmen zu entwickeln.

Ordnungspolitik und Marktwirtschaft

Solche Maßnahmen können ordnungsrechtlich oder marktwirtschaftlich orientiert sein. Im ersten Fall arbeitet man mit Ge- und Verboten: Durch Vorschriften und Anweisungen wird versucht, das wirtschaftliche Verhalten direkt zu lenken. Diese Praxis läßt sich auf die gesamte Wirtschaft, die Haushalte, die Industrie oder auf einzelne Sektoren anwenden.

Hingegen wird bei marktwirtschaftlichen Maßnahmen das wirtschaftliche Verhalten indirekt durch Anreize beeinflußt. Dabei muß etwa der Emittent pro Schadstoff-Einheit eine bestimmte Abgabe oder Steuer entrichten. Ein weiteres marktwirtschaftliches Instrument sind Lizenzen oder Zertifikate, mit denen der Staat den Emittenten das Recht zuteilt, Schadstoffe in einer vorher festgelegten Höhe freizusetzen. Solche Lizenzen können auch auf einem entsprechenden Markt gehandelt werden. Für den Emittenten stellt sich somit immer wieder die Frage, ob er seine Zertifikate behält und weiter in der zulässigen Höhe Emissio-

nen verursacht oder ob er diese reduziert und sich dafür Investitionsmittel beschafft, indem er die nicht mehr benötigten Zertifikate verkauft.

Ähnlich wie bei der Abgabe tritt also auch bei Zertifikaten ein ökonomisches Entscheidungskalkül an die Stelle rechtlicher Vorschriften. Dadurch werden die unterschiedlichen Möglichkeiten der Betriebe, ihre Emissionen zu reduzieren, explizit berücksichtigt, insbesondere die sektoral und von Unternehmen zu Unternehmen unterschiedlichen Kostenstrukturen bei der Emissionsvermeidung. Die marktwirtschaftlichen Instrumente garantieren, daß – im Vergleich zu einer für alle Emittenten gleichen ordnungsrechtlichen Regelung – das umweltpolitische Ziel kostengünstiger erreicht wird.

In der praktischen Umweltpolitik empfiehlt sich allerdings häufig eine Kombination von Ordnungsrecht und ökonomischem Instrumentarium. Dies gilt vor allem dann, wenn von einem Abfall- oder Schadstoff akute Gefahren für Mensch und Umwelt ausgehen. Hier wirkt das Ordnungsrecht wie eine Notbremse und stellt sicher, daß bestimmte Grenzwerte regional nicht überschritten werden.

Dies trifft jedoch auf unseren Fall nicht zu. Für eine weitgehende Reduktion von CO_2-Emissionen scheidet das Ordnungsrecht aus; es würde nämlich letztlich eine Bewirtschaftung der fossilen Energieträger bedeuten. Das würfe erhebliche Probleme auf, wie die Kohlepolitik der Bundesrepublik in der Vergangenheit gezeigt hat; außerdem gibt es zu viele kleine Quellen von Kohlendioxid, so daß der administrative Aufwand unvertretbar hoch wäre. Deshalb muß man, um zu deutlichen Emissionsreduk-

tionen zu kommen, marktwirtschaftliche Instrumente einsetzen. Dies hat außer geringeren Kosten weitere Vorteile. So würde eine CO_2-Abgabe erhebliche Steuereinnahmen bringen; dafür könnte der Fiskus andere Steuern senken, etwa die Einkommensteuer.

Solchen Einnahmen kommt vielleicht noch eine weitere Bedeutung zu: Zur Lösung des Problems einer globalen Klimaänderung wird eine weltweite Konvention angestrebt. Um alle Staaten zu bewegen, ihr beizutreten, und um zu gewährleisten, daß die vereinbarten Reduktionsziele auch umgesetzt werden, sind möglicherweise Kompensationszahlungen nötig, insbesondere an Entwicklungsländer; die Verhandlungsstrategie der Bundesregierung enthält dieses Element. Damit soll an die Erfahrungen mit dem Protokoll von Montreal zum Schutz der Ozonschicht vom Jahre 1987 angeknüpft werden – man will nicht nur Grenzwerte vereinbaren, sondern auch einen Fonds einrichten, aus dem entsprechende Anpassungen vor allem in Entwicklungsländern zu finanzieren sind.

Oft wird gegen die Abgabenlösung eingewendet, sie sei ökologisch zu wenig effizient. Denn um mit der Abgabe das angestrebte Reduktionsziel tatsächlich zu erreichen, muß der richtige Steuersatz ermittelt werden, und dafür fehlen dringend nötige Informationen. Deshalb bevorzugen einzelne Ökonomen die Zertifikat-Lösung, weil man das ökologische Ziel durch die Menge der ausgegebenen Zertifikate exakt vorgeben kann.

Aus unserer Sicht ist diese Kritik an der Abgabe jedoch von untergeordneter Bedeutung. Um dies zu begründen, wollen wir fünf allgemeine Kriterien für umweltpolitische Instrumente formulieren:

1. Die Umweltpolitik sollte ökonomisch effizient sein, das heißt ihr Ziel mit minimalen volkswirtschaftlichen Kosten erreichen. Außerdem sollte sie die Entwicklung neuartiger CO_2-sparender Techniken begünstigen.

2. Die umweltpolitischen Maßnahmen sollten so flexibel sein, daß sie sich neuen Erkenntnissen leicht anpassen lassen.

3. Große Einkommens- und Vermögensumverteilungen sollten möglichst vermieden werden, um den Widerstand gegen die Maßnahmen so gering wie möglich zu halten.

4. Da das ökonomische System komplex ist, braucht es Zeit, sich an geänderte Rahmenbedingungen anzupassen. Um große Friktionen zu vermeiden, sollten neue Gesetze nicht rasch verabschiedet, sondern langfristig angekündigt werden und schrittweise in Kraft treten.

5. Man sollte umweltpolitische Instrumente nutzen, mit denen bereits in einem Land Erfahrungen gesammelt worden sind. Dann kennen die Wirtschaftssubjekte nämlich bereits die Wirkungsweise dieser Instrumente, und die Administration verfügt über das Wissen und die Institutionen, die zur Kontrolle der Gesetze und Verordnungen nötig sind.

Diesen fünf Prinzipien zufolge steht nicht im Vordergrund, das umweltpolitische Ziel mit dem rein theoretisch besten Instrumentarium zu erreichen. Die Auseinandersetzung über die Wahl des Instruments ist zwar wichtig; doch beim Beobachter entsteht häufig der Eindruck, daß in den zahlreichen Debatten und Abhandlungen über geeignete Maßnahmen das eigentliche Ziel, nämlich die Reduktion der CO_2-Emissionen, in den Hintergrund tritt.

Die entscheidende Frage ist vielmehr, ob wir den politischen Willen aufbringen, die notwendigen Änderungen in unserer Ökonomie vorzunehmen. Da wir künftige Entwicklungen grundsätzlich kaum exakt prognostizieren können, kommt es darauf an, den Wirtschaftssubjekten die richtigen Signale zu geben. Das bedeutet in unserem Falle die Verteuerung des Verbrauchs von fossilen Energieträgern.

Ob dies durch eine CO_2-Abgabe, eine Primärenergiesteuer oder handelbare Emissionslizenzen erfolgt, ist ebenso zweitrangig wie die Frage nach dem richtigen Steuersatz. Wie etwa die Erfahrungen mit dem Abwasserabgabengesetz in der Bundesrepublik zeigen, gingen die Anpassungen der Industrie und der Konsumenten an diese Vorgabe trotz großer theoretischer Mängel (zu niedriger Abgabesatz, zu viele Verrechnungsmöglichkeiten der Abgabenlast, keine Berücksichtigung von Indirekt-Einleitern und so fort) weit über das ursprünglich Erwartete hinaus.

Abschließend ist anzumerken, daß sich die umweltpolitische Diskussion über die Verstärkung des atmosphärischen Treibhauseffekts in erster Linie auf die CO_2-Emissionen konzentriert. Doch aus den Ergebnissen der Klimaforschung wissen wir, daß viele weitere vom Menschen freigesetzte Spurengase zu einer globalen Klimaänderung beitragen können – zum Beispiel Methan, Distickstoffoxid, FCKWs und troposphärisches Ozon; dabei ist das Treibhauspotential eines Moleküls dieser Spurengase sogar erheblich größer als das von Kohlendioxid.

Eine aus ökonomischer Sicht effiziente Klimapolitik muß sich somit an allen Spurengasen orientieren. Da das Vermeiden jeweils einer Einheit dieser Verbindungen unterschiedlich teuer ist, kommt ein Mix bei ihrer Reduktion volkswirtschaftlich billiger als bloßes Senken von CO_2-Emissionen.

Erreichbarkeit des Toronto-Ziels

Unsere Studie hat gezeigt, wie einzelne Volkswirtschaften durch strukturellen Wandel den anthropogenen Kohlendioxid-Ausstoß substantiell zu senken vermögen. Entscheidend dabei ist, daß dieser Wandel durch geeignete umwelt- und wirtschaftspolitische Maßnahmen unterstützt wird. Wir konnten feststellen, daß sich dafür günstigerweise drei Tendenzen nutzen lassen:

– Übergang von der Kohle zu den weniger CO_2-intensiven Energieträgern Öl und (vor allem) Gas,

– Verbesserung der Energieeffizienz, insbesondere in der Produktion und (in geringerem Ausmaß) bei Haushalten,

– Übergang von der CO_2-intensiven Schwerindustrie zu weniger intensiven Produktionssektoren sowie zu Dienstleistungen.

Diese schon vorhandenen Trends könnte man durch relativ leicht einführbare umweltpolitische Maßnahmen verstärken. Zum Beispiel haben zahlreiche Studien gezeigt, daß CO_2-Steuern emissionsmindernde Produktionstechniken und ein entsprechend verändertes Verhalten der Haushalte nach sich ziehen würden.

Vor allem glauben wir, daß die reichen Industrienationen ihre Verantwortung erkennen und akzeptieren müssen; denn sie tragen hauptsächlich zur Gefahr einer Destabilisierung des Klimas bei und übernutzen mit ihren Emissionen die globale Atmosphäre seit langem. Darum sollten gerade sie damit beginnen, ge-

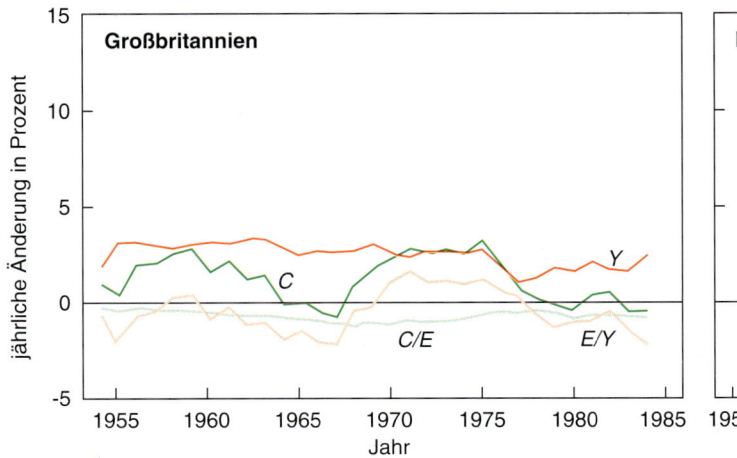

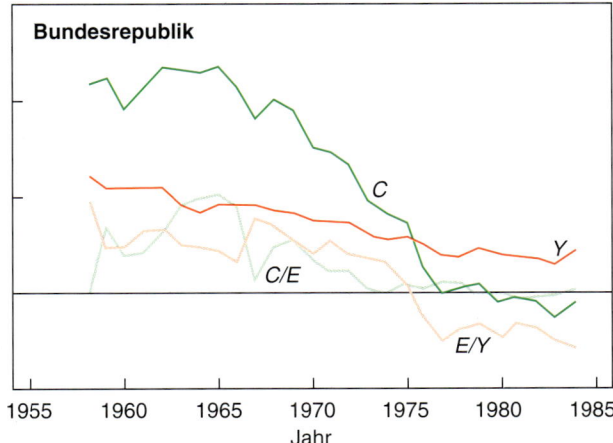

Bild 9: Bei den deutschen Haushalten (rechts) sinkt die Veränderungsrate der CO_2-Emissionen von sehr hohen Anfangswerten – 12 Prozent pro Jahr – bis zum Jahre 1976 auf null. In Großbritannien ist sie fast über die gesamte Zeit – bis auf eine kurze Spanne Mitte der sechziger Jahre – positiv; ab 1977 ist sie ungefähr gleich null. Daß am Ende in beiden Ländern die Emissionen stagnieren, läßt sich auf den Ausgleich des steigenden Bruttoinlandsprodukts Y durch bessere Energieeffizienz (sinkendes E/Y) zurückführen.

Sektor	jährliche Wachstumsrate in Prozent
Landwirtschaft	-1,0
Chemische Industrie	2,0
Papier und Druck	2,0
Textilien	0,0
Nahrungsmittel	6,0
Baugewerbe	2,0
Transport	0,0
Dienstleistungen	4,0

Voraussetzungen im Szenario	Veränderungen der jährlichen CO_2-Emissionen in Prozent	
	Großbritannien	Bundesrepublik
1. Strukturwandel gemäß Tabelle links	1,40	1,15
2. generelle Verbesserung der Energienutzung in der Industrie um 2 Prozent pro Jahr	-1,38	-1,42
3. 1. und 2. zusammen	-0,01	-0,29
4. generelle Verbesserung der Energienutzung in den Haushalten um 2 Prozent pro Jahr	-0,62	-0,58
5. 1., 2. und 4. zusammen	-0,63	-0,87
6. Übergang zu erneuerbaren Energieträgern: 6a. Abnahme des Verbrauchs fossiler Energieträger in der Industrie um 0,5 Prozent	-0,35	-0,36
6b. Abnahme des Verbrauchs fossiler Energieträger bei der Endnachfrage um 0,5 Prozent	-0,15	-0,14
7. 1., 2., 4. und 6. zusammen	-1,13	-1,36
8. Ausstieg aus der Kernenergie, wobei die CO_2-Emissionen pro Jahr um 1 Megatonne zunehmen	0,19	0,15
9. 1., 2., 4., 6. und 8. zusammen	-0,94	-1,22

Bild 10: Das detaillierte Zukunftsszenario der Autoren für die britische sowie für die deutsche Volkswirtschaft geht von unterschiedlichen Wachstumsraten für die einzelnen Wirtschaftssektoren aus (links). Bei den hier nicht angegebenen Sektoren sind jeweils gleich große Wachstumsraten unterstellt worden. Als gesamtes jährliches Wachstum der beiden Volkswirtschaften werden im Szenario jeweils 2 Prozent vorausgesetzt. Wie die rechts zusammengefaßten Modell-Resultate zeigen, ergeben sich aus bestimmten wirtschafts- und umweltpolitischen Maßnahmen oder Veränderungen in beiden Ländern jeweils unterschiedliche prozentuale Abnahmen der gesamten CO_2-Emission. Alle Maßnahmen zusammen wirken sich dem Szenario zufolge positiv auf den Arbeitsmarkt aus: In der Bundesrepublik steigt die Beschäftigung dadurch um jährlich 2,07, in Großbritannien um 2,48 Prozent.

meinsame Umweltpolitiken zu entwickeln, um ihren CO_2-Ausstoß substantiell zu reduzieren.

Ob wir das Toronto-Ziel erreichen, ist eine Frage unseres Willens. Ist er in der Gesellschaft vorhanden, dann verfügt unsere Ökonomie über genügend Flexibilität, um zu einem schonenderen Umgang mit der irdischen Lufthülle überzugehen. Dazu brauchen wir eine Umweltpolitik, die sich an langfristigen Zielen orientiert. So könnte die Wirtschaft rechtzeitig richtungsweisende Signale bekommen und die notwendigen Anpassungen mit möglichst wenig Friktionen vornehmen. Die volkswirtschaftlichen Kosten des Übergangs sind wesentlich geringer, als allgemein angenommen wird.

Mehr Kohlendioxid – wie reagiert die Pflanzenwelt?

Sollte der Kohlendioxid-Gehalt der Atmosphäre tatsächlich wie vermutet zunehmen, hätte dies auch ohne die dadurch drohende globale Erwärmung auf die Ökosysteme deutliche Auswirkungen – voraussichtlich nicht zugunsten der Pflanzenbestände.

Von Fakhri A. Bazzaz und Eric D. Fajer

Grün ist die Basis irdischen Lebens: Von Menge und Produktivität der Pflanzen, von den Bäumen bis zu den Algen, hängt ab, wie in Ökosystemen Wasser, Gase und Nährstoffe zirkulieren, ob neuer Boden sich bildet oder vorhandener erodiert und ob andere Organismen gedeihen können; jede merkliche Schwankung in der Produktivität oder in der Zusammensetzung der Flora würde eine Lawine von Veränderungen auslösen, die alle Tiere der Nahrungskette beträfe – Pflanzen-, Alles- und Fleischfresser.

Möglicherweise ist ein solch gravierender Wandel bereits in Gang. Durch die Verbrennung fossiler Energieträger und großflächige Entwaldung verändert sich die Zusammensetzung der Erdatmosphäre gegenwärtig außerordentlich rasch. Der wichtigste vom Menschen beeinflußte Bestandteil ist wohl das Kohlendioxid (CO_2). Seit Beginn des Industriezeitalters ist die Konzentration dieses Spurengases von 280 auf 350 ppm (*parts per million*, Teilchen pro Million) gestiegen. Wie Analysen von Gaseinschlüssen in polaren Eisschilden erweisen, ist dies der höchste Wert der letzten 160 000 Jahre. Und direkte Messungen des Mauna-Loa-Observatoriums auf Hawaii belegen, daß der CO_2-Gehalt der Luft seit 1957 um 20 Prozent zugenommen hat. Vorhersagen der globalen Entwicklung weichen voneinander ab, doch erwarten die Experten bis Mitte oder Ende des 21. Jahrhunderts eine doppelt so hohe Konzentration wie heute.

Ein neuer Garten Eden?

Auf den ersten Blick mag mehr Kohlendioxid wie ein Segen für die Landwirtschaft erscheinen; Pflanzen brauchen das Gas bekanntlich für ihre Photosynthese. Erste Untersuchungen deuteten auf ein besseres Pflanzenwachstum in CO_2-reicher Luft hin. Und diese sogenannte Düngewirkung des Gases sollte sich besonders bei üppigem Angebot von Nährstoffen, Licht und Wasser bemerkbar machen. (Denn eine Ertragssteigerung hängt, vereinfacht gesagt, auch damit zusammen, ob einzelne Pflanzenwachstumsfaktoren limitiert sind.)

Dadurch, so die Hoffnung, würde vielleicht auch der weithin befürchteten globalen Klimaerwärmung entgegengesteuert. Indem die Pflanzen insgesamt besser wüchsen, entzögen sie der Atmosphäre entsprechend mehr CO_2. Mithin würde sich der Gehalt dieses Treibhausgases (das von der Erdoberfläche reflektierte Sonnenenergie einfängt) weniger als erwartet erhöhen. Diesen Düngeeffekt hat man bereits hochgerechnet, um abzuschätzen, wieviel CO_2 aus der Industrie und den umweltverändernden Aktivitäten des Menschen die gesamte Vegetation der Erde absorbieren könnte.

Allerdings geben unsere eigenen Untersuchungen an der Harvard-Universität in Cambridge (Massachusetts) und auch Arbeiten von Kollegen an anderen Institutionen nicht soviel Anlaß zu Optimismus (Bild 1). Wenn einzelne Pflanzen unter bestimmten Bedingungen auf den CO_2-Anstieg mit verstärktem Wachstum reagieren, muß dies nicht auch für ganze Pflanzengemeinschaften gelten. Es ist sogar fraglich, ob die Vegetation bei weiter steigenden Kohlendioxidmengen überhaupt als Abfangbecken für dieses Gas fungieren wird.

Fixieren von Kohlenstoff

Die Vermutung, daß ein höherer CO_2-Gehalt das Pflanzenwachstum fördern sollte, gründet sich auf bestimmte Details der Photosynthese. Bei diesem für Leben grundlegenden chemischen Vorgang nehmen die Pflanzen CO_2-Moleküle aus der Luft auf und bauen daraus mit Lichtenergie und Wasser Kohlenhydrate, also organisches Material. Das Kohlendioxid gelangt in die Pflanze, indem es durch spezielle Poren in der äußersten Schicht der Blätter, die Spaltöffnungen oder Stomata, diffundiert. Von dort wandert es zu den Chloroplasten, den Zellorganellen, in denen die Photosynthese stattfindet.

Eine zunehmende CO_2-Konzentration könnte die Photosyntheserate und damit das Pflanzenwachstum beispielsweise dadurch steigern, daß weniger Wasser durch die Blätter verdunstet. Normalerweise muß die Pflanze die CO_2-Aufnahme mit einem hohen Wasserverlust durch die weit geöffneten Stomata erkaufen: Pro aufgenommenem Kohlendioxidmolekül entweichen zwischen 100 und 400 Wassermoleküle.

Dieser Artikel ist im März 1992 in *Spektrum der Wissenschaft* erschienen.

Bei CO_2-reicherer Atmosphäre wäre das Gefälle zwischen der Kohlendioxid-Konzentration in der Luft und im Blatt-inneren so groß, daß auch bei wenig geöffneten Stomata noch genug in die Pflanze hineindiffundieren könnte. Da durch die schmalen Öffnungen weniger Wasser austreten würde, hätte die Pflanze mehr von dem kostbaren Naß zum Wachsen zur Verfügung. Zugleich würden weniger geöffnete Stomata die Pflanzen auch wohl stärker vor anthropogenen Luftschadstoffen wie Schwefeldioxid schützen.

Energieverlust durch Photorespiration

Außerdem sollten bestimmte Pflanzen in einer kohlendioxidreicheren Atmosphäre bei der Photosynthese weniger Energie verbrauchen. Gemeint sind die

Bild 1: Dieser Meßturm im Wald bei Cambridge (Massachusetts) registriert den Kohlendioxidaustausch zwischen Bäumen und Atmosphäre. In dem Projekt will man erfassen, welche Rolle Waldgebiete im globalen Kohlenstoffkreislauf spielen und wie sie sich quantitativ auf die Zusammensetzung der Atmosphäre auswirken. (Die Schirme schützen die Registriergeräte vor Regen.)

159

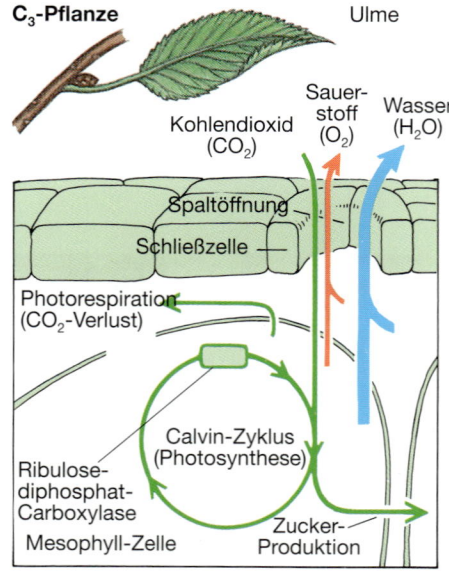

C$_3$-Pflanze Ulme

Kohlendioxid (CO$_2$) — Sauerstoff (O$_2$) — Wasser (H$_2$O)

Spaltöffnung
Schließzelle
Photorespiration (CO$_2$-Verlust)
Calvin-Zyklus (Photosynthese)
Ribulosediphosphat-Carboxylase
Mesophyll-Zelle
Zucker-Produktion

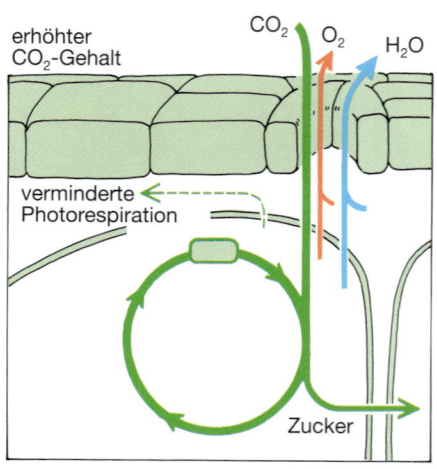

erhöhter CO$_2$-Gehalt
CO$_2$ — O$_2$ — H$_2$O
verminderte Photorespiration
Zucker

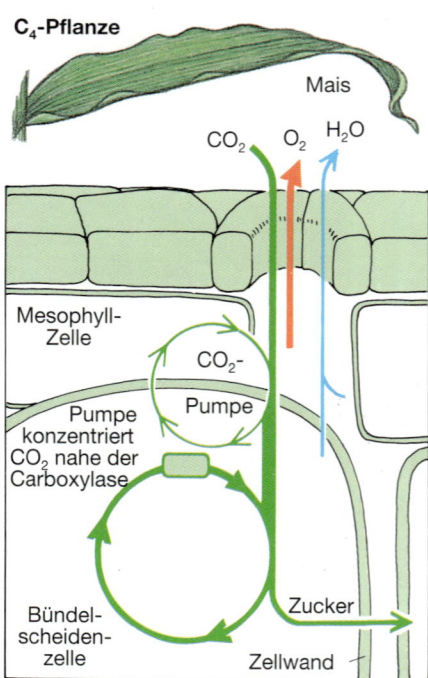

C$_4$-Pflanze Mais

CO$_2$ — O$_2$ — H$_2$O
Mesophyll-Zelle
CO$_2$
Pumpe
Pumpe konzentriert CO$_2$ nahe der Carboxylase
Bündelscheidenzelle
Zucker
Zellwand

sogenannten C$_3$-Pflanzen (Bild 2). Zu ihnen gehören praktisch alle Waldbäume sowie viele der wichtigsten Nutzpflanzen, etwa Reis, Weizen, Kartoffeln und Bohnen. Im ersten Schritt der CO$_2$-Fixierung binden C$_3$-Pflanzen das Kohlendioxid an das Molekül Ribulosediphosphat (einen Zucker mit fünf Kohlenstoffatomen und zwei Phosphatresten). Bei dieser Anlagerung, die durch das Enzym Ribulosediphosphat-Carboxylase katalysiert wird, entsteht eine instabile Verbindung mit sechs Kohlenstoffatomen, die rasch in zwei Zucker-Derivate aus je drei Kohlenstoffatomen zerfällt – daher die Bezeichnung C$_3$-Pflanzen. Die Derivate durchlaufen eine Reaktionskette, den Calvin-Zyklus (benannt nach dem Entdecker, dem amerikanischen Chemiker Melvin Calvin, der dafür 1961 den Chemie-Nobelpreis erhielt), wobei schließlich die zum Wachstum der Pflanze benötigten Zucker gebildet werden.

Unter normalen Verhältnissen konkurriert Sauerstoff mit Kohlendioxid um die Bindungsstelle an der Carboxylase. Wird er statt des Kohlendioxids gebunden, geht der Pflanze Energie verloren, da sie, statt Kohlendioxid zu fixieren, den Sauerstoff weiterverarbeitet. Dabei entstehen ein Zucker-Derivat mit drei und eine Verbindung mit zwei Kohlenstoffatomen, die in einem energieverbrauchenden Prozeß, der Lichtatmung oder Photorespiration, in den Kreislauf zurückgeführt wird (Lichtatmung deshalb, weil die Pflanze dabei Sauerstoff verbraucht und Kohlendioxid freisetzt).

Mit zunehmender CO$_2$-Konzentration dürfte der Sauerstoff bei der Konkurrenz um die Carboxylase weniger Erfolg haben. Tatsächlich ging in einigen Experimenten bei einem Kohlendioxidgehalt von 600 ppm die Lichtatmung um 50 Prozent zurück. Eine geringere Photorespiration bedeutet aber für die Pflanze, daß sie entsprechend mehr Energie zum Aufbau von Gewebe zur Verfügung hat.

Erschöpfung der Photosynthesesteigerung

Trotzdem ist die Photosynthese in einer kohlendioxidreichen Umwelt nicht grundsätzlich effektiver. Oft steigt die photosynthetische Aktivität nur vorübergehend und sinkt dann wieder auf das jetzige Niveau. Die Gründe dafür sind nicht klar, allerdings werden verschiedene Erklärungen erwogen.

So könnte es sein, daß die Chloroplasten wegen der gesteigerten Photosynthese übermäßig viel Stärke (die Speicherform des Zuckers) anreichern und damit ihr eigenes Funktionieren behindern. Nach einer anderen These vermag die Pflanze die produzierten Zuckerverbindungen nicht so schnell zu Wachstumszonen weiterzubefördern, wie sie neuen Zucker herstellt; als Folge davon würde über eine biochemische Rückkopplung die Photosynthese gedrosselt. Möglicherweise kann auch der Phosphor, der zum Transport der angereicherten Kohlenhydrate benötigt wird, bei einer gesteigerten Photosyntheserate nicht schnell genug in den Stoffwechselkreislauf zurückgeführt werden. Und schließlich wäre denkbar, daß die Menge an Ribulosediphosphat-Carboxylase zurückgeht oder die Aktivität des Enzyms nachläßt.

Selbst wenn die Photosyntheserate wirklich mit zunehmendem CO$_2$-Gehalt stiege, wüchsen die Pflanzen deshalb nicht unbedingt schneller oder in größerer Zahl (Bild 3). Untersuchungen zufolge bedingt eine höhere Photosyntheserate pro Flächeneinheit nicht immer mehr Wachstum. Eine entscheidende Rolle spielt vielmehr auch, wie groß die Blattoberfläche zum Einfangen des Sonnenlichts ist und wie die Pflanze ihre Ressourcen auf Wurzeln, Stamm, Blätter und Früchte aufteilt. Darum ist es wichtig, zu untersuchen, ob sich diese Aufteilung in CO$_2$-reicher Atmosphäre ändert.

Begrenzende Faktoren

Grundsätzlich ist die Produktivität eines terrestrischen Ökosystems durch die Fruchtbarkeit des Habitats und das verfügbare Wasser limitiert. Sind Nährstoffe, Wasser oder Licht knapp, hat das

Bild 2: Kohlendioxid (CO$_2$) wird bei C$_3$- und C$_4$-Pflanzen zunächst auf verschiedene Weise fixiert (benannt sind die Gruppen nach der Zahl der Kohlenstoffatome im ersten stabilen Produkt). Zwar kontrollieren beide den Austausch von Kohlendioxid, Sauerstoff und Wasser mittels Spaltöffnungen in den Blättern: Je nach Bedarf öffnen oder schließen sie den Spalt graduell. Bei höherem atmosphärischem CO$_2$-Gehalt genügten daher kleinere Öffnungen, um dennoch mehr CO$_2$ aufzunehmen – bei geringerem Wasserverlust. C$_3$-Pflanzen geht viel von der gespeicherten Energie durch sogenannte Lichtatmung (Photorespiration) verlustig, weil das Schlüsselenzym Ribulosediphosphat-Carboxylase leicht auch Sauerstoff anstelle des Kohlendioxids binden kann. C$_4$-Pflanzen vermeiden dies, indem sie das Kohlendioxid mittels eines chemischen Pumpsystems an dem Enzym anreichern. Bei mehr Kohlendioxid in der Atmosphäre gelangte das Gas auch ohne Nachhilfe konzentrierter an seinen Bindungsort – und davon würden besonders die C$_3$-Pflanzen profitieren.

Kohlendioxid bei vielen Pflanzen nur einen geringen Düngeeffekt (Bild 4). Um die Bedeutung des Gases im Vergleich zu anderen Ressourcen zu untersuchen, haben wir im Labor mit sechs Arten ein Modellsystem erstellt. Es handelt sich um einjährige Pflanzen wie Ambrosie und Fuchsschwanz, die auf nicht mehr genutztem Farmland im mittleren Westen der Vereinigten Staaten vorherrschen. Den stärksten Einfluß auf das Wachstum hatte die Menge an Licht und Nährstoffen. Im Vergleich dazu wirkte sich eine erhöhte CO_2-Konzentration kaum aus. Bei wenig Licht oder Mangel an Nährstoffen machte sich das größere CO_2-Angebot überhaupt nicht bemerkbar.

Andere Experimente erbrachten ähnliche Ergebnisse. Wie Walter C. Oechel und seine Mitarbeiter an der Staatsuniversität San Diego (Kalifornien) demonstriert haben, erhöht sich die Produktivität von Grasland der Tundra auch bei verdoppeltem Angebot an atmosphärischem CO_2 nicht wesentlich – vermutlich weil die meisten Nährstoffe im Dauerfrostboden eingefroren und somit den Pflanzen nicht zugänglich sind. Im Laufe der Zeit nahm die Photosyntheserate der zu den C_3-Pflanzen zählenden Gräser sogar ab.

Nur in Habitaten mit Nährstoffüberfluß kann ein hohes CO_2-Angebot tatsächlich stärkeres Wachstum bewirken. Die Marschen der Chesapeake Bay, einem riesigen Meeresarm an der Ostküste der USA auf der Höhe von Washington, sind als Schwemmland reich an Nährstoffen und Wasser. Eine der wichtigsten Schlickpflanzen ist dort die Binse *Scirpus olneyi*, ein C_3-Gras. Bert G. Drake und seine Kollegen vom Smithsonian-

Umweltforschungszentrum in Edgewater (Maryland) setzten die Pflanzen an ihrem natürlichen Standort durch Begasen unterschiedlichen CO_2-Konzentrationen aus (Bild 5). Wie erwartet, wuchsen die Binsen an Stellen mit 700 ppm CO_2 höher und üppiger.

Aufteilen der Ressourcen

Aus Untersuchungen an Wäldern kennt man einen weiteren Faktor, der für die Vitalität künftiger Ökosysteme maßgeblich sein wird: die Konkurrenz bei hoher Bestandsdichte. Weil so gut wie alle Waldbäume C_3-Pflanzen sind, könnte man an sich eine deutliche Düngewirkung von CO_2 erwarten, besonders bei reichlichem Licht-, Nährstoff- und Wasserangebot. Solange die Keimlinge einzeln aufgezogen werden, trifft das auch zu – zumindest bei Waldbäumen aus dem gemäßigten Klima Neuenglands und dem Südosten der USA sowie einigen Arten aus Mittel- und dem nördlichen Südamerika.

Die Konkurrenz zwischen den Pflanzen hat in den wenigen Untersuchungen, die es bisher darüber gibt, den positiven Einfluß des Kohlendioxids auf das Wachstum allerdings weitgehend zunichte gemacht. Wenn man mehrere Baumarten zusammen aufzog, war die Produktivität von Schonungen in zwei Laubwäldern der gemäßigten Zone und im mexikanischen Regenwald in CO_2-angereicherter Luft insgesamt nicht höher als sonst. Der Grund dafür ist nicht ganz klar. Denkbar wäre, daß höhere CO_2-Konzentrationen den Pflanzen gar nichts nutzen, wenn infolge der Konkurrenz andere Ressourcen knapp sind.

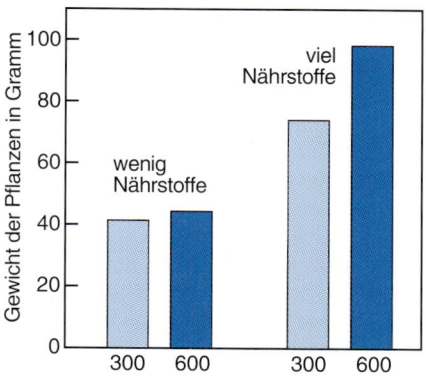

Bild 4: Wie stark der CO_2-Düngeeffekt sich auswirkt, hängt von der Verfügbarkeit von Nährstoffen im Ökosystem ab. Die Biomasse der geprüften Pflanzen nahm auch bei hoher CO_2-Konzentration erst zu, als man ausreichend Nährstoffe zusetzte.

Innerhalb einer Pflanzengesellschaft können einzelne Arten auf Kosten anderer allerdings sehr wohl besser gedeihen. So machten sich von den Sämlingen mehrerer Baumarten aus dem mexikanischen Regenwald bei gemeinsamer Aufzucht in CO_2-reicher Atmosphäre *Piper auritum* (ein Pfeffergewächs) und *Trichospermum mexicana* prächtig, während eine andere C_3-Pflanze, *Senna multijuga*, kümmerte (Bild 3).

Die Alternative der Photosynthese

Im übrigen könnte eine CO_2-reiche Atmosphäre eine andere Sorte von Pflanzen vergleichsweise benachteiligen: die C_4-Pflanzen, zu denen viele Gräser aus heißen und trockenen Regionen sowie wichtige Nutzpflanzen wie Mais, Sorghum (Mohrenhirse) und Zuckerrohr gehören. Sie verfügen über einen Trick, die Lichtatmung zu drosseln. Indem sie mittels einer speziellen chemischen Pumpe das Kohlendioxid bei den Chloroplasten anhäufen, machen sie es viel weniger wahrscheinlich, daß sich Sauerstoff anstelle des Kohlendioxids an die Bindungsstelle der Ribulosediphosphat-Carboxylase anlagert. Dadurch erreichen sie bei der Photosynthese in extremem Klima höhere Ausbeuten als C_3-Pflanzen. (Die Bezeichnung C_4-Pflanzen rührt daher, daß das erste stabile Produkt nach dem Einbau von CO_2 bei ihnen eine Verbindung mit vier Kohlenstoffatomen ist.)

Bei steigendem atmosphärischem CO_2-Gehalt könnte dieser ökologische Vorteil der C_4-Pflanzen schwinden, da auch die C_3-Pflanzen dann eine geringere Lichtatmung hätten und weniger Wasser verlören. Sie würden ihre Leistung un-

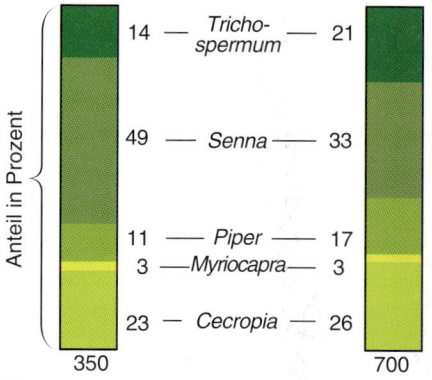

Bild 3: Mit steigendem CO_2-Gehalt der Luft werden die Pflanzengesellschaften sich in ihrer Zusammensetzung ändern. Selbst von den Pflanzengruppen, die davon profitieren, werden einige Arten sich besser behaupten als andere. So gedeihen Sämlinge tropischer Baumarten bei Zucht zusammen mit denen anderer Arten in CO_2-angereicherter Umwelt (rechte Säule) teils besser, teils schlechter als unter normalen Bedingungen (linke Säule). Nach 120 Tagen haben nur *Cecropia* (rechts im Photo) *Trichospermum* und *Piper* bei mehr CO_2 mehr Biomasse erzeugt.

gleich stärker steigern als die C_4-Pflanzen. Tatsächlich fand die Arbeitsgruppe von Boyd R. Strain an der Duke-Universität in Durham (North Carolina), daß der Korbblütler *Aster pilosus*, eine auf brachliegendem Agrarland verbreitete mehrjährige krautige C_3-Pflanze, bei viel Kohlendioxid sogar besser wächst als das C_4-Gras *Andropogon virginicus*: Wenn man beide Arten zusammen unter trockenen, CO_2-reichen Bedingungen hielt, setzte sich die Aster durch. In einem anderen, ähnlichen Experiment von Douglas R. Carter und Kim M. Peterson von der Universität Clemson (South Carolina) überwucherte der Schwingel *Festuca elatior*, ein C_3-Gras, die zu den C_4-Pflanzen zählende Wilde Mohrenhirse, *Sorghum halepense*.

Folgen für die Landwirtschaft

Konkurrenz zwischen Pflanzen und Nährstoffknappheit gibt es aber nicht nur in natürlichen, sich selbst überlassenen Ökosystemen wie ursprünglichen Graslandschaften und Wäldern, sondern auch auf Kulturflächen, also Agrarland. Daher darf man nicht ohne weiteres davon ausgehen, daß die kohlendioxidreichere Zukunft automatisch höhere landwirtschaftliche Erträge bringt. Auf den ersten Blick scheint das zwar zu stimmen: Bruce A. Kimball vom US-Landwirtschaftsministerium stellte beim Auswerten von 700 Agrarstudien fest, daß bei hoher CO_2-Konzentration der Getreideertrag durchschnittlich um 34 Prozent zugenommen hatte. Bei genauerer Prüfung zeigt sich jedoch, daß das gute Ergebnis auch von entsprechenden Düngergaben und reichlicher Bewässerung abhing – Ressourcen, die meist nur in hochentwickelten Regionen in genügender Menge zur Verfügung stehen.

Zwar mag man sich solch reiche Erträge wünschen, damit die acht bis zehn Milliarden Menschen, die in 40 bis 100 Jahren vermutlich auf der Erde leben werden, Nahrung, Kleidung und ein Dach über dem Kopf haben; doch könnten die Kosten dafür untragbar werden. Man müßte gewaltige Mengen an Dünger, Schädlingsbekämpfungsmitteln und Wasser zuführen, damit die Nutzpflanzen von dem vielen CO_2 profitieren. Wasser ist aber heute schon knapp und teuer. Wir befürchten, daß die Kosten einer solchen Landwirtschaft zu hoch sind – und zwar nicht nur, was die Geldmittel, sondern auch was die Belastung der Umwelt betrifft. Die ärmeren und weniger entwickelten Länder werden jedenfalls das Nachsehen haben.

Auch daß C_3- und C_4-Pflanzen verschieden auf erhöhte CO_2-Werte ansprechen, wird sich teils günstig, teils ungünstig auf die Landwirtschaft auswirken. Wie David T. Patterson vom US-Landwirtschaftsministerium und Elizabeth P. Flint von der Duke-Universität zeigten, wächst die Wilde Mohrenhirse, ein C_4-Unkraut, bei mehr CO_2 relativ schlechter als eine von ihr durchsetzte Sojabohnen-Kultur, also eine C_3-Pflanze. Auch andere Nutzpflanzen der C_3-Gruppe könnten möglicherweise von einem höheren CO_2-Gehalt profitieren, solange die häufigsten Ackerunkräuter im Anbaugebiet C_4-Pflanzen sind, allerdings um den Preis, daß wichtige Nutzpflanzen aus der C_4-Gruppe – Mais beispielsweise oder Zuckerrohr – deutlich schlechtere Erträge bringen.

Bedrohung der Ökosysteme

Sollten C_3-Pflanzen in einer Welt mit mehr Kohlendioxid die C_4-Arten ausstechen, und dazu tendieren sie, hätte dies viele weitere Folgen. Jene Pflanzenarten, die vom Mehrangebot weniger als andere im gleichen Lebensraum profitieren, könnten selten und damit zu gefährdeten Arten werden. Ohne Schutzmaßnahmen dürften C_4-Pflanzen, die in von C_3-Arten dominierten Ökosystemen leben, sogar verschwinden.

Auch ohne daß Arten gleich aussterben, wird bereits der sich verändernde Charakter der Pflanzengemeinschaften die Stabilität der Ökosysteme und die Nährstoffkreisläufe beeinflussen. So haben Strain von der Duke-Universität, Stanley D. Smith von der Universität von Nevada in Las Vegas und Tom D. Sharkey von der Universität von Wisconsin in den Prärien des Großen Beckens im Südwesten der USA festgestellt, daß dort die Dach-Trespe (*Bromus tectorum*) bei reichlich zugeführtem CO_2 wesentlich besser gedieh als drei andere Grasarten. Da *Bromus*-Bestände außerdem besonders leicht brennen, würden, falls die Pflanze sich noch stärker durchsetzt, vielleicht in der Region auch Präriebrände häufiger und heftiger werden.

Der globale Stickstoffkreislauf wäre beispielsweise von einem Anstieg des CO_2-Gehalts der Luft betroffen, wenn

Bild 5: In den Marschen der Chesapeake Bay, einem riesigen Meeresarm vor der nordamerikanischen Ostküste, werden die Auswirkungen eines künstlichen CO_2-Anstiegs auf natürliche Ökosysteme untersucht. Die Gräser, deren Gedeihen man vergleicht, wachsen in oben offenen Behältern entweder bei 700 ppm CO_2 oder bei 350 ppm, etwa dem gegenwärtigen Gehalt. Im Hintergrund die Aufzeichnungsstation.

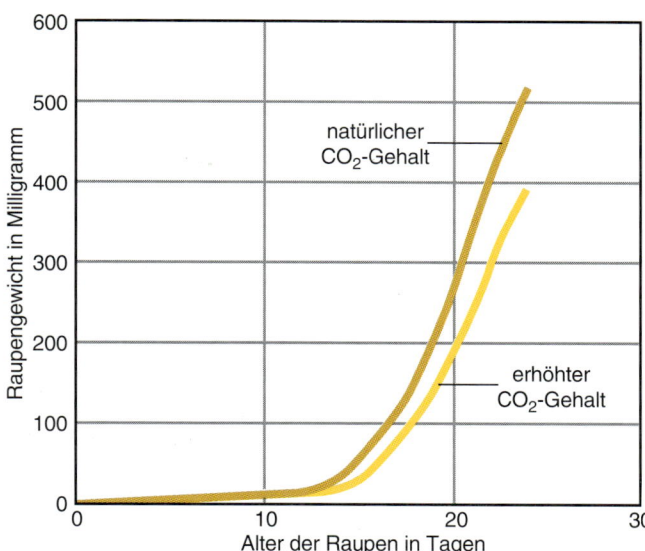

Bild 6: Das Nordamerikanische Pfauenauge (*Junonia coenia*) ist eines der pflanzenfressenden Insekten, die in einer CO_2-reicheren Welt wohl schlechter zurechtkämen. Wie die Graphik rechts demonstriert, verzögert sich das Wachstum der Raupen, wenn sie Wegerich bekommen, der in einer CO_2-angereicherten Umgebung gewachsen ist (gelb). Braun eingezeichnet ist das Wachstum bei Futter aus Normalbedingungen. Die langsamere Entwicklung könnte bedeuten, daß die Populationen – so wegen der länger anhaltenden Gefährdung der Individuen – kleiner werden. Dies hätte Konsequenzen für die Tiere, für die das Insekt Nahrung ist.

dadurch Hülsenfrüchtler (zu denen auch Erbsen, Bohnen, Lupinen und Klee gehören) seltener würden. Die Vertreter dieser großen Pflanzenfamilie wandeln nämlich mit Hilfe von Bakterien in ihren Wurzeln den Stickstoff der Luft in Ammonium um, das Pflanzen zum Aufbau körpereigener Stickstoffverbindungen nutzen können. Bei einem Rückgang der Hülsenfrüchtler verlöre zwangsläufig der Boden an Fruchtbarkeit, und es könnten auf ihm womöglich nicht mehr dieselben Pflanzentypen gedeihen wie zuvor.

Wenn sich infolge eines höheren Gehalts an atmosphärischem Kohlendioxid Menge oder Zusammensetzung von Laubstreu und anderen abgestorbenen Pflanzenteilen änderten, hätte dies wohl auch Konsequenzen für die Bodenorganismen. Darauf lassen Ergebnisse von Richard J. Norby vom Staatlichen Labor in Oak Ridge (Tennessee), John Pastor von der Universität von Minnesota in Minneapolis und Jerry M. Melillo vom Ökosystemzentrum in Woodshole (Massachusetts) schließen. Bekanntlich werden relativ stickstoffarme Pflanzenreste langsamer von Bakterien und Pilzen zersetzt, weil der Abbau nur bei einem bestimmten Kohlenstoff-Stickstoff-Verhältnis optimal verläuft. Das beeinträchtigt auch das Wachstum dieser Organismen. Es hat sich nun aber erwiesen, daß Reste von Pflanzen, die in einer kohlendioxidreicheren Umwelt gewachsen sind, weniger Stickstoff im Verhältnis zum Kohlenstoff enthalten. Aus unerfindlichen Gründen scheinen sie beide Stoffe in anderem Verhältnis aufzunehmen. Ein CO_2-Anstieg in der Atmosphäre würde somit die Rückführung der im Pflanzenmaterial eingebauten Nährstoffe in den Kreislauf behindern und die Bodenfruchtbarkeit verringern.

Schaden für die Tierwelt

Bei einem geringeren Nährwert der Blätter könnten auch Populationen der in der Nahrungskette folgenden Pflanzenfresser und dann wiederum deren Freßfeinde leiden. Vom Protein- und damit dem Stickstoffgehalt eines Blattes hängen beispielsweise Wachstum und Fruchtbarkeit pflanzenfressender Insekten ab; bei Proteinmangel leidet beides. Mag die pflanzliche Biomasse in einer kohlendioxidreicheren Welt auch zunehmen, aus der Perspektive der Insekten nimmt ihre Qualität jedenfalls ab.

Zum Ausgleich müssen die Insekten dann mehr davon vertilgen. Wie David E. Lincoln und Robert H. Johnson von der Universität von South Carolina in Columbia nachgewiesen haben, fressen Heuschrecken und die Raupen verschiedener Nachtfalter wesentlich mehr als sonst, wenn man ihnen Pflanzen aus CO_2-reicher Umgebung anbietet. Für sich allein besehen könnte der vermehrte Insektenfraß den erwarteten Zuwachs zunichte machen, den Rekordernten einer CO_2-reichen Welt uns sonst vielleicht bescheren würden.

Unsere eigenen Laborversuche weisen jedoch darauf hin, daß eine solche Diät die Vitalleistung und die daraus resultierende Populationsgröße der Insekten zu beeinträchtigen vermag. Die Raupen des Nordamerikanischen Pfauenauges, *Junonia coenia*, entwickelten sich langsamer und starben in größerer Zahl, wenn sie Wegerich bekamen, der in hoher CO_2-Konzentration gewachsen war (Bild 6). Bei einer verlängerten Larvalzeit erhöht sich unter Umständen die Gefahr für die Tiere, vor der Verpuppung und damit vor der Geschlechtsreife gefressen oder von Parasiten befallen zu werden. Oder sie vermögen ihre Entwicklung vielleicht nicht mehr rechtzeitig vor dem Einsetzen von Trockenzeiten oder Kälteperioden abzuschließen. Zwangsläufig würden dann die Populationen kleiner.

Weniger pflanzenfressende Insekten bedeutet aber auch weniger Beute für ihre Freßfeinde - darunter solche, die vom Menschen als Nützlinge eingestuft werden, weil sie Schädlinge bestimmter, oft gerade häufig angebauter Nutzpflanzen dezimieren.

Viele andere ökologische Wechselbeziehungen könnten sich ebenfalls umstrukturieren. So verschieben sich Experimenten zufolge die Entwicklung und die Blütezeiten von Pflanzen bei vermehrtem Kohlendioxid-Angebot oft unvorhersehbar (Bild 7). Das wiederum könnte die Bestäubung beeinträchtigen, falls die Hauptblüte nicht mehr mit dem Populationsmaximum der bestäubenden Insekten zusammenfällt.

Lichtblicke?

Neben all diesen möglichen unerwünschten ökologischen Veränderungen scheint es allerdings zumindest eine be-

Bild 7: Pflanzen wachsen und blühen nicht nur williger, wenn der CO₂-Gehalt der Luft steigt, sie altern auch schneller. Die Exemplare links wuchsen etwa zwei Monate lang bei 300 ppm CO₂ – fast der normalen Konzentration. Die Exemplare rechts waren **900 ppm ausgesetzt: Das tropische *Abutilon* im Hintergrund, ein Malvengewächs, beginnt nach der Blüte bereits zu vergilben, und der Stechapfel (*Datura*) in der Mitte sowie der Phlox im Vordergrund haben mehr Blüten getrieben als die Exemplare links.**

grüßenswerte Ausnahme zu geben. Die Gemeinschaft von Pflanzen mit ihren Wurzelsymbionten könnte noch enger werden, etwa die zwischen Hülsenfrüchtlern und stickstoffixierenden Bakterien oder die zwischen Waldbäumen und bestimmten Pilzen (Mykorrhiza). Bildet die Wirtspflanze bei höheren CO₂-Konzentrationen dadurch mehr Kohlenhydrate, käme dies auch dem Wachstum ihrer Wurzelorganismen zugute. Und eine engere Symbiose wiederum erlaubte ihr vielleicht, in Lebensräume vorzudringen, die ihren Nährstoff-Bedürfnissen bisher nicht genügten.

Andere Faktoren im Zusammenhang mit Veränderungen der Atmosphäre könnten dies allerdings zunichte machen. Die meisten Bäume sind mit dem Rückzug der eiszeitlichen Gletscher und der damaligen globalen Erwärmung allmählich nach Norden gewandert. Der prognostizierte menschenbedingte Klimawandel vollzöge sich vermutlich aber zehn- oder hundertmal so schnell. Überdies hat der Mensch mit seinen Straßen und Bauten den Pflanzen potentielle Verbreitungswege abgeschnitten. Auch eine noch engere Symbiose mit Wurzelpilzen dürfte vielen der betroffenen Baumarten nicht helfen können, den zu erwartenden Klimaverschiebungen zu

folgen und dem für sie zuträglichsten Standort ausreichend schnell hinterherzuwandern. Möglicherweise werden viele heutige Wälder verschwinden und einem Krautbewuchs Platz machen.

Photosynthese gegen den Treibhauseffekt?

Nach diesen Ausführungen leuchtet ein, daß ein Mehr an Kohlendioxid für die Natur weitreichende Konsequenzen hat und daß dessen Dünge-Wirkung keineswegs paradiesische Verhältnisse bei der Agrarproduktion garantiert. Wieweit könnten aber Pflanzen als CO₂-Deponie dienen? Könnte der Treibhauseffekt sich dadurch abschwächen, daß die Pflanzen der Luft mehr Kohlendioxid entziehen als gegenwärtig?

Wie schnell und dramatisch das Klima sich global verändert, hängt eng davon ab, wie rasch Kohlendioxid anthropogenen Ursprungs sich in der Atmosphäre anreichert. Nach Schätzungen von verschiedenen Wissenschaftlern, beispielsweise von George M. Woodwell und Richard A. Houghton vom Forschungszentrum in Woods Hole, gelangen durch das Verbrennen fossiler Energieträger pro Jahr fünf Milliarden Tonnen CO₂ in

die Atmosphäre; weitere ein bis zwei Milliarden Tonnen kommen durch Entwaldung hinzu. Der jährliche Nettozuwachs an Kohlendioxid in der Atmosphäre liegt jedoch nur bei etwa drei Milliarden Tonnen.

Zum Verbleib der restlichen drei Milliarden Tonnen hat man verschiedene Hypothesen. Zunächst vermutete man, die Ozeane – ihre Photosynthese treibenden Algen oder ihr Salzwasser, in dem sich das Gas löst – würden das Kohlendioxid aufnehmen. Die Rolle der Landvegetation dabei war fraglich, weil sich aus ökologischen Untersuchungen kein einheitliches Bild ergeben hatte, ob nun die Landbiosphäre insgesamt als eine Quelle oder eine Senke für das Gas fungiert. Wäre die Photosyntheserate aller Landpflanzen höher als die Atmungsrate aller Landbewohner, träfe das Letztere zu.

Nach neueren Berechnungen – von Pieter P. Tans von der Nationalen Behörde für Ozeane und Atmosphäre der USA, Inez Y. Fung vom Goddard-Institut für Weltraumforschung der amerikanischen Luft- und Raumfahrtbehörde NASA (*National Aeronautics and Space Administration*) und Taro Takahashi von der Columbia-Universität (New York) – nehmen Landökosysteme der nördlichen gemäßigten Zone bis zu 3,4 Milliarden Tonnen Kohlenstoff auf. Geschlossen wurde dies aus dem Vergleich der in der Atmosphäre gemessenen CO_2-Konzentrationen mit CO_2-Partialdrücken in den oberen Wasserschichten der Ozeane.

Sollte sich die Geschwindigkeit der Photosynthese und der Speicherung von Kohlenstoff bei stärkerem CO_2-Angebot tatsächlich erhöhen, könnten bestimmte Ökosysteme der Zunahme dieses Treibhausgases entgegenwirken und so den drohenden Klimawandel verzögern. Die Wissenschaft hat allerdings gerade erst angefangen zu verstehen, wie Landökosysteme – insbesondere die Wälder, die einen Großteil des Biosphären-Kohlenstoffs speichern – sich bei einem erhöhten Kohlendioxid-Angebot umgestalten werden. Auch wenn unser Wissen um diese Zusammenhänge noch lückenhaft ist, so spricht doch – aufgrund der Komplexität des CO_2-Kreislaufs und der mit dem Treibhauseffekt einhergehenden Veränderungen mittlerweile manches dagegen, daß sich die Kohlendioxid-Aufnahme von Landökosystemen noch verbessert.

Als W. Dwight Billings von der Duke-Universität die Treibhauseffekt-Bedingungen auf feuchtem Grasland der Tundra simulierte, ergab sich sogar eine insgesamt verringerte CO_2-Absorption. Zwar nahm das Pflanzenwachstum zu, weil die Temperatur und der CO_2-Gehalt höher waren und weil wegen des tiefer aufgetauten Bodens mehr Nährstoffe zur Verfügung standen. Den vermehrt auftauenden Torf – konservierte Pflanzenreste – konnten aber Mikroorganismen nun zersetzen. Dabei entwich das vormals von den Pflanzen aufgenommene Kohlendioxid in die Atmosphäre. Nach Billings Schätzungen würde die Tundra bei einem Anstieg der Sommertemperaturen von 4 Grad Celsius um 50 Prozent mehr Kohlendioxid freisetzen, trotz gesteigerten Pflanzenwachstums.

In einer wärmeren Welt könnten besser wachsende Pflanzen mithin nicht kompensieren, was infolge der beschleunigten Zersetzung an Kohlendioxid frei würde. Diese Erkenntnis ist wichtig, weil der Temperaturanstieg gerade in hohen Breiten, so auch in der Tundra, besonders deutlich ausfallen dürfte.

Handlungsbedarf

Nach mehr als zehn Jahren Forschung darf man wohl sagen, daß die künftig CO_2-reichere Atmosphäre sich direkt und dramatisch auf die Zusammensetzung und das Funktionieren von Ökosystemen auswirken wird. Hält man sich an die besten wissenschaftlichen Indizien, dann besteht kein Anlaß mehr, gelassen die Reaktion dieser Lebensräume auf den Wandel unserer Umwelt abzuwarten. Mehr CO_2 in der Atmosphäre wird die Umwelt- und Übervölkerungsprobleme nicht mindern helfen. Vielmehr könnten die dadurch eingeleiteten klimatischen Veränderungen die biologischen Systeme unterhöhlen, auf die die gesamte Menschheit angewiesen ist.

Um das mit mehr atmosphärischem Kohlendioxid verbundene Risiko zu verringern, müssen die anthropogenen Emissionen durch geeignete Maßnahmen eingeschränkt werden. Auch gilt es zu erforschen, wie vom Menschen verursachte Veränderungen sich auf die Atmosphäre, die Ozeane und auf die verschiedenen Landschaften auswirken. Für solche Untersuchungen haben die Amerikanische Ökologische Gesellschaft, der Regierungsausschuß der Vereinten Nationen für klimatische Veränderungen und das Internationale Programm für Geosphäre und Biosphäre ein Forschungskonzept bereitgestellt.

In diesem Rahmen ist genauestens zu erfassen, in welcher Weise eine CO_2-reichere Atmosphäre Auswirkungen auf die Zusammensetzung und die Produktivität von Ökosystemen hat. Wir müssen außerdem herausfinden, wie Pflanzengesellschaften, Pflanzenfresser und Bestäuberinsekten reagieren, wenn gleichzeitig das CO_2 zunimmt, die Temperatur steigt, saurer Regen niedergeht und die Schadstoffbelastung der Luft wächst. Dann wären wir auf manche böse Überraschung vorbereitet, die uns ein Wandel der Atmosphäre wegen des komplizierten synergistischen Zusammenspiels so vieler Faktoren bescheren mag.

Für eine durchgreifende Wirtschafts- und Sozialpolitik, die den Umweltveränderungen tatsächlich gerecht wird, müssen wir zuvor besser verstehen lernen, wie die einzelnen Ökosysteme – die natürlichen und die menschengemachten – sich umgestalten, wenn der Kohlendioxid-Gehalt der Atmosphäre zunimmt. Da nützt es nichts, von fruchtbaren grünen Landschaften mit genügend Regen zu träumen, auch wenn der Treibhauseffekt oberflächlich besehen das zu versprechen scheint. Die wissenschaftlichen Ergebnisse malen jedenfalls eine weniger rosige Zukunft.

Das Kohlendioxid-Problem

Menschliche Tätigkeit läßt den Kohlendioxidgehalt
der Atmosphäre ansteigen. Damit stellt sich die Frage: Werden Wälder und Ozeane in der Lage
sein, genügend Kohlendioxid aufzunehmen, oder müssen wir mit einer
Änderung des Weltklimas rechnen?

Von George M. Woodwell

Menschlicher Fleiß hat von 1850 bis heute den Anteil des Kohlendioxids in der Erdatmosphäre von etwa 290 ppm (1 ppm = 1 Teil Kohlendioxid auf eine Million Teile Luft) auf mehr als 330 ppm erhöht. Ungefähr ein Viertel dieses Zuwachses vollzog sich in den letzten zehn Jahren. Hält dieser Trend an, dann dürfte sich der Kohlendioxidgehalt der Atmosphäre bis zum Jahr 2020 verdoppeln. Bis vor kurzem galt nur die Verbrennung fossiler Brennstoffe (Erdöl, Erdgas, Kohle) als Ursache für den Anstieg. Heute vermutet man, daß der weltweite Abbau der Wälder noch einmal den gleichen Beitrag leistet.

Obwohl es mit seinem Anteil von 0,03 Volumenprozent der Erdatmosphäre nur ein Spurengas ist, beeinflußt das Kohlendioxid das Klima der Erde, denn es absorbiert Strahlungsenergie im infraroten Wellenlängenbereich, das heißt, es hält die Wärme des Sonnenlichtes fest. Außerdem ist Kohlendioxid die Quelle des von den grünen Pflanzen mit Hilfe der Photosynthese gebundenen Kohlenstoffs und bildet damit eine Grundlage für alles Leben (Bild 1).

Die Menschheit steckt in einer Zwickmühle. Auf der einen Seite führt ihre Tätigkeit zu einem Anstieg des Kohlendioxidgehalts der Atmosphäre und damit aller Voraussicht nach in den nächsten Jahrzehnten zu einer Erwärmung des Klimas. Zwar weiß niemand, wie stark sich das Klima ändern wird und welche Vorgänge dabei welche Wirkungen haben, doch wird ein stetig wachsender Kohlendioxidgehalt mit Sicherheit den gegenwärtigen Zustand aus dem Gleichgewicht bringen. Steigt die mittlere Globaltemperatur, so werden sich wahrscheinlich die Trockenzonen der Erde vergrößern, und die landwirtschaftliche Produktion gerät in Mitleidenschaft.

Dieser Artikel ist 1978 in der Erstedition von *Spektrum der Wissenschaft* erschienen.

Auf der anderen Seite hätten mit Sicherheit auch alle Gegenmaßnahmen eine Veränderung des heutigen Gleichgewichts zur Folge. Am nächstliegenden wäre eine weitgehende Einschränkung der Verbrennung fossiler Brennstoffe. Ebenso wichtig wäre es, dem Abbau der Wälder auf der Erde entgegenzutreten, der die Folge der Nutzholzgewinnung, der Vergrößerung von Acker- und Weideflächen oder der Industrialisierung ist. Aber jeder Versuch, das bestehende Nutzungsverhältnis zugunsten der Wälder zu ändern und gleichzeitig die Verbrennung fossiler Brennstoffe einzuschränken, würde die gesellschaftlichen und wirtschaftlichen Verhältnisse ebenso erschüttern wie eine durch Klimaerwärmung hervorgerufene Veränderung der menschlichen Lebensbedingungen.

Obwohl das Kohlendioxidproblem seit mehr als einem Jahrhundert besteht, gibt es erst seit 1958 zuverlässige Messungen des Kohlendioxidgehalts der Atmosphäre. 1958 richtete Charles D. Keeling von der Scripps Institution of Oceanography auf dem Vulkan Mauna Loa auf der Insel Hawaii eine Station ein, die den Kohlendioxidgehalt der Atmosphäre kontinuierlich aufzeichnet. Er wählte den Mauna Loa, weil sich hier die Möglichkeit bot, den Kohlendioxidgehalt des unteren Teils der Erdatmosphäre (der Troposphäre) in den mittleren Breiten zu studieren. Die bisherigen Aufzeichnungen vom Mauna Loa und von anderen Stationen zeigen, daß der Kohlendioxidgehalt der Atmosphäre seit 1958 von Jahr zu Jahr steigt. Der durchschnittliche Zuwachs beträgt etwa 0,8 ppm pro Jahr, doch ändert sich dieser Wert immer wieder ohne erkennbare Ursache. Weiterhin beobachtet man eine systematische jahreszeitliche Schwankung (Bild 3): der Kohlendioxidgehalt der Atmosphäre erreicht im Spätwinter der nördlichen Hemisphäre, normalerweise im April, ein Maximum und am Ende des nördlichen Sommers, Ende September oder Oktober, ein Minimum. Die Meßreihe vom Mauna Loa

ist die bisher längste und genaueste Aufzeichnung der Kohlendioxidkonzentration, doch wird diese jetzt auch an zahlreichen anderen Orten registriert. Außerdem haben Wissenschaftler vom Flugzeug aus wiederholt Luftproben untersucht. Alle gefundenen Werte zeigen die gleichen Schwankungen zwischen Winter und Sommer und auch eine praktisch ununterbrochene Zunahme des Kohlendioxidgehalts der Atmosphäre. Der jährliche Zuwachs liegt in Abhängigkeit von Zeit und Ort zwischen 0,5 und 1,5 ppm.

Im Jahresrhythmus des Kohlendioxidgehalts spiegelt sich einer der wichtigsten Einflüsse, denen die Atmosphäre ausgesetzt ist: der Stoffwechsel der Fauna und Flora. Die jahreszeitlichen Schwankungen gehen Hand in Hand mit der wechselnden Intensität der Photosynthese in den mittleren Breiten beider Hemisphären. Wahrscheinlich sind es vor allem die Wälder, die den Rhythmus verursachen: Die Wälder der mittleren Breiten bedecken zusammengenommen ein riesiges Gebiet (Bild 4), und ihre Photosyntheseleistung übertrifft die jeder anderen Vegetationsform. Dadurch können sie Kohlenstoff in solchen Mengen speichern, daß sich das im Kohlendioxidgehalt der Atmosphäre bemerkbar macht.

Zu dieser Hypothese paßt die Größe des Unterschieds zwischen der winterlichen und der spätsommerlichen Kohlendioxidkonzentration. Er beträgt 5 ppm auf dem Mauna Loa, aber mehr als 15 ppm im Zentrum von Long Island. Zu den Tropen hin, in denen rhythmische Änderungen der Photosyntheseleistung kaum oder gar nicht auftreten (Bild 2), und mit zunehmender Höhenlage in allen Breiten wird die Schwankung geringer. Auch auf der Südhalbkugel ist sie weniger ausgeprägt, vermutlich weil hier auch die Wälder insgesamt ein kleineres Gebiet bedecken (Bild 4).

Für den langfristigen Zuwachs des Kohlendioxidgehalts hat man bisher nur die immer stärkere Erzeugung von Koh-

Bild 1: Von einem Satelliten aufgenommene Bilder eines Gebietes am östlichen Rand der Rocky Mountains in der Nähe von Boulder (Colorado, USA) im Sommer (oben) und im Herbst (unten) zeigen den jährlichen Rhythmus der pflanzlichen Kohlendioxidbindung, der für die gemäßigten Zonen charakteristisch ist. In diesen Aufnahmen erscheint das Grün der Vegetation als Rot. Im oberen Bild (August) zeigt das intensive Rot des Gebietes rechts der Berge ein Maximum photosynthetischer Aktivität, bei der die Pflanzen das für ihr Wachstum benötigte Kohlendioxid aus der Atmosphäre entnehmen. Auf dem unteren Bild vom Oktober ist das Rot stark gelichtet, ein Zeichen für die Abnahme der Photosynthese, die in diesem Gebiet von Wäldern und Nutzpflanzen getragen wird.

167

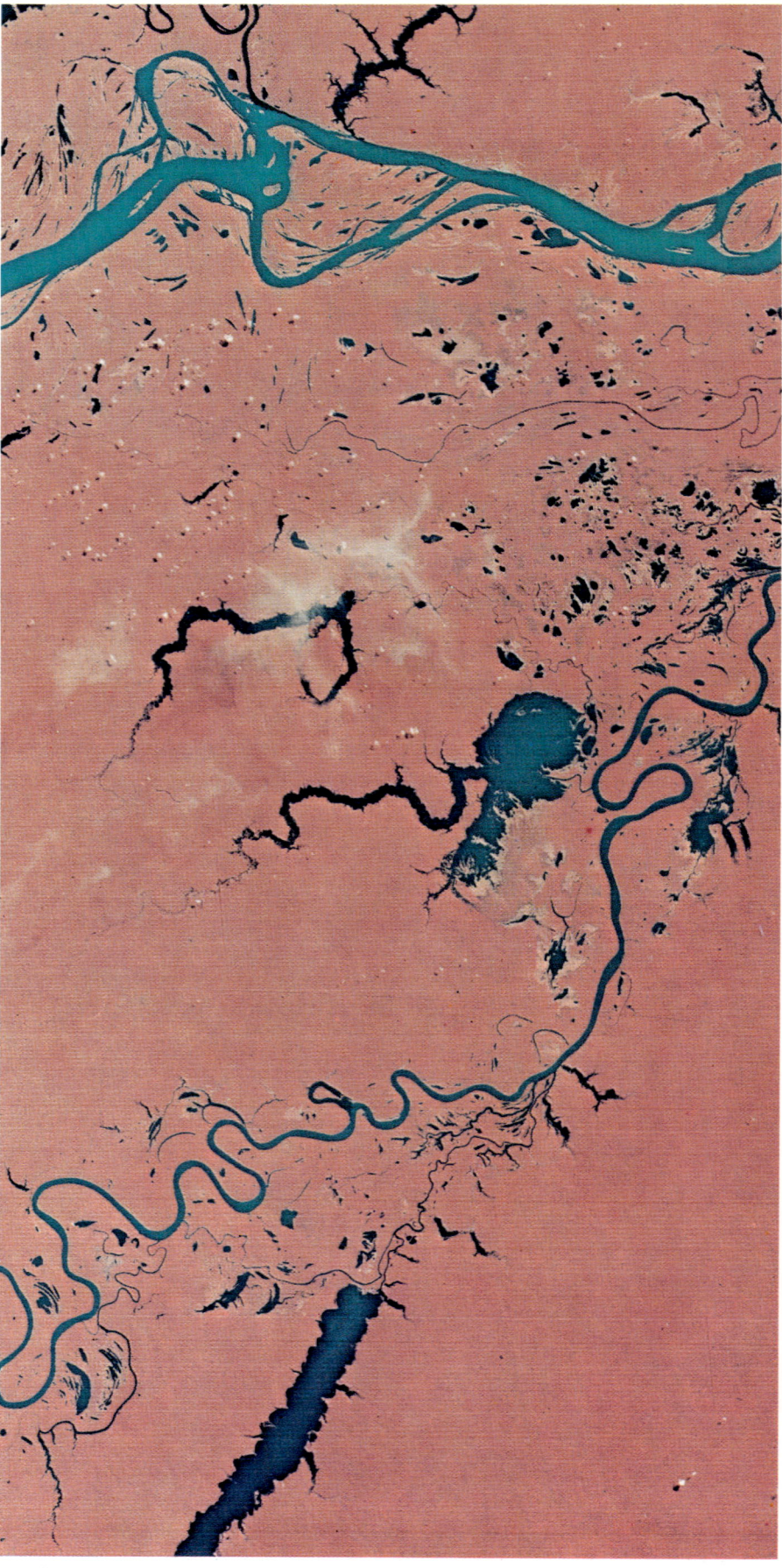

Bild 2: Von einem Satelliten aufgenommenes Bild eines Regenwaldgebietes im Amazonasbecken Nordwestbrasiliens. Die fast gleichmäßige Rotfärbung dieser Aufnahme zeugt von der intensiven, sich über das ganze Jahr erstreckenden photosynthetischen Aktivität, die **für tropische Regenwälder charakteristisch ist. Natürliche Waldgemeinschaften binden mehr Kohlenstoff pro Flächeneinheit als landwirtschaftlich genutzte Gebiete. Durch Rodungen werden die vom Wald bedeckten Flächen jedoch immer kleiner.**

lendioxid durch die Verbrennung fossiler Brennstoffe verantwortlich gemacht (Bild 5). Neuere Schätzungen wecken jedoch Zweifel daran, daß hier die einzige Ursache liegt. Meine Kollegen im meeresbiologischen Laboratorium in Woods Hole und ich haben in Zusammenarbeit mit R. H. Whittaker und G. E. Likens (Cornell University), W. A. Reiners (Dartmouth College) und C. C. Delwiche (University of California) berechnet, daß Flora und Fauna eine beachtliche Menge Kohlendioxid zusätzlich liefern. Andere Wissenschaftler, insbesondere Bert Bolin von der Universität Stockholm und J. R. Adams mit seinen Kollegen von der Rice University, kamen zu ähnlichen Ergebnissen. Kohlendioxid wird aus der Biomasse in erster Linie durch das Abbrennen oder die Rodung großer Waldgebiete und die darauf folgende Oxidation der Humusschicht freigesetzt.

Das Problem wird klarer, wenn man die Größe der Kohlenstoffreservoirs vergleicht (Bild 6). Die Atmosphäre enthält in Form von Kohlendioxid gegenwärtig ungefähr 700×10^{15} Gramm Kohlenstoff, das sind 700 Milliarden Tonnen. Sie stehen im ständigen Austausch mit dem Kohlendioxid der Biomasse und des Oberflächenwassers der Ozeane. Der Kohlenstoff in der gesamten Biomasse der Erde macht ungefähr 800×10^{15} Gramm aus. Das ist etwas mehr als der Kohlenstoff in der Atmosphäre. Ein noch größeres Reservoir bildet die organische Materie des Erdbodens, hauptsächlich in Form von Humus und Torf; die Schätzungen bewegen sich zwischen 1000×10^{15} und 3000×10^{15} Gramm. Die Abholzung der Wälder, die Ausdehnung der Landwirtschaft auf Böden, die reich sind an organischem Material, und die Trockenlegung von Sümpfen und Mooren beschleunigen den Zerfall von Humus, der dabei in Kohlendioxid, Wasser und Wärme übergeht. Das freigesetzte Kohlendioxid gelangt in das atmosphärische Kohlenstoffreservoir.

Am größten ist die in den Ozeanen gespeicherte Kohlenstoffmenge: Sie nähert sich 40000×10^{15} Gramm, wenn man das Wasser der großen und tiefen ozeanischen Becken einbezieht. Über einen Zeitraum von Jahrtausenden betrachtet dürfte der Kohlendioxidgehalt der Atmosphäre vor allem durch sein Gleichgewicht mit dem Kohlenstoffgehalt des ozeanischen Tiefenwassers bestimmt werden, doch ist die Geschwindigkeit des Austausches zwischen Atmosphäre und Weltmeer gering. Am schnellsten geht der Austausch zwischen der Atmosphäre und der oberen Wasserschicht mit einer Dicke von ungefähr 100 Metern vor sich. Diese Oberflächenschicht enthält etwa 600×10^{15} Gramm anorganischen Kohlenstoff, das heißt Kohlenstoff in Form von gelöstem Kohlendioxid oder – anders gesagt – in Form von Carbonat und Bicarbonat. Gelöste organische Materie (der „Humus" des Ozeans) scheint mit etwa 1 ppm ziemlich gleichmäßig verteilt zu sein, das heißt, die Weltmeere dürften etwa 3000×10^{15} Gramm Kohlenstoff enthalten.

Das Volumen des Tiefenwassers der Ozeane ist erheblich größer als das der oberen Schichten. Es bildet bei weitem das größte Kohlenstoffreservoir, das mit der Atmosphäre im Austausch steht: $35\,000 \times 10^{15}$ bis $38\,000 \times 10^{15}$ Gramm Kohlenstoff sind hier vorhanden, und in diesen Zahlen sind die riesigen kohlenstoffhaltigen Sedimente, vor allem die Calciumcarbonate, noch nicht einmal berücksichtigt. Die Kapazität der ozeanischen Tiefenregion für die Aufnahme von Kohlenstoff ist praktisch unendlich groß. Das Problem ist, daß der Kohlenstoff offenbar nur mit großer Verzögerung aus der Atmosphäre durch die oberen Wasserschichten des Ozeans in diese Tiefen wandert.

Will man den Nettotransport des Kohlenstoffs von einem Reservoir zum anderen in einem Fließdiagramm darstellen (Bild 6), dann ist man auf Schätzungen

sehr unterschiedlicher Qualität angewiesen. Die genauesten Werte hat man für das durch Verbrennung fossiler Brennstoffe freigesetzte Kohlendioxid (gegenwärtig etwa 5×10^{15} Gramm Kohlenstoff pro Jahr) und für den Zuwachs des Kohlendioxidgehalts der Luft (ungefähr $2,3 \times 10^{15}$ Gramm Kohlenstoff pro Jahr). Danach werden etwa $2,7 \times 10^{15}$ Gramm Kohlenstoff aus fossilen Brennstoffen durch terrestrische und ozeanische Vorgänge gebunden und gelangen nicht in die Atmosphäre. Nehmen wir einmal an, die Biomasse sei ein stabiles Kohlenstoffreservoir, das der Atmosphäre Kohlendioxid weder zuführt noch entzieht. Dann müßte der Ozean jedes Jahr $2,7 \times 10^{15}$ Gramm Kohlenstoff aufnehmen und speichern. Tut er das?

Man hat heute recht detaillierte Kenntnisse über die Menge des in der Oberflächenschicht der Weltmeere vorhandenen Kohlenstoffs und verfügt über sorgfältig entwickelte Modelle für die vertikale Durchmischung der Ozeane: Anhand der radioaktiven Isotope Kohlenstoff-14 und Tritium (Wasserstoff-3), die bei den Atombombenversuchen der 50er und frühen 60er Jahre in großen Mengen produziert worden waren, ließ sich der Aus-

tausch des Wassers zwischen der oberen Schicht und den darunterliegenden Tiefenwasserschichten verfolgen. Er verläuft außerordentlich langsam. Der Transport von Kohlenstoff aus der Atmosphäre durch die obere Wasserschicht bis in das Tiefenwasser dürfte $2,5 \times 10^{15}$ Gramm pro Jahr nicht überschreiten. Die Ozeane reichen also als Deponie für den Kohlenstoff, der übrigbleibt, wenn man die von der Atmosphäre aufgenommenen $2,3 \times 10^{15}$ Gramm von den aus fossilen Brennstoffen freigesetzten 5×10^{15} Gramm abzieht, nicht aus.

Whittaker und Likens haben kürzlich die vorhandenen Informationen über die Größe verschiedener Teile der Biomasse zusammengefaßt (Bild 7). Aus ihrer Arbeit geht hervor, daß die Wälder das größte Kohlenstoffreservoir der Biomasse bilden. Außerdem zeigt sich, daß die Photosynthese auf dem Festland den größeren Nettobeitrag zu diesem Reservoir liefert, und nicht etwa der Ozean, wie man bisher aufgrund früherer Schätzungen der primären Nettoproduktion angenommen hatte. Als primäre Nettoproduktion wird die Kohlenstoffmenge bezeichnet, die infolge der Photosynthese als organische Materie fixiert bleibt,

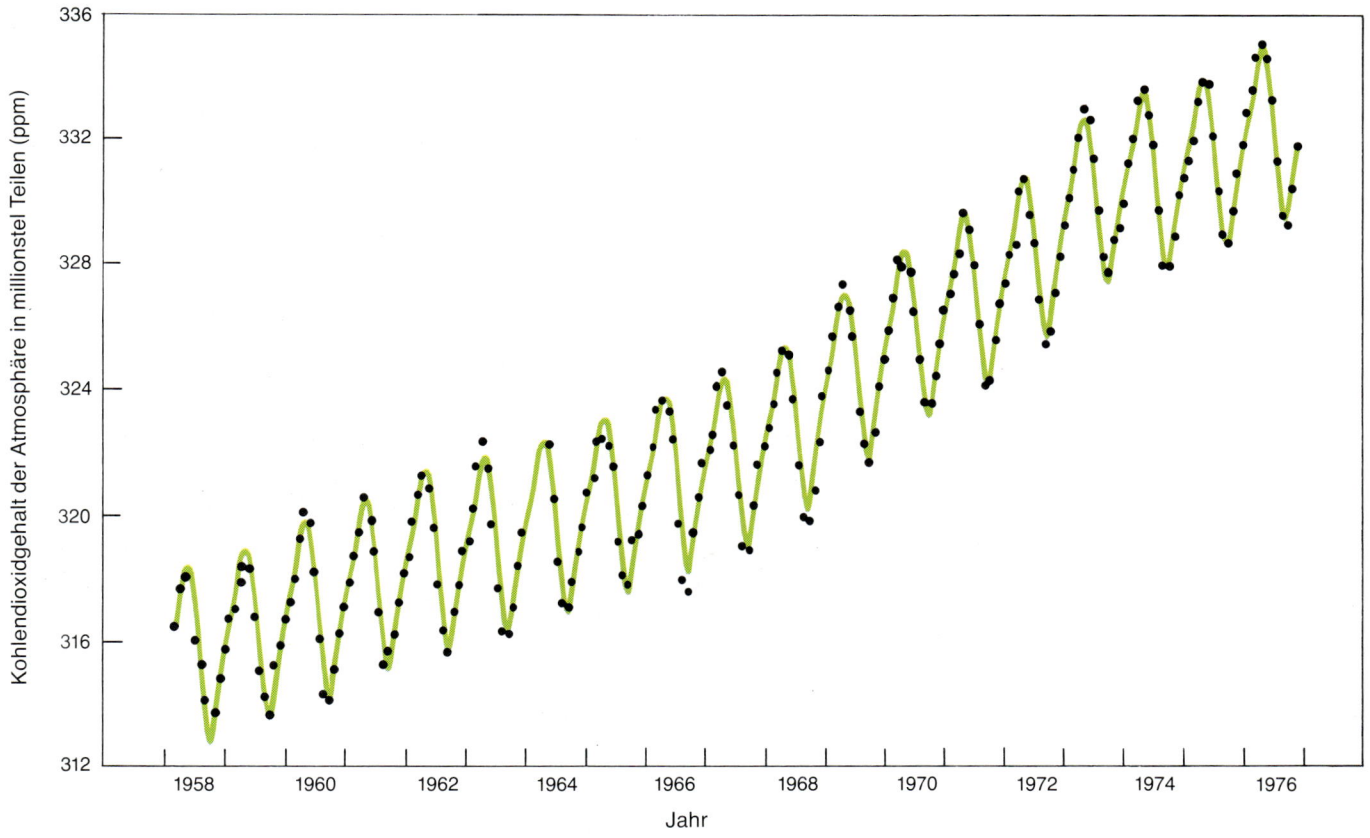

Bild 3: Entwicklung des Kohlendioxidgehalts der Atmosphäre seit 1958, aufgezeichnet im Mauna-Loa-Observatorium auf der Insel Hawaii. Die Punkte zeigen die monatlichen Durchschnittskonzentrationen. Der jahreszeitliche Rhythmus wird durch die Entnahme von Kohlendioxid bei der Photosynthese während des pflanzlichen Wachstums in der nördlichen Hemisphäre und durch die Abgabe von Kohlendioxid in den Herbst- und Wintermonaten hervorgerufen. Die Mauna-Loa-Meßreihe ist die längste ihrer Art. Sie zeigt, daß der Kohlendioxidgehalt der Atmosphäre seit 1958 um mehr als 5 Prozent gestiegen ist. Aus bisher unbekannten Gründen variiert der Zuwachs von Jahr zu Jahr. Er beträgt gegenwärtig etwa 0,8 ppm pro Jahr, das entspricht $2,3 \times 10^{15}$ Gramm reinem Kohlenstoff.

nachdem man die Kohlenstoffmenge abgezogen hat, welche die Pflanzen durch ihre Atmung aus der organischen Materie wieder freisetzen. Die primäre Nettoproduktion steht für das Wachstum der Pflanze zur Verfügung und wird entweder in Form pflanzlichen Materials gespeichert oder schließlich von Tieren, Fäulnisbakterien oder anderen Organismen verbraucht und so dem Kreislauf wieder zugeführt.

Das vielleicht bedeutendste Ergebnis der Studie von Whittaker und Likens ist, daß die tropischen Regenwälder mit ihren Baumriesen nicht nur das größte Einzelreservoir von Kohlenstoff in der Biomasse bilden (Bild 2), sondern auch die höchste primäre Nettoproduktion liefern. Werden sie (oder auch andere Wälder) in nächster Zukunft schnell abgeholzt und wird der gespeicherte Kohlenstoff dabei durch Verbrennen des Holzes freigesetzt, so muß das zu einer wesentlichen Steigerung der Kohlendioxidmenge in der Atmosphäre führen. Forstet man dagegen kahle Flächen wieder auf,

dann werden sich die heranwachsenden Wälder ihr Kohlendioxid aus der Atmosphäre holen und dadurch den Anstieg der Kohlendioxidkonzentration bremsen.

Neuerdings ist nun die Frage, ob das Kohlenstoffreservoir Biomasse zu- oder abnimmt, zur Kontroverse geworden. 1970 fand in Williamstown (Massachusetts, USA) eine Konferenz über Umweltprobleme statt. Dort waren noch alle Teilnehmer der Meinung, daß die Biomasse ständig zunimmt und daß die Modelle der Ozeanographen den ozeani-

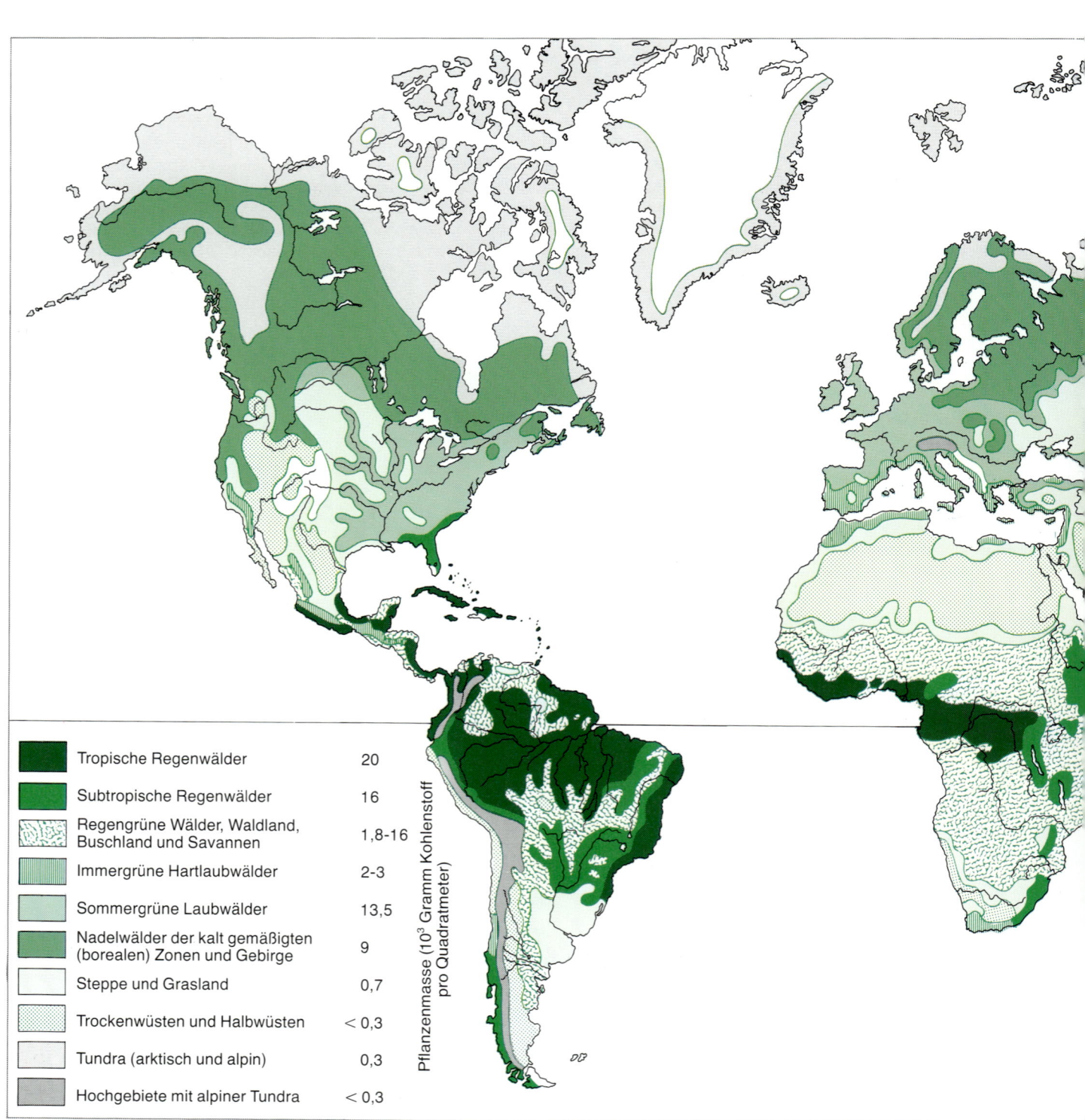

	Pflanzenmasse (10³ Gramm Kohlenstoff pro Quadratmeter)
Tropische Regenwälder	20
Subtropische Regenwälder	16
Regengrüne Wälder, Waldland, Buschland und Savannen	1,8-16
Immergrüne Hartlaubwälder	2-3
Sommergrüne Laubwälder	13,5
Nadelwälder der kalt gemäßigten (borealen) Zonen und Gebirge	9
Steppe und Grasland	0,7
Trockenwüsten und Halbwüsten	< 0,3
Tundra (arktisch und alpin)	0,3
Hochgebiete mit alpiner Tundra	< 0,3

schen Kreislauf und die ozeanische Kohlendioxidaufnahme richtig wiedergeben. 1972, auf einer Konferenz mit dem Thema „Kohlenstoff und Biosphäre" im Brookhaven National Laboratory, kamen Zweifel auf, und zum ersten Mal ernsthaft in Frage gestellt wurde das Modell der Ozeanographen in zwei Beiträgen auf der Dahlem-Konferenz über „Globale chemische Kreisläufe und ihre Veränderung durch den Menschen" im November 1972 in Berlin. Der erste Beitrag von R. A. Houghton und mir kam zu dem Ergebnis, daß jedes Jahr aus der Biomasse ebensoviel Kohlendioxid in die Atmosphäre gelangt wie durch die Verbrennung fossiler Rohstoffe. Im zweiten Beitrag errechnete Bolin einen etwas niedrigeren Wert (ungefähr 10^{15} Gramm Kohlenstoff). Seine Schätzung beruhte auf Angaben der Ernährungs- und Landwirtschafts-Organisation der Vereinten Nationen (FAO) über die Rodung von Wäldern. Neuere Veröffentlichungen erhärten die Vorstellung, daß die Biomasse per Saldo eine Quelle für atmosphärisches Kohlendioxid

ist und keine Deponie. An den Modellen der Ozeanographen sind heftige Zweifel aufgetaucht.

Was bedeuten die neuen Schätzungen für unser Bild vom Kohlenstoffhaushalt der Erde? Noch sind wir von einer klaren Antwort weit entfernt. Offenbar treten wesentlich größere Mengen von Kohlenstoff in die Atmosphäre ein, als dort gespeichert werden können. Zusätzlich zu den 5×10^{15} Gramm Kohlenstoff aus der Verbrennung fossiler Rohstoffe dürften gegenwärtig 4×10^{15} bis 8×10^{15} Gramm durch die Zerstörung (vor allem das Abbrennen) der Wälder und die daraufhin beschleunigte Oxidation des Humus freigesetzt werden. Von diesen insgesamt 9×10^{15} bis 13×10^{15} Gramm Kohlenstoff pro Jahr bleiben lediglich $2,3 \times 10^{15}$ Gramm in der Atmosphäre, wie die Messungen zeigen. Der Rest 7×10^{15} Gramm bis 11×10^{15} Gramm, wird irgendwo auf der Erde gespeichert. Doch wo? Wir haben gesehen, daß die Ozeane nach den bisherigen Rechnungen weniger als 3×10^{15} Gramm Kohlenstoff pro Jahr aufnehmen. Zur Zeit untersuchen die Ozeanographen ihre Ansätze daraufhin, ob sie Vorgänge übersehen haben, bei denen Kohlenstoff gespeichert wird.

Weil das Thema so wichtig ist, überprüft man jetzt alle Daten, besonders diejenigen, die sich auf Änderungen der Waldmasse beziehen. Wie sicher ist eigentlich unsere Behauptung, terrestrische Pflanzengemeinschaften seien in der Gesamtrechnung eine Quelle für Kohlendioxid und nicht eine Deponie? Wir gehen von der Kenntnis der Kohlenstoffmenge aus, die in den großen Pflanzengemeinschaften der Erde vorhanden ist, und von der primären Nettoproduktion dieser Gemeinschaften. Nach der Studie von Whittaker und Likens enthalten die tropischen Regenwälder etwa 42 Prozent des in der terrestrischen Vegetation gespeicherten Kohlenstoffs, und sie liefern ungefähr 32 Prozent der gesamten primä-

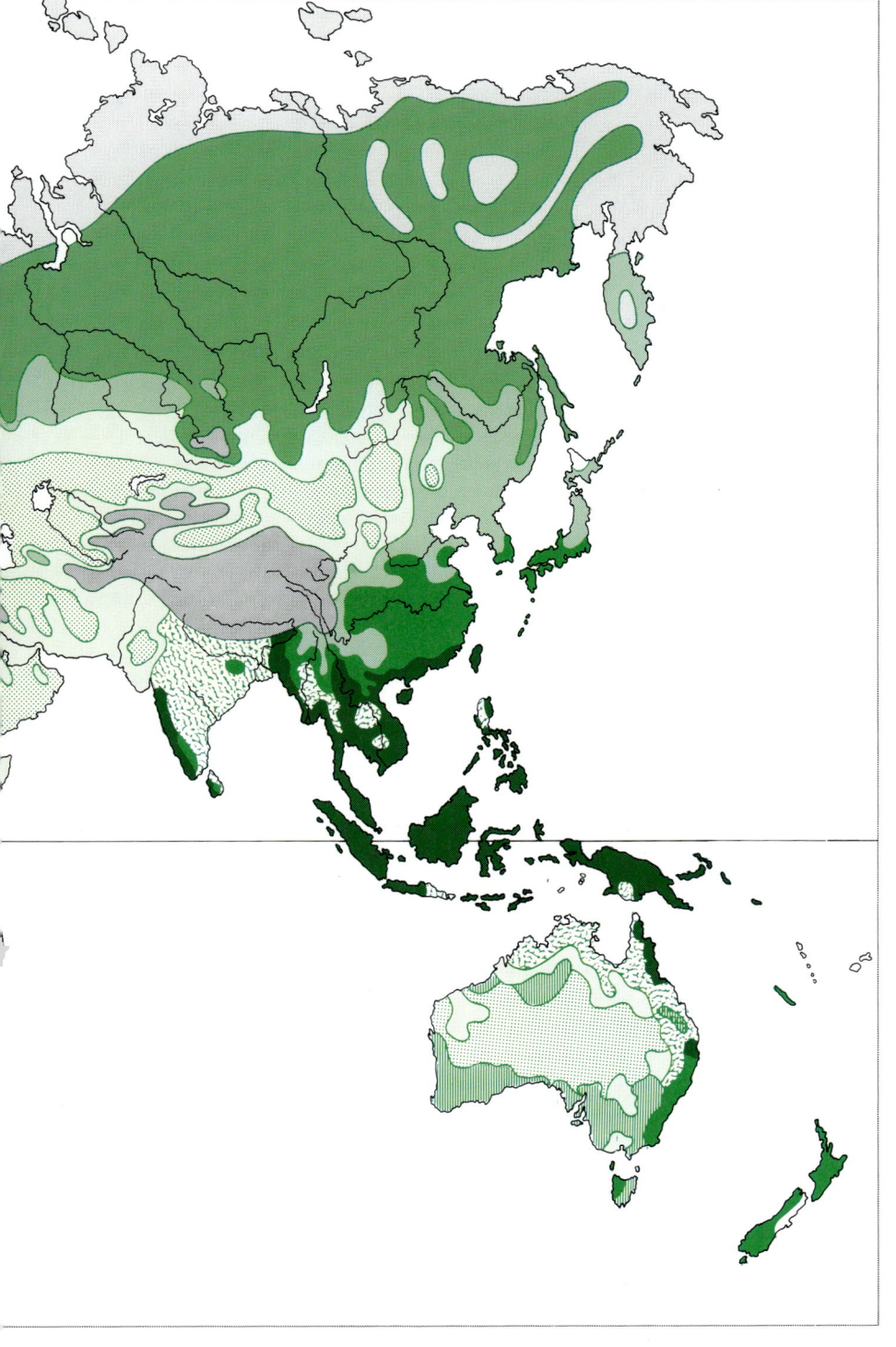

Bild 4: In Pflanzen gespeicherter Kohlenstoff verteilt sich auf der Erde, wie es diese auf einer Arbeit von H. Brockmann Jerosch beruhende Karte zeigt. Die Gesamtmenge des in der terrestrischen Biomasse gespeicherten Kohlenstoffs beträgt ungefähr 830×10^{15} Gramm. Im Vergleich dazu ist der Kohlenstoff der ozeanischen Biomasse unbedeutend. Er liegt unter 2×10^{15} Gramm. Ungefähr 40 Prozent des gesamten pflanzlichen Kohlenstoffs sind in den tropischen Regenwäldern gespeichert, weitere 14 Prozent in den laubabwerfenden tropischen Wäldern. Die Wälder aller Breiten enthalten fast 90 Prozent des in der terrestrischen und marinen Biomasse gespeicherten Kohlenstoffs. Der Autor glaubt, daß die Rodung der Waldflächen entscheidend zur Vermehrung des Kohlendioxids in der Atmosphäre beiträgt.

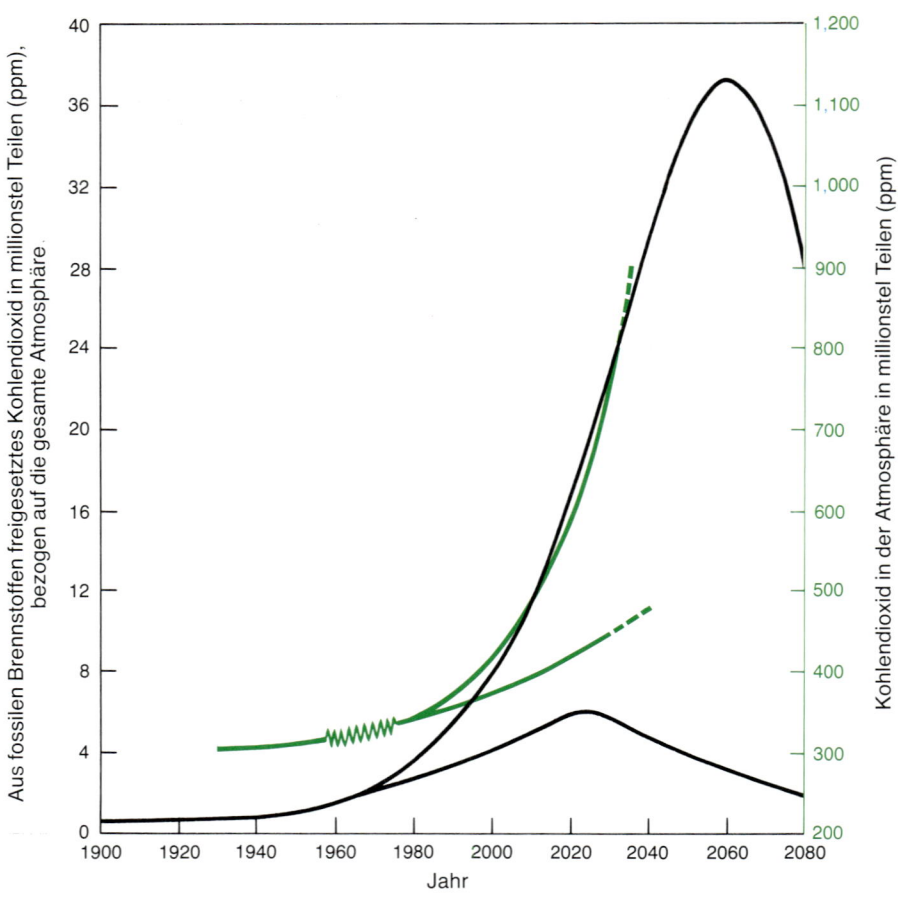

Bild 5: Zunahme des aus fossilen Brennstoffen freigesetzten Kohlendioxids (schwarze Kurven) und des Kohlendioxidgehalts der Atmosphäre (farbige Kurven) bei kleinstem und größtem wahrscheinlichem Zuwachs. Die Daten für den Brennstoffverbrauch stammen aus einer Untersuchung des Oak Ridge National Laboratory. Die Minimalannahme sieht einen Zuwachs von 2 Prozent pro Jahr bis zum Jahr 2025 vor und eine spiegelbildliche Abnahme danach. Die Maximalannahme geht von 4,3 Prozent Zuwachs pro Jahr aus, bis die Erschöpfung der Vorkommen um die Mitte des nächsten Jahrhunderts eine Umkehr erzwingt. Die Unsicherheit solcher Annahmen macht Schätzungen des zukünftigen Kohlendioxidgehalts der Atmosphäre riskant. Die Unsicherheit wächst mit der Erkenntnis, daß auch durch die Zerstörung der Wälder große Mengen von Kohlendioxid in die Atmosphäre gelangen. Das sägezahnartige Kurvenstück zeigt das Ergebnis der 1958 begonnenen Messungen im Mauna-Loa-Observatorium (Bild 3).

ren Nettoproduktion (Bild 7). Alle Waldgebiete der tropischen, gemäßigten und kalt gemäßigten (borealen) Zonen zusammen machen 90 Prozent des Kohlenstoffs der Vegetation aus und tragen mehr als 60 Prozent zur primären Nettoproduktion bei. Der einzige weitere größere Lieferant sind die Savannen. Sie steuern 12 Prozent zur Nettoproduktion bei, bilden aber nur ungefähr 3 Prozent des Kohlenstoffvorrats.

Die gesamte Landwirtschaft der Erde bringt etwa 8 Prozent Nettoproduktion und enthält weniger als 1 Prozent des gespeicherten Kohlenstoffs. Diese Schätzungen liegen ungefähr in der Mitte zwischen den Extremwerten anderer Berechnungen, die unter Leitung von P. Duvigneaud an der Universität Brüssel ausgeführt wurden. Da alle Untersuchungen die zentrale Bedeutung der Wälder, insbesondere der Tropenwälder, bestätigen, muß festgestellt werden, ob sich deren Größe verändert, und wenn ja, mit welcher Geschwindigkeit.

Unterlagen gibt es wenige. Der britische Geograph Henry C. Darby berechnete 1954, daß die bewaldete Fläche Europas in den tausend Jahren zwischen 900 und 1900 von 90 Prozent auf ungefähr 20 Prozent abnahm. Eine ähnliche Veränderung ging zu einer früheren Zeit in den Mittelmeerländern vor sich, vor allem im östlichen Mittelmeerraum. Diese Reduktion des Waldbestandes setzte eine Koh-

lenstoffmenge frei, die im Verhältnis zum vorher in der Atmosphäre vorhandenen Kohlenstoff beachtlich war. Die Vermutung liegt nahe, daß das seit 1900 anhaltende Industrie- und Bevölkerungswachstum zu vergleichbaren Veränderungen in anderen Waldgebieten geführt hat.

Timothy Wood und Daniel B. Botkin vom Ecosystems Center in Woods Hole stellten fest, daß sich der Baumbestand Neu-Englands seit der Ankunft der europäischen Siedler bis 1900 ständig verringerte, daß dann aber eine Zeit der Erholung begann, in der die landwirtschaftliche Nutzung des Gebietes abnahm, so daß sich die Wälder wieder auf das ehemalige Ackerland ausdehnen konnten. Das ursprüngliche Kohlenstoffreservoir ist jedoch nicht in gleicher Größe wiedererstanden. Der Kohlenstoffvorrat ist heute höchstens halb so groß wie einst. Überdies zeigen die neuesten Erhebungen, daß die Waldgebiete nicht mehr zunehmen, wahrscheinlich infolge erneuter Ausdehnung der Landwirtschaft und einer intensivierten Forstwirtschaft.

Nach der Studie von Wood und Botkin speichert ein Wald der gemäßigten Zone bei der Erholung von weitgehendem Kahlschlag jedes Jahr Kohlenstoff in Höhe von 3 oder 4 Prozent seiner primären Nettoproduktion, und das während der gesamten Regenerationsphase, die etwa 70 Jahre dauert. Würden alle Wäl-

der der gemäßigten Breiten einen ähnlichen Prozentsatz ihrer primären Nettoproduktion speichern und ginge die gleiche Kohlenstoffmenge in den Humus, dann könnten sich auf diese Weise jedes Jahr etwa 5×10^{15} Gramm Kohlenstoff ansammeln. Aber die Erfahrung mit den Wäldern Neu-Englands läßt vermuten, daß die Wiederaufforstung von Wäldern in den gemäßigten Breiten gegenwärtig keine große Menge atmosphärischen Kohlendioxids bindet.

Unterdessen sind ständig andere Waldgebiete der Landwirtschaft zum Opfer gefallen, sind fortgesetzt Urwälder gerodet worden. Das größte zusammenhängende Waldgebiet der Erde ist das Amazonasbecken (Bild 2 und Bild 4), und wir haben uns bemüht, Angaben über die dortigen Rodungen zu finden. Es gibt keine Übersicht, die man ohne Risiko auf das gesamte Amazonasbecken extrapolieren könnte. Immerhin hat J. P. Veillon über eine 33prozentige Reduktion der Waldfläche in den westlichen Hochländern Venezuelas zwischen 1950 und 1975 berichtet. Lawrence S. Hamilton zitiert FAO-Daten, die eine jährliche Rodung des Feuchtwaldes von 0,6 bis 1,5 Prozent des Restgebietes vermuten lassen. Berichte aus anderen Teilen des Amazonasbeckens geben Auskunft über den raschen Autobahnbau, über die Expansion der Landwirtschaft auf Kosten des Waldes und über das Unvermögen, nach der Rodung der Wälder eine neue Vegetation anzusiedeln. Tatsächlich glaubt kein Fachmann mit Tropenerfahrung daran, daß in den nächsten 30 Jahren der tropische Regenwald des Amazonas vor beträchtlichen Verlusten durch Holzgewinnung und Rodungen gerettet werden kann.

Aus den zuverlässigsten mir bekannten Ansätzen ergibt sich eine jährliche Rodung der tropischen Urwälder von insgesamt 0,5 bis 1,5 Prozent der Restfläche. Legen wir ein Prozent zugrunde und nehmen wir an, daß durch Abbrennen gerodet und das entwaldete Gebiet land-

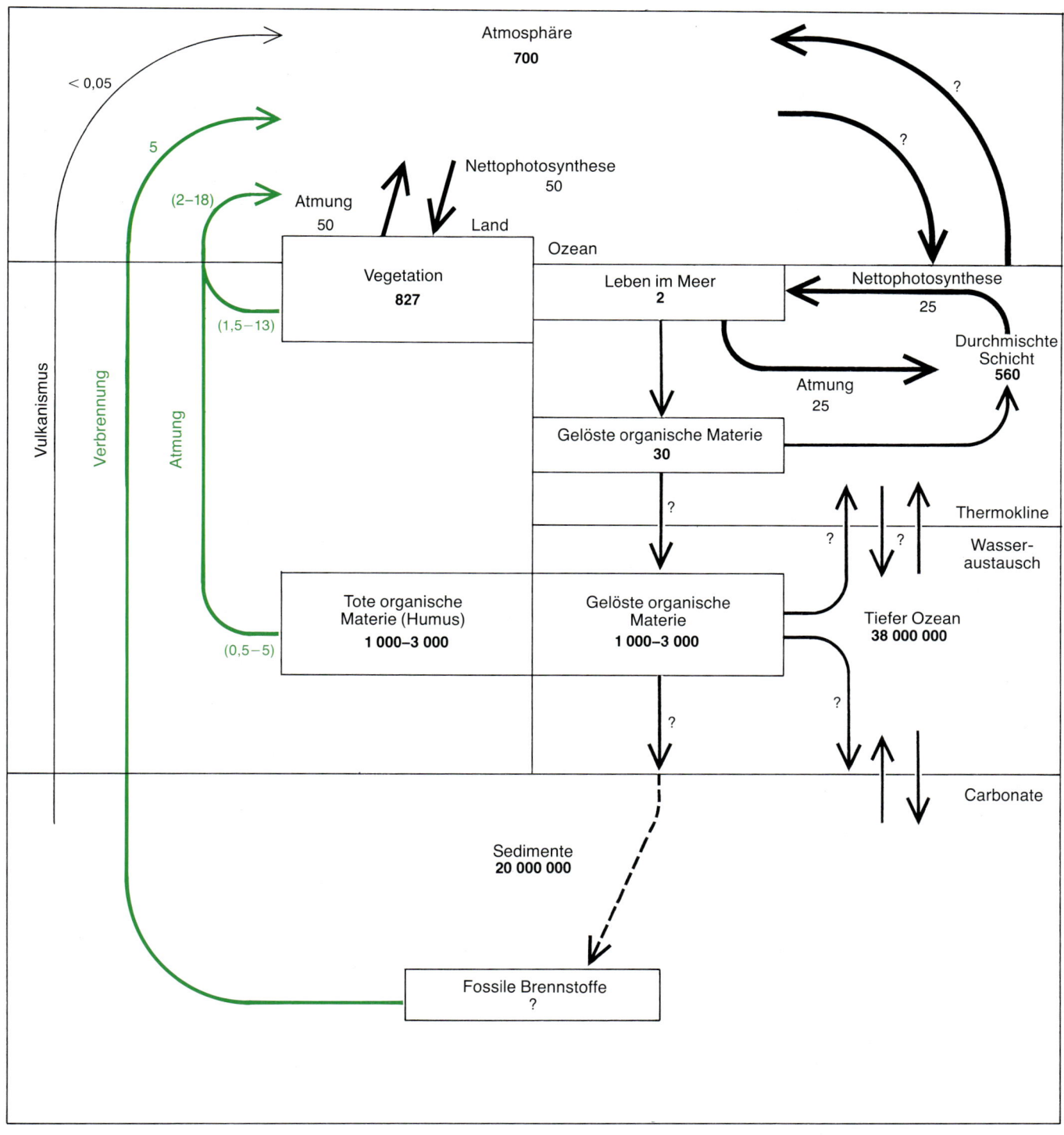

Bild 6: Die wichtigsten Kohlenstoffspeicher der Erde und der jährliche Kohlenstoffaustausch zwischen den miteinander in Verbindung stehenden Reservoirs. Die Zahlen bedeuten 10^{15} Gramm (= Milliarden Tonnen). Die von Menschenhand verursachte jährliche Kohlenstoffabgabe an die Atmosphäre ist farbig dargestellt. Landpflanzen nehmen netto ungefähr 50×10^{15} Gramm Kohlenstoff pro Jahr auf. Viele Biologen sind heute der Meinung, daß aus der gesamten Biomasse seit langer Zeit Kohlendioxid in die Atmosphäre abfließt und daß dieser Abfluß anhält. Der von marinen Organismen fixierte Kohlenstoff wird zum größten Teil über die Atmung sofort in den Kreislauf zurückgeführt. Nur ein kleiner Teil sinkt schließlich in Form von Fäkalkügelchen in die Tiefen der Ozeane. Dieser Transport ergänzt die außerordentlich langsame Diffusion von Kohlendioxid aus der Atmosphäre in die oberen Schichten der Ozeane, wo das Kohlendioxid im Gleichgewicht mit dem Carbonat-Bicarbonat-System steht. Obwohl die Tiefenwässer der Ozeane eine nahezu unbegrenzt große Deponie für Kohlendioxid sind, muß das Gas erst in die obere Wasserschicht eindringen und dann eine thermisch stabile Lage von Wasserschichten (die Thermokline) überwinden, die den Austausch mit dem Tiefenwasser behindern.

wirtschaftlich genutzt wird, dann werden auf diese Weise jährlich $4,5 \times 10^{15}$ Gramm Kohlenstoff frei. Extrapolieren wir diese Schätzwerte auf die gesamte terrestrische Biomasse, und bringen wir eine Korrektur an, die eine Kohlenstoffspeicherung durch Aufforstung berücksichtigt, so ergibt sich eine Lieferung von 6×10^{15} Gramm Kohlenstoff jährlich aus der Biomasse in die Atmosphäre. Die zusätzliche Abgabe durch die Zersetzung des ungeschützten Humus' ist schwer zu berechnen. Setzen wir sie mit 2×10^{15} Gramm pro Jahr an, so kommen wir auf insgesamt ungefähr 8×10^{15} Gramm Kohlenstoff. Allerdings sind die Unsicherheitsfaktoren bei diesen Schätzungen so groß, daß wir den tatsächlichen Kohlenstoffverlust der Biomasse nicht zuverlässiger als zwischen 2×10^{15} und 18×10^{15} Gramm pro Jahr angeben können. Aber auch wenn man den Mangel an sicheren Werten berücksichtigt, führt meines Erachtens kein Weg an der Schlußfolgerung vorbei, daß die Zerstörung der Wälder der Atmosphäre Kohlendioxid in einer Menge zuführt, die der Freisetzung von Kohlendioxid durch die Verbrennung fossiler Rohstoffe gleichkommt.

Diese Betrachtungen waren für die Agrar- und Forstwirtschaftler eine Überraschung. Sie hatten immer angenommen, daß die modernen land- und forstwirtschaftlichen Methoden zu einer Steigerung der primären Nettoproduktion terrestrischer Systeme führen. Aber landwirtschaftliche Pflanzengemeinschaften werden nicht mit dem Ziel der Speicherung großer Kohlenstoffmengen angelegt, sondern um einen schnellen Umschlag der Kohlenstoffmenge zu erzielen, das heißt, den gespeicherten Kohlenstoff möglichst rasch dem Verbrauch durch Menschen oder Tiere zuzuführen. Landwirtschaftlich genutzte Flächen müssen also weniger Kohlenstoff speichern als die Wälder, die vorher darauf gestanden haben (Bild 8). Natürliches Grasland verliert den Humusanteil seines Bodens, wenn es umgepflügt und in Ackerfläche verwandelt wird, und es sammelt sich an solchen Stellen auch kein zusätzliches organisches Material wieder an.

Intensiv bewirtschaftete Wälder haben einen wesentlich geringeren Holzbestand als die Urwälder, die sie verdrängt haben, auch wenn ihre Holzproduktion größer ist. Das bedeutet wieder, daß die Umschlagsgeschwindigkeit gewachsen und das ruhende Kohlenstoffreservoir kleiner geworden ist, das heißt, die Umwandlung von Urwald in Sekundärwald für die Nutzholzgewinnung führt ebenfalls zu einer Nettofreisetzung von Kohlendioxid.

Noch andere Indizien sprechen dafür, daß die Biomasse schon seit vielen Jahrzehnten eher eine Quelle als eine Deponie für Kohlendioxid bildet: Minze Stuiver von der University of Washington hat das Verhältnis der Kohlenstoffisotope im Holz verschiedener Bäume ermittelt und daraus berechnet, daß die Biomasse zwischen 1850 und 1950 jährlich $1,2 \times 10^{15}$ Gramm Kohlenstoff in die Atmosphäre abgegeben hat. Im gleichen Zeitraum wurden aus fossilen Brennstoffen durchschnittlich $0,6 \times 10^{15}$ Gramm Kohlenstoff pro Jahr freigesetzt.

Stuiver nutzte die Tatsache, daß das Verhältnis von Kohlenstoff-12 zu Kohlenstoff-13 in der Atmosphäre ein anderes ist als in der Biomasse und dort wieder ein anderes als in fossilen Brennstoffen. Biomasse und fossile Brennstoffe sind et-

	Fläche (10^6 Quadratkilometer)	Primäre Nettoproduktion (10^{15} Gramm Kohlenstoff pro Jahr)	Pflanzenmasse (10^{15} Gramm Kohlenstoff)
Tropische Regenwälder	17,0	16,8	344,0
Regengrüne Wälder	7,5	5,4	117,0
Hartlaubwälder	5,0	2,9	79,0
Sommergrüne Laubwälder	7,0	3,8	95,0
Boreale Nadelwälder	12,0	4,3	108,0
Wald- und Buschland	8,5	2,7	22,0
Savanne	15,0	6,1	27,0
Grasländer gemäßigter Breiten	9,0	2,4	6,3
Tundren und alpine Wiesen	8,0	0,5	2,3
Dornenhölzer der Wüsten	18,0	0,7	5,9
Felsen, Eis, Sand	24,0	0,03	0,2
Kulturland	14,0	4,1	6,3
Sumpf und Marschland	2,0	2,7	13,5
Seen und Flüsse	2,0	0,4	0,02
Summe Festland	149,0	52,8	826,5
Offener Ozean	332,0	18,7	0,45
Auftriebsgebiete	0,4	0,1	0,004
Kontinentalsockel	26,6	4,3	0,12
Algenkulturen und Riffe	0,6	0,7	0,54
Mündungsgebiete	1,4	1,0	0,63
Summe Meer	361,0	24,8	1,74
Summe Erde	510,0	77,6	828,0

Bild 7: Die wichtigsten Pflanzengemeinschaften der Erde, die von ihnen bedeckten Flächen, ihre primäre Nettoproduktion und ihr Anteil am gespeicherten Kohlenstoff. Als primäre Nettoproduktion bezeichnet man den Teil des Kohlenstoffs, den eine Pflanzengemeinschaft jährlich als organische Materie fixiert, nachdem man die Kohlenstoffmenge abgezogen hat, welche die Pflanzen durch ihre eigene Atmung wieder freisetzen. Obwohl nur etwa 30 Prozent der Erdoberfläche Land sind, ist die primäre Nettoproduktion der terrestrischen Vegetation etwas mehr als doppelt so groß wie die primäre Nettoproduktion der Ozeane. Die in Landpflanzen gespeicherte Kohlenstoffmenge ist ungefähr 500mal so groß wie die in Wasserpflanzen enthaltene Menge. In den Bäumen ist etwa ebenso viel Kohlenstoff vorhanden wie in der Atmosphäre. Die Tabelle wurde von R. H. Whittaker und G. E. Likens von der Cornell Unuversity zusammengestellt.

174

Bild 8: Die Umwandlung von unberührtem Land in landwirtschaftliche Nutzflächen führt gewöhnlich zu einer starken Abnahme des in der Biomasse gespeicherten Kohlenstoffs und zu einer etwas geringeren Abnahme der Kohlendioxidmenge, die jährlich aus der Atmosphäre entnnommen und durch Photosynthese fixiert wird. Die Tabelle, die ebenfalls auf der Studie von Whittaker und Likens beruht, läßt erkennen, wie weit die geschätzten Werte auseinanderliegen können.

Wälder:	Pflanzenmasse (in 10^3 Gramm Kohlenstoff pro Quadratmeter)	Primäre Nettoproduktion (in Gramm Kohlenstoff pro Quadratmeter und Jahr)	
		Geschätzte Werte	Mittel
Tropisch (feucht)	3,0−36,0	450−1600	990
Subtropisch	3,0−90,0	270−1125	560
Boreal	3,0−18,0	180−900	360
Savannen	0,1−7,0	90−900	400
Grasland	0,1−2,3	90−675	270
Kulturland	0,2−5,4	45−2800	290

was reicher an Kohlenstoff-12. Außerdem kommt das Isotop Kohlenstoff-14 nur in der Atmosphäre und in der Biomasse vor. Es entsteht in der oberen Atmosphäre durch Beschuß von Stickstoff-14 mit kosmischen Strahlen und hat sich auch bei den Atombombenversuchen in der Atmosphäre in großen Mengen gebildet. Da Kohlenstoff-14 eine Halbwertzeit von etwa 6000 Jahren hat, ist dieses Isotop aus den einige Millionen Jahre alten fossilen Brennstoffen längst verschwunden. Dem bei der Verbrennung fossiler Stoffe entstehenden Kohlendioxid fehlt also das Isotop Kohlenstoff-14, was wiederum zu einer Verringerung der Konzentration von Kohlenstoff-14 in der Atmosphäre führt. Aus Messungen der Konzentrationen verschiedener Kohlenstoffisotope in den Jahresringen von Bäumen mit bekanntem Alter, in der Atmosphäre und in fossilen Brennstoffen konnte Stuiver die von der Biomasse freigesetzte Menge Kohlenstoff schätzen. Allerdings sind die Messungen technisch schwierig, und das Verhältnis der Kohlenstoffisotope in Bäumen hängt von einigen Umweltfaktoren ab. Daher sind Stuivers Schätzungen weniger eindeutig, als man sie gern hätte. Dennoch bietet diese Methode ein wichtiges Mittel, um dem Umfang der Kohlendioxidabgabe aus der Biomasse nachzuspüren.

Ob es infolge der Zunahme des Kohlendioxidgehaltes der Atmosphäre eine Klimaänderung geben wird, hängt davon ab, wie groß die Wirkung des Kohlendioxids ist, und das läßt sich nur äußerst schwer vorhersagen. Man weiß heute, daß Schwankungen der Sonnenenergie, Änderungen in der Rückstrahlung der Erde, die ihrerseits von der Größe der Wolkenfelder, der Schneedecke und der Eiskappen abhängt, sowie viele andere Faktoren unser Klima beeinflussen. Ob der Kohlendioxidgehalt der Atmosphäre ein Faktor ist, der über alle anderen Einflüsse dominiert, bleibt abzuwarten. Ist der Einfluß des Kohlendioxids dominant, dann wird sich die Erde wahrscheinlich erwärmen, und zwar so, daß die Temperaturerhöhung an den Polen am stärksten ist. Das wiederum kann zur Folge haben, daß die Wüstengebiete polwärts wandern, die Trockenzonen größer werden und die landwirtschaftlich nutzbaren Flächen abnehmen. Solche Aussichten können keine Begeisterung auslösen in einer Welt, deren Bevölkerung sich in den nächsten 30 bis 35 Jahren verdoppeln dürfte.

Hätten wir unbezweifelbare Beweise dafür in Händen, daß mit einer katastrophalen Klimaveränderung in den nächsten Jahrzehnten zu rechnen ist, dann wären die notwendigen Maßnahmen klar. Die Verbrennung fossiler Rohstoffe müßte eingeschränkt werden, um diese Kohlendioxidquelle zu verstopfen, und man müßte überall auf der Welt aufhören, die Urwälder abzuholzen. Die vorhandenen Waldflächen wären zu vergrößern, um starke Baumbestände heranwachsen zu lassen. Ob sich derartig drastische Maßnahmen durchsetzen ließen, ist mehr als zweifelhaft: die dabei entstehenden sozialen Probleme wären jedenfalls enorm. Auch andere Vorschläge sind gemacht worden, unter anderem folgender: weil Phosphormangel möglicherweise die Kohlenstoffbindung in den Ozeanen beschränkt, sollten die Industrienationen den Abbau von Phosphor vorantreiben und ihn möglichst schnell den relativ unfruchtbaren Ozeanen zuführen, um dort das Wachstum von Meerespflanzen, damit die Photosynthese und damit wiederum die Speicherung von Kohlenstoff anzuregen. Dieser Vorschlag hat auf den ersten Blick etwas für sich, aber niemand weiß, ob Phosphor wirklich das begrenzende Element ist. Möglicherweise fehlt es den Wasserpflanzen ebenso sehr an Stickstoff, so daß eine Steigerung der maritimen Photosynthese gar nicht so einfach zu erreichen ist.

Wie dem auch sei, eines haben wir alle bei unseren Untersuchungen auf diesem Gebiet feststellen müssen: wichtige Komponenten des Kohlenstoffhaushalts der Erde sind uns noch immer unbekannt. Einige Wissenslücken lassen sich durch Satellitenaufnahmen schließen, die Auskunft geben über die Waldflächen der Erde und ihre Strukturen (Bild 1 und Bild 2). Auch wird zur Zeit untersucht, ob biologische Vorgänge nicht sehr viel mehr Kohlenstoff in die Tiefe der Ozeane transportieren, als man heute annimmt. Aber die Aussicht, daß es gelingen könnte, alle Komponenten des globalen Kohlenstoffhaushalts in wenigen Jahren präzise zu erfassen, ist gering.

Die Gefahr, die von der ständigen Zunahme des Kohlendioxids in der Atmosphäre ausgeht, wird von Jahrzehnt zu Jahrzehnt bedrohlicher. Sie wird bei den Entscheidungen zu berücksichtigen sein, ob der Bau von Kernkraftwerken auf Kosten herkömmlicher Kohlekraftwerke beschleunigt werden sollte, ob Waldgebiete erhalten bleiben können, statt immer tiefer in sie einzudringen, woraufhin sich dann die Frage stellt, wo man die zur Ernährung der wachsenden Menschheit zusätzlich benötigten Flächen hernehmen soll, wenn man die Wälder schützen will. Es gibt kaum einen Bereich nationaler oder internationaler Politik, der von der Aussicht auf eine globale Klimaänderung unbeeinflußt bleiben kann. Kohlendioxid, bis jetzt ein scheinbar harmloses Spurengas in der Atmosphäre, kann als Bedrohung der bestehenden Weltordnung sehr bald in den Mittelpunkt unserer Überlegungen rücken.

Die Erwärmung der Erde seit 1850

Überkommenen Meßreihen zufolge ist die Erde in den letzten hundert Jahren um ein halbes Grad wärmer geworden. Solange aber die Ursachen dieses Trends nicht sicher ermittelt werden können, sind Klima-Prognosen schwierig.

Von Philip D. Jones und Tom M. L. Wigley

Meteorologischen Messungen über die letzten 100 Jahre zufolge wird das Wetter auf der Erde wärmer. Stimmt das wirklich? Gar manches, andere Thermometer beispielsweise oder größere städtische Wärmeinseln, können solche Daten verfälschen und einen Erwärmungstrend vortäuschen, den es faktisch nicht gibt.

Und selbst wenn dieser Trend für die jüngste Vergangenheit zutrifft, wieso sollte er sich weiter fortsetzen? Soweit es Computermodelle voraussagen können, werden sogenannte Treibhausgase, die in den letzten zwei Jahrhunderten in die Atmosphäre gelangt sind, in den nächsten 50 bis 75 Jahren eine mittlere globale Erwärmung zwischen ein und vier Grad Celsius bewirken. Allerdings bilden solche Modelle das tatsächliche vielfältige und komplexe physikalische Geschehen in der Atmosphäre und den Ozeanen mit Myriaden von Einzelprozessen nur in recht grob vereinfachter Weise ab; darum können sie nicht wirklich beweisen, daß die Treibhausgase das künftige Klima markant verändern werden.

Dieser Nachweis muß auf andere Art erbracht werden. Gerade haben wir ein Zehn-Jahres-Projekt abgeschlossen, in dem wir die vorhandenen Temperatur-Meßwerte der Vergangenheit systematisch auf Fehlerquellen hin korrigiert haben, also auf meßtechnisch oder stand-

Nordhalbkugel

Dieser Artikel ist im Oktober 1990 in *Spektrum der Wissenschaft* erschienen.

ortbedingte Abweichungen. Wir haben Daten von der gesamten Erde, zu Land und zu See, verwertet und festgestellt, daß in den letzten hundert Jahren das Weltklima – obwohl es in Zeiträumen von Dekaden oder kürzeren Spannen stark schwankt – insgesamt wärmer geworden ist. Der Trend war zwar von etwa 1940 bis 1970 unterbrochen, doch seither setzt er sich ohne Anzeichen einer Abschwächung fort (Bild 1).

Allerdings sind die Ursachen für diese Entwicklung weniger sicher zu bestimmen. Steht die Temperaturzunahme auch durchaus im Einklang mit Veränderungen, wie eine Verstärkung des natürlichen Treibhauseffekts sie erwarten ließe, sind doch immer noch etliche andere Faktoren mit zu berücksichtigen, die gleichfalls das Klima beeinflussen, etwa Vulkanausbrüche oder Meeresströmungen. Wohl nicht vor dem Jahr 2000 oder vielleicht erst während der nächsten beiden Jahrzehnte, wenn der Erwärmungstrend den Voraussagen gemäß sich beträchtlich verstärkt haben sollte, dürften aktuelle Messungen manche dieser Unsicherheiten endlich ausräumen.

Um sagen zu können, um wieviel genau die Nord- und die Südhalbkugel der Erde wärmer geworden sind, seit in der Folge der industriellen Revolution der atmosphärische Gehalt an Kohlendioxid und anderen Treibhausgasen beträchtlich zugenommen hat, ist man auf historische Temperaturdaten angewiesen. Leider sind aber verläßliche Aufzeichnungen spärlich und nur schwer zu finden.

Heutzutage trägt das Welt-Wetterwacht-System, eine Kooperative nationaler Wetterdienste, die globalen Temperaturwerte regelmäßig zusammen. In früheren Jahrhunderten aber waren es meist einzelne Interessierte, die jeder für sich, ohne sich viel mit anderen abzustimmen, Wetterdaten aufzeichneten.

Analyse alter Meßreihen

Vor etwa zehn Jahren, als die Besorgnis um das Weltklima wuchs, haben unsere Kollegen und wir von der Arbeitsgruppe für Klimaforschung der Universität von East Anglia in Norwich

(England) ein Projekt angestrengt, erstmalig alle irgend verfügbaren historischen Temperaturdaten zusammenzutragen und auszuwerten. Mittel dafür stellte das Energieministerium der USA bereit, und beteiligt haben sich daran noch Raymond S. Bradley von der Universität von Massachusetts in Amherst und Henry F. Diaz vom Labor für Umweltressourcen der US-Behörde für Meeres- und Atmosphärenforschung (National Oceanic and Atmospheric Administration, NOAA).

Die Sache war alles andere als einfach. Kaum einer der Meteorologen des 18. und 19. Jahrhunderts, die fortlaufend arbeitende Wetter-Beobachtungsnetze aufgebaut haben, konnte wohl ahnen, daß spätere Generationen ihre Aufzeichnungen benutzen würden, um Klimaänderungen nachzuspüren.

Erklärlicherweise sind die alten Messungen eher knapp gehalten, oft unvollständig und nicht immer miteinander vergleichbar. Doch es ist uns gelungen, die unsicheren Anteile zu quantifizieren und zu tilgen und so ein ziemlich genaues Klimabild der Erde von den letzten etwa 300 Jahren zu entwerfen – dem Zeit-

Südhalbkugel

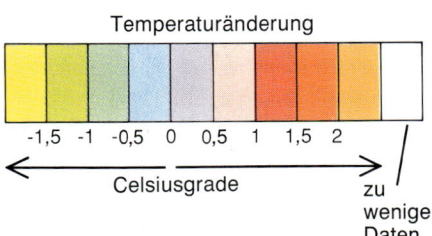

Temperaturänderung

-1,5 -1 -0,5 0 0,5 1 1,5 2

Celsiusgrade

zu wenige Daten

Bild 1: Der globale Erwärmungstrend ist regional unterschiedlich, wie sich aus meteorologischen Daten von 1967 bis 1986 ergibt. Obwohl insgesamt für die nördliche (links) und südliche Hemisphäre (rechts) eine – gebietsweise sehr deutliche – Temperaturzunahme zu verzeichnen ist, gibt es doch auch Bereiche, in denen es durchschnittlich merklich kälter geworden ist, so im Nordatlantik und -pazifik. Sollten die Vorhersagen der Klimamodelle zutreffen, dürfte sich die globale Erwärmung in den kommenden Jahrzehnten beschleunigen.

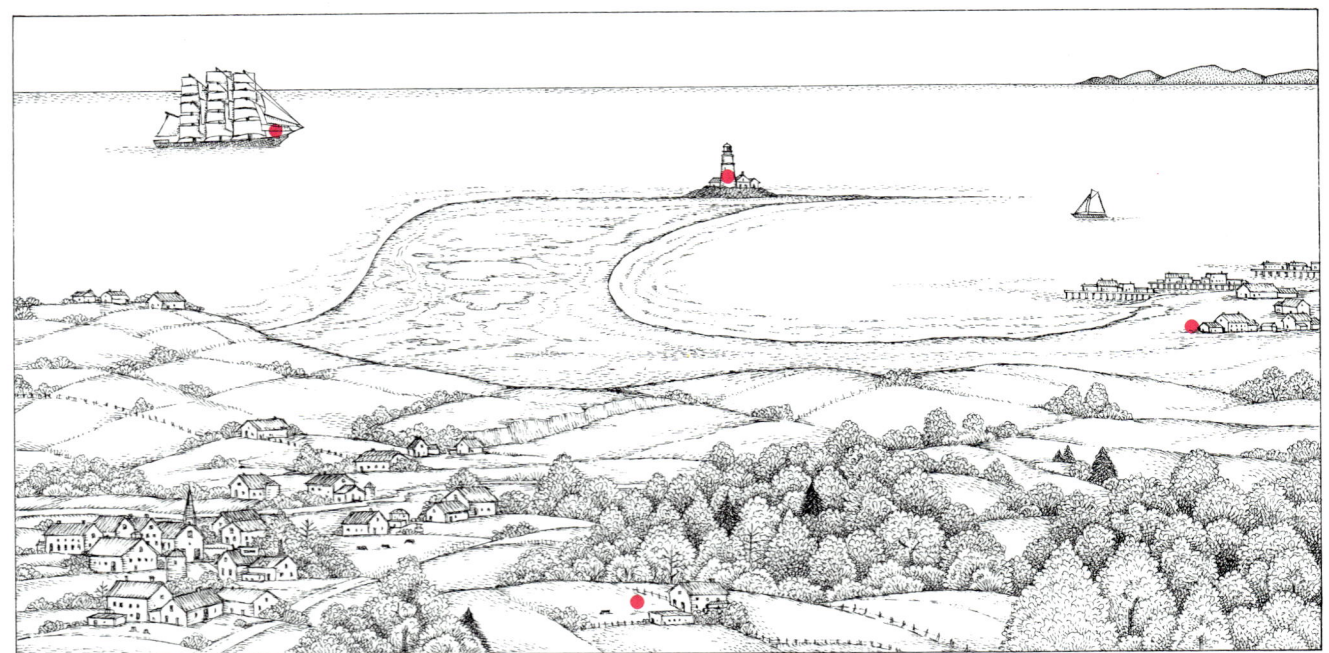

Bild 2: Wenn der Mensch die Landschaft umgestaltet, beispielsweise stärker urbanisiert, treten an den gleichen Standorten möglicherweise andere Temperaturen auf, was eine generelle Erwärmung vortäuschen kann. So waren im 19. Jahrhundert (links) die Städte und Ansiedlungen meist noch klein, und die Bebauung beeinflußte das Klima des Umlands kaum. Heute (rechts) gibt es viele städtische und industrielle Ballungszentren, die Wärmeinseln bilden. Die jeweils gemessenen Werte können aber auch generell zu kühle Temperaturen vortäuschen, etwa

raum, seit man überhaupt meteorologische Geräte eingesetzt hat.

Kaum für unser globales Projekt sinnvoll zu verwerten waren die ganz frühen Wettermessungen, denn sie betrafen damals allein Europa. Außerdem sind gerade von den ältesten Datenreihen viele verlorengegangen oder andernfalls nur zusammengefaßt erhalten. Hauptsächlich dem in Königsberg und Berlin tätigen Physiker und Meteorologen Heinrich Wilhelm Dove (1803 bis 1879) verdanken wir es, daß nicht noch mehr dieser alten Aufzeichnungen abhanden gekommen sind; er sammelte, was immer ihm an Wetterdaten erreichbar war, vorwiegend durch eine rege Korrespondenz.

Doves Werk ist an sich sehr wertvoll; immerhin waren seine Analysen ihrer Zeit weit voraus. Doch für unseren Zweck war das Material nur begrenzt brauchbar, da es die innerkontinentalen Regionen Afrikas, Asiens, Südamerikas und Australiens nicht einschließt. Mit unseren gründlichen Analysen konnten wir deshalb erst später ansetzen, denn erst nach 1850 begannen die nationalen Wetterdienste, zusammenzuarbeiten und die regelmäßig abgelesenen Temperaturwerte zu archivieren, so daß die Meßreihen seitdem kaum noch lückenhaft sind.

Nach und nach wurden nun überall auf der Welt Wetterstationen errichtet, kurz vor 1960 sogar die erste in der Antarktis. Doch half manchen Pionieren auch der beste Wille nichts: Wo das Quecksilber im Thermometer gefror (bei minus 38,87 Grad Celsius), wie im arktischen Klima Asiens oder Nordamerikas, konnten sie damals die Temperatur schlechthin nicht erfassen.

Neues Datenmaterial

Die moderne Klimaforschung umfaßt mithin nur etwa 30 Jahre. Weil aber zu Beginn dieser Phase Daten von lediglich einigen hundert Meßstationen veröffentlicht wurden, waren dem Vorhaben, Temperaturtrends abzuleiten, Grenzen gesetzt. Wir verschafften uns dagegen eine breitere Ausgangsbasis: Es gelang uns, mehr als 3000 großenteils unveröffentlichte Meßreihen aufzuspüren.

Die Analyse erforderte allerdings umfangreiche Vorarbeiten. Zunächst machten wir uns daran, aus der Datenflut alles Unbrauchbare auszusondern und die unterschiedlichen Aufzeichnungen vergleichbar zu machen. Es mußte uns vornehmlich um Homogenität gehen: Wir konnten nur solche Temperaturwerte gebrauchen, die sowohl die täglichen als auch die längerfristigen Schwankungen zuverlässig repräsentierten. Deshalb hatten wir darauf zu achten, anderweitige Einflüsse zu erkennen und zu bewerten, etwa daß man eine Wetterstation verlegt, die mittleren monatlichen Temperaturen nicht einheitlich berechnet, neue Instrumente eingesetzt, zu anderen Tageszeiten gemessen oder vielleicht die Umgebung der Station verändert hatte — alles Faktoren, die sich irreführend auswirken können. Das Vordringen der Zivilisation kann besonders stören: Der hierdurch bedingte — gleichmäßige oder gar gleichmäßig zunehmende — Fehler ist oft schwerer einzuschätzen als der von ungenauen Messungen. Ein krasses Beispiel hierfür sind die durch das Städtewachstum erzeugten Wärmeinseln, in deren Nähe die Wetterstationen deutlich höhere Temperaturen messen (Bild 2; vergleiche „Stadtklima" von Fritz Fezer und Heinz Karrasch, Spektrum der Wissenschaft, August 1985).

Wir bewerteten die Homogenität der Daten, indem wir die Meßreihen jeder Station mit denen anderer Stationen der Gegend verglichen, sowohl mit möglichst nahegelegenen, in der Regel um die zehn oder zwanzig Kilometer entfernt, und auch mit solchen einige hundert Kilometer weiter. Verzeichnet eine Station Sprünge oder Trends, die anderswo nicht auftauchen, spricht dies im allgemeinen für Inhomogenität. Leider kommt man damit dort nicht weiter, wo die Stationen mehr als 100 Kilometer auseinanderliegen oder überall gleichartige Störfaktoren wirken, etwa in ausgedehnten Ballungszentren.

Entsprechend haben wir die Datenreihen sortiert: Einen Teil konnten wir ohne Einschränkung verwerten, einen anderen mit Korrekturfaktoren, die unangemessene Sprünge nach oben oder unten ausglichen, und etwa 10 Prozent mußten wir verwerfen. Zudem haben wir einige Meßreihen ausgesondert, die vor 1950 aufhören. Das verwertbare Datenmaterial stammte von 1584 Wetterstationen

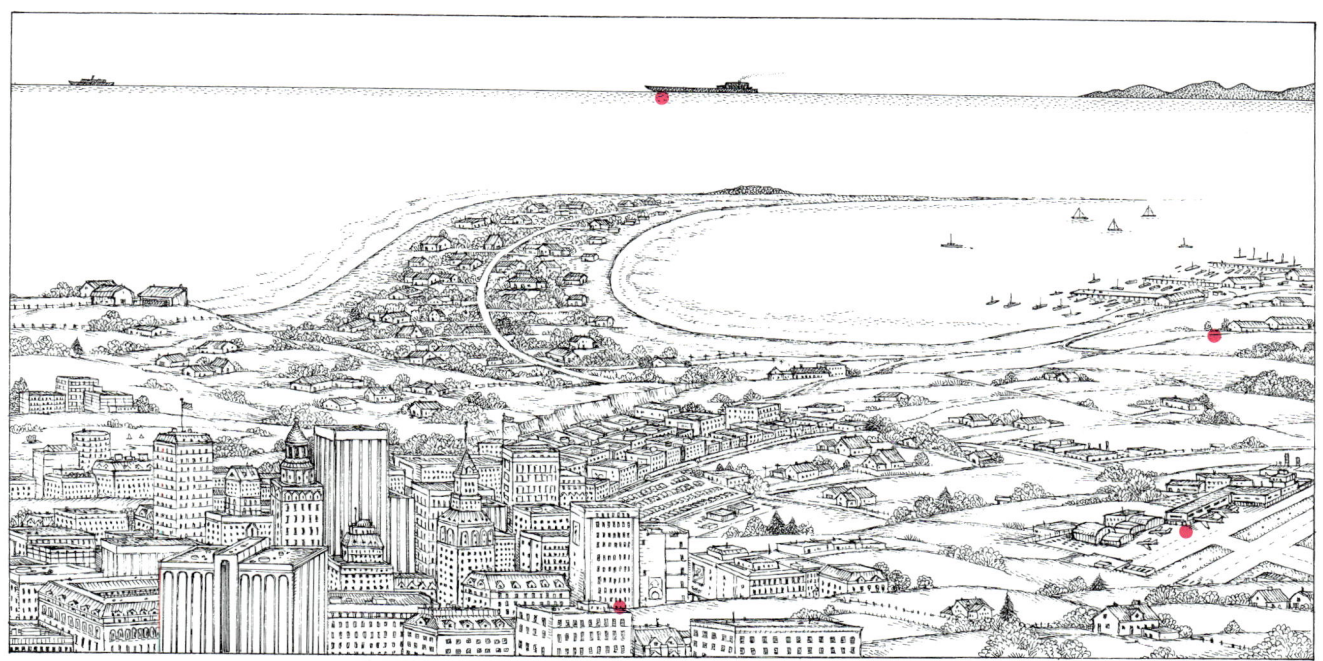

wenn urbane Funktionen ausgelagert werden, etwa zu einem Flugplatz weit außerhalb der Stadt. Auch die Klimadaten, die man auf See erhebt, hängen von der Meßweise ab. Beispielsweise ist die gemessene Lufttemperatur um so tiefer, je größer das Schiff ist, also je höher über dem Wasserspiegel das Thermometer hängt – falls nicht warme Abluft oder erwärmte Aufbauten die Messung verfälschen. Die Wassertemperatur wurde scheinbar wärmer, als man um 1940 dazu überging, sie direkt unten am Schiff statt an einer an Deck geholten Probe zu messen.

der nördlichen und 293 der südlichen Hemisphäre, aus einem Pool von ursprünglich 2666 beziehungsweise 610 Reihen.

Aus diesen Aufzeichnungen errechneten wir die Durchschnittswerte für einzelne Regionen und für beide Hemisphären. Das war schwieriger, als man vielleicht meinen sollte. Eine bedeutende Fehlerquelle ist, daß mitunter Stationen verlegt worden sind – der Umzug etwa von einer Anhöhe in ein geschützteres Tal kann schon einen Erwärmungstrend vortäuschen.

Die einfachste Möglichkeit, solche Fehler auszuschalten, war für uns, die Meßreihen einer jeden Station mit Referenzzeiten abzugleichen; wir wählten die dort gemessenen Durchschnittswerte aus dem Zeitraum von 1950 bis 1970, für den es bereits zuverlässige globale Daten gibt. Für die wenigen Fälle, in denen die vorhandenen Daten den Bezugszeitraum nicht abdeckten, schätzten wir den Referenzwert nach denjenigen nahegelegener Stationen.

Aus den Messungen an den einzelnen Standorten haben wir zunächst regionale Mittelwerte berechnet, und zwar bezogen auf Flächen, die ein Gitter von jeweils fünf Breitengraden und zehn Längengraden Maschenweite (das sind am Äquator etwa 550 mal 1100 Kilometer) ergaben; für einige Gitterpunkte stand allerdings nur eine einzige Meßreihe zur Verfügung. Daraus haben wir dann die durchschnittlichen Temperaturen beider Hemisphären gewonnen. So ließ sich

verhindern, daß Temperaturwerte von Gebieten, die mit Wetterstationen dicht überzogen sind, in die Berechnung zu gewichtig eingingen.

Zwei sichere Ergebnisse waren direkt zu erkennen: Das Weltklima schwankt von Jahr zu Jahr beträchtlich, und auf der Erde ist es seit dem späten 19. Jahrhundert um ein halbes Grad wärmer geworden.

Weitere Korrekturen

Obwohl wir uns sehr um Homogenität unserer Daten bemüht hatten, blieben doch Zweifel: Durfte man die Durchschnittswerte für frühere Jahre, als es noch wesentlich weniger Wetterstationen gab als heute, ohne weiteres mit denen der jüngsten Zeit vergleichen? Konnten wir sicher sein, zu hohe Werte von Ballungszentren voll korrigiert zu haben? Und sind überhaupt an Land gemessene Temperaturen repräsentativ für einen Planeten, der zu zwei Dritteln von Wasser bedeckt ist?

Zum ersten Einwand: Aus den Daten nur eines Teils der neueren Wetterstationen, so vielen, wie es auch im 19. Jahrhundert gegeben hatte, errechneten wir noch einmal Durchschnittswerte und verglichen sie mit denen aller Meßreihen. Demnach sind zwar die für die Zeit vor 1880 ermittelten Globaltemperaturen nur halb so genau wie die für die Zeit nach 1920; doch die Mittelungen für Temperaturverläufe in Zehn-Jahres-Abschnit-

ten entsprechen dem heutigen Standard, und diese sind wichtiger, wenn man Langzeittrends erfassen will. Deshalb lassen sich die Zehn-Jahres-Durchschnittswerte seit 1850 für die Nordhalbkugel und seit 1880 für die Südhalbkugel auf ein zehntel Grad genau angeben.

Zum zweiten Einwand: Um zu prüfen, ob wir Verfälschungen durch städtische Wärmeinseln richtig korrigiert hatten, verglichen wir unsere Jahresdurchschnittswerte für die gesamten Vereinigten Staaten mit denen von Thomas R. Karl vom amerikanischen Nationalen Zentrum für Klimadaten in Asheville (North Carolina), der vorwiegend Daten aus ländlichen Gebieten verwendet hatte. Nur um etwa ein zehntel Grad stärker war die Erwärmung, die wir ausgerechnet hatten – der Störfaktor war also weitgehend eliminiert worden.

Der Unterschied von einem zehntel Grad muß nicht einmal einer zu geringen Korrektur bei unseren Kalkulationen zuzuschreiben sein, denn als wir unsere Berechnungen für die Sowjetunion, Ost-China und Ost-Australien sorgfältig mit solchen verglichen, die diese Länder für dortige ländliche Gebiete erstellt hatten, stellten wir für einen Zeitraum von 100 Jahren eine Differenz von allenfalls einem zwanzigstel Grad fest. Es könnte also sein, daß der Unterschied zwischen Karls und unseren Ergebnissen zumindest zum Teil auch auf noch anderen Faktoren als den Wärmeinseln beruht.

Nun zum dritten Einwand: Tatsächlich standen und stehen die Wetterstationen, um deren Datenreihen es bislang ging, allesamt an Land und decken also höchstens ein Drittel der Erdoberfläche ab. Doch man kann mit guten Gründen annehmen, daß sich auch so Temperaturschwankungen der gesamten Hemisphäre gut abschätzen lassen, zumindest für Zeiträume von einigen Jahrzehnten oder Jahrhunderten.

Messungen auf See

Die Wärmekapazität der Meere ist weit größer als die der Atmosphäre und der dünnen Schicht der Erdkruste, die an relativ kurzfristigen Temperaturschwankungen teilnimmt. Deshalb dürften kontinentale Veränderungen den ozeanischen eng folgen. Zudem gleicht der Wind Temperaturgefälle, die dadurch in der Atmosphäre entstehen, teilweise wieder aus.

Die Land- und Meerestemperaturen verlaufen sogar ausgesprochen parallel. Dieser Befund stützt unsere nur auf Landdaten fußenden Berechnungen zur Erwärmung der Erde.

Daß wir Klimatologen in diesem Punkt so sicher sein können, haben wir besonders dem US-Flottenkapitän, Ozeanographen und späteren Hochschullehrer Matthew Fontaine Maury (1806 bis 1873) zu verdanken: Dessen Pionierwerk während der dreißiger und vierziger Jahre des vorigen Jahrhunderts trug entscheidend dazu bei, die Methoden meteorologischer Messungen auf See zu vereinheitlichen, einschließlich der Aufzeichnungen von Wasser- und Lufttemperaturen. Die internationale Vereinbarung über Messung, Sammlung und Austausch maritim-meteorologischer Beobachtungen, 1853 in Brüssel unterzeichnet, ist vornehmlich ein Ergebnis seiner Arbeit.

Seither archivieren die Seefahrt betreibenden Nationen die Logbücher mit den Seewetteraufzeichnungen. In den letzten zwanzig Jahren hat man diese Daten – darunter allein etwa 80 Millionen Temperaturwerte der Meeresoberfläche – in zwei EDV-Datenbanken eingespeichert; eine davon, den Comprehensive Ocean-Atmosphere Data Set, haben die NOAA und andere amerikanische Behörden erstellt, die andere das Büro für Meteorologie in Großbritannien.

Auch die Messungen von Schiffen aus muß man auf geänderte Techniken und andere Fehlerquellen hin korrigieren. Vor 1940 hat man die Oberflächentemperatur des Meeres bestimmt, indem man mit einem Eimer – der Pütz – Wasser einholte und dann nach ein paar Minuten, wenn das Thermometer sich angeglichen hatte, die Temperatur ablas (Bild 3 links). Neuerdings sind die Thermometer dagegen meist in das Ansaugrohr für Motorkühlwasser eingebaut (Bild 3 rechts).

Ein Vergleich ergab, daß die Meßwerte am Kühlereinlauf generell etwa 0,3 bis 0,7 Grad wärmer sind als die in nichtisolierten Eimern aus Segeltuch: das ist ungefähr so viel, wie die Meßreihen an Land als gesamte Erwärmung ergeben haben. Eine Korrektur wäre daher zwingend zu fordern, ist allerdings problematisch, weil erst seit 1970 auch die Meßmethode in den Logbüchern mit verzeichnet wird.

Zudem weichen die Pützmessungen nicht alle einheitlich ab. Nasse Eimer kühlen in der Luft infolge der Verdunstung ab – um wieviel, das ist wetter- und materialbedingt.

Um die Messungen auf See zu standardisieren, schrieb die Brüsseler Vereinbarung von 1853 den Gebrauch von Holzeimern vor, weil sie gute Isoliereigenschaften haben. Trotzdem benutzten im 19. Jahrhundert die Schiffe weiterhin auch Eimer aus Segeltuch, Blech oder anderem Material. In diesem Jahrhundert waren die Pütze bis 1940 meist aus Segeltuch, einem schlechten Isolator, in dem das Wasser bis zur Messung beträchtlich abkühlt. Seit dem Zweiten Weltkrieg sind es nun recht gut isolierende Plastikeimer. Messungen damit stimmen denn auch gut mit denen am Kühlereinlauf überein.

Aber auch Messungen der Lufttemperatur auf See sind nicht unbedingt homogen. So ist für den Vergleich über die Jahre besonders gravierend, daß die Schiffe heute im allgemeinen größer sind und damit das Deck und also auch der Meßpunkt höher über dem Wasserspiegel liegen. Weil die Lufttemperatur über dem Meer mit der Höhe beträchtlich sinkt, würde ein Trend zur Abkühlung des Klimas vorgetäuscht. Ob ein Thermometer der Sonneneinstrahlung ausgesetzt oder nahe einer Wärmequelle aufgehängt war, ist nachträglich gar nicht mehr zu klären.

Wie leicht man irregeleitet werden kann, zeigen deutlich die Messungen auf Schiffen im Zweiten Weltkrieg. Damals hingen die Thermometer meist an der Brücke – das bot Schutz, wenn man sie ablas, doch war die Luft hier wärmer. Außerdem las man die Temperatur meist nur am Tage ab; nachts sich mit einer Lampe an Deck zu schaffen zu machen, wäre zu gefährlich gewesen. Folglich registrierte man während des Krieges durchweg um etwa ein Grad höhere Werte als vorher und danach.

Zu Anfang unserer Studie korrigierten wir die maritimen Daten, indem wir Werte aus Landnähe mit solchen von Inseln und Küsten verglichen. Alle Abweichungen schrieben wir damals inhomogenen Messungen auf den Schiffen zu und nahmen als Korrekturfaktoren die jeweils über viele Regionen gemittelten Unterschiede. Damit hatten wir vorausgesetzt, daß die Landdaten homogen waren; doch auch die so gewonnenen Korrekturfaktoren stimmten erstaunlich gut überein. Dieses Vorgehen erlaubt wegen des Rechenverfahrens jedoch nur die Korrektur von jährlichen Durchschnittswerten der gesamten Hemisphäre, nicht aber die von Monats- oder regionalen Mittelwerten.

Inzwischen verwenden wir ein ausgefeilteres Korrekturverfahren, das Chris K. Folland und David E. Parker vom britischen Wetterdienst entwickelt haben. Es soll in älteren Aufzeichnungen der Wassertemperatur den Abkühlungseffekt bei der Eimer-Methode ausgleichen. Zwei Faktoren bestimmen diesen Betrag: die Wetterbedingungen, die man aus der Jahreszeit und der Fahrtroute ungefähr herleiten kann, und die Verzögerung bis zum Messen, die gewöhnlich nicht registriert ist, weshalb man sie anhand der Daten schätzen muß.

Dazu haben wir als Referenz für die Jahre 1950 bis 1979 die monatliche Durchschnittstemperatur der Meeresoberfläche berechnet. Nun hat die Meerestemperatur in den letzten 100 Jahren über die Jahreszeiten ziemlich gleichbleibend fluktuiert, deshalb dürfte die fragliche Temperatur im Winter vom Referenzwert nicht viel mehr abweichen als im Sommer. Finden wir beispielsweise für einen Dezember deutlich nach unten abweichende Werte, muß dies einer stärkeren Abkühlung des Eimers infolge kälteren Wetters zugeschrieben werden. Die zu jeder Jahreszeit andere Differenz zum Referenzwert erlaubte uns also, die Zeit zwischen Wasserschöpfen und Temperaturablesen abzuschätzen und alle Daten entsprechend zu korrigieren.

Für die Zeit von 1900 bis 1940, als fast alle Schiffsbesatzungen Pütze aus Segeltuch benutzten, stimmen die nach unseren beiden Korrekturmethoden – dem Vergleich mit den Landdaten und den Abkühlungsberechnungen – angeglichenen Meßreihen recht gut zusammen. Für das 19. Jahrhundert sind die Methoden auch stimmig, sofern man annimmt, daß damals meistens Holzeimer verwendet wurden. Sollte man damals hauptsächlich Segeltuch benutzt haben, wäre der Hemisphären-Mittelwert 0,2 Grad höher gewesen, als wir aufgrund der Messungen an Land annehmen.

Insgesamt verlaufen unsere Land- und Seewerte trotzdem auffallend parallel, auch dann, wenn man den hemisphärischen Jahresdurchschnitt nimmt; die Fluktuationen über längere Zeiträume stimmen sogar fast gänzlich überein. Noch verbleibende Unsicherheiten muß man dem Umstand zuschreiben, daß in manchen Regionen der Erde kaum die Temperatur gemessen wurde; das gilt – bis heute– vornehmlich für die Ozeane auf der Südhalbkugel.

Satellitenbeobachtungen nach zu urteilen, ist dies jedoch anscheinend kein ernstes Problem. Zumindest die Temperaturwerte, die Roy W. Spencer von der NOAA und John R. Christy von der Universität von Alabama in Tuscaloosa nach solchen Satellitenaufzeichnungen für den Zeitraum von 1979 bis 1988 ermittelt haben, passen außerordentlich gut zu unseren angeglichenen und gemittelten Datensätzen aus den weltumspannenden Land- und Seemessungen.

Eine Vielfalt von Klimafaktoren

Zehn Jahre Zusammentragen und Auskorrigieren von Temperaturmeßreihen haben eindeutig ergeben: Das Wetter ist in den letzten hundert Jahren weltweit wärmer geworden (Bild 4). Doch so manche Frage bleibt, etwa wie stark der Erwärmungstrend ist, was ihn verursacht und ob sich der Treibhauseffekt schon verstärkt; falls ja, wie erklärt sich dann die zwischenzeitliche weltweite

Abkühlung? Und wie sind die Wärmerekordjahre des vergangenen Jahrzehnts zu bewerten?

Endgültige Antworten können zumeist erst weitere jahrzehntelange Messungen erbringen. Doch einiges läßt sich auch mit heutigen Modellen schon wenigstens ansatzweise erklären.

Klimaänderungen unterliegen zum einen internen Faktoren wie dem, daß je nach Bewölkung und Beschaffenheit der Erdoberfläche sich die Stärke der Rückstrahlung von unserem Planeten – seine Albedo – ändert (siehe den Artikel „Bewölkung und Strahlungshaushalt der Erde" von Johannes Schmetz und Ehrhard Raschke in diesem Band); weitere sind die Muster der Luft- und Meeresströmungen. Die Luftzirkulation beeinflußt den horizontalen und vertikalen Wärmefluß und damit den Wärmeaustausch zwischen den Landmassen und den Ozeanen. Die ozeanischen Kreisläufe beeinflussen stark die Temperatur der unteren Atmosphäre; sie bestimmen den Wärmeaustausch zwischen den Meeren und der Luft. Fluktuationen beider Systeme können deshalb langfristige Temperaturänderungen nach sich ziehen.

Zum anderen gibt es diverse externe Klimafaktoren, naturgegebene wie auch

von menschlicher Aktivität herrührende. Ein Beispiel sind Schwankungen der solaren Strahlungsstärke. Verändert sich aber die Intensität der kurzwelligen Strahlung, die noch die Troposphäre (die unterste, bis zwölf Kilometer mächtige wetterwirksame Luftschicht) erreicht, können außerdem sowohl Emissionen der Industrie als auch Staub und Exhalationen von einem Vulkanausbruch die Ursache sein – beide Arten von Aerosolen und Partikeln gelangen in die bis in Höhen von 80 Kilometern reichende Stratosphäre. Zudem verändert industrielle Luftverschmutzung die Albedo der Wolken. Die Treibhausgase schließlich sind klimawirksam, weil sie einen Teil der langwelligen Strahlung, die die Erde zurückwirft, in der Troposphäre absorbieren.

Die jährlichen Klimaschwankungen hängen größtenteils von rasch wirksamen internen Faktoren wie der Luftzirkulation ab. An Veränderungen über Zeitspannen von zwei bis acht Jahren sind dann auch vertikale Strömungen der Meere und die Wärme des Oberflächenwassers beteiligt. El Niño beispielsweise ist ein solches, wenn auch nicht recht verständliches Phänomen des südlichen Pazifiks, in dessen Folge weltweit die Stürme zunehmen und die Durchschnitts-

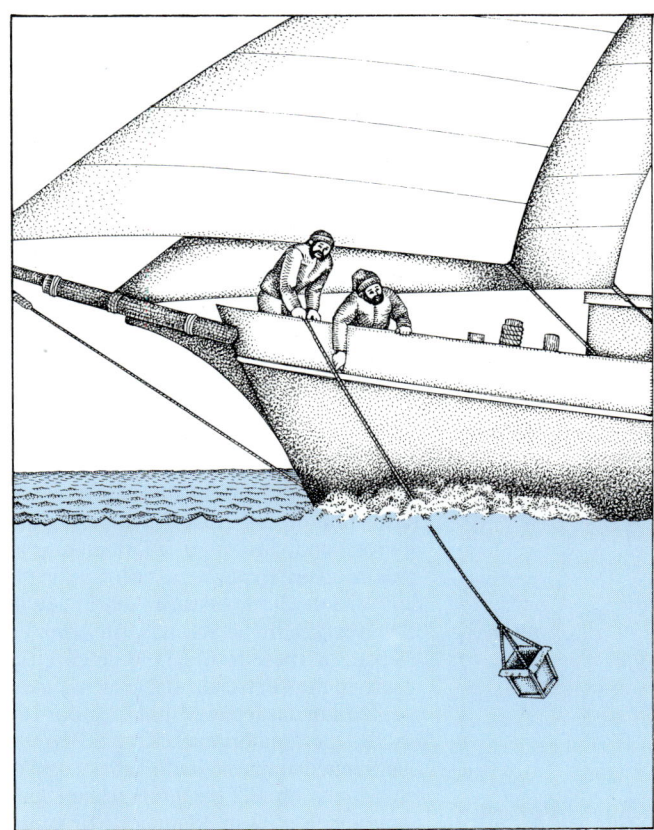 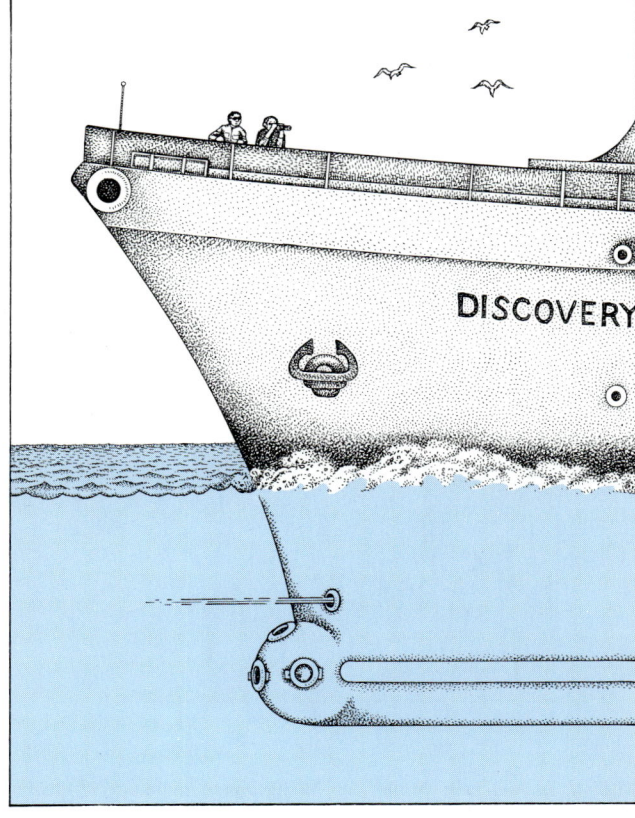

Bild 3: Weil sich beim Messen der Wassertemperatur die Verfahren geändert haben, bedürfen die alten Datenreihen einer entsprechenden Korrektur. Vor 1940 hatte man dazu eine Pütz voll Wasser an Deck ge- hievt; inzwischen mißt man die Temperatur unmittelbar am Kühlereinlaufstutzen. Da ein nasser Eimer an der Luft wegen der Verdunstung abkühlt, lagen die alten Meßwerte bis zu 0,7 Grad tiefer.

temperatur vorübergehend sinkt (siehe „El Niño" von Colin S. Ramage, Spektrum der Wissenschaft, August 1986). Wenn man dessen Effekt aus den globalen Temperaturdaten herauskorrigiert, zeichnet sich ein noch deutlicherer Erwärmungstrend ab: Dann wäre das Jahr 1989 das wärmste überhaupt in der Geschichte der Meteorologie gewesen;

1988 und 1987 nähmen den zweiten beziehungsweise dritten Rang ein (Bild 5).

Man stellt sich auch vor, daß es überlagernde Temperaturschwankungen gibt, deren Phasen mindestens Jahrzehnte betragen. Wesentlichen Anteil daran sollten die Weltmeere haben, deren Wassermassen nur träge auf kürzerperiodische Fluktuationen reagieren.

Um diesen Effekt abzuschätzen, kann man in einem geeigneten Langfrist-Klimamodell mittels Zufallsrauschen die rascheren (hochfrequenten) Schwankungen der globalen Jahresmittel simulieren. Dann ergibt sich, daß die langsamen (niederfrequenten) Fluktuationen mit hundert Jahren Phase bis zu 0,2 oder gar 0,3 Grad betragen.

Demnach könnten durchaus 50 Prozent des beobachteten Erwärmungstrends dieses Jahrhunderts auf einem solchen natürlichen internen Faktor beruhen. Doch das Umgekehrte ist genausogut möglich: Der Anstieg könnte schon viel größer gewesen sein, 0,7 bis 0,8 Grad, wenn er nicht durch eine natürliche langdauernde Fluktuation beträchtlich abgeschwächt worden wäre.

Einflüsse der Sonne

Als Energiequell vielfältigster klein- und großräumiger dynamischer Prozesse auf der Erde – darunter des Lebens – sowie in der Atmosphäre und im erdnahen Raum ist die Sonne auch der wichtigste externe Klimafaktor. Veränderungen ihrer Aktivität, selbst wenn sie relativ gering sind, haben auf unserem empfindlich davon abhängigen Planeten gravierende Auswirkungen.

Wie Satellitenbeobachtungen nun bestätigt haben, schwankt die solare Strahlung mit dem im Mittel etwa elfjährigen Sonnenfleckenzyklus um 0,1 Prozent, das macht in der oberen Atmosphäre immerhin etwa 0,4 Watt pro Quadratmeter aus. Könnte das Erdklima darauf sofort reagieren, würde die Abkühlung oder Erwärmung im Verlauf eines Zyklus ungefähr 0,08 bis 0,24 Grad betragen. Doch wirkt das im Temperaturaustausch träge Meer bremsend, so daß ein Effekt von wohl weniger als 0,03 Grad zu veranschlagen ist.

Man hat vermutet, daß die ausgestrahlte Sonnenenergie in längeren Zeitabschnitten stärker schwankt. Phasen ausgesprochen geringer Sonnenfleckenaktivität gab es beispielsweise zwischen 1645 und 1715, 1450 und 1550 sowie 1280 und 1350 (das Maunder-, das Spörer- und das Wolf-Minimum; vergleiche „Das Experiment" in Spektrum der Wissenschaft, Oktober 1990, sowie „Die veränderliche Sonne" von Peter V. Foukal in diesem Band). Gleichzeitig wuchsen die Gletscher; daher nennt man die Zeit um das letzte Minimum vom 16. bis 19. Jahrhundert auch Kleine Eiszeit. Die Sonnenstrahlung hatte damals schätzungsweise um 0,2 bis 0,6 Prozent abgenommen. Seit dem Maunder-Minimum wurde allerdings keine weitere Anomalie vergleichbaren Ausmaßes mehr registriert.

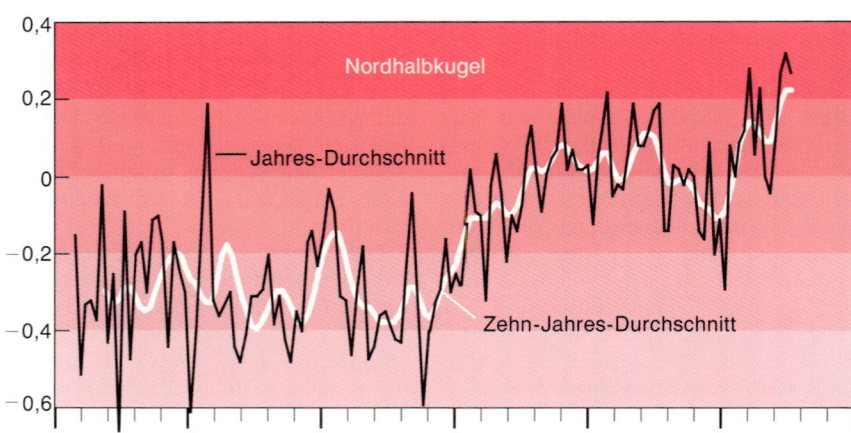

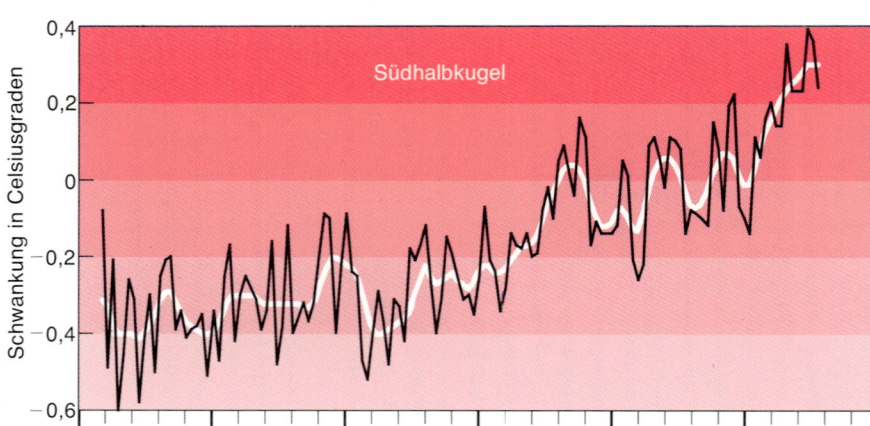

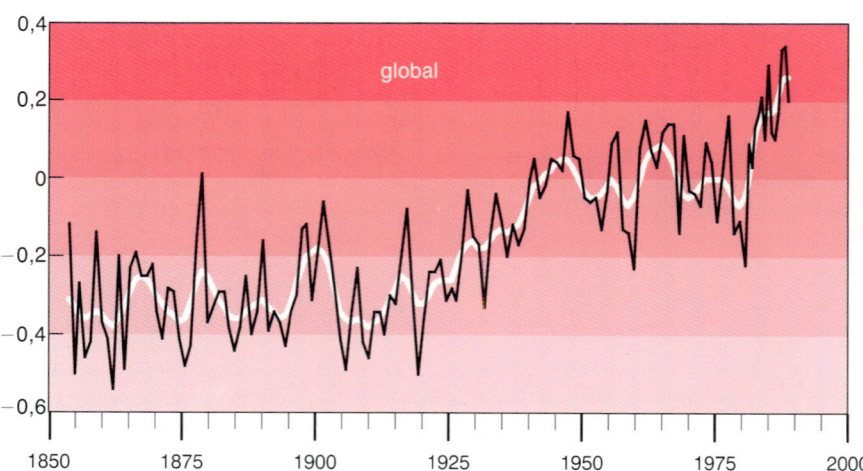

Bild 4: In welchem Maße das Weltklima schwankt, veranschaulichen die aus alten Datenreihen für die einzelnen Jahre und Jahrzehnte gemittelten Temperaturen seit 1850. Sowohl auf der Nord- (oben) wie auf der Süd- **halbkugel (Mitte) und auch auf der gesamten Erde (unten) zeigt sich ein deutlicher Erwärmungstrend: Nur die heißesten Jahre des letzten Jahrhunderts waren ein wenig wärmer als die kältesten der letzten zehn Jahre.**

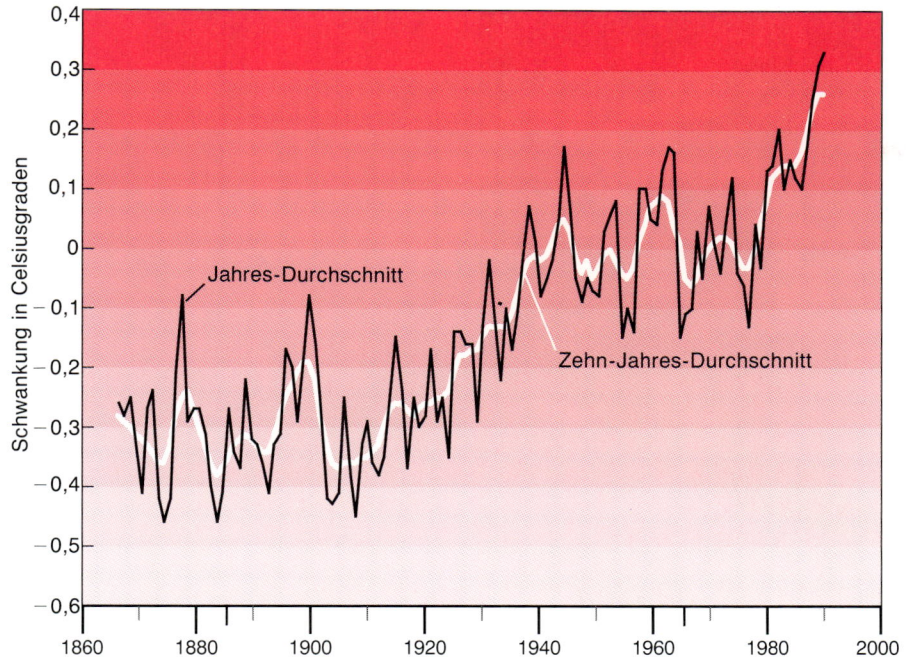

Bild 5: Langfristige Klimafluktuationen könnten einen globalen Erwärmungstrend überdecken. Im Diagramm sind die globalen Jahres- und Zehn-Jahres-Durchschnittstemperaturen um den El-Niño-Effekt korrigiert, die Auswirkungen einer Meer und Atmosphäre umfassenden Anomalie im Südpazifik, in deren Folge die Temperaturen absinken. Andere Naturphänomene wie Vulkanausbrüche können ebenfalls eine vorübergehende Abkühlung bewirken. Zwei besonders schwere Eruptionen mit jahrelangen Atmosphärenerscheinungen, die des Krakatau 1883 und die des Agung 1963, sind auf der Zeitskala markiert.

Auch der Sonnendurchmesser ist nicht konstant; er variiert ungefähr in einem achtzigjährigen Zyklus, was sich auf die Strahlkraft auswirken könnte. Doch noch weiß man nicht, wie eng beide Parameter zusammenhängen und ob daraus überhaupt ein merklicher Effekt resultiert. Satellitenbeobachtungen sollten das im nächsten Jahrzehnt klären.

Derzeit ist also noch ungewiß, wie stark Schwankungen der Sonnenaktivität den globalen Trend zur Erwärmung der letzten 100 Jahre mitbeeinflußt haben. Jedenfalls scheint dieser Faktor verschwindend gering im Vergleich mit dem Effekt der Treibhausgase: Auch wenn die Sonneneinstrahlung in der Kleinen Eiszeit geringer war als jemals danach und man als wahrscheinlichste Größenordnung der Abnahme ein Watt pro Quadratmeter annimmt, dann entspräche das nur 40 Prozent der heutigen Temperaturänderung durch Verstärkung des Treibhauseffekts.

Vulkantätigkeit

Deutlicher, zumindest in kurzen Zeitspannen, wirken sich Vulkanausbrüche auf das Klima aus. Sie schleudern Staub und andere Aerosole in die Stratosphäre, die vorübergehend eine signifikante Abkühlung auf der Erde bewirken können.

Nach der gewaltigen Eruption des Krakatau bei Java 1883 beispielsweise ist die untere Atmosphäre wohl um einige zehntel Grad kühler geworden. Bereits innerhalb weniger Monate nach der Katastrophe war der Effekt meßbar, und er dauerte insgesamt fast zwei Jahre lang. Der Ausbruch des Agung auf Bali 1963 war zwar weniger heftig und brachte auch weniger Staub in die Stratosphäre, dafür aber große Mengen Schwefeldioxid – mit ähnlichen klimatischen Auswirkungen.

Die langfristigen Folgen starker vulkanischer Aktivität sind schwerer abzuschätzen. Selbst wenn, wie anzunehmen ist, die vulkanischen Aerosole innerhalb weniger Jahre wieder aus der Stratosphäre ausfallen, wäre immerhin möglich, daß ihr Effekt auf die globale Temperatur sich über die thermisch trägen Ozeane noch einige Zeit fortsetzt und so längerdauernde Klimaänderungen zustande kommen. Mithin wäre durchaus zu überlegen, ob zwischen 1920 und 1940 die Temperaturen nicht auch deshalb angestiegen sind, weil es damals keine größeren Vulkanausbrüche gab.

Da man die vulkanischen Aerosole in der Stratosphäre nicht kontinuierlich gemessen hat, vermag man deren langfristige Auswirkungen auf das Klima – insbesondere die der Schwefelsäuretröpfchen – auch nicht zuverlässig abzuschätzen. Wohl gibt es einige Hilfen, beispielsweise Aufzeichnungen über Vulkanausbrüche, über die atmosphärische Trübung oder über Sulfatkonzentrationen in grönländischen und antarktischen Eisbohrkernen; doch die daraus geschätzten Werte korrelieren nicht allzu gut, und damit einen eindeutigen Zusammenhang zwischen Vulkanismus und langdauernden Klimaänderungen herzustellen wäre schwierig.

Bedeutung des Treibhauseffekts

Wie steht es da um den Treibhauseffekt? Zumindest die Anreicherung von Treibhausgasen in der Atmosphäre während der letzten Jahrhunderte ist gut belegt: Die Konzentration des Kohlendioxids ist seit 1765 von etwa 280 ppm (*parts per million*, millionstel Volumenanteilen) auf mehr als 350 gestiegen; gleichzeitig hat sich die Methankonzentration von 0,8 auf 1,7 ppm mehr als verdoppelt, und Distickstoffoxid hat um etwa 10 Prozent von 0,285 auf 0,310 ppm zugenommen; der Anteil der Fluorchlorkohlenwasserstoffe (FCKWs) ist in den letzten 30 Jahren von praktisch null auf etwa 0,001 ppm angewachsen (siehe auch „Globale Veränderung des Klimas" von Richard A. Houghton und George M. Woodwell, Spektrum der Wissenschaft, Juni 1989).

Wie Computermodelle besagen, dürfte die durch Treibhausgase bedingte Änderung in der globalen Strahlungsbilanz ungefähr so viel ausmachen, als wäre die Sonneneinstrahlung um 1 Prozent stärker geworden. Bereits die heutige zusätzliche Menge an Treibhausgasen sollte demnach die globale Durchschnittstemperatur eigentlich um 0,8 bis 2,6 Grad erhöhen – genauer läßt sich das bislang nicht sagen, weil man über die verschiedenen Wechselwirkungen noch zu wenig weiß.

Stellt man wiederum die thermische Trägheit der Ozeane in Rechnung, dann reduzierte sich der Effekt der Treibhausgase in den letzten hundert Jahren auf etwa 0,5 bis 1,3 Grad. Dazu paßt die tatsächlich gemessene Erwärmung um rund 0,5 Grad nur einigermaßen.

Der Umstand, daß der wirkliche Trend und die Vorhersagen der Treibhausmodelle gleichläufig sind, besagt allerdings keineswegs, daß eine Verstärkung des Treibhauseffekts schon unumstößlich erwiesen ist, umgekehrt allerdings ebensowenig, daß er ziemlich gering ist. Bei dem Ausmaß natürlicher Klimaschwankungen und der Vielfalt externer Faktoren ließe sich die beobachtete Erwärmung noch immer auch anders erklären. Freilich wäre das Gegenargument nicht minder triftig: Der Treibhauseffekt

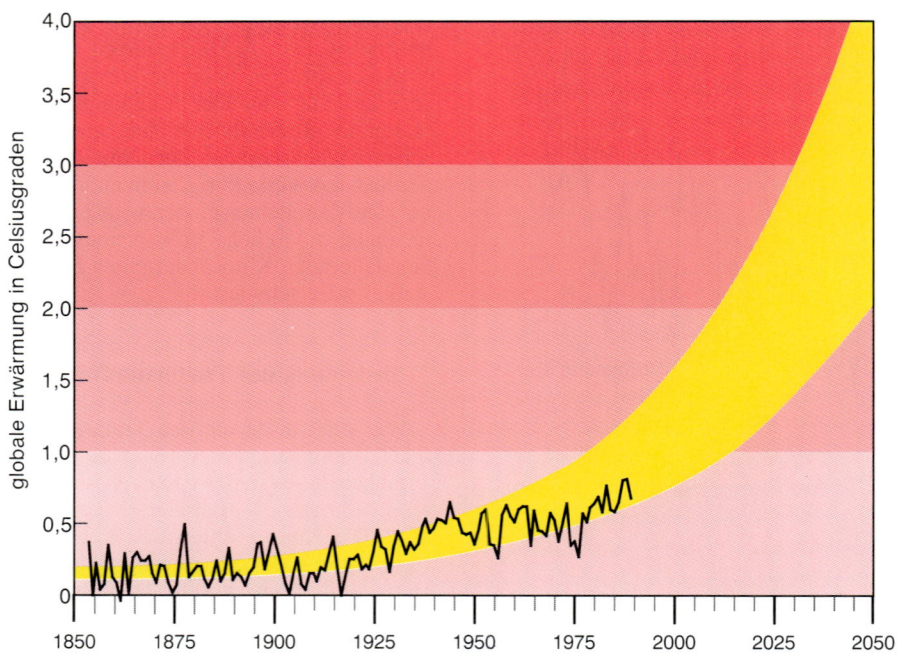

Bild 6: Die aus den überlieferten Temperaturdaten erschlossene Klimaentwicklung liegt einigermaßen im Trend — derzeit allerdings im untersten Bereich — der Prognosen von etlichen Computermodellen (gelb), die eine starke zunehmende Erwärmung voraussagen.

könnte sich sehr wohl bereits verstärkt haben, nur könnte dies bislang von Klimafluktuationen anderer Ursache verdeckt worden sein.

Tatsächlich scheint vieles in den historischen Temperaturreihen nicht mit der Treibhaus-Hypothese zusammenzupassen. Zwischen 1920 und 1940 erwärmte sich die Erde dafür zu schnell, und zwischen 1940 und 1970 ist sie gar abgekühlt, obwohl damals die Konzentration der Treibhausgase rasch zunahm.

Auch wenn man die beiden Hemisphären vergleicht, stößt man auf Unstimmigkeiten. Ihrer größeren Wasserfläche wegen sollte die südliche Halbkugel sich eigentlich langsamer erwärmen als die nördliche, doch ist das Gegenteil der Fall. Rein qualitativ ließe sich diese Diskrepanz erklären: Die schnelle Erwärmung zu Anfang des Jahrhunderts könnte von internen Faktoren bewirkt worden und teilweise auch auf geringere Vulkantätigkeit oder verstärkte Sonneneinstrahlung zurückzuführen sein; die Abkühlung zwischen 1940 und den frühen siebziger Jahren könnte sich daraus ergeben haben, daß die natürlichen Klimaschwankungen in dieser Zeit den Treibhauseffekt überdeckten.

Abwarten oder Handeln?

Aus welchen einzelnen Gründen das Klima sich in neuerer Zeit geändert hat, werden wir mit letzter Klarheit nie wissen — es fehlen einfach genügend historische Belege. Aber künftig wird sich die Entwicklung genauer vorhersagen lassen: Nicht nur verfeinerte Modellierungen (Bild 6), auch die Daten der nächsten Jahrzehnte werden helfen, Veränderungen des Treibhauseffekts zu erkennen und zu verstehen. Und wenn man die Ursachen natürlicher Klimaschwankungen besser kennt, wird man auch die Temperaturänderungen der Vergangenheit plausibel erklären können.

Eine solche Situation ist notgedrungen unbefriedigend, wenn zur Entscheidung steht, ob die Politik nicht regulierend eingreifen müsse. Sie ist aber keinesfalls als Entschuldigung dafür zu nehmen, daß man Maßnahmen gegen klimawirksame Aktivitäten der Menschheit, die den Treibhauseffekt verstärken, erst zögerlich angeht und durchsetzt: Je länger wir heute mit Einschränkungen warten, desto stärker werden die Effekte einer Veränderung der Atmosphäre sein und desto schwerer werden künftige Generationen es damit haben. Jetzt noch nichts dagegen zu unternehmen, wäre nur gerechtfertigt, falls unzweifelhaft feststünde, daß sich die globale Temperatur nur in einem vernachlässigbaren Maße erhöht.

Klimamodelle

Wird der Treibhauseffekt neue Dürregebiete hervorbringen?
Bedeutet ein Nuklearkrieg den nuklearen Winter? Computermodelle des Klimas unserer
Erde geben Aufschluß über die Zukunft des Klimas wie auch über
seine wechselvolle Vergangenheit.

Von Stephen H. Schneider

Das Klima der Erde ist wechselvoll. Es ist jetzt ganz und gar anders als vor 100 Millionen Jahren, als die Dinosaurier den Planeten bewohnten und tropische Pflanzen in hohen Breiten gedeihen konnten. Es ist auch verschieden vom Klima vor 18 000 Jahren, als Eismassen viel größere Teile der Nordhalbkugel bedeckten. In der Zukunft wird das Klima sich gewiß weiterentwickeln. Teilweise wird diese Entwicklung von natürlichen Ursachen herrühren, etwa von Schwankungen der Umlaufbahn der Erde um die Sonne. Aber anders als in der Vergangenheit werden künftige Klimaänderungen wahrscheinlich noch eine andere Urache haben: menschliches Handeln. Vielleicht erleben wir bereits klimatische Auswirkungen der Luftverschmutzung durch Gase wie Kohlendioxid. Die Folgen eines Nuklearkriegs wären noch viel dramatischer (Bild 1).

Wie kann sich die Menschheit auf eine derart ungewisse Zukunft des Klimas vorbereiten? Sicher wäre es eine Hilfe, wenn man diese Zukunft einigermaßen genau vorhersagen könnte, aber da beginnen die Schwierigkeiten: Die Prozesse, aus denen das globale Klima hervorgeht, sind für physikalische Nachbildungen im Laborexperiment viel zu weiträumig und komplex. Zum Glück lassen sie sich mit Hilfe von Computern mathematisch simulieren. Anstatt also ein physisches Modell des Systems Festland-Ozean-Atmosphäre zu bauen, kann man die physikalischen Gesetze, denen das System gehorcht, etwa die Energieerhaltung und die Newtonschen Bewegungsgesetze, in mathematische Ausdrücke fassen; dann berechnet der Computer, wie das Klima sich den Gesetzen entsprechend entwickeln wird. Mathematische Klimamodelle können die Wirklichkeit nicht in ihrer ganzen Vielfalt simulieren. Sie können aber die logischen Konsequenzen von plausiblen Annahmen über das Klima aufzeigen. Auf jeden Fall sind sie ein großer Fortschritt gegenüber bloßem Spekulieren.

Bisher sind mathematische Modelle vor allem benutzt worden, um das gegenwärtige Klima zu simulieren. Man hat damit zum Beispiel die Auswirkungen großer Vulkanausbrüche wie des El Chichón auf die Atmospäre untersucht. Aber auch vergangene Klimate lassen sich damit besser verstehen, etwa die der Eiszeiten und der Kreidezeit, der letzten Epoche der Dinosaurier. Durch die Genauigkeit von Simulationen des Paläoklimas scheinen andererseits auch Prognosen gerechtfertigt, die mit den gleichen Modellen künftige Klimate simulieren und insbesondere versuchen, die möglichen Auswirkungen der Luftverschmutzung und eines Nuklearkriegs abzuschätzen. So sind Klimamodelle von mehr als nur akademischem Interesse: Sie werden zu wichtigen Entscheidungshilfen der Politik.

Zwar bestehen alle Klimamodelle aus mathematischen Formeln für physikalische Prozesse, aber der genaue Aufbau und die Komplexität eines Modells hän-

Bild 1: Ein Nuklearkrieg im Juli würde auf der Nordhalbkugel großräumige, aber vorübergehende Temperaturstürze auslösen. Das folgt aus Simulationsrechnungen, die der Autor zusammen mit Starley L. Thompson vom amerikanischen National Center for Atmospheric Research angestellt hat. Die Karten zeigen die berechneten Bodentemperaturen (in Grad Celsius) an einem normalen Julitag (links) und am letzten Tag eines zehntägigen Nuklearkriegs (rechts). Die Simulation geht davon aus, daß Bomben mit einer Gesamtsprengkraft von

Dieser Artikel ist im Juli 1987 in *Spektrum der Wissenschaft* erschienen.

gen von dem Problem ab, das zu lösen ist. Vor allem die Länge der vergangenen oder künftigen Periode, die simuliert werden soll, macht einen Unterschied.

Einige Prozesse, die das Klima beeinflussen, sind sehr langsam: zum Beispiel das Wachsen und Schwinden von Gletschern und Wäldern, die Bewegungen der Erdkruste oder die Wärmeübertragung von der Meeresoberfläche zu tieferen Wasserschichten. Ein Modell, das bloß das Wetter der nächsten Woche vorhersagen soll, vernachlässigt diese Variablen; es betrachtet ihre gegenwärtigen Werte, zum Beispiel das Ausmaß der Eisbedeckung, als äußere, konstante Randbedingungen. Solche Modelle simulieren nur die Veränderungen der Atmosphäre. Hingegen muß ein Modell, das die rund ein Dutzend Eiszeiten und Zwischeneiszeiten in den vergangenen Millionen Jahren simulieren soll, all die genannten Prozesse und noch viele andere umfassen.

Die Klimamodelle unterscheiden sich auch in ihrer räumlichen Auflösung, das heißt in der Zahl der simulierten Dimensionen und in den räumlichen Details, die sie enthalten. Ein ganz einfaches Modell berechnet zum Beispiel nur die mittlere Temperatur der Erde, unabhängig von der Zeit, als Energiegleichgewicht zwischen dem durchschnittlichen Reflexionsvermögen der Erde und den gemittelten „Treibhaus"-Eigenschaften der Atmosphäre. Ein solches Modell ist nulldimensional: Es zieht die

wirkliche Temperaturverteilung der Erde auf einen einzigen Punkt zusammen, den globalen Mittelwert.

Hingegen stellen dreidimensionale Klimamodelle die Temperaturverteilung in Abhängigkeit von der geographischen Länge und Breite sowie von der Höhe dar. Die aufwendigsten sind die globalen Zirkulationsmodelle. Sie sagen die zeitliche Entwicklung nicht nur für die Temperatur voraus, sondern auch für Luftfeuchtigkeit, Windgeschwindigkeit und -richtung, Bodenfeuchte und noch verschiedene andere Klimavariable.

Globale Zirkulationsmodelle sind gewöhnlich naturgetreuer als einfachere Modelle, aber auch viel teurer in der Entwicklung und im Betrieb. Die optimale Verfeinerung eines Modells hängt nicht nur von der Aufgabenstellung ab, sondern auch von den verfügbaren Forschungsmitteln; mehr ist nicht unbedingt auch besser. Oft ist es sinnvoll, ein Problem zunächst mit einem einfachen Modell anzugehen, dessen Ergebnisse dann der detaillierteren Forschung die Richtung weisen. Wie kompliziert ein Modell sein soll, das heißt bis zu welchem Grad man Vollständigkeit und Genauigkeit zugunsten von Wirtschaftlichkeit und Handlichkeit preisgibt, läuft eher auf eine Werteabwägung als auf eine rein wissenschaftliche Entscheidung hinaus.

Selbst das komplizierteste Zirkulationsmodell ist in seiner räumlichen Auflösung stark eingeschränkt. Kein

Computer kann die Klimavariablen an allen Punkten der Erde und der Atmosphäre in annehmbarer Zeit berechnen. Statt dessen werden die Rechnungen für weit auseinander liegende Punkte ausgeführt, die über der Erde ein dreidimensionales Gitter aufspannen. Am amerikanischen Zentrum für Atmosphärenforschung (National Center for Atmospheric Research, NCAR) verwenden meine Kollegen und ich ein Gitter aus neun Schichten, das bis in 30 Kilometer Höhe reicht. Die horizontalen Abstände der Gitterpunkte betragen dabei ungefähr 4,5 Breitengrade und 7 Längengrade.

Die großen Gitterabstände schaffen ein Problem: Viele wichtige Klimaphänomene sind kleiner als ein Gitterelement. Wolken sind dafür ein gutes Beispiel. Da sie einen großen Teil des einfallenden Sonnenlichts in den Weltraum reflektieren, sind sie entscheidend für die Temperatur auf der Erde. Die Vorhersage der Bewölkung ist deshalb für jede zuverlässige Klimasimulation nötig. Dennoch hat keines der jetzt oder in den nächsten Jahrzehnten verfügbaren globalen Klimamodelle ein genügend feines Gitter, um einzelne Wolken zu berücksichtigen, denn Wolken sind eher einige Kilometer als einige hundert Kilometer groß.

Das Problem wird gelöst, indem man Phänomene unterhalb der Gitterauflösung nicht individuell, sondern kollektiv darstellt. Diese Methode wird Parametrisierung genannt. Man sucht in den klimatologischen Daten nach statistischen Beziehungen zwischen Variablen, die vom Gitter erfaßt werden, und solchen, die durch die Maschenweite fallen. Zum Beispiel können die mittlere Temperatur und die Feuchte in einem großen Gebiet (etwa so groß wie ein Gitterelement) in Beziehung zur mittleren Bewölkung in diesem Gebiet gesetzt werden. Um eine Gleichung zu erhalten, muß man einen Proportionalitätsfaktor, einen Parameter, einführen, der empirisch aus den Temperatur- und Feuchtedaten gewonnen worden ist. Da das Modell die Temperatur und die Feuchte für ein Gitterelement aus physikalischen Gesetzen berechnen kann, kann es die mittlere Bewölkung im Gitterquadrat vorhersagen, obwohl es nicht imstande ist, einzelne Wolken darzustellen.

Um ein Klima vollständig zu simulieren, muß das Modell den Einfluß komplizierter Rückkopplungsmechanismen berücksichtigen. Zum Beispiel wirkt Schnee durch einen positiven Rückkopplungseffekt destabilisierend auf die Temperatur: Wenn ein Kälteeinbruch Schneefall bringt, sinkt die Temperatur noch weiter ab, denn der stark reflektierende Schnee absorbiert weniger Son-

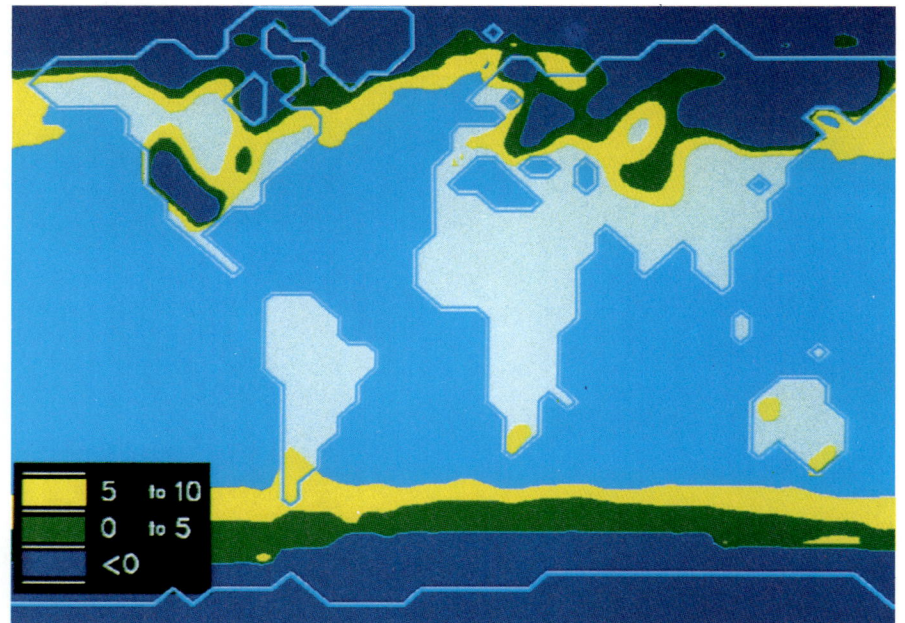

6500 Megatonnen durch Großbrände 180 Millionen Tonnen an Rauch erzeugen, der das Sonnenlicht abschirmt. Die Kälteeinbrüche sind begrenzt, da sie vom örtlichen Wetter abhängen und da die Rauchdecke lückenhaft ist. Eine einzelne Simulationsrechnung kann nicht die Temperatur zu einer bestimmten Zeit und an einem bestimmten Ort vorhersagen; sie kann nur ein Gesamtbild von den Klimaänderungen im Gefolge eines Nuklearkriegs geben. Dieses Modell berücksichtigt Wind- und Meeresströmungen sowie den Einfluß der Jahreszeiten.

nenenergie als der unbedeckte Boden. Dieser Prozeß ist in Klimamodellen ziemlich gut parametrisiert worden. Leider versteht man andere Rückkopplungsschleifen noch nicht so gut. Hier sind wieder die Wolken ein gutes Beispiel. Sie bilden sich oft über warmen und feuchten Gebieten der Erde, aber je nach den Umständen wirken sie entweder durch negative Rückkopplung stabilisierend (indem sie die Erdoberfläche durch Abschirmung des Sonnenlichts abkühlen), oder sie erzeugen eine positive Rückkopplung (indem sie die Oberflächentemperatur durch Wärmeeinfang weiter erhöhen).

Die Empfindlichkeit des Klimas

Mangel an Wissen über wichtige Rückkopplungsmechanismen ist einer der Gründe, warum das Fernziel der Klimamodellierung noch nicht zu verwirklichen ist, nämlich die zuverlässige Vorhersage etwa der Temperatur- und Niederschlagsverteilung. Eine andere Quelle der Ungewißheit, die nicht durch die Modelle selbst bedingt ist, ist das menschliche Verhalten. Um zum Beispiel den Einfluß der Kohlendioxid-Emissionen auf das Klima vorhersagen zu können, müßte man wissen, wieviel Kohlendioxid emittiert werden wird.

Die Modelle können aber immerhin die Empfindlichkeit des Klimas gegen-über verschiedenen ungenau bekannten oder nicht vorhersagbaren Variablen untersuchen. Im Fall des Kohlendioxidproblems könnte man eine Reihe von denkbaren Szenarien der Wirtschafts-, Technologie- und Bevölkerungsentwicklung konstruieren und mit einem Modell die klimatischen Folgen für jedes Szenarium abschätzen.

Klimafaktoren, deren wirkliche Werte ungewiß sind, etwa der Rückkopplungsparameter der Bewölkung, könnten über einen realistischen Wertebereich variiert werden. Die Ergebnisse gäben dann einen Hinweis, welcher unter den ungenauen Faktoren das Klima am empfindlichsten auf ein Anwachsen des Kohlendioxidgehalts reagieren läßt; die Forschung könnte sich dann auf einen solchen Faktor konzentrieren. Die Ergebnisse gäben auch eine Vorstellung von der Vielfalt künftiger Klimate, auf die sich die Menschheit vielleicht wird einstellen müssen. Wie man auf solche Informationen reagiert ist natürlich ein politisches Problem.

Wohl am meisten umstritten ist die Frage, ob die Zuverlässigkeit von Klimamodellen jemals ausreicht, politische Eingriffe zu begründen, etwa Maßnahmen zur Senkung der Kohlendioxid-Emission. Wie können Modelle, die so voller Unwägbarkeiten sind, verifiziert werden? Es gibt in der Tat mehrere Verfahren; keines genügt allein, aber gemeinsam liefern sie wichti-ge Indizien für die Glaubwürdigkeit eines Modells. Das erste Verfahren prüft die Fähigkeit des Modells, das gegenwärtige Klima zu simulieren. Der Wechsel der Jahreszeiten ist ein guter Test, denn dabei treten große Temperaturänderungen auf; sie sind im Mittel mehrfach so groß wie beim Übergang von einer Eiszeit zu einer Zwischeneiszeit. Globale Zirkulationsmodelle geben den Jahreszeiten-Zyklus bemerkenswert gut wieder, und das spricht sehr für ihre Zuverlässigkeit (Bild 2). Der Jahreszeiten-Test zeigt aber nicht an, wie gut das Modell langsame Prozesse simuliert, etwa folgenreiche Veränderungen der Eisbedeckung.

In einem zweiten Prüfverfahren greift man einen einzelnen Bestandteil des Modells heraus, zum Beispiel einen Parameter, und vergleicht ihn mit den meteorologischen Daten. Geprüft wird etwa, ob der Bewölkungsparameter in einem bestimmten Gitterelement die tatsächliche Bewölkung ergibt. Mit diesem Test läßt sich allerdings nicht nachweisen, daß die komplizierten Wechselwirkungen zwischen den vielen einzelnen Komponenten richtig erfaßt sind. Das Modell kann vielleicht die durchschnittliche Bewölkung gut voraussagen, stellt aber dafür deren Rückkopplungseffekte falsch dar. In diesem Fall ist etwa die Simulation einer globalen Klimaänderung durch erhöhten Kohlendioxidgehalt wahrscheinlich ungenau.

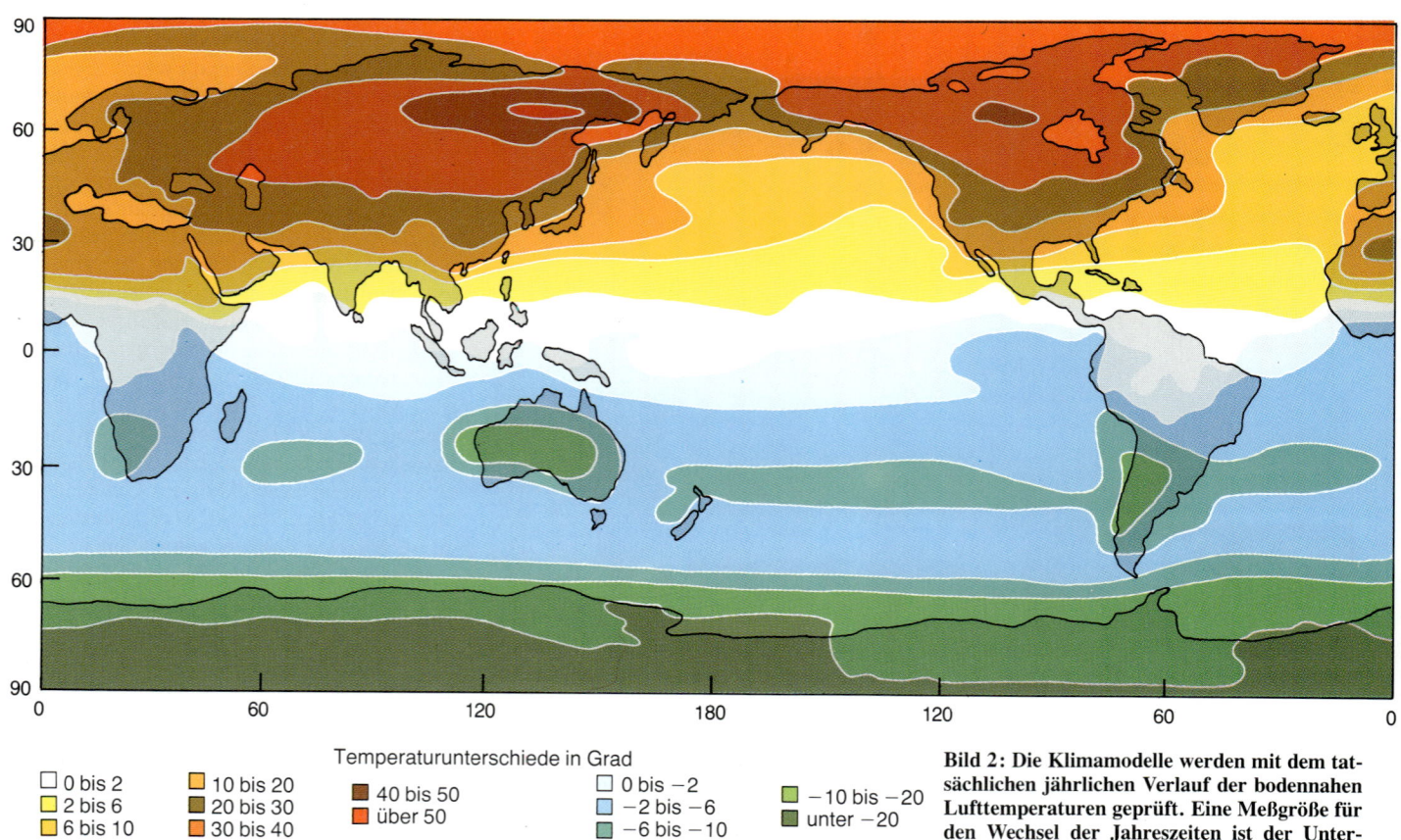

Temperaturunterschiede in Grad

☐ 0 bis 2	☐ 10 bis 20	☐ 40 bis 50
☐ 2 bis 6	☐ 20 bis 30	☐ über 50
☐ 6 bis 10	☐ 30 bis 40	

☐ 0 bis −2	☐ −10 bis −20
☐ −2 bis −6	☐ unter −20
☐ −6 bis −10	

Bild 2: Die Klimamodelle werden mit dem tatsächlichen jährlichen Verlauf der bodennahen Lufttemperaturen geprüft. Eine Meßgröße für den Wechsel der Jahreszeiten ist der Unter-

Um zu bestimmen, wie gut die Simulation insgesamt und für lange Zeiten ist, gibt es ein drittes Verfahren: Man prüft, ob das Modell die ganz unterschiedlichen Klimate früherer Erdepochen oder sogar anderer Planeten darstellen kann. Die paläoklimatischen Simulationen sind als Versuche, die Erdgeschichte zu verstehen, unmittelbar interessant; als Tests für die Klimamodelle entscheiden sie aber auch über den Wert von Vorhersagen.

Die jüngste Vergangenheit

Eine der bis heute erfolgreichsten paläoklimatischen Simulationen führten John E. Kutzbach und seine Mitarbeiter an der Universität von Wisconsin in Madison durch. Kutzbach versuchte, die wärmste Periode der jüngsten Klimageschichte zu erklären, das sogenannte Klimaoptimum zwischen 7000 und 3000 Jahren vor unserer Zeitrechnung. Den fossilen und geologischen Zeugnissen zufolge waren damals die Sommer auf den Kontinenten der Nordhalbkugel um einige Grad wärmer als heute, und in Afrika und Asien war der Monsun heftiger.

Kutzbachs Simulation zeigte, daß die Klimaunterschiede sich aus zwei kleinen Abweichungen der Erdbahn erklären lassen: Die Erdachse war demnach damals etwas stärker geneigt, und die

Erde kam der Sonne im Juni am nächsten statt wie heute im Januar. Beides vergrößerte die jahreszeitlichen Klimaschwankungen auf der Nordhalbkugel. Vor 9000 Jahren empfing die Nordhalbkugel im Sommer etwa 5 Prozent mehr Sonnenstrahlung als heute und im Winter etwa 5 Prozent weniger. Da im Sommer die Temperaturunterschiede zwischen Festland und Meer größer waren, traten andere Windsysteme und heftigere Monsunregen auf.

Besonders ermutigend war Kutzbachs Erfolg für meine Kollegen und mich im NCAR, da er auf dem gleichen dreidimensionalen Modell aufbaute wie wir. Starley L. Thompson und ich verwendeten das Modell zur Erklärung eines Klimas, das nur zwei Jahrtausende vor dem Klimaoptimum geherrscht hat und sich von ihm verblüffend unterscheidet. Vor etwa 11000 Jahren war auf der Erde die letzte Eiszeit zu Ende gegangen. Viele Tiere und Pflanzen der wärmeren Zonen waren in die höheren Breiten zurückgekehrt, vor allem in Westeuropa. Doch plötzlich traf diesen Teil der Erde erneut eine drastische Abkühlung von fast eiszeitlicher Härte. Die Kälteperiode dauerte fast 1000 Jahre. Sie wird Jüngere Dryaszeit oder auch Jüngere Tundrenzeit genannt.

Die stärkste Abkühlung trat in der Jüngeren Dryaszeit am nördlichen Atlantik auf, besonders an der Westküste Europas und in England. Das läßt die

Ursache im Meer vermuten. Eine Reihe von Paläoklimatologen, darunter William F. Ruddiman und Andrew McIntyre vom Geologischen Lamont-Doherty-Observatorium der New Yorker Columbia-Universität, haben die Auffassung vertreten, die tiefere Ursache für die Jüngere Dryaszeit sei paradoxerweise das schnelle Aufbrechen der europäischen und nordamerikanischen Eisdecken vor 12000 bis 10000 Jahren gewesen: Dadurch sei auf einmal eine ungeheure Menge Süßwasser in den Nordatlantik geraten. Da Süßwasser leichter gefriert als Salzwasser, könnte dieser Schmelzwasserschwall eine dicke Eisdecke auf dem Ozean erzeugt haben; das Eis hätte den nördlichen Arm des Golfstroms blockiert, der gewöhnlich den Nordwesten Europas erwärmt.

Um diese Hypothese zu prüfen, haben Thompson und ich in einer Klimasimulation angenommen, die Oberfläche des Nordatlantiks sei bis 45 Grad nördlicher Breite zugefroren – nicht etwa weil wir glauben, genau das wäre in der Dryaszeit eingetreten, sondern um die Empfindlichkeit des Klimas für Meeresvereisung zu bestimmen. Unsere Ergebnisse stützen die Hypothese. Im Sommer wird der Abkühlungseffekt des zugefrorenen Nordatlantiks vor allem entlang der europäischen Küsten deutlich spürbar; im Inland bestimmt die kräftige Sommersonne die Temperaturen. Im Winter wärmt die Sonne hinge-

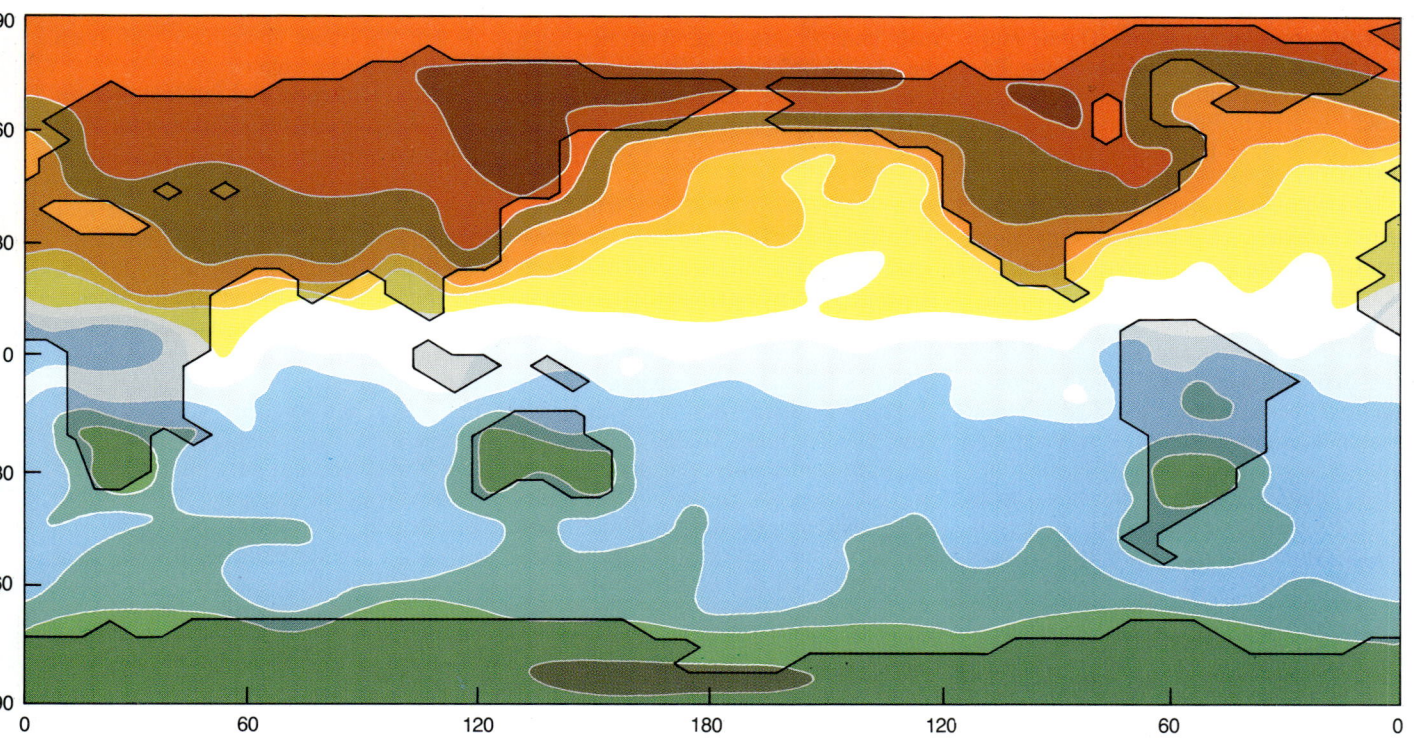

schied zwischen Sommer- und Wintertemperatur. Hier werden die beobachteten Temperaturdifferenzen zwischen August und Februar (links) den Differenzen gegenübergestellt, die

ein dreidimensionales Modell von Syukuro Manabe und Ronald Stouffer vom Geophysical Fluid Dynamics Laboratory berechnet hat (rechts). Das Modell gibt die wirklichen Ver-

hältnisse größtenteils erstaunlich genau wieder. Offen bleibt bei diesem Test allerdings, wie gut das Modell sehr langsame Prozesse simuliert, die wichtige Langzeiteffekte haben können.

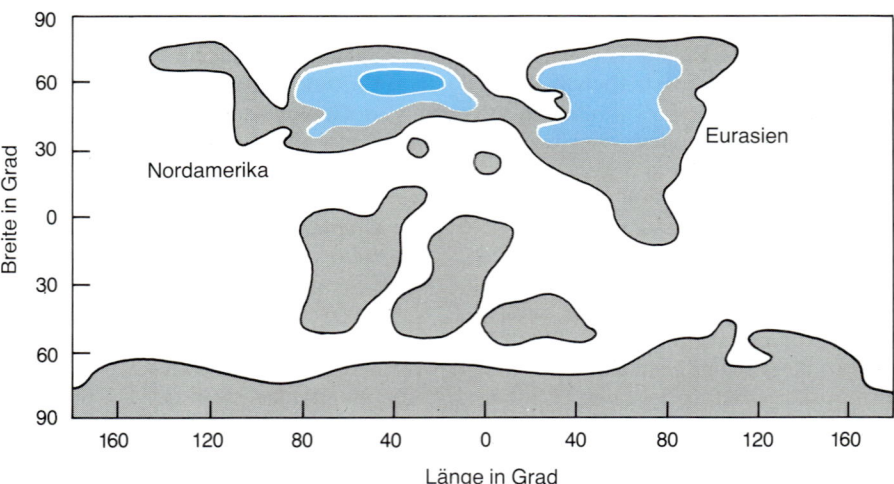

Bild 3: In der Kreidezeit war das Klima viel wärmer als heute. Den Fossilfunden zufolge sank die Temperatur auf den nördlichen Kontinenten selbst im Winter fast nie auf den Gefrierpunkt. Die Kontinente sind in ihrer ungefähren Lage vor 100 Millionen Jahren dargestellt. Die Karte zeigt den Versuch, das warme Klima zu simulieren; im Modell transportieren die Meeresströmungen viel mehr Wärme als heute, so daß die Meeresoberfläche überall wärmer ist als 20 Grad Celsius. Dennoch sinkt in Nordamerika und Eurasien die Lufttemperatur im Januar fast auf den Gefrierpunkt (helle Farbe) oder sogar noch tiefer (dunkle Farbe).

gen schwächer, aber normalerweise würde der Golfstrom warme Seewinde erzeugen und damit in Westeuropa ein ausgeglichenes Klima aufrechterhalten; die Eisdecke auf dem Meer führt deshalb im Winter zu weiträumigerer und strengerer Kälte (Bild 4).

Andere Wissenschaftler, vor allem eine Gruppe am amerikanischen Goddard-Institut für Weltraumstudien, haben mit anderen Modellen ähnliche Ergebnisse erzielt. Die simulierten Temperaturverteilungen stimmen mit den verfügbaren geologischen Daten einigermaßen überein. Sie geben den Paläoklimatologen sogar Hinweise, wo sie nach weiteren Bestätigungen für die Meervereisungs-Hypothese und auch für die Modelle suchen sollen.

Die Modelle sagen zum Beispiel aus, eine Zunahme der Meervereisung hätte im Gebiet der Sowjetunion im Sommer nur einen geringen Abkühlungseffekt. Das Goddard-Modell, das auch die Auswirkungen der restlichen Eisdecken auf dem europäischen Festland berücksichtigt, berechnet für die Sowjetunion sogar wärmere Sommer. Zur Verifikation dieser Ergebnisse könnte man anhand fossiler Pollen untersuchen, welche Pflanzen während der Jüngeren Dryaszeit in der Region heimisch waren.

Die Kreidezeit

In der Mitte der Kreidezeit, vor ungefähr 100 Millionen Jahren, wuchsen breitblättrige tropische Pflanzen in den mittleren Breiten, die heute die gemäßigten Zonen sind. Krokodile lebten nahe dem nördlichen Polarkreis, der

wie die Antarktis wahrscheinlich nicht unter einer permanenten Eisdecke lag. Der Meeresspiegel lag Hunderte von Metern höher als heute. Alle Funde deuten darauf hin, daß die Temperatur im Inneren der Kontinente sogar im Winter meist über Null blieb.

Wie ist eine so warme Epoche zu erklären? Eine Hypothese besagt, die Meeresströmungen hätten die am Äquator aufgenommene Sonnenenergie in der Kreidezeit besser als heute über die Erde verteilt. Die Kontinente lagen damals anders, und daher verliefen auch die Meeresströmungen anders.

Eric J. Barron, der jetzt an der Pennsylvania State University arbeitet, und Warren M. Washington vom NCAR überprüften diese Hypothese erstmals mit einem dreidimensionalen Klimamodell. Sie simulierten den Wärmetransport im Ozean allerdings nicht direkt, sondern nahmen an, die Oberflächentemperatur der Meere müsse überall mindestens zehn Grad Celsius betragen; das bedeutet aber ebenfalls einen großen Wärmetransport in Richtung der Pole. Gemäß ihrem Modell kühlten sich die Kontinente, entgegen der üblichen Interpretation der geologischen Funde, in den mittleren Breiten im Winter stark ab, und in der Antarktis fiel die Temperatur weit unter den Gefrierpunkt.

Barron, Thompson und ich ließen eine Simulation unter einer noch unrealistischeren Annahme laufen: Unser Ozean transportierte die Wärme so perfekt, daß seine Temperatur überall 20 Grad Celsius betrug. Dabei wurde die Diskrepanz zwischen dem Modell und der Beobachtung schlimmer: Das Innere der nördlichen Kontinente wurde im

Winter noch kälter. Eigentlich überrascht das nicht. Indem wir die Temperatur der Meeresoberfläche global auf 20 Grad Celsius festlegten, eliminierten wir den Temperaturgradienten zwischen dem Äquator und den Polen; er ist aber der wichtigste Antrieb für den Kreislauf der Erdatmosphäre. Dadurch wurden die Winde in unserem Modell so schwach, daß sie nicht viel Wärme ins Innere der Kontinente transportieren konnten. Für eine angemessene Überprüfung der Hypothese, ein verstärkter Transport von Meereswärme sei für das warme Klima der Kreidezeit verantwortlich gewesen, benötigten wir ein realistischeres Modell.

Deshalb führten wir zusätzliche Simulationen durch, in denen wir die Oberflächentemperaturen der Ozeane explizit berechneten; die Meere durften aber auch an den Polen nie kälter werden als 20 Grad Celsius. Die tropischen Ozeane hatten jetzt Temperaturen zwischen 25 und 30 Grad Celsius, und das Modell wies einen beträchtlichen Temperaturgradienten auf. Auch die Winde waren nun entsprechend kräftiger. Doch obwohl der Modellplanet insgesamt erheblich wärmer war als die Erde heute, war er noch nicht warm genug. Temperaturen unter dem Gefrierpunkt waren im Inneren der Kontinente noch immer weit verbreitet (Bild 3). Offensichtlich hatten wir die Wärme der Ozeane und den verstärkten Wärmetransport nicht hoch genug angesetzt: Daß die Kontinente im Winter weniger Sonnenlicht empfangen und viel Wärme in den Weltraum abstrahlen, gab noch immer den Ausschlag.

Meine Kollegen und ich kommen zu dem Schluß, daß noch ein anderer Prozeß zum warmen Klima der Kreidezeit beigetragen hat. Uns erscheint am wahrscheinlichsten ein verstärkter Treibhauseffekt, verursacht durch erhöhte Kohlendioxidmengen in der Atmosphäre. Neue geochemische Modelle unterstützen diese Ansicht. Kohlendioxid entweicht mit anderen Gasen aus dem Erdinneren, vor allem an den mittelozeanischen Rücken, wo zwei tektonische Platten auseinanderdriften und in den Zwischenraum geschmolzenes Gestein von unten eindringt. Die mittlere Kreidezeit — darin sind sich die meisten Forscher einig — war eine Zeit starker Plattenbewegungen; also müßte es damals auch hohe Kohlendioxid-Emissionen gegeben haben. Die geochemischen Modelle lassen vermuten, daß die Atmosphäre damals fünf- bis zehnmal mehr Kohlendioxid enthielt als heute. Die Kreidezeit könnte in extremer Weise eine Vorahnung des Klimas geben, das die Menschheit heute zu schaffen beginnt.

Der heutige Treibhauseffekt

Zweifellos ist die Kohlendioxid-Konzentration in der Atmosphäre neuerdings angestiegen; sie ist heute etwa 25 Prozent höher als vor einem Jahrhundert. Unstrittig ist auch, daß mit steigender Kohlendioxid-Konzentration die Temperatur am Erdboden steigen muß. Kohlendioxid ist ziemlich durchlässig für sichtbares Sonnenlicht, absorbiert aber die langwelligere Infrarot-Strahlung, die die Erde abgibt, recht wirksam; so hält es die Wärme nahe der Erdoberfläche zurück (Bild 5). Diesen Treibhauseffekt gibt es ohne Zweifel. Er erklärt die sehr hohen Temperaturen auf der Venus, deren mächtige Atmosphäre fast nur aus Kohlendioxid besteht, sowie das eisige Klima auf dem Mars, dessen Kohlendioxidatmosphäre sehr dünn ist.

Aber das genaue Ausmaß der Erwärmung ist ebenso unbekannt wie die räumliche Verteilung des Klimawandels, der von einer Anreicherung der Erdatmosphäre mit Kohlendioxid und anderen Gasen mit Treibhauseffekt zu erwarten ist. (Die gemeinsame Wirkung von Chlorfluorkohlenstoffen, Stickoxiden, Ozon und anderen Spurengasen könnte im Lauf des nächsten Jahrhunderts dem Kohlendioxid-Effekt gleichkommen.) Doch gerade die regionalen Unterschiede in der Veränderung von Temperatur, Niederschlag und Bodenfeuchte werden über die Auswirkungen des Treibhauseffekts auf die Ökosysteme, die Landwirtschaft und die Wasserversorgung entscheiden.

Viele Wissenschaftler haben die Auswirkungen des Kohlendioxids auf das Klima zu berechnen versucht. Die meisten sind dem gleichen Weg gefolgt: Sie geben dem Modell zu Beginn eine erhöhte (gewöhnlich die doppelte) Kohlendioxid-Konzentration, lassen es laufen, bis es ein neues thermisches Gleichgewicht erreicht hat, und vergleichen das neue Klima mit dem Ausgangsklima. Das am häufigsten zitierte Ergebnis stammt von Syukuro Manabe, Richard T. Wetherald und Ronald Stouffer vom Geophysical Fluid Dynamics Laboratory (GFDL) der Universität von Princeton; demnach würden sowohl die doppelte wie die vierfache Kohlendioxidmenge den nordamerikanischen Weizengürtel in eine sommerliche Trockenzone verwandeln, während in den Monsungürteln die Bodenfeuchtigkeit zunähme (Bild 6). Das GFDL-Modell erreichte sein neues Gleichgewicht nach mehreren Jahrzehnten simulierter Zeit.

In Wirklichkeit würde das neue Gleichgewicht sich wahrscheinlich viel langsamer einstellen. Das GFDL-Modell vernachlässigt sowohl den horizontalen Wärmetransport im Meer als auch den vertikalen Wärmetransport aus der gut durchmischten Oberflächenschicht in die Tiefe des Ozeans. Beide Prozesse verzögern die Annäherung an das thermische Gleichgewicht; der wirkliche Vorgang würde wahrscheinlich mehr als ein Jahrhundert dauern. Selbst wenn die Gase mit Treibhauseffekt nicht wie im Modell auf einen Schlag freigesetzt würden, sondern allmählich zunähmen, würde der Wärmetransport in den Meeren sich auf das Temperaturverhalten auswirken.

Im Jahr 1980 entwickelten Thompson und ich einfache eindimensionale Modelle, die die Bedeutung der Übergangsphase bei der Erwärmung zeigten. In verschiedenen Breiten wird das Gleichgewicht verschieden schnell erreicht, vor allem wegen der unterschiedlichen Festlandanteile: Das Land erwärmt sich schneller als die Ozeane. Während der Übergangsphase kann sich deshalb die globale Verteilung der Erwärmung und anderer Treibhauseffekte ganz erheblich von einer Simulation unter Gleichgewichtbedingungen unterscheiden. Außerdem würden die sozialen Auswirkungen einer Klimaänderung wahrscheinlich schon ziemlich früh ihren Höhepunkt erreichen, lange vor dem thermischen Gleichgewicht und bevor die Menschen eine Chance hätten, sich daran anzupassen.

Für eine angemessene Darstellung der Übergangsphase müßte man ein

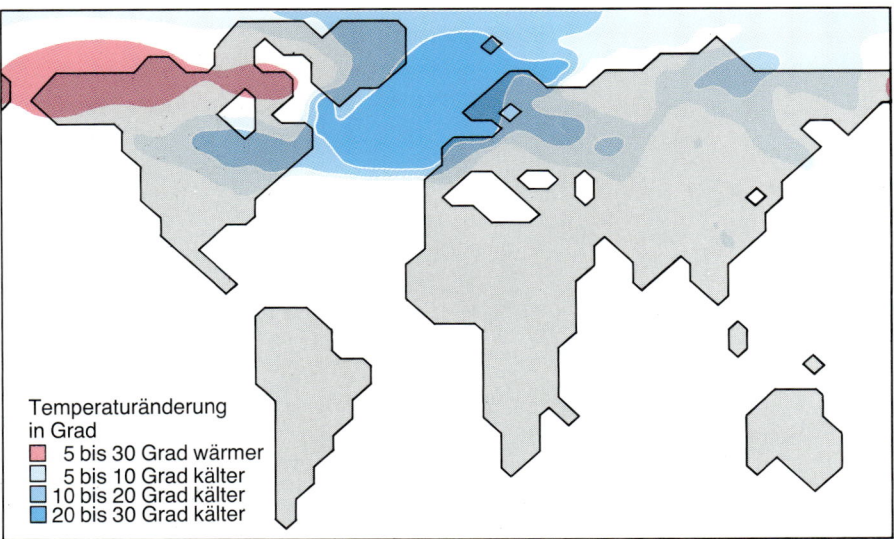

Temperaturänderung
in Grad

▨ 5 bis 30 Grad wärmer
☐ 5 bis 10 Grad kälter
▨ 10 bis 20 Grad kälter
■ 20 bis 30 Grad kälter

Bild 4: Während der Jüngeren Dryaszeit, gerade als die Erde sich nach der letzten Eiszeit erwärmte, setzte vor 11 000 Jahren plötzlich eine drastische Abkühlung ein. Dieser Rückfall, von dem die nordwestlichen Küsten Europas am stärksten betroffen waren, könnte von der Bildung einer riesigen Eisdecke auf dem Nordatlantik ausgelöst worden sein. Die Karten zeigen, wie sich nach dem NCAR-Klimamodell die Temperaturen verändern, wenn der Nordatlantik vom Nordpol bis zu 45 Grad nördlicher Breite zufriert. Im Sommer (oben) würde die Abkühlung durch die Meervereisung sich vor allem entlang der Küste bemerkbar machen, aber im Winter (unten) wäre die Wirkung, vor allem landeinwärts, großräumiger.

dreidimensionales Modell der Atmosphäre mit einem dreidimensionalen Modell des Ozeans koppeln, das den horizontalen und vertikalen Wärmetransport wiedergibt. Einige gekoppelte Modelle hat man bereits laufen lassen, aber keines lange genug, um das nächste Jahrhundert zu simulieren; sie sind für diese Aufgabe noch viel zu aufwendig und außerdem nicht zuverlässig genug. Erst mit verbesserten Modellen wird man glaubwürdiger vorhersagen können, wie die Wirkung der Treibhausgase sich verteilt. Bis dahin kann man bloß Indizien anführen, die allerdings auf beträchtliche Auswirkungen hinweisen: In den letzten hundert Jahren ist es auf der Erde um mehr als 0,5 Grad wärmer geworden.

Der nukleare Winter

Anders als in den Studien zum Treibhauseffekt erspart man sich bei Versuchen, die vergleichsweise kurzfristigen klimatischen Auswirkungen eines Nuklearkriegs zu berechnen, die Schwierigkeiten der Ozean-Modellierung; aber auch diesmal sind viele Unsicherheitsfaktoren im Spiel. Seit Paul J. Crutzen vom Max-Planck-Institut für Chemie in Mainz und John W. Birks von der Universität von Colorado in Boulder im Jahr 1982 die ersten Modellrechnungen durchgeführt haben, steht fest, daß nach einer Serie von Nuklearexplosionen der Rauch tausender

Brände einen großen Teil der Sonnenstrahlung abschirmen würde.

Der erste und bekannteste Versuch, die daraus folgenden Temperaturänderungen auf der Erdoberfläche darzustellen, war die sogenannte TTAPS-Studie, benannt nach den Initialen der Autoren Richard P. Turco, Owen B. Toon, Thomas P. Ackerman, James B. Pollack und Carl Sagan. Die TTAPS-Studie sagte voraus, nach einem großen, aber vorstellbaren Krieg mit dem Einsatz eines nuklearen Arsenals von 5000 Megatonnen würden die Temperaturen über dem Festland um 20 bis 40 Grad fallen. Da die Abkühlung viele Monate lang anhalten würde, schien die Bezeichnung „nuklearer Winter" aufgrund der ersten Resultate gerechtfertigt.

Die Autoren der TTAPS-Studie waren sich von Anfang an bewußt, daß ihr Modell drei Hauptschwächen hatte. Erstens ignorierte es die Winde: Als eindimensionales Modell stellte es nur die vertikale Struktur der Atmosphäre dar. Zweitens enthielt es keine Ozeane: Die Abkühlung des Festlands wurde für einen reinen Land-Planeten berechnet; die Aufwärmung durch den Transport wärmerer Luft von den Meeren ins Binnenland wurde vernachlässigt. Schließlich ignorierte das Modell die Jahreszeiten und benutzte ein jährliches Mittel für die einfallende Sonnenenergie. Kurz, die TTAPS-Studie war ein erster Versuch, und es war klar, daß ihre Schlußfolgerungen verbessert werden mußten.

Erste Änderungen ergaben sich aus einer Studie, die Curt Covey, Thompson und ich mit dem dreidimensionalen NCAR-Modell rechneten (Bild 1). Wie erwartet fanden wir, daß die Ozeane den Abkühlungseffekt der nuklearen Rauchwolke mildern. In den mittleren Breiten der Nordhalbkugel fiel die Durchschnittstemperatur im Inneren der Kontinente bei unserer Juli-Simulation nur etwa halb so stark wie nach der TTAPS-Studie; an den Westküsten der Kontinente war die Abkühlung sogar zehnfach geringer. Außerdem hatten die Jahreszeiten großen Einfluß auf die Temperaturänderung. Die Abkühlung war nur deutlich ausgeprägt, wenn der Nuklearkrieg im Frühling oder Sommer der Nordhalbkugel ausbrach. Begann er hingegen im Herbst oder Winter, wenn die nördlichen Breiten ohnehin nur wenig Sonnenlicht empfangen, waren die Folgen für das Klima relativ gering.

Doch unser wichtigstes Ergebnis war, daß wir die grundlegende Schlußfolgerung der TTAPS-Studie bestätigen konnten: Die klimatischen Folgen eines Nuklearkriegs können verheerend sein. Obwohl in unserem Modell die mittlere Temperatur viel weniger abnimmt als nach der TTAPS-Studie, sagt es regionale Abkühlungen von drastischem Ausmaß voraus. Selbst innerhalb weniger Tage mit dichtem Rauch in großen Höhen könnte die Binnenlandtemperatur im Hochsommer auf Werte nahe dem Gefrierpunkt fallen. Solche vorübergehenden Temperaturstürze könn-

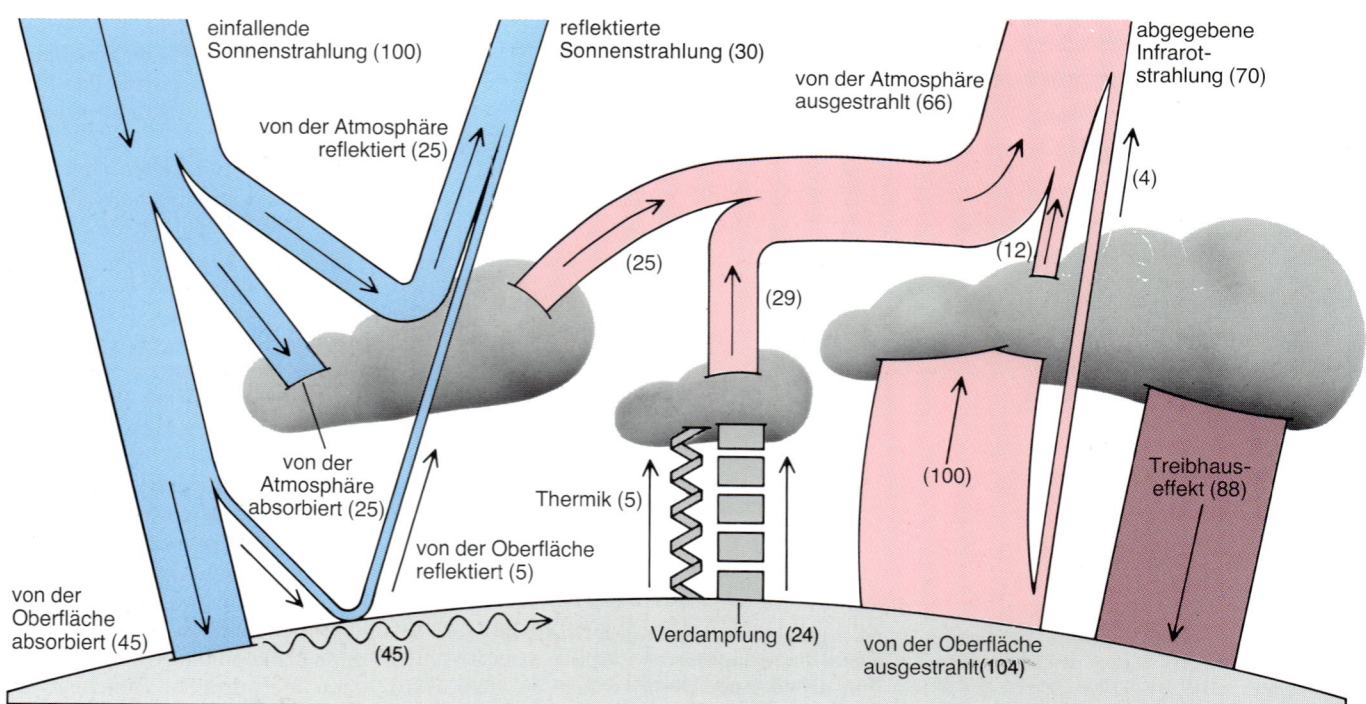

Bild 5: Der Treibhauseffekt entsteht, weil die Lufthülle Wärme über der Erdoberfläche festhält. Kohlendioxid, Wasserdampf und andere Gase sind verhältnismäßig durchlässig für Strahlung im sichtbaren und im kurzwelligeren Infrarot-Bereich (blau), die die meiste Sonnenenergie transportiert. Hingegen absorbieren diese Gase einen großen Teil des langwelligen Infrarot (rot), das die Erde ausstrahlt. Diese Energie kehrt fast vollständig als Strahlung zur Erde zurück (dunkelrot). Dadurch wärmen die Treibhausgase die Erdoberfläche auf.

ten in den Breiten, in denen Krieg herrscht, überall auf der Erde eintreten, selbst wenn die Gesamtausdehnung der nuklearen Rauchwolke um ein Mehrfaches kleiner wäre, als die TTAPS-Gruppe annahm. Der jeweilige Schauplatz der Temperaturstürze hinge von den örtlichen Wetterbedingungen ab; Kälteeinbrüche träten überall auf, wo die Luft nicht feucht genug wäre, Bodennebel zu erzeugen, und die Winde nicht stark genug, die stabilen Luftschichten bodennaher Inversionswetterlagen zu verwirbeln. Die klimatischen Folgen des Krieges würden sich demnach rein zufällig über die Erde verteilen. Noch neuere Studien von Thompson, von Michael C. MacCrackens Gruppe am Lawrence Livermore National Laboratory und von Robert C. Malones Gruppe am Los Alamos National Laboratory haben unsere Ergebnisse grundsätzlich bestätigt. Wir hatten lokale Kälteeinbrüche gefunden, obwohl uns die Grenzen unseres Modells zwangen, die Rauchdecke zu Beginn gleichmäßig zwischen 30 und 70 Grad nördlicher Breite zu verteilen. In den neueren und wirklichkeitsnäheren Simulationen erzeugt der Krieg mächtige, unzusammenhängende Wolkenfelder, die über die nördliche Halbkugel ziehen und unter sich Frost erzeugen.

Die plausibelsten Berechnungen sagen für einen Krieg im Sommer einen mittleren Temperaturabfall über dem Festland von 10 bis 15 Grad voraus. Ich habe an anderer Stelle vorgeschlagen, solche Klimaänderungen besser als einen „nuklearen Herbst" statt als „nuklearen Winter" zu beschreiben; doch wollte ich mit diesem Ausdruck keineswegs angenehme Vorstellungen von buntem Herbstlaub beschwören. Ein nuklearer Herbst im Juli könnte, ähnlich wie der natürliche Herbst, die Vegetationsperiode auf dem größten Teil der Nordhalbkugel beenden. Selbst in Gebieten, wo die Temperatur nicht unter den Gefrierpunkt fiele, könnte die Unterbrechung des Monsunregens katastrophale Folgen für die Nahrungsmittelversorgung haben. Die verbesserten Klimamodelle sagen zwar in der Tat geringere Abkühlungseffekte im Fall eines Nuklearkriegs voraus; dennoch nimmt die Einsicht allgemein zu, daß das Leben auf der Erde auch auf kleine Klimastörungen überaus empfindlich reagiert.

Überdies müssen die Klimaauswirkungen eines Nuklearkriegs nicht auf die ersten Wochen nach seinem Ende beschränkt sein. Vor allem im Sommer würden Teile der unförmigen Rauchwolken in die Stratosphäre aufsteigen und einen dünnen, ziemlich gleichmäßigen Schleier bilden, der die gesamte

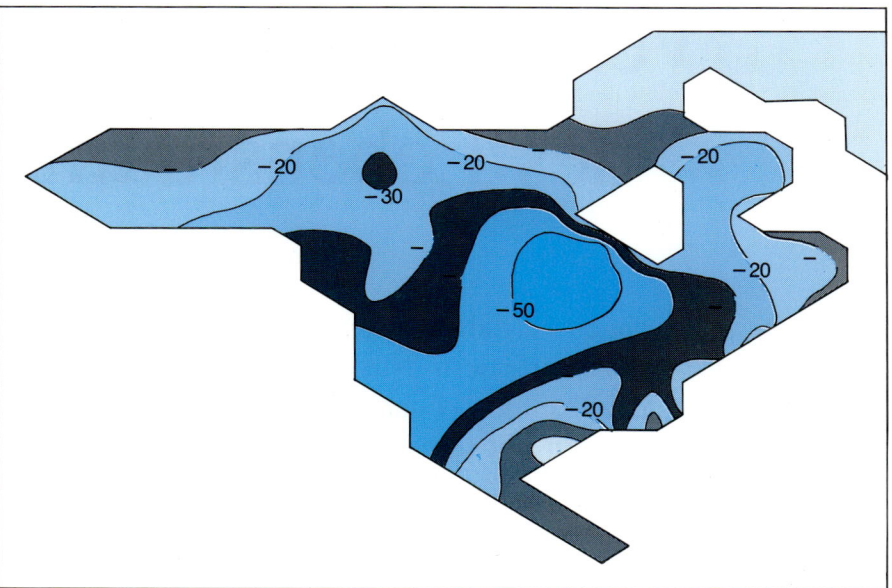

Bild 6: Eine Verdopplung des Kohlendioxidgehalts der Atmosphäre würde, nach einem Modell von Manabe und Stouffer, die Prärien der USA im Sommer in eine Trockenzone verwandeln. Die Karte zeigt die Änderung der Bodenfeuchtigkeit in Prozent für die Zeit von Juni bis August, wenn die Atmosphäre des Modells ihr neues thermisches Gleichgewicht erreicht hat.

Nordkugel vielleicht monatelang einhüllt. Ein Teil des Rauchs würde sich wahrscheinlich auch über den Äquator auf die Südhalbkugel ausbreiten. Der Schleier könnte zu abnormen Frosteinbrüchen und Vegetationsschäden im späten Frühling oder im frühen Herbst führen; er könnte schon durch eine geringfügige Abkühlung der nördlichen Kontinente die lebenspendenden Monsunregen entscheidend vermindern.

Nach dem gegenwärtigen Wissensstand bliebe die Erde nach einem Nuklearkrieg nicht den Insekten überlassen; die Menschheit würde höchstwahrscheinlich nicht aussterben. Aber die klimatischen Auswirkungen wären vermutlich trotzdem katastrophal, und auch weit entfernt von den Explosionszonen hätten Milliarden Menschen unter den Folgen des Kriegs zu leiden.

Damit will ich die Ungewißheit, mit der alle Simulationen des nuklearen Winters behaftet sind, keineswegs herunterspielen. Die Zuverlässigkeit eines Klimamodells kann, wie ich schon erklärt habe, nie schlüssig bewiesen werden; zur Verifikation lassen sich nur Indizien anführen, zum Beispiel die Fähigkeit des Modells, vergangene Klimate oder den Jahreszeitenzyklus zu simulieren. Im Fall des nuklearen Winters steckt die größte Unsicherheit nicht in dem, was die Modelle enthalten, sondern in dem, was sie auslassen müssen.

Zum Beispiel kann kein Klimamodell voraussagen, wieviel Rauch sich am ersten Tag eines Nuklearkrieges entwickeln wird oder wie hoch die Rauchwolken steigen werden. Für solche wichtigen Variablen müssen die Werte von

außen vorgegeben werden. Steigt ein Großteil des Rauchs mehrere Kilometer hoch auf, so wird er oberhalb des meisten Wasserdampfes der Atmosphäre liegen, und der Regen kann ihn nur langsam auswaschen. In diesem Fall sind starke Klimaveränderungen auf der gesamten Nordhalbkugel sehr wahrscheinlich. Würde hingegen der Rauch schneller ausgewaschen, als die meisten Modelle angenommen haben, wäre eine Klimakatastrophe auf der gesamten Nordhalbkugel viel weniger wahrscheinlich.

Aus dem Problem des nuklearen Winters läßt sich eine allgemeine Feststellung ableiten, die ich noch einmal unterstreichen will. Klimamodelle liefern keine eindeutige Vorhersage der Zukunft. Sie gleichen eher einer schlecht polierten Kristallkugel, in der sich mehrere mögliche Schicksale ahnen lassen. Damit stehen wir vor einem Dilemma: Wir müssen entscheiden, wie lange wir die Kugel noch polieren wollen, bevor wir angesichts der in ihr undeutlich sichtbaren Bilder zu handeln beginnen.

Dieses Problem stellt sich vielleicht weniger anläßlich des Nuklearkriegs — mit seinen in jedem Fall katastrophalen Folgen — als bei der Luftverschmutzung. Gegenwärtig verändern wir unsere Umwelt schneller, als wir die dadurch ausgelösten Klimaänderungen verstehen. Wenn das so weitergeht, werden wir am Ende die Klimamodelle entweder bestätigen oder widerlegen — durch ein wirkliches, weltweites Experiment, aus dessen Folgen es für uns kein Entkommen gibt.

Verantwortliches Gestalten des Lebensraums Erde

Die Menschheit ist dabei, ihren Lebensraum, den Planeten Erde, unfreiwillig in globalem Maßstab zu verändern. Nur eine umfassende Analyse der Bedrohungen und geeignete weltweite Gegenmaßnahmen können noch die Fortentwicklung der menschlichen Zivilisation auf unserem Planeten mit seinen endlichen Ressourcen und seiner störanfälligen Umwelt gewährleisten.

Von William C. Clark

Jede Lebensform muß beständig die ihr angeborene Fähigkeit zu Wachstum und Vermehrung in Einklang bringen mit den Chancen und Grenzen, die aus ihren vielfältigen Wechselbeziehungen mit der Umwelt erwachsen. Wie erfolgreich unsere Art diese Herausforderung gemeistert hat, läßt sich an der Vielzahl unterschiedlicher Lebensräume ablesen, die der Mensch besiedelt. Indes hat die bisher so erfolggekrönte Menschheitsgeschichte nur gerade erst begonnen.

Um sich vorzustellen, wie sie weitergehen könnte, ist vielleicht eine kleine Analogie angebracht. Die globale nächtliche Lichterkette, Signet unserer Zivilisation, ähnelt den Mustern üppigen Wachstums, die Bakterienkolonien kurz nach dem Ausbringen auf nährstoffreichen Petrischalen zeigen. In der begrenzten Welt einer derartigen Kultur ist solches Wachstum naturgemäß nicht von Dauer. Früher oder später, wenn die Mikroben die Nährstoffe weitgehend aufgebraucht haben und in den eigenen Abfallprodukten ersticken, kippt die anfängliche Blüte um in Stagnation oder Zusammenbruch.

Der Vergleich hinkt insofern, als Bakterienkolonien nicht imstande sind, ihrem schließlichen Scheitern an einer endlichen Umwelt vorzubeugen, und deshalb auch keine Verantwortung dafür tragen. Im Gegensatz dazu haben

Dieser Artikel ist im November 1989 in *Spektrum der Wissenschaft* erschienen.

menschlicher Forschungsdrang und Unternehmungsgeist − die gleichen Antriebe, die das Gesicht unserer Erde so verändert haben − uns zu einem beispiellosen Verständnis der Zusammenhänge verholfen, welche die natürlichen Abläufe auf unserem Planeten beherrschen. Zugleich erkennen wir klarer denn je, wie wir diese einzigartige kosmische Nische des Lebens gefährden und was zu tun ist, um die Aussichten auf ihre Bewahrung zu verbessern.

Unsere Fähigkeit, vom Weltraum aus auf uns selbst herabzuschauen, beleuchtet symbolhaft den einzigartigen Über- und Einblick, den wir in unsere Umwelt und unser weiteres Schicksal als biologische Art haben. Mit diesem Wissen aber wächst uns auch eine gewaltige Verantwortung zu: die Verantwortung für eine maßvolle Nutzung des Planeten Erde, welche die Grundlagen unseres und anderen Lebens nicht zerstört.

Viele Menschen hat ein wachsendes Umweltbewußtsein bereits dazu gebracht, ihre Wertvorstellungen, Überzeugungen und Verhaltensweisen grundlegend zu ändern. Aber so notwendig individuelles Umdenken sicherlich ist − es allein reicht doch nicht aus. Als global verbreitete Art verändern wir die Erde, und nur als globale Art haben wir eine Chance, die schon eingeleitete Umformung des kleinen Himmelskörpers, den wir unsere Welt nennen, in die Bahnen einer auf Dauer angelegten Entwicklung zu lenken. Bewußtes, durchdachtes und künftigen Generationen verpflichtetes Manage-

ment der Erde ist eine der großen Herausforderungen für die Menschheit an der Wende zum 21. Jahrhundert.

Probleme von nie dagewesener Dimension

Das Bemühen um die Beherrschung der Wechselwirkungen zwischen Mensch und Umwelt ist so alt wie die menschliche Zivilisation selbst. Die beispiellose Zunahme in Geschwindigkeit, Ausmaß und Komplexität dieser Wechselbeziehungen hat dem Problem heutzutage jedoch eine neue Dimension verliehen.

Früher ging es um örtlich begrenzte Fälle von Umweltverschmutzung, heute werden ganze Kontinente in Mitleidenschaft gezogen − siehe den sauren Regen in Europa und Nordamerika. Früher waren die Eingriffe kurzfristig und reversibel, heute betreffen sie viele Generationen − siehe die Entsorgung von Chemieabfällen und Atommüll. Früher handelte es sich um einfache

Bild 1: Der verantwortliche Umgang mit dem Planeten Erde setzt Antworten auf zwei Fragen voraus: Was für eine Erde wollen wir haben, und was für eine Erde können wir haben? Die Menschheit muß also die globalen ökologischen Auswirkungen ihres Handelns erkennen und sich für bestimmte Entwicklungsstrategien entscheiden. Ein lokales Element einer möglichen globalen Strategie symbolisiert diese junge Nepalesin, die im Rahmen eines Wiederaufforstungsprojekts einen Baum pflanzt.

Konflikte zwischen Umweltschutz und Wirtschaftswachstum, heute hat man es mit vielschichtigen Beziehungsgeflechten zu tun — siehe die Rückkopplungen zwischen Energieverbrauch, Landwirtschaft und Klimaänderung, die als mitverantwortlich für den Treibhauseffekt gelten.

Wir sind in eine Ära globaler Veränderungen eingetreten, die aus der Interdependenz von menschlicher Entwicklung und Umwelt entspringen. Bei dem Versuch, diesen selbstverursachten Wandel nicht einfach geschehen zu lassen, sondern ihn bewußt zu steuern, stellen sich zwei zentrale Fragen: Was für eine Erde wollen wir haben, und was für eine Erde können wir haben?

Was für eine Erde wir wollen, ist letztlich eine Frage der Wertvorstellungen. Welche Artenvielfalt sollte auf der Erde herrschen? Sollten der Umwelt zuliebe Größe oder Wachstumsrate der Weltbevölkerung eingeschränkt werden? Wieviel an Klimaänderung ist noch hinnehmbar? Und wieviel Armut? Sollte die Tiefsee als Müllkippe für gefährlichen Abfall dienen?

Die Wissenschaft kann diese Fragen beleuchten, aber nicht beantworten. Uns als Gemeinschaft aller Menschen obliegt es, die Entscheidung zu treffen — und unseren Enkeln, damit zu leben. Dabei dürften die individuellen Präferenzen so unterschiedlich sein wie die jeweiligen Lebensumstände und Wertvorstellungen. Wie Gro Harlem Brundtland in ihrem Essay (in Scientific American, September 1989) betont, bewerten arme und reiche Menschen Wirtschaftswachstum und Umweltschutz wahrscheinlich ganz unterschiedlich.

In jüngster Zeit jedoch zeichnet sich im alten Streit über den Vorrang von Wachstum oder Umweltschutz eine Synthese ab. Ein breiter Konsens beginnt sich herauszubilden, wonach die Wechselbeziehungen zwischen Mensch und Umwelt auf das Ziel einer auf Dauer angelegten, tragfähigen Entwicklung ausgerichtet sein sollten.

Die Weltkommission für Umwelt und Entwicklung (*World Commission on Environment and Development*, WCED) unter Vorsitz der norwegischen Premierministerin Brundtland kennzeichnet eine solche Entwicklung als Weg zu gesellschaftlichem, wirtschaftlichem und politischem Fortschritt, der „die derzeitigen Bedürfnisse befriedigt, ohne die Möglichkeiten künftiger Generationen zur Bedürfnisbefriedigung einzuschränken". Das Ziel spiegelt also eine Wertentscheidung im Umgang mit der Erde wider, bei der Gleichheit im Mittelpunkt steht: Gleichheit zwischen allen heute lebenden Menschen und Gleichheit zwischen uns und unseren Nachgeborenen.

Die Aufgabe

Eine auf Dauer angelegte, tragfähige Entwicklung für die Erde anzusteuern ist ein gewaltiges Unterfangen, dessen Dringlichkeit es noch furchtgebietender macht. Die grundlegenden, die Menschen selbst betreffenden Aspekte dieser Aufgabe untersuchen Nathan Keyfitz und Jim McNeill in „Probleme des Bevölkerungswachstums" und „Strategien für die Wirtschaftsentwicklung" (in Spektrum der Wissenschaft, November 1989).

Die elementaren Fakten sind bekannt, aber es kann nichts schaden, sie noch einmal zu rekapitulieren. Auf unserem Planeten leben heute mehr als fünf Milliarden Menschen, die jedes Jahr 40 Prozent der durch Photosynthese an Land erzeugten organischen Materie für sich beanspruchen, das Äquivalent von zwei Tonnen Steinkohle pro Kopf an Energie verbrauchen und im Durchschnitt 150 Kilogramm Stahl für jede Person auf der Erde produzieren. Die Verteilung dieser Menschen, ihr Wohlstand und ihr Einfluß auf die Umwelt sind von Land zu Land sehr unterschiedlich (Bilder 2 bis 5).

Auf der einen Seite verbrauchen die reichsten 15 Prozent der Weltbevölkerung mehr als ein Drittel des Düngers und mehr als die Hälfte der Energie. Auf der anderen Seite wird etwa ein Viertel der Weltbevölkerung — zumindest zu bestimmten Jahreszeiten — nicht einmal satt. Über ein Drittel der Menschheit lebt in Ländern mit einer Kindersterblichkeit von mehr als zehn Prozent, und die große Mehrheit hat ein Pro-Kopf-Einkommen, das unterhalb der offiziellen Armutsgrenze in den

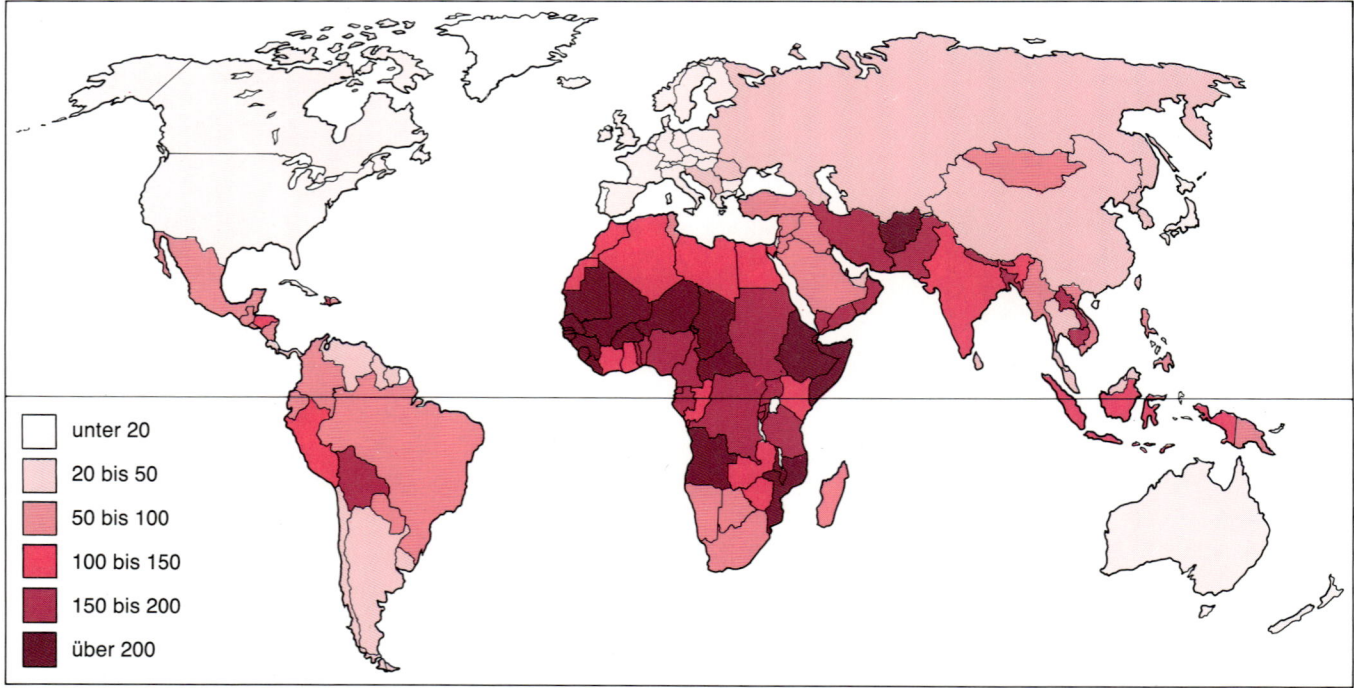

☐	unter 20
☐	20 bis 50
☐	50 bis 100
☐	100 bis 150
☐	150 bis 200
☐	über 200

Bild 2: Die Kindersterblichkeit ist ein Maßstab für das Wohlergehen einer Bevölkerung. Diese Weltkarte zeigt die Zahl der Todesfälle bei Kindern unter fünf Jahren auf 1000 Lebendgeburten nach Schätzungen der Abteilung für Internationale Wirtschaftliche und Soziale Angelegenheiten der Vereinten Nationen für 1985 bis 1990. Über ein Drittel der Weltbevölkerung lebt in Ländern, in denen diese Zahl über 100 liegt.

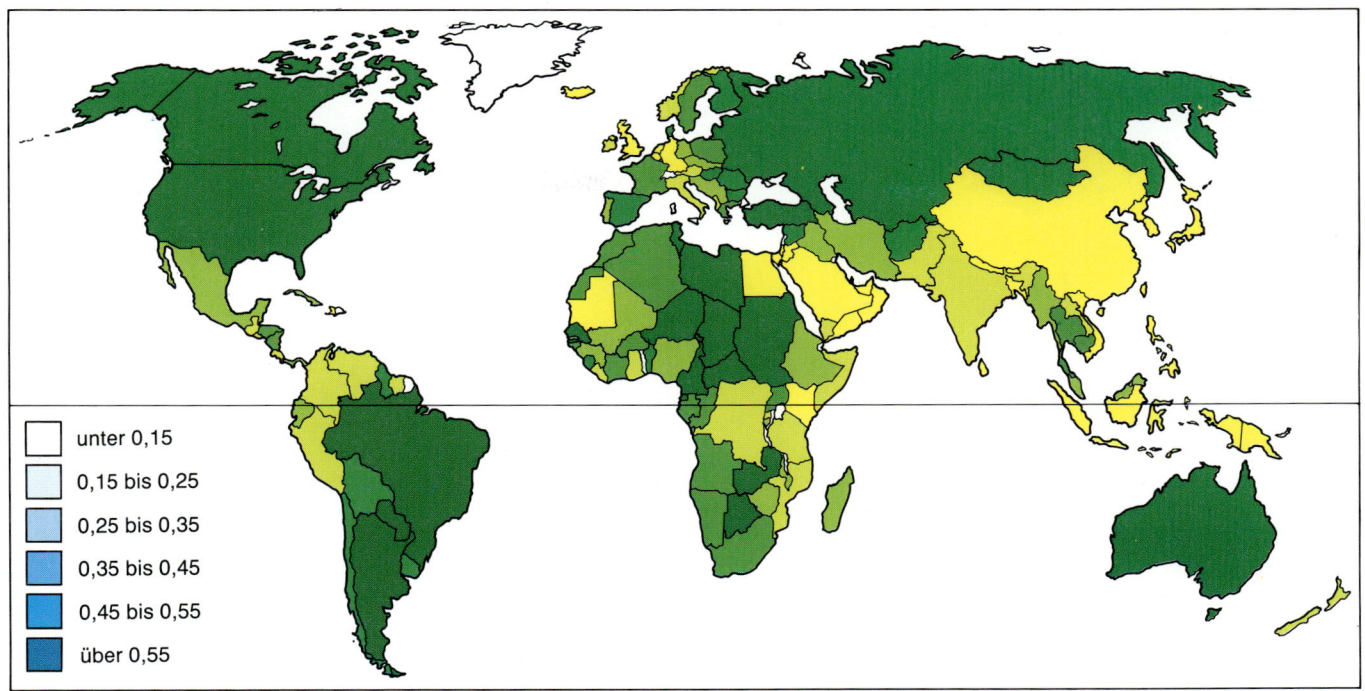

	unter 0,15
	0,15 bis 0,25
	0,25 bis 0,35
	0,35 bis 0,45
	0,45 bis 0,55
	über 0,55

Bild 3: Die Pro-Kopf-Anbaufläche ist ein Maßstab für die Anpassungsfähigkeit eines Landes bei der Bodennutzung. Gezeigt ist die Pro-Kopf-Anbaufläche in Hektar für die Mitte der achtziger Jahre. Länder mit weniger als 0,2 Hektar pro Kopf sind in ihren Möglichkeiten zur Erhaltung der Umwelt besonders eingeengt. Die Angaben stammen von der Ernährungs- und Landwirtschaftsorganisation der Vereinten Nationen.

USA oder dem Sozialhilfeniveau in der Bundesrepublik Deutschland liegt.

Ermutigend im Blick auf die Zukunft ist, daß die Zuwachsrate der Weltbevölkerung fast überall abnimmt. Aber selbst wenn dieser Trend anhält, wird sich auch im kommenden Jahrhundert die Zahl der Menschen, die der Erde ihren Lebensunterhalt abzuringen versuchen, wohl noch einmal verdoppeln.

Dieser Bevölkerungszuwachs wird fast gänzlich auf die heute ärmeren Länder entfallen. Laut WCED muß sich in den nächsten 50 Jahren das Weltwirtschaftsvolumen verfünf- bis verzehnfachen, wenn die Grundbedürfnisse und bescheidensten Ansprüche dieser künftigen Bevölkerung erfüllt werden sollen. Die Folgen dieses dringend benötigten Wirtschaftswachstums für die ohnehin schon stark belastete globale Umwelt sind zumindest problematisch, wenn nicht verheerend.

Die Bemühungen um eine tragfähige Entwicklung müssen deshalb drei Ziele verfolgen. Als erstes gilt es, das Wissen um die Möglichkeiten der Geburtenkontrolle und die Mittel dafür überall zu verbreiten. Zweitens ist ein hinreichend kräftiges Wirtschaftswachstum zu ermöglichen und für eine gleichmäßige Verteilung seiner Erträge zu sorgen, um die Grundbedürfnisse der Weltbevölkerung in dieser und den künftigen Generationen zu decken. Drittens schließlich geht es darum, dieses Wachstum so zu gestalten, daß das Ausmaß der resultierenden, potentiell

enormen Umweltbeeinträchtigung in vertretbaren Grenzen bleibt − Grenzen, die noch festzulegen sind.

Damit bleibt immer noch die zweite Frage: Was für eine Erde können wir tatsächlich bekommen? Hier nun verschiebt sich der Blickwinkel von den Wertvorstellungen auf das gesicherte Wissen.

Im Endeffekt müssen sich die Strategien für eine tragfähige Entwicklung vor Ort in die Tat umsetzen lassen, wenn sie Erfolg haben sollen. Wie erwähnt, haben die vertracktesten Probleme auf dem Weg zu diesem Entwicklungsziel globale Dimensionen und erfordern Zeitspannen von Jahrzehnten bis Jahrhunderten zu ihrer Lösung. Wenn wir unsere Fähigkeit zur planvollen Umgestaltung der Erde wirklich entscheidend verbessern wollen, müssen wir lernen, lokale Entwicklungsmaßnahmen mit der globalen Umweltperspektive in Einklang zu bringen.

Die Zeichen des globalen Wandels

Glücklicherweise hat das Verständnis der globalen Umweltveränderung in den letzten Jahren enorme Fortschritte gemacht. Die Wurzeln der neuen Einsichten reichen zurück in die zwanziger Jahre zu den wegweisenden Schriften des russischen Mineralogen Wladimir Wernatzki über die Biosphäre. Einen entscheidenden Impuls erfuhr das Studium des Ökosystems Erde durch das

Internationale Geophysikalische Jahr 1957. Heute ist das Bemühen um ein besseres Verständnis unserer globalen Umwelt lebendiger denn je, getragen von weltweiten Forschungen und Beobachtungen im Rahmen des ehrgeizigen neuen Internationalen Geosphären-Biosphären-Programms. Obwohl der fundamentale globale Wandel noch lange nicht in allen Facetten erforscht ist, lassen sich seine wichtigsten Elemente doch bereits grob skizzieren (Bild 6).

Man erkennt einen Planeten, der über Jahrzehnte und Jahrhunderte beherrscht wurde von einem komplizierten Wechselspiel zwischen dem Klima und den vielfältigen Kreisläufen, in denen die lebenswichtigen chemischen Elemente zwischen Erdoberfläche und Atmosphäre ausgetauscht werden. Diese Wechselwirkungen sind mit dem globalen Wasserhaushalt verflochten und werden vom Leben auf der Erde wesentlich beeinflußt.

Unser Klimasystem umfaßt all jene Prozesse in der Atmosphäre und in den Ozeanen, welche die globale Verteilung von Wind, Niederschlägen und Temperatur steuern. Eine zentrale Rolle bei der weltweiten Umweltveränderung sowie dem Bemühen, sie zu kontrollieren, spielt die Konzentration von Treibhausgasen in der Atmosphäre und ihre Auswirkung auf die Temperatur. Ebenso wichtig ist der Einfluß von Meeresströmungen auf zeitlichen Verlauf und regionale Verteilung der Klimaänderungen sowie die Rolle der Vegetation bei

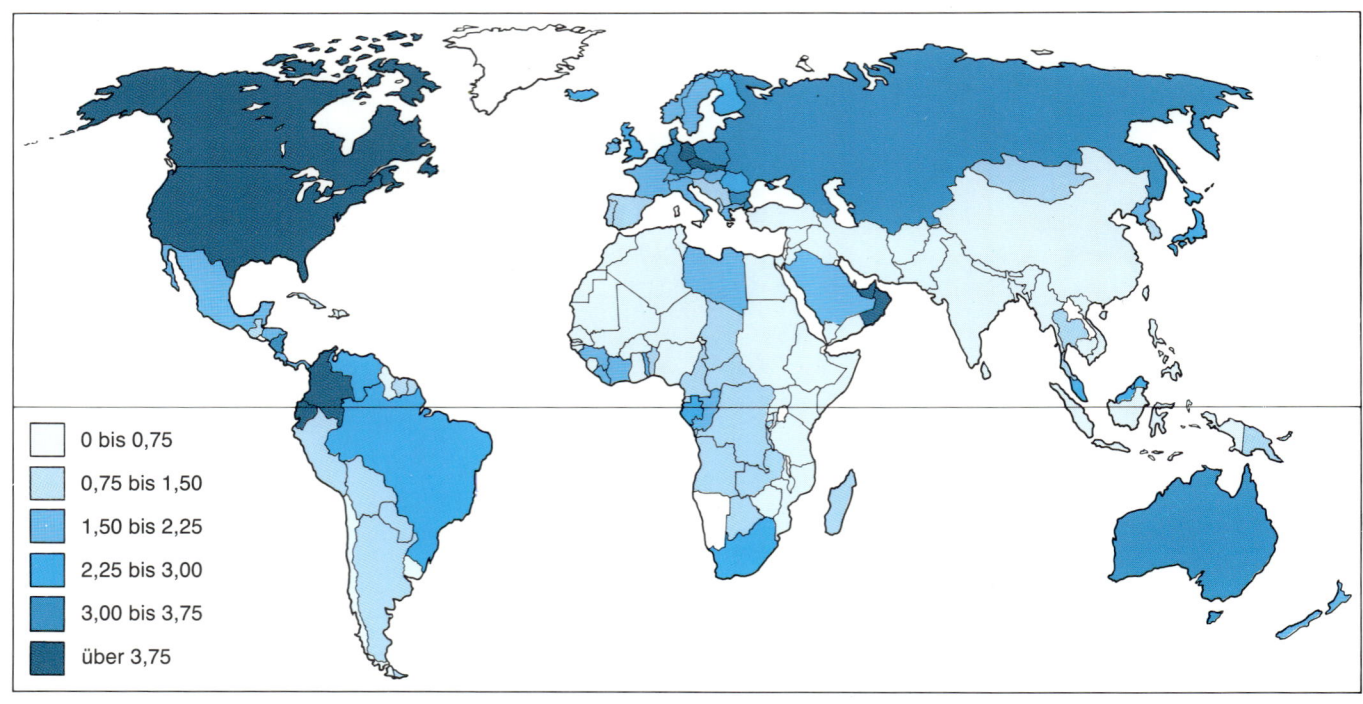

Bild 4: Kohlendioxid-Emissionen sind eine der Umweltfolgen menschlichen Handelns. Auf der Karte ist dargestellt, wieviel Tonnen Kohlenstoff pro Kopf und Jahr infolge von Energieverbrauch, Industrieproduktion und Entwaldung freigesetzt werden. Die höchsten Werte weisen die DDR und die USA, die niedrigsten Burundi und Bhutan auf. Die Daten hat Susan Subak von der Harvard-Universität zusammengestellt.

der Regulierung des Wasserkreislaufs zwischen Boden und Atmosphäre (siehe „Veränderungen des Klimas" von Stephen H. Schneider in diesem Band).

Ein weiterer bedeutsamer Faktor, der die globale Umwelt beeinflußt, ist die weltweite Zirkulation und Umsetzung von chemischen Elementen wie Kohlenstoff, Sauerstoff, Stickstoff, Phosphor und Schwefel — allesamt Grundbaustoffe des Lebens. In Form von Kohlendioxid, Methan und Stickoxiden prägen sie entscheidend das Klima mit.

Schon ohne menschliches Zutun haben, wie Untersuchungen an Eisbohrkernen belegen, das Klima und die Chemie der Erde plötzliche, eng gekoppelte Schwankungen erfahren. Mit seinen Aktivitäten greift der Mensch nun blindlings in diese natürlichen Veränderungen ein und verursacht zusätzliche Störungen im chemischen Haushalt der Natur, die sich als Smog, saure Niederschläge, Ausdünnung der stratosphärischen Ozonschicht und andere Probleme zeigen (siehe „Veränderungen der Atmosphäre" von Thomas E. Graedel und Paul J. Crutzen in diesem Band).

Die dritte Komponente, der Wasserkreislauf, umfaßt Verdunstung und Niederschläge sowie die Versickerung und die Zirkulation in den verschiedenen Reservoiren. Wasser gestaltet über die Erosion kontinuierlich die Topographie der Erde um und greift als universales Agens regulierend in Chemie und Klima unseres Planeten ein. J.W. Maurits la Rivière legt in seinem Artikel „Be-

drohung des Wasserhaushalts" (Spektrum der Wissenschaft, November 1989) dar, welche Auswirkungen menschlicher Aktivitäten auf den Wasserkreislauf Anlaß zur Sorge geben. Am offensichtlichsten ist die Verschmutzung des Grundwassers, der Oberflächengewässer und der Weltmeere. Aber auch die Umverteilung der Wasserströme auf der Erdoberfläche und ein möglicher Anstieg des Meeresspiegels infolge einer globalen Klimaerwärmung bergen auf lange Sicht gesehen erhebliche Gefahren.

Das Leben, der letzte Bestandteil des globalen Umweltsystems, fand auf dem Planeten Erde überaus günstige Entfaltungsmöglichkeiten und entwickelte so eine staunenerregende Vielfalt an Arten, die heute freilich in erschreckendem Maße abnimmt. Erst neuerdings ist ins allgemeine Bewußtsein gedrungen, daß das Leben über seinen Einfluß auf die Chemie und den Wasserhaushalt die globalen Umweltbedingungen ganz wesentlich mit geschaffen hat und an ihrer Regulierung unablässig beteiligt ist. Geschah dies in der Vergangenheit als Summe der Einflüsse aller Lebensformen, so hat sich ein Lebewesen — der Mensch — in den letzten Jahrhunderten aus einer unbedeutenden Nebenrolle zum Hauptverursacher des globalen Wandels aufgeschwungen.

So rasch unser Wissen über die Erde zunimmt, genügt es doch nicht für eine auch nur einigermaßen zuverlässige Aussage darüber, wieviel Veränderung

das System insgesamt verträgt oder wie groß seine Kapazität für eine auf Dauer angelegte menschliche Entwicklung ist. Allerdings wissen wir eine ganze Menge über die Wechselbeziehungen zwischen einzelnen Umweltbereichen und bestimmten menschlichen Aktivitäten. Diese zugegebenermaßen bruchstückhaften Kenntnisse verhelfen uns immerhin zu einigen Einsichten, die für ein verantwortliches Gestalten des Lebensraums Erde von Nutzen sind.

Bedrohliche Entwicklungen

Seit Anfang des 18. Jahrhunderts hat sich die Weltbevölkerung verachtfacht und die durchschnittliche Lebenserwartung mindestens verdoppelt. Zugleich hat der Güteraustausch globale Ausmaße angenommen, so daß der wirtschaftliche Bedarf einer Erdregion heute zum Teil mit Waren und Dienstleistungen von der anderen Seite des Globus gedeckt wird. Das internationale Handelsvolumen hat sich mindestens um den Faktor 800 erhöht und macht heute über ein Drittel des Bruttoweltwirtschaftsproduktes aus.

Unter den Faktoren, die für diese Steigerung und internationale Verflechtung menschlicher Aktivitäten anzuführen sind, hatten die Landwirtschaft, die Energieerzeugung und die Industrieproduktion den größten Einfluß auf die Umwelt. Die Agrarwirtschaft hat weltweit das Landschaftsbild einschneidend verändert: Seit Mitte des letzten Jahrhunderts sind neun Millionen Quadratkilometer in dauerhaft landwirtschaftlich genutzte Areale umgewandelt worden (siehe „Strategien für die Landwirtschaft" von Pierre R. Crosson und Norman J. Rosenberg, Spektrum der Wissenschaft, November 1989). Im selben Zeitraum hat sich der Weltenergieverbrauch auf das 80fache erhöht, was tiefgreifende Auswirkungen auf den Stoffhaushalt der Erde — besonders hinsichtlich der Elemente Kohlenstoff, Schwefel und Stickstoff — mit sich brachte (siehe „Strategien für die Energienutzung" von John H. Gibbons, Peter D. Blair und Holly C. Gwin, Spektrum der Wissenschaft, November 1989). Schließlich hat sich die Weltindustrieproduktion — bei jährlichen Wachstumsraten im Verbrauch von Grundmetallen wie Blei, Kupfer und Eisen von über 3 Prozent — in 100 Jahren mehr als verhundertfacht (siehe „Strategien für die Industrieproduktion" von Robert A. Frosch und Nicholas E. Gallopoulos, Spektrum der Wissenschaft, November 1989).

Die durch diese immense Steigerung menschlicher Aktivität hervorgerufene globale Umweltveränderung zeigt sich besonders deutlich am Wandel der Landschaft. Seit Anfang des 18. Jahrhunderts sind der Erde sechs Millionen Quadratkilometer Wald verlorengegangen — mehr als die Hälfte der Fläche Europas. Zugleich hat die Landdegradierung wesentlich zugenommen (Bild 5), wenn auch das Ausmaß dieser Bodenverschlechterung nicht quantitativ erfaßbar ist. Die Sedimentfracht großer Flußsysteme hat sich verdreifacht, und in kleineren Becken mit intensiver Bewirtschaftung wird achtmal soviel Bodenkrume weggeschwemmt wie vor 300 Jahren. Infolgedessen gelangen ein bis zwei Milliarden Tonnen Kohlenstoff pro Jahr ins Meer. Zugleich ist die vom Menschen dem globalen Wasserkreislauf jährlich entnommene Wassermenge von rund 100 auf 3600 Kubikkilometer angestiegen — was etwa dem 70fachen Volumen des Bodensees entspricht.

Auch der Stoffhaushalt der Atmosphäre wurde erheblich verändert. Durch die landwirtschaftliche und industrielle Entwicklung in den letzten 300 Jahren hat sich der Anteil an Methan in der Atmosphäre verdoppelt und die Konzentration an Kohlendioxid um 25 Prozent erhöht. Die durch menschliche Aktivität hervorgerufene weltweite Freisetzung gasförmiger Verbindungen von wichtigen Elementen wie Schwefel und Stickstoff entspricht heute der natürlichen oder übersteigt sie sogar.

Bei Spurenmetallen, von denen viele hochgiftig sind, haben Jerome O. Nriagu vom Kanadischen Nationalinstitut für Wasserforschung und Jozef M. Pacyna vom Norwegischen Institut für Luftschadstoff-Forschung gezeigt, daß die vom Menschen verursachten Emissionen von Blei, Cadmium und Zink die natürliche Freisetzung um das Achtzehn-, Fünf- beziehungsweise Dreifache übersteigen. Von mehreren anderen Metallen, darunter Arsen, Quecksilber, Nickel und Vanadin, entläßt der Mensch doppelt soviel in die Umwelt, wie aus natürlichen Quellen entweicht. Schließlich hat sich gezeigt, daß unter den mehr als 70 000 von Menschenhand geschaffenen Stoffen einige — wie etwa die Fluorchlorkohlenwasserstoffe oder das Insektenvernichtungsmittel DDT — das globale Umweltsystem sogar in sehr niedrigen Konzentrationen merklich schädigen.

Für die Beurteilung der Aussichten auf eine tragfähige Entwicklung der Erde kann der Zeitverlauf der menschlichen Eingriffe ebenso wichtig sein wie ihr jeweiliges Ausmaß. B.L. Turner, Robert W. Kates und ich haben die historischen Änderungsraten von Komponenten des globalen Umweltsystems analysiert. Dabei stellten wir jeweils zuerst die Neuheit der Veränderung fest: den Zeitpunkt, zu dem sie die Hälfte ihres heutigen Ausmaßes erreicht hatte. Dann berechneten wir die Beschleunigung der Veränderung, indem wir die jetzige Transformationsrate mit der vor einer Generation verglichen.

Der erste Eindruck aus dieser Analyse ist, daß die meisten globalen Umweltveränderungen relativ neuen Datums sind: Keine der untersuchten Komponenten hatte 50 Prozent ihrer Gesamtveränderung vor dem 19. Jahrhundert erreicht: die meisten überschritten die 50-Prozent-Marke erst in der zweiten Hälfte des 20. Jahrhunderts. Darüber-

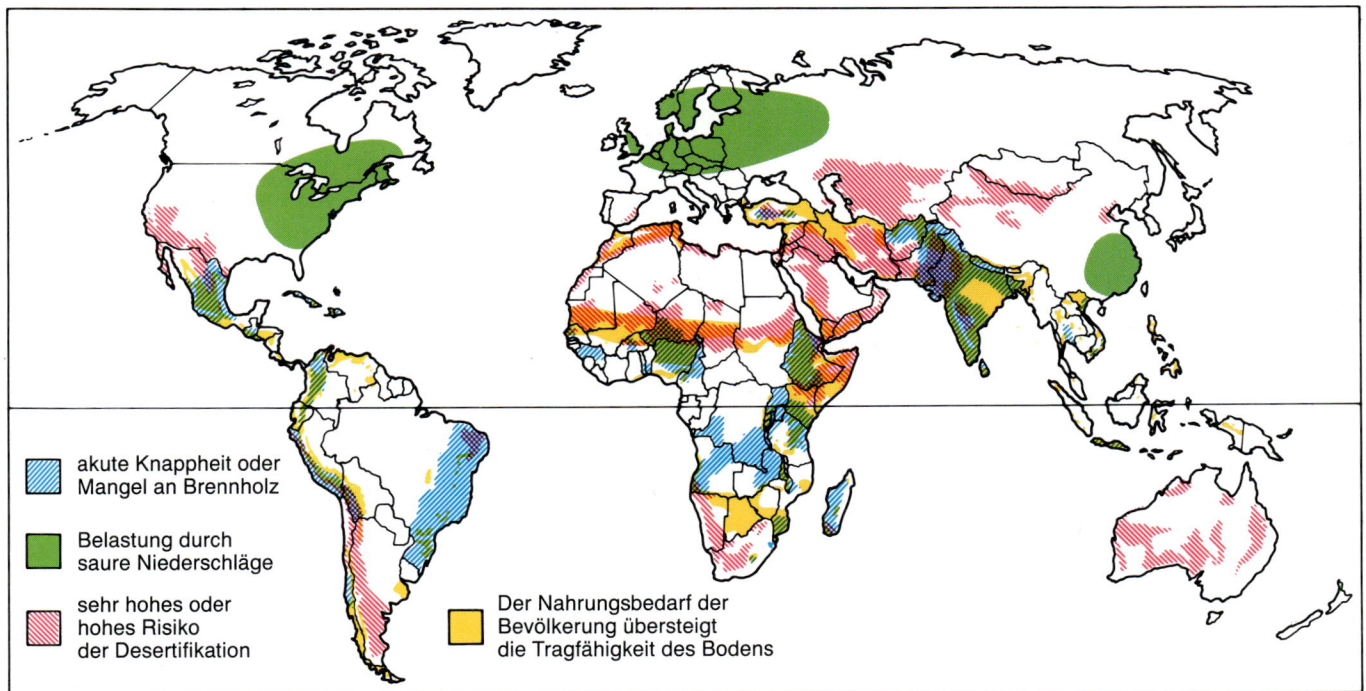

Bild 5: Bodendegradierung ist die Folge zahlreicher menschlicher Aktivitäten. Die Karte zeigt, wo der Boden auf eine von vier verschiedenen Arten gefährdet ist: durch Wüstenbildung, übermäßiges Brennholz-schlagen, sauren Regen und Überbeanspruchung. Die Daten stammen von der Ernährungs- und Landwirtschaftsorganisation sowie dem Wissenschaftlichen Komitee für Umweltfragen der Vereinten Nationen.

akute Knappheit oder Mangel an Brennholz

Belastung durch saure Niederschläge

sehr hohes oder hohes Risiko der Desertifikation

Der Nahrungsbedarf der Bevölkerung übersteigt die Tragfähigkeit des Bodens

hinaus zeigen sich grob mehrere Trends. Unter den Veränderungen mit weiter zunehmender Tendenz haben Entwaldung und Bodenerosion eine lange Tradition. Relativ neue Erscheinungen sind dagegen die Zerstörung der Pflanzenvielfalt, die extensive Entnahme von Wasser aus dem Wasserkreislauf, die Verfrachtung großer Sedimentmengen und die Mobilisierung von Kohlenstoff, Stickstoff und Phosphor durch den Menschen. Es hat nicht den Anschein, daß die menschliche Gesellschaft bereits gelernt hätte, irgendeine dieser sich beschleunigenden Umweltveränderungen auf globaler Ebene in den Griff zu bekommen.

Ermutigender sind demgegenüber zwei rückläufige Trends. Die Ausrottung von Landwirbeltieren durch den Menschen hat die Hälfte ihres Ausmaßes bis heute bereits gegen Ende des 19. Jahrhunderts erreicht und geht inzwischen offenbar langsamer vor sich als noch vor einer Generation. Auch einige typische Erscheinungen des 20. Jahrhunderts, die wir untersucht haben — nämlich der Ausstoß von Schwefel, Blei, radioaktiven Substanzen und einem repräsentativen organischen Lösungsmittel sowie das Aussterben von Meeressäugern —, verlangsamen sich neuerdings.

Diese Anzeichen eines Wandels zum Besseren zeugen freilich nicht unbedingt von einem verantwortungsbewußteren Umgang mit der Erde. So können Veränderungsraten einfach deshalb abnehmen, weil zum Beispiel keine Tierarten mehr da sind, die sich noch ausrotten ließen, oder weil wir zu billigeren Brennstoffen übergehen, die andere Schadstoffe erzeugen als die bisher genutzten Energieträger. Dennoch läßt sich in den meisten Fällen zumindest ein Teil der Verlangsamung auf großangelegte, langfristige Maßnahmen zum Umweltschutz zurückführen.

Regionalspezifische Probleme

Die skizzierten globalen Trends sind zwar aufschlußreich, gewähren aber noch keine hinreichende Basis, um die Aussichten eines verantwortungsvolleren Umgangs mit der Erde einschätzen zu können. Dies erfordert, auch die regionalen Unterschiede einzubeziehen.

Regionale Gegebenheiten bis ins Detail zu erörtern würde zwar den Rahmen dieses Beitrags sprengen. Gleichwohl sei an die außerordentliche Vielfalt lokaler Umstände erinnert, die zu berücksichtigen sind, wenn sich unser Umgang mit der Erde künftig nicht doch immer wieder als bedrohliches Mißmanagement erweisen soll.

Jede Klassifizierung nach den regionalen Chancen einer tragfähigen Entwicklung ist notgedrungen eine übermäßige Vereinfachung der Wirklichkeit. Dennoch kann sie lehrreich sein. In diesem Sinne besonders nützlich ist es etwa, zwischen den Wechselwirkungen von Umwelt und Entwicklung zu unterscheiden, die bei Armut und bei Reichtum auftreten. Ebenso kann man zwischen hoher und niedriger Bevölkerungsdichte differenzieren. Eine Kombination beider Vereinfachungen ergibt die in Bild 7 gezeigte Klassifizierung.

Arme, dünn besiedelte Gebiete wie Amazonien und Malaya-Borneo bieten noch Lebensraum für die Bevölkerung von Entwicklungsländern. Bis vor kurzem ernährten sie nur wenige Menschen, und Einbrüche der Industrialisierung beschränkten sich auf kleinere Plantagen und Bergwerke. Dies hat sich grundlegend geändert; denn nun dringen auf einmal Menschenscharen in diese Gebiete vor, die mit großflächigem Holzeinschlag und Viehzucht ihren Lebensunterhalt bestreiten.

Die resultierende Mischung aus Subsistenz, kommerzieller Landwirtschaft und industriellem Abbau von Rohstoffen hat eine neue Form von Landschaftsveränderung hervorgebracht, deren Auswirkungen noch nicht voll zu überblicken sind. Artenschwund und Rückgang der biologischen Produktivität scheinen jedenfalls unausweichlich. Die Armut jener landlosen Bauern, die Wälder roden, und der Umstand, daß kaum einheimische Einrichtungen zur Förderung einer auf Dauer angelegten Entwicklung existieren, machen solche Gebiete zu besonderen Problempunkten jedes Bemühens um einen verantwortlichen Umgang mit der Erde.

Dagegen findet sich eine geringe Bevölkerungsdichte bei hohen Investitionen in moderne Technologien vor allem an den typisch unwirtlichen Punkten der Erde: in Polarregionen und Wüsten, auf dem Kontinentalschelf mit Bohrinseln und auf der hohen See mit den Flotten schwimmender Fischverarbeitungsfabriken. Die großangelegte Ausbeutung dieser Wirtschaftsräume ist erst in den letzten Jahrzehnten möglich geworden, als Wissenschaft, Preisentwicklung und technischer Fortschritt Anreize dafür gaben und die nötigen Voraussetzungen schufen.

Von den mit diesen Aktivitäten verbundenen Umweltveränderungen — wie Ölverschmutzungen weiter Meeres- und Küstenareale, Flußumleitungen und Landschaftszerstörungen — haben einige großes Echo in der Öffentlichkeit gefunden. Andere, wie die Verschmutzung der Atmosphäre und die kulturelle Überfremdung, werden vor-

erst weniger beachtet. Über die Möglichkeiten, solche Umweltfolgen zu beherrschen, ist nicht allzu viel bekannt. Da aber bei den meisten gravierenden Eingriffen dieser Art relativ wenige finanzstarke Unternehmen involviert sein dürften, stehen die Chancen zur Institutionalisierung von Strategien für eine auf Dauer angelegte Entwicklung hier wohl relativ gut.

Typische dicht besiedelte Regionen mit geringem Lebensstandard sind die Gangesebene in Indien und die Große Ebene in China. Zu einer intensiven landwirtschaftlichen Nutzung über Jahrhunderte hinweg kommt hier seit einigen Jahrzehnten eine rasante industrielle Entwicklung in den wachsenden städtischen Zentren.

Landschaftszerstörung durch die Beschäftigung von immer mehr Menschen auf Bodenflächen, die ohnehin bis an die Grenzen ausgebeutet werden, bildet das Kernproblem dieser Regionen. Außerdem hat der schnelle Aufbau einer Schwerindustrie Umweltprobleme verursacht, wie sie Europa vor einigen Jahrzehnten bedrängten. Die entscheidende Aufgabe ist hier, Arbeitsplätze zu schaffen, die dem Gelderwerb dienen und so das Ackerland entlasten, ohne das Verstädterungsproblem zu verschlimmern oder den Wettbewerb der Regionen um schmutzige Industrien zu verschärfen.

Die größte Verantwortung und das größte Potential für die rasche Ausarbeitung von Strategien zur Verwirklichung einer auf Dauer angelegten Entwicklung dürfte in den Regionen mit hohem Einkommen und hoher Bevölkerungsdichte liegen, die der industrialisierten Welt angehören. In Diskussionen um die Zerstörung der stratosphärischen Ozonschicht und den Treibhauseffekt werden die fortgeschrittenen Industrienationen oft für einen unverhältnismäßig hohen Anteil der globalen Umweltbelastungen verantwortlich gemacht. Im Laufe der letzten Jahrzehnte haben jedoch so unterschiedliche Länder wie Schweden, Japan und die Bundesstaaten im Nordosten der USA bedeutende Verbesserungen in vielen Bereichen ihrer regionalen Umwelt erreicht: Wälder wurden wiederaufgeforstet, Schwefelemissionen verringert und lokal ausgestorbene Arten von Lebewesen wieder eingebürgert.

Einige dieser Erfolge für die Umwelt sind sicherlich unbeabsichtigte Nebeneffekte wirtschaftlicher Veränderungen, und andere spiegeln nur die Verlagerung umweltzerstörender Aktivitäten in weniger begünstigte Regionen wider. In zunehmendem Maße jedoch profitieren die Industrieländer von Maßnahmen, mit denen sie die Folgen einer

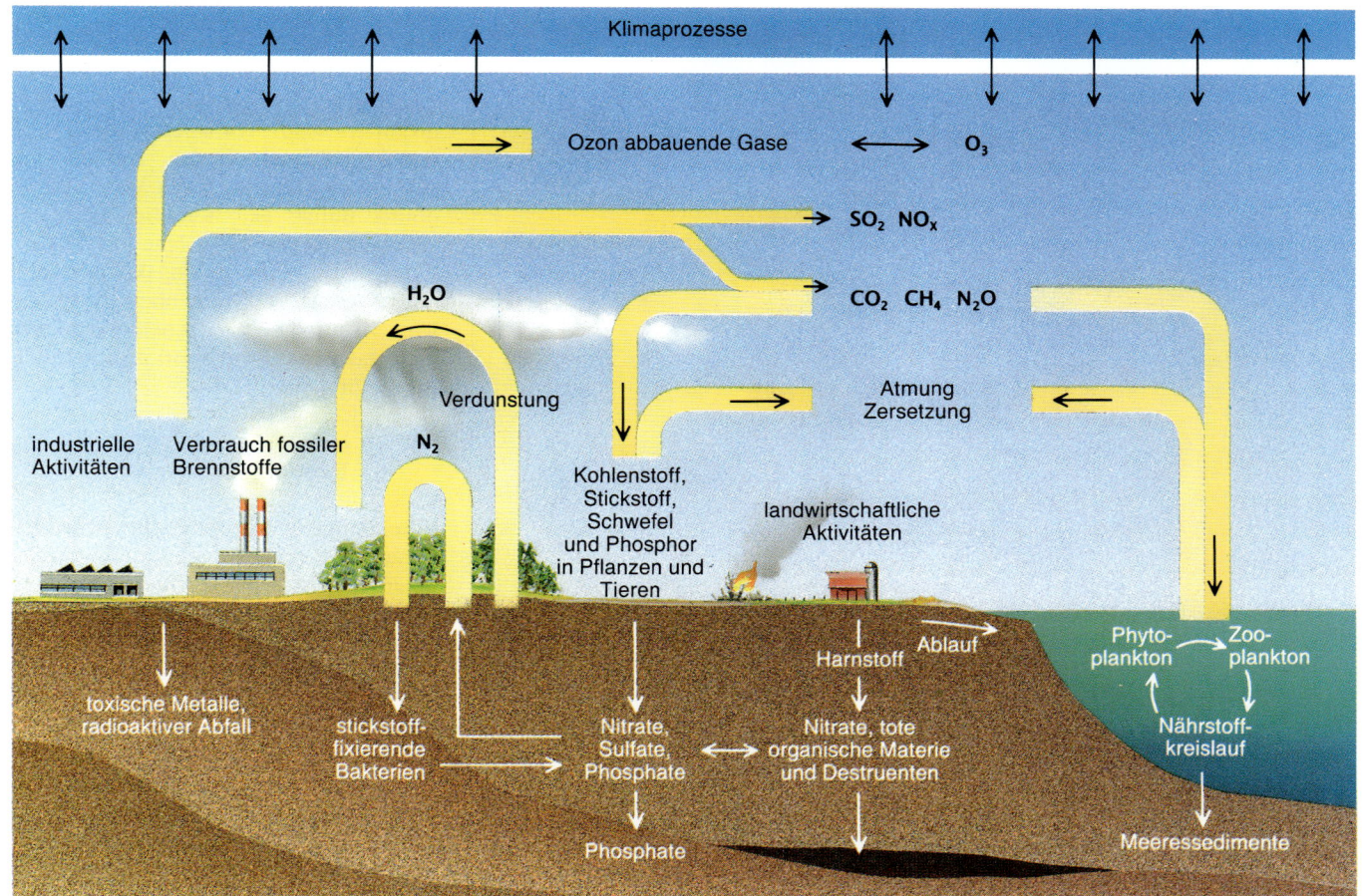

Klimaprozesse

Ozon abbauende Gase ⟷ O_3

SO_2 NO_x

H_2O CO_2 CH_4 N_2O

Verdunstung Atmung Zersetzung

industrielle Aktivitäten

Verbrauch fossiler Brennstoffe

N_2

Kohlenstoff, Stickstoff, Schwefel und Phosphor in Pflanzen und Tieren

landwirtschaftliche Aktivitäten

Phyto-plankton → Zoo-plankton

Nährstoff-kreislauf

toxische Metalle, radioaktiver Abfall

stickstoff-fixierende Bakterien

Nitrate, Sulfate, Phosphate

Harnstoff Ablauf

Nitrate, tote organische Materie und Destruenten

Phosphate

Meeressedimente

Bild 6: Die Wechselwirkungen zwischen Klima und Stoffhaushalt der Erde bestimmen die globale Umweltveränderung im Laufe von Jahrzehnten und Jahrhunderten. Einbezogen in diese Wechselwirkungen sind die Biosphäre und der Wasserkreislauf. Dabei spielen insbesondere die Meere eine wichtige Rolle, weil sie dem Klimasystem eine große Trägheit verleihen und als Reservoir für Kohlenstoff und Wasser dienen. Die Landwirtschaft beeinflußt das irdische Ökosystem, indem sie die umgewälzten Mengen von Nitraten, Phosphaten und Kohlenstoffver-

bindungen verändert. Bei der mikrobiellen Zersetzung organischen Materials wird Methan (CH_4) frei. Die Verbrennung fossiler Energieträger führt der Atmosphäre große Mengen des gespeicherten Kohlenstoffs in Form von Kohlendioxid (CO_2) zu, das zusammen mit dem Methan zur Erwärmung der Erde beiträgt. Emissionen von Schwefeldioxid (SO_2) und Stickoxiden (NO_x) verursachen den sauren Regen. Industrielle Abgase wie Fluorchlorkohlenwasserstoffe (FCKWs) bauen Ozon (O_3) in der Stratosphäre ab und tragen ebenfalls zur Klimaveränderung bei.

unkontrollierten Entwicklung abzumildern suchen, und fangen an, eine Umwelt zu schaffen, wie ihre Bewohner sie sich als Lebensraum wünschen.

Umrisse einer globalen Umweltpolitik

Welche Umweltqualität können solche Strategien gewährleisten? Und welche Art tragfähiger Entwicklung lassen sie zu? Außer Grundkenntnissen über das Ökosystem Erde und über die Wechselbeziehungen zwischen Umwelt und wirtschaftlicher Entwicklung brauchen wir auch Einsichten darüber, was die Politik im Dienste der Umwelt auszurichten vermag.

Zunächst einmal kann nicht genug betont werden, daß die Politik für einen verantwortlichen Umgang mit der Erde vor allem anpassungsfähig sein muß (siehe „Politik für eine lebensfähige Welt" von William D. Ruckelshaus, Spektrum der Wissenschaft, November 1989). Unser wissenschaftliches Ver-

ständnis der globalen Veränderungen ist unvollständig und wird es auch in absehbarer Zukunft bleiben. Überraschungen wie das Ozonloch in der Stratosphäre werden daher weiterhin auftreten und Maßnahmen erfordern, lange bevor wissenschaftliche Gewißheit erreicht ist.

Noch schlechter steht es mit unserer Einsicht in die wirtschaftlichen und sozialen Prozesse, die zur globalen Umweltveränderung beitragen. Prognosen zum Bevölkerungs- und Energiewachstum stellen sich möglicherweise binnen kurzem als Makulatur heraus. Wissenschaft kann hilfreich sein, aber im Endeffekt wird unsere Fähigkeit zu flexiblen politischen Antworten, die auch mit Überraschungen zurechtkommt, über unseren Erfolg als Sachwalter des Planeten Erde entscheiden. Zum Erlangen dieser Fähigkeit bedarf es der Förderung von Führungsqualitäten und institutioneller Kompetenz in mindestens vier Bereichen.

Als erstes gilt es, die Informationen, auf die Individuen und Institutionen ihre

Entscheidungen gründen, mehr auf das Ziel einer tragfähigen Entwicklung hin auszurichten. Dazu gehört − und das kann nicht oft genug gesagt werden − auch einfach die Förderung wissenschaftlicher Forschungsvorhaben und weltweiter Überwachungsmaßnahmen, aus denen unser Wissen über die globalen Veränderungen erwächst.

Ebenso wichtig ist es, jene Informationen umweltgerechter zu gestalten, die implizit in Preisen, Verordnungen und ökonomischen Anreizen stecken. Daß heutige ökonomische Maßstäbe die ökologischen Kosten menschlicher Aktivitäten ignorieren, fordert den verschwenderischen Umgang mit Ressourcen geradezu heraus. Die künstlich aufrechterhaltenen hohen Preise für landwirtschaftliche Produkte haben die Probleme der Bodenverschlechterung und -belastung mit Schadstoffen vielerorts spürbar verschärft. Staatliche Subventionen sind unmittelbar für einen Großteil der Entwaldung weltweit verantwortlich. All diese verzerrenden Signale

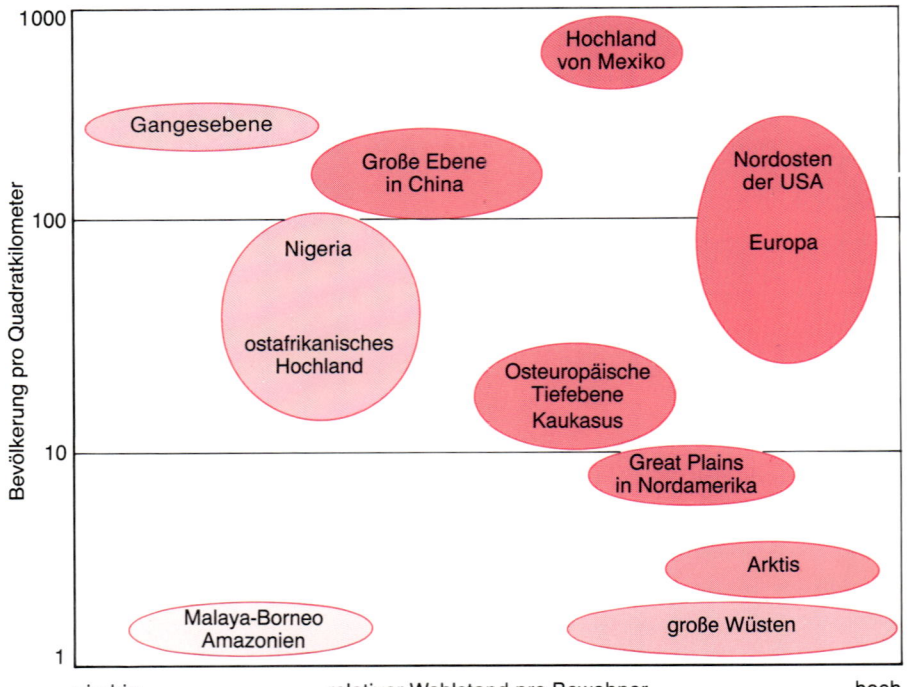

Bild 7: Regionale Unterschiede in der Umweltbelastung lassen sich verdeutlichen, wenn man die Bevölkerungsdichte gegen den relativen Wohlstand aufträgt. Unter den wenig industrialisierten Regionen mit niedriger Bevölkerungsdichte befinden sich viele der letzten großen, vom Menschen noch weitgehend unberührten Siedlungsräume, deren landwirtschaftliche Erschließung gerade erst begonnen hat. Dagegen sind dünn besiedelte Gebiete mit hohen Investitionen in der Regel unwirtliche Regionen, die von großen Öl- und Bergbaufir-men ausgebeutet werden. Dichtbevölkerte arme Länder haben meist schon eine lange landwirtschaftliche Entwicklung hinter sich. Sie stehen vor der Aufgabe, die Erträge zu erhöhen und zugleich ihr Land stärker zu schonen. Die größte Verantwortung für die Ausarbeitung von Strategien für eine auf Dauer angelegte Entwicklung kommt den dichtbesiedelten reichen Regionen zu, welche die Umwelt schon unverhältnismäßig stark belastet haben. Die Abbildung stammt aus einer Arbeit von B. L. Turner, R. W. Kates und dem Autor.

gilt es beim Entwurf von Anpassungsstrategien für eine tragfähige Entwicklung zu überdenken.

Als zweites erfordert ein flexibles, umweltschonendes Gestalten unseres Planeten, Technologien für eine auf Dauer angelegte Entwicklung zu erfinden und anzuwenden. Diese müssen rohstoffschonend, abfallvermeidend oder umweltförderlich und zugleich wirtschaftlich tragfähig sein. Dank technischer Fortschritte läßt sich heute schon mancher Bedarf im Bereich Landwirtschaft und Industrie mit viel geringeren Umweltkosten als vordem decken. Erstaunlich oft sind auch die ökonomischen Kosten der umweltschonenden Technologien niedriger: Kostenvorteile − nicht Umweltrücksichten − haben bewirkt, daß sich das Verhältnis von Energieverbrauch zu Bruttosozialprodukt in den Vereinigten Staaten von Amerika gegenüber dem Spitzenwert in den frühen zwanziger Jahren halbiert hat.

Auch Technologien zur Regeneration der durch Versalzung, Übersäuerung und Rohstoffgewinnung beeinträchtigten Umwelt sind entwickelt worden und werden auf regionaler Ebene teils schon erfolgreich eingesetzt. Sache der Politik ist es, die technologischen Neuerungen an die spezifischen örtlichen Gegebenheiten anzupassen und dabei in den jeweiligen Konflikten zwischen Umwelt und Entwicklung eine tragfähige Lösung zu finden.

Als dritte Voraussetzung für ein flexibles weltweites Umweltmanagement müssen Methoden zur nationalen und internationalen Koordinierung der Maßnahmen gefunden werden. Wie notwendig internationale Abkommen sind, beleuchten das Montrealer Ozonschutzprotokoll und die Diskussion über eine internationale Atmosphärenkonvention. Immerhin sind bereits gut ein Dutzend weltweite Umweltschutzabkommen in Kraft.

Doch auf einer tieferen Ebene rangelt eine große und rasch wachsende Zahl von nichtstaatlichen Institutionen, Behörden und internationalen Organisationen darum, ihre partikularen Ziele durchzusetzen. Viel spricht für den Pluralismus. Aber nähern wir uns nicht einem Sättigungspunkt, wo zu viele Konferenzen, zu viele Erklärungen und zu viele Experten zu wenigen Akteuren mit zu geringen Mitteln zu wenig Zeit lassen, wirklich etwas zu tun? Dringend nötig wäre ein internationales Forum auf Ministerebene, auf dem Fragen des Umweltmanagements regelmäßig diskutiert und Vorhaben abgestimmt und beschlossen werden, ähnlich wie das in der internationalen Wirtschaftspolitik üblich ist. Wie die Weltwirtschaftsgipfel böten solche offiziellen Umwelt- und Entwicklungskonferenzen auf hoher Ebene Gelegenheit für parallele Diskussionen zwischen Vertretern nichtstaatlicher Organisationen und der Privatwirtschaft.

Ermutigende Ansätze

Schließlich erfordert ein flexibler, verantwortlicher Umgang mit dem Planeten Erde den Willen und die Fähigkeit, die Wertvorstellungen und Ziele, die unser Handeln bestimmen, kontinuierlich zu überdenken. In dieser wichtigen Hinsicht trägt, wie sich gezeigt hat, das Konzept einer auf Dauer angelegten Entwicklung sogar weiter, als die Mitglieder der Brundtland-Kommission gedacht hätten. Einzelpersonen, Organisationen und Länderregierungen haben es als Ausgangspunkt genommen, um ihre Wechselbeziehungen mit der globalen Umwelt neu zu überdenken.

In der Sowjetunion bildete das Thema Umweltzerstörung einen Schwerpunkt der Debatten auf dem ersten Kongreß der Volksdeputierten. In Afrika hat man im Rahmen eines von der Afrikanischen Akademie der Wissenschaften geförderten neuartigen Projekts damit begonnen, Alternativen für die Entwicklung des Kontinents im 21. Jahrhundert zu erforschen und zu formulieren. In der Bundesrepublik Deutschland hat eine Bundestagskommission aus Vertretern aller Parteien und der Wissenschaft einvernehmlich das Vorsorgeprinzip zur Richtschnur der Umweltpolitik erhoben. In Schweden schuf der Künstler Gunnar Brusewitz in Zusammenarbeit mit Umweltwissenschaftlern ein Bilderbuch, in dem er unter dem Motto „Ausmalen der Zukunft" die Auswirkungen verschiedener möglicher Entwicklungsstrategien auf die schwedische Landschaft bildlich veranschaulichte; die Studie wurde zu einem Bestseller, an dem sich seither die politische Diskussion entzündet.

Inwiefern diese und ähnliche Schritte Leitfunktion für eine humane Umgestaltung der Umwelt haben können, ist keineswegs klar. Aber sie sind mehr, als zu erwarten war, und dokumentieren den wachsenden Ernst, mit dem die Aufgabe, dem Planeten Erde eine lebensfreundliche Zukunft zu sichern, inzwischen weithin angegangen wird.

An die Politiker gerichtete Zusammenfassung der Arbeitsgruppe I des regierungsübergreifenden Forums zum Klimawandel, 1995

(IPCC Working Group I 1995 Summary for Policymakers)

Für das wissenschaftliche Verständnis des Klimawandels[1] wurden seit 1990 beachtliche Fortschritte erzielt. Mittlerweile stehen neue Daten und Analysen zur Verfügung.

Die Konzentrationen von Treibhausgasen haben weiterhin zugenommen.

Der Anstieg der Treibhausgaskonzentrationen seit vorindustrieller Zeit (das heißt seit etwa 1750) verursachte eine positive Strahlungswirkung[2] auf das Klima, die tendenziell zur Erwärmung der Erdoberfläche und zu anderen Klimaveränderungen führt.

▶ Die Konzentrationen von Treibhausgasen in der Atmosphäre, unter anderem Kohlendioxid (CO_2), Methan (CH_4) und Lachgas (N_2O), sind seit vorindustrieller Zeit deutlich angestiegen, und zwar um jeweils etwa 30, 145 beziehungsweise 15 Prozent (Werte für 1992). Dieser Trend ist vorwiegend menschlichem Handeln zuzuschreiben, vor allem dem Einsatz fossiler Brennstoffe, den Veränderungen der Landnutzung und der Landwirtschaft.

▶ Während der frühen neunziger Jahre waren die Zuwachsraten der Konzentrationen von CO_2, CH_4 und N_2O gering. Diese offenbar natürliche Schwankung ist zwar noch nicht vollständig erklärbar, doch die neuesten Daten zeigen, daß die derzeitigen Zuwachsraten mit den entsprechenden Mittelwerten der achtziger Jahre vergleichbar sind.

▶ Die direkte Strahlungswirkung der langlebigen Treibhausgase ($2,45$ Wm^{-2}) wird im wesentlichen durch die Konzentrationszunahme von CO_2 ($1,56$ Wm^{-2}), CH_4 ($0,47$ Wm^{-2}), und N_2O ($0,14$ Wm^{-2}) verursacht (Werte für 1992).

[1] Im Sprachgebrauch der Arbeitsgruppe I umfaßt der Begriff „Klimawandel" jede zeitliche Veränderung des Klimas, sei sie durch natürliche Schwankungen oder menschliches Handeln verursacht. Damit unterscheidet er sich vom Gebrauch dieses Begriffs in der *Framework Convention on Climate Change* (Rahmenkonvention zum Klimawandel). Hier bezieht er sich auf Klimaveränderungen, die direkt oder indirekt auf menschliches Handeln zurückzuführen sind, das die Zusammensetzung der Atmosphäre global beeinflußt und die zusätzlich zu natürlichen Klimaschwankungen über vergleichbare Zeiträume zu beobachten sind.

[2] Die Strahlungswirkung (*radiative forcing*) ist ein einfaches Maß der Bedeutung eines Vorgangs für mögliche Klimaveränderungen. Man bezeichnet damit die Störung des Energiehaushalts im System von Erde und Atmosphäre (angegeben in Watt pro Quadratmeter (Wm^{-2})).

▶ Viele Treibhausgase verbleiben lange Zeit in der Atmosphäre (im Falle von CO_2 und N_2O viele Jahre bis Jahrhunderte). Daher beeinflussen sie die Strahlungswirkung über einen langen Zeitraum.

▶ Die direkte Strahlungswirkung durch FCKW und HFCKW zusammen beträgt $0,25$ Wm^{-2}. Dennoch verringert sich ihre Strahlungswirkung *netto* um etwa $0,1$ Wm^{-2}, denn die durch sie verursachte Ozonzerstörung geht mit einer negativen Strahlungswirkung einher.

▶ Die Zuwachsraten der FCKW- und HFCKW-Konzentrationen sind annähernd auf Null abgesunken. Infolge der Umsetzung des Protokolls von Montreal, seiner Änderungen und Ergänzungen ist bis zum Jahre 2050 ein deutlicher Konzentrationsrückgang sowohl der FCKW als auch der HFCKW und eine Verringerung der durch sie bewirkten Ozonzerstörung zu erwarten.

▶ Derzeit tragen einige langlebige Treibhausgase (vor allem HFKW, ein Ersatzstoff der FCKW, FKW und SF_6) nur gering zur Strahlungswirkung bei, aber bei einem voraussichtlichen Anstieg könnte sich der Beitrag während des 21. Jahrhunderts auf mehrere Prozent erhöhen.

▶ Bei fortgesetzten Emissionen nahe ihrem heutigen Stand (1994) würde die Konzentration von Kohlendioxid in der Atmosphäre für mindestens zwei Jahrhunderte fast gleichmäßig ansteigen und bis zum Ende des 21. Jahrhunderts einen Wert von ungefähr 500 Mikromol pro Mol (annähernd das Doppelte der vorindustriellen Konzentration von 280 Mikromol pro Mol) erreichen.

▶ Gemäß einer Reihe von Modellen zum Kohlenstoffkreislauf ist eine Stabilisierung des atmosphärischen Kohlendioxidgehalts bei 450, 650 oder 1000 Mikromol pro Mol nur zu erreichen, wenn die globalen anthropogenen CO_2-Emissionen innerhalb von respektive zirka 40, 110 oder 240 Jahren auf den Stand von 1990 zurückgehen und danach deutlich weiter fallen.

▶ Falls sich der CO_2-Gehalt irgendwann stabilisiert, wird die endgültige Konzentration eher durch die insgesamt von heute bis zu jenem Zeitpunkt erfolgten anthropogenen CO_2-Emissionen bestimmt und weniger von ihrem zeitlichen Verlauf. Soll also ein gegebener Gleichgewichtswert der Konzentration erreicht werden, so müssen bei höheren Emissionen in den ersten Jahrzehnten die nachfolgenden Emissionen stärker verringert werden. Unter den verschiedenen modellierten Gleichgewichtszuständen betragen die anthropogenen Gesamtemissionen des Zeitraums von 1991 bis 2100 für eine Stabilisierung bei 450, 600 oder 1000 Mikromol pro Mol jeweils 630, 1080 oder 1410 Milliarden Tonnen Kohlenstoff ± etwa 15 Prozent in jedem der Fälle). Im Vergleich dazu liegen die entsprechenden Gesamtemissionen der IPCC IS92-Szenarien zwischen 770 und 2190 Milliarden Tonnen Kohlenstoff[3].

▶ Eine Stabilisierung der Konzentrationen von CH_4 und N_2O auf ihre heutigen Werte würde eine Verringerung der anthropogenen Emissionen um acht beziehungsweise 50 Prozent erfordern.

▶ Die troposphärische Ozonkonzentration auf der Nordhalbkugel ist seit der vorindustriellen Zeit durch menschliches Handeln nachweislich angestiegen. Dies verursacht eine positive Strahlungswirkung, die derzeit noch nicht genau bekannt ist, aber auf ungefähr 0,4 Wm^{-2} geschätzt wird (das entspricht 15 Prozent des Beitrags der langlebigen Treibhausgase). Allerdings zeigen Beobachtungen des letzten Jahrzehnts, daß der Aufwärtstrend sich deutlich verlangsamt hat oder möglicherweise zum Stillstand gekommen ist.

Aerosole anthropogenen Ursprungs führen zu negativer Strahlungswirkung.

▶ Troposphärisches Aerosol (mikroskopische Schwebeteilchen), die aus der Nutzung fossiler Energieträger, der Biomasseverbrennung und anderen Quellen stammen, führten zu einer negativen direkten Strahlungswirkung von etwa 0,5 Wm^{-2} im globalen Mittel und möglicherweise auch zu einer negativen indirekten Wirkung ähnlicher Größe. Obwohl sich die negative Strahlungswirkung auf einzelne Gebiete oder subkontinentale Bereiche konzentriert, kann ihr Einfluß auf das Klimageschehen von kontinentaler oder hemisphärischer Ausdehnung sein.

▶ Lokal kann die negative Strahlungswirkung der Aerosole groß genug sein, um die positive Wirkung der Treibhausgase zu überwiegen.

▶ Im Gegensatz zu den langlebigen Treibhausgasen weisen die anthropogenen Aerosole in der Atmosphäre eine sehr kurze Lebensdauer auf. Daher stellt sich ihre Strahlungswirkung rasch auf erhöhte oder verringerte Emissionen ein.

Das Klima hat sich während des letzten Jahrhunderts verändert.

Die jährlichen Wetterschwankungen an einem bestimmten Ort können groß sein, doch die Untersuchung meteorologischer und anderer Daten für große Gebiete und Zeiträume von Jahrzehnten oder länger erbrachten den Nachweis einiger wichtiger systematischer Veränderungen.

---

[3] Die heutigen Emissionen liegen bei rund 20 Milliarden Tonnen jährlich.

▶ Die mittlere Temperatur an der Oberfläche hat sich global seit Ende des 19. Jahrhunderts um 0,3 bis 0,6° C erhöht. Die seit 1990 zusätzlich verfügbaren Daten und die daraufhin durchgeführten Folgeuntersuchungen haben diese Abschätzung für den Bereich des Temperaturanstiegs nicht signifikant verändert.

▶ Die letzten Jahre zählen zu den wärmsten seit 1860, das heißt seit der Zeit instrumenteller Wetteraufzeichnungen, obwohl der Ausbruch des Vulkans Mount Pinatubo im Jahre 1991 abkühlend wirkte.

▶ Die Nachttemperatur über Land ist im allgemeinen stärker gestiegen als die Tagestemperatur.

▶ Auch regionale Veränderungen sind offensichtlich. Beispielsweise war in jüngster Zeit die Erwärmung im Winter und Frühling über den Kontinentaltiefen mittlerer Breite am größten, begleitet von einer Abkühlung in einigen Bereichen, etwa dem Nordatlantik. Der Niederschlag hat über Land in hohen nördlichen Breiten zugenommen, vor allem während der kalten Jahreszeiten.

▶ Der Meeresspiegel stieg während der letzten 100 Jahre weltweit um etwa zehn bis 25 Zentimeter. Ein Großteil des Anstiegs könnte mit der zunehmenden globalen Durchschnittstemperatur in Verbindung stehen.

▶ Es liegen keine hinreichenden Daten vor um zu beurteilen, ob die Klimaschwankungen mit dem globalen Klimawandel in Einklang stehen oder ob während des 20. Jahrhunderts extreme Erscheinungen auftraten. In regionalem Maßstab gibt es deutliche Hinweise, daß sich Extrema und Kennzeichen für die Variabilität des Klimas veränderten (zum Beispiel weniger Frost in mehreren ausgedehnten Gebieten, Zunahme des Beitrags extremer Ereignisse zu den Niederschlägen über benachbarten Staaten der USA). Einige dieser Änderungen gehen in Richtung höherer, andere in Richtung geringerer Variabilität.

▶ Die von 1990 bis Mitte 1995 andauernde Warmphase der südlichen El Niño-Oszillation (die in vielen Gebieten Dürren oder Überschwemmungen auslöste) ist innerhalb der letzten 120 Jahre einzigartig.

Beim Abwägen der Beweise wird deutlich, daß der Mensch das globale Klima merklich beeinflußt.

Jeder durch den Menschen auf das Klima ausgeübte Einfluß wird von dem „Rauschen" des Hintergrunds natürlicher Klimaschwankungen überlagert. Diese Schwankungen resultieren sowohl aus internen Fluktuationen als auch aus äußeren Ursachen, wie Schwankungen der Sonnenstrahlung oder Vulkanausbrüche. Die für Nachweis und Zuordnung durchgeführten Studien versuchen, zwischen anthropogenen und natürlichen Einflüssen zu unterscheiden. Ein „Nachweis" einer Veränderung belegt, daß ein beobachteter Klimawandel aus statistischer Sicht äußerst ungewöhnlich ist, er benennt jedoch keine Ursache der Veränderung. Die „Zuordnung" stellt eine kausale Beziehung von Ursache und Wirkung her, was die Überprüfung konkurrierender Hypothesen einschließt.

Seit dem IPCC-Bericht des Jahres 1990 sind bei der Unterscheidung zwischen natürlichen und anthropogenen Einflüssen auf das Klima beachtliche Fortschritte erzielt worden. Diese wurden erreicht, indem man zusätzlich zu den Treibhausgasen die abkühlenden Eigenschaften der Sulfataerosole berücksichtigte; dies führte zu realistischeren Schätzungen der vom Menschen verursachten Strahlungswirkung. Diese setzte man daraufhin in Klimamodellen ein, um das vom Menschen herbeigeführte „Signal" der Klimaveränderung vollständiger zu simulieren. Außerdem lieferten neue Simulationen mittels Modellen mit Kopplung von Meeren und Atmosphäre wichtige Informationen über interne natürliche Schwankungen des Klimas auf einer Zeitskala von Jahrzehnten bis zu Jahrhunderten. Ein weiterer, wichtiger Bereich des Fortschritts ist die Verlagerung des Interessenschwerpunkts von Untersuchungen der globalen Durchschnittstemperatur zum Vergleich modellierter und beobachteter räumlicher und zeitlicher Muster des Klimawandels.

Die wichtigsten Ergebnisse bezüglich der Problematik Nachweis und Zuordnung sind die folgenden:

▶ Nach den nur begrenzt verfügbaren Hinweisen ausgewiesener Anzeichen für das Klima liegt die globale Durchschnittstemperatur des 20. Jahrhunderts wenigstens ebenso hoch wie zu allen anderen Jahrhunderten seit mindestens 1400 nach Christus. Die Daten vor 1400 sind für eine verläßliche Schätzung der globalen Durchschnittstemperatur zu lückenhaft.

▶ Um zu beurteilen, ob der während des letzten Jahrhunderts beobachtete Trend der globalen Durchschnittstemperatur statistisch signifikant ist, zog man eine Reihe neuer Schätzungen für interne natürliche und von außen erzwungene Schwankungen heran. Diese beruhen auf Meßdaten, Paläodaten, einfachen und komplexen Klimamodellen und statistischen Modellen, die an die Beobachtungen angepaßt wurden. Die meisten derartigen Untersuchungen stellen eine signifikante Veränderung fest und belegen, daß ein ausschließlich natürlicher Ursprung des beobachteten Erwärmungstrends unwahrscheinlich ist.

▶ Aus musterorientierten Studien ergeben sich neue überzeugende Hinweise für die Zuordnung menschlicher Einflüsse auf das Klima. Diese vergleichen die simulierte Klimareaktion für die gemeinsamen Auswirkungen von Treibhausgasen und anthropogenen Sulfataerosolen mit den beobachteten geographischen, jahreszeitlichen und vertikalen Mustern der Temperaturveränderung in der Atmosphäre. Den Untersuchungen zufolge nimmt die Übereinstimmung derartiger Muster im Laufe der Zeit so zu, wie man es auch wegen des sich verstärkenden anthropogenen Signals erwarten würde. Außerdem ist sehr unwahrscheinlich, daß diese Übereinstimmung zufällig allein aufgrund von internen natürlichen Schwankungen auftreten könnte. Die vertikalen Muster sind ebenfalls nicht vereinbar mit jenen, die für solaren und vulkanischen Einfluß zu erwarten sind.

▶ Unsere Möglichkeiten, den menschlichen Einfluß auf das globale Klima zu beziffern, sind derzeit begrenzt, denn das zu erwartende Signal hebt sich erst allmählich vom Rauschen der natürlichen Variabilität ab; zudem bestehen Unsicherheiten hinsichtlich entscheidender Faktoren. Dazu zählen neben der Größe und dem Muster der natürlichen Langzeitschwankungen die zeitliche Entwicklung des Antriebs durch Treibhausgase und Aerosole, die Reaktion auf Konzentrationsänderungen von Treibhausgasen und Aero-

solen sowie die Veränderung der Landnutzung. Dennoch deutet die Abwägung der Hinweise einen erkennbaren Einfluß des Menschen auf das globale Klima an.

Es ist zu erwarten, daß sich das Klima in der Zukunft weiter verändert.

Das IPCC entwickelte eine Reihe von Szenarien (IS92a–f) für die zukünftigen Emissionen der Treibhausgase und Vorläufersubstanzen der Aerosole. Diese beruhen auf Annahmen über Bevölkerungs- und Wirtschaftswachstum, Landnutzung, technologische Veränderungen, Verfügbarkeit von Energie sowie Mischung der Energieträger im Zeitraum von 1990 bis 2100. Durch Kenntnis des globalen Kohlenstoffkreislaufes und der Atmosphärenchemie lassen sich mittels dieser Emissionen Zukunftsabschätzungen für die Konzentrationen der Treibhausgase und der Aerosole in der Atmosphäre und für die Störung der natürlichen Strahlungsbilanz entwerfen. Daraufhin kann man mit Hilfe von Klimamodellen Prognosen des zukünftigen Klimas entwickeln.

▶ Da Simulationen des gegenwärtigen Klimas und vergangener Klimate durch Modelle mit Kopplung von Atmosphäre und Meeren zunehmend an Realität gewinnen, wächst unser Vertrauen, daß sie auch für die Vorhersage des zukünftigen Klimawandels von Nutzen sind. Der gesamte, für die Veränderung der globalen Durchschnittstemperatur und des Meeresspiegels wiedergegebene Bereich berücksichtigt die noch verbleibende Unsicherheit.

▶ Für das mittlere Emissionsszenario des IPCC (IS92a), das vom „besten Schätzwert" der Klimaempfindlichkeit[4] ausgeht und die Wirkung zukünftiger Zunahme an Aerosolen einschließt, prognostizieren Modelle für das Jahr 2100 gegenüber 1990 einen Anstieg der mittleren globalen Oberflächentemperatur um 2°C. Diese Abschätzung ist um etwa ein Drittel niedriger als die „beste Schätzung" aus dem Jahre 1990. Dies liegt vor allem an Szenarien geringerer Emissionen (insbesondere für CO_2 und die FCKW), an der Berücksichtigung der kühlenden Wirkung des Sulfataerosols und Verbesserungen bei der Behandlung des Kohlenstoffkreislaufes. Verknüpft man das niedrigste Emissionsszenario des IPCC (IS92c) mit einem „kleinen" Wert der Klimaempfindlichkeit und berücksichtigt die Wirkung zukünftiger Konzentrationsänderungen der Aerosole, so ergibt sich bis zum Jahre 2100 ein voraussichtlicher Temperaturanstieg von 1° C. Die entsprechende Prognose für das höchste Szenario des IPCC (IS92e), verbunden mit einem „hohen" Wert der Klimaempfindlichkeit, führt zu einer Erwärmung von ungefähr 3,5° C. In allen Fällen wäre die durchschnittliche Erwärmungsgeschwindigkeit wahrscheinlich höher als während der letzten 10 000 Jahre, doch die gegenwärtigen Änderungen im Zeitraum von Jahren bis Jahrzehnten würden eine beachtliche natürliche Variabilität bedeuten. Die regionale Temperaturentwicklung könnte deutlich vom glo-

---

[4] In Berichten des IPCC bezieht sich der Begriff Klimaempfindlichkeit gewöhnlich auf die langfristige Veränderung der globalen mittleren Oberflächentemperatur (bis zum Gleichgewicht), die aus der Verdopplung der Konzentration von CO_2 in der Atmosphäre resultiert. Allgemeiner bedeutet Klimaempfindlichkeit die Gleichgewichtsänderung der Lufttemperatur an der Oberfläche, die der Änderung des Strahlungsantriebes um eine Einheit folgt ($°C/Wm^{-2}$).

balen Mittelwert abweichen. Aufgrund der thermischen Trägheit der Meere wäre die endgültige Gleichgewichtstemperatur bis zum Jahre 2100 nur zu 50 bis 90 Prozent erreicht. Der Temperaturanstieg würde sich weiterhin fortsetzen, selbst wenn die Konzentrationen der Treibhausgase bis dahin stabilisiert wären.

▶ Es ist zu erwarten, daß der mittlere Meeresspiegel infolge thermischer Ausdehnung der Ozeane und Schmelzen der Gletscher und Eisdecken steigt. Für das Szenario IS92a, die „besten Schätzwerte" für Klimaempfindlichkeit und Empfindlichkeit der Eisschmelze gegenüber Erwärmung angenommen und die Wirkung zukünftiger Veränderungen der Aerosole eingeschlossen, prognostizieren Modelle eine Erhöhung des Meeresspiegels von heute bis zum Jahr 2100 um etwa 50 Zentimeter. Diese Schätzung fällt im Vergleich mit der „besten Schätzung" von 1990 wegen der niedrigeren Vorhersage für die Temperatur ungefähr um 25 Prozent geringer aus. Sie spiegelt aber auch die bei der Modellierung von Klima und Eisschmelze erzielten Verbesserungen wider. Die Verbindung des niedrigsten Emissionsszenarios (IS92c), mit „geringen" Empfindlichkeiten für Klima und Eisschmelze und unter Berücksichtigung des Aerosoleffekts, liefert einen voraussichtlichen Anstieg des Meeresspiegels von heute bis zum Jahr 2100 um etwa 15 Zentimeter. Die entsprechende Vorhersage für das höchste Emissionsszenario (IS92e), verbunden mit „hohen" Empfindlichkeiten für Klima und Eisschmelze ergibt einen Anstieg des Meeresspiegels von heute bis zum Jahre 2100 von ungefähr 95 Zentimetern. Der Anstieg des Meeresspiegels würde sich mit ähnlicher Geschwindigkeit in den zukünftigen Jahrhunderten nach 2100 fortsetzen, selbst wenn die Konzentrationen der Treibhausgase bis zu jener Zeit stabilisiert wären. Auch nach Erreichen des Temperaturgleichgewichts würde der Meeresspiegel noch weiter ansteigen. Regionale Veränderungen des Meeresspiegels können vom globalen Mittelwert abweichen, da sich das Land bewegt und die Meeresströmungen sich verlagern.

▶ Die durch Modelle mit Kopplung von Atmosphäre und Meeren für den hemisphärischen bis kontinentalen Bereich getroffenen Vorhersagen sind verläßlicher als die regionalen Prognosen. Voraussagen der Temperaturentwicklung sind verläßlicher als für hydrologische Veränderungen.

▶ Alle Modellsimulationen besitzen die folgenden gemeinsamen Eigenschaften – ganz gleich, ob sie durch zunehmende Konzentrationen von Treibhausgasen und Aerosolen bewirkt wurden oder nur durch steigende Treibhausgaskonzentrationen allein: größere Oberflächenerwärmung des Landes als der Meere im Winter, eine maximale Oberflächenerwärmung in hohen nördlichen Breiten im Winter, geringe Erwärmung über der Arktis im Sommer, ein erhöhter mittlerer globaler Wasserkreislauf sowie zunehmende Niederschläge und Bodenfeuchte in hohen Breiten im Winter. All diese Veränderungen stehen mit erkennbaren physikalischen Mechanismen in Verbindung.

▶ Außerdem offenbaren die meisten Simulationen einen Rückgang der thermohalinen Zirkulation des Nordatlantiks und eine weit verbreitete Verringerung der täglichen Temperaturschwankung. Auch diese Eigenschaften können durch identifizierbare physikalische Mechanismen erklärt werden.

▶ Die direkten und indirekten Auswirkungen der anthropogenen Aerosole üben auf die Vorhersagen einen wesentlichen Einfluß aus. Im allgemeinen sind Temperatur- und Niederschlagsveränderungen geringer, wenn Aerosoleffekte berücksichtigt werden, vor allem in mittleren nördlichen Breiten. Es ist zu beachten, daß die kühlende Wirkung der Aerosole nicht einfach die von den Treibhausgasen verursachte Erwärmung kompensiert, sondern einige Muster des Klimawandels in kontinentalem Maßstab merklich beeinflußt. Dies gilt besonders für die Sommerhalbkugel. Beispielsweise sagen Modelle, die nur die Wirkung der Treibhausgase allein berücksichtigen, im allgemeinen zunehmende Niederschläge und Bodenfeuchte in den Gebieten Asiens mit Sommermonsun voraus, während Modelle, die zusätzlich einige Aersoleffekte einbeziehen, auf einen möglicherweise verringerten Monsunniederschlag hindeuten. Die räumliche und zeitliche Aerosolverteilung beeinflußt deutlich die regionalen Vorhersagen, die deshalb unsicherer sind.

▶ Man erwartet, daß eine allgemeine Erwärmung eine zunehmende Häufigkeit extrem heißer Tage und eine verringerte Häufigkeit extrem kalter Tage hervorruft.

▶ Eine höhere Temperatur führt zu einem verstärkten Wasserkreislauf. Dies bedeutet die Aussicht auf gravierendere Dürren und/oder Überschwemmungen an einigen Orten und weniger schwerwiegenderen Dürren und/oder Überschwemmungen an anderen. Mehrere Modelle zeigen eine Zunahme der Niederschlagsintensität an, was auf die Möglichkeit häufigerer extremer Regenfälle hinweist. Die Kenntnisse reichen derzeit nicht aus, um zu beurteilen, ob sich das Auftreten oder die geographische Verteilung schwerer Stürme, beispielsweise tropischer Wirbelstürme, verändert.

▶ Ein anhaltender rascher Klimawandel könnte die Gleichgewichte im Wettstreit der Arten verschieben und sogar das Absterben von Wäldern auslösen, wodurch Aufnahme und Abgabe von Kohlenstoff auf der Erde verändern würden. In welchem Umfang ist ungewiß, doch sie könnte für die nächsten zwei Jahrhunderte je nach Geschwindigkeit des Klimawandels zwischen null und 200 Milliarden Tonnen Kohlenstoff liegen.

Zu vieles ist immer noch unsicher.

Viele Faktoren begrenzen derzeit unsere Möglichkeiten, den zukünftigen Klimawandel vorherzusagen und nachzuweisen. Im einzelnen sind zur Verringerung der Unsicherheiten weitere Arbeiten zu den folgenden vorrangigen Themen notwendig:

▶ Abschätzung zukünftiger Emissionen und biogeochemischer Kreisläufe (einschließlich Quellen und Senken) von Treibhausgasen, Aerosolen und deren Vorläufersubstanzen sowie Prognosen der zukünftigen Konzentrationen und Strahlungseigenschaften.

▶ Darstellung von Klimavorgängen in Modellen, vor allem Rückwirkungen im Zusammenhang mit Wolken, Meeren, Meereis und Vegetation, um die vorhergesagten Geschwindigkeiten und regionalen Muster des Klimawandels zu verbessern.

▶ Systematisches Sammeln langzeitlicher instrumenteller und indirekter Beobachtungen von Parametern des Klimasystems (zum Beispiel Sonnenleuchtkraft, Einzelbeiträge zum

Energiehaushalt in der Atmosphäre, Wasserkreisläufe, Eigenschaften der Meere und Veränderungen von Ökosystemen) zur Überprüfung von Modellen, zur Beurteilung zeitlicher und regionaler Variabilität und für Nachweis- und Zuordnungsstudien.

Unerwartete, starke und rasche Veränderungen des zukünftigen Klimas (wie sie auch in der Vergangenheit stattfanden) sind aufgrund ihrer Natur schwer (oder gar nicht) vorherzusagen. Dies bedeutet, daß bei den zukünftigen Klimaveränderungen auch „Überraschungen" auftreten können. Diese ergeben sich insbesondere aus der nichtlinearen Natur des Klimasystems. Wenn nichtlineare Systeme schnell veränderlichen Zwängen unterworfen werden, sind sie ausgesprochen anfällig für unerwartetes Verhalten. Durch die Erforschung von nichtlinearen Vorgängen und Unterbestandteilen des Klimasystems lassen sich Fortschritte erzielen. Zu den Beispielen für derartiges nichtlineares Verhalten gehören die rasche Verlagerung der Strömungen im Nordatlantik und Rückwirkungen im Zusammenhang mit dem Wandel terrestrischer Ökosysteme.

Nachwort der Bundesministerin für Umwelt, Naturschutz und Reaktorsicherheit, Frau Dr. Angela Merkel

Der Schutz der Erdatmosphäre und des Klimas gehört zu den größten umweltpolitischen Herausforderungen, die uns an der Schwelle ins nächste Jahrhundert gestellt werden. Es handelt sich um ein globales Problem, das sich nur in internationaler Kooperation lösen läßt.

Im Rahmen der Vereinten Nationen wurden daher zwei völkerrechtlich verbindliche Vereinbarungen getroffen:

– Zum einen regeln das Wiener Übereinkommen zum Schutz der Ozonschicht mit dem Montrealer Protokoll und den Fortschreibungen durch die jährlichen Vertragsstaatenkonferenzen die Reduktion beziehungsweise den Ausstieg aus Produktion und Verwendung von FCKW und anderen ozonzerstörenden Substanzen.

– Zum anderen wurde die Klimarahmenkonvention in Kraft gesetzt. Ihre erste Vertragsstaatenkonferenz beschloß im Frühjahr 1995 in Berlin das sogenannte „Berliner Mandat" zur Aushandlung eines Klimaprotokolls oder anderen Rechtsinstruments, durch das die bisherigen Verpflichtungen der Industrieländer (Rückführung ihrer Treibhausgas-Emissionen bis zum Jahr 2000 auf das Niveau von 1990) verschärft werden sollen. Dabei sollen insbesondere Begrenzungen und Reduzierungen von Treibhausgas-Emissionen nach 2000 geregelt sowie parallel Politiken und Maßnahmen verbindlich eingeführt werden.

Die engagierte Arbeit der Wissenschaftler hat ganz wesentlich zum Zustandekommen dieser Vereinbarungen beigetragen. Besonders hervorheben möchte ich dabei die Klima-Enquete-Kommissionen des 11. und 12. Deutschen Bundestages sowie den von den Vereinten Nationen eingesetzten Zwischenstaatlichen Ausschuß für Klimaänderungen (*Intergovernmental Panel on Climate Change*, IPCC).

Die Bundesregierung hat sich mit Nachdruck für den Abschluß der Klimarahmenkonvention (Rio 1992) und die Verschärfung der Verpflichtungen bei der 1. Vertragsstaatenkonferenz 1995 in Berlin eingesetzt. Dies verdeutlicht die Anstrengungen Deutschlands, im internationalen Kontext wirksamen Klimaschutz zu begründen. Deutschland hat dabei – gemeinsam mit den EU-Partnern – eine Führungsrolle übernommen und drängt in den laufenden Verhandlungen für das Klimaprotokoll auf anspruchsvolle Ziele sowie Politiken und Maßnahmen, die in ein Protokoll aufgenommen werden sollen.

Die Notwendigkeit zum internationalen Handeln darf allerdings nicht dazu verleiten, nationale Maßnahmen zurückzustellen. Deutschland hat daher frühzeitig eine anspruchsvolle nationale Strategie zum Schutz der Erdatmosphäre entwickelt.

Dabei ist der Ausstieg aus Produktion und Verwendung von FCKW und anderen ozonzerstörenden Stoffen in Deutschland bereits im wesentlichen vollzogen. Wegen der Doppelwirkung der FCKW – der Ozonzerstörung in der Stratosphäre und ihrem Beitrag zum Treibhauseffekt – waren die erzielten Erfolge von Wissenschaft und Politik hier besonders wirksam.

Die Verminderung der Emissionen von CO_2 und anderen, nicht im Montrealer Protokoll geregelten Treibhausgasen läßt sich im Vergleich zu den FCKWs nur mit sehr viel größeren Anstrengungen erzielen. Letztlich muß das gesamte Energiesystem auf eine neue Grundlage gestellt werden; die Maßnahmen betreffen aber auch die Land- und Forstwirtschaft, die Abfallwirtschaft, den Verkehrs- und Baubereich, die Forschung und Technikentwicklung und schließlich das Engagement jedes einzelnen Bürgers.

Deutschland hat sich ehrgeizige Aufgaben vorgenommen. Diese Arbeit begann Ende 1987 mit der Einsetzung der Enquete-Kommission „Vorsorge zum Schutz der Erdatmosphäre" des 11. Deutschen Bundestages und mündete 1990 in das anspruchsvolle nationale Klimaschutzprogramm der Bundesregierung. Hauptziel ist dabei die Minderung der CO_2-Emissionen um 25 Prozent bis zum Jahr 2005 gegenüber dem Jahr 1990. Das Programm umschließt auch die anderen Treibhausgase, wobei insbesondere Methan (CH_4), Stickstoffoxid (N_2O), Fluorkohlenstoffe, SF_6 sowie Vorläufersubstanzen von Treibhausgasen (CO, NMVOC, NO_x, NH_3) von Bedeutung sind. Unter Einbeziehung aller Treibhausgase – einschließlich der FCKWs – bedeutet das deutsche Ziel eine Minderung der CO_2-Äquivalente bis zum Jahr 2005 um rund 40 Prozent (gegenüber 1990) beziehungsweise um rund 50 Prozent (gegenüber 1987), wobei die unterschiedliche Treibhauswirksamkeit der verschiedenen Gase in Form von CO_2-Äquivalenten berücksichtigt ist.

Bislang ist bereits viel erreicht worden. Nach aktuellen Abschätzungen aufgrund der bisher eingeleiteten Maßnahmen können die Methan-Emissionen in Deutschland bis zum Jahr 2000 um 30 Prozent und die N_2O-Emissionen um 36 Prozent gesenkt werden, jeweils bezogen auf das Jahr 1990. Die CO_2-Emissionen konnten zwischen 1987 und 1995 um rund 16 Prozent beziehungsweise zwischen 1990 und 1995 um rund 11 Prozent gesenkt werden. Dieser Rückgang ist vor allem auf die Minderung der CO_2-Emissionen in den neuen Bundesländern um rund 50 Prozent zurückzuführen. Dies ist aber kein reiner Mitnahmeeffekt, wie zuweilen behauptet wird. Die Modernisierung von Energiewirtschaft, Industrie und Gebäuden in den neuen Bundesländern ist ein aktiver Modernisierungsprozeß, der durch eine Vielzahl von Maßnahmen unterstützt wird. Dieser Prozeß wird fortgesetzt und soll dafür sorgen, daß die CO_2-Emissionen in den neuen Ländern trotz eines Wirtschaftswachstums nicht wieder ansteigen.

Insgesamt hat die Bundesregierung rund 100 Einzelmaßnahmen zur Minderung der Treibhausgas-Emissionen beschlossen. Dabei werden alle relevanten Bereiche wie Verkehr, Industrie, Haushalte, Kleinverbraucher, Abfallwirtschaft sowie Land- und Forstwirtschaft einbezogen.

Verschiedene Szenarien zeigen uns, daß wir mit den bisher beschlossenen Maßnahmen das CO_2-Minderungsziel einer 25prozentigen Reduktion bis 2005 noch nicht erreichen werden. Dies heißt aber nicht, daß die Bundesregierung von ihrem Ziel abrückt. Sie bleibt bei ihrem Ziel und wird weiterhin erhebliche Anstrengungen unternehmen, das ehrgeizige Klimaschutzprogramm kontinuierlich umzusetzen und weiter zu entwickeln, um ihr selbst gestecktes Ziel zu erreichen.

Als Beispiel für die laufende Arbeit am Klimaschutzprogramm möchte ich die Selbstverpflichtungserklärung der deutschen Wirtschaft zur Klimavorsorge hervorheben. Am 27. März 1996 ist es gelungen, die vor einem Jahr gemachte Vereinbarung zu überarbeiten: Die deutsche Wirtschaft hat nun zugesagt, bis zum Jahr 2005 gegenüber 1990 die spezifischen CO_2-Emissionen um 20 Prozent zu senken. In vielen Einzelerklärungen der beteiligten Verbände sind darüber hinaus absolute CO_2-Minderungen zugesagt worden, so daß auch die absoluten CO_2-Minderungen in diesem Bereich auf rund 20 Prozent geschätzt werden. Nach dem hier praktizierten Kooperationsprinzip soll Klimaschutzpolitik nicht gegen die betroffenen Akteure durchgesetzt, sondern gemeinsam mit ihnen umgesetzt werden.

Das deutsche CO_2-Minderungsziel wird nur dann erreicht werden können, wenn zum einen die Wirtschaft besondere Anstrengungen zum Klimaschutz unternimmt, zum anderen aber auch gesellschaftliche Gruppen, die Bundesländer, die Kommunen und nicht zuletzt jeder einzelne dazu beitragen. Besondere Anstrengungen sind im Bau- und Heizungsbereich, im Verkehrsbereich, bei der stärkeren Nutzung erneuerbarer Energien, bei der rationellen Energieeinsparung durch klimagerechtes Verhalten durch jeden einzelnen erforderlich, um die hier vorhandenen CO_2- und Energie-Einsparpotentiale schrittweise zu erschließen.

Die anthropogenen Veränderungen der Erdatmosphäre führen uns vor Augen, daß menschliches Handeln nicht nur ökologische Systeme vor Ort in Gefahr bringt, sondern in globale Systeme empfindlich eingreift. Wir müssen uns dieser Herausforderung stellen. Neben der Notwendigkeit zum nationalen Handeln wird uns gleichzeitig vor Augen geführt, daß wir das Problem nur in partnerschaftlichem Handeln sowohl innerhalb der EU als auch im globalen Maßstab meistern können. In diesem Sinn sollten wir wirksamen Klimaschutz auch als Chance verstehen, zu einem ökologisch und ökonomisch nachhaltigen Wirtschaften zu gelangen und die vor uns stehenden Aufgaben in solidarischer Partnerschaft zu bewältigen.

Autoren

Fakhri A. Bazzaz hat zusammen mit Eric D. Fajer die vielschichtige Bedeutung von atmosphärischem Kohlendioxid aus verschiedenen Blickwinkeln beleuchtet. Bazzaz ist H.-H.-Timken-Professor für Naturwissenschaft an der Harvard-Universität in Cambridge (Massachusetts) und befaßt sich schon seit zwanzig Jahren damit, wie sich erhöhte CO_2-Gehalte auf Pflanzen auswirken. 1963 promovierte er an der Universität von Illinois.

Wallace S. Broecker hat 1958 an der Columbia-Universität in New York promoviert und setzte dort seine Karriere fort. Er ist jetzt Professor für Geochemie am Lamont-Doherty Geological Observatory dieser Hochschule, das in Palisades (New York) liegt. Außer mit dem Paläoklima beschäftigt er sich mit Meereschemie sowie mit der radiometrischen Altersbestimmung und den Umweltwissenschaften.

Robert J. Charlson und Tom M. L. Wigley untersuchen gemeinsam die klimatischen Auswirkungen von Sulfat-Aerosolen. Charlson ist Professor für Atmosphärenwissenschaft an der Universität von Washington in Seattle, wo er nach dem Chemiestudium an der Universität Stanford (Kalifornien) auch promoviert hat. Er hält sechs Patente über Instrumente für Atmosphärenmessungen und war Mitglied in vielen Komitees der Nationalen Akademie der Wissenschaften der USA.

William C. Clark ist leitender Wissenschaftler an der Kennedy School of Government der Harvard-Universität in Cambridge (Massachusetts). Er hat an der Yale-Universität in New Haven (Connecticut) studiert und 1979 an der Universität von British Columbia in Vancouver (Kanada) promoviert. Er leitete Studien über eine nachhaltige Entwicklung der Biosphäre am Internationalen Institut für Angewandte Systemanalyse (IIASA) in Laxenburg (Österreich). Clark ist Mitglied des Ausschusses für globalen Wandel der Nationalen Akademie der Wissenschaften der USA und gibt die Zeitschrift *Environment* heraus. Seine Forschungen an der Kennedy School gelten vor allem politischen Fragen, die sich aus den widerstrebenden internationalen Bemühungen um Entwicklung, Umweltschutz und Sicherheit ergeben. Im Jahre 1983 erhielt Clark den MacArthur-Preis.

Preston Cloud ist emeritierter Professor für Biogeologie und Umweltforschung an der Universität von Kalifornien in Santa Barbara. Er studierte bis 1938 an der George-Washington-Universität und promovierte 1940 an der Yale-Universität. Von 1942 bis 1961 gehörte er zum Mitarbeiterstab des U. S. Geological Survey. Während dieser Zeit leitete er die Abteilungen Paläontologie und Stratigraphie. Später arbeitete er an der Universität von Minnesota und an der Universität von Kalifornien in Los Angeles, ehe er 1968 nach Santa Barbara überwechselte. Cloud interessiert sich hauptsächlich für die Wechselwirkungen zwischen den frühen Lebensformen und ihren physikalischen Umweltbedingungen. Er schreibt: „Wie vielzellige Tiere entstanden, wer ihre Vorläufer waren und wann sie erstmals auftraten – das war lange zentrales Thema meiner Forschungsarbeiten. Bereits 1948 nahm ich an, daß vielzellige Tiere am Anfang des Kambriums entstanden und sich in weniger als 100 Millionen Jahren in mannigfaltige Formen auffächerten – eine Meinung, die heute allgemein anerkannt ist. Mit Hilfe von Stromatolithen, sedimentären Strukturen, Mikrofossilien und den Methoden der Elektronenmikroskopie und Geochemie konnte ich mikrobielle Lebensspuren noch weit zurück in die Zeit vor dem heraufdämmernden Kambrium verfolgen. Auch habe ich die Erforschung der frühesten biosphärischen, atmosphärischen und chemosphärischen Evolution sowie deren Wechselwirkungen mit der primitiven Erde als Ganzes mit einbezogen.“

Paul A. Colinvaux ist seit 1972 Professor für Zoologie und Anthropologie an der Ohio State University in Columbus. Er ist Brite und erwarb seine ersten akademischen Grade an der Universität Cambridge. Später ging er in die USA, wo er 1962 an der Duke-Universität in Durham (North Carolina) promovierte. Im Jahre 1964 wechselte er nach Columbus. Mittlerweile hat er mehrere Bücher ökologischer Thematik geschrieben. Wenn es seine eigene wissenschaftliche Arbeit erlaubt, begleitet er seine Frau auf ihren Expeditionen; sie ist ebenfalls Biologin an derselben Universität und erforscht Korallenriffe.

Paul J. Crutzen ist zusammen mit Thomas E. Graedel als Pionier auf dem Gebiet der Atmosphärenchemie zu bezeichnen. Er ist Leiter der Abteilung für Luftchemie und Direktor am Max-Planck-Institut für Chemie in Mainz sowie Professor an der University of California in San Diego. Bekannt wurde er als einer der Väter der Theorie vom „nuklearen Winter". Untersuchungen photochemischer Prozesse in Troposphäre und Stratosphäre, die er in den frühen siebziger Jahren aufnahm, trugen dazu bei, das Feld der modernen Luftchemie zu begründen. Anfang 1989 erhielt Crutzen für seine Beiträge zur Umweltforschung den angesehenen Tyler-Preis, 1994 den deutschen Umweltpreis der Deutschen Stiftung Umwelt für seinen entscheidenden Beitrag zur Erklärung des Ozonlochs im arktischen Winter und 1995 den Nobelpreis für Chemie.

George H. Denton ist Professor für Geologie an der Universität von Maine in Orono. Nach der Promotion an der Yale-Universität in New Haven (Connecticut) im Jahre 1965 arbeitete er zunächst an der Universität Stockholm, bevor er nach Orono ging. Er hat an 36 mehrmonatigen Meßkampagnen teilgenommen, um Einsatz und Ausdehnung von Gletschervorstößen zu bestimmen – allein 22 davon verbrachte er in der Antarktis und in anderen Gebieten der Südhalbkugel.

Malte Faber hat zusammen mit Frank Jöst, John Proops und Gerhard Wagenhals an rohstoff- und umweltökologischen Modellstudien gearbeitet. Faber ist seit 1973 Professor für Wirtschaftstheorie am Alfred-Weber-Institut für Sozial- und Staatswissenschaften der Universität Heidelberg. Er hat an der Freien Universität Berlin, der Technischen Universität Berlin (wo er 1969 promovierte) und an der Universität von Minnesota in Minneapolis Volkswirtschaftslehre, Statistik, Mathematik und Unternehmensforschung studiert und beschäftigt sich nun mit Kapitaltheorie, politischer Ökonomie sowie Umwelt- und Ressourcenökonomik.

Eric D. Fajer erwarb seinen Doktorgrad in Harvard; er untersuchte die Auswirkungen hoher CO2-Konzentration auf Pflanzen und pflanzenfressende Insekten. Jetzt forscht er im Zentrum für Naturwissenschaften und Internationale Angelegenheiten an der John-F.-Kennedy-Hochschule.

Peter V. Foukal ist Sonnenphysiker und Präsident der Cambridge Research and Instrumentation Inc., in Massachusetts. Zu seinen gegenwärtigen Forschungsarbeiten gehören Infrarotbeobachtungen der Sonne auf dem Kitt-Peak-Observatorium bei Tucson (Arizona), die Entwicklung eines Gerätes zur Messung des elektrischen Feldes des Sonnenplasmas am Sacramento-Peak-Observatorium in Neu-Mexiko und Untersuchungen über die Veränderung der Sonnenleuchtkraft. Foukal schloß sein Studium an der Mc-Gill-Universität in Montreal (Kanada) ab und promovierte an der Universität von Manchester in England. Zwischen 1969 und 1979 forschte und lehrte er am California Institute of Technology in Pasadena und anschließend an der Harvard-Universität in Cambridge (Massachusetts).

Michael H. Glantz ist Leiter der Gruppe für ökologische und soziale Folgenabschätzung am amerikanischen Nationalen Zentrum für Atmosphärenforschung NCAR (National Center for Atmospheric Research). Sein Bildungsweg ist verschlungen: Nachdem er bis 1961 an der Universität von Pennsylvania technische Metallurgie studiert hatte, ging er für mehrere Jahre in die Industrie und kehrte dann nochmals an die Universität von Pennsylvania zurück, wo er 1970 in Politikwissenschaft promovierte. Im Jahre 1974 begann er seine Tätigkeit am NCAR.

Thomas E. Graedel gehört als Distinguished Member zum technischen Stab der AT&T-Bell-Laboratorien in Murray Hills (New Jersey). Er hat als erster Atmosphärenchemiker die Gasphasenchemie von Schwefel, die chemischen Vorgänge in Regentropfen und die Reaktionen bei der Korrosion unter atmosphärischen Bedingungen untersucht.

Frank Jöst ist seit 1989 Assistent am Alfred-Weber-Institut und hat über die wirtschaftlichen Folgen von Klimaänderungen promoviert.

James F. Kasting arbeitet an der Pennsylvania State University. Davor war er am Ames-Forschungszentrum der amerikanischen Luft- und Raumfahrtbehörde NASA in Moffet Field (Kalifornien) beschäftigt. Er studierte bis 1975 Chemie und Physik am Harvard College in Cambridge (Massachusetts) und promovierte 1979 in Atmosphärenwissenschaft an der Universität Michigan. Kasting war Forschungsstipendiat am National Center for Atmospheric Research, dem Forschungszentrum der amerikanischen Luft- und Raumfahrtbehörde NASA, und in Ames (Iowa).

Philip D. Jones ist Klimatologe an der Universität von East Anglia in Norwich (England). Er befaßt sich unter anderem mit langfristigen Klimaänderungen und vergleicht historische und aktuelle Klimadaten mit Computermodellen. Er erwarb seine Abschlüsse an den Universitäten Lancaster und Newcastle upon Tyne, wo

er promovierte. Zur Zeit ist er Sekretär der Internationalen Kommission für Klimatologie der Internationalen Union für Geodäsie und Geophysik.

Reginald E. Newell hat zusammen mit Reichle und Seiler im Rahmen des Projekts *Measurement of Air Pollution from Satellites* (Messung der Luftverschmutzung per Satellit) den Kohlenmonoxidgehalt der Atmosphäre untersucht. Er ist Meteorologieprofessor am Massachusetts Institute of Technology in Cambridge. Sein Hauptinteresse gilt der großräumigen allgemeinen atmosphärischen Zirkulation und der Physik der Klimaschwankungen.

James B. Pollack studierte an der Universität von Kalifornien in Berkeley und promovierte 1965 in Astronomie an der Harvard-Universität in Cambridge (Massachusetts). Bevor Pollack ans Ames Forschungszentrum der NASA ging, forschte er am Smithsonian Astrophysical Observatory und am Zentrum für Strahlenphysik und Raumforschung der Cornell-Universität in New York.

John Proops ist Dozent für mathematische und Umwelt-Ökologie an der wirtschaftswissenschaftlichen Abteilung der Universität Keele (England). Er hat Physik in Kanada und Mathematik in Keele und technische Physik in Kanada an der McMaster-Universität in Hamilton (Ontario) studiert; er promovierte über die Anwendung von Konzepten der modernen Thermodynamik auf die Evolution ökonomischer Systeme. Seine Arbeiten behandeln Energiemodellierung, Kapitaltheorie, Input-Output-Analyse, Regionalforschung und ökologische Ökonomie.

Michael R. Rampino arbeitet als Geologe gemeinsam mit Stephen Self an einer Studie über den Einfluß von Vulkanausbrüchen auf das Weltklima. Er hat an der Columbia-Universität in Geowissenschaften promoviert. Seit 1978 arbeitet er als Forschungsassistent am Goddard Raumfahrtzentrum der amerikanischen Luft- und Raumfahrtbehörde NASA. Dort beteiligte er sich an einem Projekt zur Aufstellung eines globalen Klimamodells und insbesondere zur Vorhersage der Auswirkungen explosiver Vulkanausbrüche auf die Atmosphäre.

Henry G. Reichle jr. ist leitender Wissenschaftler am Langley-Forschungszentrum der amerikanischen Luft- und Raumfahrtbehörde NASA in Hampton (Virginia) und beschäftigt sich seit 1965 mit der Fernerkundung atmosphärischer Eigenschaften.

Philippe Sarda beschäftigt sich gemeinsam mit Thomas Staudacher mit der Isotopenanalyse von Edelgasen. Sarda hat seine Doktorarbeit 1991 an der Universität Paris VII angefertigt. Dort ist er heute als außerordentlicher Universitätsprofessor angestellt; außerdem arbeitet er mit Thomas Staudacher im Edelgaslaboratorium.

Stephen H. Schneider leitet das interdisziplinäre Klimasystem-Programm des amerikanischen Nationalen Zentrums für Atmosphärenforschung (National Center for Atmospheric Research, NCAR) in Boulder (Colorado). Er hat an der Columbia-Universität in New York promoviert und mehr als 100 wissenschaftliche Arbeiten veröffentlicht. Vielfach hat er sich für die Klimatologie öffentlich eingesetzt – so als Experte bei Anhörungen des US-Kongresses, als Berater der amerikanischen Bundesregierung und als Autor mehrerer popularwissenschaftlicher Bücher. Die in diesem Artikel vertretenen Standpunkte stimmen nicht unbedingt mit denen der National Science Foundation überein, die das NCAR finanziert.

Wolfgang Seiler ist Direktor des Fraunhofer-Instituts für Atmosphärische Umweltforschung in Garmisch-Partenkirchen. Er hat sich zusammen mit Newell und Reichle mit Messungen des Kohlenmonoxidgehalts der Atmosphäre befaßt.

Stephen Self besuchte als gebürtiger Engländer die Universität Leeds und dann das Imperial College, wo er 1974 in Geologie promovierte. Anschließend ging er zur Victoria-Universität in Wellington (Neuseeland), um Material über die Ausbrüche des Taupo-Vulkankomplexes zu sammeln. Im Rahmen eines von der NASA geförderten Projekts arbeitete er schließlich in den Vereinigten Staaten über die klimatischen Auswirkungen von Vulkanausbrüchen. 1979 in den Lehrkörper der Arizona State University berufen, wechselte er im Jahre 1982 zum Fachbereich Geologie an der Universität von Texas in Arlington über.

Thomas Staudacher hat 1978 am Max-Planck-Institut für Kernphysik und Kosmochemie in Heidelberg promoviert. Er leitet heute als Physiker am Institut du Globe der Universität Paris VI im Laboratoire de Géochimie et Cosmochimie das Edelgaslaboratorium.

Richard S. Stolarski arbeitet als Forscher in der Abteilung für Atmosphärenchemie und -dynamik am Goddard Raumfahrtzentrum der amerikanischen

Luft- und Raumfahrtbehörde NASA. Er promovierte 1966 in Physik an der Universität von Florida in Gainesville und war dann bis 1974 an der Universität von Michigan in Ann Arbor in der Forschung tätig. Anschließend ging er für zwei Jahre an das Johnson-Weltraumzentrum der NASA. Im Jahre 1976 wechselte Stolarski zum Goddard-Zentrum, wo er von 1979 bis 1985 die Abteilung für Atmosphärenchemie und -dynamik leitete.

Henry und Elizabeth Stommel sind miteinander verheiratet. Henry Stommel studierte bis 1942 an der Yale-Universität, wo er die nächsten beiden Jahre Mathematik und Astronomie lehrte. An schließend arbeitete er 16 Jahre lang als Forschungsassistent an der Woods Hole Oceanographic Institution. 1960 zum Professor für Ozeanographie an der Harvard-Universität berufen, wechselte er 1963 zum Massachusetts Institute of Technology über und kehrte 1978 als leitender Wissenschaftler nach Woods Hole zurück. Stommel war einer der Direktoren des gemeinsamen amerikanisch-sowjetischen Forschungsprojekts über Wirbelströmungen in den Ozeanen (POLYMODE). Elizabeth Stommel studierte am Bennington College Englisch.

Owen B. Toon ist am Ames-Forschungszentrum der amerikanischen Luft- und Raumfahrtbehörde NASA tätig, seit er 1975 an der Cornell-Universität promoviert hat. Er zählt zu den Urhebern der Theorie des „nuklearen Winters"; von ihm stammt auch die Hypothese, daß Salpetersäurewolken eine Ursache für das Ozonloch in der antarktischen Stratosphäre sind.

Richard P. Turco befaßt sich zusammen mit Owan B. Toon mit Chemie, Strahlung und Mikrophysik der Atmosphäre, wobei beide insbesondere globale Untersuchungen einbeziehen. Turco hat an der Universiät von Illinois in Urbana-Champaign promoviert und ist nun Professor für Atmosphärenforschung an der Universität von Kalifornien in Los Angeles. Er gehört zu dem Forschungsteam, das die Theorie vom „nuklearen Winter" entwarf.

Gerhard Wagenhals hat Wirtschaftswissenschaften an der Universität Tübingen studiert. In Heidelberg hat er sich 1984 mit einer Arbeit über den Weltkupfermarkt habilitiert. Nach einer Professur für Wirtschaftsinformatik in Paderborn ist er seit 1992 Professor für Statistik und Ökonometrie an der Universität Hohenheim. Er beschäftigt sich mit Ökonometrie sowie mit Umwelt- und Rohstoffökonomik.

Tom M. L. Wigley ist Direktor des Instituts für Klimaforschung an der Universität von East Anglia in Norwich (England), wo er Modelle für frühere und künftige Klimaänderungen entwickelt. Er hat an der Universität Adelaide (Australien) promoviert, wurde dann vom australischen Wetterdienst zum Meteorologen ausgebildet und lehrte Ingenieurwissenschaften an der Universität Waterloo in Ontario (Kanada), bevor er 1975 nach Norwich ging. Sein Faible für Höhlenforschung brachte ihn schon in der Jugend auf die Geochemie des Kohlenstoffs und später auf dessen Kreislauf und die Rolle des Kohlendioxids beim Klimageschehen und speziell beim Treibhauseffekt.

George M. Woodwell ist seit 1975 Direktor des Ökozentrums am Institut für Meeresbiologie in Woods Hole (Massachusetts). Er studierte am Dartmouth College in New Hampshire und promovierte 1958 an der Duke-Universität in North Carolina in Botanik. Während der nächsten drei Jahre lehrte er an der Universität von Maine. 1961 wurde er wissenschaftlicher Mitarbeiter am Brookhaven National Laboratory. Seine Forschungsarbeit ist auf die Untersuchung von natürlichen Biotopen gerichtet, besonders von Wäldern und Flußmündungen, aber auch auf die Auswirkungen von Strahlen und Pestiziden auf die Umwelt.

Literaturhinweise

Einführung

Bolin, B.; Cook, R. B. (Hrsg.) *The Major Biogeochemical Cycles and Their Interactions.* In: *SCOPE* 21. Chichester (Wiley) 1983.

Bolin, B.; Döös, D. R.; Jäger, J.; Warrick, R. A. (Hrsg.) *The Greenhouse Effect, Climatic Change, and Ecosystems.* In: *SCOPE* 29. Chichester (Wiley) 1986.

Crutzen, P. J.; Müller, M. (Hrsg.) *Das Ende des blauen Planeten?* 3. Aufl. München (Beck) 1991.

Graedel, T. E.; Crutzen, P. J. *Atmosphäre im Wandel. Die empfindliche Lufthülle unseres Planeten.* Heidelberg (Spektrum Akademischer Verlag) 1996.

Graedel, T. E.; Crutzen, P. J. *Chemie der Atmosphäre. Bedeutung für Klima und globale Umwelt.* Heidelberg (Spektrum Akademischer Verlag) 1994.

Nisbet, E. G.; *Globale Umweltveränderungen. Ursachen, Folgen, Handlungsmöglichkeiten – Klima, Energie, Politik.* Heidelberg (Spektrum Akademischer Verlag) 1994.

Grassl, H.; Merkel, A. *Ist unser Klima noch zu retten?* Konrad Adenauer Stiftung 1995.

Kramm, G. *Zum Austausch von Ozon und reaktiven Stickstoffverbindungen zwischen Atmosphäre und Biosphäre.* Schriftenreihe des Fraunhofer-Instituts für Atmosphärische Umweltforschung 34. 1995.

Enquete-Kommission des 11. Deutschen Bundestages „Vorsorge zum Schutz der Erdatmosphäre". Erster Bericht: *Schutz der Erdatmosphäre: Eine internationale Herausforderung.* In: *Zur Sache* 5. Bonn 1988.

Enquete-Kommission des 11. Deutschen Bundestages „Vorsorge zum Schutz der Erdatmosphäre". Zweiter Bericht: *Schutz der tropischen Wälder.* Drucksache 1117220. Bonn 1990.

Enquete-Kommission des 11. Deutschen Bundestages „Vorsorge zum Schutz der Erdatmosphäre". Dritter Bericht: *Energie und Klima.* Bonn 1990.

Intergovernmental Panel on Climate Change (IPCC). *Scientific Assessment of Climate Change.* World Meteorological Organization, Genf, und United Nations Environmental Programme, Nairobi, 1995.

Die Entwicklung der Atmosphäre aus dem Erdmantel

Staudacher Th.; Allègre, C. J. *Terrestrial Xenology.* In: *Earth Planetary Science.* Band 60, S. 389–406 (1982).

Sarda, Ph.; Staudacher, Th.; Allègre, C. J. *$^{40}Ar/^{36}Ar$ in MORB Glasses: Constraints on Atmosphere and Mantle Evolution.* In: *Earth Planetary Science Letters.* Band 72, S. 357–375 (1985).

Allègre, C. J.; Staudacher, Th.; Sarda, Ph. *Rare Gas Systematics: Formation of the Atmosphere, Evolution and Structure of the Earth's Mantle.* In: *Earth Planetary Science Letters.* Band 81, S. 127–150 (1986/87).

Sarda, Ph.; Staudacher, Th.; Allègre, C. J. *Neon in Submarine Basalts.* In: *Earth Planetary Science Letters.* Band 91, S. 73–88 (1988).

Staudacher, Th.; Sarda, Richardson, St. H.; Allègre, C. J.; Sagna, I.; Dmitriev, L. V. *Noble Gases in Basalt Glasses from a Mid-Atlantic Ridge Topographic High at 14° N: Geodynamic Consequences.* In: *Earth Planetary Science Letters.* Band 96, S. 119–133 (1989).

Die Entwicklung des Klimas auf den erdähnlichen Planeten

Budyko, M. J.; Ronov, A. B.; Yanshin, A. L. *History of the Earth's Atmosphere.* Berlin/Heidelberg/New York (Springer) 1985.

Goody, R. M.; Walker, J. C. G. *Atmospheres.* Hemel Hemstead/Englewood Cliffs (Prentice-Hall) 1972.

Holland, H. D.; Trendal, A. F. (Hrsg.) *Pattern of Change in Earth Evolution.* Dahlem-Konferenzen. Berlin/Heidelberg/New York (Springer) 1984.

Junge, C. *Die Entwicklung der Erdatmosphäre.* In: *Naturwissenschaften* 68 (1981) S. 236–244.

Lewis, J.; Prinn, R. G. *Planets and Their Atmospheres. Origin and Evolution.* Orlando/San Diego/San Francisco/New York/London (Academic Press) 1984.

Pollack, J. B. *Climatic Change on the Terrestrial Planets.* In: *Icarus* 37/3 (1979) S. 479–553.

Walker, J. G. C. *Evolution of the Atmosphere.* New York (Macmillan) 1977.

Die Biosphäre

Cloud, P. *Oasis in Space. Earth History from the Beginning.* New York (Norton) 1988.

Cloud, P.; Glaessner, M. F. *The Ediacarian Period and System: Metazoa Inherit the Earth.* In: *Science* 217/4562 (1982) S. 783–792.

Holland, H. D. *The Chemical Evolution of the Atmosphere and Oceans.* Princeton (Princeton University Press) 1984.

Hutchinson, G. E. *The Biosphere.* In: *Scientific American* 223/3 (1970) S. 44–53.

Margulis, L. *Symbiosis in Cell Evolution: Life and Its Environment on the Early Earth.* San Francisco (Freeman) 1981.

Ozima, M. Geohistory: *Global Evolution of the Earth.* Berlin/Heidelberg/New York (Springer) 1987.

Pflug, H. D. *Die Spur des Lebens. Paläontologie – chemisch betrachtet.* Heidelberg/New York (Springer) 1984.

Schidlowski, M. *Die Geschichte der Erdatmosphäre.* In: *Spektrum der Wissenschaft* 4 (1981) S. 16–27.

Schopf, J. W. (Hrsg.) *Earth's Earliest Biosphere. Its Origin and Evolution.* Princeton (Princeton University Press) 1985.

Trendall, A. F.; Morris, R. C. (Hrsg.) *Iron-Formation: Facts and Problems.* Amsterdam/New York (Elsevier) 1985.

Windley, B. J. *The Evolving Continents.* 2. Aufl. Chichester/New York (Wiley) 1984.

Plötzliche Klimawechsel

Rahmstorf, St. *Rapid Climate Transitions in a Coupled Ocean-Atmosphere Model.* In: *Nature.* Band 372, Seite 82; 3. November 1994.

MacAyeal, D. R. *A Low-Order Model of the Heinrich-Event Cycle.* In: *Paleoceanography.* Band 8, Heft 6, Seiten 767 bis 773; Dezember 1993.

Chappellaz, J.; Blunier, T.; Raynaud, D.; Barnola, J. M.; Schwander, J.; Stauffer, B. *Synchronous Changes in Atmosphere CH_4 and Greenland Climate between 40 and 8 KYR BP.* In: *Nature.* Band 366, Seiten 443 bis 445; 2. Dezember 1993.

Stauffer, B. *Ist ein über mehrere Jahrtausende stabiles Klima die Ausnahme?* In: *Spektrum der Wissenschaft.* November 1993, Seite 16.

Ursachen der Vereisungszyklen

Broecker, W. S. *Der Ozean.* In: *Die Dynamik der Erde. Bewegungen, Strukturen, Wechselwirkungen.* Heidelberg (Spektrum der Wissenschaft) 1987. S. 144–155.

Broecker, W. S.; Denton, G. H. *The Role of Ocean-Atmosphere Reorganizations in Glacial Cycles.* In: *Geochimica et Cosmochimica Acta* 53/10 (1989) S. 2465–2501.

Hays, J.; Imbrie, J.; Shackelton, N. *Variations in the Earth's Orbit: Pacemaker of the Ice Ages.* In: *Science* 194/12 (1976) S. 1121–1132.

Imbrie, J.; Imbrie-Palmer, K. *Die Eiszeiten. Naturgewalten verändern unsere Welt.* München (Droemer Knaur) 1983.

Die veränderliche Sonne

Eddy, J. A. *The Case oft the Missing Sunspots.* In: *Scientific American* 236/5 (1977) S. 80–92.

Foukal, P. *Solar Astrophysics.* Chichester/New York (Wiley) 1990.

Friedman, H. *Die Sonne. Aus der Perspektive der Erde.* Heidelberg (Spektrum der Wissenschaft) 1987.

Labitzke, K.; Loon, H. van. *Sonnenflekken und Wetter.* In: *Die Geowissenschaften* 8/1 (1990) S. 1–6.

Scheffler, H.; Elsässer, H. *Physik der Sterne und der Sonne.* 2. überarb. und erw. Aufl. Mannheim (Bibliographisches Institut). 1990.

Stix, M. *The Sun. An Introduction.* Berlin/Heidelberg/New York (Springer) 1989.

Wentzel, D. G. *The Restless Sun.* Washington (Smithsonian Institution) 1989.

Williams, G. E. *Der Sonnenzyklus und das Klima im Präkambrium.* Heidelberg (Spektrum der Wissenschaft) 1986. S. 138–147.

Zirin, H. *Astrophysics of the Sun.* Cambridge/New York (Cambridge University Press) 1988.

1816: Das Jahr ohne Sommer
(*Vulkanismus*, Reihe „Verständliche Forschung", 1988)

Mass, C.; Schneider, S. H. *Statistical Evidence in the Influence of Sunspots and Volcanic Dust on Long-Term Temperature Records.* In: *Journal of the Atmospheric Sciences* 34/12 (1977) S. 1995–2004.

Müller, K. *Die Geschichte des badischen Weinbaus.* Lahr (Schwanenburg) 1953.

Post, J. D. *A Study in Meteorological and Trade Cycle History: The Economic Crisis Following the Napoleonic Wars.* In: *The Journal of Economic History* 34/2 (1974) S. 315–349.

Rosenberg, C. E. *The Cholera Epidemic of 1832 in New York City.* In: *Bulletin of the History of Medicine* 33/1 (1959) S. 37–49.

Rudloff, H. von. *Die Schwankungen und Pendelungen des Klimas in Europa seit Beginn der regelmäßigen Instrumentenbeobachtungen (1670)*. Braunschweig (Vieweg) 1967.

Die Verschmutzung der Atmosphäre durch El Chichón

(*Vulkanismus*, Reihe „Verständliche Forschung", 1988)

Climatic Effects of the Eruption of El Chichón. Sonderausgabe von *Geophysical Research Letters* 10/11 (1983) S. 989–1060.

Hofmann, D. J.; Rosen, J. M. *Stratospheric Sulfuric Acid Fraction and Mass Estimate for the 1982 Volcanic Eruption of El Chichón*. In: *Geophysical Research Letters* 10/4 (1983) S. 313–316.

McCormick, M. P.; Swissler, T. J. *Stratospheric Aerosol Mass and Latitudinal Distribution of the El Chichón Eruption Cloud for October 1982*. In: *Geophysical Research Leffers* lO/9 (1983) S. 877–880.

Reiter, R.; Heck, H. D. *Vulkane verändern unser Klima*. In: *Bild der Wissenschaft* 20/3 (1983) S. 32–41.

Der Amazonas-Regenwald

Colinvaux, P. *Amazon Diversity in Light of the Paleoecological Record*. In: *Quaternary Science Reviews* 612 (1987) S. 93–114.

Damuth, J. E.; Fairbridge, R. W. *Equatorial Atlantic Deep-Sea Arkosic Sands and Ice-Age Aridity in Tropical South America*. In: *Geol. Soc. Am. Bull.* 81/1 (1970) S. 189–206.

Irion, G. *Sedimentation and Sediments of Amazonian Rivers and Evolution of the Amazonian Landscape Since Pliocene Times*. In: Sioli, H. (Hrsg.) *The Amazon: Limnology and Landscape Ecology of a Mighty Tropical River and Its Basin*. Dordrecht (Dr. W. Junk Publishers) 1984.

Reichholf, J. H. *Der tropische Regenwald*. München (dtv) 1990.

Salo, J. *Pleistocene Forest Refuges in the Amazon: Evaluation of the Biostratigraphical, Lithostratigraphical and Geomorphological Data*. In: *Ann. Zool. Fennici* 24 (1987) S. 203–211.

Whitmore, T. C. *Tropische Regenwälder. Eine Einführung*. Heidelberg (Spektrum Akademischer Verlag) 1993.

Whitmore, T. C.; Prance, G. T. (Hrsg.) *Biogeography and Quaternary History in Tropical America*. Oxford/New York (Oxford University Press) 1987.

Dürre in Afrika

Amartya sen. *Poverty and Famines: An Essay on Entitlement and Deprivation*. Oxford/New York (Oxford University Press) 1981.

Glantz, M. H. (Hrsg.) *Drought and Hunger in Africa: Denying Famine a Future*. Cambridge/New York (Cambridge University Press) 1987.

Lofchie, M. F. *Political and Economic Origins of African Hunger*. In: *The Journal of Modern African Studies* 13/4 (1975) S. 551–567.

Sulfat-Aerosole und Klimawandel

Newiger, M. *Einfluß anthropogener Aerosolteilchen auf den Strahlungshaushalt der Atmosphäre*. In: *Hamburger Geophysikalische Einzelschriften*. Reihe A: Wissenschaftliche Abhandlungen. Band 73. Hamburg 1985.

Charlson, R. J.; Schwartz, S. E.; Hales, J. M.; Cess, R. D.; Oakley jr., J. A.; Hansen, J. E.; Hofman, D. J. *Climate Forcing by Anthropogenic Aerosols*. In: *Science*. Band 255, Seiten 423 bis 430, 24. Januar 1992.

Kiehl, J. T.; Briegleb, B. P. *The Relative Roles of Sulfate Aerosols and Greenhouse Gases in Climate Forcing*. In: *Science*. Band 260, Seiten 311 bis 314, 16. April 1993.

Kaufman, Y. J.; Chou, D.-M. *Model Simulations of the Competing Climate Effects of SO_2 and CO_2*. In: *Journal of Climate*. Band 6, Heft 7, Juli 1993, Seiten 1241 bis 1252.

Polare Stratosphärenwolken und Ozonloch

Solomon, S. *Progress Towards a Quantitative Understanding of Antarctic Ozone Depletion*. In: *Nature*. Band 347, Heft 6291, S. 347–354, 27. September 1990.

Schoeberl, M. R.; Hartmann, D. L. *The Dynamics of the Stratospheric Polar Vortex and Its Relation to Springtime Ozone Depletions*. In: *Science*. Band 251, Seiten 46 bis 52, 4. Januar 1991.

Anderson, J. G.; Toohey, D. W.; Brune, W. H. *Free Radicals within the Antarctic Vortex: The Role of CFCs in Antarctic Ozone Loss*. In: *Science*. Band 251, Seiten 39 bis 46, 4. Januar 1991.

Brune, W. H.; Anderson, J. G.; Toohey, D. W.; Fahey, D. W.; Kawa, S. R.; Jones, R. L.; McKenna, D. S.; Poole, L. R. *The Potential for Ozone Depletion in the Arctic Polar Stratosphere*. In: *Science*. Band 252, Seiten 1260 bis 1266, 31. Mai 1991.

Veränderungen der Atmosphäre

Acid Deposition: *Long-Term Trends*. Washington (National Academy Press) 1986.

Crutzen, P. J.; Graedel, T. E. *The Role of Atmospheric Chemistry in Environment-Development Interactions*. In: Clark, W. C.; Munn, R. E. (Hrsg.) *Sustainable Development of the Biosphere*. Cambridge/New York (Cambridge University Press) 1986.

Enquete-Kommission des 11. Deutschen Bundestages „Vorsorge zum Schutz der Erdatmosphäre": Zwischenbericht: *Schutz der Erdatmosphäre. Eine internationale Herausforderung*. In: *Zur Sache – Themen parlamentarischer Beratung*. Bonn 1988.

Fabian, P. *Atmosphäre und Umwelt*. Heidelberg (Springer) 4. Aufl. 1992.

Graedel, T. E.; Crutzen, P. J. *Atmosphäre im Wandel. Die empfindliche Lufthülle unseres Planeten*. Heidelberg (Spektrum Akademischer Verlag) 1996.

Kohlenmonoxid in der Erdatmosphäre

Reichle, H. G. jr. *The Distribution of Middle Tropospheric Carbon Monoxide During Early October 1984*. In: *Journal of Geophysical Research*. Im Druck.

Reichle, H. G. jr. et al. *Middle and Upper Tropospheric Carbon Monoxide Mixing Ratios*. In: *Journal of Geophysical Research* 91/C9 (1986) S. 10865–10887.

Seiler, W. *The Cycle of Atmospheric CO*. In: *Tellus* 26/116 (1974) S. 118–135.

Seiler, W.; Crutzen, P. J. *Estimates of Gross and Net Fluxes of Carbon Between the Biosphere and the Atmosphere from Biomass Burning*. In: *Climatic Change*. Bd. 2. Dordrecht (Reidel) 1980.

Das Ozonloch üher der Antarktis

Antarctic Ozone Depletion. In: *Geophysical Research Letters* 13/12, Ergänzungsband (1986).

Farmer, C. B.; Toon, G. C.; Schaper, P. W.; Blavier, J.-F.; Lowes, L. L. *Stratospheric Trace Gases in the Spring 1986 Antarctic Atmosphere*. In: *Nature* 329/6135 (1987) S. 126–130.

Stolarski, R. S. et al. *Nimbus 7 Satellite Measurements of the Springtime Antarctic Ozone Decrease*. In: *Nature* 322/6082 (1986) S. 808–811.

Polar Ozone. Spezialteil der *Geophysical Research Letters* 15/8. American Geophysical Union (1988).

Polar Ozone. Spezialteil der *Geophysical Research Letters* 17/4. American Geophysical Union (1990).

Mehr Kohlendioxid – wie regaiert die Pflanzenwelt?

Strain, B. R.; Cure, J. D. (Hrsg.) *Direct Effects of Increasing Carbon Dioxide on Vegetation.* U. S. Department of Energy, 1985.

Peters, R. L.; Darling, J. D. S. *The Greenhouse Effect and Nature Reserves.* In: *Bioscience.* Band 35, Heft 11, Seiten 707 bis 717, Dezember 1985.

Houghton, J. T.; Jenkins, G. J.; Ephraums, J. J. (Hrsg.) *Climate Change: The IPCC Scientific Assessment.* (Cambridge University Press) 1990.

Bazzaz, F. A. *The Response of Natural Ecosystems to the Rising Global CO_2 Level.* In: *Annual Review of Ecology and Systematics.* Band 21, Seiten 167 bis 196, 1990.

Menschheit und Erde. Die Zukunft des globalen Ökosystems. In: *Spektrum der Wissenschaft.* Sonderheft 9, Spektrum der Wissenschaft Verlagsgesellschaft, Heidelberg 1990.

Houghton, R. A.; Woodwell, G. M. *Globale Veränderung des Klimas.* In: *Spektrum der Wissenschaft.* Seiten 106 bis 114, Juni 1989.

Crutzen, P. J.; Müller, M. (Hrsg.) *Das Ende des blauen Planeten? Der Klimakollaps – Gefahren und Auswege.* Verlag C. H. Beck, München. 3 Aufl. 1991.

Garber, W.-D. *Die Auswirkung von Kohlendioxid auf das Klima. Zusammenfassung des gegenwärtigen Standes.* Umweltbundesamt, Berlin 1983.

Wirtschaftliche Aspekte des Kohlendioxid-Problems

Faber, M.; Niemes, H.; Stephan, G. *Umweltschutz und Input-Output-Analyse. Mit zwei Fallstudien aus der Wassergütewirtschaft.* J. C. B. Mohr (Paul Siebeck), Tübingen 1983.

Faber, M.; Niemes, H.; Stephan, G. *Entropy, Environment and Resources. An Essay in Physico-Economics.* Springer Verlag, Heidelberg 1987.

Michaelis, P. *Global Warming: Efficient Policies in the Case of Multiple Pollutants.* In: *Environmental and Resource Economics.* Heft 2, Seiten 61 bis 77, 1992.

Von Weizsäcker, E. U.; Bleischwitz, R. (Hrsg.) *Klima und Strukturwandel.* Economica Verlag, Bonn 1992.

Faber, M.; Proops, J. L. R. *Evolution, Time, Production and the Environment.* 2. Aufl. Springer-Verlag, Heidelberg 1993.

Proops, J. L. R.; Faber, M.; Wagenhals, G. *Reducing CO_2 Emission. A Comparative Input-Output Study for Germany and the UK.* Springer-Verlag, Heidelberg 1993.

Das Kohlendioxid-Problem

Bolin, B. *The Carbon Cycle.* In: *Scientific American* 223/9 (1970) S. 124–132.

Bolin, B.; Döös, D. R.; Jäger, J.; Warrick, R. A. (Hrsg.) *The Greenhouse Effect, Climatic Change, and Ecosystems.* In: *SCOPE* 29. Chichester/New York (Wiley) 1986.

Bolin, B.; Cook, R. B. (Hrsg.) *The Major Biogeochemical Cycles and Their Interactions.* In: *SCOPE* 21. Chichester/New York (Wiley) 1983.

Flohn, H. *Kohlendioxid.* Opladen/Wiesbaden (Westdeutscher Verlag) 1981.

Gosz, J. R.; Holmes, R. T.; Likens, G. E.; Bormann, F. H. *The Flow of Energy in a Forest Ecosystem.* In: *Scientific American* 228/3 (1978) S. 92–102.

Likens, G. E. *Primary Production of Inland Aquatic Ecosystems.* In: Lieth, H.; Whittaker, R. H. (Hrsg.) *Primary Productivity of the Biosphere.* Berlin/Heidelberg/New York (Springer) 1975.

Stumm, W. (Hrsg.) Global Chemical Cycles and Their Alterations by Man. Dahlem-Konferenzen. Chichester/New York (Wiley) 1977.

Tans, P.; Fung, I. Y.; Takahashi, T. *Observational Constraints on the Global Atmospheric CO_2 Budget.* In: *Science* 247 (1990) S. 1431–1438.

Die Erwärmung der Erde seit 1850

Hansen, J. E.; Lacis, A. A. *Sun and Dust Versus the Greenhouse.* In: *Nature.* Im Druck.

Jones, P. D.; Wigley, T. M. L.; Wright, P. B. *Global Temperature Variations Between 1861 and 1984.* In: *Nature* 322/6078 (1986) S. 430–434.

Wigley, T. M. L.; Angell, J. K., Jones, P. D. *Analysis of the Temperature Record.* In: MacCracken, M. C.; Luther, F. M. (Hrsg.) *Detecting the Climatic Effects of Increasing Carbon Dioxide.* U. S.-Energieministerium, Abt. Kohlendioxid-Forschung, DOE/ER-0235, 1985.

Wigley, T. M. L.; Jones, P. D.; Kelly; P. M. *Empirical Climate Studies: Warm World Scenarios and the Detection of Climatic Change Induced by Radiatively Active Gases.* In: Bolin, B.; Döös, B. R.; Jäger, J.; Warrick, R. A. (Hrsg.) *The Greenhouse Effect, Climatic Change, and Ecosystems.* Chichester/New York (Wiley) 1986.

Klimamodelle

Berger, A. L.; Imbrie, J.; Hays, J.; Kukla, G.; Saltzman, B. (Hrsg.) *Milankovitch and Climate.* Dordrecht (Reidel) 1984

Crutzen, P. J.; Müller, M. (Hrsg.) *Das Ende des blauen Planeten?* 3. Aufl. München (Beck) 1991.

Harwell, M. A.; Hutchinson, T. C. *Environmental Consequences of Nuclear War.* In: *SCOPE* 28. Bd. 2: *Ecological and Agricultural Effects.* 2. Aufl. Chichester/New York (Wiley) 1989.

Pittock, A. B.; Ackerman, T. P.; Crutzen, P. J.; MacCracken, M. C.; Shapiro, C. S.; Turco, R. P. *Environmental Consequences of Nuclear War.* In: *SCOPE* 28. Bd. 1: *Physical and Atmospheric Effects.* 2. Aufl. Chichester/New York (Wiley) 1989.

Thompson, S. L.; Schneider, S. H. *The Nuclear Winter Debate: Comment and Correspondence.* In: *Foreign Affairs* 65/1 (1986) S. 171–178.

Washington, W. M.; Parkinson, C. L. *An Introduction to Three-Dimensional Climate Modeling.* Mill Valley (University Science Books) 1986.

Verantwortliches Gestalten des Lebensraums Erde

Cornelius, P. *Die verseuchte Landkarte. Das grenzen-lose Versagen der internationalen Umweltpolitik.* München (Beck) 1987.

Hartkopf, G.; Bohne, E. *Umweltpolitik: Grundlagen, Analysen und Perspektiven.* 2 Bde. Opladen (Westdeutscher Verlag) 1983, 1989.

McLaren, D. J.; Skinner, B. J. (Hrsg.) *Resources and World Development.* Chichester/New York (Wiley) 1987.

Our Common Future. World Commission on Environment and Development. Oxford/New York (Oxford University Press) 1987.

Bildnachweise

Titelbild*: Deutsche Forschungsanstalt für Luft- und Raumfahrt (DLR) – **Die Entwicklung der Atmosphäre aus dem Erdmantel:** 1, 6, Kasten auf S. 18, 9: Institut de physique du Globe; 2–5, 7, 8: Pour la Science/Spektrum der Wissenschaft – **Die Entwicklung des Klimas auf den erdähnlichen Planeten:** Bilder 1 (links und Mitte) und 4: National Aeronautics and Space Administration; Bild l (rechts): Hale Observatories; Bilder 2, 3, 5 und 6: George V. Kelvin – **Die Biosphäre:** Bild 1: EROS Data Center; Bilder 2, 3 und 7: Preston Cloud; Bilder 4–6, 8 und 9: Patricia J. Wynne – **Plötzliche Klimawechsel:** 1, 2 (u.): B. Ross; 2 (o.), 3, 4 (l. o.): J. Brenning; 4 (l. u.), 4 (r.): R. B. Alley/Pennsylvania State University; 5 (l. o.): N. Tomalin/Bruce Coleman, Inc.; 5 (r. o.): S. Lundgren/The Wildlands Collection; 5 (l. u.): F. Damm/L. de Wys; 5 (r. u.): B. Dimitriev – **Ursachen der Vereisungszyklen:** Bild 1: George H. Denton; Bilder 2–5, 7 und 8: George Retseck; Bild 6 (links): Bruce Cornet, Lamont-Doherty Geological Observatory; Bild 6 (Mitte und rechts): Dee L. Breger, Lamont-Doherty Geological Observatory – **Die veränderliche Sonne:** Bild 1: National Solar Observatory, Sacramento Peak, New Mexico; Bilder 2 und 4–6: Ian Worpole; Bild 3 (oben): Naval Research Laboratory, Washington, D. C.; Bild 3 (unten): National Solar Observatory, Kitt Peak, Arizona; Bild 7 (links): Peter V. Foukal; Bild 7 (rechts): National Aeronautics and Space Administration – **1816: Das Jahr ohne Sommer:** Bild 1: Ralph Morse; Bilder 2–4: Albert Miller; Bild 5: Library of Congress; Bild 6: Henry Stommel – **Die Verschmutzung der Atmosphäre durch El Chichón:** Bild 1 (links): Rene Canul, Comision Federal de Electricidad; Bilder 1 (rechts) und 2: Brian R. Wolff; Bilder 3, 4, 7 und 9: Todd Pink; Bild 5: Michael Matson, National Oceanic and Atmospheric Administration (NOAA); Bild 6: Arlin J. Krueger, Goddard Space Flight Center; Bild 8: Alan Robcock, University of Maryland, Michael Matson, National Oceanic and Atmospheric Administration (NOAA) und Todd Pink – **Der Amazonas-Regenwald:** Bild 1: M. Freeman, Bruce Coleman, Inc.; Bilder 2, 3 und 5 (rechts): George Retseck; Bild 4: Paul E. Berry, Missouri Botanical Garden; Bilder 5 (links) und 6: Paul A. Colinvaux –

Dürre in Afrika: Bild 1: National Oceanic and Atmospheric Administration (NOAA); Bilder 2, 3 und 5: Andrew Tomko; Bild 4 (links): Peter J. Lamb, Illinois State Water Survey; Bild 4 (rechts): Food and Agriculture Organization/National Aeronautics and Space Administration – **Sulfat-Aerosole und Klimawandel:** 1: Roberto Osti; 2, 5: Jeffrey T. Kiehl, Bruce P. Briegleb, National Center for Atmospheric Research; 3: Runk/Schoenberger, Grant Heilman Photography, Inc.; 4: Tad Anderson, University of Washington – **Polare Stratosphärenwolken und Ozonloch:** 1: Stefan Spreng, Max-Planck-Institut für Kernphysik, Heidelberg; 2–5: Ian Worpole – **Veränderungen der Atmosphäre:** Bild 1: Richard O. Bierregaard jr., Photo Researchers, Inc.; Bilder 2, 3, 4 (unten) und 6: Hank Iken; Bild 4 (oben): Chester C. Langway jr., SUNY at Buffalo; Bild 5: Bruno Barbey, Magnum Photos, Inc. – **Kohlenmonoxid in der Erdatmosphäre:** Bilder 1–5: Thomas C. Moore – **Das Ozonloch über der Antarktis:** Bild l: National Aeronautics and Space Administration; Bilder 2–5 und 7: George V. Kelvin, Science Graphics; Bild 6: Mark Muller, National Science Foundation – **Mehr Kohlendioxid – wie reagiert die Pflanzenwelt?:** 1: Susan Bassow, Harvard University; 2: Patricia J. Wynne; 3 (links), 4, 6 (rechts): Johnny Johnson; 3 (rechts), 7: Fakhri A. Bazzaz; 5: Bert G. Drake, Smithsonian Environmental Research Center; 6 (links oben und unten): Eric D. Fajer – **Wirtschaftliche Aspekte des Kohlendioxid-Problems:** 1: Hank Iken; 2–10: Malte Faber – **Das Kohlendioxid-Problem:** Bilder 1 und 2: National Aeronautics and Space Administration; Bilder 3–6: Jerome Kuhl – **Die Erwärmung der Erde seit 1850:** Bild l: George Retseck; Bilder 2 und 3: Patricia J. Wynne; Bilder 4–6: John Deecken – **Klimamodelle:** Bild 1: Starley L. Thompson, National Center for Atmospheric Research; Bilder 2–6: Andrew Christie – **Veränderungen des Klimas:** Bild 1: Gary Braasch; Bilder 2, 3 und 5: Hank Iken; Bild 4: Claude Lorius, Laboratory of Glaciology and Geophysics of the Environment; Bild 6: V. Ramanathan, University of Chicago; Bild 7: Jesse Simmons – **Verantwortliches Gestalten des Lebensraums Erde:** Bild 1: Steve McCurry, Magnum Photos, Inc.; Bilder 2–7: George Retseck.

***Titelbild:** Ozonmessung über Europa. Der europäische Fernerkundungssatellit ERS-2 liefert uns mit einem Ozonmeßinstrument, dem „Global Ozone Monitoring Experiment" (GOME), Bildkarten mit der genauen Verteilung des stratosphärischen Ozons über der Nordhemisphäre. Diese Darstellung von Mitte Februar 1996 läßt die Ausdünnung der Ozonschicht nördlich von Großbritannien bis Grönland auf Werte um 200 Dobson-Einheiten erkennen. Der mittlere Verlust an Ozon betrug in den ersten Wochen des Jahres 1996 zwischen 20 und 30 Prozent, die Konzentration lag im letzten Winter um mindestens 10 Prozent unter dem siebenjährigen Mittelwert.

Index

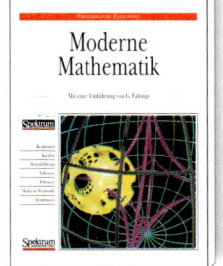